ADVANCED LITHOGRAPHY PROCESS
R&D METHODOLOGY AND PROCEDURES
IN MODERN INTEGRATED CIRCUIT FACTORIES

现代集成电路工厂中的
先进光刻工艺研发方法与流程

李艳丽 伍 强 编著

清華大學出版社
北 京

内容简介

本书基于作者团队多年的光刻工艺(包括先进光刻工艺)研发经验,从集成电路工厂的基本结构、半导体芯片制造中常用的控制系统、图表等基本内容出发,依次介绍光刻基础知识,一个6晶体管静态随机存储器的电路结构与3个关键技术节点中SRAM制造的基本工艺流程,光刻机的发展历史、光刻工艺8步流程、光刻胶以及掩模版类型,光刻工艺标准化与光刻工艺仿真举例,光刻技术的发展、应用以及先进光刻工艺的研发流程,光刻工艺试流片和流片的基本过程,光刻工艺试流片和流片中出现的常见问题和解决方法,光刻工艺中采用的关键技术举例以及其他两种与光刻相关的技术等内容。

本书不仅介绍光刻工艺相关基础知识,还介绍了一种符合工业标准的标准化研发方法,通过理论与仿真相结合,力求更加清楚地展示研发过程。本书可供光刻技术领域科研院所的研究人员、高等院校的学生、集成电路工程的技术人员等作为学习光刻技术的参考书。

图书在版编目(CIP)数据

现代集成电路工厂中的先进光刻工艺研发方法与流程/李艳丽,伍强编著.—北京:清华大学出版社,2024.9

(先进集成电路工艺技术丛书)

ISBN 978-7-302-66418-5

Ⅰ.①现… Ⅱ.①李… ②伍… Ⅲ.①光刻设备—研究 Ⅳ.①TN305.7

中国国家版本馆CIP数据核字(2024)第111612号

责任编辑:文 怡
封面设计:王昭红
责任校对:申晓焕
责任印制:刘 菲

出版发行:清华大学出版社
网 址:https://www.tup.com.cn,https://www.wqxuetang.com
地 址:北京清华大学学研大厦A座 **邮 编:**100084
社 总 机:010-83470000 **邮 购:**010-62786544
投稿与读者服务:010-62776969,c-service@tup.tsinghua.edu.cn
质量反馈:010-62772015,zhiliang@tup.tsinghua.edu.cn
课件下载:https://www.tup.com.cn,010-83470236
印 装 者:三河市铭诚印务有限公司
经 销:全国新华书店
开 本:185mm×260mm **印 张:**21.5 **字 数:**554千字
版 次:2024年9月第1版 **印 次:**2024年9月第1次印刷
印 数:1~2000
定 价:128.00元

产品编号:094485-01

作者简介

李艳丽，复旦大学微电子学院青年研究员、硕士生导师。2010年于山东大学获学士学位，2015年于复旦大学获博士学位。博士期间主要从事硅纳米晶体和硅纳米线的制备以及研究其发光特性的工作，在国内外期刊上发表多篇论文。2015—2021年，先后在中芯国际研发部、上海集成电路研发中心，负责28nm、14nm和5nm基于EUV的光刻工艺技术研发工作。2021年6月加入复旦大学微电子学院，主要研究方向是"集成电路先进光刻工艺及光刻相关设备、光刻材料、光刻相关算法软件"。自2019年起，在中国国际半导体技术大会(CSTIC)、固态和集成电路技术国际会议(ICSICT)、国际先进光刻技术研讨会(IWAPS)、国际专用集成电路会议(ASICON)以及其他期刊上以一作或通讯作者发表EUV、DUV相关光刻技术论文20余篇，并凭借极紫外光刻胶随机效应模型获得2020年CSTIC优秀年轻工程师二等奖。还获得2022年ICSICT"杰出青年学者论文奖"。申报专利54项，授权16项(其中申报一作16项，授权6项)，专利涉及深紫外、极紫外工艺、材料以及相关设备。

伍　强，复旦大学研究员、博士生导师。1993年于复旦大学获物理学学士学位，1999年于耶鲁大学获物理学博士学位。毕业后就职于IBM公司，担任半导体集成电路光刻工艺研发工程师，在研发65nm逻辑光刻工艺时，在世界上首次通过建模精确地测量了光刻工艺的重要参数：等效光酸扩散长度。2004年回国，先后担任光刻工艺研发主管、光刻设备应用部主管，就职于上海华虹NEC电子有限公司、荷兰阿斯麦(ASML)光刻设备制造(中国)有限公司、中芯国际集成电路制造(上海)有限公司、中芯国际集成电路新技术研发(上海)有限公司、上海集成电路研发中心和复旦大学。先后研发或带领团队研发0.18μm、0.13μm、90nm、65nm、40nm、28nm、20nm、14nm、10nm、7nm等逻辑光刻工艺技术和0.11μm动态随机存储器(DRAM)光刻工艺技术，带领设备应用部团队将193nm浸没式光刻机成功引入中国。截至2023年12月，个人共获得112项专利授权，其中40项美国专利，发表光刻技术论文83篇。担任国家"02"重大专项光刻机工程指挥部专家，入选"2018年度上海市优秀技术带头人"计划。2007—2009年担任ISTC(国际半导体技术大会)光刻分会主席，2010—2024年担任CSTIC(中国国际半导体技术大会)光刻分会副主席。

序言

FOREWORD

近年来，由于国内对电子产品，尤其是高性能计算和通信产品的需求持续旺盛，促进了集成电路技术的加速更新换代，产业热度不断提升，国内集成电路产业对半导体集成电路人才的需求量也在迅速增加。其中，光刻工艺是集成电路芯片尺寸不断微缩最重要的推动技术，通过投影式曝光，可以高效地实现图形从掩模版到硅片上的转移。光刻工艺涉及很多内容，包含光学知识，曝光、涂胶、显影、光学测量等设备的结构与原理，以及光刻工艺窗口的评价标准与改进方法等。因此，迅速增长的集成电路行业急需具备专业技术的光刻从业人员。目前，国内有些高校已经开设了光刻相关课程，但是还没有形成标准化、系统化的培养方案。

本书作者总结了多年来在光刻工艺研发与制造上的工作经验，结合自研的、基于物理模型的光刻工艺仿真软件，直观地再现已经量产的各技术节点的光刻工艺性能参数，并且结合实际光刻工艺操作（如曝光、测量等）来创建全新的光刻工艺学习路线。这样不仅可以让读者做到理论联系实践，还可以培养读者良好的工作和学习的方法与习惯。

本书主要内容包括光刻基础知识，SRAM 电路结构和基本工艺流程，光刻工艺的简介与光刻相关设备、材料，关键节点光刻工艺仿真方法与数据分析，先进光刻工艺的研发流程，光刻工艺试流片，流片的基本方法与常见问题，以及光刻工艺中采用的多种关键技术等。我推荐本书，是因为相比各企业内部的培训方式，本书具有更好的理论性、系统性与全面性，可以让光刻从业者在短时间内掌握基本原理和实操技能，从而快速投入工作，高效且准确地完成工作内容。

作为本书作者的老同事、老朋友，我还有一个推荐本书的理由。除了光刻的基础知识外，本书的一大特点是提出了光刻工艺的标准化，这种标准化的光刻工艺源于十多万光刻人在几十年间研发生产的经验积累，是一种经受住实际量产考验的规律总结，可以作为研发人员的重要参考。更重要的是，这种标准化的概念还可以推广到整个半导体产业链的其他方面，如芯片制造的其他模块（器件、流程、刻蚀、薄膜等），芯片制造的上下游产业（材料、设备以及软件等的研发等），这对于高效、快速并节约成本地完成国产化目标是至关重要的。

除了光刻相关教材和专业参考书籍外，我期望可以看到更多半导体相关的、其他方面的专业书籍，为培养更多的半导体人才贡献力量。

复旦大学微电子学院　俞少峰

2024 年 1 月

前言

PREFACE

众所周知，大规模集成电路芯片制造工艺中，光刻工艺是最重要的组成部分之一，也是最为昂贵的部分。几十年来，集成电路技术通过光刻工艺中投影成像分辨率的不断提高使得制造线宽不断缩小，加上离子注入、刻蚀、金属填充、化学机械平坦化等其他工艺模块的同步改进，推动着集成电路芯片的性能持续飞跃。光刻模块中涉及光刻设备、材料与软件，因此涉及多种学科，如精密光学，工程数学，精密机械、精细化学等。光刻模块也是比较难的模块之一。多年的工作经验表明，虽然各企业与大专院校有一些培训资料，但是这些资料有的比较陈旧，有的不够系统，有的属于难度较高的专业书籍，难以满足培训各级集成电路专业人才的需求。

由于光刻涉及的内容较多，作者在编写本书时，结合多年的工作经验和光刻工艺学习历程，力求内容上由浅入深，循序提升，使得初学者能够较快地掌握光刻及相关的工艺集成基础知识。除了基础知识之外，本书的一大特点是提出标准化的光刻工艺，这一标准化的工艺窗口源于十多万光刻人在几十年间研发生产的经验积累，是一种经受住实际量产考验的规律总结，可以作为研发人员的重要参考。另外，本书还详细讲解了光刻工艺研发的一般流程，试流片和流片的一般流程以及光刻工艺发展过程中不断引进的多种新技术。本书可作为高等院校、科研院所学生进行光刻学习的教材，还可作为工程技术人员进行光刻工艺研发的参考书。鉴于现今光刻技术被国外某些发达国家对我国出口管制(俗称“卡脖子”)，期望本书可以为解决日益严重的“卡脖子”问题贡献力量。阅读本书之前，读者最好具备大学物理、大学化学、高等数学、光学等相关的背景知识。

本书的主要内容如下。

第1章　集成电路工厂引论，主要介绍工厂布局，工厂中的基本知识，常用的系统以及需要定期检查的图表等基本内容，这些内容是进入半导体芯片制造行业的基础。

第2章　光刻基础知识简介，主要介绍光学成像原理，光刻机投影物镜类型，光学系统分辨率，镜头主要像差，傅里叶光学基础，照明方式对光刻工艺窗口的影响以及禁止周期等与光刻相关的基础知识。

第3章　6T SRAM电路结构与关键技术节点中的工艺流程简述，主要介绍平面高介电常数(栅极介质层+金属栅极)晶体管，鳍型场效应晶体管以及互补场效应晶体管的一般工艺流程，熟悉光刻工艺在整个工艺流程中所处的位置和重要作用。

第4章　光刻工艺简介，主要介绍光刻工艺8步工艺流程及其中涉及的主要设备(如光刻机、轨道机、扫描电子显微镜、套刻显微镜等)和材料(如光刻胶和掩模版等)。

第5章　光刻工艺标准化与光刻工艺仿真举例，主要以先进技术节点为例，说明研发过程中可能碰到的问题以及解决的方法，以提高光刻工艺窗口。另外，本章涉及很多工艺仿真，注重理论与实践相结合，使得读者可以了解各技术节点的基本工艺性能，可以根据实际遇到的具体问题找出提高工艺窗口的方案。

第6章 光刻技术的发展和应用、工艺的研发流程，着重讲解先进光刻工艺研发过程中的主要工作内容，包括确定各关键光刻层次的设计规则、基本的光刻工艺模型；选择合适的光刻胶、抗反射层材料种类、厚度；完成各关键光刻层次的线宽均匀性、套刻以及焦深的分配；从而选择符合要求的掩模版种类、规格等。以先进光刻工艺的研发为例，详细讲解其主要的工作流程和重要的时间节点。通过本章内容，力求能让初学者了解与光刻研发相关的基本工作内容。

第7章 光刻工艺试流片和流片简述，主要介绍试流片/流片的基本工作内容，重点介绍按照标准操作流程处理硅片批次的方法，防止误操作。

第8章 光刻工艺试流片和流片中出现的常见问题和解决方法，主要介绍光刻工艺中常见的批次暂停原因以及解决方法。

第9章 光刻工艺中采用的关键技术，主要介绍支持光刻技术持续发展的部分新技术：化学放大型光刻胶，极紫外光刻工艺，偏振照明，负显影工艺，透射衰减相移掩模以及不透明的硅化钼-玻璃掩模版。

第10章 与光刻相关的其他技术，主要介绍可能应用于先进技术节点中缩孔的导向自主装技术以及通过探测散射光谱得到周期性结构精确尺寸的非成像测量技术：光学关键尺寸测量技术。

在本书撰写过程中，得到了肖长永、陈洁老师对工艺流程的诸多指导和帮助，还得到了朱小娜、岳力挽、唐步高、解为梅、李莹老师对本书诸多知识点的指导。感谢课题组刘显和、王启老师对本书的大力支持。同时，本书在出版过程中获得了清华大学出版社文怡编辑及其团队的专业支持。另外，本书在撰写过程中，也得到了诸多同事、前同事、朋友以及家人的大力帮助和支持，在此也向他们表示由衷的感谢。

限于作者的水平，本书仍有不足之处，望各位同行、朋友多多批评指正，谢谢大家。

作　者

2024年6月

第1章

集成电路工厂引论

在进行研发之前，我们需要先了解现代集成电路工厂中各模块的布局、工厂的结构、工厂中的一些基本知识以及先进光刻工艺研发过程中使用的各基本系统等主要内容。同时，对于各模块工艺性能的控制方法也需要有基本的了解。本章主要针对这些内容做简要的介绍。

1.1 现代集成电路工厂的布局

集成电路芯片生产工厂通常被称为 Fab 工厂(Fabrication)，其中的主要生产区域包括薄膜生长区域(包括化学气相沉积(Chemical Vapor Deposition，CVD)、物理气相沉积(Physical Vapor Deposition，PVD)等方法)、光刻(Litho)区域、刻蚀(Etch)区域、离子注入(Ion Implant)区域、炉管(Furnace)区域、化学机械平坦化(Chemical Mechanical Planarization，CMP)区域等。除了上述的几个主要功能模块区外，其余的区域还有硅片盒清洗区、硅片分片区、测量区、新硅片启动(Wafer Start)区等。

其中，由于光刻胶容易被紫外光曝光，因此整个光刻区域均采用黄光灯照明，光刻区域又被称为黄光区。由第 4 章光刻 8 步工艺流程可知，完成光刻胶涂覆、烘焙、曝光、显影以及冲洗等一系列工艺流程之后，需要进行线宽与套刻的测量，这些测量设备一般也都放置于黄光区。

1.2 工厂结构

上述各生产区域必须处于洁净等级满足要求的洁净室(Clean Room)中，对于 12 英寸[①]工厂来说，生产用洁净间的洁净等级一般为 0.1 级(1 立方英寸体积中存在 0.1 颗直径不小于 0.5μm 的颗粒)。工作人员进入洁净室之前，需要在更衣室更换无尘衣、无尘鞋并佩戴口罩、手套、发帽，经过风淋之后，经过通道进入洁净室的走廊区域，再进入各模块工作区域。

图 1.1 为一种典型的半导体厂房截面图举例，包含：

---

① 1 英寸(in)=2.54 厘米(cm)。

(1) 高架地板,其开孔的主要作用是,把经过洁净室顶部各种过滤系统处理的空气垂直导入地板下方的回风管道,从而在洁净室内形成单向垂直的气流。也就是使空气循环流通,不起尘,保证洁净室内的洁净度。

(2) 高架地板之下为最底层的辅助间(Sub Fab),放置半导体工厂的支持系统,例如,一些大型设备的电源、特气及其供气装置,超纯水过滤装置,各种管道和监测设备等。

(3) 高架地板之上为各工艺模块的洁净室和走廊,各模块洁净室工作区中放置相应的设备,通过各种管道与辅助间对应的设备相连。对于黄光区来说,主要设备有光刻机、轨道机、扫描电子显微镜、光学套刻显微镜等。

(4) 进入工厂的空气首先需要通过新风系统(Makeup Air Unit,MAU)完成多级过滤,以去除灰尘,水溶性、有机性、酸性以及碱性等杂质,并经过加温、冷却等步骤,得到恒温(如 22℃±0.5℃)、恒湿(如 45%±5%)且具有一定正压力的空气。

(5) 洁净室上方有天花吊顶系统,会放置多种独立的过滤系统:风机过滤单元(Filter Fan Unit,FFU)、超高效过滤器(Ultra Low Penetration Air Filter,ULPA)以及化学过滤器(Chemical Filter)等,或者放置多种过滤的组合过滤系统。其中,FFU 包含风机(Fan)和 ULPA 过滤器,保证洁净室有一定的风速和洁净度。新风系统产生的恒温恒湿的空气经过上述过滤系统进入洁净室,单向流动的气体经过高架地板开孔进入辅助间。

(6) 进入辅助间的气体再经过回风管,一部分被排出(Exhaust),另一部分进入循环风处理系统(Recirculation Air Handlers,RAH),经过多级过滤之后,再次进入洁净室,形成稳定的循环。

(7) 洁净室中还会包含各种灯光(如黄光灯、无尘灯等),厂房的最上方还会有防水、保温等结构。

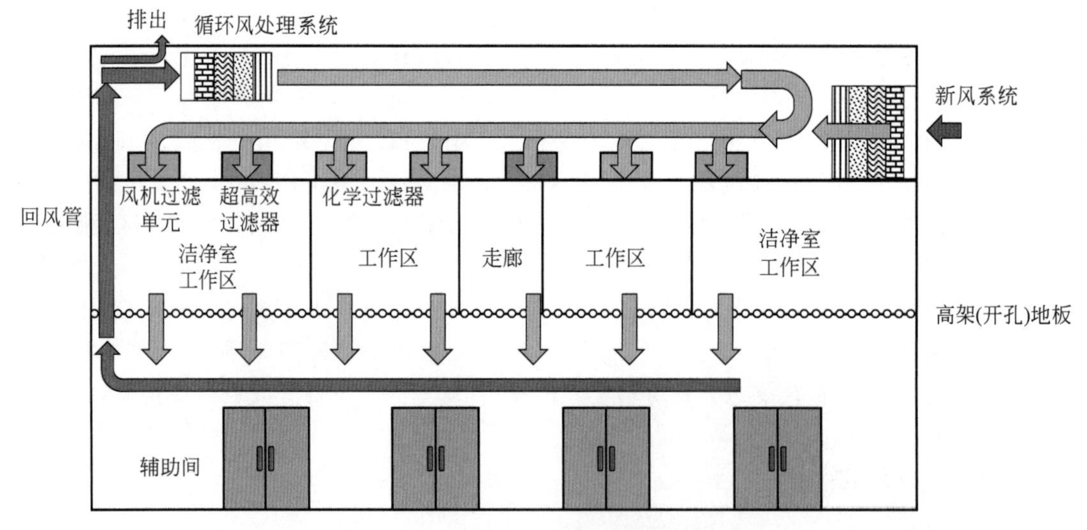

图 1.1 一种典型的半导体厂房截面图举例

以上是厂房结构的简单举例,实际厂房中会包含多种、多个空调系统(或者其他设备)和过滤系统,最终目的都是创造一个洁净度、温度以及湿度均满足要求的环境。

另外,由于光刻工艺对于环境的要求比较高,所以对于黄光区来说会有以下特点。

(1) 高架地板的孔板覆盖率要比其他区域高。

(2) 吊顶系统需要在风机过滤单元上安装一些化学滤网,过滤掉黄光区的有机挥发物(Volatile Organic Compounds,VOC)、酸和碱,尤其要滤掉氨气与有机胺,防止此类物质的存在导致光刻胶中毒[1](T型形貌),影响光刻工艺窗口。

此外,机器旁边还会有醒目的紧急关闭按钮(EMergency Off,EMO),平时千万不要触碰,只有在紧急情况下才可使用。由于工厂中有各种特气与液体,工程师一定要熟知特气泄漏报警信号以及接触液体后的紧急处理方式,以便在短时间内采取正确的处理措施。

1.3 工厂中的基本知识

生产、研发工程师等工作人员首先需要了解芯片代工厂中的基本知识,本节举几个常见的例子。

1.3.1 产品

不同阶段有不同的产品(Product)出现,在研发试流片期有技术验证载具(Technology Qualification Vehicle,TQV),在流片期有多产品硅片(Multi Product Wafer,MPW)和新出版产品(New Tape Out,NTO)等。不同的产品需要不同的编号,即Product ID,在研发以及后续试流片、流片过程中可以与其他产品区分开来。

1.3.2 前表面可开放的统一硅片盒

前表面可开放的统一硅片盒(Front Opening Unified Pod,FOUP)[2]用来储存、保护并运送硅片,其中有硅片卡槽(Slot),最多可放置25片300mm直径的硅片。一般来说,卡槽编号(Slot ID)从下到上为01～25。该硅片盒只对设备开放,大大降低了环境污染硅片的可能性。每个FOUP都有独立的编号(FOUP ID)与各种连接插口,以便FOUP装载到各机台端口(Port)之后,可以被机台识别。FOUP的把手有不同的颜色,不同颜色把手的FOUP用于不同的工艺流程阶段。一般来说,会在前、中、后段工艺流程中涉及的机台上标注提醒可以使用何种颜色把手的FOUP。

除了FOUP外,Fab中还有另一种可以储存硅片的盒子:前表面可开放的装运盒(Front Opening Shipping Box,FOSB),用于在不同公司之间的硅片转移。

1.3.3 批次

同一产品中会有很多批次(Lot),每个批次都有固定的编号(Lot ID)。若满批,则包含25片硅片。硅片的编号(Wafer ID)[2-3]一般为#01～#25,与FOUP中卡槽(Slot)位置编号(01～25)一一对应。即硅片#01放在Slot01的位置,硅片#02放在Slot02的位置,一直到硅片#25放在Slot25的位置。若满批被分为多个子批,且放置于不同的FOUP,且多个不同母批分出的子批放置于同一个FOUP,硅片编号与卡槽编号就会出现并非一一对应的情况。

若FOUP中的批次暂时不需要完成某些工艺,则需要放置在电子货架上,电子货架可以显示批次编号。同时,批次所在电子货架的位置也可以在系统中查找。若将FOUP随意放置在其他非电子货架上,则容易丢失,或者需要花费大量时间才能找到,影响工艺进度。还可以将FOUP放置于自动化仓库(Stocker)中,需要时,自动物料搬送系统(Automatic Material Handling System,AMHS,也称为天车系统)[2-4]会将FOUP运输到指定位置。

1.3.4 分片机

分片机(Sorter)中可以看出每个FOUP中批次的硅片处于哪个卡槽,若硅片编号与卡槽编号不一一对应，可以将硅片重新排序，放置到对应的卡槽中。同时，当将一个批次分为多个批次（母批＋子批）供实验或者试流片工艺试跑时，分片后各批次可以通过分片机传送到不同的 FOUP 中。当将同一批次分出的多个批次合并时，若这些批次处于不同 FOUP 中，则需要先使用分片机将这些批次传输到同一个 FOUP 中。

1.4 工厂中的系统简介

在大规模集成电路制造过程中，需要高效且正确地完成各工艺步骤。这就需要工厂引入多种系统，本节主要介绍几种常见的系统。

1.4.1 制造执行系统

制造执行系统（Manufacturing Execution System，MES）[5]掌握生产有关的信息，例如，从系统界面可以输入产品编号、FOUP 编号、批次编号、位置（Location）、状态（State）以及优先级（Priority）等信息，查找对应产品的批次信息。

当输入批次编号之后，可以看到对应的批次信息，包括所属的产品，所处的状态（正常（Active）、暂停（Hold）、暂存（Bank）、销毁（Terminate）等）；硅片批次的所有者（Lot Owner），即负责这个批次的工程师，一般都是工艺集成工程师，有时是负责做实验的模块工艺工程师（Process Engineer，PE）；硅片批次需要经过的详细工艺流程（Flow），流程中每个工艺步骤需要的机台、程序、步骤描述、步骤编号（Stage ID）。此外，还可以在 MES 中，通过批次历史（Lot History）查到批次运行的历史步骤、具体时间等信息。

在试流片、流片过程中，批次会发生暂停的情况，还需要在 MES 中处理批次的状态。同时，在各种实验阶段，也需要在这个系统中提前设置某些暂停信息，具体见第 7 章。MES 是工程师常用的系统之一，被喻为芯片制造的“大脑”，控制和管理芯片工艺制造的全过程。

1.4.2 机台自动化程序

机台自动化程序（Equipment Automation Program，EAP）系统是一种用于控制半导体制造机台进行自动化生产的系统，是 MES 与各机台之间的桥梁。一旦机台有了 EAP 系统，此系统就会根据批次编号与 MES 以及对应步骤的机台做沟通反馈，完成辙入（Track In）与辙出（Track Out）动作。EAP 系统还可以自动检测 MES 中的程序（Recipe）与对应步骤中机台端的程序是否匹配，可以将 MES 中批次编号、硅片编号以及所处卡槽编号等信息发送给机台。另外，EAP 系统对生产线上的机台进行实时监控，所有生产数据和机台状态都是通过 EAP 系统收集并传送给 MES 等系统对应的服务器。若反馈的数据出现异常，批次会被暂停（Hold），并给出相应异常信息，以便工程师做出正确判断，并对批次进行处理。

EAP 系统除了与 MES 关联外，还与其他很多系统相关联。因此，EAP 系统是芯片工厂实现自动化必不可少的控制系统，但是研发工程师接触的并不多。使用 EAP 系统的好处也是显而易见的：通过减少人为操作，降低误操作（错误的机台或者错误的程序）概率；机台自动辙入辙出，自动收集数据，提高效率且降低人为操作的出错风险；出现某些问题时，批次会被暂停，防止错误释放（Release）导致成品率降低。

1.4.3 先进过程控制

先进过程控制（Advanced Process Control，APC）系统的目的是解决工艺流程中各项参数或者性能指标随时间的漂移问题，可以通过 APC 系统实时纠正误差。这一系统可以通过测量的数据对各个参数进行反馈，同时可以设定反馈的比例。APC 系统的引入有助于提高生产效率，降低返工率，改善产品质量以及工艺流程的可靠性，使得各层次的工艺窗口可以满足先进技术节点量产的要求。此外，APC 系统还会提供相应的操作界面，方便工程师查找批次的各层工艺信息。

APC 系统也是工程师日常使用的系统之一，这一系统中可以查到的信息举例如下：①按照产品、掩模版定义的最佳曝光能量、焦距；②按照产品、掩模版、不同工件台(Chuck)定义的“总套刻补值”和“APC 系统中套刻补值”(定义见 7.4 节)；③批次经过曝光机台之后的批次报告(Lot Report)等。研发过程中，APC 系统中常用的功能可见第 7 章(7.3 节、7.4 节)和第 8 章(8.1 节)。

1.5　工厂中光刻相关参数的控制

在芯片制造的工艺流程过程中，为了保证每个模块各步骤的工艺满足要求，需要利用统计过程控制图表(Statistical Process Control Chart，SPC Chart)[6]来监测一段时间内各项指标的稳定性，如薄膜的厚度，光刻显影后(After Develop Inspection，ADI)线宽、套刻，刻蚀后(After Etch Inspection，AEI)线宽等指标。通过对生产过程中的每个步骤进行评估和监控，建立并保持生产过程中可被接受的、稳定的性能水平，以获得更高的产品成品率(Yield)、更好的器件性能和稳定性。

SPC Chart 主要有以下两方面的功能：①利用图表分析工艺的稳定性，并对可能存在的异常因素进行预警；②通过计算过程能力指数(C_p，C_{pk})，评价工艺质量水平。

1.5.1　光刻显影后线宽的 SPC 图表举例

接下来，以光刻显影后线宽为例，介绍其 SPC 图表并分析过程能力指数的计算方法。一般来说，光刻之后会量测三种图形的线宽：密集图形(锚点)、半孤立图形以及孤立图形。其中，锚点与曝光能量直接相关，因此需要重点关注锚点的 SPC 图表，这一图表也称为“重点图表”(Key Chart)。

1. 线宽 SPC 图表

图 1.2 为光刻显影后线宽(平均值：几个测量曝光场)的控制图举例，横坐标为不同时间经过同一产品、同一光刻层次的各个批次；纵坐标中心为线宽目标值，还有 4 个线宽控制线，分别为规格上限(Upper Specification Limit，USL)、规格下限(Lower Specification Limit，LSL)、控制上限(Upper Control Limit，UCL)、控制下限(Lower Control Limit，LCL)。一般来说，线宽均匀性的要求是线宽需要控制在目标值的±10%范围内(6.5.1 节)。因此，对于规格限制 USL 和 LSL 来说，一般就是在线宽目标值的基础上分别增加和减小 10%目标线宽；对于控制限制 UCL 和 LCL 来说，一般就是在线宽目标值的基础上分别增加和减小 5%目标线宽。实际芯片生产过程中，会根据工艺具体情况调整(放松或者卡紧)USL、LSL、UCL、LCL 的数值。

2. 简要分析线宽 SPC 图表

如前所述，通过分析一段时间内的 SPC 图表，可以判断工艺的稳定性。对于如图 1.2 所示的线宽 SPC 图表来说，前半段光刻工艺性能明显较差，尽管光刻线宽仍然在控制线范围内，

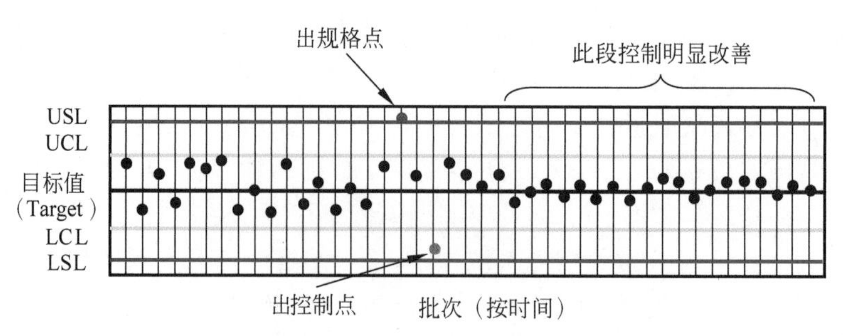

图 1.2 光刻显影后线宽的 SPC 图表(平均值)举例

但是批次之间的线宽起伏较大。通过查找原因并对工艺进行调整之后，明显改善了后半段批次之间的线宽差异。除了如图 1.2 所示的批次间线宽差异，SPC 图表中还有其他变化趋势，如逐渐上升(Trending Up)或逐渐下降(Trending Down)。因此，定期(如每天一次)检查 SPC 图表可以更快地发现异常，在异常还未对产品造成影响时及时采取措施，防止产生更严重的后果。

另外，图 1.2 中有一个批次的线宽超出了规格(Out Of Specification，OOS)，OOS 的批次一般都需要剥胶返工，特殊实验批次除外；有一个批次的线宽超出了控制(Out Of Control，OOC)，OOC 的批次一般都不需要剥胶返工，重要批次除外。如何处理这些异常的批次，可以参考第 7、8 章。

3. 计算 SPC 图表中过程能力指数：C_p 和 C_{pk}

除了上述根据数据点的分布来分析工艺的稳定性之外，还可以计算过程能力指数，定量地分析工艺性能。C_p 的定义如式(1.1)所示，C_{pk} 与 C_p 的关系如式(1.2)所示。

$$C_p = \frac{\text{USL} - \text{LSL}}{6\sigma} \tag{1.1}$$

$$C_{pk} = (1-k)C_p \tag{1.2}$$

其中，σ 是一段时间范围内，多个批次线宽值的标准方差；$k=\frac{|X-T|\times(\text{USL}-\text{LSL})}{2}$，$X$ 为一段时间范围内，多个批次线宽的平均值，T 为线宽的目标值，因此 k 值代表平均值偏离目标值的程度。由上述公式可知，若平均值与线宽目标值相同，则 $k=0$，C_p 与 C_{pk} 相同。

将 k 值、式(1.1)代入式(1.2)之后，经过推导之后，可以得出如式(1.3)所示的 C_{pk} 的定义。

$$C_{pk} = \min\left(\frac{X-\text{LSL}}{3\sigma}, \frac{\text{USL}-X}{3\sigma}\right) \tag{1.3}$$

由于不同的 C_{pk} 数值直接代表工艺性能的好坏，C_{pk} 的数值一般可分为以下几个范围。

(1) $1.67 \leqslant C_{pk} < 2$，工艺性能非常好。

(2) $1.33 \leqslant C_{pk} < 1.67$，工艺性能良好，状态稳定(如不同批次光刻之后线宽差异较小)。

(3) $1.0 \leqslant C_{pk} < 1.33$，工艺性能一般，工艺因素稍有变化就会导致不良后果(如不同批次光刻之后线宽差异较大)。

(4) $0.67 \leqslant C_{pk} < 1.0$，工艺性能较差，必须提升工艺能力。

(5) $C_{pk} < 0.67$，工艺性能极差，需考虑重新整改、设计、优化现有工艺。

因此，在集成电路芯片生产制造过程中，需要不断提高过程能力指数(C_{pk})。C_{pk} 越大，线宽落在 $\pm 3\sigma$ 界限之外的概率就越小，意味着更好的光刻工艺性能。实际生产中会碰到各种影

响 C_{pk} 的情况，需要根据实际情况进行处理，例如：

(1) 由式(1.2)，若想提高 C_{pk}，首先需要将线宽平均值做到目标值。若某些线宽 SPC 图表的平均值偏离目标值太远，且无法做到目标值，可能就需要重新定义 SPC 图表的目标值(Re-target)。

(2) 通过优化工艺性能，使得不同批次之间的线宽差异缩小，从而缩小标准偏差 σ，提高 C_{pk}。然而，太高的 C_{pk} 可能意味着巨大的投入，且收益与其不成正比。因此，一般来说，C_{pk} 只要能达到 1.67 就是比较理想的状态。

(3) 若某个 SPC 图表的 C_{pk} 值太高，可能需要检查工艺规格的上下限是否设置得太过宽松，并根据实际情况做相应的调整，使得 C_{pk} 值发挥其实际的意义。同样地，工艺规格的上下限也不能设置得太紧，需要根据实际工艺设置一个合理的范围。

1.5.2 光刻显影后套刻的 SPC 图表举例

影响光刻工艺套刻的因素有很多：设备的漂移、镜头的畸变以及前层工艺(如刻蚀、高温退火、化学机械平坦化等)。因此，必须在生产过程中监控套刻的情况。套刻的 SPC 图表包含多种类型：如平均值图表(Mean Chart，单位：nm)、平均值、3 倍标准偏差的图表(Mean＋3σ Chart，单位：nm)、放大率(单位：ppm)、旋转(单位：μrad)等相关的各种图表等。当然，其中也有需要特别关注的“重点图表(Key Chart)”，如 Mean＋3σ Chart。

图 1.3 为光刻显影后套刻的控制图举例，横坐标为不同时间经过同一产品、同一光刻层次的各个批次；纵坐标中心为套刻规格，也包含 4 个控制线，分别为工艺规格上限(USL)、工艺规格下限(LSL)、工艺控制上限(UCL)和工艺控制下限(LCL)。随着技术节点的不断发展，套刻精度的规格也需要不断缩小，以获得更好的器件性能和更高的产品成品率。由 6.5.2 节可知，套刻精度从 250nm 技术节点的几十纳米缩小到 5nm 的 2～3nm。因此，针对不同的技术节点，Mean＋3σ SPC 图表中的规格上下限也会调整到对应节点的套刻规格。

同样地，从套刻 SPC 图表中也可以看出工艺的稳定性、某些变化趋势(Trending Up，Trending Down)，并及时采取措施。当某个产品某个层次超过一段时间没有批次曝光时，新到站的批次可能会出现 OOS 情况，如图 1.3 所示。此外，新换掩模版、前层工艺发生变化等多种原因，都可能会导致批次发生套刻 OOS 或者 OOC。OOS 的批次一般都需要剥胶返工，特殊实验批次除外；OOC 的批次一般都不需要剥胶返工，重要批次除外。如何处理这些异常的批次，可以参考第 7、8 章。

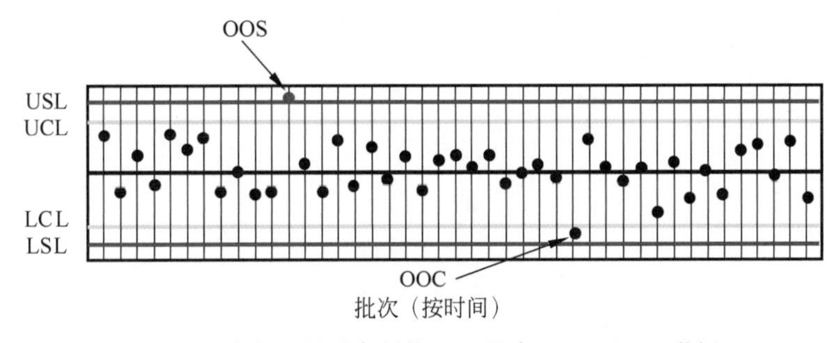

图 1.3 光刻显影后套刻的 SPC 图表(Mean＋3σ)举例

以上简单介绍了光刻工艺中常见的两种 SPC 图表，SPC 虽然被用来监测、验证工艺的稳定性与正确性，但理论上却不能被称为一种控制。这是因为，SPC 图表只具有监测工艺是否异常的作用，却不能提供优化工艺、改善异常的方法。实际工作中，工程师人工检查 SPC 图表后，再经过人工干预优化调整工艺，SPC 图表控制的实时性比较差。

实际芯片生产过程中，各模块除了监测工艺性能的图表，还有其他各种图表，例如，监测设备指标的图表、监测颗粒（Particle）的图表等。以光刻模块为例，有监测光刻机能量漂移，定期检查镜头各像差的图表，以及监测光刻机焦深是否有偏移的图表等。对于工艺、设备以及集成工程师来说，都要熟知各自需要定期查看的图表类型，做到及时发现问题、找出原因并提出解决问题的方法。

本章小结

本章简单介绍了工厂布局、工厂的基本知识、常用的系统以及需要定期检查的图表等基本内容，这些内容是进入半导体芯片制造行业的基础。了解了这些内容，有助于开展进一步的学习和更深入的研发工作。

参考文献

参考文献

第2章

光刻基础知识简介

在介绍大规模集成电路芯片的工艺流程、光刻工艺步骤、各关键性能指标(如工艺、设备等)以及研发流程之前,先简单介绍有关光刻的基础知识。主要包括光的特性、光学成像类型、采用镜头成像时不同方向(X、Y、Z 方向)成像倍率之间的关系、为何光刻机成像镜头需要采用双远心结构、一个光学系统的衍射极限分辨率、镜头中影响分辨率的几种常见像差产生的原因、对光刻工艺的影响以及减小的措施等。同时,由于光经过周期性掩模版后的衍射以傅里叶级数形式展开,还会讨论傅里叶光学的基础知识。此外,还将详细介绍不同照明方式对光刻工艺窗口的影响,表征光刻工艺窗口的三个重要参数以及禁止周期范围内光刻工艺窗口变差的原因和改善方法。本章主要内容如图 2.1 所示。

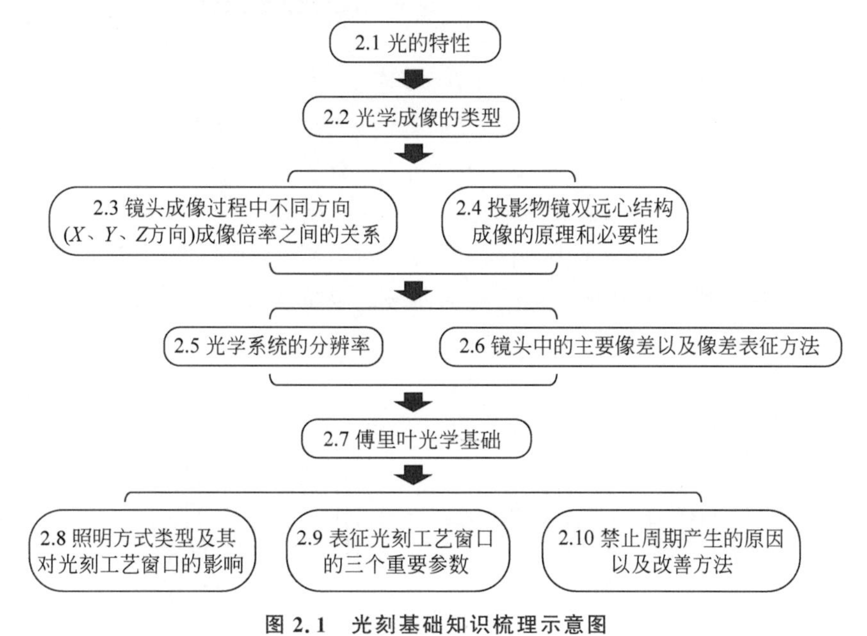

图 2.1　光刻基础知识梳理示意图

2.1 光的特性

光具有波粒二象性：光既具有波动的特性，可以像水波一样传播；又具有粒子的特性，可以与物质相互作用。光的波动性，主要体现在光的衍射、干涉等；光的粒子性，最典型的就是光电效应：照射到金属表面的光可以使金属中的电子从表面逸出。一般来说，光在传播过程中波动性表现比较显著，当光和物质相互作用时粒子性表现比较显著。

图2.2是光波动性的两种表现形式：光的衍射和干涉。当光波经过障碍物之后，会绕过障碍物继续传播，这种现象称为衍射。当障碍物的尺寸缩小到与光的波长相当时，衍射现象尤其明显。图2.2(a)中的平面波(等相位面为平面)经过一个小孔之后会发生衍射，变成球面波继续向前传播，衍射光强也有了新的分布。如果有两个靠近的小孔，平面波经过两个小孔衍射后的球面波由于光波频率、振动方向以及相位相同，会发生干涉并形成明暗相间的条纹(光强分布)，如图2.2(b)所示。

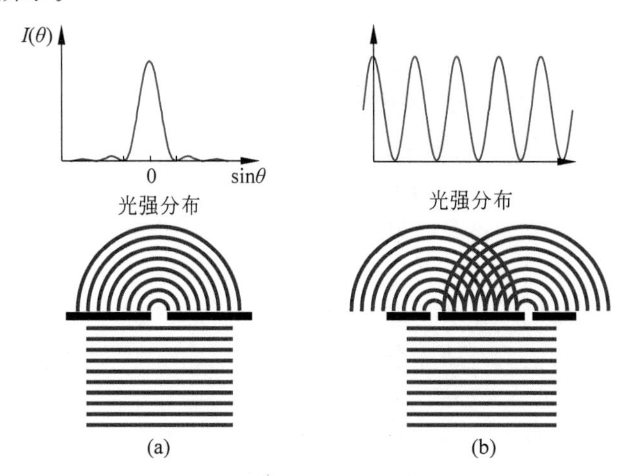

图 2.2 光波动性的两种表现形式：(a) 衍射；(b) 干涉

大规模集成电路光刻工艺中光刻机的成像方式均为投影式成像，需要设计和加工较为复杂的投影物镜系统。物镜中包含透射的凸透镜、凹透镜以及反射的凹面镜(193nm水浸没式光刻机镜头中)，镜面包含球面镜和非球面镜。对于光刻机成像镜头来说，一定要包含能汇聚光的镜头，如凸透镜。同时，可以平衡场曲的镜头也必不可少，如凹透镜、凹面反射镜。对于理想的镜头，会将入射的平面波转换成标准的球面波。以单凸透镜和凹透镜为例，如图2.3所

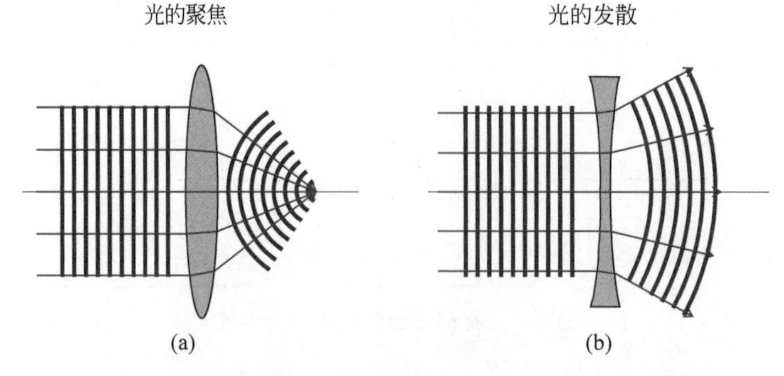

图 2.3 镜头对光的汇聚和发散：(a) 凸透镜；(b) 凹透镜

示,凸透镜可将平面波转换成球面波并汇聚,凹透镜也可将平面波转换成球面波但是发散。另外,凸透镜和凹透镜的成像过程也可以通过光的波动性来展示。

2.2 光学成像的类型

2.2.1 古代光学成像类型的描述

光学成像的类型可以分为小孔成像和镜头成像。我国的光学成像历史可以追溯到公元前468—前376年,在墨子所著的《墨经·经下》中就有连续8条文字记载了成像,其中就包含对小孔成像以及镜头(凹、凸面反射镜)成像的描述。

(1) 对于小孔成像,原文说道:“光之人煦若射。下者之人也高,高者之人也下。足蔽下光,故成景于上;首蔽上光,故成景于下。在远近有端,与于光,故景库内也。”也就是说,当光线照到人身上时,就像射出的箭一样笔直。当光路上存在小孔时,照射到人下部分的光就传播到屏上方,照射到人上部分的光就传播到屏下方,所以在屏上成倒像。

(2) 对于凹面反射镜成像的描述,即“鉴洼”(古代称反射镜为“鉴”)。原文说道:“鉴洼,景一小而易,一大而正,说在中之外、内。”其中,凹面反射镜如图2.4所示,“中”是指凹面镜球心到焦点范围(不考虑像差的情况下)。也就是说,对于凹面反射镜成像,一种情况是成缩小而倒立的像,一种情况是成放大且正立的像,这是由于物处于“中”的外、内的不同位置造成的。当物处于“中”之外,如图2.4(a)所示,此时处于球心和焦点之间的像就是缩小倒立的实像(实际光线汇聚成像即为实像),反射式望远镜就是采用了这种工作原理。当物处于“中”之内,如图2.4(b)所示,此时像就是放大正立的虚像(实际光线的反向延长线成像即为虚像)。可以这么说,这一条描述也是墨家实验者对从远处靠近凹面反射镜时所观察到自己成像情况的真实记录。当实验者从远处靠近凹面反射镜并位于球心和焦点之间时,如图2.4(c)所示,成倒立放大的实像。由于此时像处于球心之外,即在实验者无法观察到的背后,因此此条凹面反射镜成像记录中没有对物处于这一范围(球心-焦点)内的成像进行描述。

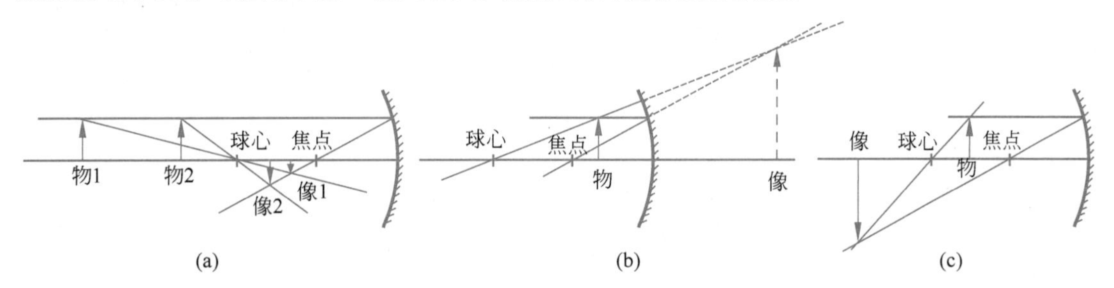

图2.4 凹面反射镜成像的示意图:(a) 物处于球心之外;(b) 物处于焦点之内;(c) 物处于球心与焦点之间

(3) 对于凸面反射镜成像的描述,即“鉴团”。原文说道:“鉴团,景一。”也就是说,对于凸面反射镜成像,无论物体放在镜子前的距离远近,只有一种成像情况,也就是成缩小、正立的虚像,如图2.5(a)所示。当物体靠近凸面反射镜时,如图2.5(b)所示,正立的虚像会变高,但是像高仍然小于物高。作为广角镜,凸面反射镜一般放置在路口或者拐弯处用来增加视野范围,车辆的后视镜也是凸面反射镜。

2.2.2 小孔成像的原理

上述小孔成像现象的发现是早期光学研究中揭示光是沿直线传播的最重要的证据之一,

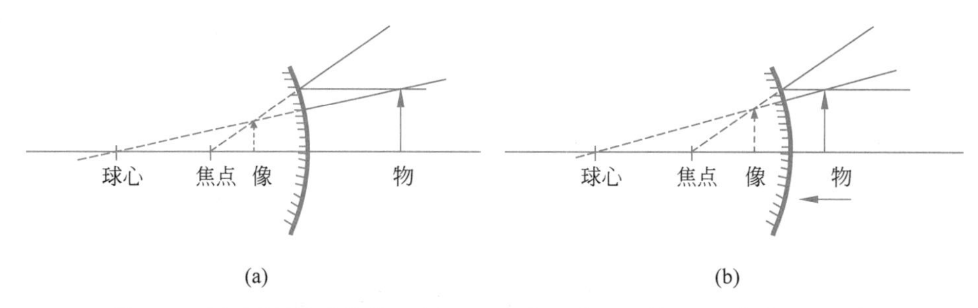

图 2.5 凸面反射镜成像的示意图：(a) 物远离凸面镜；(b) 物靠近凸面镜

也是后世照相机、投影仪等技术诞生的物理基础。通常，做小孔实验需要一根蜡烛、一个小孔屏(硬纸张上扎大小合适的针孔)以及一个毛玻璃接收屏。小孔成像原理如图 2.6(a)所示，需要注意，只有小孔足够小，才能成清晰倒立的实像(实际光传播到屏幕上)，其中，虚线代表小孔以外的光无法被投影到接收屏上，证明光沿直线传播。但是小孔也不能太小，防止发生明显的衍射现象，降低成像质量。从图 2.6(a)中可以看出，对于从蜡烛火焰发出的光，小孔较小时只能收集很小范围的光投影到屏的小范围内成像。当孔变大之后，孔收集蜡烛某个部位的光之后可以投影到屏上较大的范围内，而且这个范围内还包含蜡烛其他部位的像，即蜡烛不同部分的像在接收屏上重叠在一起，造成倒立的像逐渐变大，变模糊，最后消失。

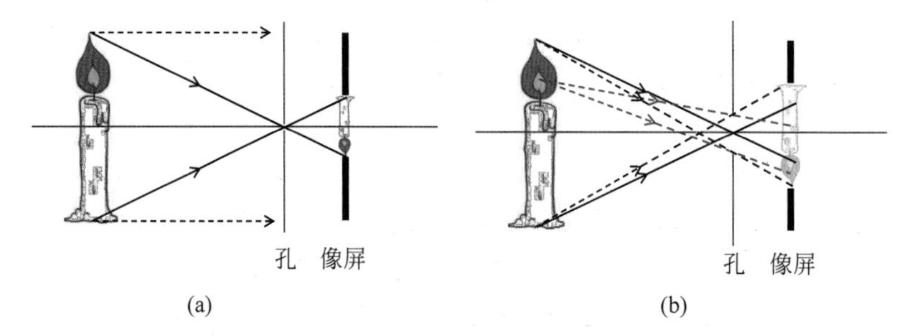

图 2.6 不同尺寸的孔成像示意图：(a) 合适的小孔；(b) 较大的孔

从成像方面来说，小孔成像的缺点也是显而易见的：只有小孔直径较小时才能得到清晰的像。但是小孔太小，通光量太少，如果利用这种原理进行照相机成像，就相当于小光圈曝光，不仅分辨率比较低，而且需要被拍照物体很长时间静止不动以完成曝光，这对于手持相机以及拍摄动态物体来说非常不友好。

2.2.3 镜头(透镜)成像的原理

为了提高成像分辨率，需要增加成像的数值孔径，同时也增加成像的亮度，减少曝光时间。因此，通过镜头的成像是必然选择。以单透镜成像为例，图 2.7 是成像光路示意图。可见，透镜相对小孔来说孔径更大，相当于无数个叠加在一起的小孔，不仅收集沿直线传播的光线，还可以收集更大角度范围的光。因此，镜头成像可以增加分辨率，大大缩短曝光时间。另外，可以通过调整物距和像屏的位置(像距)来调整单透镜的成像倍率(见 2.3 节)。

对于光刻机中起成像作用的投影物镜来说，为了尽可能地消除镜头的像差、色差、像散、场曲以及畸变，使其尽量接近光学系统的衍射极限，物镜中需要包含很多数量和种类的镜片。随着技术节点的推进，光刻工艺对分辨率和曝光效率都有进一步的要求，这就需要不断提高物镜的数值孔径，增加像场尺寸。而提高数值孔径需要增加镜头尺寸，增加像场尺寸需要增加镜头尺寸和镜头数目，以达到在更大的像场上尽量消除各种像差、色差、像散、场曲以及畸变的目

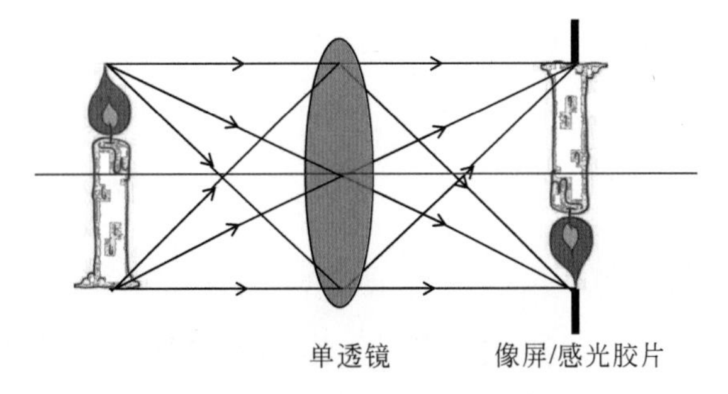

图 2.7　单透镜成像示意图

的。在 4.1 节(光刻机镜头)中可以看到,随着技术节点对镜头的需求以及镜头的设计和加工水平的不断提高,投影物镜类型从纯透镜发展为透镜-反射镜混合型,镜片从球面发展为球面和非球面混合型,镜片数目逐渐增多,镜头尺寸逐渐变大,镜头的设计也更加复杂。

2.3　镜头成像过程中不同方向(X、Y、Z 方向)成像倍率之间的关系

随着对曝光效率与分辨率的要求逐渐增加,光刻机的曝光方式也在不断发展变化,从接触接近式曝光发展到投影式曝光,具体可见 4.1 节。投影成像的比例也由 10∶1 发展到 5∶1,最后定格在扫描式光刻机的 4∶1,即掩模版上图形区域的尺寸是硅片上曝光场区域的 4 倍。曝光过程中,掩模台的扫描速度、定位精度等参数都是硅片台的 4 倍。这个 4 倍成像是针对 X、Y 方向的图形,对于沿着光线传播的 Z 方向,成像倍率(M_z)是 X、Y 方向成像倍率(M_{xy})的平方,表示如下:

$$M_z = M_{xy}^2 \tag{2.1}$$

接下来以最简单的薄单透镜成像公式为例推导式(2.1)中的关系,这一关系也适用于复杂的物镜成像系统。如图 2.8 所示,薄透镜成像公式以及 X、Y 方向的成像倍率分别如下:

$$\frac{1}{s} + \frac{1}{s'} = \frac{1}{f} \tag{2.2}$$

$$M_{xy} = \frac{s}{s'} \tag{2.3}$$

其中,s 为物距,s' 为像距,f 为透镜的焦距,对式(2.2)进行求导可得

$$-\frac{ds}{s^2} - \frac{ds'}{s'^2} = 0$$

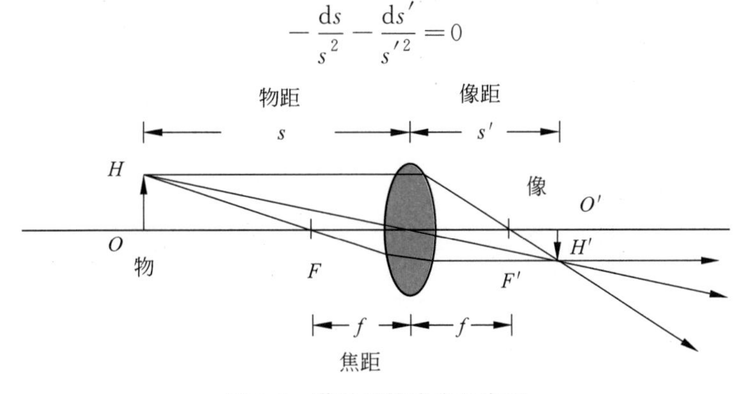

图 2.8　薄单透镜成像示意图

$$M_z = \frac{ds}{ds'} = -\frac{s'^2}{s^2} = -M_{xy}^2 \tag{2.4}$$

由式(2.4)可以看出，M_z 的含义就是当物距发生变化时，像距沿着光轴(Z)方向的变化，公式中的“－”是指当物距变小时，像距变大。因此，当光刻机在 X、Y 方向上的投影比例为 4∶1 时，在 Z 方向上的投影比例为 16∶1。

2.4 投影物镜双远心结构成像的原理和必要性

由 4.1 节可知，从汞灯 436nm 光源的光刻机开始，其投影物镜就开始采用物方、像方双远心成像设计。在讨论双远心成像之前，先简单介绍无远心成像、物方远心成像以及像方远心成像的基本原理。

(1) 图 2.9(a)是普通的无远心成像的光路示意图，其中，镜头代表光瞳，镜头大小代表可接收光线的多少。如图 2.9(a)和图 2.9(b)所示，当物靠近镜头(物距变小)时，像和像距都变大。因此，放大倍率也变大，也就是常说的“(物)近(像)大(物)远(像)小”现象。

(2) 图 2.9(c)是物方远心成像示意图，在镜头后焦面上放置光瞳，将镜头收集到的大角度的光排除在外，从图中可以看出，物方主光线都与光轴平行，只有接近平行光入射的物方光线可以通过光瞳的中央，到达像平面成像，相当于物放置于无穷远处。这种镜头可以消除物方由于调焦不准确造成的成像误差，也就是说，即使物体位置发生变化，只要像屏位置保持不变，那么像的大小就不会受到影响(在焦深范围内)。

(3) 图 2.9(d)是像方远心成像示意图，与物方远心结构正好相反：像方远心设计在镜头前焦面上放置光瞳，光瞳的作用也是将大角度的光排除在外。从图中可以看出，无论从镜头哪一点出射到像平面的光束，其出射主光线均与光轴平行，并且此光束会通过光瞳的中央。这种镜头可以消除像方由于调焦不准确造成的成像误差，也就是说，只要被成像物体位置保持不动，即使像屏位置发生变化，成像的大小也不会受到影响(在焦深范围内)。可以看出，普通成像光路的成像倍率是由像距和物距的比值决定的，而物方远心成像光路的成像比例由像距决定，像方远心成像光路的成像比例由物距决定。

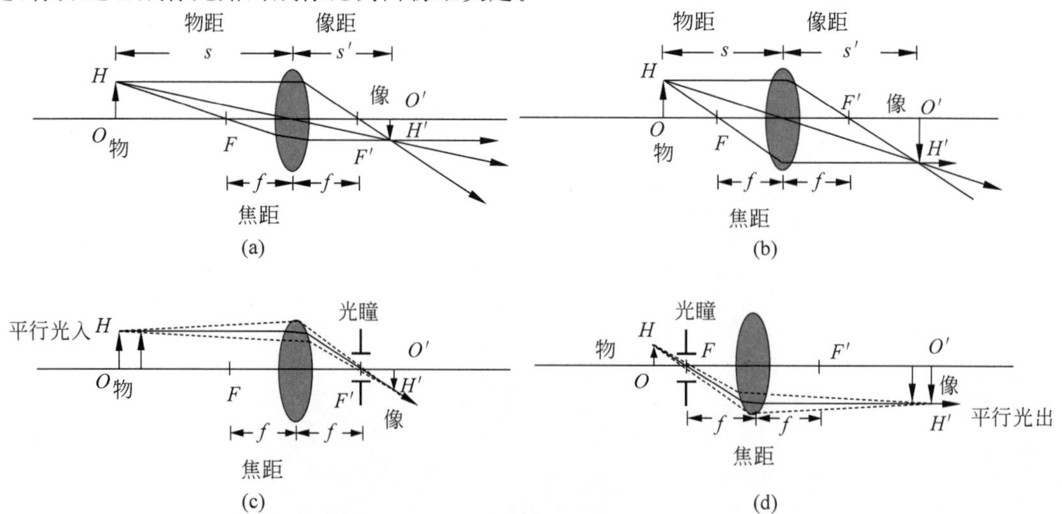

图 2.9　像方远心成像示意图：(a)、(b) 物距不同的无远心成像；(c) 物方远心成像；(d) 像方远心成像

每个技术节点的光刻工艺都需要将线宽与套刻做到相应的规格范围内。而成像倍率的改变会造成线宽和套刻的变化，因此需要精确地控制成像倍率，不希望其随着物距或者像距的改变而变化，这需要引入双远心成像，如图 2.10 所示。双远心设计相当于将物方远心与像方远心结合在一起，其特点是有两组镜头（此处用两个凸透镜代替），前组镜头的后焦点与后组镜头的前焦点重合，并在此处放置光瞳。物方光束发散角很小，其主光线与光轴平行，并且通过光瞳的中央（焦点）后经过后组镜头后又平行出射到像屏上。双远心结构的特点显而易见：成像倍率由前后组镜头的焦比（焦距比值）决定，与物距、像距无关，一旦镜头确定，物距、像距的变化不会造成垂直于光轴（X、Y 方向）的成像倍率发生变化，从而更好地控制曝光之后的套刻精度和线宽均匀性。注意，物距（在 Z 方向上）的变化，仍然会导致像距按照式(2.4)中的比例发生变化。

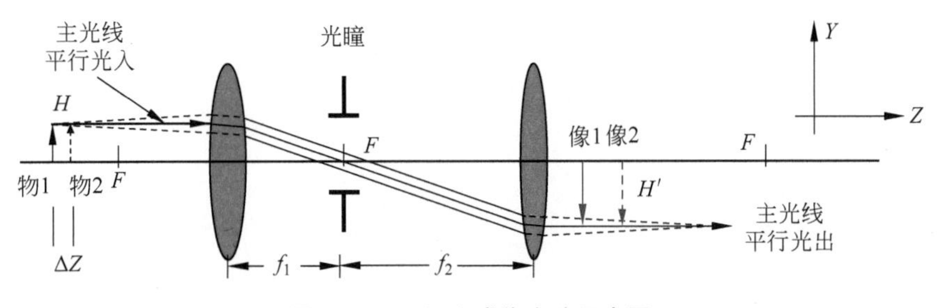

图 2.10　双远心成像光路示意图

2.5　光学系统的分辨率

2.5.1　光学系统的衍射极限分辨率

由于光波的衍射特性，对于任意一个光学成像系统（单一透镜或者镜头组）来说，都会存在一个衍射极限。以镜头汇聚平面波成像为例，成像的本质就是将 XZ 平面上一定张角范围内的平面波叠加起来，最后得到的焦点处光强分布如图 2.11(a)所示。也就是说，一个理想的点光源或者理想的平面波通过透镜成像或者汇聚后，并不是一个无穷小的点。由于光的衍射特性，最终形成的是中央明亮的圆斑，且周围有一组较弱的明暗相间的同心圆环状条纹。其中以第一暗点为界限的中央亮斑称为艾里斑，而第一个暗点到光强中心最强处称为艾里斑的半径，这一半径大小如下：

$$R = 0.5\frac{\lambda}{\mathrm{NA}} \tag{2.5}$$

其中，NA 为光学系统的数值孔径（Numerical Aperture），$\mathrm{NA} = n\sin\theta$，其中，$n$ 为像方折射率，θ 为镜头可以收集的最大角度的光，NA 就是衡量一个光学系统收集光的能力，如图 2.11(b)所示。

光学系统的极限分辨率是指，两个物体经过光学系统成像之后，系统可以分辨两个像之间距离的能力。假设物方有两个光点，经过光学系统衍射成像后分别为两个艾里斑。其中，衍射光强形式与函数 $\sin(2\pi x)/(2\pi x)^2$ 类似（图 2.12(a)），本节以函数 $\sin(2\pi x)/(2\pi x)^2$ 为例解释光学系统的极限分辨率。当两点距离较大时，两个艾里斑很容易被分辨，如图 2.12(b)所示。当两个艾里斑中一个的中心与另一个的第一暗点重合时，这两点恰好可被分辨，且有一定的对比度（最低点光强约为最高点光强的 80%），这就是瑞利判据（Rayleigh Criterion），如

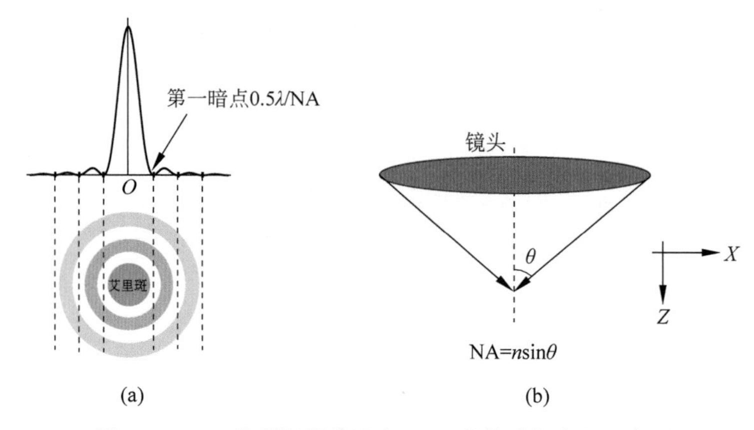

图 2.11 (a) 衍射极限艾里斑；(b) 数值孔径定义示意图

图 2.12(c)所示。因此，对于一维图形，式(2.5)中的艾里斑半径就是一个光学系统衍射极限分辨率的周期(像方)。当两点继续靠近，无法被分辨，如图 2.12(d)所示。

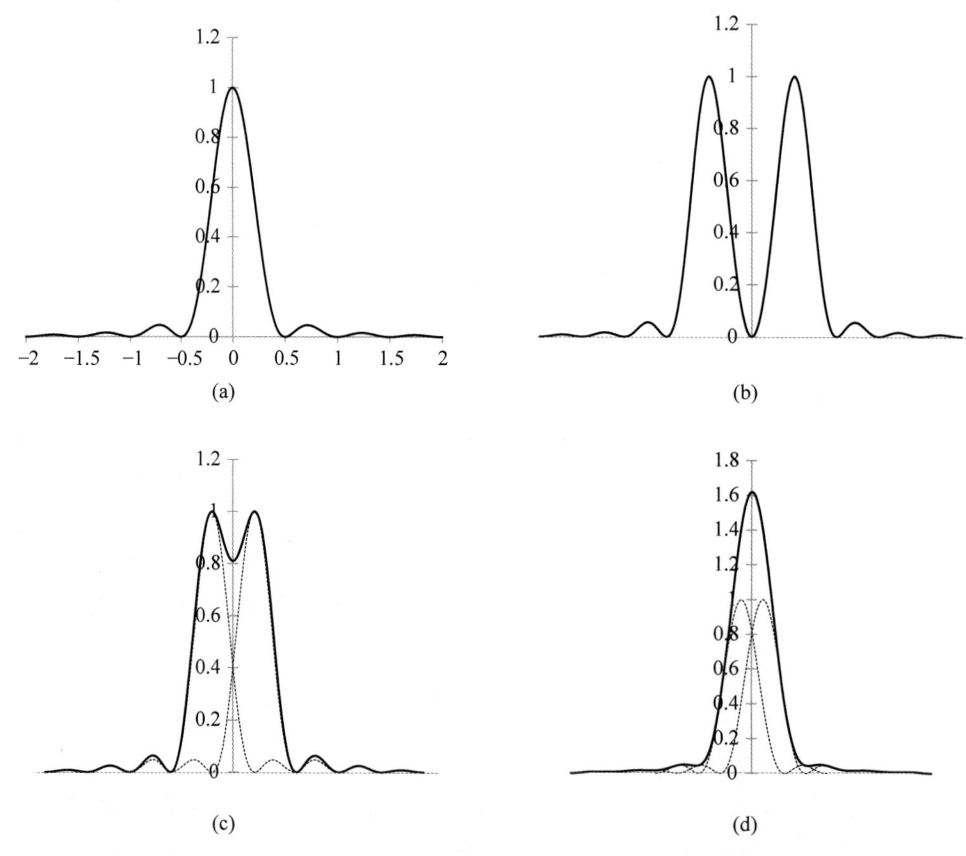

图 2.12 光学系统的分辨率极限：(a) 衍射光强函数 $\sin(2\pi x)/(2\pi x)^2$ 和两个距离不同点成像的光强示意图；(b) 距离远可分辨；(c) 刚好可分辨；(d) 距离近不可分辨

对于二维图形来说，收集的不只是如图 2.11(b)所示平面中一定张角范围内的光，而是一个二维空间中围绕 Z 轴(传播方向)旋转对称且最终汇聚于一点的光线束。同样通过推导得到聚焦点的光强分布，其中，从中央光强最强处到第一暗点(极小值)之间的距离如下：

$$R = 0.61 \frac{\lambda}{\mathrm{NA}} \tag{2.6}$$

同样地，当一个二维艾里斑光强最强处与另外一个二维艾里斑的第一暗点重合时，根据瑞利判据，认为两个光点刚好可被分辨，而式(2.6)就是二维图形衍射极限分辨率的周期。

无论是一维图形还是二维图形，分辨率[1-2]均与曝光波长成正比，与数值孔径成反比。对于一个镜头来说，其收集光束的能力越强，相应的NA也越大，分辨率也就越高。因此，随着技术节点的提高，要求线宽不断缩短，就需要不断缩短光刻机的曝光波长，不断增大光刻机镜头的数值孔径，具体可见4.1节。

2.5.2　光学系统的 k_1 因子

由2.5.1节可知，对于一个光学系统来说，其一维图形的衍射极限分辨率如式(2.5)所示。本节引入一个新的概念——k_1 因子[3-4]，其与关键尺寸(Critical Dimension，CD)的关系如下：

$$\mathrm{CD} = k_1 \frac{\lambda}{\mathrm{NA}} \tag{2.7}$$

一般来说，密集图形的线宽为周期的一半，由式(2.5)与式(2.7)可知，k_1 的最小值为0.25。k_1 因子是评价光刻工艺难易程度的一个重要参数，k_1 越小，关键尺寸(或者周期)越接近光学系统的衍射极限。而较小的周期(或者线宽尺寸)会导致更加明显的衍射，即明显的光学邻近效应，增加光刻工艺的研发难度。因此，当 k_1 因子开始小于0.4时(在这之前使用简单的修正)，一定要进行光学邻近效应修正，否则硅片上的线宽会明显小于设计线宽，还会存在线端缩短、方角变圆等现象。

2.6　镜头中的主要像差以及像差表征方法

如2.5节所述，一个理想的光学系统(无任何像差)存在一个衍射极限分辨率。对于镜头成像来说，若镜头(或者镜头组)存在像差，其分辨率将达不到衍射极限分辨率，或者说其对一个理想光点成像之后的光斑(弥散圆)大于艾里斑。4.1节将详细介绍光刻机投影物镜的发展历史，其中为了提高分辨率、扩大像场(提高曝光效率)，需要增大数值孔径，并尽可能在大像场上消除镜头中的各种像差，包括球差、彗差、像散、色差、场曲以及畸变等，使镜头在较大像场中每个点的成像都尽量接近衍射极限。这就需要增加镜头的尺寸、增加镜片的数目，甚至引入非球面镜以及凹面反射镜来达到上述目的。本节将介绍像差的表征方式，分析常见几种像差产生的原因，讨论其对光刻工艺的影响以及减小的方法等内容。

2.6.1　泽尼克像差

通常来说，表征镜头像差的方式有两种：第一种是赛得(Seidel)像差，其不仅包含对光瞳上波前相位差的描述，如球差、彗差等，还包含像平面上的像差，如场曲和畸变。镜头设计过程中，可以分别看镜头每个曲面的赛得像差。第二种是人们熟知的、常用于光刻机镜头中像差的表征：泽尼克(Zernike)多项式[5]。其仅描述光瞳上的波前相位差，泽尼克系数包含低阶和高阶项，对于同一种像差，泽尼克系数和赛得系数之间可以相互转换。图2.13展示了泽尼克多项式中的49个系数Z1～Z49，其中，真正的像差从像散Z5(Z6)开始，部分像差对光刻工艺的影响见6.3节。

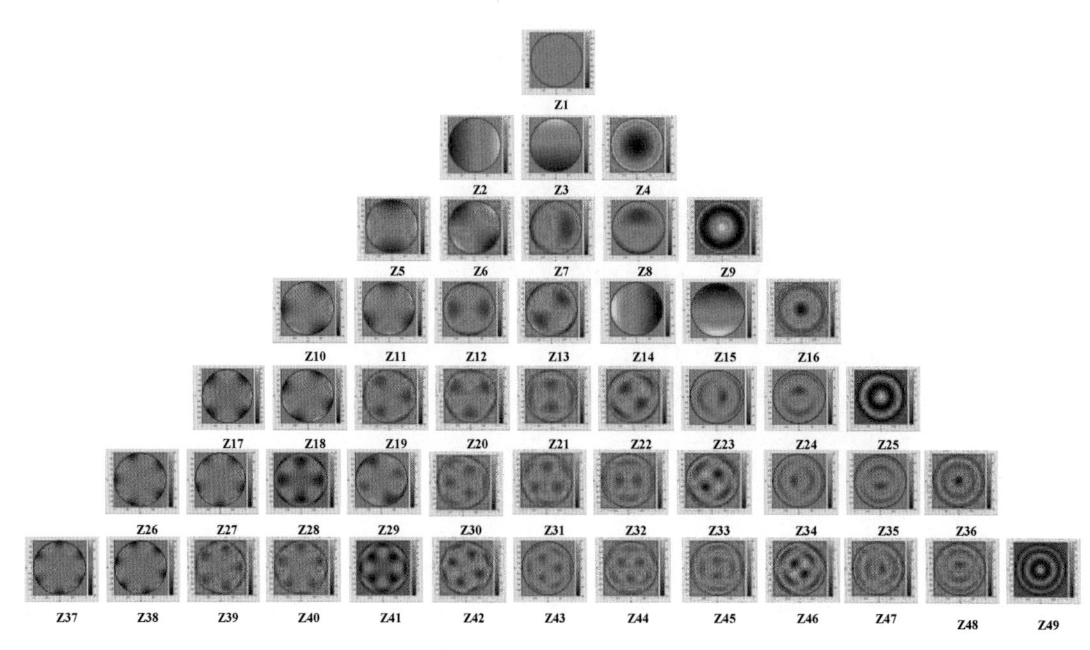

图 2.13 49 个泽尼克系数表征示意图：Z1～Z49

2.6.2 常见像差产生原理与消除方法讨论

根据与波长是否相关，像差可以分为与波长有关的色差和与波长无关的单色像差。其中，与波长有关的色差又分为轴向色差和垂轴色差，与波长无关的单色像差又分为在轴像差和离轴像差[6-7]。图 2.14 为常见像差的分类图，其中，球差是在轴像差，场曲、畸变、彗差以及像散是离轴像差。接下来简单地介绍镜头中经常碰到的这几种主要的像差：场曲、畸变、像散（Z5，Z6）、泽尼克彗差（Z7，Z8）、泽尼克球差（Z9）以及色差。

1. 场曲

如图 2.15(a)展示的是单凸透镜成像，像并不是聚焦在一个平面，而是在一个曲面上。若采用平直像屏，在轴物点发出的、经过镜头中心的光线成像在焦点上时，离轴物点发出的光线经过镜头边缘之后照射到平直像屏会经过更长的光程，与在轴物点相比会发生离焦。若想保证物方每点（离轴不同高度）成像不离焦，则要保持每点发出光经历相同的光程到达像屏，此时需要采取弯曲像屏，也就是说，单凸透镜的像场天然是弯曲的。在最简易的相机中，可以使用弯曲的像屏。但是，集成电路中硅片无法弯曲，场曲太大会造成硅片上同一个平面内的图形焦距不同，曝光像场边缘离焦严重导致图像模糊，如图 2.15(b)所示。

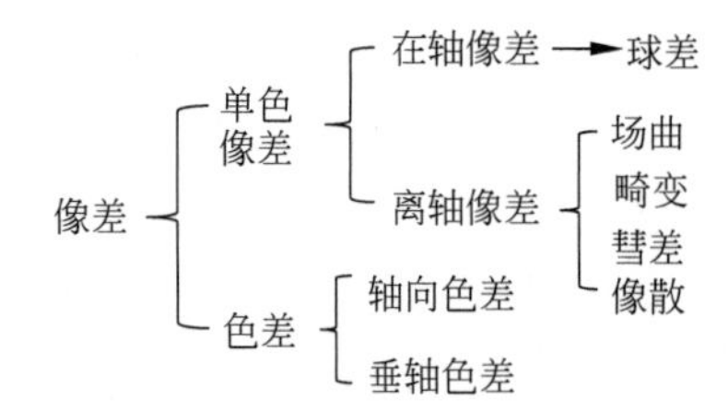

图 2.14 常见像差的分类示意图

在镜头设计过程中，需要保证场曲小于一定的规格，例如，小于某些技术节点的光刻工艺焦深（概念详见 2.9.3 节），否则就会导致像场边缘的离焦现象。场曲与镜头曲率的一次方成正比，因此光刻机投影物镜中需要同时使用拥有正、负曲率（场曲）的镜片来平衡整个镜头组的场曲，得到尽量平直的像场，从而消除场曲造成的像场边缘离焦现象。一般定义凸透镜的场曲为正场曲，那么凹透镜的场曲即为负场曲。注意，对于 193nm 水浸没式光刻机投影物镜中使用的凹面反射镜，其与凸透镜一样可以发挥汇聚光线的作用，但同时又可以提供负场曲。

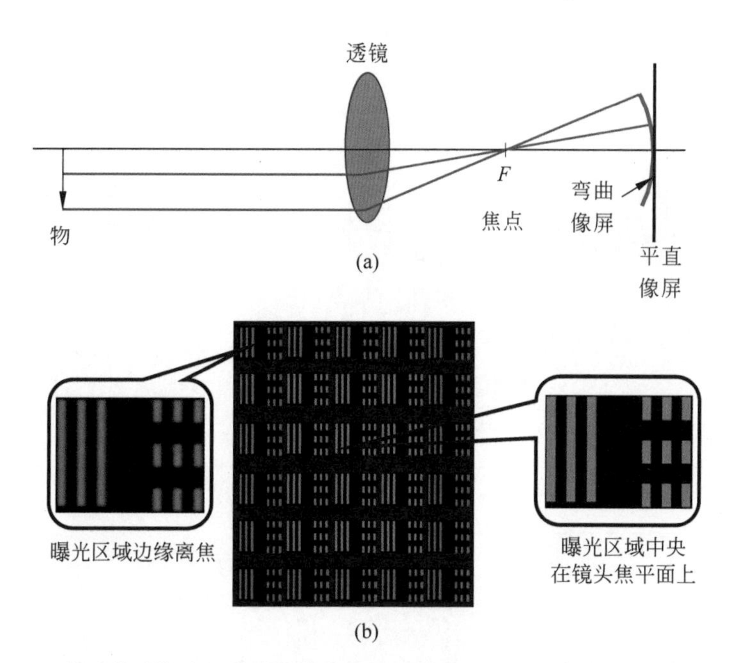

图 2.15　场曲：(a) 单透镜成像中场曲产生的原理示意图；(b) 场曲造成的曝光区域边缘离焦示意图

2. 畸变

畸变，顾名思义是镜头所成的实际的像与理想的像相比存在变形。图 2.16(a)分别列出了无畸变时的理想像以及存在枕形畸变和桶形畸变时的像。其中，枕形畸变是像从边缘到中心有"收缩"的失真现象；而桶形畸变是画面中心"膨胀"成桶形的失真现象。与场曲一样，畸变描述的也是像平面上的像差。注意，畸变是唯一一个只影响图像的几何形状而不影响图像清晰度的像差。

那么，是什么原因导致了畸变的存在呢？如前所述，成像倍率与物距、像距直接相关。若想保证像屏上每点的成像倍率一致，即在物距相同的情况下，需要保持每个物点有相同的像距。如图 2.16(b)所示，采用一个镜头组成像，镜头组中包含正、负场曲的镜头，以获得较平的像场。此时，在平直像屏上每点的成像都是清晰的(不离焦)。但是，由于离轴物点发出的光线经过镜头组边缘照射到平直像屏边缘会经历更长的光程，即比在轴物点的像距更长。这会导致像在像屏不同位置的放大率不同，从而形成清晰但存在畸变的像。也就是说，畸变产生的根本原因是像场中某些位置(尤其是像场边缘)的成像倍率发生变化。即使畸变不会影响图像的清晰度，但是太大的畸变也会直接影响光刻工艺的套刻精度。因此，在光刻机镜头设计中采用双远心结构，使得成像倍率与物距、像距没有直接关系，将影响套刻精度的畸变控制在对应光刻技术节点的特定规格范围内。

3. 像散(Z5，Z6)

首先将沿 Z 方向传播的光束经过的平面分为子午面(YZ 平面)和弧矢面(XZ 平面)，如图 2.17(a)所示。如果离轴物点发出的光经过透镜成像之后，子午面上的光束和弧矢面上的光束聚焦成像在离轴的不同位置，就说明镜头存在像散。当掩模版上同时存在沿 X 方向和沿 Y 方向的图形时，沿 X 方向图形产生的衍射光分布在子午面上，沿 Y 方向图形产生的衍射光分布在弧矢面上。

镜头存在像散会造成掩模版上沿 X 和沿 Y 方向上的图形在 Z 方向上的最佳焦点不一致，直接影响光刻工艺窗口。若某光刻层次的公共焦深有限，过大的像散会导致某个方向的图

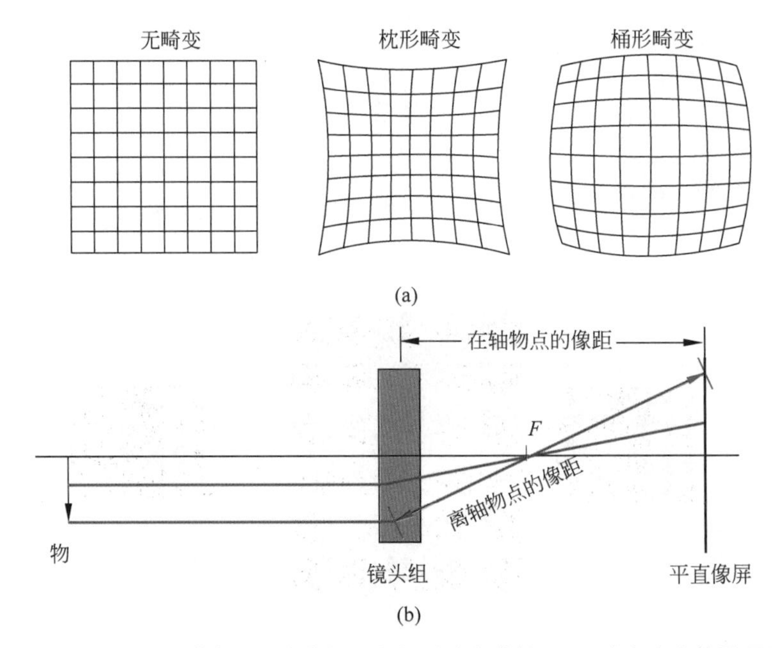

图 2.16　畸变：(a) 无畸变以及存在枕形和桶形畸变举例；(b) 畸变产生的原理示意图

形离焦。图 2.17(b)中展示了沿 X、Y 两个方向的图形，由于像散的存在导致焦距不同，造成 X 方向图形变模糊，大大降低成像质量。因此，在镜头设计过程中，同样需要考虑像散是否已经满足规格要求。与彗差相似，对称的镜头设计可以减小像散。

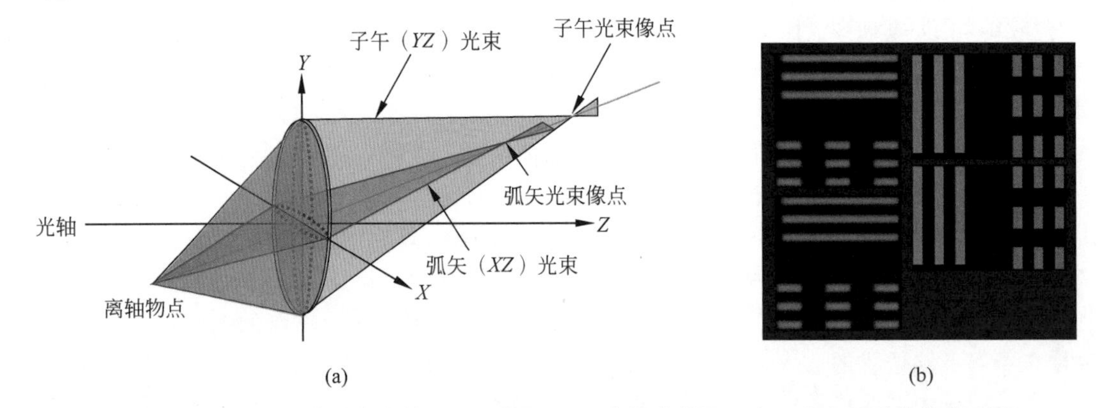

图 2.17　像散：(a) 像散产生的原理示意图；(b) 像散造成沿 X 和 Y 方向图形的焦点不同

4. 泽尼克彗差(Z7,Z8)

彗形像差，又称彗星像差，简称彗差(Z7,Z8)，是由于该类像差导致的像的分布形状类似于彗星而得名。如图 2.18 所示，轴外物点发出的锥形光束通过光学系统成像后，在理想像面不能形成完美的像点，而是像彗星一样表现为拖着尾巴的光斑。其中，图 2.18(a)是产生彗差的光路示意图，图 2.18(b)是彗差光斑的示意图。

那么，彗差产生的原因是什么呢？从图 2.18(a)中可以看出，在物方，离轴光束经过镜头的上半部分和下半部分的光程不同，因此在像方的焦点也不同，从而产生彗星状光斑。从光刻工艺上来说，X 方向的彗差(Z7)会造成沿 Y 方向的图形有沿 X 方向的位置移动[8]，Y 方向的彗差(Z8)会造成沿 X 方向的图形有沿 Y 方向的位置移动，直接影响光刻工艺的套刻精度。同时，彗差严重时还会造成成像对比度下降，影响光刻工艺窗口，具体原理与仿真结果见 6.3.1 节。

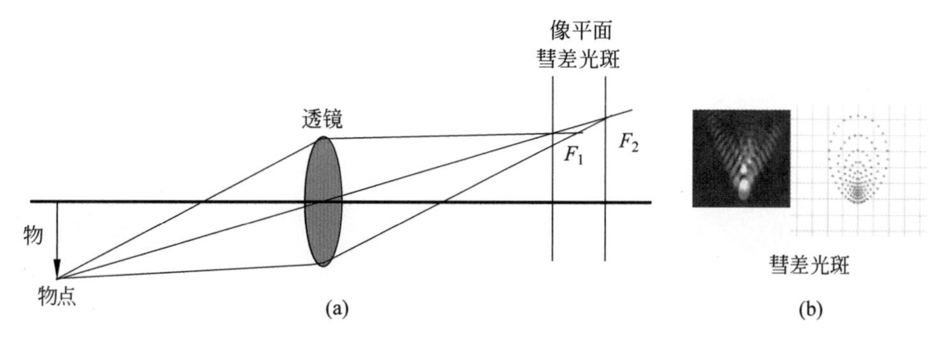

图 2.18　彗差造成像点从理想的光点变成彗差光斑示意图

因此，在镜头设计过程中，需要将彗差控制在一定的规格范围内。然而，天然存在的彗差是无法被消除的，只能通过对称镜头设计：前组（凸透镜为主的镜头组）＋中组（平衡场曲的镜头组）＋后组（凸透镜为主的镜头组）来抵消。光线在前组镜头上（或者下）半部分产生的彗差，被后组镜头下（或者上）半部分产生的彗差抵消。

5. 泽尼克球差（Z9）

泽尼克球差（Z9）也是镜头天然存在的像差之一[9]，具体表现如图 2.19 所示：经过镜头不同位置的几束光（以三束为例）a，b，c，经过凸透镜汇聚后，光束不再是同心光束，每束光聚焦到光轴的不同位置 F_a，F_b，F_c。这就使得本来应该成像的点变成了围绕光轴中心对称的光斑（弥散圆）。可见，球差是轴上像差。从光刻工艺上来说，球差会造成正负离焦后线宽变化的差异不对称。由于不同空间周期衍射级经过镜头的不同位置，因此球差还会造成不同空间周期的焦距位置不同，尤其会影响半密集图形的焦距。严重时，球差会造成图形成像对比度下降，导致成像模糊，具体原理与仿真结果见 6.3.2 节。

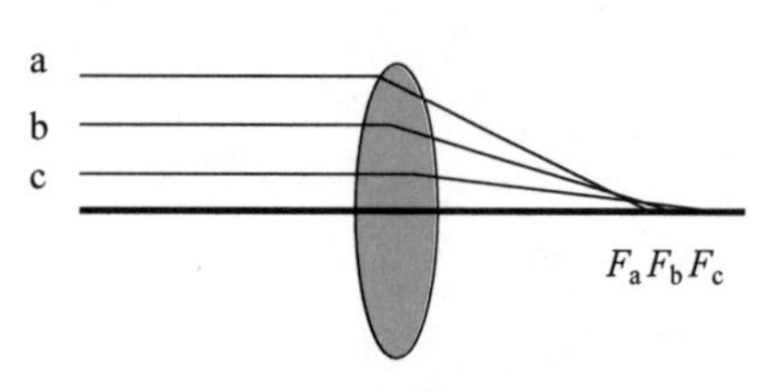

图 2.19　球差产生的原理示意图

同样地，镜头设计过程中，需要严格控制球差的规格。在保证曲率不变（场曲和放大倍率不变）的前提下，可以通过增加镜头数目来大大降低与镜头曲率的三次方成正比的球差、彗差和像散。另外，若镜头可以采用不同折射率的玻璃材料，则球差可以通过采用不同玻璃的正负透镜抵消。

6. 色差

色差是因为光学镜头对不同波长的折射率不同，导致不同波长的光无法聚焦在一起。可以选择色散程度不同的玻璃材料来消除色差，还需要尽量控制曝光波长的单色性。到了大数值孔径的镜头（193nm 水浸没式光刻机镜头）设计中，需要配合凹面反射镜来更好地消除轴向色差。

对于上述提到的离轴像差，即轴外像差（如彗差、像散等），除了镜头的对称设计外，还可以通过限制数值孔径，避免离轴角较大的光参与成像。但是，这种方式会导致分辨率降低，像场减小，这是不希望看到的。所以需要长时间的迭代，才能得到大像场，且成像分辨率接近衍射极限的镜头。不同像差具体对光刻工艺的影响，以及减小像差的措施如表 2.1 所示。在实际芯片制造过程中，会利用 SPC 图表对光刻机的各重要像差进行监测，若超出设定的规格范围，会大大影响光刻工艺窗口，需要停机检修[10]。

表 2.1 几种常见像差产生的原因、对光刻工艺的影响以及减小像差的措施

像差类型	主要影响	其他影响	产生原因	解决方法
场曲	像场边缘的焦深	密集和孤立图形的线宽偏差	天然存在(不同物点光程不同)	正负曲率镜头平衡
畸变	像场边缘的放大率		不同物点像距不同,放大率不同	双远心结构
像散	X、Y 方向图形最佳焦距不同(离轴像场更明显)	图形对比度	横向与纵向放大率不一样	多组镜片,前后组镜头对称设计
彗差	图形位置偏移,图形对比度降低,CD 不对称		天然存在(离轴光束径过镜头不同位置光程不同)	多组镜片,前后组镜头对称设计
球差	图形对比度,半密集图形的焦距	密集和孤立图形的线宽偏差	天然存在(经过镜头不同位置聚焦点不同)	多组镜片,不同玻璃材料的正负透镜

2.7 傅里叶光学基础

1. 周期性图形的傅里叶级数展开和合成

对于任何一种周期图形,都可以展开为多个正弦或者余弦波的叠加,这需要通过傅里叶级数展开来实现。本节以一个方波的傅里叶级数展开为例,展开公式如式(2.8)所示,包含 0 级信号与无数级奇数信号。

$$f(x)=\frac{1}{2}+\frac{2}{\pi}\cos\left(\frac{2\pi x}{p}\right)-\frac{2}{3\pi}\cos\left(\frac{2\pi 3x}{p}\right)+\frac{2}{5\pi}\cos\left(\frac{2\pi 5x}{p}\right)-\cdots \tag{2.8}$$

其中,0 级只是一个常数光强或者能量通过掩模版的平均值。若想形成图形,至少需要两级(0 级和 1 级)傅里叶级数信号。如图 2.20 所示,0 级和 1 级傅里叶级数信号可以合成正弦波。随着叠加的信号级数增多,信号从正弦波逐步还原成初始的方波波形。

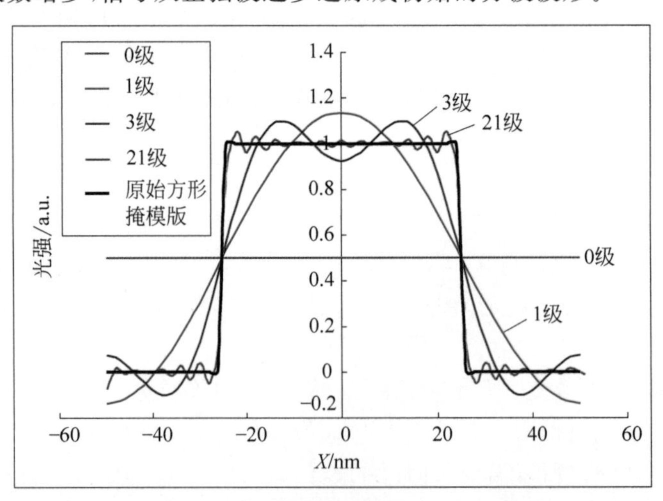

图 2.20 周期为 100nm 方形图形的傅里叶级数展开结果示意图

2. 经过掩模版之后的傅里叶级数展开和合成

对于光刻工艺来说,当掩模版尺寸非常大,没有明显的衍射现象时,经过透镜成像之后,可

以在硅片上完美地还原掩模版图形,即原始的方波。当掩模版尺寸逐渐缩小时,光的波动性之一:衍射现象会逐渐明显,各衍射级之间的夹角与掩模版周期成反比。随着周期变小,衍射级之间的夹角变大,如图 2.21 所示。当垂直入射光通过周期性掩模版发生衍射之后,会出现 0 级,±1 级,±3 级,…衍射光,相当于经过了一次傅里叶级数展开。而投影物镜成像的过程相当于一次傅里叶级数合成,以尽量重现掩模版图样。其中,衍射级的粗细代表不同的强度,大多数光能量集中在 0 级和±1 级中,衍射级越高,对应级数的光强就越弱。

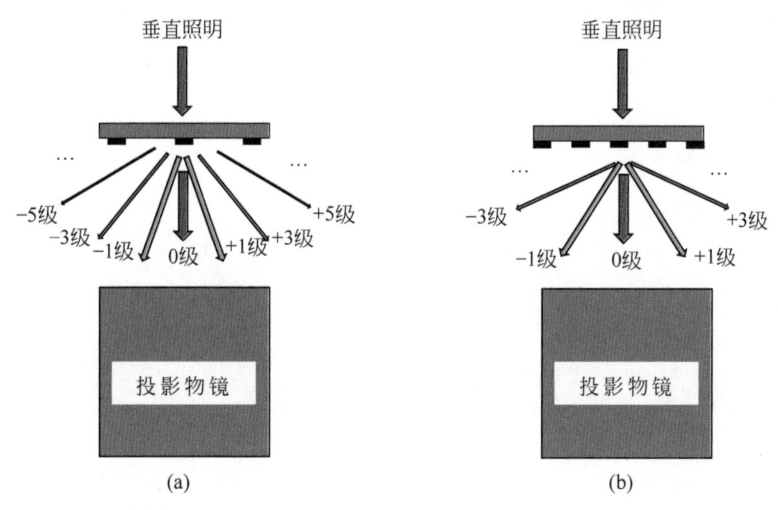

图 2.21　光经过不同周期掩模版时衍射级分布示意图:(a) 大周期,衍射角较小;(b) 小周期,衍射角较大

如前所述,0 级光是一个背景常数,若想 100%还原掩模版图形(方波),则需要尽量收集所有的衍射光。只有在图形尺寸足够大,衍射角较小时,有限的镜头尺寸才有可能实现收集所有的衍射级的目的。当掩模版周期较小,衍射级之间角度较大时,至少保证可以收集 0 级和 1 级两束光,才可以实现干涉成像。只要能完全收入两级光(0 级与+1 级或者 0 级与−1 级),空间像对比度就可以达到 99.83%。随着收集的衍射光增多,空间像对比度会在此基础上继续增加。在先进技术节点中,密集图形的周期越来越小,衍射级之间的夹角就会越来越大,导致有限的镜头无法收入高阶衍射光,那么空间像光强仍然是正弦波,而无法还原成方波。这种无法还原掩模版形状的情况是由于衍射造成的,衍射会带来光学邻近效应,不仅会导致一维图形线宽变小,还会造成二维的线端缩短、方角变圆等现象,需要通过光学邻近效应修正来尽量弥补。

3. 通过仿真验证空间像波形随周期的变化

通过使用自研空间像仿真软件进行仿真,得到不同周期图形的空间像波形,如图 2.22 所示,分别表示不同周期下的空间像波形。仿真使用数值孔径为 1.35(水浸没式光刻工艺),波长为 193.368nm,照明方式为环形照明。可以看出,当周期较小时($<\lambda/NA$),空间像是标准的正弦波或者余弦波。随着周期($>2\lambda/NA$)增加,高阶衍射开始进入镜头成像,空间像不再是正弦波或者余弦波,而是逐渐向方波靠拢。当周期为 4800nm 时,空间像基本为方波,此时基本所有衍射级都被镜头收集并参与成像。同时可以看到,周期较小时的空间像对比度较差,这是因为环形照明时,1 级光的大部分未能被镜头收入,大大损失了空间像对比度,直接影响光刻线宽均匀性以及芯片的成品率。本节只是说明不同周期下,空间像光强的波形,实际技术节点中不同光刻层次的照明光瞳需要根据光刻工艺标准化的需求来确定。

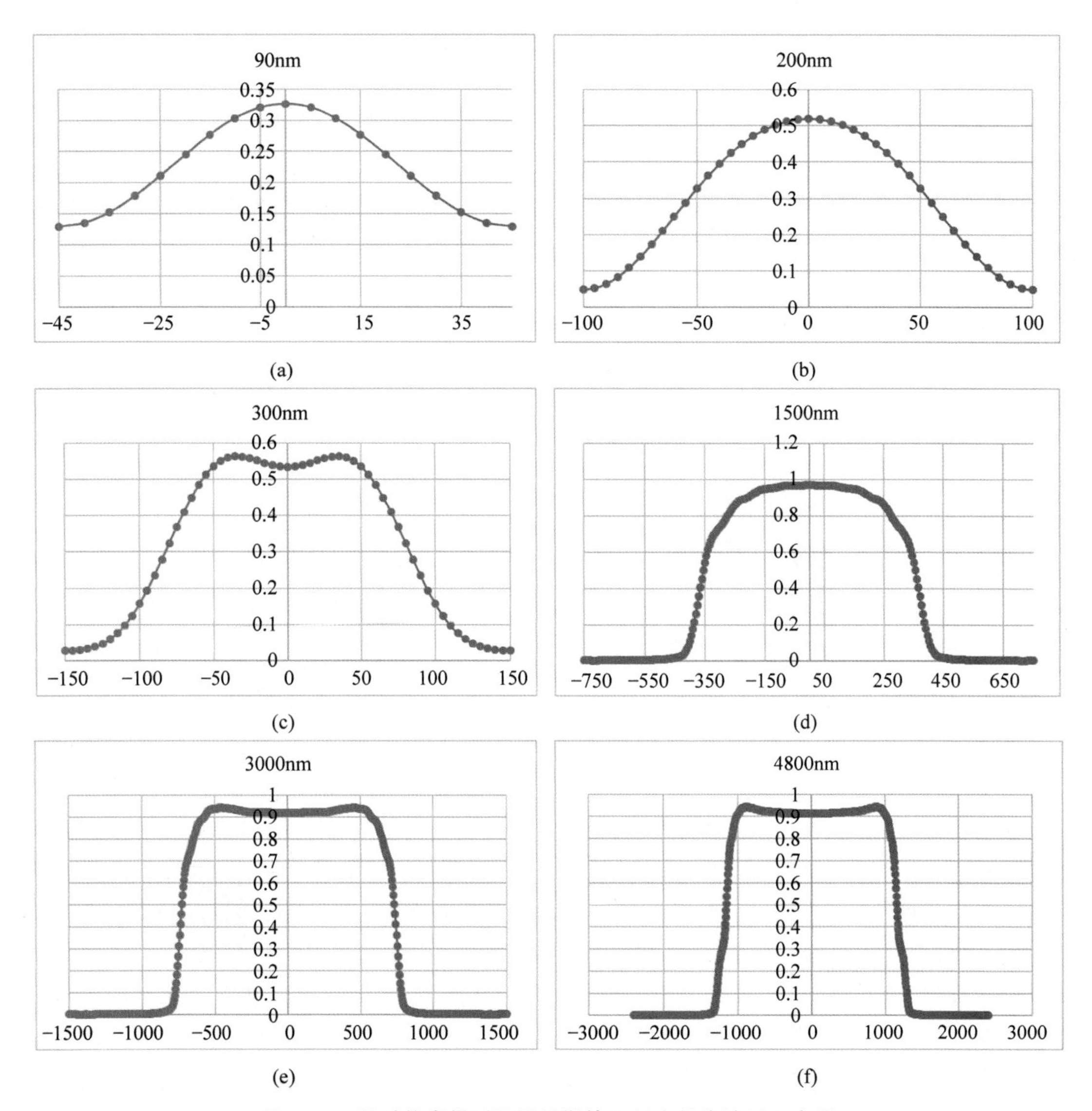

图 2.22 通过仿真得到不同周期情况下空间像波形示意图

2.8 照明方式类型及其对光刻工艺窗口的影响

本节引入调制传递函数(Modulation Transfer Function,MTF)的概念,MTF 受到照明方式的影响,如图 2.23 所示,其中,横坐标是空间频率(空间周期的倒数):可分辨的线对数目/mm,纵坐标是成像对比度。可以看到照明条件会影响 MTF:对于相干照明,即点光源平行光照明,其极限分辨率周期最小为 λ/NA;对于非相干照明,即照明光源包含各个角度的光,其极限分辨率周期就是光学系统的衍射极限分辨率周期 $0.5\lambda/NA$。而对于部分相干照明,包含的入射角范围比非相干光源的要小,其极限分辨率介于相干照明和非相干照明之间。

注意,在镜头仿真过程中,需要通过非相干照明下的 MTF 来判断镜头是否符合要求,一般来说,需要注意以下三点。

(1) MTF 中该系统是否达到了衍射极限分辨率(空间周期)。

(2) 两倍衍射极限分辨率(空间周期)处对应的对比度是否达到了40%。

(3) 在曝光像场多处地方的MTF是否基本都能满足以上两点。如果第二点无法达到要求(两倍衍射极限分辨率处的对比度明显低于40%),就会影响整个周期(Through Pitch,TP)的光刻工艺窗口以及光学邻近效应修正量。如果第三点无法达到要求,即像场不同地方的MTF水平参差不齐,最终会影响整个曝光场以及硅片上的线宽均匀性。

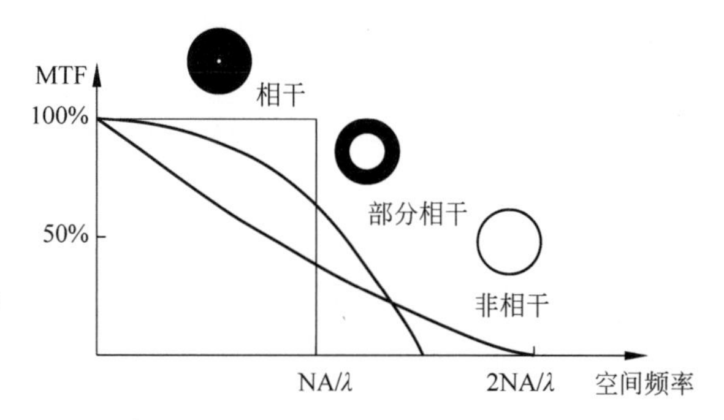

图2.23 不同照明条件下调制传递函数示意图

MTF中纵坐标的对比度与光刻工艺中的三个重要参数之一曝光能量宽裕度(Exposure Latitude,EL)息息相关(见2.9.1节),EL会影响成像的质量、线宽均匀性,最后会影响芯片的性能。因此,EL需要达到一定的规格才能满足量产的需求,详细内容见5.2节。接下来讨论照明条件与分辨率以及对比度之间的关系。

2.8.1 相干照明的分辨率与对比度

1. 相干照明的分辨率

对于理想的相干照明来说,光源为点光源平行光,如图2.24(a)所示,±1级衍射光在0级光两侧呈对称分布。如2.7节所述,至少两束光干涉才可以成像,因此当镜头可以收集到±1级光时,才能将掩模版图形成像到硅片上。其中,光束粗细代表光的强弱,1级衍射光比0级光要弱得多。另外,掩模版类似光栅结构,当硅片上(一倍率下)的图形周期为P(Pitch)时,由于投影成像比例为4∶1,掩模版上的图形周期为$4P$。光通过掩模版的衍射角θ和曝光波长λ以及图形周期P的关系如下[11]:

$$\sin\theta=\frac{\lambda}{4P} \tag{2.9}$$

可见,空间周期越小,衍射角就越大。当镜头刚好可以接收到±1级衍射光时,衍射角正好对应一半透镜,根据数值孔径的定义可以知道,衍射角即为物方(掩模版)数值孔径对应的夹角。当掩模版到硅片的投影成像比例为M∶1时,掩模版(物方)数值孔径为硅片(像方)数值孔径的$1/M$。当硅片(像方)数值孔径为NA,投影成像比例为4∶1时,掩模版(物方)数值孔径为NA/4。因此,式(2.9)可以改为

$$\sin\theta=\frac{\lambda}{4P}=\frac{\mathrm{NA}}{4}$$

$$P=\frac{\lambda}{\mathrm{NA}} \tag{2.10}$$

可以得到如式(2.10)所示的相干照明时硅片上的极限分辨率周期,转换成MTF中的空间频率为NA/λ线对/mm。

2. 相干照明的对比度

从MTF图中还可以看出,相干照明的对比度都约为100%。这是因为在空间频率≤NA/λ线对/mm时,点光源(单一入射角)产生的±1级光可以完全被镜头收集。由于大多数信息都包含在0级和±1级衍射光中,如图2.24(a)光瞳面所示,当0级与±1级衍射光完全被收集时,成像对比度就约为100%(99.93%)。然而,对于实际的相干照明,光源是有一定大小的

光斑(0 级)，如图 2.24(b)所示，除了垂直入射光，还包含其他角度较小的入射光。在接近 NA/λ 线对/mm 的空间频率时，±1 级衍射光斑会随着掩模版周期变小而逐渐地超出镜头可收集的范围。因此，实际相干照明中对比度应该从接近 NA/λ 线对/mm 的空间频率开始由 100%逐渐下降到 0，而非如图 2.23 所示理想的 MTF 曲线中的阶跃下降。

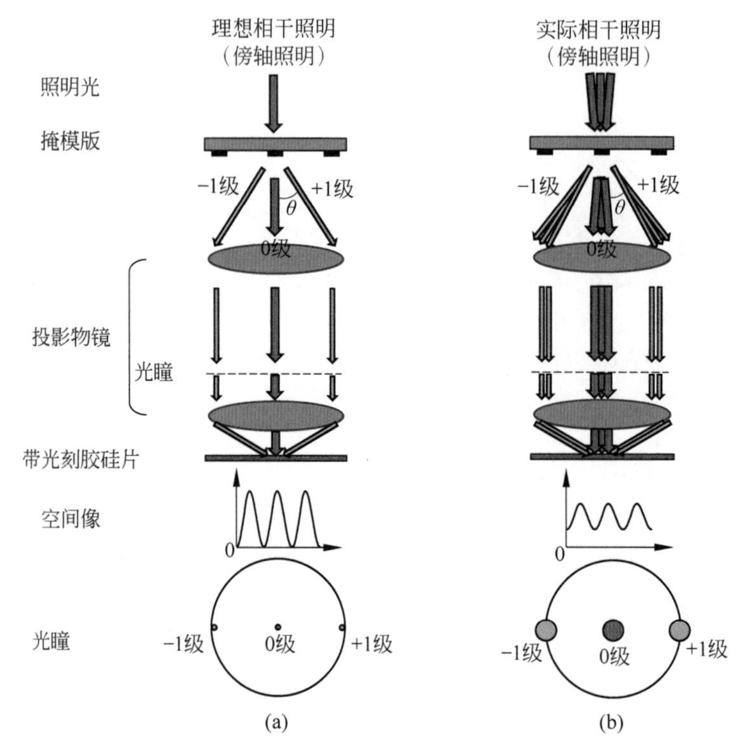

图 2.24 相干照明的极限分辨率示意图：(a) 理想相干照明；(b) 实际相干照明

2.8.2 非相干照明的分辨率与对比度

1. 非相干照明的分辨率

非相干光照明中包含各种角度的入射光(0 级)，如图 2.25 所示。为了更清楚地展示，图中只标出部分 0 级光(玫红色)和 1 级衍射光(绿色)。当镜头恰好收集角度最大的离轴照明的 0 级和 1 级两束光时，两束光之间的衍射角覆盖整个镜头，如图 2.25(a)所示。

$$\sin\theta_{\max} = \frac{\lambda}{4P} = 2 \times \frac{NA}{4}$$

$$P = \frac{\lambda}{2NA} \tag{2.11}$$

可以得到如式(2.11)所示的非相干照明时硅片上的极限分辨率周期，转换成 MTF 中的空间频率为 2NA/λ 线对/mm。

2. 非相干照明的对比度

从图 2.23 中 MTF 曲线中可以看到，对于非相干照明，在整个周期上，图形对比度并不会在 100%附近维持一定的范围，而是立即下降。这是因为，只要有衍射现象，0 级和 1 级(或者 −1 级)光之间就会有衍射角，非相干照明中离轴角最大的入射光，其对应的部分衍射光一定会超出镜头可收集的范围(图 2.25(b)虚线范围内衍射光)，从而导致图形对比度降低，如图 2.25(b)所示。图 2.25(b)光瞳中斜线阴影部分即为掩模版周期较大时，未被镜头收集的

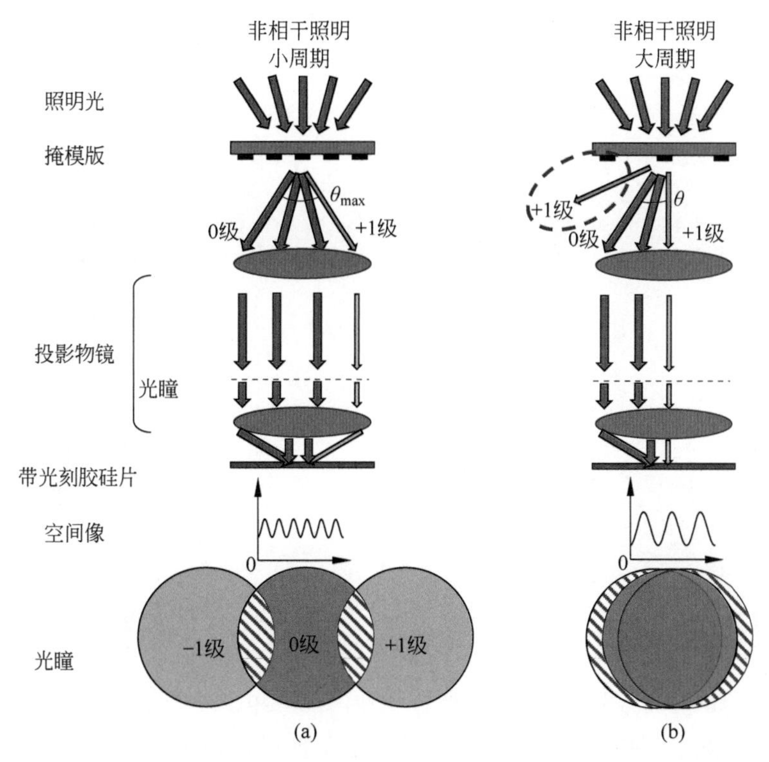

图 2.25 非相干照明成像示意图：(a) 衍射极限周期；(b) 较大周期

±1 级衍射光。

另外，随着分辨率越来越高，对应的成像对比度越来越低。这是因为随着分辨率越来越高，即掩模版图形周期越来越小，0 级和 1 级(或者−1 级)之间的夹角逐渐增大到可以覆盖整个镜头，如图 2.25(a)所示。尽管光瞳仍然可以收集 0 级和 1 级(或者−1 级)的光，然而大部分 1 级(或者−1 级)光无法被镜头收集参与成像，只有少部分 1 级(或者−1 级)光可被收集(斜线部分)，图像对比度大大降低。直到掩模版图形周期减小到小于衍射极限，镜头无法收集到任何除 0 级之外的衍射光时，对比度降为 0。

2.8.3 部分相干照明的分辨率与对比度

1. 部分相干照明的分辨率

从分辨率角度来说，如图 2.26 所示。

(1) 对于部分相干照明中的最大离轴角照明(图 2.26(a))，在其极限周期情况下，1 级(或者−1 级)衍射光在光瞳边缘，且 0 级与 1 级光之间夹角对镜头的覆盖超过一半。

(2) 然而在相同周期下，非相干照明中的最大离轴入射角度更大(图 2.26(b))，其 1 级(或者−1 级)衍射光距光瞳边缘还有一段距离，说明在这种照明条件下，光瞳还可以接收更大衍射角的衍射光，实现更小的周期成像。

因此，部分相干照明的分辨率要低于非相干照明的分辨率，但是高于相干照明的分辨率。

2. 部分相干照明的对比度

从图 2.23 中 MTF 曲线还可以看出，极限分辨率处于相干照明和非相干照明中间的部分相干照明条件的图像对比度也基本处于前两种照明条件中间。部分相干照明的对比度主要分为以下三个阶段。

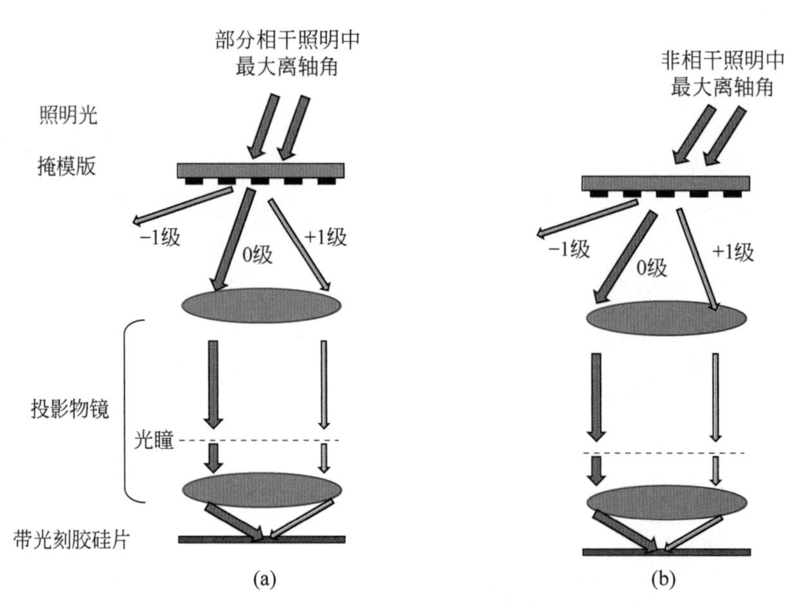

图 2.26 部分相干照明(a)和非相干照明(b)中各自最大离轴角照明在部分相干照明分辨率极限周期处,投影物镜收集衍射光情况示意图

(1) 当图形的空间周期较大(空间频率较低)时,部分相干照明中 0 级和±1 级衍射光之间的夹角比较小,因此±1 级衍射光可以完全被镜头收集,对比度约为 100%(99.93%),如图 2.27(a)所示。

(2) 随着空间周期的不断缩小,衍射角不断增大,无法被镜头收集的±1 级衍射光出现并随着周期减小而逐渐增加,因此对比度也越来越低,如图 2.27(b)和图 2.27(c)所示。

(3) 当周期增大到镜头无法收集到±1 级衍射光时,如图 2.27(d)所示,只存在 0 级背景光,对比度为 0。

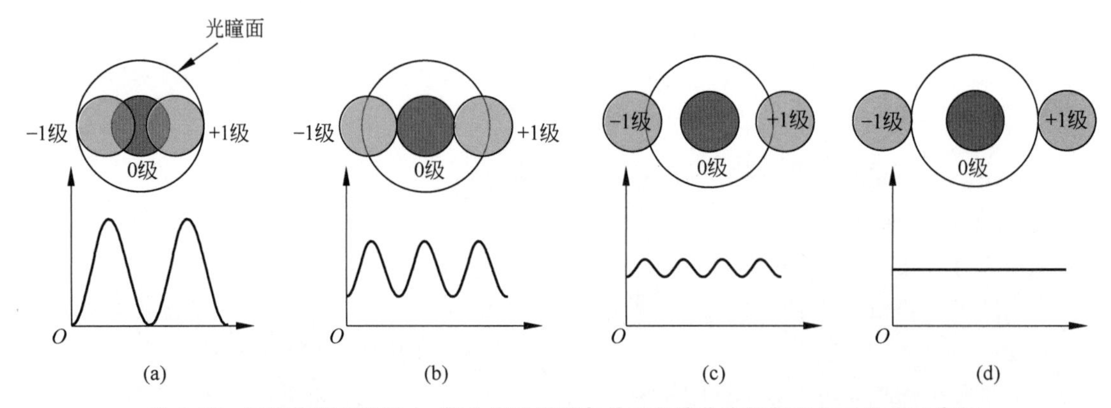

图 2.27 随着周期逐渐增大,部分相干照明条件下光瞳收集衍射光与对比度示意图

2.8.4 部分相干照明与非相干照明对比度的关系

另外,从图 2.23 中 MTF 曲线还可以看出,只有在接近部分相干照明的分辨率极限附近时,相同的空间频率下部分相干照明的对比度才会低于非相干照明的对比度。因此,本节从三个阶段讨论部分相干照明和非相干照明对比度随空间周期的变化趋势。

(1) 在周期较大的情况下,衍射角度比较小。对于部分相干照明来说,±1 级衍射光损失的较少，图 2.28(a)中约 90%衍射光可以被镜头收集。在相同衍射角情况下(衍射光同心圆)，由于非相干照明的大离轴角度入射光更多，只要 0 级与 1 级(或者－1 级)之间有衍射角，就会造成较多的部分 1 级(或者－1 级)光损失，损失部分比部分相干照明的多，只有约 50%衍射光(±1 级)被镜头收集。因此，部分相干照明的对比度在周期较大(空间频率较小)的时候高于非相干照明的对比度。

(2) 随着周期继续缩小，会有一个转折点，此时部分相干照明中光瞳收集的±1 级衍射光的比例与非相干照明中光瞳收集的±1 级衍射光的比例基本相同，部分相干照明和非相干照明条件下的空间像对比度相等，如图 2.28(b)所示。

(3) 当周期进一步缩小，部分相干照明中光瞳收集的±1 级衍射光的比例会小于非相干照明中光瞳收集的±1 级衍射光的比例，因此部分相干照明中图形的对比度小于非相干照明中图形的对比度。这里以部分相干照明在其极限处周期为例，如图 2.28(c)所示，此时光瞳无法收集到部分相干照明的±1 级衍射光，但是可以收集到一部分非相干照明中的±1 级衍射光，非相干照明对应的这一周期图形仍有对比度。这也很好理解，非相干照明包含离轴角度很大的入射光，在较大的衍射角情况下，仍然有部分±1 级衍射光可以被镜头边缘收集。

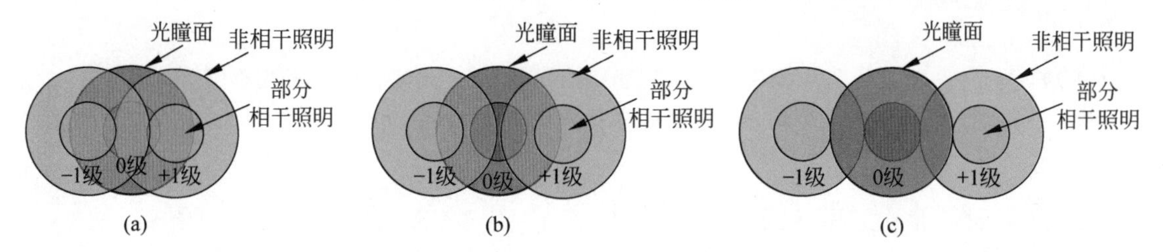

图 2.28　随着周期增大，部分相干照明与非相干照明条件下光瞳收集衍射光示意图：(a) 部分相干照明图形对比度大于非相干照明图形对比度；(b) 部分相干照明图形对比度等于非相干照明图形对比度；(c) 部分相干照明图形对比度小于非相干照明图形对比度

2.8.5　照明条件演变过程

综上所述，不同的照明条件不仅会影响分辨率，还会影响空间像对比度。随着技术节点的不断发展，线宽越来越小，对成像分辨率的要求越来越高，照明条件也在不断发展。

(1) 照明条件从传统的部分相干照明发展为离轴照明中的环形照明，如图 2.29(a)和图 2.29(b)所示，当周期较小时，曝光能量宽裕度与对比度成正比。由 5.2 节可知，每个技术节点对光刻工艺窗口都有一定的要求，例如，曝光能量宽裕度需要满足一定的标准，也就是说，相应的对比度需要满足一定的标准。当设计规则接近部分相干照明的分辨率极限时，对比度和分辨率都无法满足工艺需求，需要选择非相干照明提高分辨率。但是，非相干照明的对比度太低，需要将其中的部分相干照明剔除，因此变成环形照明。

(2) 当技术节点中的设计规则继续缩小，环形照明会导致很多±1 级衍射光无法被镜头收集，对比度会降低，因此照明条件需要优化为四极照明，如图 2.29(c)所示。

(3) 当设计规则继续减小到靠近光刻机衍射极限时，需要选择交叉四极照明条件才能继续提高对比度，如图 2.29(d)所示。交叉四极照明相当于两个偶极照明，可以加强两个方向图形的成像。

注意，上述照明条件都可以兼顾两个方向图形的成像。

(4) 当设计规则在衍射极限附近时，需要选择偶极照明(图 2.29(e))和极大的离轴角，并配合单向设计规则，才能加强一个方向上图形成像的对比度，使其满足工业标准。偶极照明又有强弱之分，强偶极照明的张角很小，可以实现接近衍射极限的图形（例如 76nm 周期），具体可见 5.3.1 节。总之，离轴照明是为了获得较高的分辨率，而离轴照明中的其他照明条件，是为了在较高分辨率下收集更多±1 级衍射光，以获得较大的成像对比度（曝光能量宽裕度）。随着技术节点的不断发展，照明条件的实现方式也在不断改进，具体见 4.1.3 节。

照明条件中的数值孔径、内径（σ_{in}）、外径（σ_{out}）以及张角都会对光刻工艺窗口有很大的影响。例如，数值孔径会影响分辨率，内径外径会影响分辨率与整体焦深以及整个周期上光学邻近效应修正量，张角会影响线端-线端尺寸与线端形状等。因此，在光刻工艺研发过程中，工程师需要根据不同技术节点的设计规则，选择合适的照明条件并设置合适的参数。

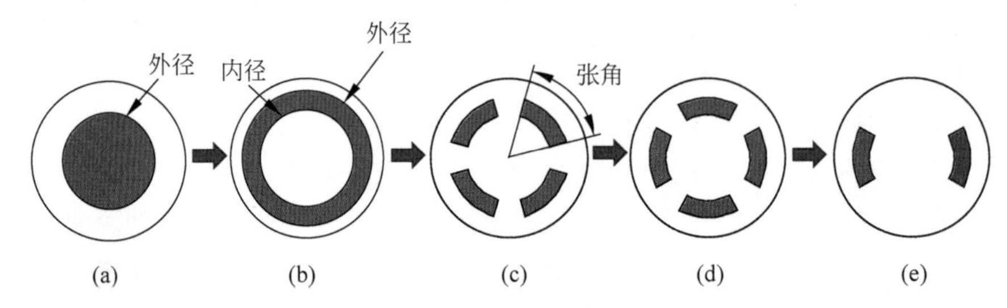

图 2.29 随着技术节点的发展，照明条件演变过程的示意图：(a) 传统照明（部分相干照明）；(b) 离轴照明（环形照明）；(c) 四极照明；(d) 交叉四极照明；(e) *X* 方向偶极照明

2.9 表征光刻工艺窗口的三个重要参数

在第 4 章光刻工艺 8 步流程中会提到，光刻工艺完成之后，需要测量线宽与套刻，以确认线宽是否做到目标值、线宽均匀性与套刻精度是否符合规格要求，这关系到芯片的最终性能。而光刻工艺中与线宽、线宽均匀性息息相关的三个重要的参数分别是曝光能量宽裕度（EL）、掩模版误差因子（Mask Error Factor，MEF），以及焦深（Depth of Focus，DoF），其中，我国台湾地区的工厂，如台积电还将 MEF 称为掩模误差增强因子（Mask Error Enhancement Factor，MEEF）。

2.9.1 曝光能量宽裕度的定义与影响因素

如前文所述，评判成像质量好坏的一个参数是空间像对比度。如 2.7 节所述，对于周期性密集线条，若周期小于 λ/NA，则空间像光强为正弦或者余弦波。如图 2.30 所示，U_{max} 和 U_{min} 分别为光强的最大值和最小值。空间像对比度的定义如下：

$$\text{对比度(Contrast)} = \frac{U_{max} - U_{min}}{U_{max} + U_{min}} \tag{2.12}$$

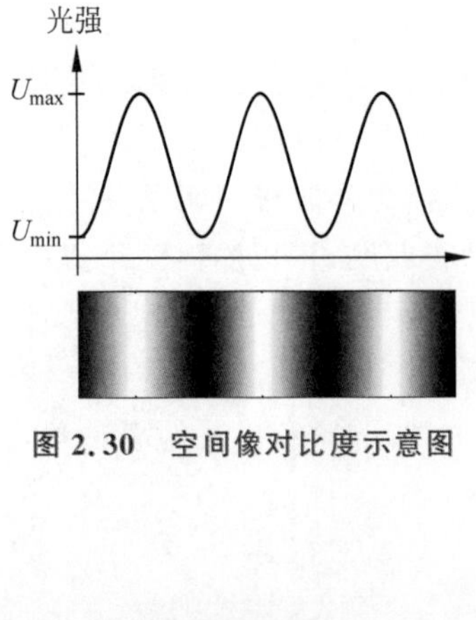

图 2.30 空间像对比度示意图

接下来介绍一个与对比度直接相关，且可以评价光刻工艺窗口好坏的重要参数：曝光能量宽裕度。那么，什么是曝光能量宽裕度？在最佳能量附近，能量变化在一定的范围（ΔE）时，光刻线宽还可以保持在目标值附近的一定范围（一般对应±10%的线宽目标值）内。这一能量变化值 ΔE 与曝光时最佳能量值 E_{best} 的比值即为曝光能量宽裕度：

$$\text{EL} = \frac{\Delta E}{E_{best}} \times 100\% \tag{2.13}$$

从式(2.13)中可以看出，EL 越大，说明即使能量变化很大，线宽仍然可以保持在目标值的±10%之内，也就是说，这个光刻工艺对于曝光能量变化不敏感，这是一个合格的光刻工艺应该具备的特性。在光刻工艺中，还有一个与对比度、EL 类似的描述光刻工艺窗口的参数：归一化的图像光强对数斜率(Normalized Image Log Slope，NILS)。对于空间像光强波形为正弦或者余弦波的密集图形，且线宽为周期的一半这个情况，对比度、EL 以及 NILS 的关系如下[4]：

$$\mathrm{NILS}=\pi\mathrm{Contrast}=\mathrm{EL}\,\frac{\mathrm{CD}}{\Delta\,\mathrm{CD}}=10\mathrm{EL} \tag{2.14}$$

当 0 级和 1 级(或者−1 级)衍射光可以完全被镜头收入参与成像时，对比度基本为 100%(99.83%)，因此正弦波空间像的最大 EL 约为 31.4%。在此基础上，随着周期逐渐增大，空间像波形不再是正弦波，而是向着方波逐渐演变，此时的图形对比度基本都是 100%，但是 EL 可以超过 31.4%。若周期逐渐缩小，由于衍射角的增大，会出现 1 级衍射光无法完全参与成像的情况，这会导致 EL 逐渐降低，此时就需要通过选择合适的照明光瞳来提高 EL。另外，图形的占空比也会影响 EL 大小，对于线条/沟槽图形，一般来说，占空比为 1∶1 时，可以获得最大的 EL。但是 EL 也并非越大越好，在实际的光刻工艺中几个参数是相互平衡的关系，参数的整体指标能够满足量产需求即可，也就是需要符合光刻工艺标准。在曝光硅片上测得数据后，如何计算每个图形的 EL，可参考 7.3.6 节。

2.9.2　掩模误差因子的定义与影响因素

什么是掩模误差因子(MEF)？MEF 是指在硅片上曝出的线宽对掩模版线宽(1 倍率)的偏导数，即

$$\mathrm{MEF}=\frac{\delta(\text{硅片线宽})}{\delta(\text{掩模版线宽})} \tag{2.15}$$

简单理解就是掩模版上线宽的变化(1 倍率)会造成硅片上线宽有多少变化，如图 2.31 所示。当 MEF<1 时，硅片上线条之间线宽更加接近；当 MEF=1 时，硅片完全 1∶1 复制掩模版图形(1 倍率)；当 MEF>1 时，硅片上线条线宽之间差异更大。

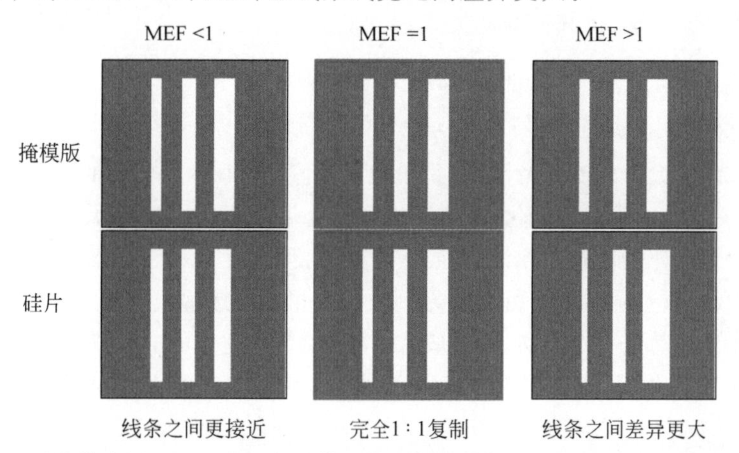

图 2.31　以沟槽为例，MEF 不同时，硅片上线宽与掩模版上线宽(1 倍率)的差异示意图

显然，MEF 接近 1 或者等于 1 是最好的。一般来说，MEF 主要由光学系统的衍射造成，即光不容易穿过掩模版造成 MEF 变大，而光刻胶对光学空间像的有限保真度也会导致 MEF 变大。因此，当掩模版透光区域的线宽(4 倍率)远大于曝光波长时，衍射现象不明显，MEF 基本等于 1。而当掩模版透光区域的线宽与曝光波长相当时，衍射效应明显，会导致线宽缩小、

方角变圆等现象，需要引入光学邻近效应修正（见6.8节）来提高光刻工艺窗口；此时对于空间上有延伸的图形，例如，一维的线条、沟槽以及二维的接触孔等，MEF都大于1。由于二维图形会从两个方向上限制光通过掩模版，所以在同一个技术节点较小的设计规则中，二维图形的MEF要远大于一维图形的MEF。

由于MEF会直接影响硅片的线宽，从而影响线宽均匀性，最终会影响器件性能和芯片的成品率。因此，将MEF控制在一定的规格范围内是很有必要的。不同的照明条件、掩模版上图形周期和类型以及光刻胶的扩散长度等因素都会影响MEF。

(1) 针对接近衍射极限的光刻工艺来说，一般图形的EL越大，成像对比度越好，硅片上图形相对掩模版上图形保真度高，那么MEF相应地也会变小，而较高的EL需要通过选择合适的照明条件来实现。

(2) 一般来说，对于一维图形，占空比1∶1时的EL最高。但是，此时的MEF并不是最小的，需要通过增加透光区域的线宽使得光更容易通过掩模版，从而减小MEF。

(3) 图形的周期越小，衍射效应越明显，会导致MEF越大。

(4) 当光刻胶的等效光酸扩散长度逐渐增加时，在一定范围内会起到平滑线宽粗糙度(Line Width Roughness，LWR)的作用，但是扩散长度超过一定数值，会造成图形对比度下降，图形保真度变差，不仅会造成LWR变差，MEF也会增高。

因此，在光刻工艺研发过程中，不仅要选择合适的照明条件，锚点掩模版线宽偏置(Mask Bias)以及光刻材料的选择也至关重要(见第6章)。

由于各个关键光刻层次对于MEF都有较高的要求，因此需要在光刻工艺研发阶段就预知MEF水平，使其符合量产的要求。有两种方式可以得到不同图形的MEF：一是制作掩模版后进行硅片曝光，实际测量硅片上的线宽，由于掩模版制作时也有误差，所以也需要测量掩模版上对应图形的线宽，直接通过式(2.15)计算得到每个图形的MEF。这种方法存在成本高、耗时长的缺点。因此，从32/28nm技术节点开始，出现了第二种方法，即通过建立准确的仿真模型计算空间像，从而获得不同图形的MEF。这种方式将压力传给计算机，不会引入测量误差，仿真得到的MEF精确可靠。

2.9.3 焦深的定义、影响因素以及计算方式

1. 焦深的定义及影响因素

焦深是指在线宽允许的变化范围内（一般为目标值的±10%），焦距的最大可变化范围（±离焦范围）。离焦不仅会造成线宽变化，还会造成形貌变化，如图2.32所示。下面以正显影为例。

(1) 图中阴影部分是曝光区域，焦点聚焦在光刻胶中间，如图2.32(b)所示。经过显影之后，形成上下对称的结构，其中显影后留下的光刻胶圆桶形状与未曝光区域形状类似。由于光不会聚焦为一个完美的点，而是一个光斑，所以最后的沟槽是上下对称的、中间有一定宽度的沙漏形状。

(2) 当发生正离焦时，即硅片台靠近镜头方向，此时光束焦点相对下移，造成光刻胶顶部光变多，离焦量大时会有明显的顶部变窄(Top Loss)现象，如图2.32(a)所示。在扫描电子显微镜的俯视图中会表现为光刻胶的白边变宽，这会导致光刻胶的抗刻蚀能力变差。

(3) 当发生负离焦时，即硅片台远离镜头方向，此时光束焦点相对上移，造成光刻胶底部光变多，离焦量大时会有明显的内切(Undercut)，如图2.32(c)所示，这会造成光刻胶倒胶。

可以看出，无论是正离焦还是负离焦，显影后留下的上下不对称的光刻胶形状均与对应的未曝光区域形状类似，只是由于焦点有一定的大小，显影后的光刻胶更加圆滑。图中比较夸张

的中间凸起的圆桶状光刻胶形貌是为了解释现象，比实际情况夸大。随着工艺节点越来越先进，对光刻胶形貌的要求也越来越高。同时，光刻胶的配胶工艺也更加成熟，可以通过调整PAG掺杂的位置使得光刻胶的形貌更加垂直。然而，正负离焦后光刻胶形貌的顶部损失和底部内切现象仍会存在，尤其对于焦深较小的禁止周期，这种现象尤为明显。因此，在流片过程中检查硅片上（光刻后）薄弱点图形的DoF时，不仅要看线宽是否在±10%范围内，还要看正负离焦造成的光刻胶形貌的变化是否在可接受范围内。

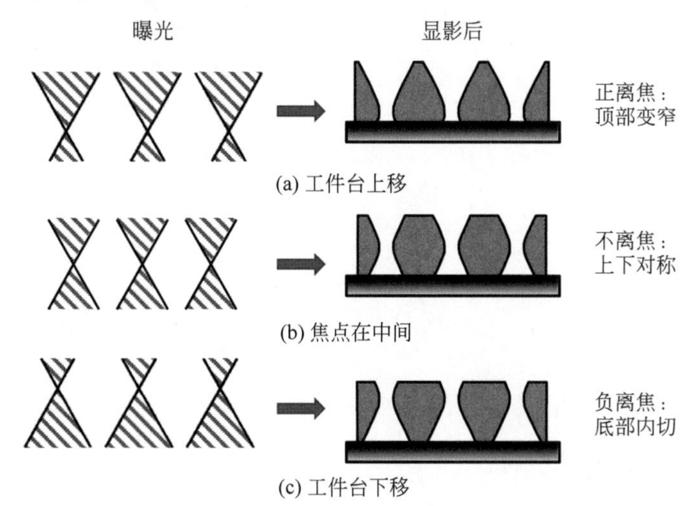

图2.32 光刻胶形貌随着焦距的变化：(a) 正离焦；(b) 最佳焦距；(c) 负离焦

前面简单介绍了影响EL、MEF的因素，那么DoF和EL之间有什么关系呢？影响DoF的因素又有哪些呢？根据硅片中的焦距-能量矩阵(Focus Energy Matrix，FEM)中的数据，绘制不同曝光能量下线宽随焦距的变化曲线(Bossung Curve，泊松曲线)，如图2.33(a)所示。通过图2.33(b)可以看到，当EL约为10%时(对应最佳能量为20mJ/cm^2，能量在19～21mJ/cm^{2}变化)，DoF约为0.35μm；随着EL的不断增大，DoF将不断减小；如果将线宽控制在目标值±10%的范围内时，可以获得的最大EL(对应最大能量变化)约为14%，此时DoF基本为0nm(能量约为21.5mJ/cm^{2}时，离焦之后线宽超出目标值的±10%)。也就是说，提高EL需要以降低DoF为代价[12-15]。

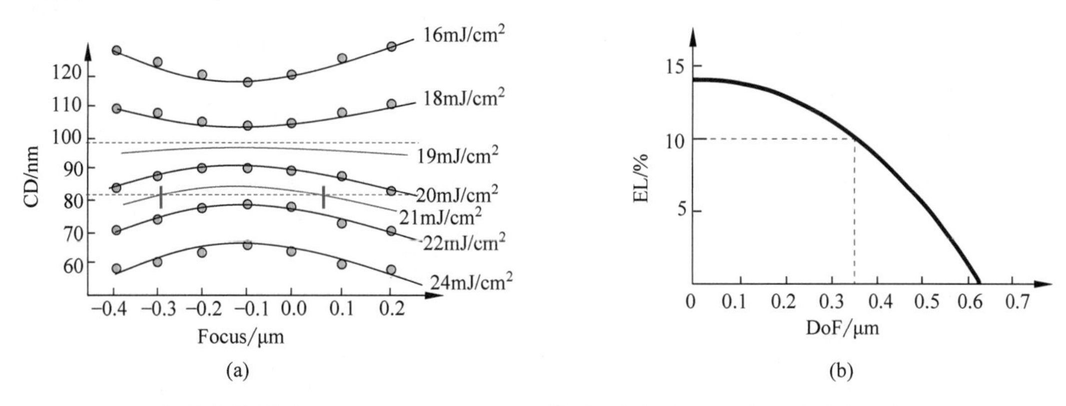

图2.33 (a) 在曝光能量为16、18、20、22、24mJ/cm^{2}时，线条线宽随焦距的变化(泊松曲线，Bossung Curve)；(b) 曝光能量宽裕度随焦深的变化示意图

综上所述，EL与MEF的改善基本可以同步进行，但是与DoF的提高存在相互矛盾的情

况。这就需要在光刻工艺研发过程中,对光刻工艺的三个重要参数之间做一个平衡,而不是一味地追求某一个参数的极大值。对于不同技术节点的不同层次,这三个重要的参数都需要满足一定的规格才能顺利完成光刻工艺的研发与芯片的量产,具体可见 5.2 节。

2. 焦深的计算公式

前面提到,为了提高分辨率需要引入离轴照明,而离轴照明同时还可以提高密集图形的 DoF,接下来分析具体原因。

1) 相干照明时的焦深

对于相干照明(在轴照明),如图 2.34 所示,其中为了简化光路,图 2.34(b)中将光强不同的 0 级、±1 级光都用光线代替。当离焦量为 ΔZ_0 时,0 级光和 1 级光经历了不同的光程重新汇聚在一起(F'),0 级经历的光程为 FF',1 级经历的光程为 AF'。一般认为 0 级与 1 级光的光程差在 $\lambda/4$ 以内时,成像质量还可以接受。

$$FF' = n \times \Delta Z_0$$

$$FF' - AF' = FF' - FF' \times \cos\theta = n \times \Delta Z_0 (1 - \cos\theta) = \frac{\lambda}{4}$$

$$\Delta Z_0 = \frac{\lambda}{4n \times (1 - \cos\theta)} = \frac{\lambda}{8n \sin^2 \dfrac{\theta}{2}}$$

一般离焦包含正负离焦,因此整个焦深为

$$\Delta Z = 2 \times \Delta Z_0 = \frac{\lambda}{4n \sin^2 \dfrac{\theta}{2}} \tag{2.16}$$

其中,θ 为镜头在像方的最大张角,n 为像方折射率(实部)。由于数值孔径的定义为 $\mathrm{NA} = n \times \sin\theta$,所以当 NA(或者说 θ)比较小时,式(2.16)中的焦深可以近似为

$$\Delta Z = \frac{\lambda}{4n \sin^2 \dfrac{\theta}{2}} \approx k_2 \frac{\lambda}{\mathrm{NA}^2} \tag{2.17}$$

其中,k_2 因子是一个表征焦深大小的常数[3,4,16]。由式(2.17)可知,在轴照明情况下,随着数值孔径(或者说像方收集的光的夹角)越来越大,DoF 会越来越小,DoF 与 NA 的平方成反比。从图 2.34(b)中也可以看出,NA 越大,0 级和 1 级光的相位差越大,越不易成像。这与前述的结论是一致的,由于增加 EL 的方式之一就是增加 NA,使镜头可以收集更多的衍射光,因而提高 NA 会造成 EL 的增加和 DoF 的损失。

2) 离轴照明时的焦深

如果想提高焦深,就需要确保离焦时 0 级和 1 级光为了继续聚焦而经历相等或者相近的光程,如图 2.35 所示。显然,离轴照明时密集图形的衍射角较大,选择合适的照明条件可以使得 0 级光与 1 级光围绕光轴接近对称。离焦时,0 级光经历的额外光程 $F'A$ 与 1 级光经历的额外光程差 $F'A'$ 基本相等,此时密集图形的 DoF 可以无限大。当然,这种极限情况就需要在某一周期时,0 级和 1 级光对称时的照明光瞳是无限小的两个点,这不利于整个周期的工艺窗口。而且能量高度集中会损伤镜头,同时由于光刻胶有一定的厚度,也会降低 DoF,实际情况下密集图形的 DoF 会很大,但不会无限大。

从整个周期(Through Pitch,TP)上来说,随着周期变大,0 级和 1 级光之间的衍射角逐渐变小,对称性被打破,当周期增大到 1 级光垂直入射时,焦深最小。这一焦深最小周期附近的

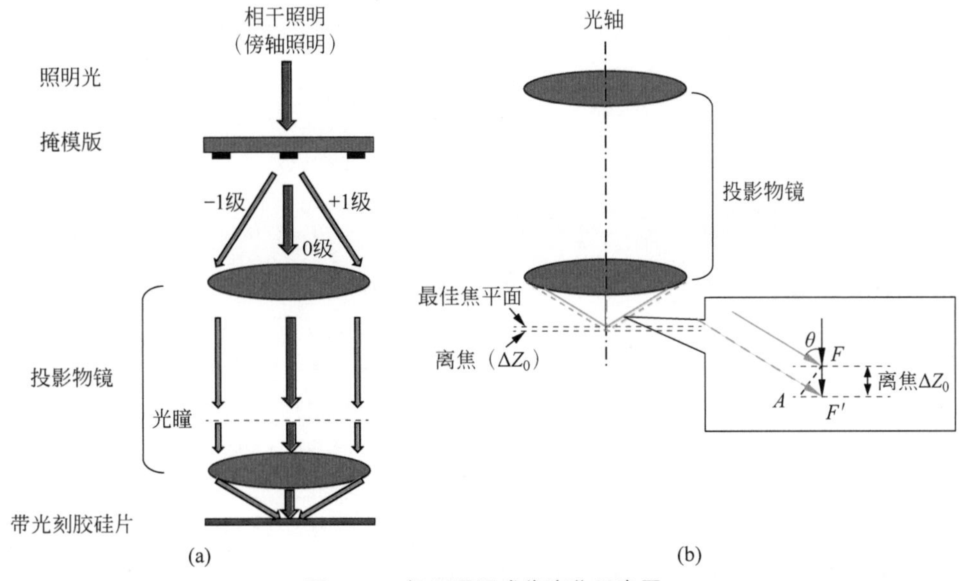

图 2.34 相干照明成像离焦示意图

周期范围称为禁止周期(Forbidden Pitch),一般是最小周期的 1.4～2 倍,具体见 2.10 节。当周期继续增加,可以通过添加亚分辨辅助图形(Sub-Resolution Assist Feature,SRAF)来增加整个周期的光刻工艺窗口。因此,从提高焦深角度来说,密集图形更倾向于离轴照明,半密集图形倾向于离轴角度较小的照明条件。

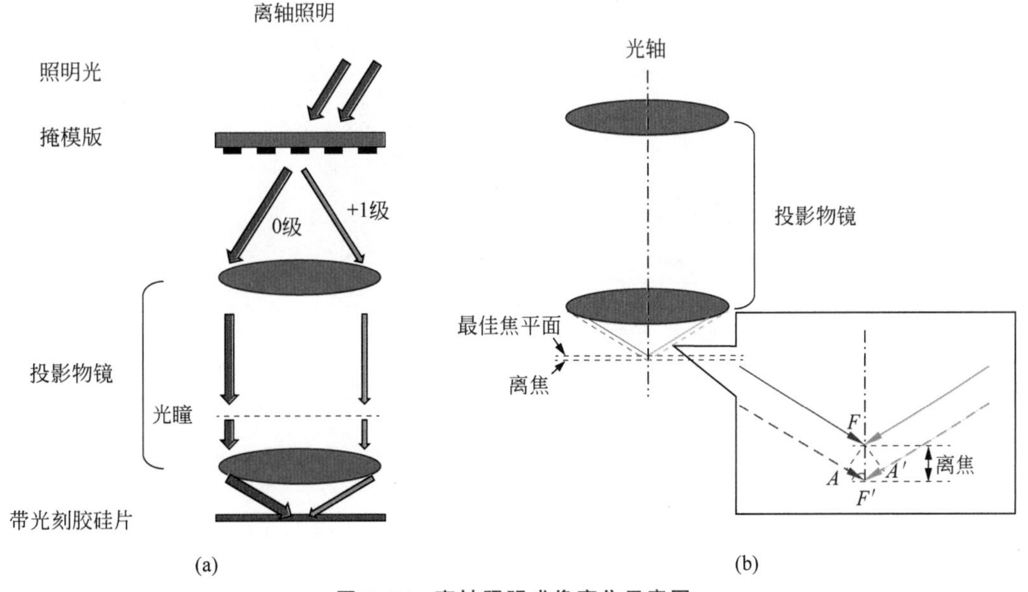

图 2.35 离轴照明成像离焦示意图

2.10 禁止周期产生的原因以及改善方法

在先进光刻工艺研发阶段,通过对一维图形的整个周期进行光学仿真可以得到光刻工艺窗口。如 2.9 节所述,在密集图形周期的 1.4～2 倍周期范围内存在线宽和光刻工艺窗口较小的情况：表现为线宽变小,EL 较小,MEF 较大,DoF 较小,这一周期范围称为禁止周期[17]。对于集成电路芯片来说,大多数(约70%)图形是密集图形,禁止周期图形占比不多。当设计规则接近衍射极限时,即使经过光学邻近效应修正,禁止周期范围内的光刻工艺性能还是比较差,需要评估是否可被工艺接受。若不能接受,则需要在设计规则中禁止这些周期的图形出现。本节主要介绍禁止周期的现象、出现的原因,以及如何调整禁止周期的深度(线宽降低程度)等内容。

2.10.1 光学邻近效应重要表现形式之一——禁止周期

以90nm技术节点前段栅极为例,锚点(最小)周期为240nm,硅片线条线宽为120nm,掩模版线宽为110nm。波长为193.368nm(干法),照明条件如下:NA=0.75,环形照明。掩模版是透光率为6%的相移掩模版(Phase Shift Mask,PSM),没有掩模版三维效应(从28nm技术节点开始必须考虑)。光刻胶厚度为270nm,等效光酸扩散长度为25nm,显影方式为正显影。为了展示纯粹的禁止周期中线宽的变化趋势,仿真中未添加Sbar,实际量产过程中则必须添加,以提高公共焦深,具体Sbar的作用与添加方式可以参考5.3.2节。仿真中有三组内径/外径组合,分别为0.75/0.375,0.85/0.42,0.9/0.7。光学邻近效应修正之前硅片上线条线宽和曝光能量宽裕度随周期变化的仿真结果如图2.36所示。

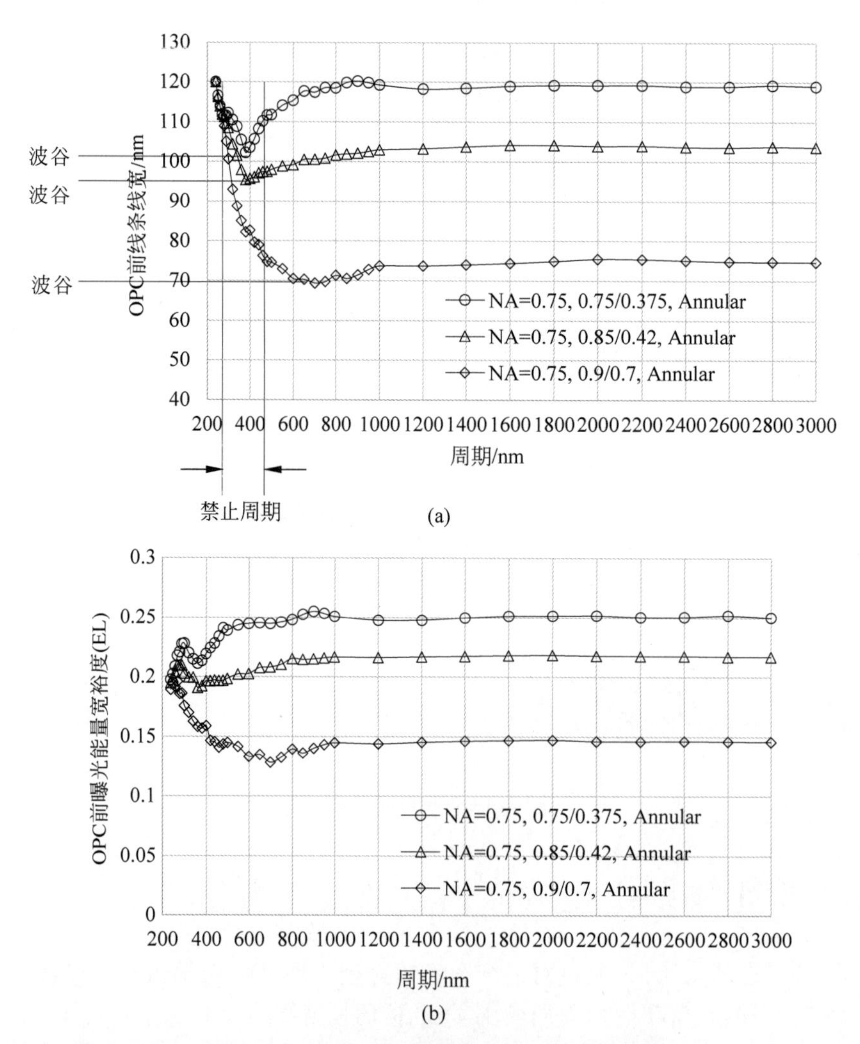

图2.36 90nm技术节点前段栅极层次在不同环形照明条件下,光学邻近效应修正之前仿真结果:(a)线条线宽随周期变化趋势;(b)曝光能量宽裕度随周期变化趋势示意图;(c)图2.36(a)240~640nm周期范围的放大结果;(d)图2.36(b)240~640nm周期范围的放大结果

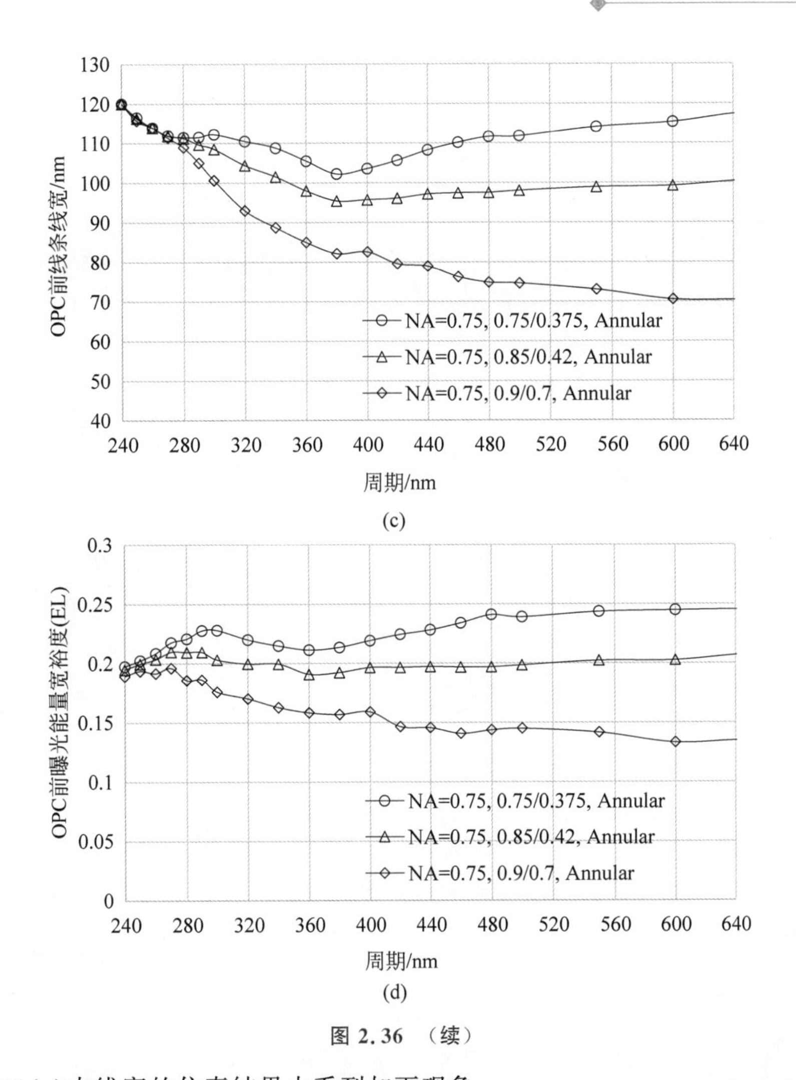

(c)

(d)

图 2.36 （续）

从图 2.36(a)中线宽的仿真结果中看到如下现象。

(1) 在锚点周期(240nm)到 2 倍锚点周期(约 480nm)范围内，随着周期逐渐增加，线宽会逐渐减小，当达到一个最低点之后，线宽又开始逐渐增加。随着周期继续增加，线宽继续增加并稳定在一个线宽值。一般来说，从线宽明显降低(超过 10%目标值)的周期(约 1.4 倍锚点)到线宽升高到一定水平的周期(约 2 倍锚点)范围内的周期，称为禁止周期，可以参考放大图 2.36(c)。

(2) 随着照明光瞳中内径与外径的平均值逐渐增加，禁止周期范围内的线宽缩小的更多，即禁止周期范围内线宽波谷的深度更“深”，且半孤立、孤立图形的线宽逐渐远离目标值 120nm。当照明条件为 NA=0.75,0.9/0.7 时，半密集、孤立图形的线宽与目标值(密集图形的线宽)相差>40nm。从照明条件 NA=0.75,0.75/0.375 的仿真结果中可以看到，半孤立、孤立图形的线宽基本与 120nm 的目标值一致，从这一照明条件中也可以看出明显的禁止周期范围。

从图 2.35(b)中曝光能量宽裕度的仿真结果中看到：从整个周期上来看，对于平均离轴角度(内径外径平均值)较大的照明，其整体线宽偏小，相应的曝光能量宽裕度(对比度)也是偏小的。

接下来分别讨论产生禁止周期范围内“波谷”的原因以及“波谷”深度随照明光瞳的变化趋势。

2.10.2 禁止周期线宽减小的原因

1. 对于线条图形的明场（正显影）

如图 2.37 所示，以图 2.36 中所示的前段栅极明场掩模版为例（正显影），不同周期的阈值一致，超出阈值部分的光刻胶会发生充分的光化学反应，显影过程中溶解于显影液，阈值以下的部分留下形成光刻胶线条。另外，禁止周期的“波谷”线宽是光学邻近效应修正之前的硅片上线条线宽，也就是说，每个周期的掩模版不透光线宽相同（110nm）。以照明条件 NA＝0.75，0.7/0.375 的仿真结果为例，随着周期增加，硅片上线条线宽变化的趋势如下。

（1）对于密集图形（周期 240nm），采用离轴照明可以得到较高的对比度与焦深，线宽可以做到目标值 120nm。

（2）随着周期的增加（以 300nm 周期为例），透光区域变大，背景光强（0 级光）整体变强，空间像整体上移。由于图形占空比远离 1∶1，空间像对比度还有所降低。在这两种因素的综合作用下，在与密集图形相同的阈值条件下，图形的线条线宽（阈值之下）变小，直到降到“波谷”位置。

（3）随着周期继续增加（以 450nm 周期为例），即使高阶衍射光无法被镜头收集，但是由于衍射角缩小，进入镜头参与成像的低阶（如 1、2 阶）衍射光增多，可以稍微提高一点对比度。此时，在前述阈值条件下，图形线条线宽开始从“波谷”回升。

（4）随着周期继续增加（以 600nm 周期为例），衍射角进一步减小，镜头可以收集更多的低阶和高阶衍射光，从而继续提高空间像对比度，阈值之下的线条部分线宽继续变大。随着周期继续增加，镜头可以收集更多的高阶衍射光，但是越高阶衍射光对成像的贡献越小。因此，随着周期增加到一定数值，线条线宽会稳定在一个水平而不再继续增加。

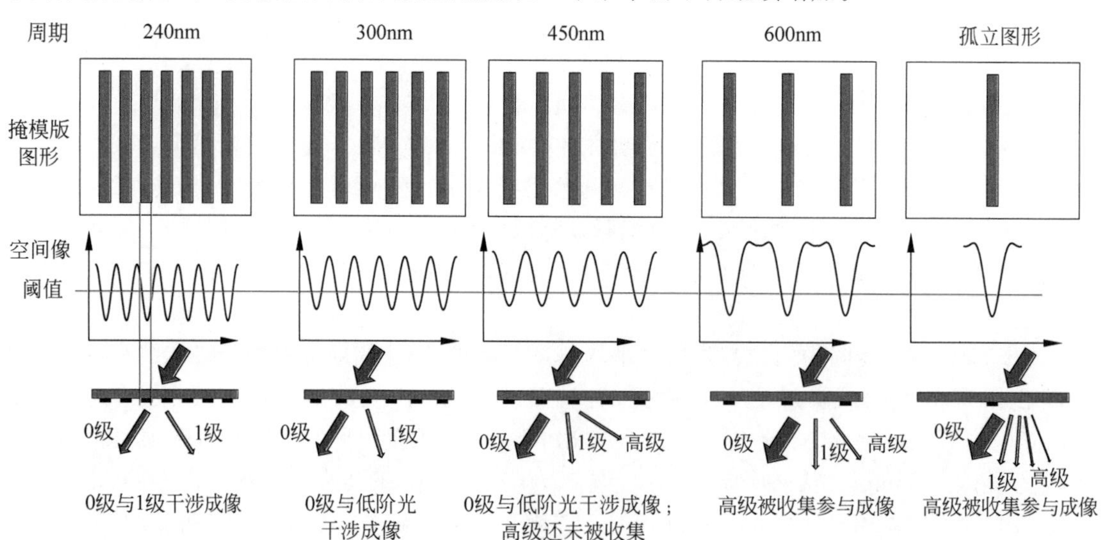

图 2.37 对于明场线条图形，禁止周期范围线宽产生波谷以及半密集、孤立图形线宽增加的原因

2. 对于沟槽图形的暗场（正显影）

无论是线条还是沟槽图形，对于整个周期的空间像来说，都会存在禁止周期范围内线宽变小的现象。图 2.38 是暗场沟槽情况下（正显影），随着周期的增加硅片上沟槽线宽随周期变化

示意图。由于描述的是光学邻近效应修正之前的现象，因此每个周期掩模版上沟槽线宽相同。随着周期增加，硅片上沟槽线宽变化的趋势如下。

(1) 对于密集图形(周期 240nm)，采用离轴照明可以得到较高的对比度与焦深，线宽可以做到目标值。

(2) 随着周期的增加(以 300nm 周期为例)，非透光区域变小，背景光强(0 级光)整体变弱，空间像整体下移。在与密集图形相同的阈值条件下，沟槽线宽(阈值之上)变小，直到降到"波谷"位置。

(3) 随着周期继续增加(以 450nm 周期为例)，即使高阶衍射光无法被镜头收集，但是由于衍射角缩小，进入镜头参与成像的低阶(如 1、2 阶)衍射光增多，可以稍微提高一点对比度。此时，在前述阈值条件下，图形沟槽线宽开始从"波谷"回升。

(4) 随着周期继续增加(以 600nm 周期为例)，衍射角进一步减小，镜头可以收集更多的低阶和高阶衍射光，从而继续提高空间像对比度，阈值之上的沟槽部分线宽继续变大。随着周期继续增加，镜头可以收集更多的高阶衍射光，但是越高阶衍射光对成像的贡献越小。因此，随着周期增加到一定数值，沟槽线宽会稳定在一个水平而不再继续增加。

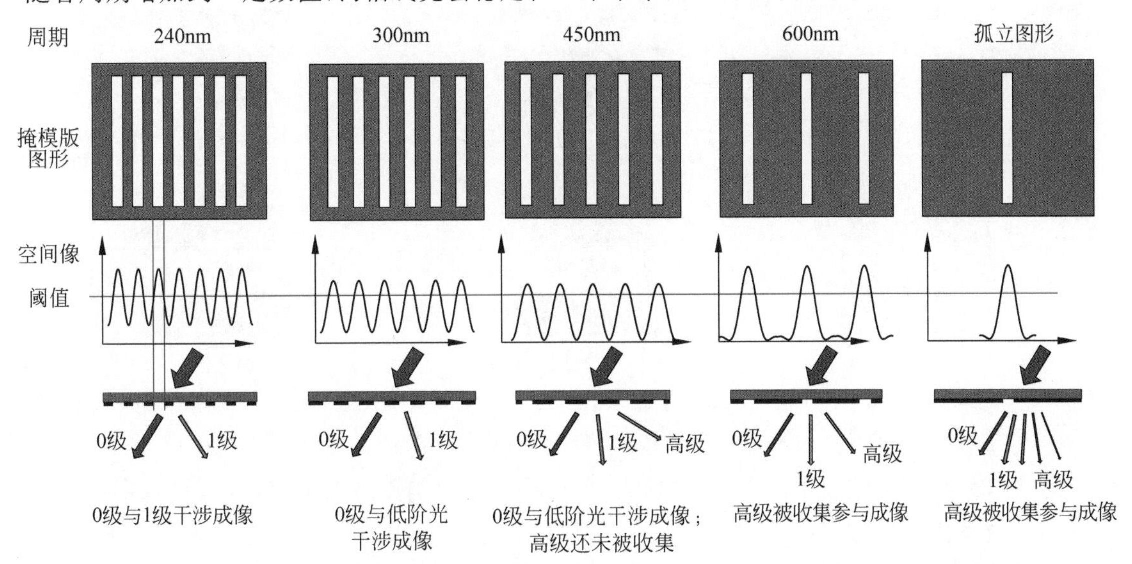

图 2.38 对于暗场沟槽图形，禁止周期范围线宽产生波谷以及孤立图形线宽升高的原因

综上所述，在衍射极限附近的光刻工艺中，线条和沟槽图形，由于掩模版上透光与不透光区域比例不同(占空比不同)而引入的不同照度(0 级背景光)，都会导致线条或者沟槽线宽缩小，可以通过引入高阶衍射光参与成像纠正部分照度的影响。然而对于禁止周期附近的图形，由于明显的光学衍射，高级衍射光无法参与成像。如图 2.38 所示的线宽随周期变化且存在"波谷"的现象，是光学邻近效应的重要表现之一。需要通过在掩模版上进行光学邻近效应修正，最终在整个周期上实现统一的目标线宽(或者添加选择性线宽偏置(SSA)之后的目标线宽，见 5.3.2 节)。另外，可以通过选择合适的照明光瞳或者调整等效光酸扩散长度，来降低某些周期的光学邻近效应修正量。通过调整照明光瞳匹配 OPC 可见 2.10.3 节内容。

2.10.3 禁止周期线宽"波谷"现象与照明光瞳的关系

本节重点讨论禁止周期中线宽"波谷"现象与照明光瞳的关系。

(1) 如图 2.39(a)所示,对于密集图形,由于其衍射角较大,需要离轴照明提高分辨率,实现密集图形较高的光刻工艺窗口(EL、MEF 和 DoF 等)。

(2) 若孤立图形仍然采用离轴照明,如图 2.39(b)所示,有一半的衍射光无法被镜头收集,会降低图形的对比度。由前文可知,图形的线宽和曝光能量宽裕度也因此减小。

(3) 若孤立图形采用垂直照明,如图 2.39(c)所示,衍射光沿光轴对称。由于衍射角较小,镜头可以收集更多的±衍射级的低阶和高阶衍射光,大大增强图形对比度(曝光能量宽裕度),增加线宽尺寸。

因此,当照明条件中离轴角度逐渐减小时,趋近于垂直照明,孤立图形的线宽逐渐增加,禁止周期线宽的"波谷"也被拉升。从 2.8 节可知,对于较大周期的图形,传统的部分相干照明更适用;环形照明与其他的离轴照明方式主要为了提高较小周期图形(密集图形)的分辨率与对比度。

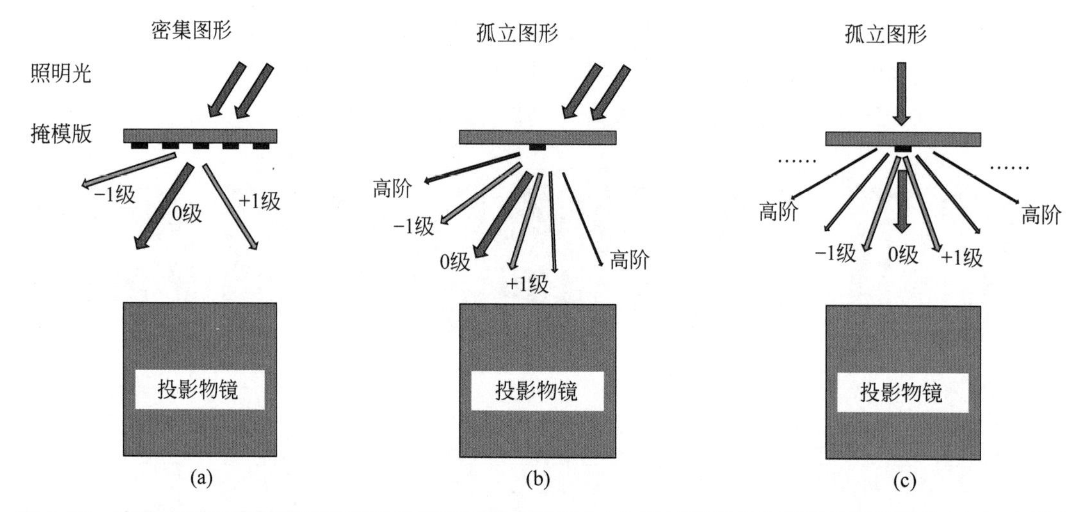

图 2.39 密集和孤立图形在不同照明条件下成像示意图:(a) 离轴照明条件下密集图形成像;(b) 离轴照明条件下孤立图形成像;(c) 垂直照明条件下孤立图形成像

由于孤立图形更倾向于使用垂直照明,因此图 2.36 采用离轴角度更小的照明条件时,半孤立和孤立图形的线宽可以被拉升至 120nm,同时,"波谷"深度也变浅。在这种情况下,大部分图形不需要额外的光学邻近效应修正也可以达到目标线宽,大大降低光学邻近效应修正的工作量,且降低光学邻近效应修正过程中可能引入的误差。当然,选择离轴角度更小的照明条件时,需要保证密集图形有足够的光刻工艺窗口(EL、MEF 和 DoF 等)。对于接近衍射极限的设计规则,则必须采用较大离轴角度的照明条件,以获得足够的分辨率和曝光能量宽裕度,一般无法通过调整照明条件实现光学邻近效应的匹配。

2.10.4 光学邻近效应修正之后的禁止周期

接下来以 90nm 技术节点前段栅极和 193nm 水浸没式光刻工艺中沟槽层次最小双向设计规则为例,说明存在明显衍射现象时,需要进行光学邻近效应修正,以增大禁止周期范围内的光刻工艺窗口。同时,对于更小设计规则的图形,即使经过 OPC 修正之后,光刻工艺性能仍然会存在明显的禁止周期范围。

1. 90nm 节点前段栅极层次仿真结果

如图 2.36(b)所示,在 90nm 技术节点的前段栅极层次,在最不利于孤立图形成像的平均离轴照明角度较大的照明条件下(0.9/0.7),OPC 修正之前整个周期图形的 EL 的最小值约为 13%;另外两组照明条件下(0.75/0.375,0.85/0.42),OPC 修正之前的 EL 都能达到 18%(工艺标准)。经过 OPC 修正之后,如图 2.40(a)和图 2.40(c)所示,无论哪种照明条件,整个周

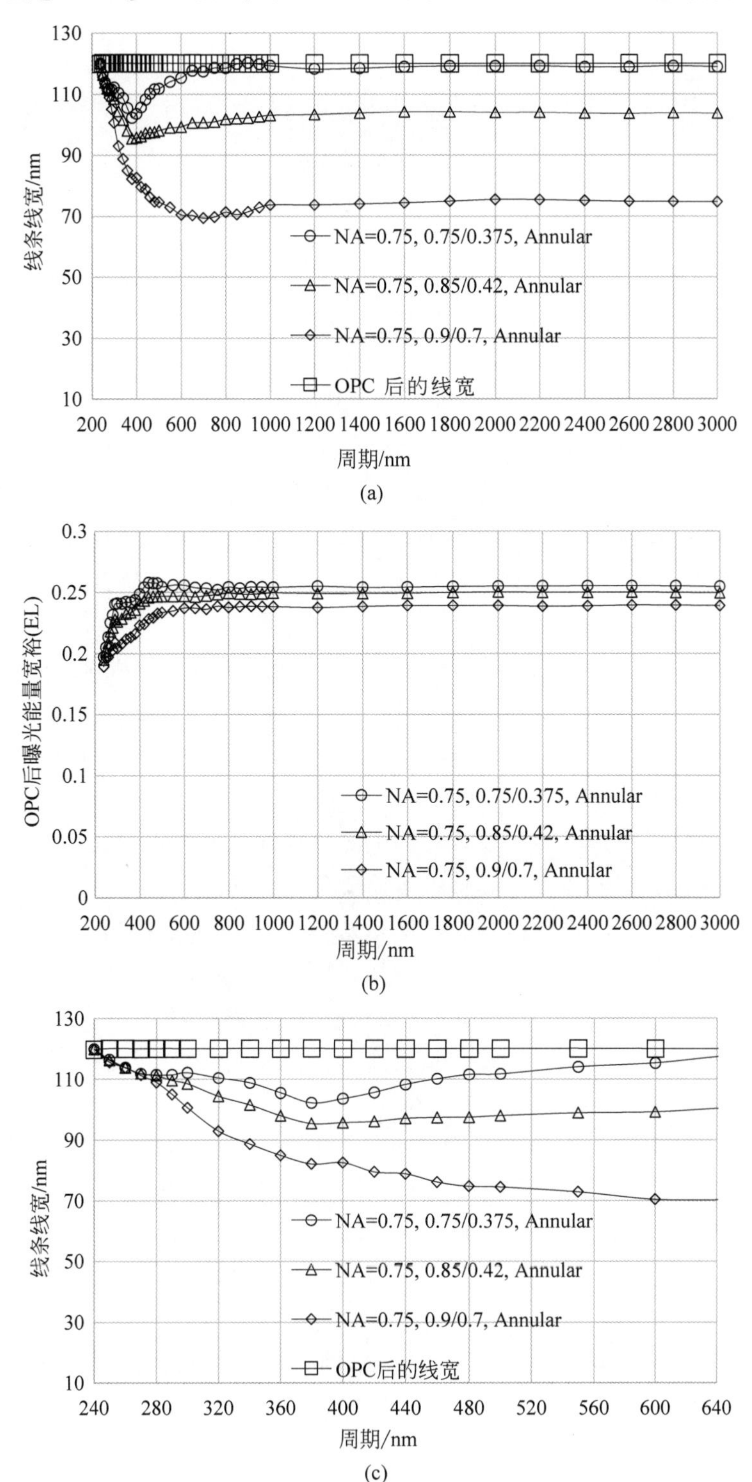

图 2.40 90nm 技术节点前段栅极层次在不同环形照明条件下:(a) OPC 修正前后的线条线宽随周期变化趋势;(b) OPC 修正后曝光能量宽裕度随周期变化趋势示意图;(c) 图 2.40(a)240~640nm 周期范围的放大结果;(d) 图 2.40(b)240~640nm 周期范围的放大结果

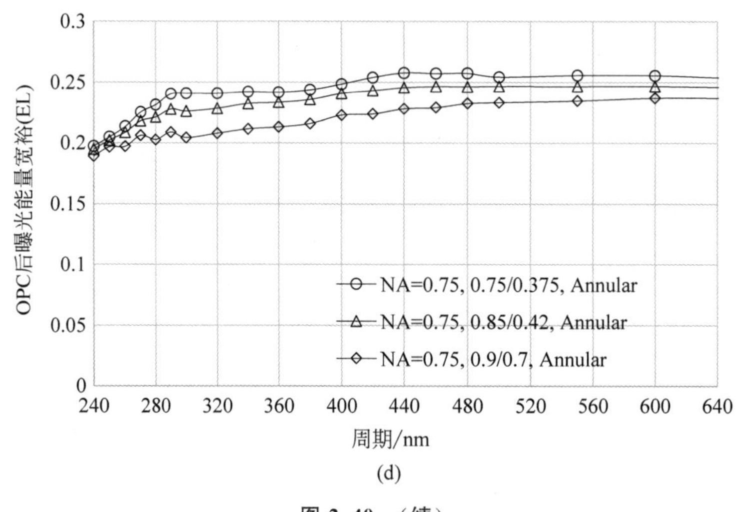

图 2.40 （续）

期图形的线宽都可以达到目标值 120nm。如图 2.40(b)所示，整个周期图形的 EL 也都能达到 18%以上，密集图形处 EL 可见图 2.40(d)。也就是说，在 k_1 因子较大的情况下(90nm 节点前段栅极层次 $k_1\approx0.465$)，光学邻近效应会导致禁止周期的出现，经过 OPC 修正之后，不存在光刻性能偏差的(OPC 之后，MEF 都满足要求，此处未列出)、需要在设计规则中避免的禁止周期范围。

2. *193nm 水浸没式光刻工艺中沟槽层次最小双向设计规则仿真结果*

当周期较为接近光刻机衍射极限时(还有一定距离)，例如，193nm 水浸没式光刻工艺中沟槽层次的最小双向设计规则：88～90nm，通过仿真获得禁止周期范围内的光刻工艺性能。本节以锚点周期 90nm 为例，硅片上沟槽尺寸为 45nm。此时，必须采用平均离轴角度较大的照明条件，以保证占比更多的密集图形的光刻工艺窗口满足量产需求。对于这一层次，k_1 因子只有 0.31，光刻工艺研发有难度。具体结果简要分析如下。

(1) 如图 2.41(a)所示，在添加了 SSA(见 5.3.2 节)之后，OPC 修正之前，随着周期增加，线宽逐渐降低，最后降为 0，随着周期的继续增加，线宽会逐渐增加，具体仿真条件和仿真结果见 5.3.2 节(添加了合适的 Sbar)。因此，必须进行 OPC 修正，修正后线宽可以达到目标值(图中台阶式增加的趋势)。若不添加 SSA(整个周期统一目标值 45nm)，在 OPC 之前，硅片上线宽随周期降低到 0 之后，将无法继续升高。

(2) 如图 2.41(b)所示，无 SSA 时，EL 明显不能满足工艺标准的要求(EL≥13%)。有 SSA 存在时，OPC 修正之前，禁止周期范围内的 EL 与沟槽线宽同步均为 0；OPC 修正之后，禁止周期范围内的最低 EL 只有 10%左右(此范围 MEF 偏高(MEF>4))。在相应的技术节点(如 28nm 节点)，禁止周期范围的这一光刻性能即使偏差，还是可以被工艺接受的。

综上所述，对于较小周期的设计规则(小 k_1 因子)，照明条件需要更加偏向密集图形，OPC 修正后禁止周期的光刻工艺窗口仍会偏低。这就需要根据实际情况来判断，是否限制禁止周期出现在设计规则中。注意，对于先进技术节点，OPC 修正后禁止周期范围工艺窗口比较差，可能体现为 EL 较小；MEF 较大，或者焦深较小，只要其中一项不能满足工艺标准化要求，即存在禁止周期。可以通过增加禁止周期范围内光刻线宽，来提高这一范围内的工艺窗

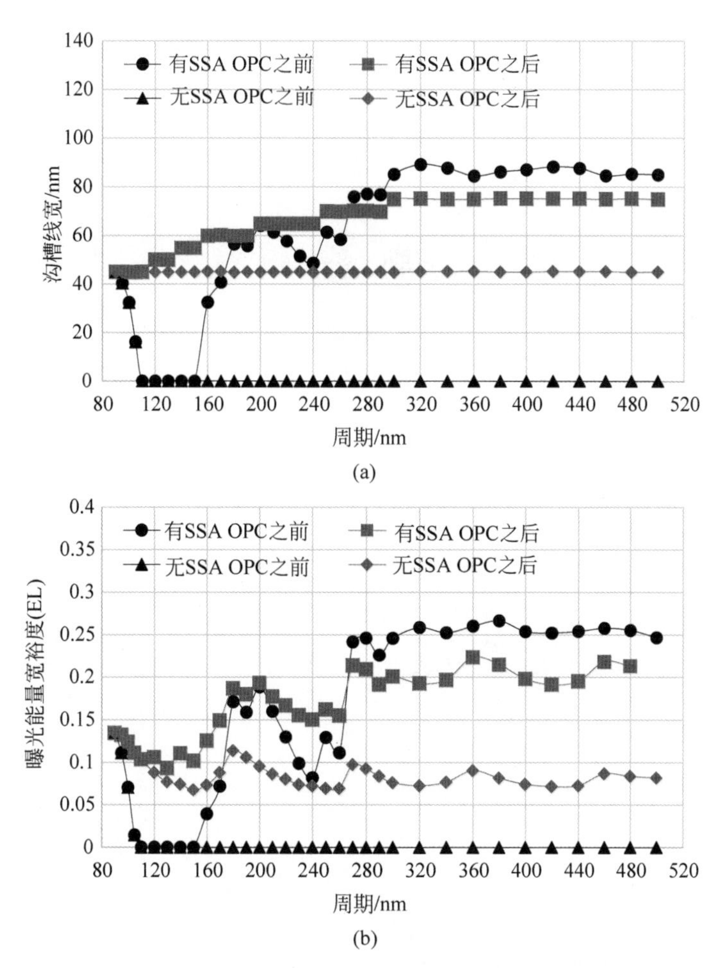

图 2.41 193nm 水浸没式光刻工艺中沟槽层次最小双向设计规则仿真结果：(a) 有无 SSA、OPC 修正前后沟槽线宽随周期的变化趋势；(b) 有无 SSA、OPC 修正前后曝光能量宽裕度随周期的变化趋势示意图

口。在光刻工艺研发阶段，不仅需要选择合适的照明条件使得占比非常多的密集图形的工艺窗口满足要求，同时还要兼顾禁止周期、半孤立以及孤立图形的光刻工艺窗口。若实在无法兼顾，就需要接受禁止周期范围内较小的工艺窗口或者舍弃这一部分的设计规则。

本章小结

禁止周期是光学邻近效应的重要表现之一，在较大技术节点(高 k_1 因子)，经过 OPC 修正之后，光刻工艺不会存在明显的禁止周期；对于接近衍射极限的先进技术节点(如 28nm 节点开始)，即使经过 OPC 之后，还是会存在明显的禁止周期，这一范围内的光刻工艺性能较差，需要判断是否可以被接受。即便是采用光源-掩模版联合优化，在禁止周期附近，也不容易提高工艺窗口，一般在原来修过 OPC 的情况下再提高 8%左右。

在保证密集图形光刻性能的前提下，较大技术节点中可以通过调整平均离轴角度(外径、内径平均值)来调整半孤立、孤立图形的线宽，以降低除禁止周期附近图形之外其他图形的 OPC 修正量，即通过调整照明条件进行 OPC 匹配。对于先进技术节点，必须使用较大的平均离轴角度，以获得密集图形的高光刻工艺性能（如曝光能量宽裕度），因此整个周期的图形都需要较大的 OPC 修正量。

参考文献

参考文献

第3章

6T SRAM电路结构与关键技术节点中的工艺流程简述

本书旨在让光刻初学者在短时间内了解光刻的基本知识，除了前两章中的工厂知识和光刻的基础知识，还需要了解晶体管的基本结构、简单的工艺流程以及光刻工艺处于工艺流程中的具体位置。了解工艺流程，一方面可以更好地完成部门间的协同工作；另一方面，在出现问题时可以更快地找到问题的原因与责任归属。

光刻工艺是整个工艺流程中最重要的一环。如图 3.1 所示，本章先介绍光刻工艺处于整个工艺流程中的位置，然后介绍静态随机存取存储器(Static Random Access Memory，SRAM)的电路结构和基本工作原理，最后介绍 SRAM 中三种主要的晶体管种类：平面晶体管(Planar Transistor)、鳍型场效应晶体管(Fin Field Effect Transistor，FinFET)和互补场效应晶体管(Complementary Field Effect Transistor，CFET)的基本结构与几个关键技术节点下 SRAM 的简单工艺流程。

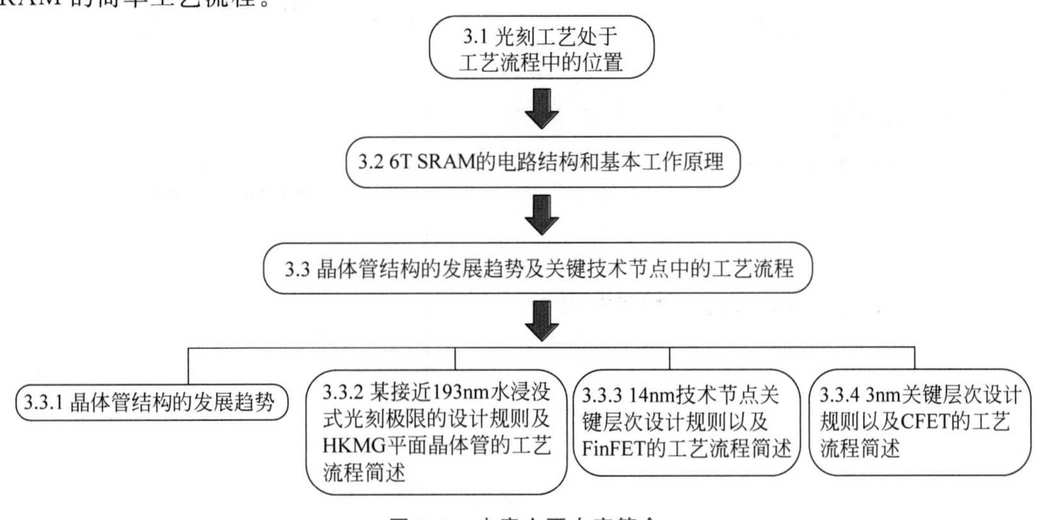

图 3.1　本章主要内容简介

3.1 光刻工艺处于工艺流程中的位置

图 3.2 展示了集成电路中光刻工艺所处位置以及简单的工艺流程。

(1) 首先,需要进行薄膜沉积(薄膜 1),根据需求选择薄膜的种类和厚度,包括氧化硅、氮化硅等复杂的无机物薄膜。

(2) 接下来,需要利用轨道机与光刻机完成涂胶、曝光、显影等一系列工艺流程(具体见 4.3 节),在光刻胶上形成图形。图中只展示了光刻胶,一般还会使用 1～2 层抗反射层(见 6.7.5 节)。

(3) 通过光刻工艺定义出图形之后,光刻胶可以作为阻挡层进行下一步的离子注入或者刻蚀工艺:离子注入工艺定义掺杂区(如 P 型、N 型等),刻蚀工艺是将光刻定义的图形保真传递到下层的抗反射层以及薄膜 1 上。

(4) 随后将多余的光刻胶去除。对于离子注入工艺,去胶后需要一个退火的过程,以激活注入的离子。

(5) 对于刻蚀保真传递后的图形,需要继续沉积薄膜材料 2,例如,后段连线层的金属填充材料。

(6) 通过使用化学机械平坦化(Chemical Mechanical Planarization,CMP)工艺,去除多余的薄膜 2 材料。到了这一步,集成电路工艺中这一层次的工艺流程就基本结束了。

(7) 接下来开始下一个层次的工艺流程,还是先从无机物的薄膜沉积(膜层 3)开始,再进行后续的光刻、离子注入或者刻蚀、填充、CMP 等工艺流程。完成所有层次后,还会生长保护层(Passivation)并对芯片进行封装、测试等。

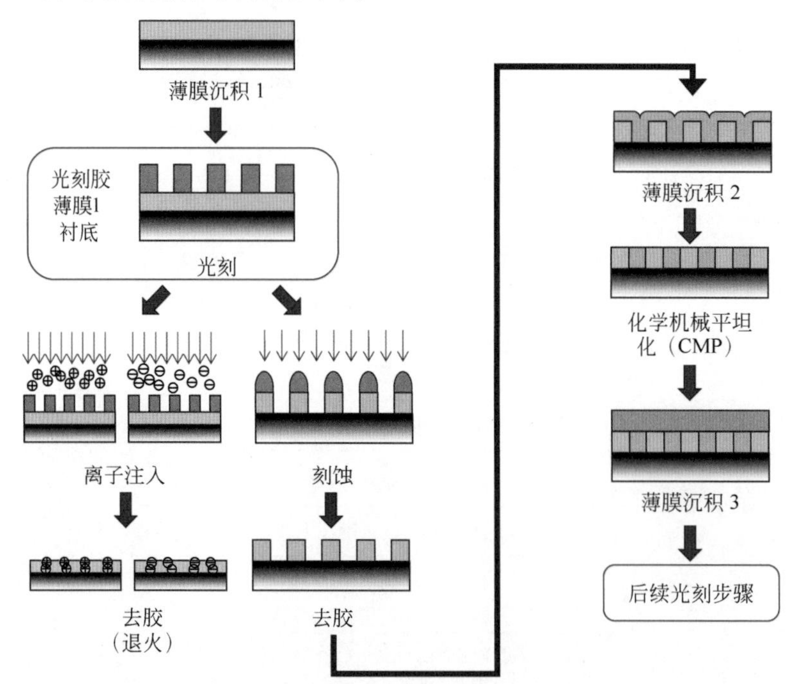

图 3.2 光刻及后续简单工艺流程示意图

可见,无论是哪个技术节点,都需要先利用光刻工艺定义出图形之后,才能进行后续的一系列工艺流程。另外,成熟的光刻技术及其他制造工艺,如刻蚀、薄膜沉积、离子注入等工艺,使得先进的超大规模集成电路设计得以实现。

3.2　6T SRAM 的电路结构和基本工作原理

金属氧化物半导体(Metal Oxide Semiconductor,MOS)晶体管(Transistor)一般分为 P 型(PMOS)和 N 型(NMOS)。一般来说,现代集成电路中的晶体管均为互补金属氧化物半导体(Complementary Metal Oxide Semiconductor,CMOS)晶体管,即包含由 NMOS 和 PMOS 两种管子组成的互补型晶体管。其中,PMOS 晶体管是指 N 型衬底,P 型沟道,靠空穴的迁移形成电流的 MOS 晶体管;而 NMOS 晶体管是指 P 型衬底,N 型沟道,靠电子的运动形成电流的 MOS 晶体管。本书中提到的各技术节点是指逻辑技术节点(Logic Technology Nodes),其中包含静态随机存储器(Static Random Access Memory,SRAM)区域以及逻辑(Logic)区域。

一个可以完成“读”“写”“空闲”功能的 SRAM,需要包含多个晶体管,如 6、7、8、9、10 个等,也称为 6T、7T、8T、9T、10T SRAM。一个 SRAM 基本单元中的晶体管数目越少,占用面积越小,在同样的硅片面积上就可以制作出更多晶体管。因此,目前逻辑技术节点工艺中常见的为 6T SRAM。在逻辑电路的 SRAM 区域,以一个 SRAM 为基本单元,上下、左右对称排列成周期的 SRAM 结构。同样,SRAM 中的设计规则也是节点中最小的。因此,SRAM 的成品率以及 SRAM 中设计规则的工艺窗口反映了一个工厂的研发和生产能力。如第 6 章所述,在某个技术节点研发过程中,都需要先看 SRAM 区域的成品率(Yield)是否破零以及是否优化到了量产的标准。测试 SRAM 区域的成品率主要是由于 SRAM 区域有较大的面积,可以用来估算整个工艺的缺陷率。同时,还可以测试一下 SRAM 的器件性能与可靠性。一般来说,在先进技术节点(28nm 及以下)中,SRAM 容量为 128MB、256MB,或者更大。容量越大,需要的 SRAM 数量越多,对整个工艺流程的要求也就越高,研发过程也更困难。本节以 6T SRAM 为例,讲解其电路结构和数据存储的基本原理。

3.2.1　一个 6T SRAM 的电路结构和基本原理

接下来简单地介绍一个 6T SRAM 的电路结构和工作原理。图 3.3 是代表一比特(1bit)的 SRAM(一个 SRAM 基本单元)的电路示意图,这个 SRAM 基本单元只能存储一个数据 Q:“0”或者“1”。

一个 6T SRAM 中包含 6 个晶体管,具体如下。

(1) M_2 和 M_4 为 PMOS 晶体管,其源极连接在电源(V_{DD})上,又称为上拉(Pull Up,PU)晶体管,可以将输入的低电位拉升至高电位,具体见“读”操作。PMOS 晶体管的基本工作原理如下:信号由栅极输入,当对栅极施加低电位,源极接电源时,PMOS 晶体管导通。

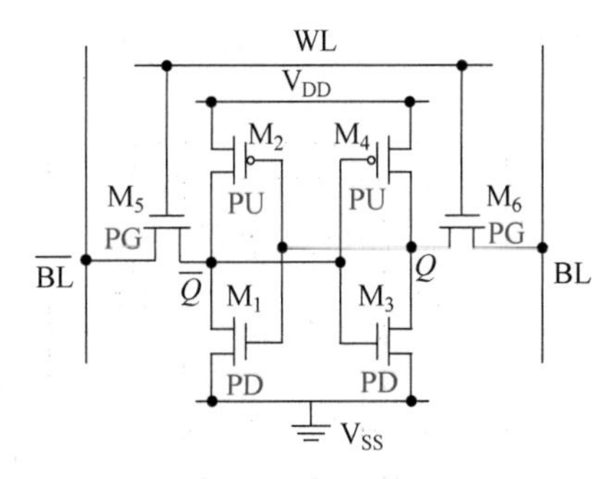

图 3.3　一个 6T SRAM 的电路结构示意图

(2) 其余 4 个晶体管 M_1、M_3、M_5 和 M_6 均为 NOMS 晶体管,其工作原理如下:信号由栅极输入,当对栅极施加高电位,源极接地(V_{SS})时,NMOS 晶体管导通。其中,M_1 和 M_3 又称为下拉(Pull Down,PD)晶体管,可以实现低电位，具体见“读”操作。M_5 和 M_6 称为传送门(Pass Gate，PG)晶体管，作为开关晶体管可以实现下文中位线(Bit Line，BL)对 SRAM 状态的读写操作。

(3) 一个 PU 和一个 PD 晶体管组成一个反相器，反相器就是“非门”电路，其输出是输入的逻辑非。因此 $M_1 \sim M_4$ 可以组成两个交叉耦合的反相器，用来存储这一比特的数据，具体如下。

① M_1 和 M_2 组成一个反相器，M_3 和 M_4 组成另外一个反相器。

② 可以看出，两个反相器的输入和输出交叉互连，即 M_1 和 M_2 组成的反相器的输出 $\bar{Q}$ 作为 M_3 和 M_4 组成的反相器的输入；而 M_3 和 M_4 组成的反相器的输出 Q 作为 M_1 和 M_2 组成的反相器的输入。

③ 这种输入和输出交叉互连的方式，可以实现一比特的存储。即当一个反相器的输入为“1”时，输出即为“0”，此输出信号输入另外一个反相器中，最后输出信号“1”。

对于 SRAM 来说，只要可以提供电源(V_{DD})，信号“1”可以在反相器中循环出现，而不需要像 DRAM 一样定期刷新电路。除了晶体管外，图 3.3 中的 SRAM 电路中还包含字线(Word Line，WL)，控制字节的存取；位线(Bit Line，BL 或 $\overline{BL}$)，用来读取或者写入一个 SRAM 基本单元的状态。

无论对一个 SRAM 基本单元进行何种操作，字线都需要处于高电位状态，将作为此 SRAM 基本单元的两个控制开关 M_5 和 M_6 开通，通过这两个开关(PG)，将 SRAM 中的两个反相器和位线连通。连通了位线，才能对 SRAM 进行“读”或者“写”数据的操作。如果字线没有处于高电位状态，相当于开关 M_5 和 M_6 断开，位线与两个反相器中的 4 个晶体管 $M_1 \sim M_4$ 隔断，两个反相器继续保持其原有的状态，即“空闲”(Standby)状态。此外，还可以对 SRAM 基本单元进行“读”和“写”的操作[1-2]。接下来，分别介绍如何进行“读”和“写”。

3.2.2 对 SRAM 单元进行“读”的操作

1. 读取数据“1”

在进行读的操作时，要假设 SRAM 中已经有存储数据，Q 为逻辑“1”，$\bar{Q}$ 为逻辑“0”。同时，需要先将两个位线 BL、$\overline{BL}$ 预设为等电位的，一般为高电位(逻辑“1”)，再将字线连通高电位。而“读”的这一过程是为了将 Q 处保存的逻辑“1”经过预设为高电位的位线 BL 输出，而将预设为高电位的位线 $\overline{BL}$ 中的逻辑“1”变成逻辑“0”。如图 3.4 所示，读取 SRAM 为“1”状态的具体原理如下。

(1) 两个位线 BL、$\overline{BL}$ 预设为逻辑“1”之后，字线 WL 加高电位。由于 NMOS 晶体管 M_1 和 M_5 的栅极的输入都是高电平，M_1 和 M_5 导通。同时，PMOS 晶体管 M_2 的栅极的输入也是高电平，因此 M_2 无法导通。而 $\overline{BL}$ 直接通过 M_5 和 M_1 接地(V_{SS})，从预设的逻辑“1”变成“0”，由于通过 M_1 可以拉低电位，因此 M_1 称为下拉(PD)晶体管。

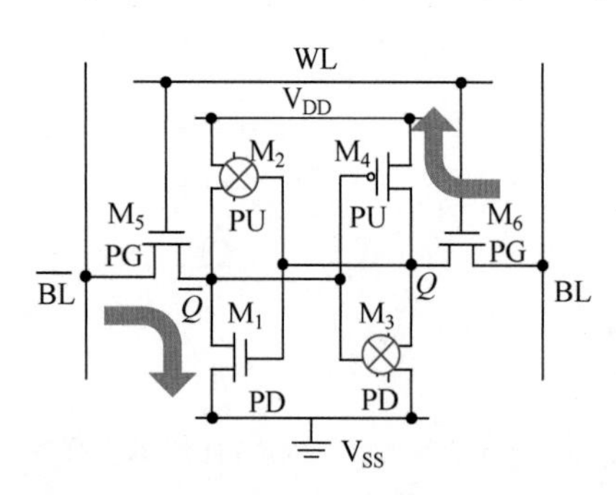

图 3.4 对 SRAM 存储数据为“1”的状态进行“读”操作的示意图

(2) 在 BL 一侧，NMOS 晶体管 M_6 导通，同时由于 PMOS 晶体管 M_4 的栅极输入的是低电位($\bar{Q}$ 为“0”)，因此 M_4 也导通。由于 NMOS 晶体管 M_3 的输入是低电平，因此无法导通。而 BL 直接通过 M_6 和 M_4 连接到电源(V_{DD})代表的逻辑“1”，由于通过 M_4 可以拉高电位，因此 M_4 称为上拉(PU)晶体管。因此，完成了位线 BL 将 Q 处存储的“1”读出的操作。

2. 读取数据"0"

相反地，若 SRAM 中初始存储的是"0"，即 Q 为逻辑"0"，则 $\bar{Q}$ 为逻辑"1"。如图 3.5 所示，读取 SRAM 为"0"状态的具体原理如下。

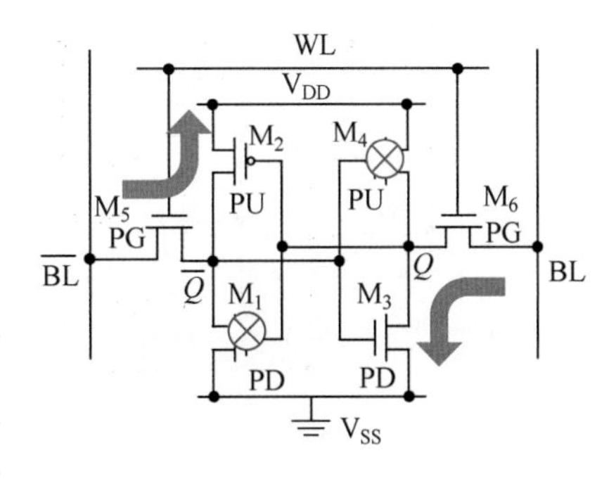

图 3.5　对 SRAM 存储数据为"0"的状态进行"读"操作的示意图

(1) 当字线 WL 加高电位，在 $\overline{BL}$ 一侧，NMOS 晶体管 M_5 导通，同时由于 PMOS 晶体管 M_2 的栅极的输入是低电位(Q 为"0")，因此 M_2 也导通，而 $\overline{BL}$ 直接通过 M_5 和 M_2 连接到电源(V_{DD})代表逻辑"1"，与 M_4 类似，由于通过 M_2 可以拉高电位，因此 M_2 也称为 PU 晶体管。

(2) 在 BL 一侧，NMOS 晶体管 M_3 和 M_6 导通，BL 直接通过 M_6 和 M_3 接地(V_{SS})，从预设的逻辑"1"变成"0"，从而完成位线 BL 将 Q 处存储的"0"读出的操作。与 M_1 类似，通过 M_3 可以拉低位线电位，因此 M_3 也称为 PD 晶体管。

综上，在"读"操作之前，将 BL 和 $\overline{BL}$ 设置为相同的高电位，一旦两者之间有一个电位被拉低，实现了两个位线之间的电位差，读取信号的放大器就可以识别出哪个位线是"1"，哪个位线是"0"，完成"读"的操作。

3.2.3　对 SRAM 单元进行"写"的操作

1. 写入数据"1"

位线 BL($\overline{BL}$)的作用是通过开关晶体管 M_5、M_6 将数据从一个 SRAM 基本单元中读出，或者将数据写入一个 SRAM 基本单元。前面介绍了如何读出数据，本节简单讲解写入数据的基本原理。在将数据"写"入 SRAM 之前，需要先把要写入的状态加载到位线上。即设置 BL 和 $\overline{BL}$ 的电压差，使得两个反相器的输出 Q 和 $\bar{Q}$ 转变状态。具体原理如下。

(1) 假设两个反相器的输出 Q 和 $\bar{Q}$ 分别为"0"和"1"的状态。若希望将"1"写入这个 SRAM 单元，则 BL 需要设为"1"(高电位)，而 $\overline{BL}$ 设为"0"(低电位)。随后将字线连通高电位，此时晶体管导通状态如图 3.6(a)所示。

(2) 由于 $\overline{BL}$ 为低电位，$\bar{Q}$ 的电位会逐渐下降，这会导致 M_4 逐渐开启，而 M_3 逐渐关掉，Q 的电位会逐渐被抬升到"1"，最后显示的状态如图 3.6(b)所示，同时 M_2 关掉而 M_1 开启，数据翻转完成，即完成了写入的动作。

注意，为了保证数据顺利写入，$\bar{Q}$ 的电位必须能够下降，所以 PU(M_2)的电流需要小于 PG 晶体管的电流(M_5)，这样 PU 的电源(V_{DD})就不足以拉升 $\bar{Q}$ 的电位，这样一来 $\bar{Q}$ 的电位就由 $\overline{BL}$ 的电位来决定。

2. 写入数据"0"

同样地，如果 SRAM 本来存储的数据为"1"(Q)，需要将"0"写入此基本单元，即将 Q 和 $\bar{Q}$ 的状态从"1"和"0"翻转为"0"和"1"，同样需要先把即将写入的状态加载到位线上。具体原理如下。

(1) 此时假设两个反相器的输出 Q 和 $\bar{Q}$ 分别为"1"和"0"的状态。因为希望将"0"写入这个 SRAM 单元，那么 BL 需要设为"0"(低电位)，而 $\overline{BL}$ 设为"1"(高电位)。随后将字线连通高电位，此时晶体管导通状态如图 3.7(a)所示。

(2) 由于 BL 为低电位，Q 的电位会逐渐下降，这会导致 M_2 逐渐开启，而 M_1 逐渐关掉，$\bar{Q}$

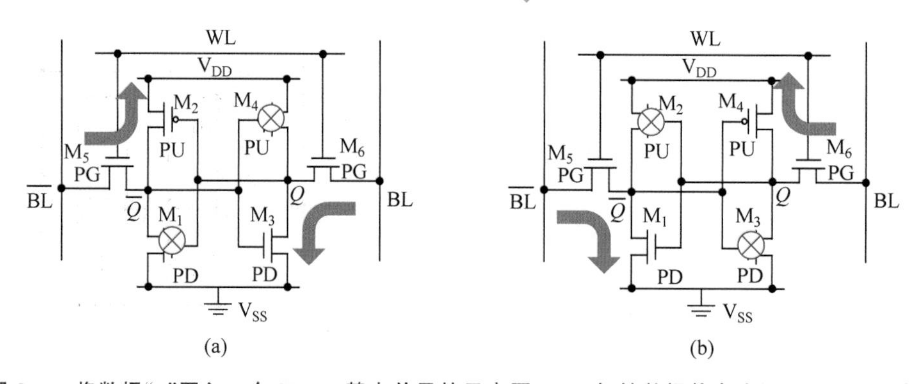

图 3.6 将数据“1”写入一个 SRAM 基本单元的示意图：(a) 初始数据状态为“0”(Q)；(b) 成功写入“1”(Q)之后的状态

的电位会逐渐被抬升到“1”，最后显示的状态如图 3.7(b)所示，同时 M_4 关掉而 M_3 开启，数据翻转完成，即完成了数据“0”写入的操作。

注意，为了保证数据顺利写入，Q 的电位必须能够下降，因此 PU(M_4)的电流需要小于 PG 晶体管的电流(M_6)，这样 PU 的电源(V_{DD})就不足以拉升 Q 的电位，这样一来 Q 的电位就由 BL 的电位来决定。写入完成之后，拉低字线电位，即可完成数据锁存。

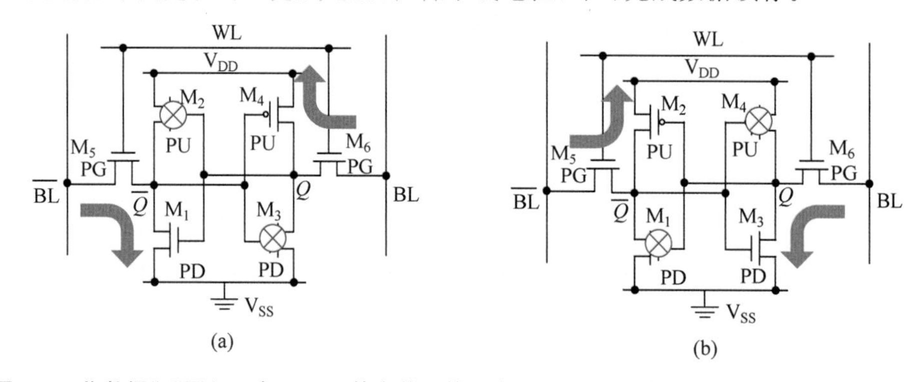

图 3.7 将数据“0”写入一个 SRAM 基本单元的示意图：(a) 初始数据状态为“1”(Q)；(b) 成功写入“0”(Q)之后的状态

综上可知，无论是“读”还是“写”的操作，字线都需要设为高电位，将作为开关的 M_5、M_6 与位线连接。在“读”时，需要先将 BL 和 $\overline{BL}$ 设成等电位，然后将字线设为高电位后，利用 SRAM 内部反相器中存储的数据 Q 使得 BL 和 $\overline{BL}$ 形成电位差(由内影响外)，再利用信号放大器将此电位差放大，完成“读”的操作。在“写”时，通过外部输入的有电位差的 BL 和 $\overline{BL}$ 改变 SRAM 中存储数据 Q 的状态(由外影响内)，完成“写”的操作。

3.3 晶体管结构的发展趋势及关键技术节点中的工艺流程

3.3.1 晶体管结构的发展趋势

前面简单介绍了常见的一种 6T SRAM 晶体管的基本电路结构和工作原理，本节会介绍如何在硅片上实现这样的晶体管结构。当然，实际工艺研发之前，需要先将电路结构转换为版图设计，具体描述可见 4.6 节。随着技术节点的不断发展，为了使得晶体管的面积的缩小、性能的提升尽量满足摩尔定律，即每 18 个月晶体管的密度增加一倍，同时晶体管的性能提高 15%，晶体管的结构也在不断地发展变化。如图 3.8 所示，以 SRAM 为例，其晶体管的结构从平面晶体管(图 3.8(a))发展成 16/14nm 开始采用的鳍型场效应晶体管(图 3.8(b)),再到纳米片(Nanosheet)结构(图 3.8(c))以及叉片(Forksheet)(图 3.8(d))等结构;到了更先进的技术节点,需要采用如图 3.8(e)所示的 PMOS 与 NMOS 垂直排布的互补场效应晶体管 CFET[3-6],此处仅列举了部分晶体管结构类型。注意,对于 PMOS 和 NMOS 的栅极需要采用不同的金属来调整其功函数,图 3.8 中只展示晶体管的大概结构。其中,Nanosheet、Forksheet 晶体管的工艺流程类似,CFET 中也包含 Nanosheet 的结构。

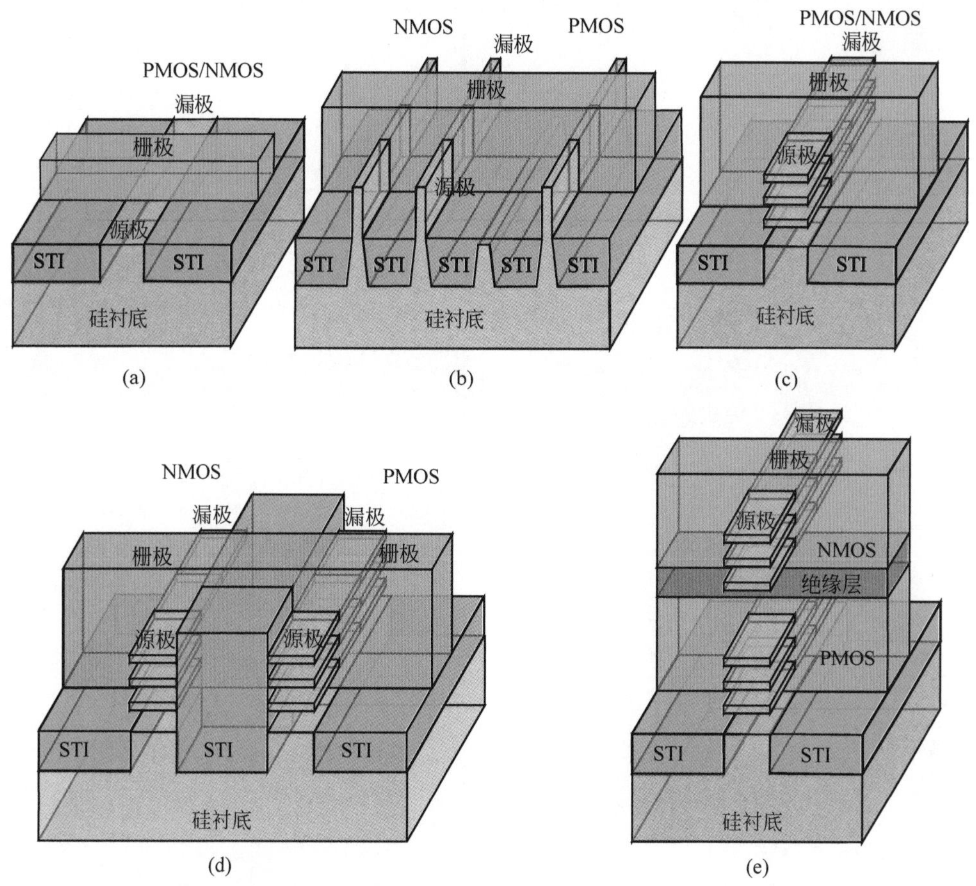

图 3.8 各种晶体管的结构示意图:(a) 平面晶体管;(b) FinFET;(c) 纳米片结构;(d) 叉片结构;(e) CFET

接下来简单介绍其中三种常见晶体管的重点层次的工艺流程及三个技术节点关键层次的设计规则:某接近 193nm 水浸没式光刻极限的设计规则对应技术节点中的平面晶体管;14nm 技术节点的 FinFET 结构以及 3nm 技术节点的 CFET 结构(包含硅纳米片)。

3.3.2 某接近 193nm 水浸没式光刻极限的设计规则及 HKMG 平面晶体管的工艺流程简述

1. 某接近 193nm 水浸没式光刻极限的设计规则与版图设计

1) 某接近 193nm 水浸没式光刻极限的设计规则

表 3.1 是某接近 193nm 水浸没式光刻极限的前段栅极、后段金属、通孔层次的设计规则(周期,光刻最小线宽)[7]、光刻方法、照明条件以及掩模版和光刻胶类型等信息。由于表格中

表 3.1　某接近 193nm 水浸没式光刻极限的前、后段关键层次设计规则

分段、层次信息		设计规则		光刻方法		光刻机照明条件					光掩模	光刻胶					
分段	层次名称	最小周期/nm	最小线宽/nm	光刻方法	是否有禁止周期	照明波长	照明数值孔径	照明条件种类	光源-掩模优化是否必须	偏振	掩模类型	有几层底部抗反射层	光刻胶类型	光刻胶厚度/nm	光刻胶等效光酸扩散长度/nm	光刻胶类型	显影类型
前段	栅极	117	55	单次曝光	无	193nm 水浸没	1.35	二极	否	XY	6% 相移	2	正性化学放大	90～110	5	偏高活化能	正显影
后段	金属 X	90	45	单次曝光	无	193nm 水浸没	1.35	交叉四极	否	XY	6% 相移	1	正性化学放大	90～110	5	偏低活化能	正显影
	通孔 X	110	65	单次曝光	无	193nm 水浸没	1.35	环形	否	XY	6% 相移	2	正性化学放大	90～110	5	偏低活化能	正显影

设计规则距离193nm水浸没式光刻机的衍射极限(约72nm)还有一定距离,因此,均可以采用单次曝光配合合适的照明条件完成各关键光刻层次图形。另外,表格中的禁止周期是指在设计规则中被禁止掉的周期。尽管光学邻近效应修正之后,金属层次禁止周期范围的光刻工艺性能偏差(曝光能量宽裕度EL约为10%),实际量产中没有真正地将这一部分设计规则禁止。

2) 某接近193nm水浸没式光刻极限的设计规则对应技术节点中的一种6T SRAM的版图设计

图3.9(a)为3.2节提到的6T SRAM电路结构,图3.9(b)为相应的SRAM平面版图结构[8-9],其中包含三层重要层次:前段有源区域(Active Area,AA)、栅极(Poly)以及中段接触孔(包含短线状的共享通孔)层次,并标注出两个反相器。红色大虚线框内为一个SRAM单元,图3.9(a)和图3.9(b)中6个各司其职的晶体管一一对应,有以下几点需要注意。

(1) 对于高性能的SRAM,NMOS晶体管的AA区一般大于PMOS晶体管的AA区域,以提高电流。图中只是一种SRAM的版图结构,实际还有很多不同性能的SRAM版图结构。

(2) 一个反相器中PMOS晶体管与NMOS晶体管输出(漏极)端的连接,需要通过后段金属实现,但是需要在中段设计好通孔(一个通孔,一个共享通孔)。

(3) 中段只有一层通孔,将字线(WL)、位线(BL)、电源(V_{DD})和接地(V_{SS})连接到后段的金属层次。

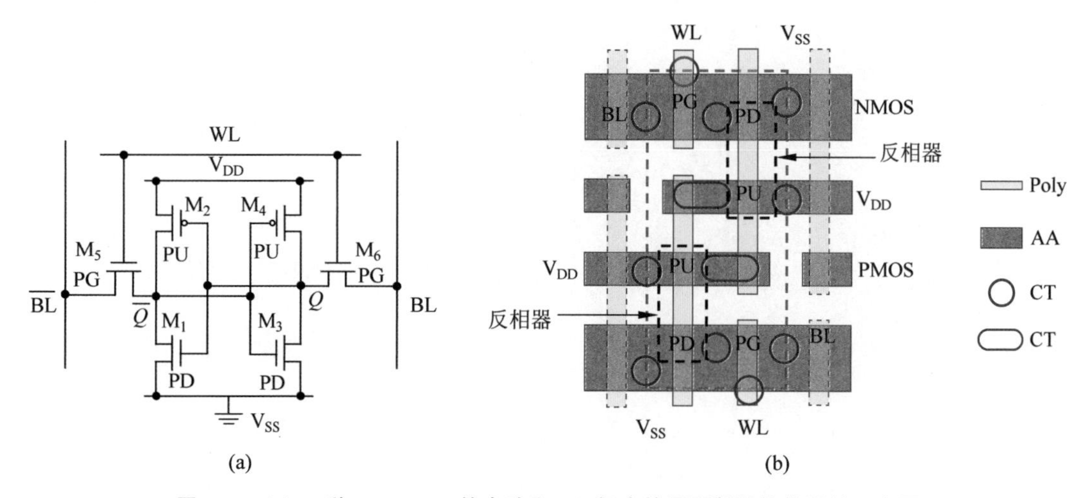

图3.9 (a) 一种6T SRAM的电路和(b) 相应的平面版图结构设计示意图

2. HKMG平面晶体管的工艺流程简述

本节以平面晶体管为例,简述SRAM中关键工艺流程,包括前段器件、中段和后段金属以及通孔连线形成的过程。对于平面晶体管,以高介电常数(High k)栅极介质层+金属栅极(Metal Gate,MG)(HKMG)晶体管为例,简要介绍其主要的工艺流程[10]。如图3.10所示,流程主要包括:①定义有源区域;②定义双阱(Well)区域;③定义伪栅极(Dummy Poly)图形;④在栅极两侧生长间隔层侧墙1(spacer1);⑤PMOS和NMOS区域的轻掺杂漏(Light Doped Drain,LDD)离子注入工艺;⑥外延生长PMOS区域的SiGe;⑦在栅极两侧生长间隔层侧墙2(spacer2);⑧形成PMOS晶体管和NMOS晶体管的源漏区;⑨生长高介电常数栅氧和金属栅(HKMG);⑩形成中段接触孔层次(Contact Layer);⑪形成后段金属和通孔层次。

每个主要工艺流程中包含的具体内容如下。

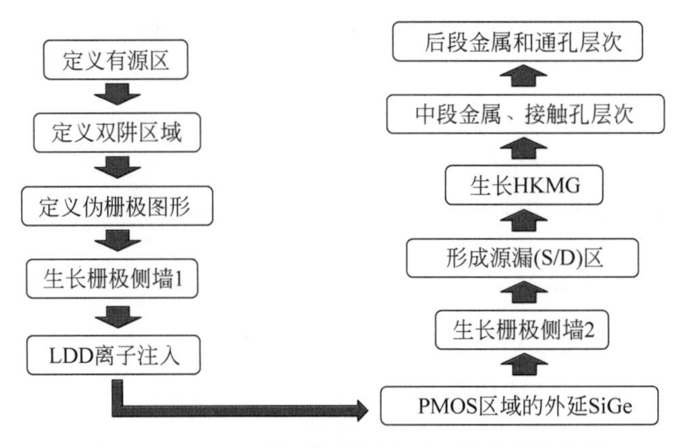

图 3.10 HKMG 平面晶体管主要工艺流程示意图

1) 定义有源区域

如图 3.11 所示，通过光刻、刻蚀、填充和 CMP 等工艺形成 NMOS 和 PMOS 晶体管的有源区。有源区之间采用浅沟道隔离(Shallow Trench Isolation，STI)技术，利用绝缘层将不同晶体管器件隔离开。晶体管性能多样，本节以 AA 区域更宽(约为 PMOS 对应 AA 区域的 2 倍)的 NMOS 晶体管为例。AA 区域更宽，可以获得更大的电流，以提高读写速率，即提高器件性能。

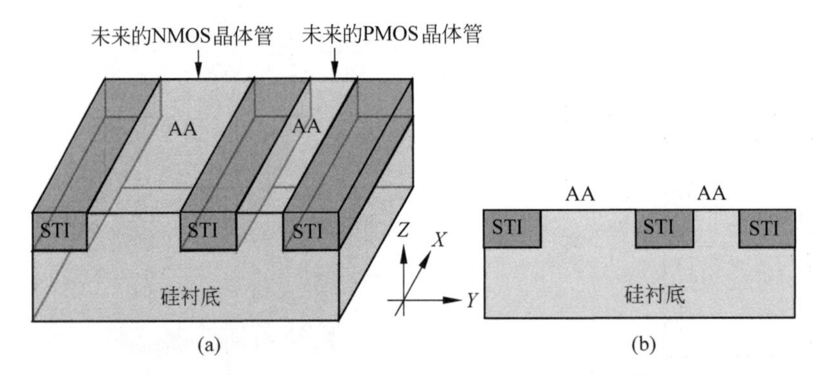

图 3.11 前段 AA 层次的定义：(a) 立体图；(b) 截面图

2) 定义双阱(Well)区域

如图 3.12 所示，定义双阱也就是定义 PMOS 和 NMOS 晶体管所在区域。

(1) 在 NMOS 区域：需要形成 P 型衬底，所以需要形成大范围的 P 型掺杂区，即 P 型阱(P Well，PW)。如图 3.12(a)所示，在形成 PW 区域时，涂覆光刻胶之后，需要通过光刻工艺将需要进行离子注入形成 PW 区域的光刻胶去除。离子注入过程中，形成 PW 区域，其他 PMOS 晶体管对应的区域有保护层(光刻胶等光刻材料)保护。

(2) 在 PMOS 区域：需要形成 N 型衬底，所以需要形成大范围的 N 型掺杂区，即 N 型阱(N Well，NW)。如图 3.12(b)所示，在形成 NW 区域时，同样需要保护层将 PW 区域保护起来，只对 PMOS 晶体管对应的区域进行离子注入。

完成离子注入工艺(去胶)之后，一般需要高温退火，不仅可以修复离子注入造成的硅晶体表面晶格损伤，还可以激活注入的离子。先进工艺中采用快速热退火，可以防止注入的离子严重扩散。

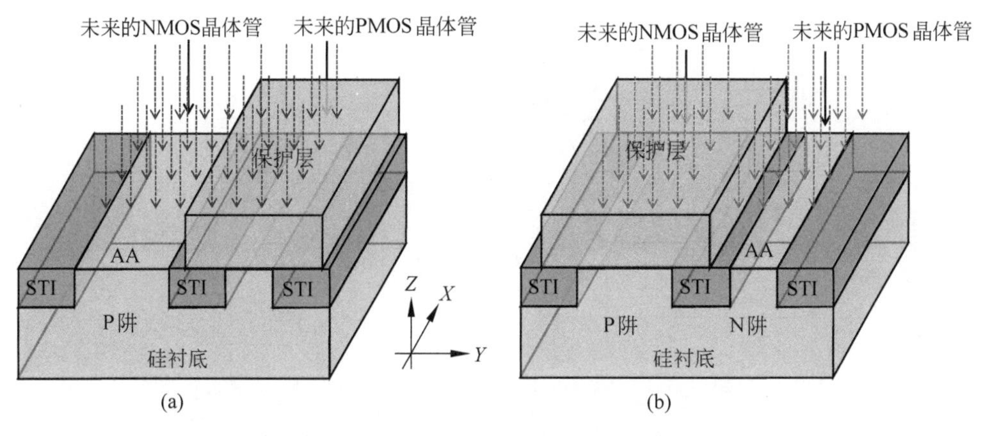

图 3.12　前段双阱层次(P Well,N Well)的定义：(a) P 阱的定义；(b) N 阱的定义

3) 定义伪栅极(Dummy Poly)图形

HKMG 工艺,顾名思义,就是利用高介电常数的材料代替传统的栅氧材料(二氧化硅或者 SiON)作为绝缘层,以改进由于晶体管微缩导致的线宽变窄,栅氧变薄引入的栅极漏电流问题。同时,用金属栅极取代多晶硅栅极以减小电阻,提高开关速度。在此之前需要生长伪栅极,如图 3.13(a)所示,利用光刻和刻蚀工艺形成伪栅极图形,一般此时的伪栅极材料为无定形硅(Amorphous Silicon)。沿着 X_1 的横截面如图 3.13(b)所示,栅极两侧是未来的源极(Source)和漏极(Drain)区域,此处还未进行掺杂形成源漏。另外,后续还需要有剪切层对伪栅做必要的剪切。

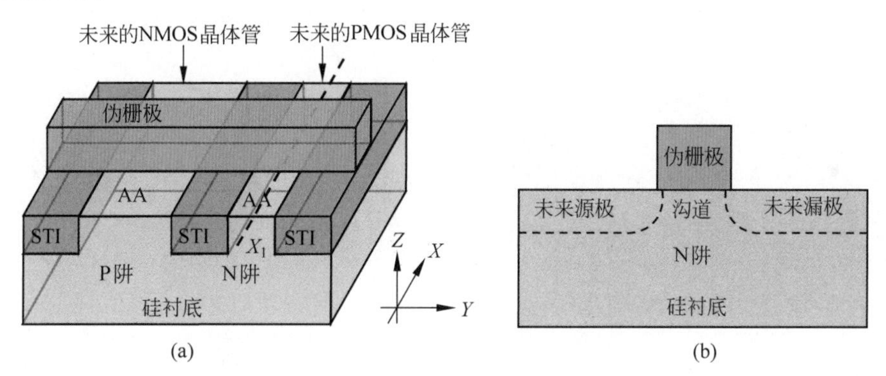

图 3.13　前段伪栅极层次定义：(a) 立体图；(b) 沿 X_1 的横截面示意图

4) 在栅极两侧生长间隔层侧墙 1(spacer1)

在进行轻掺杂漏(Light Doped Drain,LDD)离子注入工艺之前,需要先在栅极两侧生长侧墙 1(spacer1),立体图如 3.14(a)所示。侧墙一般是硅化物材料,如氮化硅、氧化硅等,还可以采用低介电常数(Low *k*)材料。侧墙可以在 LDD 工艺时保护栅极,还有定位后续 LDD 注入位置和定义外延 SiGe 后的 Proximity 位置[10-11]的作用,这些都会对器件性能产生很大影响。

5) PMOS 和 NMOS 晶体管区域的轻掺杂漏(Light Doped Drain,LDD)离子注入工艺

随着栅极的宽度不断减小,栅极下方的沟道长度也不断地减小。为了有效地防止短沟道效应,需要引入轻掺杂漏工艺。可以在栅极的边界下方、沟道中靠近源漏极的附近设置一个低掺杂的漏区,该区域在源漏和沟道之间形成杂质浓度梯度,让该区域也承受部分电压,还可以减少热载流子注入效应(Hot Carrier Injection,HCI),提高器件的可靠性[12-17]。

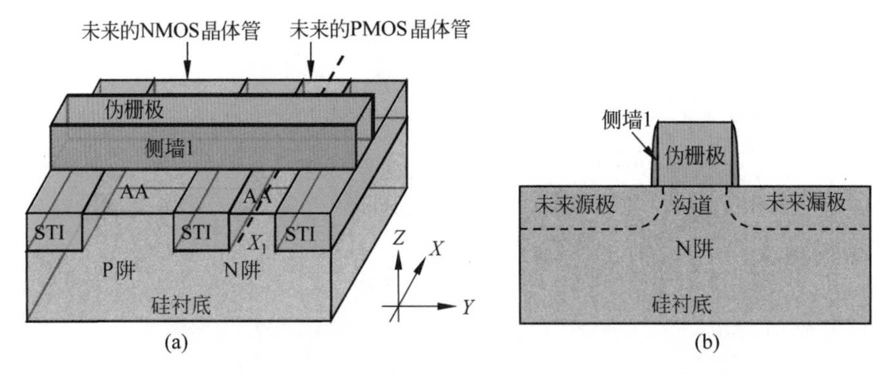

图 3.14 前段栅极两侧生长侧墙 1：(a) 立体图；(b) 沿 X_1 的横截面示意图

(1) 在 NMOS 区域，电子导电，采用的是 N 型轻掺杂漏离子注入，即 NLDD，如图 3.15(a)所示。此时，PMOS 晶体管区域需要有保护层(光刻材料或者硬掩模版等材料)保护。

(2) 在 PMOS 区域，载流子是空穴，采用的是 P 型轻掺杂漏离子注入，即 PLDD，如图 3.15(b)所示。此时，NMOS 晶体管区域需要有保护层保护。

(3) 图 3.15(c)和图 3.15(d)分别为沿着 X_2 和 X_1 的横截面，分别表示 NLDD 和 PLDD 工艺之后晶体管结构示意图。栅极两侧是未来的源极(Source)和漏极(Drain)区域，此处还未进行掺杂形成源漏。

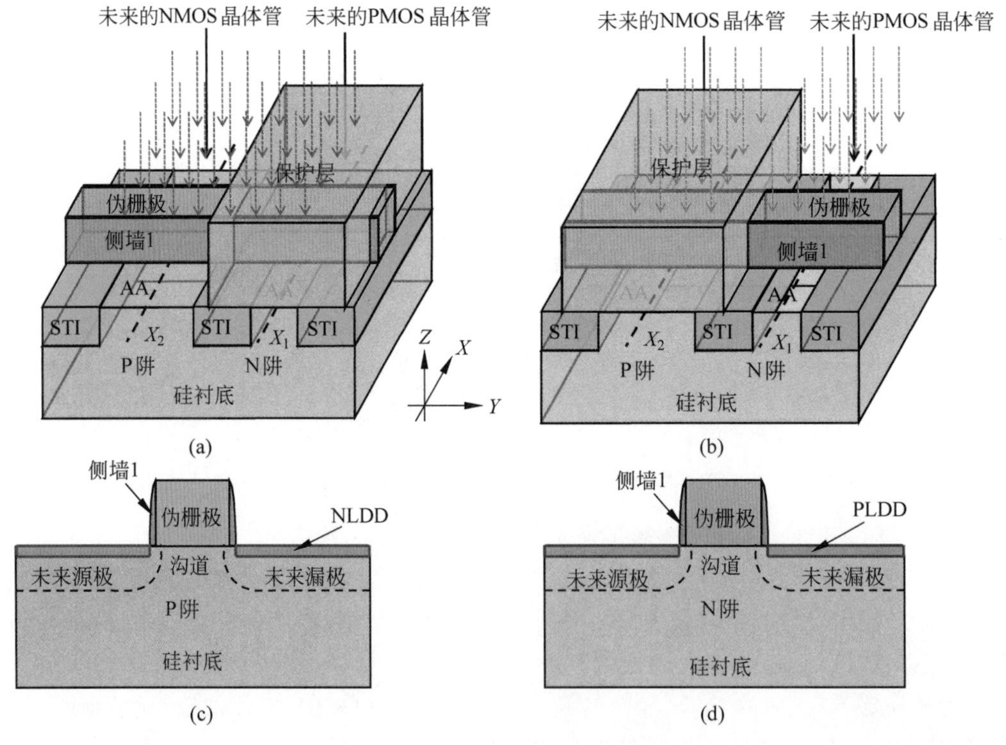

图 3.15 前段 LDD 离子注入：(a) NLDD；(b) PLDD；(c) 沿 X_2 的横截面示意图；(d) 沿 X_1 的横截面示意图

6) 生长 PMOS 区域的 SiGe

对于 NMOS 晶体管来说，其在导通时，形成的是 N 型导电通道，即导电沟道中的载流子是电子。而 PMOS 晶体管在导通时形成的是 P 型导电通道，导电沟道中的载流子是空穴。众所周知，在相同掺杂浓度下，电子的迁移率大于空穴的迁移率(2～3 倍)。NMOS 中电子迁移率较高，电阻更小，在同掺杂的情况下，NMOS 晶体管的开关速度更快。总体来说，NMOS 晶体管的性能更好。

因此，需要在 PMOS 晶体管源漏区域经过光刻、刻蚀之后，再外延生长 SiGe，通过 sigma 形状对沟道施加压缩的应力。图 3.16(a)是生长完 SiGe 之后沿着如图 3.15(a)所示 X_1 的横截切面，这一压缩的应力可以提高空穴的迁移速度，从而提高 PMOS 晶体管的性能，使得 PMOS 晶体管的功耗、开关速度等性能尽量与同等面积的 NMOS 晶体管相当。一般来说，表 3.1 中设计规则对应的平面晶体管的 NMOS 晶体管中无须外延生长可以提升电子迁移速度的材料。另外，在 PMOS 区域生长 SiGe 过程中，NMOS 区域(以及其他无须生长 SiGe 的区域)需要有硬掩模(如氮化硅)等材料保护。

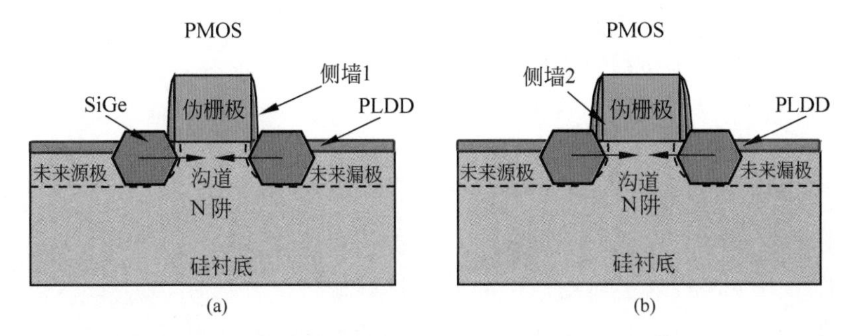

图 3.16 前段(a)PMOS 晶体管外延生长 SiGe；(b)栅极生长侧墙 2(spacer2)示意图

7) 在栅极两侧生长间隔层侧墙 2(spacer2)

在源漏离子注入工艺之前，还需要在栅极两侧继续生长侧墙(侧墙 2，spacer2)，如图 3.16(b)所示。一般来说，这一侧墙材料仍然是低 *k* 材料，如氮化硅、氧化硅等，整个侧墙(spacer1＋spacer2)结构[11]一般是多种材料的复合结构。侧墙材料可以防止金属栅极和源漏之间发生漏电，侧墙 2 还可以保护 LDD，防止后续重掺杂的源漏离子注入破坏栅极与源漏之间的 LDD 低掺杂的区域。同时，侧墙 2 还是一种更好的精确定位源漏离子注入区的结构。

8) 形成 PMOS 管和 NMOS 晶体管的源漏区

通过离子注入工艺进行重掺杂，形成 MOS 晶体管的源漏区。

(1) 在 NMOS 晶体管的 P 型衬底(PW)的源漏区进行 N 型重掺杂，即 N^+ 工艺流程，如图 3.17(a)所示，展示了 N^+ 工艺之后沿着如图 3.15(a)所示 X_2 的横截面。与双阱以及 LDD 工艺类似，在 N^+ 工艺过程中，PMOS 晶体管对应的区域需要有保护层(光刻材料或者硬掩模版等材料)保护。

(2) 在 PMOS 晶体管的 N 型衬底(NW)的源漏区进行 P 型重掺杂，即 P^+ 工艺流程。如图 3.17(b)所示，展示了 P^+ 工艺之后沿着如图 3.15(a)所示 X_1 的横截面。同样地，在 P^+ 工艺过程中，NMOS 晶体管对应的区域也需要有保护层保护。

这一重掺杂过程中不能对前述栅极与源漏之间的轻掺杂 LDD 区域造成影响，因此栅极旁的间隔层侧墙起到了重要的隔离阻挡重掺杂的作用。同时，N^+ 和 P^+ 的离子注入工艺还可以改变通过外延工艺生长的 SiGe 晶格结构，从而形成中段通孔金属和 SiGe 的欧姆接触，减小接触电阻，增大电流，降低功耗，从而提升器件性能。

9) 生长高介电常数栅氧和金属栅(HKMG)

在生长 HKMG 之前，需要生长层间介电层(Inter Layer Dielectric，ILD)，并通过化学机械平坦化工艺将高出栅极的 ILD 去掉。ILD 可以在后续去除伪栅过程中，保护源漏区。接下

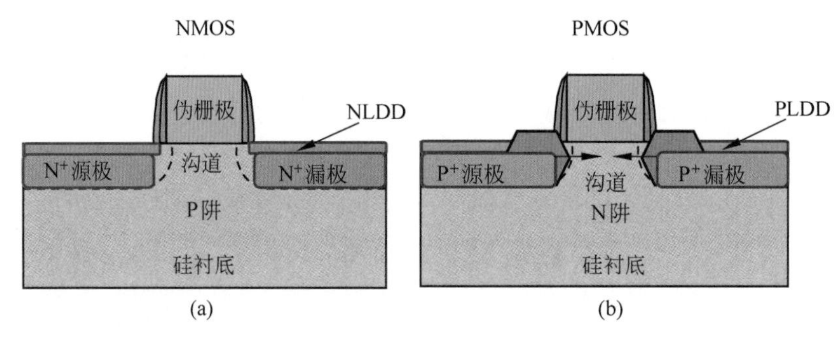

图 3.17 前段源漏(S/D)定义：(a) NMOS 晶体管 S/D 定义；(b) PMOS 晶体管 S/D 定义示意图

来，简单介绍去除伪栅以及生长 HKMG 的一般流程。

(1) 通过干法刻蚀和湿法刻蚀工艺，同时去除 NMOS 与 PMOS 晶体管的伪栅，如图 3.18(a)和图 3.18(c)所示。

(2) 同时生长界面氧化层(很薄的过渡材料)和高介电常数栅氧(例如 HfO_2)。

(3) 完成 HK 生长之后，开始生长金属栅材料。例如，先生长 PMOS 晶体管的金属栅材料(如 TiN，或者包含 TiN 在内的多层结构)。然后利用光刻工艺，保护 PMOS 晶体管，将 NMOS 晶体管中的 TiN 或者多层结构中的某些材料去除。去胶后，再生长 NMOS 晶体管的金属栅材料(如 TiAl，或者包含 TiAl 在内的多层结构)。此时，PMOS 晶体管的栅极中也会存在 NMOS 晶体管的金属栅材料(但是不会影响 PMOS 的功函数)。

(4) 统一填充低电阻金属(如 Al、W 等)[18-22]，并经过化学机械平坦化工艺磨平后，如图 3.18(b)和图 3.18(d)所示。另外，栅极功函数的调整比较复杂[23]，通过不断优化金属栅材料及材料厚度，使 NMOS 和 PMOS 的功函数达到要求。图中仅以简化的金属栅极膜层为例，说明平面晶体管中 NMOS 和 PMOS 晶体管的大概 HKMG 工艺和结构。

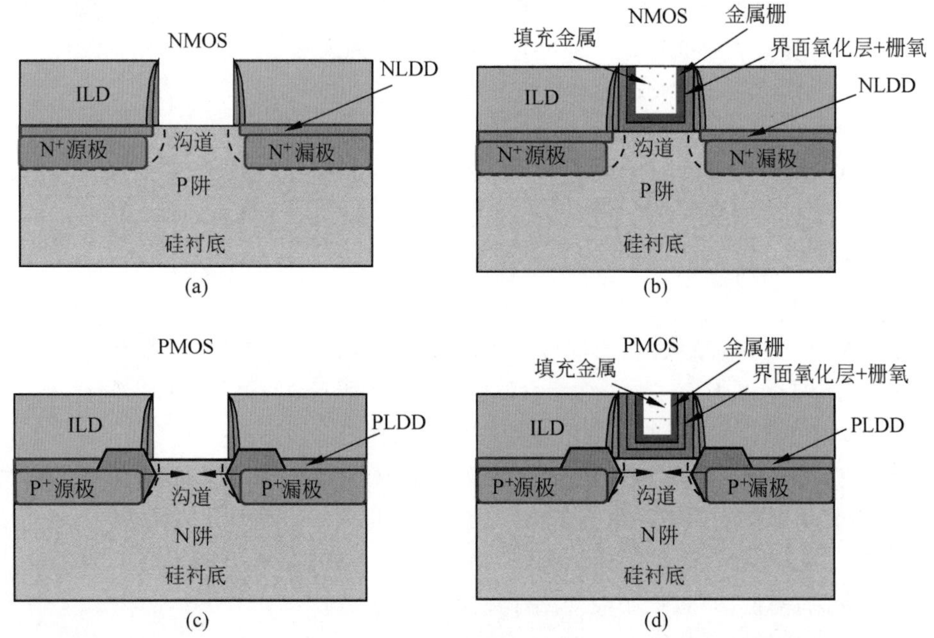

图 3.18 前段 HKMG 工艺：(a) NMOS 晶体管去除伪栅极；(b) NMOS 晶体管生长 HKMG；(c) PMOS 晶体管去除伪栅极；(d) PMOS 晶体管生长 HKMG 示意图

10）中段接触孔层次（Contact Layer）

这一层次用来连接前段的器件（PMOS 和 NMOS）和后段的金属和通孔层次，无须按照不同类型晶体管分开完成。通过光刻、刻蚀、金属填充以及 CMP 等工艺，形成接触孔，如图 3.19 所示。其中，接触孔之间是层间介电层（ILD），接触孔材料一般为钨。

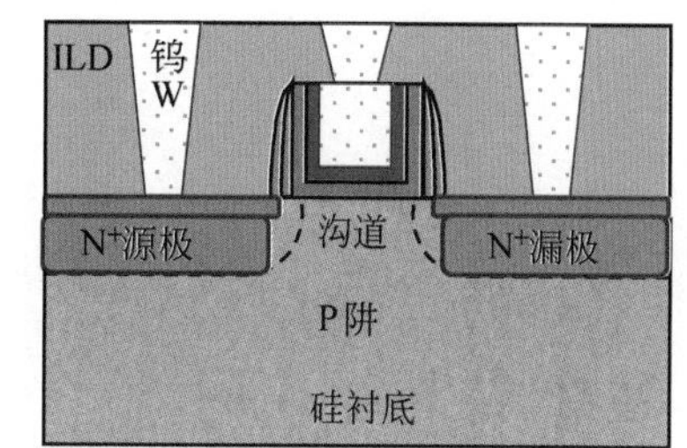

图 3.19 中（后）段接触孔层次示意图

11）后段的金属和通孔层次

从 130nm 技术节点开始，从先镀金属铝膜再刻蚀形成金属连线转变成单大马士革（Damascus）填铜工艺[24]，即先形成沟槽，再镶嵌（填充）金属铜，经过 CMP 工艺平坦化完成金属连线的埋线。而从 28nm 技术节点开始，双大马士革填铜工艺[25]被大规模广泛应用于后段金属、通孔层次的埋线。双大马士革填铜工艺意味着同时填充两层铜线层次（一层金属和一层通孔）[25-28]，简单工艺流程如下。

（1）完成第一层金属（M_1）的光刻、刻蚀、金属（铜）填充和 CMP 工艺。

（2）完成第二层金属（M_2）的光刻和硬掩模刻蚀，然后完成第一层通孔（V_1）的光刻和部分 ILD 刻蚀，最后完成所有 ILD 刻蚀，形成 M_2 和 V_1 的最终图形。

（3）对 M_2 和 V_1 层统一填充金属铜，并经过 CMP 工艺去掉多余的金属。

（4）后续的金属 M_{x+1} 和通孔 V_x 层次（$x>1$）按照上述（2）和（3）的工艺流程完成双大马士革填铜工艺，直到完成所有金属和通孔层次的金属埋线。

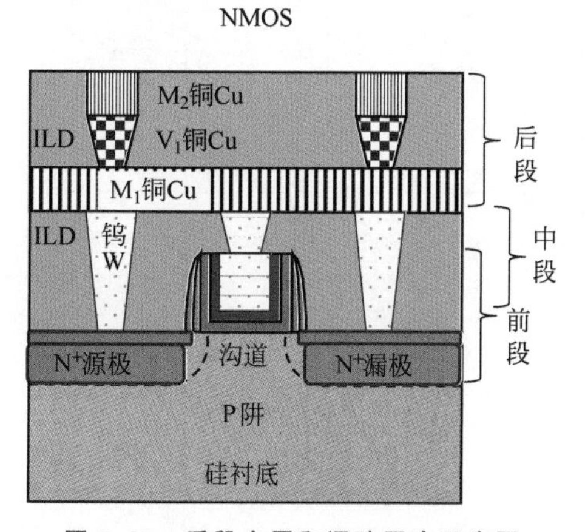

图 3.20 后段金属和通孔层次示意图

图 3.20 即为 NMOS 晶体管完成两层金属和一层通孔层次之后的沿着如图 3.15(a)所示 X_2 的横截面举例。一般来说，所有晶体管都是统一完成接触孔和后段的金属、通孔层次工艺的，无须像离子注入、HKMG 等工艺一样按照晶体管类型分开完成（即使通过多次曝光完成同一层次，填充金属也是统一完成的）。其中，中段需要将源漏以及栅极都连接到后段，因此有的通孔较深。

从图中还可以看出，后段两层金属的设计规则一般相互垂直，连通各个晶体管，而通孔负责连通两层金属。实际芯片中，会使用多层（如 6 层、8 层、10 层等）金属和通孔完成各晶体管的连接。

最后，完成顶层金属（Top Metal）、顶层通孔（Top Via）、保护层（Passivation）等工艺流程。此时，芯片工厂中的工艺流程全部结束，最后再完成封装、切割、测试等一系列后续流程，获得芯片的性能参数、可靠性以及成品率等信息。

本节通过简单的结构示意图展示了 HKMG 平面晶体管的几个关键工艺流程步骤，实际生产过程中的各工艺、膜层结构非常复杂。

3.3.3 14nm 技术节点关键层次设计规则以及 FinFET 的工艺流程简述

1. 14nm 技术节点中关键层次设计规则与版图设计

1）14nm 技术节点中关键层次设计规则

对于 14nm 技术节点来说，设计规则开始挑战 193nm 水浸没式光刻机的衍射极限。因此，多个光刻层次需要使用多次曝光或者自对准的多重曝光来实现，如表 3.2 所示。

表 3.2 14nm 技术节点前、中、后段部分关键层次设计规则[7,29]

分段、层次信息		设计规则		光刻方法		光刻机照明条件					光掩模	光刻胶					
分段	层次名称	最小周期/nm	最小线宽/nm	光刻方法	是否有禁止周期	照明波长	照明数值孔径	照明条件种类	光源-掩模优化是否必须	偏振	掩模类型	有几层底部抗反射层	光刻胶类型	光刻胶厚度/nm	光刻胶等效光酸扩散长度/nm	光刻胶类型	显影类型
前段	鳍	48	24	SADP	无	193nm 水浸没	1.35	二极	否	XY	6% 相移	2	正性化学放大	90～110	5	偏高活化能	正显影
	栅极	84～90	42～45	单次曝光	有	193nm 水浸没	1.35	二极	是	XY	OMOG	2	正性化学放大	90～110	5	偏高活化能	正显影
中段	金属 0	84～90	42～45	单次曝光（>80nm）	无	193nm 水浸没	1.35	二极	否	XY	6% 相移	2	正性化学放大	90～110	7	偏高活化能	负显影
	通孔 0	64～90	32～50	LE3～LE4	无	193nm 水浸没	1.35	环形	否	XY	6% 相移	2	正性化学放大	90～110	5	偏低活化能	正显影
				LE3～LE4	无	193nm 水浸没	1.35	环形	否	XY	6% 相移	2	正性化学放大	90～110	7	偏高活化能	负显影
后段	金属 1	64	32	LE2	无	193nm 水浸没	1.35	交叉四极	是/否	XY	6% 相移	2	正性化学放大	90～110	7	偏高活化能	负显影
	金属 X	80	40	单次曝光	无	193nm 水浸没	1.35	二极	否	XY	OMOG	2	正性化学放大	90～110	5	偏低活化能	正显影
	通孔 X	64～90	32～50	LE3～LE4	无	193nm 水浸没	1.35	环形	否	XY	6% 相移	2	正性化学放大	90～110	5	偏低活化能	正显影
				LE3～LE4	无	193nm 水浸没	1.35	环形	否	XY	6% 相移	2	正性化学放大	90～110	7	偏高活化能	负显影

（1）对于前段鳍（Fin）层次来说，需要使用自对准两重图形技术配合必要的剪切层次实现小于 50nm 周期的设计规则图形。

（2）对于后段金属层次来说，需要使用两次光刻-刻蚀（Litho-Etch Litho-Etch，LELE）[30]实现 64nm 的、双向设计规则的最小周期。

（3）对于中后段通孔层次来说，单次曝光可以实现的最小周期约为 90nm，而且还会有很多设计上的限制，因此最多需要使用 4 次（兼顾两个方向的图形拆分）光刻-刻蚀（Litho-Etch，LE）方法实现 64～90nm 的最小周期。其中，通孔层次周期范围与具体设计规则有关，一般是金属最小周期的 1～1.414 倍，越接近 1.414 倍，通孔周期越大，光刻工艺越容易实现。

另外，表 3.2 中的线宽更接近光刻之后线宽（尤其是单次曝光层次），实际 CDU 根据刻蚀后线宽的 10%来分配，具体可见 6.5.1 节，这会导致光刻之后的线宽均匀性需要控制在<±10%光刻线宽目标值。

同时，中后段金属和通孔层次开始采用负显影工艺，以获得更小的光刻沟槽，减小刻蚀线宽偏置（Etch Bias），降低工艺难度，提高工艺可靠性。由表 3.2 可见，负显影光刻胶的扩散长度比正显影的偏长，这是因为负显影需要曝过光的光刻胶部分尽量不能溶于显影液，因此需要更长的等效光酸扩散长度以更充分地完成光催化反应。

2）14nm 技术节点中一种 6T SRAM 的版图设计

图 3.21(a)为 3.2 节提到的 6T SRAM 电路示意图，图 3.21(b)为 14nm 技术节点中包含 10 Fin 的、相应的版图结构，图 3.21(c)为 14nm 技术节点中包含 8 Fin 的、相应的版图结构。版图中包含 5 层关键层次：前段 Fin、栅极（Poly）以及中段金属 0（M_0）[31-32]层与两层接触孔层次（通孔 0 层（V_0）和接触孔（M0G 短线））。红色大虚线框内为一个 SRAM 单元，图 3.21(b)和图 3.21(c)中 6 个各司其职的晶体管与图 3.21(a)中的晶体管一一对应，有以下几点需要注意。

（1）图 3.21(b)为高性能的 SRAM，NMOS 晶体管包含两根 Fin，PMOS 晶体管只包含一根 Fin；图 3.21(c)为高密度晶体管，NMOS 与 PMOS 晶体管均只包含一根 Fin。

（2）中段包含三层金属结构（一层金属、一层接触孔和一层通孔），与 HKMG 平面晶体管类似，中段将字线（WL）、位线（BL）、电源（V_{DD}）和接地（V_{SS}）连接到后段的金属层次。

（3）一个反相器中 PMOS 晶体管与 NMOS 晶体管输出（漏极）端的连接可以直接通过中段的金属 0（M_0）层次完成。

2. 14nm 技术节点中 FinFET 的工艺流程简述

本节以 14nm 技术节点高性能晶体管（NMOS 包含两根 Fin）为例，简述 SRAM 中关键工艺流程，包括前段器件、中段和后段金属以及通孔连线形成的过程。对于 14nm 技术节点的 FinFET 结构[33]，主要包含以下几个关键的工艺步骤，如图 3.22 所示：①形成 Fin；②形成伪栅极（Dummy Poly）；③形成源漏（S/D）区；④生长高介电常数材料和金属栅极；⑤形成中段金属和通孔层次；⑥形成后段金属和通孔层次。

每个主要工艺流程中包含的具体内容如下。

1）形成 Fin

（1）定义 Fin。如图 3.23 所示，利用自对准的双重图形技术，包括光刻、刻蚀以及薄膜生长等工艺，形成 Fin 的结构。一般来说，Fin 沿 *X* 方向排布。

如前面所述，14nm 节点高性能的 SRAM 中，NMOS 晶体管包含两根 Fin，PMOS 晶体管包含一根 Fin。因此，完成周期性的 Fin 图形之后，需要使用 Fin 的剪切层，沿 *X* 方向将不需要

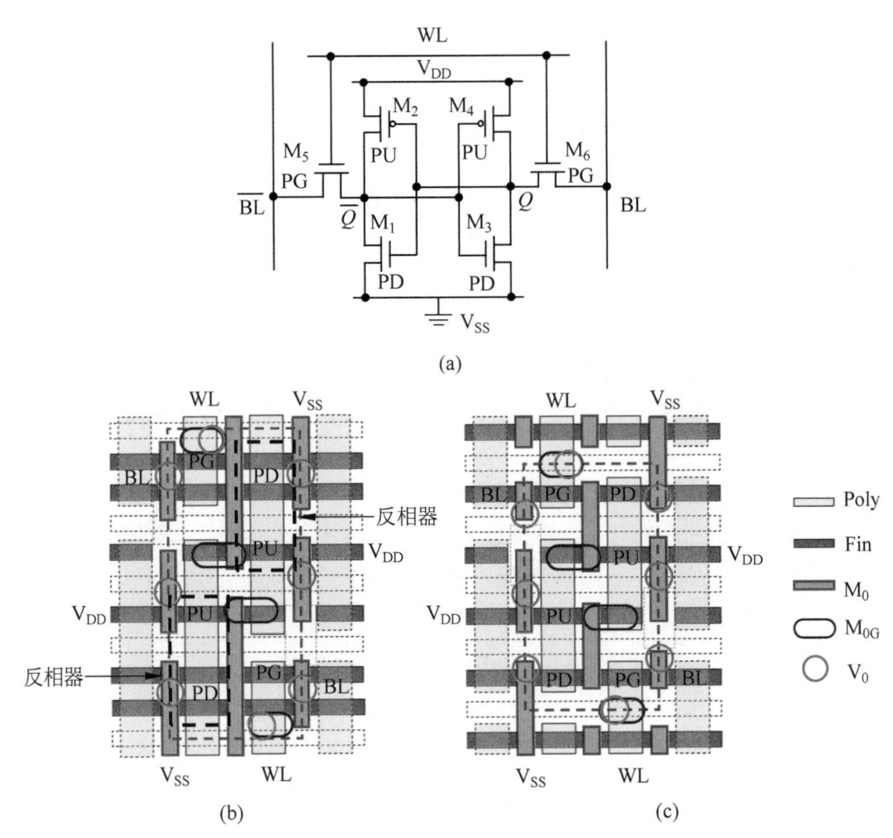

图 3.21 (a) 一种 6T SRAM 的电路；(b) 14nm 技术节点高性能 SRAM 版图设计；(c) 14nm 技术节点高密度 SRAM 版图设计示意图

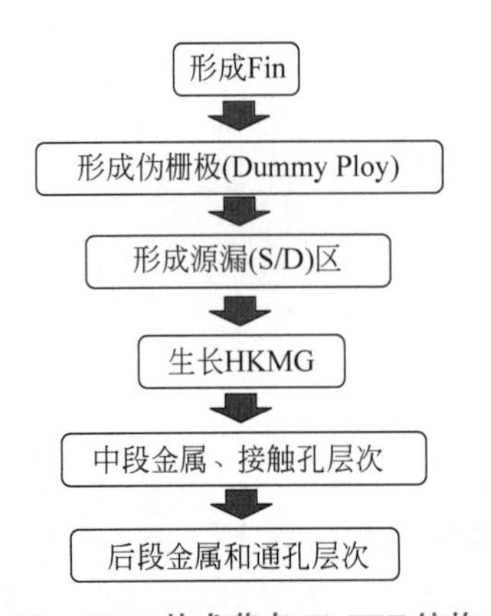

图 3.22 14nm 技术节点 FinFET 结构主要工艺流程示意图

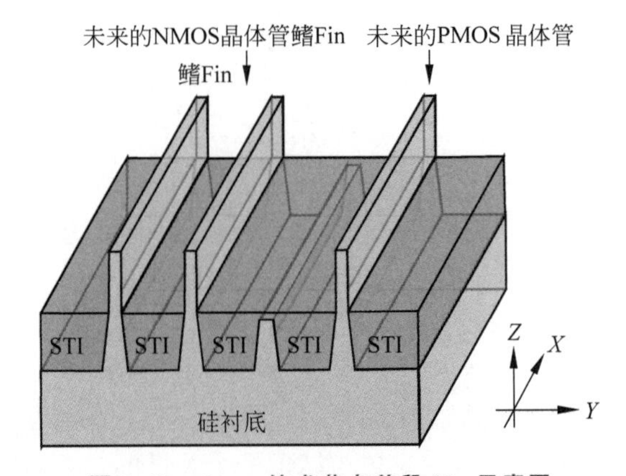

图 3.23 14nm 技术节点前段 Fin 示意图

的 Fin 切掉，这种剪切一般称为水平剪切(Horizontal Cut)。对于一根较长的 Fin，若需要从中间截断，则需要垂直剪切(Vertical Cut)层次来实现。

不同 Fin 之间需采用浅沟道隔离(STI)技术，利用绝缘层将不同晶体管器件隔离开。这里有一个 Fin 高的定义：高于 STI 区域的 Fin。

(2) 双阱(Well)区域的定义。

如图 3.24 所示，定义双阱也就是定义 PMOS 和 NMOS 晶体管所在区域。

① 在 NMOS 区域：需要形成 P 型衬底，所以需要形成大范围的 P 型掺杂区，即 P 型阱(P Well,PW)。如图 3.24(a)所示，进行双阱工艺之前，先利用 STI 填平 Fin 之间空隙。在形成 PW 区域时，涂覆光刻材料之后，需要通过光刻工艺将需要进行离子注入形成 PW 区域的光刻胶去除。离子注入过程中，形成 PW 区域，其他 PMOS 晶体管对应的区域有保护层(光刻胶等光刻材料)保护。

② 在 PMOS 区域：需要形成 N 型衬底，所以需要形成大范围的 N 型掺杂区，即 N 型阱(N Well,NW)。如图 3.24(b)所示，在形成 NW 区域时，同样需要保护层将 PW 区域保护起来，只对 PMOS 晶体管对应的区域进行离子注入。

双阱工艺完成之后，还需要将填平所用的 STI 去掉，露出一定高度的 Fin。

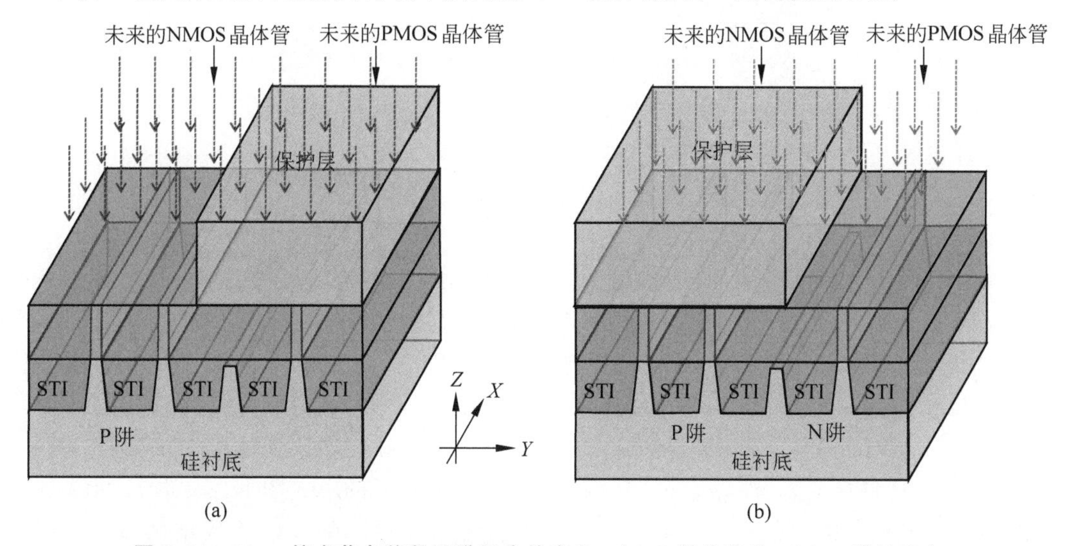

图 3.24　14nm 技术节点前段双阱层次的定义：(a) P 阱的定义；(b) N 阱的定义

2) 形成伪栅极

(1) 伪栅极(Dummy Poly)图形定义。

对于 14nm 技术节点来说，栅极设计规则还未挑战 193nm 水浸没式的衍射极限，仍然可以采用单次曝光完成。对于周期较小的设计规则，如 78nm 周期(与器件无关的栅极周期)，需要使用强偶极照明条件。经过光刻和刻蚀工艺之后，形成伪栅极图形，如图 3.25 所示，一般此时的伪栅极材料为无定形硅，且方向与 Fin 垂直，即沿着 Y 方向排布。另外，后续还需要有剪切层对伪栅做必要的剪切。

(2) 如 3.3.2 节 HKMG 平面晶体管工艺流程所述，在进行轻掺杂漏(Light Doped Drain, LDD)离子注入工艺之前，需要先在栅极两侧生长侧墙 1(spacer1)。

(3) PMOS 和 NMOS 晶体管区域的轻掺杂漏离子注入工艺。

如 3.3.2 节 HKMG 平面晶体管工艺流程所述，需要引入轻掺杂漏工艺。

① 在 NMOS 区域，电子导电，采用 N 型轻掺杂漏离子注入，即 NLDD。此时，PMOS 晶体管区域需要有保护层(光刻材料或者硬掩模等材料)保护。

② 在 PMOS 区域，载流子是空穴，采用 P 型轻掺杂漏离子注入，即 PLDD。此时，NMOS 晶体管区域需要有保护层保护。

3) 形成源漏(S/D)区

(1) 与 3.3.2 节平面晶体管类似，源漏离子注入工艺之前，还需要再沿着栅极方向(与 Fin

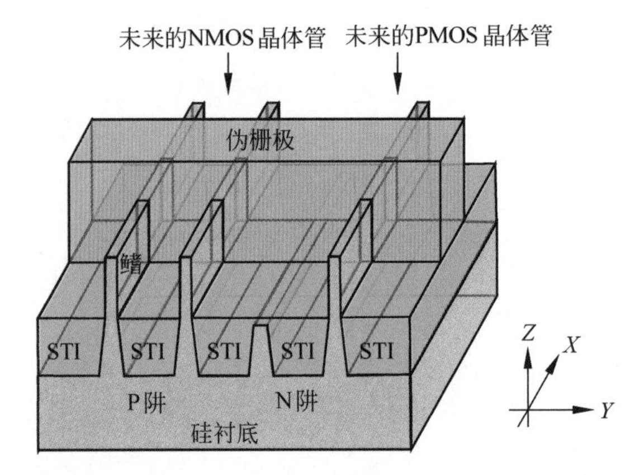

图 3.25 14nm 技术节点前段伪栅极层次定义示意图

垂直方向),在栅极两侧生长间隔层侧墙 2(spacer2)。

(2) 外延生长 PMOS 区域的 SiGe 和 NMOS 区域的 SiP,分别对 PMOS 和 NMOS 区域进行掺杂形成源漏区。

由 3.3.2 节 HKMG 平面晶体管工艺流程所述,需要进行源漏区域的外延生长。

① 对于 PMOS 晶体管源漏区域,需要生长 SiGe,对沟道施加压缩的应力。在生长 SiGe 之前,需要通过光刻、刻蚀等工艺,刻蚀掉 PMOS 源漏区的 Fin 图形。此时,NMOS 区域和 PMOS 栅极区域需要被硬掩模与光刻胶等材料保护。随后,在 PMOS 源漏区域,沿着衬底上的硅外延生长 SiGe,外延生长 SiGe 时,其他区域被硬掩模(如氮化硅)等材料保护。

② 对于 NMOS 晶体管源漏区域,需要生长 SiP,对沟道施加拉伸的应力。同样,在生长 SiP 之前,需要通过光刻、刻蚀等工艺,刻蚀掉 NMOS 源漏区的 Fin 图形。此时,PMOS 区域和 NMOS 栅极区域需要被硬掩模与光刻胶等材料保护。随后,在 NMOS 源漏区域,沿着衬底上的硅外延生长 SiP,外延生长 SiP 时,其他区域被硬掩模(如氮化硅)等材料保护。最后结果如图 3.26 所示,其中,栅极两侧有侧墙(spacer1+spacer2,多层复合结构)。

完成外延生长之后,还需要分别完成 NMOS 和 PMOS 晶体管的源漏离子注入工艺,以形成 MOS 晶体管的源漏区域。完成其中一种晶体管的源漏离子注入工艺时,另一种晶体管对应区域需要保护层保护。

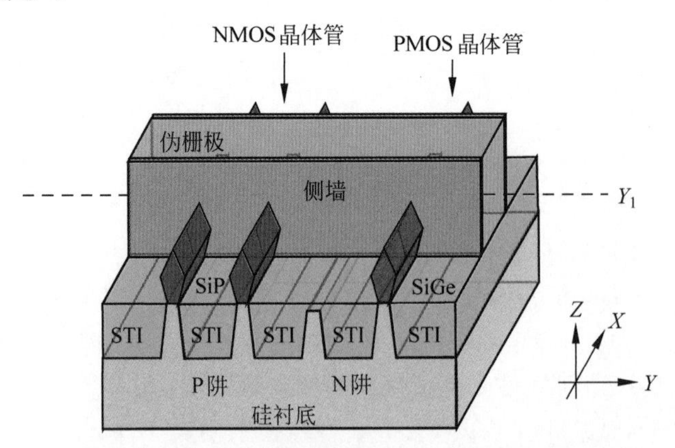

图 3.26 14nm 技术节点前段侧墙、外延工艺完成之后示意图

4) 生长高介电常数栅氧和金属栅(HKMG)

与 3.3.2 节 HKMG 平面晶体管类似,在生长 HKMG 之前,也需要生长 ILD,并通过化学

机械平坦化工艺将高出栅极的 ILD 去掉。ILD 可以在后续去除伪栅过程中,保护源漏区。接下来,简单介绍去除伪栅以及生长 HKMG 的一般流程。

① 通过干法刻蚀和湿法刻蚀工艺,同时去除 NMOS 与 PMOS 晶体管的伪栅。

② 同时生长界面氧化层(很薄的过渡材料)和高介电常数栅氧(如 HfO_2)。

③ 完成 HK 生长之后,开始生长金属栅材料。例如,先生长 PMOS 晶体管的金属栅材料(如 TiN,或者包含 TiN 在内的多层结构)。然后利用光刻材料,保护 PMOS 晶体管,将 NMOS 晶体管中的 TiN 或者多层结构中的某些材料去除。去胶后,再生长 NMOS 晶体管的金属栅材料(如 TiAl,或者包含 TiAl 在内的多层结构)。此时,PMOS 晶体管的栅极中也会存在 NMOS 晶体管的金属栅材料(但是不会影响 PMOS 的功函数)。

④ 统一填充低电阻金属(如 W)[34-35],并经过化学机械平坦化工艺磨平。

沿着如图 3.26 所示,与栅极平行且经过栅极中心的切线 Y_1,经过 HKMG 工艺之后,其截面如图 3.27 所示。图中以简化的金属栅极膜层为例,说明 FinFET 晶体管中 NMOS 和 PMOS 晶体管的大概 HKMG 工艺和结构。

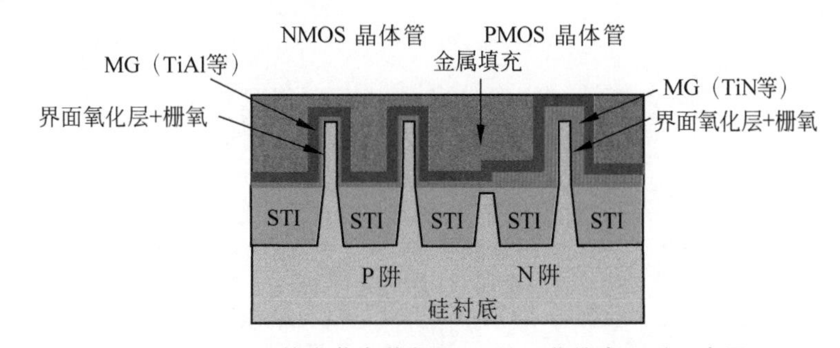

图 3.27　14nm 技术节点前段 HKMG 工艺结束之后示意图

接下来,通过中段的金属层次、接触孔、通孔以及后段的金属和通孔层次将前段器件导出,具体可参考 3.3.4 节的 CFET 中后段结构。尽管 3nm 节点与 14nm 节点在中后段所用金属材料不同,但是分段规则和各段的功能有相通性,本节不再赘述。

本节通过简单的结构示意图展示了 14nm FinFET SRAM 中的几个关键工艺流程步骤,实际生产过程中的各工艺、膜层结构非常复杂。

3.3.4　3nm 关键层次设计规则以及 CFET 的工艺流程简述

1. 3nm 技术节点中关键层次设计规则

如前所述,从 16/14nm 技术节点开始引入鳍型晶体管(FinFET),而到了更加先进的技术节点,例如 3nm 技术节点,可以开始采用 CFET 结构,以大大减小 SRAM 面积。本节以 3nm CFET 结构为例,简述 3nm 节点关键层次设计规则、重要步骤的工艺流程。表 3.3 是 3nm 节点前、中、后段关键层次的主要设计规则、曝光条件以及光刻材料等信息。

(1) 对于前段鳍(纳米板)图形,需要使用自对准四重图形技术配合必要的剪切层次实现约 24nm 周期的设计规则图形。对于前段栅极图形,需要使用自对准两重图形技术配合必要的剪切层次实现小于 50nm 周期的设计规则图形。一般来说,当单次曝光周期大于或等于 38nm,小于 76nm 时,即可采用两次(包括自对准)193nm 水浸没式光刻工艺和刻蚀工艺(LELE,SALELE)或者 193nm 水浸没式光刻工艺和自对准双重图形技术(SADP)的方法完成图形。

表3.3 3nm技术节点前、中、后段关键层次设计规则[29,36]

分段、层次信息		设计规则		光刻设计规则（一次光刻）		光刻机照明条件					光掩模	光刻胶					
分段	层次名称	最小周期/nm	最小线宽/nm	光刻方法	是否有禁止周期	照明波长	照明数值孔径	照明条件种类	光源-掩模优化是否必须	偏振	掩模类型	有几层底部抗反射层	光刻胶类型	光刻胶厚度/nm	光刻胶等效光酸扩散长度/nm	光刻胶类型	显影类型
前段	鳍（纳米板）	24	12	SAQP	无	193nm水浸没	1.35	二极	否	XY	6%相移	2	正性化学放大	90～110	5	偏高活化能	正显影
	BPR层	120	30	单次曝光	无	193nm水浸没	1.35	交叉四极	否	XY	6%相移	2	正性化学放大	90～110	7	偏高活化能	负显影
	栅极	48	24	SADP	无	193nm水浸没	1.35	弱二极	否	XY	6%相移	2	正性化学放大	90～110	5	偏高活化能	正显影
中段	金属0	48	24	单次曝光	无	0.33NA EUV	0.33	四极	否	无	无	无	正性化学放大	40	4	偏低活化能	正显影
	通孔0	24～36	12～18	LE2～LE3	无	0.33NA EUV	0.33	环形	否	无	无	无	正性化学放大	40	4	偏低活化能	正显影
后段	金属X	24	12	SALELE	无	0.33NA EUV	0.33	四极	否	无	无	无	正性化学放大	40	4	偏低活化能	正显影
	通孔X	24～36	12～18	LE2～LE3	无	0.33NA EUV	0.33	环形	否	无	无	无	正性化学放大	40	4	偏低活化能	正显影

(2) 在5nm技术节点以下的先进工艺中，前段工艺流程会引入埋入式电源线(Buried Power Rail,BPR)[6]层次，以减轻中后段金属布线的压力。

(3) 一般来说，从5nm节点开始，前段的剪切层次和中后段的金属和通孔层次最好采用EUV光刻工艺。由于存在光子吸收随机效应，实际采用0.33 NA EUV光刻工艺的周期距离衍射极限(约22nm)较远：对于金属层次，单次EUV曝光的最小周期约为36nm；对于通孔层次，单次EUV曝光的最小周期约为48nm。

因此，如表3.3所示，中段金属可以采用0.33 NA EUV单次曝光，中段通孔需要根据实际设计规则选择采用几次(2～3次)EUV光刻-刻蚀工艺。

(4) 后段金属需要采用自对准的两次EUV光刻-刻蚀工艺(EUV SALELE)，后段通孔层次也需要根据实际设计规则选择采用几次(2～3次)EUV光刻-刻蚀工艺。

注意，表3.3中的设计规则是基于一种3nm CFET SRAM结构来定义的。实际每家公司针对3nm技术节点会有不同的结构设计，例如，仍然保持FinFET结构，即使采用CFET结构，SRAM的具体设计也会跟本节的有所差别。

2. CFET与FinFET的版图区别

图3.28展示了两种6T SRAM的平面版图结构，包含几个关键层次：前段Fin，栅极，中段的金属0层(M_0)、通孔0层(V_0)和接触孔(M_0G)层次。到了先进技术节点，若想提高晶体管密度，SRAM中PMOS晶体管与NMOS晶体管中可以只包含一根Fin。接下来分别介绍这两种SRAM的具体结构。

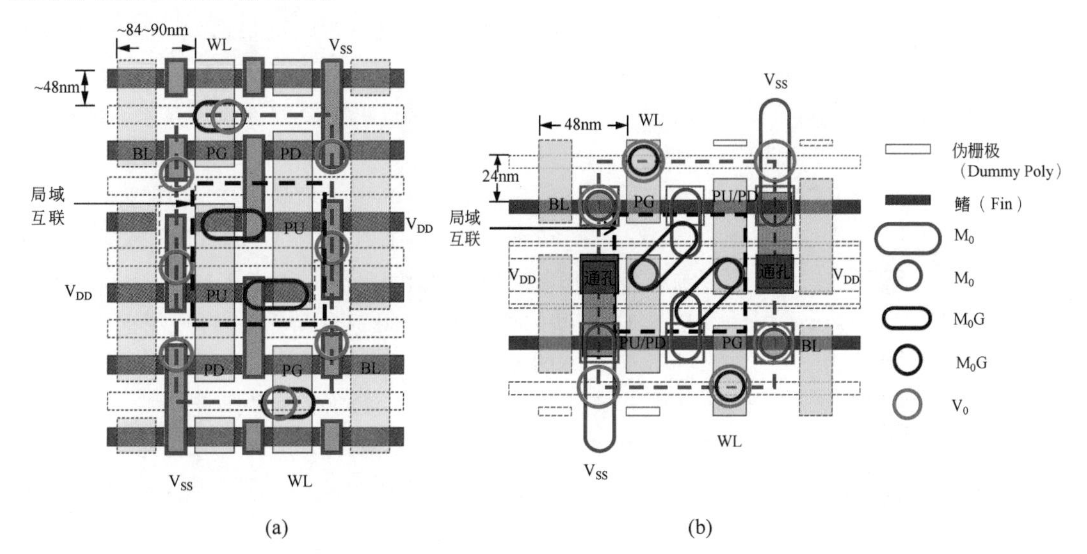

图3.28 两种6T SRAM版图示意图：(a) 一种高密度的14nm FinFET结构；(b) 一种高密度的3nm CFET结构

图3.28(a)是包含6个晶体管的、高密度的14nm FinFET结构，红色大虚线框中代表一个SRAM基本单元，由图中可知：

(1) SRAM包含两个PG晶体管，其栅极会经过中段的通孔层次连通到后段的金属层次，此金属层次作为字线(WL)。

(2) SRAM包含左下和右上两个反相器。两个反相器各自的输出作为对方的输入(输入到栅极)，通过中段局域互联层次(接触孔)实现。

(3) 每个反相器中包含一个NMOS(PD)和一个PMOS(PU)晶体管，一个反相器中两个晶体管输出(漏极)需要同时输入另外一个反相器的栅极，因此需要通过中段金属 0 层次连通一个反相器中两个晶体管的输出端。

(4) 两个反相器中的两个 PMOS(PU)晶体管源极需要接电源，通过中段的通孔 0 层次、中段的金属 0 层次将两个 PU 晶体管的源极连接到后段的金属层次，此金属层次接电源(V_{DD})。

(5) 两个反相器中的两个 NMOS(PD)晶体管源极需要接地，通过中段的通孔 0 层次、中段的金属 0 层次将两个 PD 晶体管的源极连接到后段的金属层次，此金属层次接地(V_{SS})。

(6) 两个位线分别连接两个 PG 晶体管的源极，通过中段的通孔 0 层次、中段的金属 0 层次将两个 PG 晶体管的源极连接到后段的金属层次，此金属层次作为位线(BL)。

(7) 另外，由于晶体管之间需要隔离，所以需要利用水平剪切层将 Fin 隔一根切掉一根。栅极与金属 0 层次需要形成的线端-线端尺寸较小，193nm 水浸没式单次光刻工艺无法实现，也需要通过剪切实现。因此，图中栅极与金属 0 层次的线端为方形。

图 3.28(b)为一种高密度的、3nm CFET 6T SRAM，红色大虚线框中代表一个 SRAM 基本单元，具体晶体管结构均与 14nm FinFET 的类似，区别如下。

(1) 为了继续缩小 SRAM 面积，从 3nm 技术节点可以开始采用基于硅纳米板的 CFET 结构，即一个反相器中的 PMOS 和 NMOS 在垂直方向叠加放置，如图中“PU/PD”所示。

(2) 传统的互联方式为横平竖直的设计规则，图中为了尽量减小 SRAM 面积，同时节省中段局域互联的掩模版，图中尝试了一种 45°局域互联的方式。

(3) 同样地，由于晶体管之间需要隔离，所以需要利用水平剪切层将 Fin 切掉，本设计只用 5 根 Fin，且处于局域互联区域的 Fin 被切掉两根，其余切掉一根。栅极需要形成的线端-线端尺寸较小，193nm 水浸没式光刻工艺无法实现，需要通过剪切(EUV 光刻)实现，因此图中栅极线端为方形。而金属 0 层次的小线端-线端尺寸可以通过单次极紫外光刻工艺来实现，因此图中金属 0 线端为圆形(光学邻近效应)。

(4) 另外，对于 CFET 结构来说，一般 PMOS 在下方，NMOS 堆叠在 PMOS 上方。这是因为，一个 6T SRAM 中有 4 个 NMOS，将较多的 NMOS 放在上方来制作可以简化工艺。同时，NMOS 晶体管的性能比 PMOS 的性能要好，将 NMOS 晶体管置于上方可以防止处于上方的 PMOS 晶体管在高温(600～700℃)[37]外延工艺过程中损伤处于下方的 NMOS 晶体管。

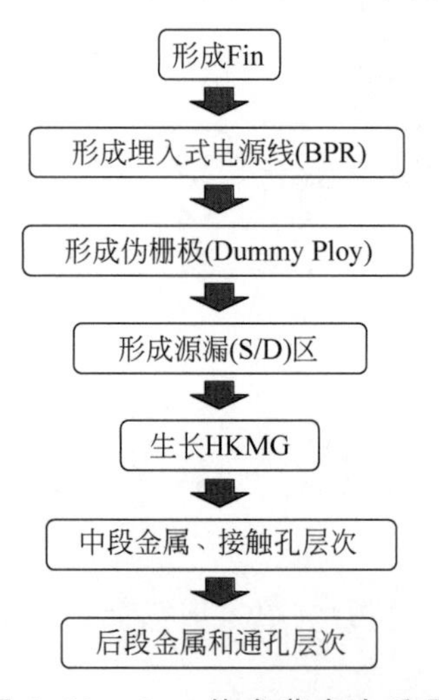

图 3.29 3nm 技术节点中采用 CFET 结构时 SRAM 的主要工艺流程示意图

3. 3nm 技术节点中 CFET 的工艺流程简述

本节以 3nm 技术节点为例，简述采用 CFET 结构时 SRAM 的基本工艺流程[38]并展示重要工艺步骤。同时以 SRAM 版图平面和部分截面图为例，简述一个完整 SRAM 形成的过程。如图 3.29 所示，流程主要包括：①形成 Fin，埋入式电源线(BPR)；②形成伪栅极(Dummy Poly)，源漏(S/D)区，其中，PMOS 使用 SiGe，NMOS 使用 SiP，生长高介电常数材料和金属栅极；③形成中段金属和通孔层次；④形成后段金属和通孔层次。

每个主要工艺流程中包含的具体内容如下。

1) 形成 Fin 和 BPR

对于 3nm CFET 来说，采用的是硅纳米板结构，因此需要先在衬底上生长硅(Si)与锗硅

(SiGe)的多层膜,本章以 PMOS 和 NMOS 各三层硅纳米板为例。图 3.30 为完成前段鳍和 BPR 之后的平面图和一个 6T SRAM 单元(红色虚线框)内 4 处截面示意图: X,Y,Y_2,Y_3。具体内容如下。

(1) 对于鳍层次来说,利用自对准的四重图形技术(SAQP),包括光刻、刻蚀以及薄膜生长等工艺,形成 Fin 的结构。不同 Fin 之间需采用浅沟道隔离(STI)技术,利用绝缘层将不同晶体管器件隔离开。

(2) 图 3.30 中,X 是一个 SRAM 单元内沿着 Fin 的方向(一般为 X 方向)的横截面,可以看出垂直叠加的 PMOS 和 NMOS 中靠外延生长的硅纳米板,其中两种 MOS 晶体管中间的是靠外延生长的、高掺杂 Ge 的 SiGe,后续会被绝缘层(例如氮化硅)代替。而硅纳米板之间是 Ge 掺杂量较低的 SiGe,后续会被高介电常数(HK)栅氧以及金属栅代替[38]。

(3) Y,Y_2,Y_3 是一个 SRAM 单元内沿着垂直 Fin 的方向或者平行于栅极方向的横截面,由于现在还没有栅极和源漏,所以三个横截面是相同的结构: 除了 Fin,还有处于局域互联位置下方的埋入式电源线——BPR。在这一 SRAM 设计中,BPR 作为电源 V_{DD},经过光刻、刻蚀、填充金属以及回刻等工艺实现。在 BPR 填充金属过程中,需要将 Fin 保护起来。

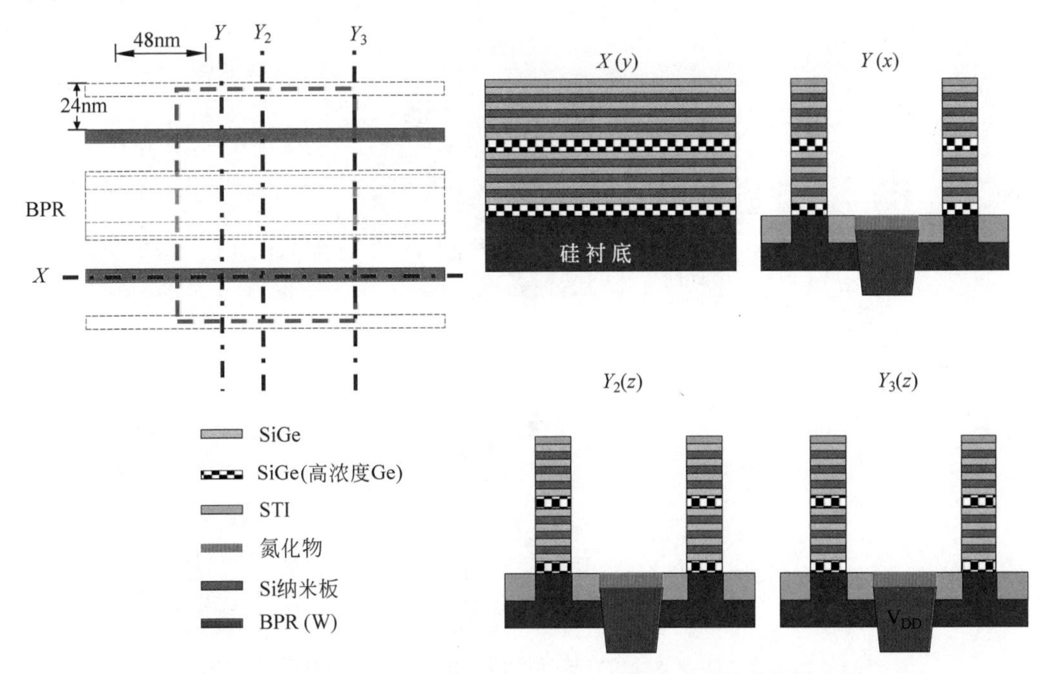

图 3.30　3nm 技术节点前段 Fin 和 BPR 工艺完成后的结构示意图

2) 形成伪栅极、源漏区和 HKMG

图 3.31 为完成前段伪栅极,伪栅极间隔层(Spacer),定义源漏区域,内部间隔层(Inner Spacer),源漏外延层生长(EPItaxial (EPI) Growth)、离子注入,PMOS 的通孔(连接电源 V_{DD})以及 HKMG 等一系列工艺之后的平面图和一个 6T SRAM 单元(红色虚线框)内 4 处截面示意图: X,Y,Y_2,Y_3。具体内容如下。

(1) 对于伪栅极层次来说,利用自对准的双重图形技术(SADP),包括光刻、刻蚀以及薄膜生长等工艺,形成伪栅极的结构。生长栅极间隔层,同时也会在掏空了的衬底与晶体管(硅纳米板)之间以及垂直晶体管之间间隙生长绝缘层(如氮化硅材料)。

(2) 如上所述,X 是一个 SRAM 单元内沿着鳍的方向(一般为 X 方向)的横截面,会经过三处源漏(S/D)区域和两处栅极。在进行源漏区域定义(光刻、刻蚀)时，由于硅纳米板之间是低掺杂 Ge 的 SiGe，刻蚀速率高于硅，会被部分刻蚀，造成硅纳米板与 SiGe 之间有空隙，需要先生长 Inner Spacer 作为绝缘层，再完成源漏区的外延。

(3) Y 是沿着与 X 切线垂直方向，沿着栅极方向并经过两根鳍的横截面。可以看出，在生长 HKMG 之前，需要生长 ILD，并通过化学机械平坦化工艺将高出栅极的 ILD 去掉。ILD 可以在后续去除伪栅过程中，保护源漏区。再将伪栅掏空，此时栅极覆盖下鳍中硅纳米板中间的 SiGe 也会被掏空。

同时生长界面氧化层(很薄的过渡材料)和高介电常数栅氧(如 HfO_2)。完成 HK 生长之后，开始生长金属栅材料。例如，先生长 PMOS 晶体管的金属栅材料。然后利用光刻材料(如 Spin On Carbon，SOC)保护下方的 PMOS 晶体管，将 NMOS 晶体管中的金属栅材料去除。去除光刻材料之后，再生长 NMOS 晶体管的金属栅材料。此时，PMOS 晶体管的栅极中也会存在 NMOS 晶体管的金属栅材料(但是不会影响 PMOS 的功函数)。最后，也需要利用低电阻金属(如 W)进行填平[39]，如图 3.31 中 Y 截面所示(栅极已经完成必要的剪切并填充了绝缘层 ILD)。

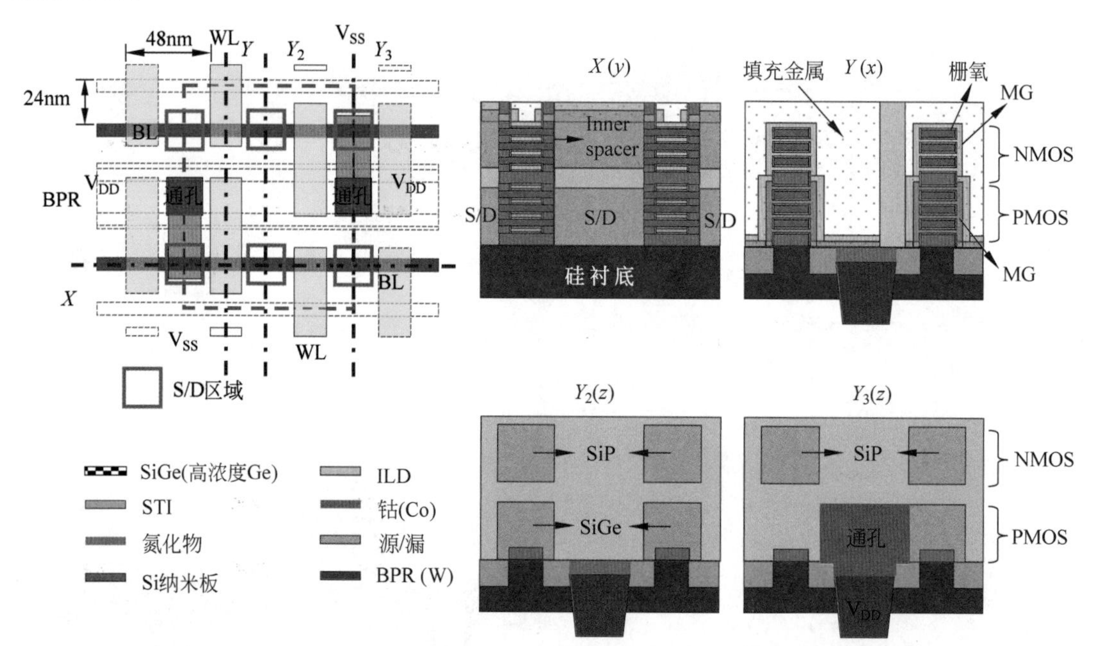

图 3.31 3nm 技术节点前段伪栅极、源漏及 HKMG 工艺完成后的结构示意图

(4) Y_2 也是沿着与 X 切线的垂直方向，同时还横切两个反相器的漏极(输出端)，因此可以看到两个反相器中处于下方的 PMOS 的外延——SiGe，以及处于上方的 NMOS 的外延——SiP，PMOS 与 NMOS 晶体管的外延层之间通过绝缘层隔离。需要注意的是，由于垂直排布的 PMOS 与 NMOS 中外延材料不相同，所以需要分批进行：先外延 PMOS 晶体管的 SiGe，回刻后再外延 NMOS 晶体管的 SiP。

(5) Y_3 同样是沿着与 X 切线的垂直方向，除了会横切后续工艺流程中从后段连接出去(此处还未显示)的接地(V_{SS})和位线(BL)对应的源极，还会横切 PMOS 的源极以及将此源极连接电源(BPR/V_{DD})的通孔。

(6) 可以看出，由于 Y，Y_2，Y_3 的方向均与鳍以及 BPR 的方向垂直，因此三者的横截面都会显示 BPR。

3）形成中段金属和通孔层次

图 3.32 为完成中段金属和通孔层次（金属 0 层，接触孔以及通孔 0 层次）工艺之后的平面图和一个 6T SRAM 单元（红框）内 4 处截面示意图：X，Y，Y_2，Y_3。具体内容如下。

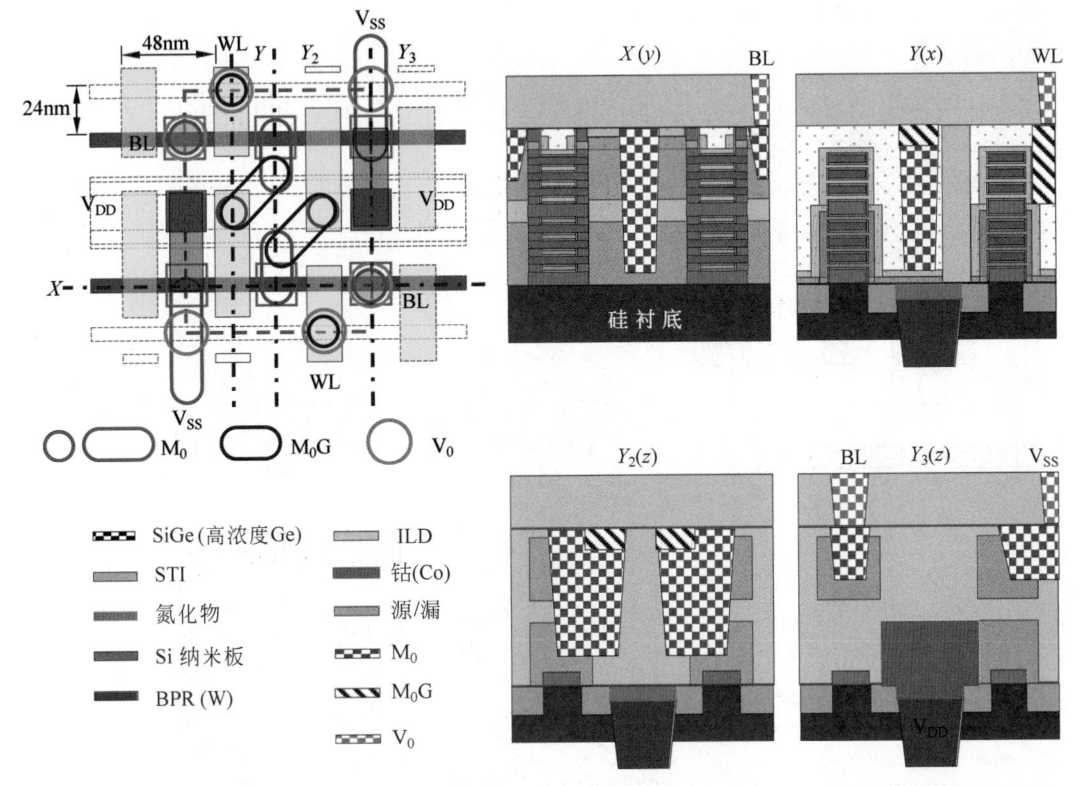

图 3.32　3nm 技术节点中段金属（M_0）、接触孔（M_0G）以及通孔 0 层次（V_0）工艺完成后的结构示意图

（1）X 是沿着鳍的方向（一般为 X 方向）的横截面，X 切线从左到右依次经过三处 M_0。其中，只有中间一处 M_0 需要连通上下两层 MOS 晶体管的输出（漏极），因此深度更深。这是因为此处作为 SRAM 中其中一个反相器（包含一个 PMOS 和一个 NMOS 的处于平面 SRAM 左下方的反相器）的漏极需要通过局域互联与另外一个反相器（处于 SRAM 右上方的反相器）的栅极相连。

在这个 SRAM 中，沿着 X 切线位置最右端是一个位线（BL）的通孔。从 X 切线的截面图中也可以看到这个通孔 0（V_0）层次，最终位线通过金属 1（M_1）层次连接出去，见图 3.33。

（2）Y 是沿着与 X 切线垂直方向，沿着栅极、从下往上并经过两根鳍的横截面。从 Y 截面图中（从左到右）可以看出，经过的第一个金属 0 层次以及局域互联层（M_0G）是为了将这个处于平面 SRAM 左下方的反相器的栅极（输入）与处于右上方反相器的漏极（输出）连接在一起；经过的第二处局域互联（M_0G）以及通孔 0 层是为了将此 SRAM 的字线（WL）连接出去，字线最终通过金属 2（M_2）层次连接出去，见图 3.33。

（3）在中段工艺流程中，可以看到 Y_2 截面中也新增加了金属 0 层次和局域互联层次（M_0G），其中，金属 0 贯通 PMOS 和 NMOS，是为了连接一组反相器中的两个 MOS 晶体管的漏极（输出）。如上文所述，再通过金属 0 上方的局域互联层次（M_0G）将一组反相器的漏极（输出）与另外一组反相器的栅极（输入）相连。

(4) 在中段工艺流程中，从平面图中沿着栅极的方向从下往上横切，最终形成 Y_3 从左往右的截面图，可以看到 Y_3 的截面图中新增加了两组金属 0(M_0)和通孔(V_0)层次，每组 M_0 和 V_0 分别连接到 SRAM 中上层的两个 NMOS 晶体管。其中，Y_3 截面图中从左往右的第一组 M_0 和 V_0 是将位线(上文中提到的 X 切线中的位线)连接到上层金属(M_1)，第二组 M_0 和 V_0 是将接地线(V_{SS})连接到上层的金属(M_2)。

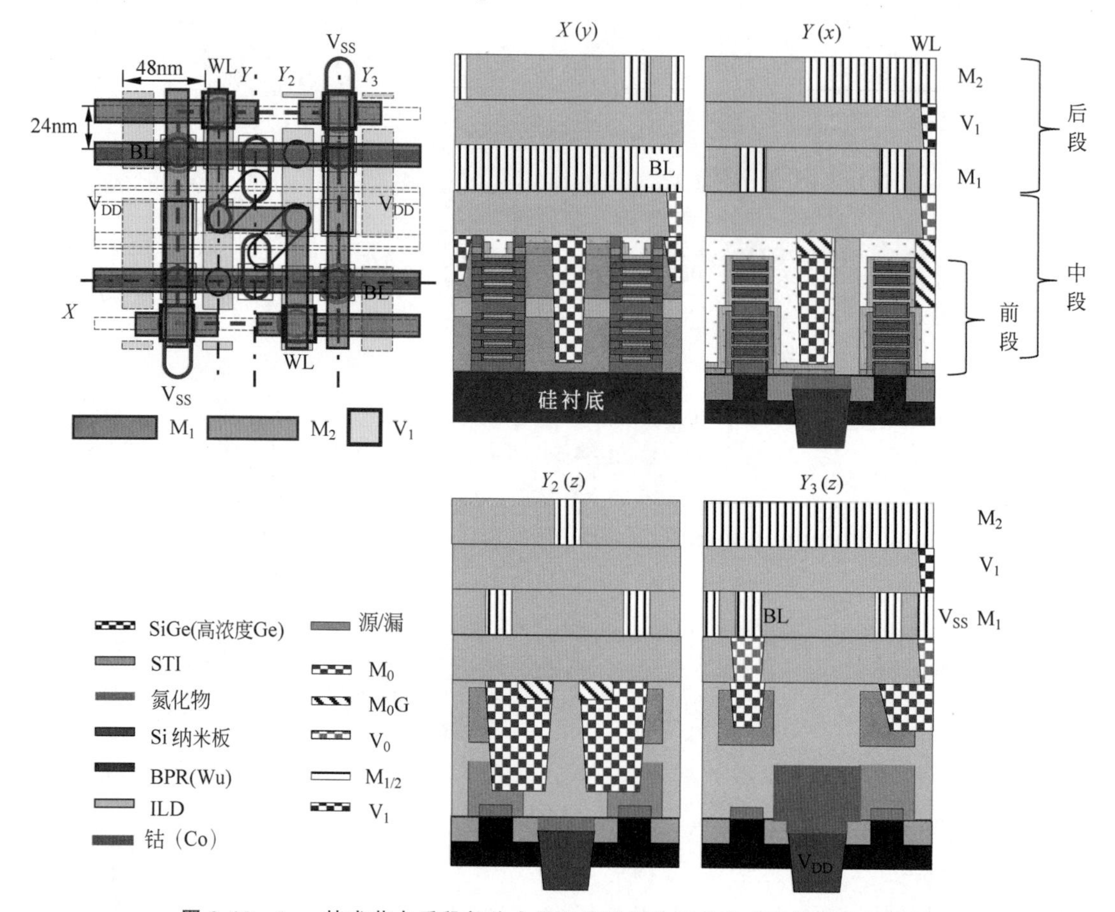

图 3.33 3nm 技术节点后段部分金属和通孔层次工艺完成后的结构示意图

4) 形成后段金属和通孔层次

经过上述前段器件以及中段的互联工艺之后，接下来是后段的金属和通孔层次，例如，M_1，V_1，M_2，V_2，M_3，V_3，…工艺流程。图 3.33 即为完成后段金属 1、2 和通孔 1 层次之后的平面图和一个 6T SRAM 单元(红框)内 4 处截面示意图：X，Y，Y_2，Y_3。具体内容如下。

(1) 其中，位线(BL)、接地(V_{SS})通过 M_1 连接出去，字线通过 M_2 连接出去。

(2) 整个工艺流程分为前段(器件)、中段以及后段。其中，中段需要将源漏以及栅极都连接到后段，因此有的层次(例如 M_0)深度不一致。

(3) 最后还会有常规的平面晶体管以及 FinFET 中类似的顶层金属(Top Metal)、顶层通孔(Top Via)以及保护层(Passivation)等工艺流程。此时，芯片工厂中的工艺流程全部结束，最后再完成封装、切割、测试等一系列后续流程，获得芯片的性能参数、可靠性以及成品率等信息。

本节通过简单的结构示意图展示了 3nm CFET SRAM 中的几个关键工艺流程步骤，简要介绍 CFET 的一般结构，实际生产过程中的各工艺、膜层结构更加复杂。

本章小结

本章主要介绍了光刻工艺处于工艺流程中的位置、6T SRAM 的电路结构和工作原理以及三个技术节点中不同晶体管结构的简单工艺流程。晶体管的发展经历了平面结构、鳍形结构以及纳米板的 CFET 结构。本章以简要的流程图，大概介绍三种晶体管结构前、中、后段中一些关键层次的芯片制造工艺流程。每层光刻之前都会根据需要生长合适的薄膜层次，实际工艺流程中包括更复杂的薄膜生长、光刻、离子注入、刻蚀、炉管退火、化学机械平坦化等工艺。

本章对比了一种 14nm 技术节点中高密度 FinFET 和 3nm 技术节点中高密度 CFET 的 6T SRAM 基本版图结构，以说明 CFET 晶体管结构的特点。由于 SRAM 的原理是基本不变的，因此以 CFET SRAM 的基本单元截面图为例，同时搭配 HKMG 平面晶体管与 14nm FinFET 结构中部分层次的立体图，通过交叉学习，希望读者可以通过本章大概了解芯片制造的工艺流程、各光刻工艺层次的基本顺序和作用。另外，本章提到的多个技术节点中各种 SRAM 结构、工艺流程只是可能的示例，实际情况复杂多变。

参考文献

参考文献

第4章

光刻工艺简介

由第 3 章 6T SRAM 中晶体管的基本结构、工艺流程可知，需要先利用光刻定义出图形之后，再进行后续的一系列工艺流程。因此，光刻工艺在集成电路芯片制造流程中的作用至关重要。在先进芯片制造的整个工艺流程中，会有几十甚至上百道光刻层次，每道光刻工艺需要将线宽(Critical Dimension，CD)做到目标值，将层与层之间尽量对准，使得线宽均匀性(CD Uniformity，CDU)达到要求(一般为线宽的±10%)，层与层之间的套刻(OVerLay，OVL)满足各技术节点的规格。前段线宽均匀性与器件性能直接相关，层与层之间的套刻也关系到前段的器件是否有效，中后段的引线是否导通，光刻工艺中这几个重要指标最终会影响整个芯片的成品率。

在过去的 30 多年，集成电路芯片的制造工艺通过不断减小芯片特征尺寸来提高芯片性能，降低芯片成本，而其中的光刻工艺一直是实现特征尺寸缩小的主要推动技术。众所周知，光刻工艺就是以光为媒介的印刷术，通过光将掩模版上预先设计好的图样按照一定的比例复制到硅片上的光刻胶上。光刻工艺中的细小图形需要通过光刻机来制作，通过光刻机曝光，可以在较短时间内实现大量图形的复制，同时掩模版还可以重复利用。

光刻工艺包含 8 步工艺流程，除了最后一步的测量，其余 7 步需要在轨道机和光刻机中实现。本章介绍的主要内容有光刻工艺中最精密也是最昂贵的设备：光刻机，包括发展历史，各重要子系统的发展变化过程以及先进光刻机的基本工作原理；与光刻机配套的轨道机的结构和各子系统的功能以及光刻工艺 8 步流程。其中，光刻工艺 8 步流程中最后一步测量需要专门测量线宽和套刻的设备。同时，还会讨论曝光过程中使用的掩模版、光刻胶等光刻材料，如图 4.1 所示。

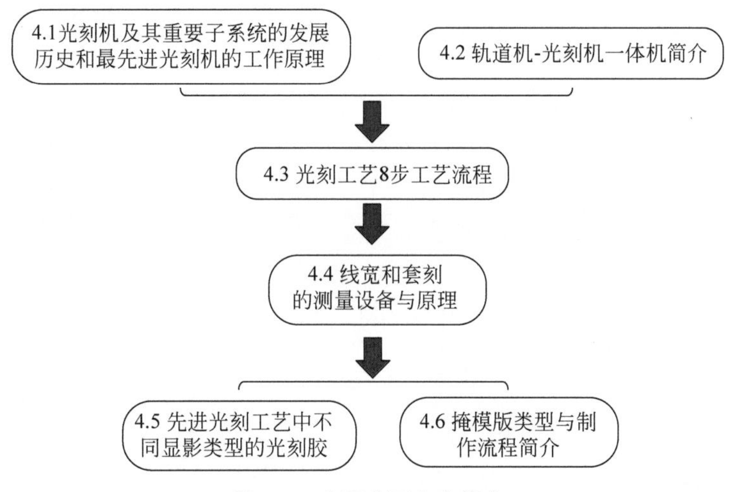

图 4.1 本章主要内容简介

4.1 光刻机及其重要子系统的发展历史和最先进光刻机的工作原理

4.1.1 光刻机发展历史和重要的时间节点

大规模集成电路中图形的制造需要光刻机来实现，为了满足不断缩小的技术节点的需求，光刻机也在不断地改进和发展。图 4.2 为光刻机发展历史过程以及各光刻机厂家崛起的关键时间节点示意图[1-2]。

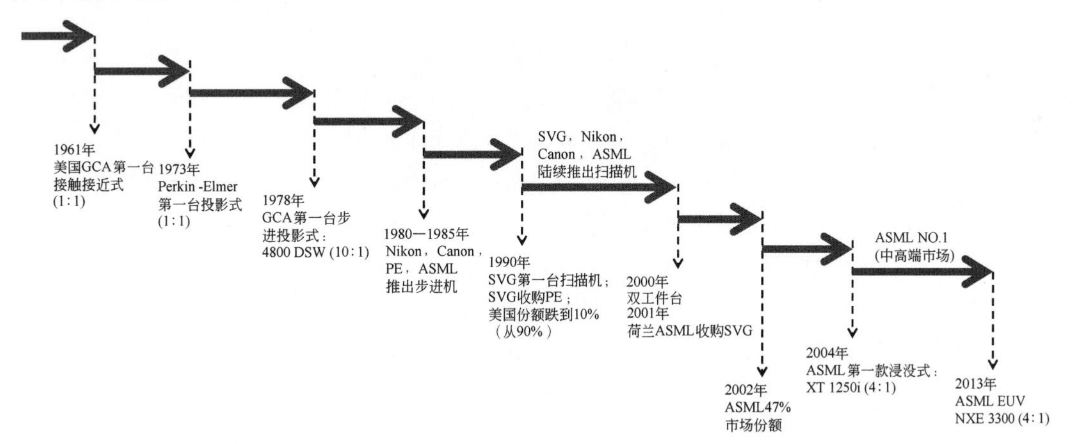

图 4.2 光刻机发展历史过程以及各光刻机厂家崛起的关键时间节点示意图

(1) 1961 年，美国 GCA 推出第一台接触接近式光刻机。

最早的光刻机是接触接近式的。1961 年，美国 GCA 公司推出世界上第一台成像比例为 1∶1 的接触和接近式光刻机。接触和接近式光刻机都有各自明显的缺点。

① 对于接触式曝光：曝光时掩模版与硅片接触，每次曝光结束后都需要对掩模版进行缺陷检测和清洗，大大降低了光刻机的产能，缩短了掩模版的寿命。这种曝光方式还可能给硅片上的光刻胶带来缺陷，导致成品率不高。

② 对于接近式曝光：最小分辨尺寸与掩模版和硅片之间的间隙成正比，间隙越小，最小

分辨尺寸越小,即分辨率越高。硅片的平整度一般为1～2μm,为了使掩模版悬在硅片上方而不碰到硅片,掩模版和硅片之间的间隙至少为3μm,即使使用较薄的光刻胶厚度(0.1μm)和较短的曝光波长(193nm),接近式光刻机空间分辨率极限也只能做到周期约为1.5μm。

(2) 1973年,Perkin-Elmer推出第一台投影式光刻机。

因此,可以做出更细小线宽的投影式光刻机应运而生。世界上第一台投影式扫描曝光机是美国Perkin-Elmer公司于1973年推出的,数值孔径(NA)为0.167,投影成像比例为1∶1,分辨率为周期4μm。这一分辨率与接触接近式光刻机分辨率相比,并没有优势。而且这种扫描式光刻机采用了两片同轴反射镜[3],由于对光线的阻挡,NA很难大于0.5。

(3) 1978年,GCA推出第一台步进投影式光刻机(4800 DSW)。

1978年,GCA公司推出了NA为0.28的g线步进重复式曝光机(简称步进曝光机,Stepper),这是世界上第一台步进光刻机,成像比例为10∶1,缩小倍率成像时代从此开启。

(4) 1980—1985年,尼康(Nikon)、Perkin-Elmer、佳能(Canon)和阿斯麦(ASML)公司陆续推出了它们的步进曝光机。

(5) 1990年,SVG公司推出第一台扫描机,SVG收购Perkin-Elmer公司。

由于较大视场成像的局限性以及对高分辨率、低像差和低畸变的需求(NA继续增加,无法做到低像差、低畸变的大像场),步进-扫描式(Step-and-Scan)光刻机(简称扫描式光刻机,Scanner)已被引入以取代步进曝光机。由于荷兰、日本等国光刻机的崛起,1980年还可以占据90%全球市场的美国光刻机,到了1990年只能占市场份额的10%。1990年,硅谷集团(Silicon Valley Group,SVG)收购了Perkin-Elmer公司,并推出了第一台分辨率为0.5μm的扫描式光刻机Micrascan I。随后几年,SVG、ASML、Nikon以及Canon等公司陆续推出了各自的扫描式光刻机以及升级版本。

(6) 2000年,ASML公司推出双工件台;2001年,ASML公司收购SVG公司。

Nikon公司是著名的相机制造商,其在光学系统设计、镜头设计以及加工领域有着极丰富的经验,因此在干法光刻机以及之前的低端光刻机时代,Nikon公司的光刻机研发、生产,镜头的成像质量以及市场占有率都领先或者高于其他的光刻机供应商。然而,ASML公司于2000年推出了双工件台,即使其当时使用的蔡司镜头性能还不能达到Nikon镜头的水准,但是比单工件台高出约30%的曝光效率还是有很强的吸引力。2001年,ASML公司收购SVG公司。

(7) 2002年,ASML公司光刻机首次以47%的市场份额处于市场领先地位。

(8) 2004年,ASML公司推出第一款水浸没式光刻机XT 1250i(气悬浮方式)。

为了继续提高光刻机的分辨率,需要进一步减小曝光波长或者增加镜头的NA。到了21世纪初,Nikon和Intel公司开始倡议采用以氟气体(F_2)分子为激光媒介的准分子激光器作为光刻机光源,波长可缩短至157nm。然而,由于这一波段的光会被空气、材料大量吸收,不仅需要在真空环境中曝光,还需要选择有潮解性和本征双折射的氟化钙作为镜头材料(193nm采用熔融石英)。最终,这一提高光刻机分辨率的想法并未被验证和采纳[4]。而同一时期,ASML、IBM、Intel和中国台湾地区的台积电(TSMC)等公司合作研发水浸没式光刻机。除了投影物镜需要重新设计,照明系统也需要重新设计以兼容偏振照明,ASML公司研发的水浸没式光刻机可以沿用193nm干法光刻机的大部分的其他子系统,大大缩短了研发时间和迭代周期,并且提高了整个浸没式光刻机系统的可靠性。由于最后一片镜片底部与去离子水接触,该光刻机称为193nm水浸没式光刻机。193.368nm的光在去离子水中的折射率为1.436,所以等效波长约为193.368nm/1.436≈134.657nm,不仅比157nm要短,而且不需要真空曝光环境。

2004 年，ASML 公司推出了首款商用 ArF 水浸没式光刻机 XT 1250i(NA＝0.85)，搭配 2000 年推出市场的 TWINSCAN 双工件台，提高了分辨率和曝光效率。尽管 Nikon 公司于同年也研发出了 NA 为 0.92 的浸没式光刻机，但由于失了先机，并没有推出市场。后续 Nikon 公司的 NA>1 的浸没式光刻机 NSR-S609B[5] 与 ASML 公司的 XT 1700i(气悬浮方式)[6] 在 2005 年推出，但是 NA 比 ASML 公司的小(1.07<1.2)，而且采用的是串列双工件台，只有一个工件台用来曝光，曝光效率小于 ASML 公司双工件台的曝光效率。

从浸没式光刻机开始，ASML 公司开始远超 Nikon 公司，稳稳占据光刻机的中高端市场(浸没式光刻机，极紫外(光刻机)。ASML 公司的 193nm 水浸没式光刻机的最新型号为 NXT 2100i(磁悬浮方式)，NA 最大为 1.35，其分辨率极限为 36nm 半周期(Half Pitch，HP)，实际曝光中应用偶极照明可达到的分辨率最小约为 38nm HP，光刻机产能可以达到 295 片硅片/小时(Wafers Per Hour，WPH)。在光刻机不断发展变化的几十年间，光刻机的投影也经历了多种成像比例的变化，现在投影式光刻机的成像比例一般是 4∶1。

(9) 2013 年，ASML 公司推出 EUV 光刻机(NXE 3300)(磁悬浮方式)。

从分辨率公式可以看出，若需要更高的分辨率，则需要进一步缩短光刻机照明系统的波长。大规模集成电路制造行业迎来 193nm 水浸没式光刻之后的下一代光刻技术：极紫外光刻技术。极紫外光刻技术的发展经历了多层反射膜研究、投影物镜技术积累、镜头技术路线的制定，后期通过成立极紫外有限责任公司(EUV Limited Liability Company，EUV LLC)，多家公司、企业一起解决研发过程中碰到的各种技术难题。1997 年，SVG 公司与 EUV LLC 签订合作协议，承担起为成员公司制造 Beta 机和生产极紫外光刻机的任务。如前所述，SVG 公司后来被 ASML 公司收购，所以就到了现在人们都熟知的局面，ASML 公司承担起为成员公司制造 Beta 验证机和极紫外生产型光刻机的任务。2012 年，ASML 公司获得工业界三个最大集成电路制造商(Intel、台积电、三星)的大力投资支持，逐步克服了光源、光刻胶、掩模版等技术上的障碍。

虽然 ASML、Nikon、Canon 等公司都在进行极紫外光刻机的研发，但最终还是 ASML 公司拔得头筹：从 NA 为 0.1 的实验机到 NA 为 0.25 的 Alpha 机，再到 NA 为 0.25 的样机 NXE 3100，最终于 2013 年率先推出第一款商业化的极紫外光刻机(NXE 3300)[7]，波长为 13.5nm，NA 为 0.33，分辨率为 13nm 半周期，并开始在全球范围内垄断极紫外光刻机的市场。目前，ASML 0.33NA EUV 光刻机的最新型号为 NXE 3600D(磁悬浮方式)，NA 最大为 0.33，其分辨率极限为 13nm 半周期，光刻机产能可以达到 160 片硅片/小时(曝光能量为 $30mJ/cm^2$)。为了在此基础上继续提高分辨率，ASML 公司已经研发出波长为 13.5nm、NA 为 0.55 的高数值孔径(High NA)的极紫外光刻机：EXE 5000(磁悬浮方式)，NA 最大为 0.55，其分辨率极限为 8nm 半周期，产能可以达到 185 片硅片/小时(曝光能量为 $20mJ/cm^2$)。

为了提高光刻的分辨率，光刻机从接触接近式发展成投影式。由第 2 章可知，一个光学系统的极限分辨与曝光波长呈反比，与数值孔径呈正比。随着技术节点从 250nm 发展到 180nm、130nm、90nm、65nm、45nm、28nm、16/14nm、7nm、5nm，再到未来的 3nm、2.1nm、1.5nm、1nm，每个节点中的设计规则在不断缩小，为了可以满足各个节点中的光刻工艺窗口，需要缩短光刻机光源的波长并增加投影物镜的 NA，当然光刻机其他子系统也有相应的发展变化。接下来分别介绍光刻机中各子系统，如曝光光源、照明系统、投影物镜镜头、工件台(悬浮方式、工件台个数、硅片掩模版对准方法)以及测控系统等的发展变化历史。

4.1.2　光刻机中曝光光源的发展历史

如图 4.3 所示，大规模集成电路中光刻机曝光光源从宽光谱的汞灯(g-线：436nm；i-线：

365nm)发展到窄带的准分子激光器的氟化氪(Krypton Fluoride,KrF)(248nm)、氟化氩(Argon Fluoride,ArF)(193nm)光源[8-9],再到极紫外光刻机的激光激发等离子体(Laser Produced Plasma,LPP)光源(13.5nm)[10-12],波长在不断地缩短,以提高光学系统分辨率。另外,不同技术节点对光源的需求还可以参考5.1节以及作者团队的综述文章。其中,193nm水浸没式光刻机一直支持了从45/40nm、32/28nm、22/20nm、16/14nm到10/7nm这5组主要技术节点以及后续更先进节点(如5nm、3nm)的前段层次,是支持已经量产的节点最多的光刻机。通常称248nm、193nm以及193nm水浸没式光刻机为深紫外(Deep Ultra-Violet,DUV)光源光刻机。

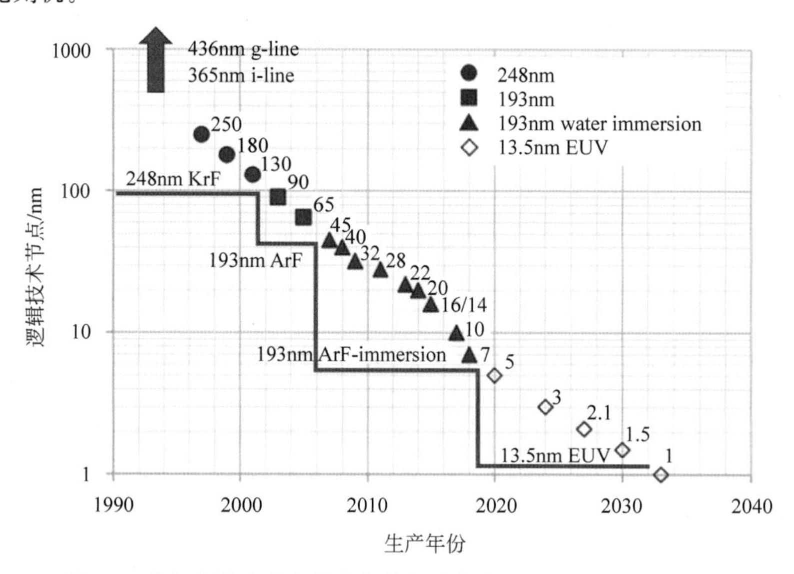

图 4.3 各逻辑技术节点量产年份与对应光刻机曝光光源的示意图

4.1.3 光刻机中照明系统的发展历史

1. 科勒照明

光源发出的光会先经过照明系统,再照射到掩模版上,然后从掩模版发出的衍射光被投影物镜收集,最后成像到硅片上的光刻胶上。光刻机的照明系统一般采用科勒(Köhler)照明方式,这种照明方式最早是由蔡司公司的August Köhler于1893年提出的,用在显微镜中以提高图像的分辨率[13]。后来被引入光刻机中,主要的原理是:将光瞳中每个点发出的光以不同角度的平行光均匀地照射在掩模版相同的范围内(对应硅片曝光狭缝4倍范围),最终形成均匀的照明[14],如图4.4所示。光路中需要注意的有以下几点。

(1) 这一光路中有三个光瞳位置(光束聚焦处),三者互为共轭关系。

① 照明光瞳1就是人们常说的照明条件,通过选择合适的数值孔径、内径、外径和张角等来优化光刻工艺窗口,控制光学邻近效应,改善在采用离轴照明时密集图形、半密集图形以及孤立图形之间的线宽差异,具体见2.10节。调整内径、外径,除了可以调节整个周期的光学邻近效应修正量,还可以影响分辨率与整体焦深。

② 光瞳2处可以放置调整光瞳均匀性的装置,例如金属针。

③ 光瞳3处一般会放置孔径(物理)光阑,使得曝光时NA可调。对于较大的图形周期,无须使用较高的NA达到更高的分辨率。若是较小的周期,缩小孔径光阑会降低NA,相当于收集的0级光和衍射光变少,这会导致图形对比度(曝光能量宽裕度)的降低,甚至降低分辨率。

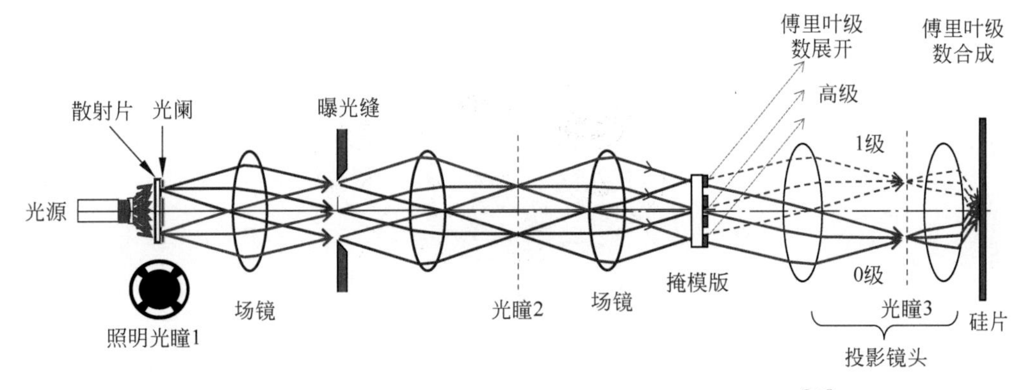

图 4.4 带有科勒照明的光刻机中一种成像光路结构示意图[15]

(2) 科勒照明中,实现照明光瞳上每点都能均匀地照射在掩模版上的场镜是透镜[16]。

(3) 在这一光路中,还需要注意有一处曝光缝(视场光阑),其与掩模版以及硅片互为共轭关系,光刻机中通常在此位置放置的是梳状金属片阵列(又称为 Unicom 单元),用来调整曝光缝的光强均匀性。此处一般还有 REMA(Reticle Masking)单元,用于控制掩模版曝光范围。对于 193nm 水浸没式光刻机,曝光狭缝(投影物镜的像场)在硅片上的尺寸为 26mm×5.5mm。因此,正常曝光过程中,处于打开状态的 REMA 的透光区域尺寸为 104mm×22mm,照射到掩模版上的曝光缝尺寸也是 104mm×22mm。从图中可以看出,曝光缝、掩模版上对应曝光缝的光来自照明光瞳的不同位置发出的不同角度的平行光,即科勒照明。

2. 照明系统的演变过程

由 2.8.5 节可知,对分辨率、对比度的要求促使照明条件从传统的在轴照明(部分相干照明),发展为离轴照明,其中,离轴照明包括环形照明、四极照明、交叉四极照明以及偶极照明等。产生照明光瞳的照明系统也经历了从固定光圈(如图 4.4 所示光阑),到可变倍望远镜(Zoom Telescope)[17]+可变距互补锥形棱镜组(Zoom Axicon),再到衍射光学元件(Diffractive Optical Elements,DOE)(ASML 光刻机中有不同 DOE 种类)[18],最后到现在先进技术节点中一般都采用的自定义照明系统的变化过程,不同的照明光瞳实现方式如图 4.5 所示,接下来分别介绍这三种不同照明光瞳的实现方式。

1) 带有 6 种照明条件的旋转式固定光圈

早在 1991 年左右,Nikon 公司就提出了离轴照明方式[19],并应用在 KrF 扫描光刻机 NSR 系列上。这一系列光刻机采用 6 个光圈的旋转替换装置实现不同的照明光瞳,如图 4.5(a)所示。由于这种装置中的光圈个数有限,虽然可以满足用户的一般需求,但是对于需要进一步调整照明条件中的内、外径或者张角以匹配 OPC 的特殊光刻层次,这种有限个数的旋转替换装置就无法满足用户更多的需求。

2) ASML 可变倍望远镜+可变距互补锥形棱镜组

ASML 公司在 1995 年推出的 i-线光刻机 PAS 5500/200 上就已经通过使用可变倍望远镜+可变距互补锥形棱镜组实现了离轴照明(环形照明)[20-21]。如图 4.5(b)所示,可变距互补锥形棱镜组分离时可以实现离轴照明,其中,可变倍望远镜可以调节环形外径和内径的差值,在外径、内径差值固定之后,可变距互补锥形棱镜可以调节环形内径与外径的平均值(平均离轴角度)。这种照明装置称为 AERIAL 照明系统,其可以实现传统照明(可变距互补锥形棱

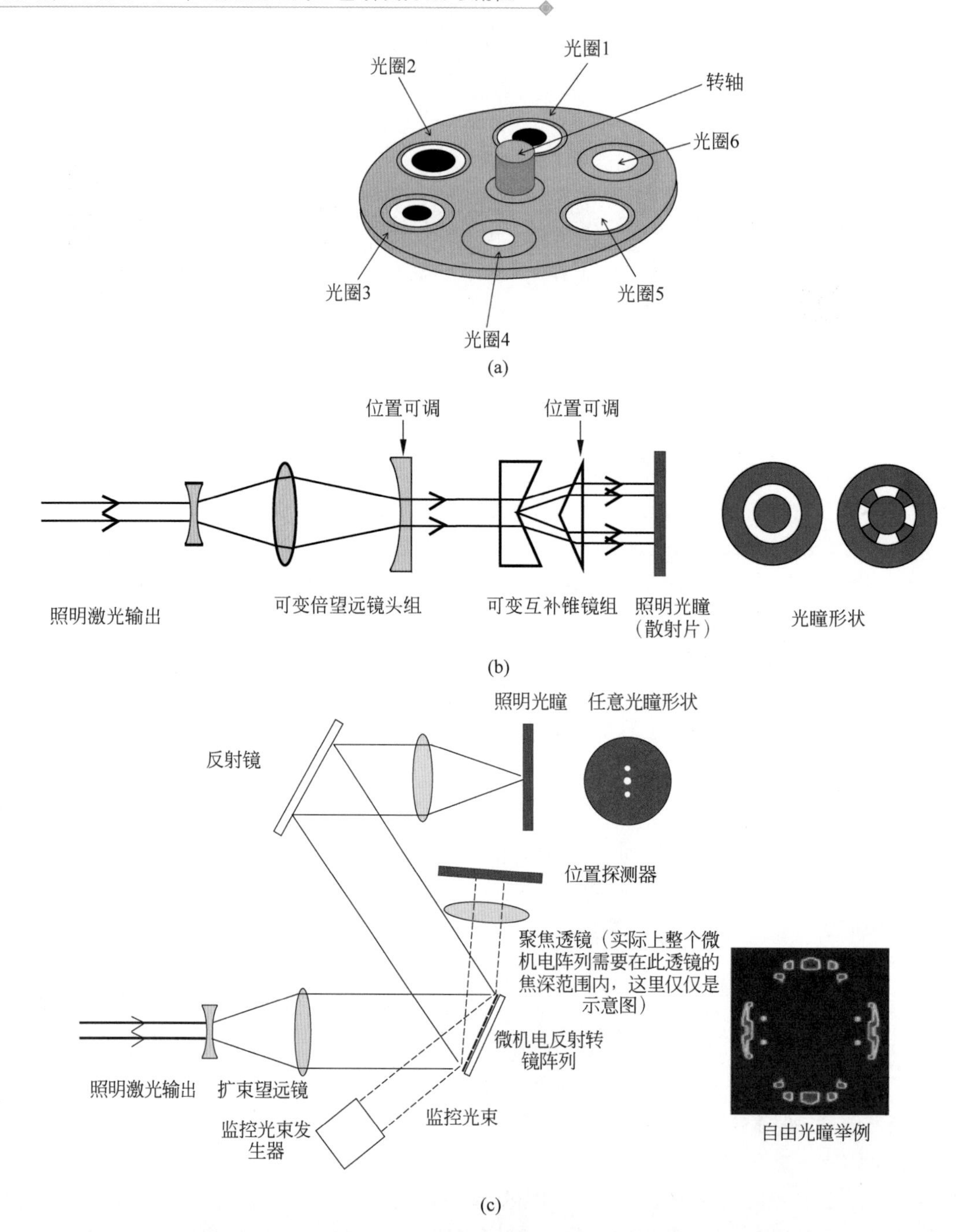

图 4.5 光刻机中实现照明光瞳方式的演变：(a) 带有 6 种照明条件的旋转式固定光圈；(b) ASML 可变倍望远镜＋可变距互补锥形棱镜组实现离轴照明；(c) 微机电转镜阵列的实时位置闭环控制光路与一种自由光瞳示意图

镜组不分离)和环形照明(可变距互补锥形棱镜组分离)。早期可以结合挡片实现四极照明，后来通过结合衍射光学元件[18]实现四极照明。DOE 不仅种类多样，还尽可能地不损失光强，保证了光刻机的产能。

3) 微机电转镜阵列实现自由(Flexray)光瞳

在 32/28nm 及以前的技术节点，上述 AERIAL 照明系统产生的照明条件还可以满足量产的需求。到了 16/14nm(也包括 22/20nm)技术节点，整体的光刻工艺窗口都会偏小：焦深偏小，曝光能量宽裕度偏小，掩模版误差因子偏高以及光学邻近效应修正量太大等。因此需要采用更加灵活的照明方式，本章以 ASML 的自定义照明系统(Flexray Illumination)为例，最早装配在水浸没式光刻机 NXT 1950i(磁悬浮方式)上(后续可以装配在更早的光刻机机型)[22]，通过使用 4096(64×64)个微机电转镜[23]来实现照明光瞳的自由定义，如图 4.5(c)所示，其中还包含一个自定义照明光瞳举例[24]。自由光瞳可以充分挖掘部分相干照明的潜力，可以将整个光刻工艺窗口的性能提高 8%～10%。从 16/14nm(也包括 22/20nm)节点开始，基于自定义照明的 SMO 被用于最大限度地提高整个光刻工艺窗口[25]。对于 193nm 水浸没式光刻机的自定义照明系统，只有与转镜阵列相关的部分是反射镜。Nikon 公司在 193nm 水浸没式光刻机中也开发了自己的自定义照明系统[26]。

3. EUV 光刻机的照明系统

一般来说，从 5nm 技术节点开始，就需要使用极紫外光刻工艺，具体可见 9.2 节。由于所有材料对极紫外光(13.5nm)都有强吸收，因此极紫外照明系统、掩模版以及投影物镜系统都需要是全反射式的。由于极紫外光照明系统无法采用透射式的可变倍望远镜+可变距互补锥形棱镜来实现各种照明条件，因此，EUV 光刻机直接采用反射式自定义照明系统[27-28]，利用尽量少次数的反射，实现更高的极紫外光利用率。如图 4.6 所示，极紫外光刻机中自定义的照明系统具有以下特点。

(1) 图 4.6(a)虚线框内即为低数值孔径的照明系统[29]，其中所有镜头均为反射镜。

(2) 极紫外光从光源发出后被聚光镜收集，经过中间聚焦点(Intermediate Focus，IF)发射到场镜(Field Facet Mirror)和光瞳镜(Pupil Facet Mirror)上。场镜和光瞳镜均为可转动的反射镜阵列，为了使每个镜片发出的光最后都均匀地照亮掩模版(对应环形曝光狭缝范围)而不损失，因此场镜的形状与曝光狭缝形状类似，都是环形的一部分(曝光缝形状)，还可以通过对场镜进行部分遮挡来实现曝光狭缝中更加均匀的照明。场镜的数目可以有几百至上千片，其与光瞳镜并不是一一对应的关系[30-31]，如图 4.6(b)所示。

(3) 通过自定义照明方式，在光瞳镜阵列上实现不同的照明光瞳，每片光瞳镜均为圆形。对于下文中会提到的高数值孔径(High NA，0.55 NA)的极紫外光刻机照明系统，由于采用了 X 方向和 Y 方向不同的放大倍率，光瞳镜也需要设计成相应的变形镜头[32]，这增加了镜头设计和加工的难度。

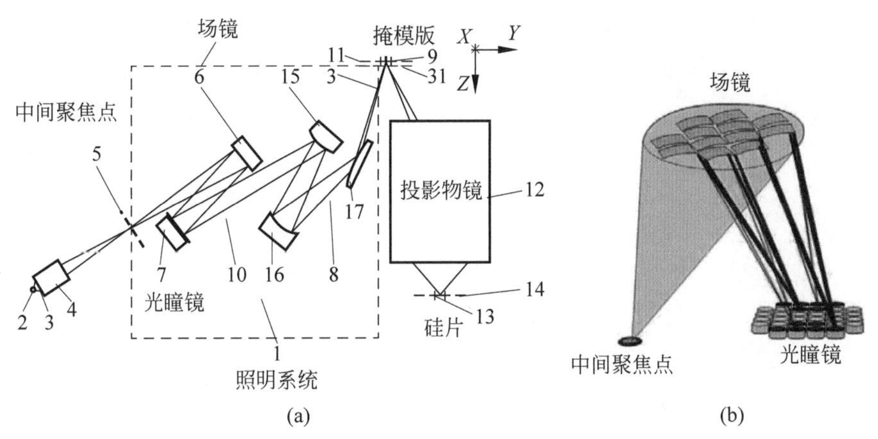

图 4.6 (a) 低数值孔径的极紫外光刻机光源、照明及投影物镜系统；(b) 场镜和光瞳镜的放大示意图[32]

4.1.4 光刻机中投影物镜镜头的发展历史

最早的投影式光刻机是 Perkin-Elmer 公司提出的全硅片扫描式光刻机,投影成像比例为 1∶1。这一光刻机采用两片同轴的球面反射镜,优点显而易见:可以使对准波长和成像波长拥有同样的光路,对准更容易,精度更高;反射镜没有色差,因此汞灯光源无需窄带滤波器。然而反射光学系统会限制 NA 的进一步提高,也因此限制了分辨率的提高。由于至少一半光路会被挡住,所以反射式成像系统的 NA 很难超过 0.5。

随着技术节点的不断减小,对分辨率的要求越来越高,除了要缩短波长,势必还要增加 NA。一台合格的光刻机成像的特点是:高分辨率、大像场、低像差和低畸变。当增加 NA 时,为了继续保证大的像场,就需要增加镜头尺寸;镜头尺寸增加,像差也会成比例增大,这就需要专业的镜头仿真软件来设计出符合要求的镜头,如 Zemax、CodeV 等软件。当然,后续的镜头加工精度也要符合要求。此后,不同于 Perkin-Elmer 公司的反射镜的投影物镜不断涌现,如 SVG 公司的折返式镜头[33],Canon、Nikon 和 ASML 等公司的折射式镜头以及 Nikon、ASML 等公司水浸没式光刻机中的折射-反射式镜头等。

在后续的大数值孔径的研发过程中,各大光刻机厂商,如 Nikon、Canon 以及 ASML 都没有采用 SVG 公司的折返镜头。可能的原因如下:更大的 NA 需要更大的分束板,而大片的无缺陷的分束板制作相当困难。这也是 ASML 公司放弃 SVG 折返镜头,转而专攻折射镜头或者折射-反射混合镜头与双工件台结合的光刻机的重要原因。显然,市场的需求在推动光刻机中各个子系统的发展和改进方面起到了重要作用。尽管 SVG 公司于 2001 年被 ASML 公司收购,且当前工业界并没有 SVG 公司的产品,但是其在光刻机发展历史过程中的贡献是毋庸置疑的。

接下来分别讨论折射镜头、浸没式光刻机中的折射-反射混合镜头以及极紫外光刻机中的全反射镜头的发展变化过程。

1. 浸没式之前的折射式投影物镜发展变化过程

接下来简单介绍基于折射的投影物镜的发展历史,镜头的材料大多采用熔融石英,少量低端光刻机(汞灯 g-线、i-线)镜头除了用熔融石英还会采用氟化钙和其他玻璃等材料。上面提到,如果想要一台光刻机具有合格的分辨率和像场,就需要利用专业的镜头仿真软件,通过选取合适的镜头材料、镜片类型和数目来实现低像差、低畸变和大像场的目标。图 4.7 展示的是从汞灯的 g-线光刻机一直到 193nm 干法光刻机中折射镜头的发展变换过程[34],其中每个镜头中一组相对的箭头代表可调节光阑的位置,可根据需要调整镜头的数值孔径。

从图 4.7 中可以看到:

(1) 随着 NA 的增加,镜头尺寸不断增加,镜头数目也不断增多(消除像差),镜头设计从图 4.7(b)开始变成双远心结构[35]。镜头采用"正负正负正"曲率排列方式,尽可能地消除场曲(正负场曲抵消)、球差等像差。

(2) 由于汞灯光源的带宽比较宽,而折射透镜并没有天然消色差的功能,所以到了更小的技术节点,为了提高分辨率,不仅要缩短波长,同时光源也从汞灯变成了单色性更好的准分子激光器,如图 4.7(e)～图 4.7(h)所示。

(3) 同样地,随着 NA 逐渐增加,熔融石英的尺寸过大,除了会增加制作的难度,还会增加材料的成本,因此 KrF 准分子光源光刻机最终还是发展成为像场较小的扫描式曝光。像场的形状也由步进光刻机中较大的正方形(一次曝光,22mm×22mm)像场,改成缩小的长方形[36]。通过优化镜头,在这个长方形像场里保证像差、畸变以及场曲在规格范围内。缩小的

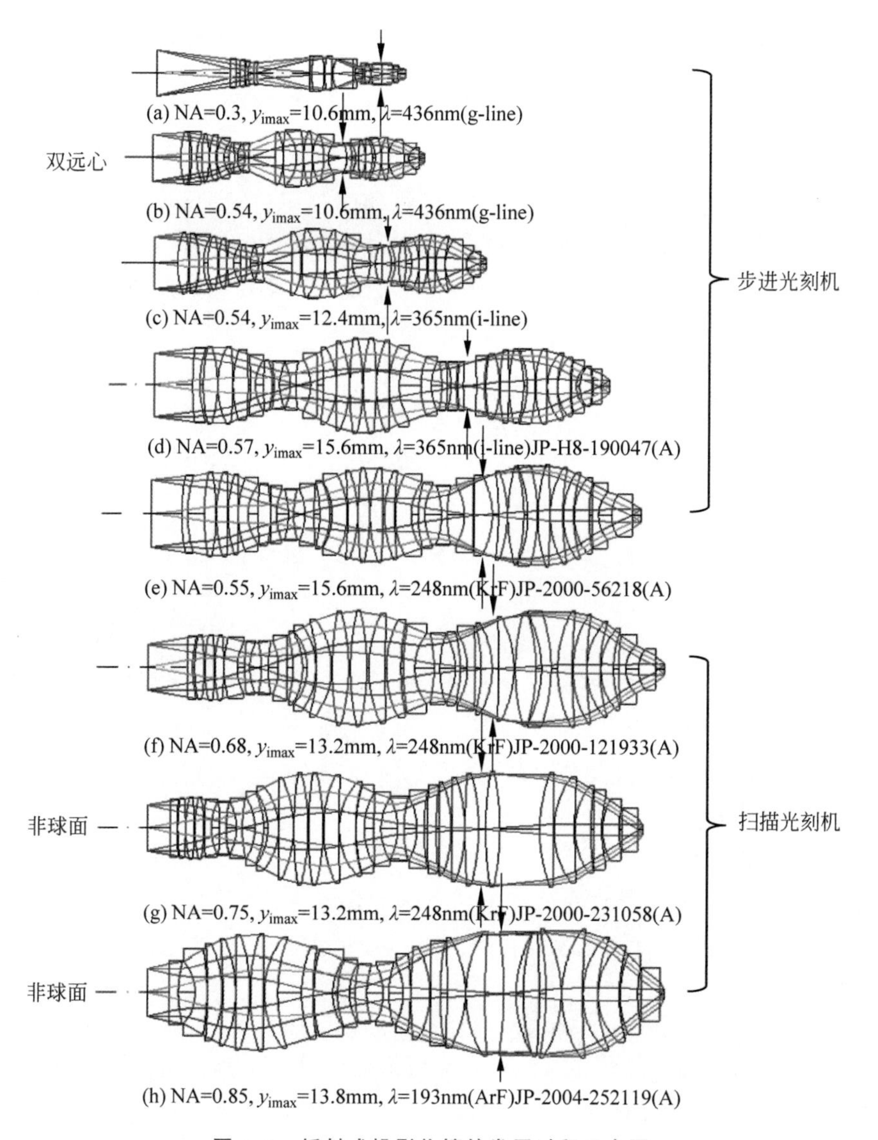

图 4.7 折射式投影物镜的发展过程示意图

长方形像场的长边为曝光场的短边(X 方向=26mm),通过将硅片台和掩模台相对运动(沿着曝光场长边 Y 方向运动),完成整个曝光场的曝光,称为扫描曝光,我们熟知标准的曝光场的尺寸为 26mm×33mm[37]。

(4) 当 NA 超过 0.7 时,为了使得光刻工艺窗口可以达到量产的要求,需要将像差继续缩小,这时就需要引入非球面镜,如图 4.7(g)所示。KrF 光刻机刚开始引入非球面时只有寥寥几个(2 个),到了更先进的 ArF 光刻机,有十几个非球面。随着非球面加工、检测技术越来越成熟,当前较低端光刻机镜头(例如 i-线)也可以采用非球面,以提高这些镜头的成像质量。

另外,从图 4.7(h)中还可以总结出 193nm 干法光刻机镜头设计遵循的一般规律如下:

(1) 对于这种单腰(Waist)的镜头,都是对称设计,分为前组和后组两组正透镜(汇聚成像)和中间的负透镜(平衡场曲);对称结构可以消除轴外像差:彗差、像散等,经过前组镜头上半部分产生的彗差/像散,可以被后组镜头的下半部分抵消。

(2) 前组和后组镜头都通过多片镜片分摊曲率来减少球差、彗差和像散,当然这一特点也是前边所有投影物镜的特点：通过多片透镜分摊曲率(场曲和成像倍率不变)来减小像差。

(3) 物方像方均为双远心成像。镜头成像倍率只与前后组镜头的焦距比有关，与物距像距无关。

248nm KrF 光刻机和 193nm 干法光刻机最大 NA 为 0.93，图 4.8(a)为一种 193nm 干法光刻机的镜头[38]。此镜头采用全熔融石英制造，由德国蔡司公司设计，可以应用在 ASML 光刻机中。本镜头共有 29 片镜头，其中有 12 个非球面，最大镜片直径为 380mm。像场为 26mm(X 方向)×10.5mm(Y 方向)，处于视场中心(在轴)，如图 4.8(b)所示。

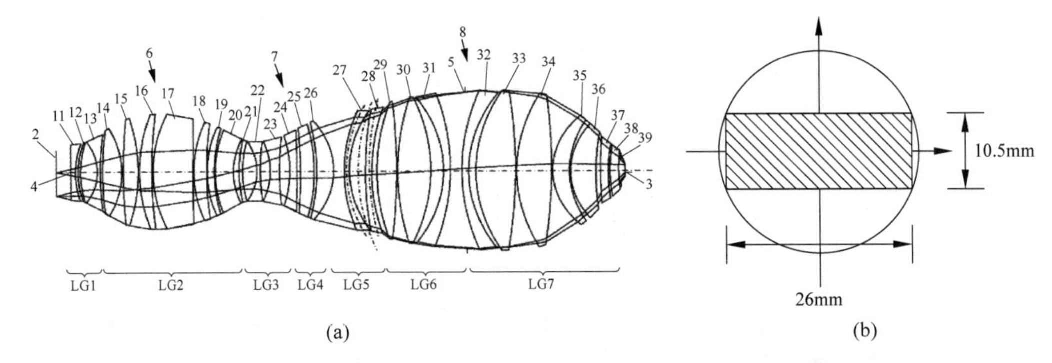

图 4.8 (a) 一种工作在 193nm 波长的 NA 为 0.93 的光刻机投影物镜，共 29 片镜片；(b) 静态(非扫描曝光场)在轴像场区域为 26mm×10.5mm

2. 浸没式光刻机折射-反射式投影物镜

1) 浸没式光刻机折射-反射式投影物镜简介

对于水浸没式光刻机来说，最后一片镜头(WEt Last Lens Element，WELLE)底部和硅片台将去离子水夹在中间，去离子水的范围比一个曝光场略大[39]。由于提高了像方折射率(空气的 1 到水的 1.436)，因此增加了数值孔径。当 NA 增加到 1.2 以上之后，传统的折射镜头设计模式将不堪重负。

(1) 一般来说，NA 每增加 0.1，相应的透镜数目需要增加 3～4 片。当需要将 193nm 的 NA 从干法的 0.93 提高到浸没式的 1.35 时，若继续采用纯折射镜头，那么镜片的数目会从不到 30 片增加到 40 多片。由于可以用的镜头材料只有熔融石英，所以镜片太多的缺点是显而易见的。

① 一是给设计和加工带来的困难，而且对光源的单色性要求更高，否则会有无法消除的色差(轴向色差)。

② 二是镜头太多会造成对光的吸收增加，降低光刻机产能。

(2) NA 增加之后，为了收集更大角度范围内的光，需要增加镜头的尺寸；为了降低像差，还需要增加镜头的数目，这都会大大增加镜头加工和工装的难度。

(3) 同时，增加的镜片中还会有凹透镜以平衡场曲。但是，凹透镜的曲率会抵消凸透镜的放大率，因此凸透镜的尺寸需要更大。

以上纯折射透镜在大 NA 时有太多缺点，因此引入折射-(凹面)反射混合投影物镜，其优点如下。

(1) 凹面反射镜不会像凸透镜一样额外引入色差。

(2) 凹面反射镜还有正的放大倍率(汇聚成像作用)和负的场曲(可平衡正透镜的场曲)。

因此，折射-凹面反射镜混合的投影物镜是大 NA 浸没式光刻机的必然选择。

蔡司公司设计了很多种折射-反射镜混合的镜头，考虑到镜头对偏振的保持能力、与其他镜头成像的兼容性、缩小离轴距离的能力以及机械稳定性等因素，最终的水浸没式光刻机镜头中包含偶数片反射镜[41]，一种可以获得高分辨率、大像场、低像差或者低畸变的镜头如图 4.9 所示。此投影物镜由蔡司公司设计[40]，NA 为 1.35，由于采用了反射镜，像场偏离光轴。同时，也是因为引入了反射镜，可以更好地消除像差，虽然非球面个数增加到 15 个，但是镜头总数目比如图 4.8 所示的 193nm 干法光刻机镜头还少了 4 片(共 25 片)，最大的透镜镜头直径减小到 250mm。由于反射镜的存在，大 NA 镜头仿真时的收敛速度比 0.93 NA 干法光刻机镜头仿真时的收敛速度更快。

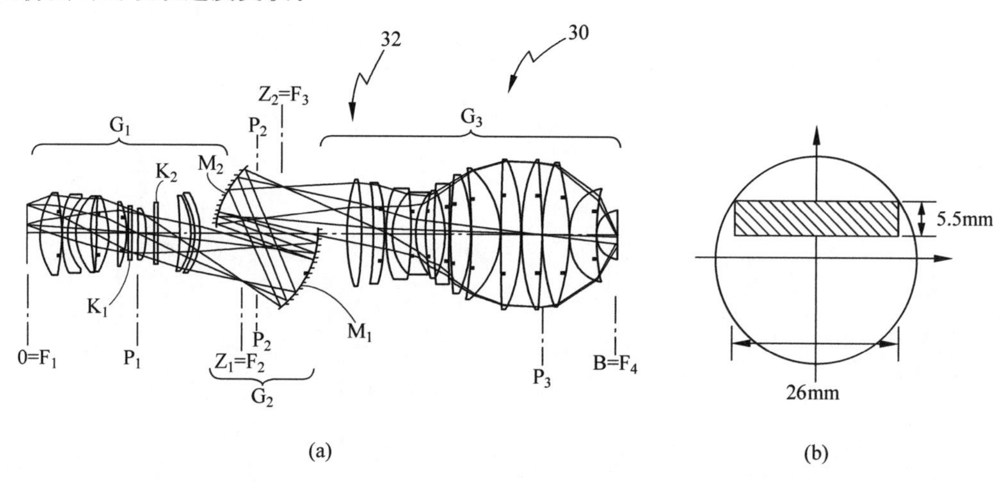

图 4.9 (a) 带有两片反射镜的 193nm 水浸没式折射-反射式投影物镜[40]；(b) 在光轴上方的离轴像场区域为 26mm×5.5mm

2) 浸没式投影物镜成像的基本原理

投影物镜成倒像还是正像，与镜头中的中间焦点个数有关。如图 4.9 所示投影物镜中存在偶数(2)个中间焦点 F_2 和 F_3，与小孔成像最终结果相同，这种镜头也成倒立的实像。掩模版中图形与实际成像后的图形如图 4.10 所示(立体图)，以“F”字样为例。由于镜头是沿光轴对称的，因此像除了是倒立的，左右也是颠倒的。因此，工件台和掩模台在曝光时是相对运动的，且掩模台的运动速度是硅片的 4 倍(对于 4∶1 成像)。

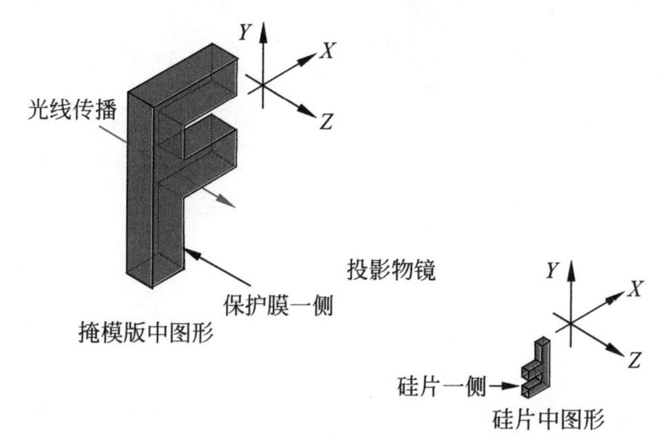

图 4.10 掩模版中图形经过如图 4.9 所示镜头成像(4∶1)到硅片的示意图

那么如何分别从保护膜一侧(保护膜朝上)、入射光一侧(保护膜朝下)以及硅片上用平面图描述观察到的图形呢？图 4.11(a)为保护膜朝下时，从掩模版正上方(入射光一侧)观察图形；图 4.11(b)为保护膜朝上时，从保护膜一侧观察图形；图 4.11(c)为在硅片一侧观察图形，其中硅片开口(Notch)朝下(−Y)方向;图 4.11(d)为当 Notch 朝上时,从硅片一侧观察到的图形与从掩模版正上方观察到的图形相同,大小缩小为原来的 1/4。若镜头中存在的反射镜为奇数,会导致硅片上的图形左右反转,如图 4.11(e)所示。对于这种反射镜个数为奇数的投影物镜,若想最终呈现在硅片上的图形与图 4.11(d)中图形的方向相同,则掩模版与现有掩模版之间存在镜像问题,不能兼容当前成熟的透射式掩模版工艺,一般难以被工业界认可。也就是说,在集成电路芯片研发过程中,无论是工艺、材料、设备,都需要遵循一定的标准。

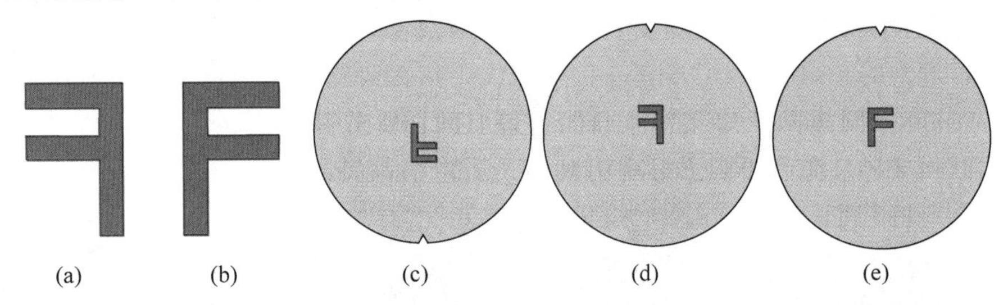

图 4.11 从不同角度观察图形:(a) 保护膜朝下;(b) 保护膜朝上;(c) 硅片上,Notch 朝下;(d) 硅片上,Notch 朝上;(e) 奇数片反射镜,硅片上,Notch 朝上

3) 先进光刻机曝光的一般路径举例

对于 ASML 193nm 水浸没式扫描光刻机,投影成像比例为 4∶1,掩模版尺寸一般为 152.4mm×152.4mm,图形区域大小为 104mm(X 方向)×132mm(Y 方向),其投影到硅片上的曝光场大小为 26mm(X 方向)×33mm(Y 方向)。在曝光过程中,通过使用投影物镜将 26mm×5.5mm 的这一像场沿着 Y 方向扫描完成每个曝光场的曝光,再步进到相邻的曝光场,或者下一行的曝光场继续曝光。典型扫描曝光路径如图 4.12 所示,其中,“*”代表一个步进路径,12 英寸(直径 300mm)的硅片上可以有 60 多个完整的曝光场。

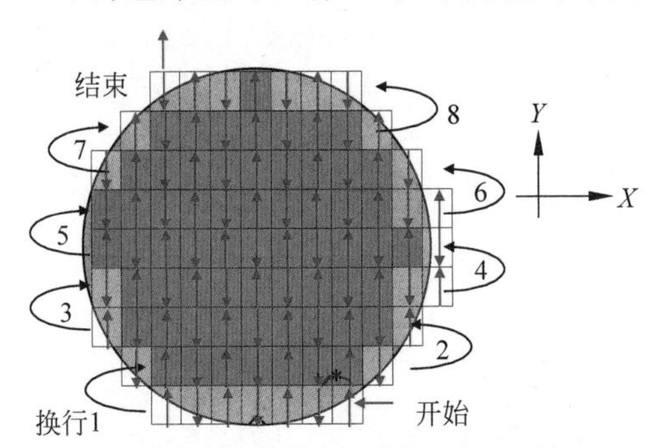

图 4.12 193nm 水浸没式光刻工艺中一种曝光路径示意图

Nikon 公司也有类似的折射-反射镜混合投影物镜[34,42],获得高 NA 的镜头的选择也同样需要遵循以下几点:离轴像场的半径(像场远离光轴的距离)不能太大;镜头表面的入射出射角不能太大(保证偏振);为了与其他光刻机的掩模版兼容,要保证是偶数片反射镜。

3. 极紫外光刻机的全反射式投影物镜

极紫外光刻机的发展也经历了很长时间,从 20 世纪 80 年代初就开始考虑使用 X 射线接近式曝光方法进行线宽为 0.5μm 的光刻工艺研发。由于所有材料对极紫外光(13.5nm)都有很强的吸收,因此极紫外光刻机中与光线传输相关的均为反射镜。反射镜需要镀多层膜才能有高效的反射率,早期有钌钨多层高反射膜[43]、钨碳多层高反射膜[44],最终使用的是钼(2.8nm)硅(4.2nm)40 层高反膜[45]。对于 13.5nm 的波长,这一钼硅多层膜对垂直入射光的反射率可达 70%左右。因为有 30%光无法反射，所以基底选取热膨胀系数极低的微晶玻璃，高反膜表面有钌作为保护层，具体结构可见 4.6.1 节。

投影物镜也从最早的两镜施瓦西（Schwarzschild）结构，发展到 4 镜和目前低数值孔径（0.33NA）EUV 光刻机中的 6 镜[46]，并且在 EUV 技术研发后期，基于经验逐步确立了极紫外光刻机投影镜头的研发路线。

（1）偶数片反射镜：这样掩模台和硅片台可以分开在两边，掩模台和硅片台的扫描不会互相干扰。如上所述，由于采用了偶数片反射镜，如浸没式折射-反射式镜头部分所述，可以跟其他光刻机的掩模版匹配，如与折射式光刻机以及折射-反射式（193nm 水浸没式）光刻机的掩模版匹配。

（2）使用环形像场，可以在距离光轴一定范围内实现像差可控和畸变可补的大像场。

（3）通过将反射镜增加到 6 片，以实现较大的数值孔径，如 0.55NA。

（4）确立了镜面加工和检测方法（包括非球面加工和检测）：一是先采用金刚石车床加工一个最初的球面，面型精度为 1～2μm，并且使用接触式的面型检测工具来确认；二是使用比加工面积更小的抛光工具，结合相位测量干涉仪（Phase-Measuring Interferometer，PMI）边加工，边测量，直到达到要求。这种方法是廷斯利实验室（Tinsley Laboratories）发明的。它们加工的非球面面型精度从 20 世纪 90 年代初的 3～5nm 到 2000 年前后的 0.3nm。镜片的粗糙度（平整度）包含高频平整度（10nm～1μm）、中频平整度（1μm～1mm）以及低频平整度（1～100mm）。其中，中频平整度不够好，会导致有很多杂散光（Flare），直接影响曝光之后的对比度。在镜头加工过程中，需要将三种类型的粗糙度做到规格范围，否则镜头的像差很难消除，成像的质量很难得到保障。

1）低数值孔径（0.33NA）EUV 投影物镜

ASML 公司于 2013 年率先推出第一款商业化的极紫外光刻机 NXE 3300，包含 6 片反射镜，波长为 13.5nm，NA 为 0.33，分辨率为 13nm 半周期，成像比例为 4∶1[7]。曝光场尺寸为标准的 26mm×33mm，硅片上一种等效曝光缝（EUV 投影物镜像场）范围为 26mm×1.6mm，这比起早期的 15mm×0.4mm 大小的曝光缝以及 $15mm^2$ 大小的曝光场[47]已经改进了好几代。图 4.13(a)是 0.33 NA 极紫外光刻机中一种 6 片投影物镜镜头示意图，图 4.13(b)是环形曝光狭缝，图 4.13(c)是掩模版图形区尺寸以及曝光后硅片上曝光场的尺寸，其中，入射光的主光线与掩模版法线的夹角（*YZ* 平面与 *Z* 轴夹角）为 6°。可见，极紫外光刻机反射镜（图中黑色部分）都是离轴的（所有镜片所在曲面的对称轴是重合的），大多还是非球面的。比起同轴（In-line）的透镜来说，极紫外光刻机反射镜的难度在加工制作、工装以及调整等方面增加不少。低数值孔径投影物镜中，最大镜片直径为 650mm。另外，由于掩模版法线与入射光的主光线有一定夹角，所以物方无法做成远心，只有像方是远心成像，远心度需要控制在 2 mrad 以内。从图 4.13 中还可以看出，由于镜头只存在一个中间焦点 F_1，成正立的实像，因此，工件台和掩模台在曝光时同向运动，且掩模台的运动速度是硅片的 4 倍（对于 4∶1 成像）。

如前所述，由于采用反射式掩模版，所以在 *YZ* 平面，照明主光线与掩模版法线（*Z* 轴）之间有一定的夹角，如图 4.14(a)所示，这一夹角称为物方主光线夹角（Chief Ray Angle at Object space，CRAO）[32]。CRAO 不能太大，否则会造成反射率的损失，还会造成过多的阴影效应与过多的掩模版散射，也不能太小，否则会导致反射光束与入射光束之间有交叠。

若投影成像比例为 $M:1$，那么在掩模版处的数值孔径 NA_{mask} 与硅片处数值孔径 NA_{wafer} 的关系如下[28]。

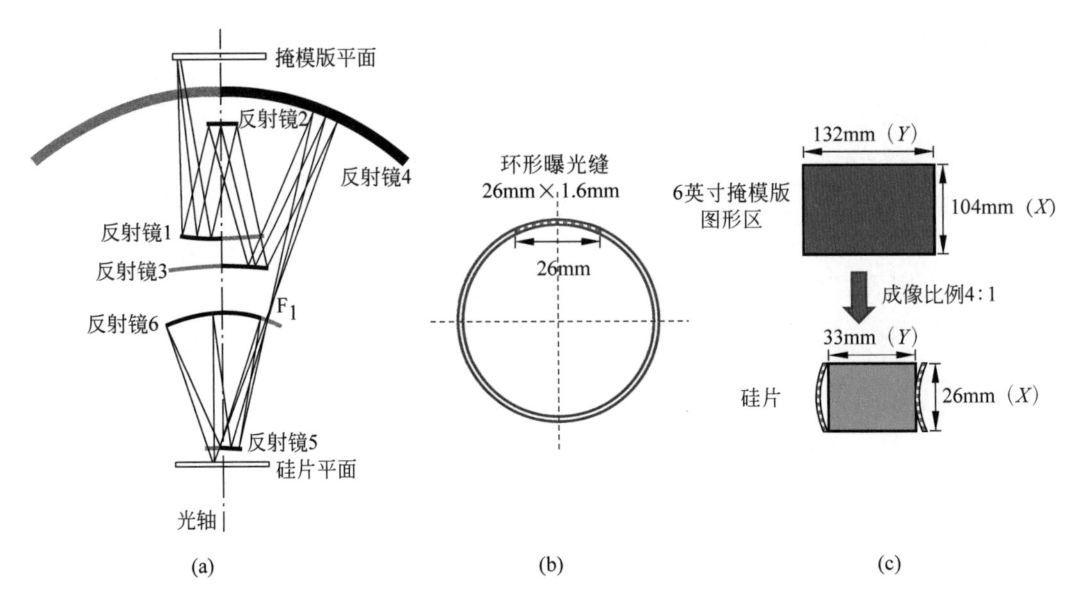

图 4.13 (a) 0.33NA 极紫外光刻机中一种 6 片投影物镜示意图；(b) 环形曝光缝(像场)：26mm×1.6mm；(c) 曝光场：26mm×33mm

$$NA_{mask} = \frac{1}{M} NA_{wafer} \tag{4.1}$$

因此，对于 0.33NA 的极紫外光刻机，在掩模版处的 NA 为 0.0825[48]。如图 4.14(b)所示，假如入射光束与反射光束恰好没有交叠，入射主光线与掩模版法线的夹角就是掩模版处的数值孔径大小，约为 4.73°。实际极紫外光刻机中的这一角度为 6°，如图 4.14(c)所示。

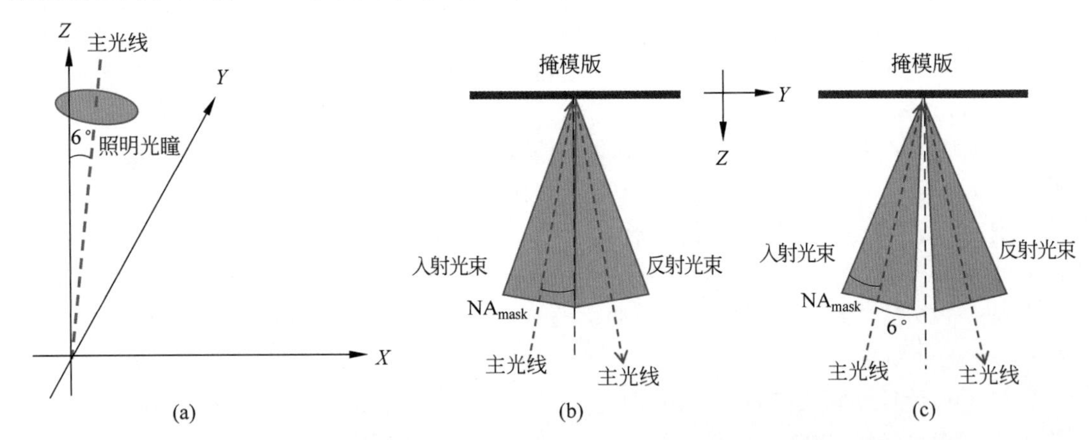

图 4.14 (a) 0.33NA EUV 照明光瞳主光线与掩模版法线在 YZ 平面存在 6°夹角(CRAO)；(b) 0.33 NA 投影物镜可接受的最小 CRAO；(c) 0.33NA 投影物镜在 6°CRAO 时的入射光束与反射光束示意图

2) 高数值孔径(0.55 NA)EUV 投影物镜

对于 6°入射角，通过计算可以得到允许的最大硅片处数值孔径约为 0.418。而 ASML 公司推出的高数值孔径的极紫外光刻机的 NA 为 0.55，若仍然采用 4∶1 投影成像且仍旧保持 6°入射角，则必然会造成反射光束与入射光束相互交叠。有以下两种方法解决这一问题。

(1) 根据数值孔径继续增加 CRAO(>8.5°)，但是会造成多层反射膜的反射率下降，同时还会引入更严重的阴影效应(见 9.2 节)。

(2) 将投影物镜的成像比例变大，缩小掩模版处的数值孔径。

由于增加 CRAO 有较多缺点，因此，ASML 公司在高数值孔径极紫外光刻机中采用的是部分第二种方法。也就是说，只将 Y 方向的成像倍率增加为 8 倍，而 X 方向并没有发生光束交叠的风险，因此其成像倍率仍然可以保持 4 倍。由于 X、Y 方向采用不同的放大倍率，光瞳镜和投影物镜都需要设计成变形镜头，这增加了镜头设计和加工的难度。若想降低镜头设计和加工的难度，可以将 X 方向成像倍率也改为 8 倍。但是在不改变现有掩模版制作尺寸(6 英寸)的前提下，单个曝光场面积降低为 0.33NA EUV 光刻工艺的 1/4，即曝光场只有 13mm×16.5mm，增加拼接难度的同时还大大降低了光刻机的产量。因此，只减小一半曝光场面积的变形镜头是更优选择。

由于数值孔径增加，0.55NA 极紫外光刻机的投影物镜的入射或者反射角度会比较大，可以采取使用 8 片反射镜减小这一角度增加造成的光强损失，但是增加了两个反射镜造成的光强损失更大(约 50%)，得不偿失。因此，ASML 公司在 0.55NA 极紫外光刻机中仍然采用 6 片反射镜，为了避免太大角度造成的反射率降低，需要在最后一片反射镜中心开孔[31]，如图 4.15 所示，因此无法使用传统照明方式[49]。0.55NA 与 0.33NA 光刻机镜头的不同之处在于：

(1) 0.55NA 光刻机镜头的入射光主光线与掩模版的夹角减小到 5.355°[28,50]。

(2) 0.55NA 光刻机镜头的成像比例在 X 方向仍为 4∶1，在 Y 方向为 8∶1，即采用 X 和 Y 方向放大率不同的变形镜头。这样一来，为了可以继续使用以前的掩模版尺寸，曝光场会缩小到原来的一半，即 26mm×16.5mm。

(3) 由于 NA 的增加，高数值孔径投影物镜中，最大镜片直径可达 1.2m。

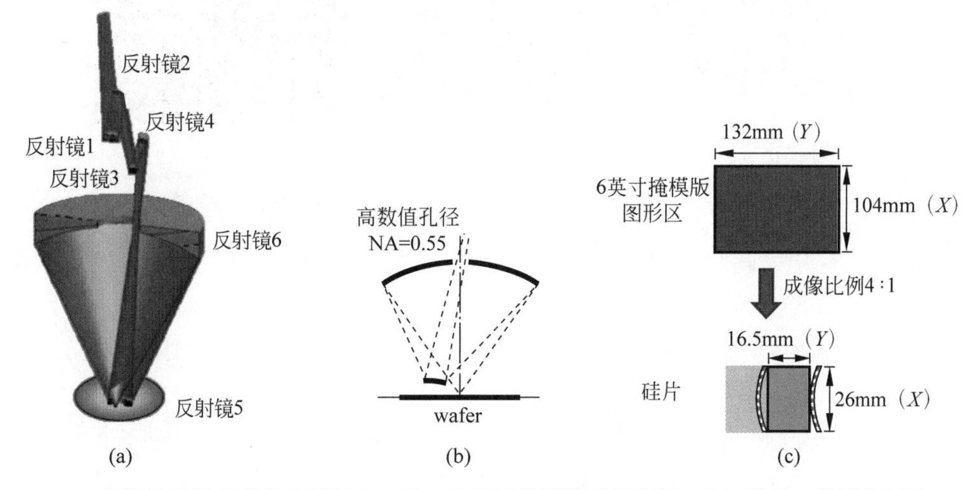

图 4.15 (a) 高数值孔径极紫外光刻机中一种 6 片投影物镜镜头示意图；(b) 最后一片镜头开孔；(c) 曝光场：26mm×16.5mm

4.1.5 光刻机中双工件台的基本工作原理

1. 工件台的悬浮方式

曝光过程中，硅片需要高速、稳定地移动，这需要通过一个工件台来实现，硅片放置在工件台上[51]。光刻机工作时，投影物镜相对工件台不动，通过工件台和掩模台的运动，完成曝光。因此，工件台的运动速度、加速度、定位精度等非常重要。

从悬浮方式来说，工件台经历了如下发展过程。

(1) 最早的工件台是机械导轨式,由于轴承加工精度有限,其定位精度最好也只有 1μm 左右。同时还会摩擦发热,还有较多的污染。

(2) 后来发展为没有直接接触、摩擦力小的气悬浮工件台,其扫描速度更快,配合测控系统,可以达到更高的精度(100nm 以下)。

(3) 随着技术节点的进一步发展,需要进一步提高产量,这与工件台运动稳定时间、最大运动速度、加速度等指标息息相关。为了进一步加快工件台运动速度,提高产能,需要减轻工件台总体重量。ASML 公司于 2008 年推出的 NXT 1950i 光刻机,使用轻量化设计的工件台配合磁悬浮系统及轻便、最大限度不受空气扰动影响的平面光栅尺定位系统,比气悬浮平台减重约 2/3,实现了高达 5g 的移动加速度[52],而现今最新一代光刻机的工件台加速度已提升至 7g,定位精度最小可达 1nm ,扫描速度可达 800mm/s。

(4) 当光刻技术发展至 EUV 阶段,由于必须采用高真空的工作环境,因此 EUV 光刻机中更加需要采用磁悬浮工件台。

本节仅简单介绍先进光刻机中采用的磁悬浮工件台,其基本结构如图 4.16 所示。对于 ASML 公司的双工件台光刻机,每个工件台包括长程台和短程台,长程台也叫宏动台,负责 μm 量级及以上的运动(工件台交换工位、扫描曝光等);而短程台也叫微动台,在长程台完成 μm 量级的移动之后,再完成纳米量级的精调(曝光时工件台微调补偿套刻、焦距等)。对于双工件台来说,其中一组长程台和短程台(统称工件台)处于测量工位(见下文),另外一组长程台和短程台处于曝光工位[39]。

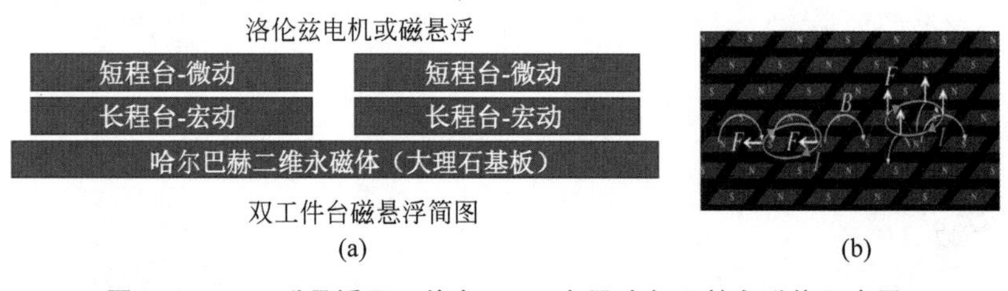

图 4.16 (a) 磁悬浮双工件台;(b) 定子哈尔巴赫永磁体示意图

磁悬浮平台采用二维平面电机,包括二维的哈尔巴赫永磁体阵列[53],此阵列固定在大理石基座上,同时用于平衡质量;二维平面电机还包含至少 6 组载流线圈,对应 6 个自由度。长程台的磁悬浮有动铁不动圈或者动圈不动铁两种结构,动铁是指二维永磁体阵列运动,显然运动速度以及方便性不如动圈,即载流线圈运动。因此,本节以常见的动圈不动铁[54]为例:磁悬浮平台由永磁体(定子)和通电线圈(动子)组成,磁阵列以哈尔巴赫模式构成,长程台的受力取决于它在磁阵列上的位置和多相(三相)交流电的电流方向。长程台不动时,只有一固定的垂直方向的力保证悬浮;需要运动时通过在哈尔巴赫永磁体阵列不同的位置调整相应的三相交流电相位和电流强度,结合合适的电机驱动器,对长程台施加力或者扭矩,实现 6 个自由度的位置变化:沿 X,Y,Z 方向的平移和绕 X,Y,Z 轴的转动 R_X,R_Y,R_Z。

除了宏动的长程台需要非接触式悬浮外,微动的短程台也以气悬浮或磁悬浮的方式控制精确位移,将长程台和承载硅片的短程台连接,其中,短程台的磁悬浮通常用洛伦兹电机驱动,也可以用哈尔巴赫永磁体驱动。

2. 双工件台的结构和工作原理

1) 双工件台的结构

从工件台个数上来说,由单工件台发展为双工件台。

(1) 对于单工件台来说，硅片和掩模版调平和对准时，曝光设备是闲置的，浪费了光刻机产能。

(2) 本节仅介绍曝光效率更高的 ASML 双工件台光刻机，其于 2000 年被推出。第一台带有双工件台的 KrF 光刻机 AT 750T 于 2001 年交付，从 2004 年开始 ASML 公司将双工件台推广至水浸没式光刻机的 XT 系列(气悬浮方式)。

如图 4.17 所示，可以看到两个分别包含微动台和宏动台的工件台，分别处于测量工位和曝光工位[55]，通过三相四极永磁同步电机悬浮在大理石基板上。测量工位上方包含测量显微镜、调焦调平等设备，曝光工位上方包含投影物镜，这些装置都与测控系统(传统激光干涉仪或者平面光栅尺[55]，图中未标出)一起固定于测量支架上，与工件台无接触。处于测量工位的工件台做硅片对准(显微镜)和调焦调平(调焦调平装置)时，处于曝光工位的工件台完成曝光，有效地利用光刻机产能。曝光工位工件台上有硅片，再往上是浸没水系统和投影物镜，掩模版处于投影物镜上方的掩模台上。曝光过程中，掩模台与硅片台同步反向移动，测控系统测量工件台相对于测量支架的相对运动。

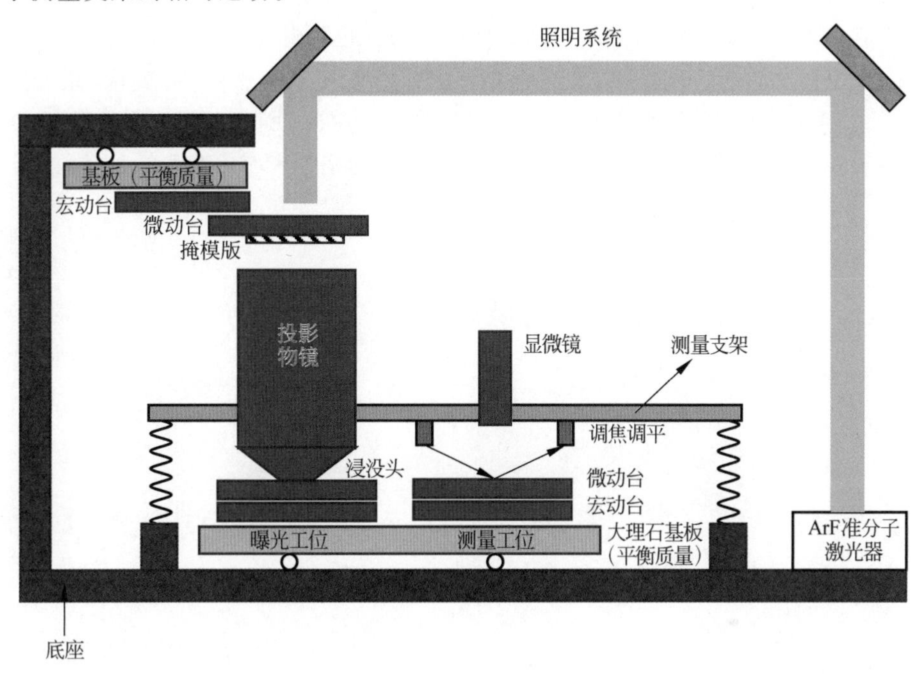

图 4.17　ASML 水浸没式光刻机中双工件台结构示意图举例[36]

2) 双工件台的工作原理

在硅片曝光之前，需要完成对准(Alignment)和调焦调平(Leveling)[56-57]。对准是指将硅片上前层记号与即将曝光的掩模版上记号做水平(X、Y)方向对准；而调焦调平则是指掩模版与硅片做垂直(Z)方向的对焦。具体如下。

(1) 硅片与掩模版的对准方式也有两种：通过镜头的对准(Through The Lens, TTL)[9,58]和离轴的对准(Off Axis, OA)，离轴对准又称为间接对准。由于通过镜头的对准有加大镜头设计的难度，限制对准的波长从而限制对准精度等缺点，目前先进光刻机基本采用间接对准。间接对准的基本原理见本节后半部分。

(2) 调平时光线采用宽波段(可见-红外光或者紫外光)、掠入射方式[57]：使用全反射式远心成像装置投射一个光栅的图像到硅片表面，其反射图像经另一个相同的全反射成像装置投影到检测光栅上，通过电控偏振元件调制后，获得带有振幅高低调制的交流信号，以此解算出硅片上的高低分布（Z 方向）。曝光时通过动态调整工件台水平、垂直的位置，确保硅片始终处于或者尽量接近透镜的最佳焦平面。由于可见-红外光穿透深度较深，衬底材料不同会导致测量精度较差。因此，ASML 公司还采用了测量速度很慢的气压传感器[59]精确测量硅片表面高低起伏，同时配合测量速度很快的可见-红外光调平装置来达到高速测量以及尽量获得接近硅片表面高低起伏形貌的目的[60]。再后来，ASML 公司又发明了一种利用强度极弱的紫外光（200～425nm）作为光源的调平方式（UV Leveling）[56,61]，由于紫外光的穿透深度低，可以获得更加接近硅片表面、测量精度更高的调平数据。

图 4.18 是硅片从进入光刻机到测量的一般流程示意图，下面重点讨论硅片进入光刻机后需要完成哪些步骤。

（1）在测量工位，通过寻找硅片缺口（Notch），完成预对准，对准精度约为 $\pm 10\mu m$（X、Y 方向），这也是没有闭环控制时机械定位（加工）的通常水平。

（2）沿着硅片一周完成硅片粗调平，即硅片边缘调平，在宏观上将硅片放平，由于硅片中心与边缘存在约 $1\mu m$ 的高低差，因此粗调平精度约为 $\pm 1\mu m$（Z 方向）。

（3）硅片粗调平之后，可以使用对准显微镜对曝光场内对准记号进行成像，完成硅片粗对准。一般来说，对准使用的波长为 550～750nm，显微镜 NA 为 0.3，通过焦深计算公式（式(2.17)）可以获得对准显微镜的焦深为 $\pm(3\sim4)\mu m$。粗调平之后的精度完全在显微镜的焦深范围内，可

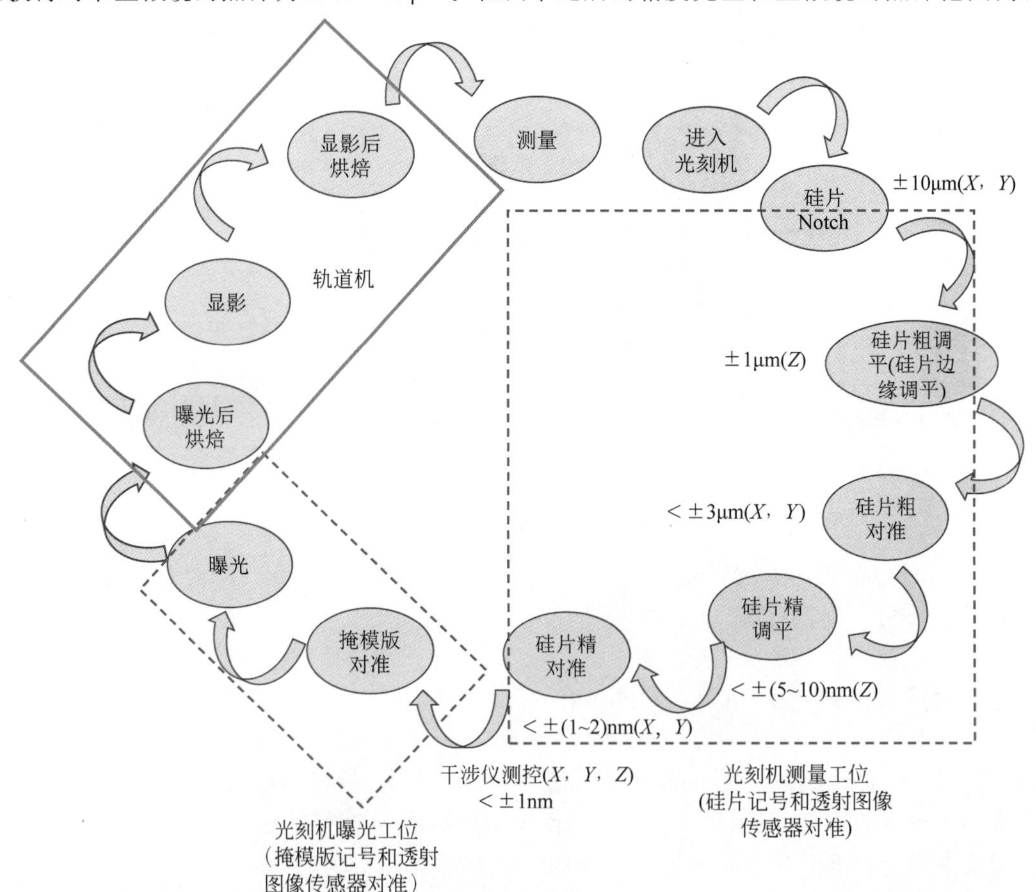

图 4.18 硅片从进入光刻机到测量的一般流程示意图（以最先进的 193nm 水浸没式光刻机为例）

以快速地实现对准记号的成像，而无须重新对焦。粗对准的精度约为±3μm（X、Y 方向）。

（4）再完成精调平和精对准（Z 方向<±（5～10）nm，X、Y 方向<±（1～2）nm），然后交由干涉仪测控系统闭环控制保持这一较高的精度。

（5）工件台交换至曝光工位，掩模版和工件台（透射图形传感器）对准后就可以开始曝光了。

上述精度为最先进 ASML 水浸没式光刻机的控制精度，可以看到，对准与调焦调平并非一步到位，而是通过多级、逐步达到较高的精度。这是因为，越是精密的记号，其抓取范围越小，进入到某个信号的抓取范围之后，可以进一步提高精度，直到达到目标要求的高精度为止。

接下来简单介绍双工件台的基本工作原理[9]，如图 4.19 所示。

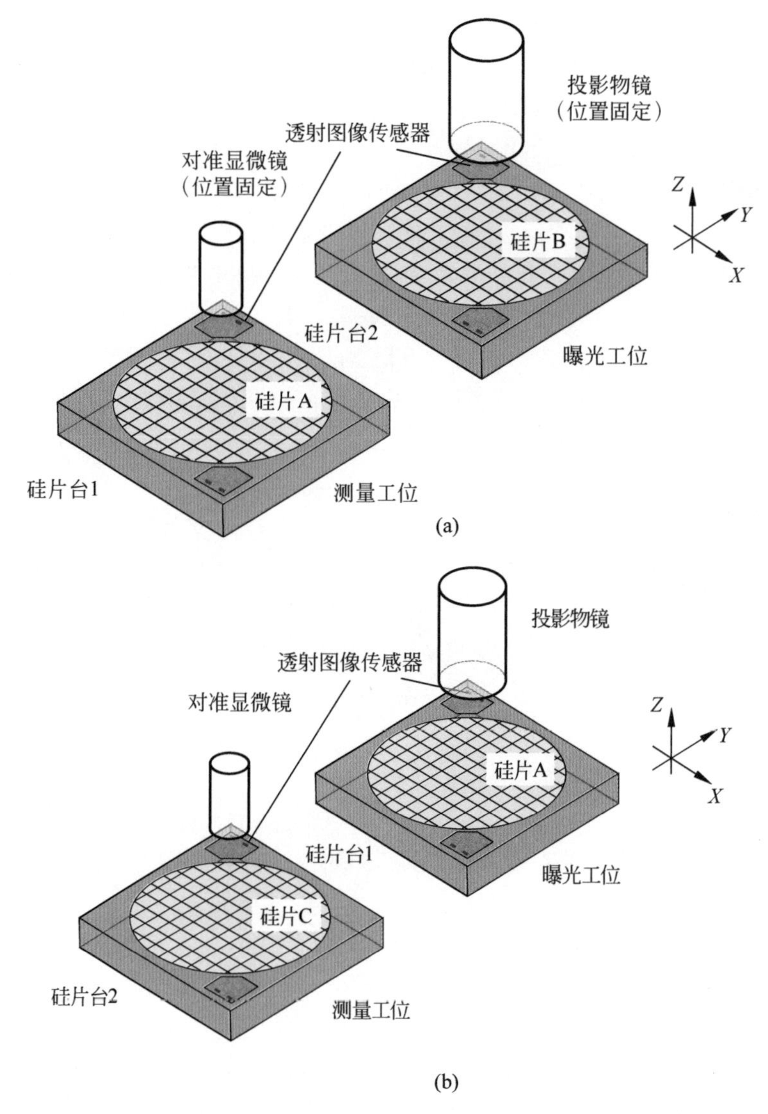

图 4.19　双工件台曝光原理示意图：（a）硅片台 1 上的硅片 A 对准，硅片台 2 上的硅片 B 曝光；（b）硅片台 1、2 位置互换后，硅片台 1 上的硅片 A 曝光，硅片台 2 上新硅片 C 对准

（1）图 4.19(a)：在测量工位，硅片台 1 上的硅片 A 通过对准显微镜成像做硅片与工件台的对准（通过透射图像传感器）。此时处于曝光工位的硅片台 2 上的硅片 B 完成掩模版（记

号)和工件台(透射图形传感器)的对准,由于硅片 B 在测量工位时已经完成了硅片与工件台的对准,因此完成了硅片和掩模版的间接对准[9],硅片 B 开始曝光。

(2) 图 4.19(b):硅片 B 完成曝光之后,通过平面光栅(+中继光栅)或者激光干涉仪(+零位传感器)测控位置,完成两个工件台的位置交换。硅片台 2 处于测量工位,将硅片 B 交由轨道机完成图 4.18 中的后续流程,并从轨道机中接收新的硅片 C,完成对准和调焦调平。此时处于曝光工位的工件台 1 上的硅片 A 需要完成掩模版和硅片台上透射图像传感器的对准,然后进行曝光。光刻机中双工件台不断循环上述工件台交换、硅片对准和调焦调平、掩模版对准以及曝光等过程。

也就是说,ASML 双工件台将花费时间比较长的硅片对准以及调焦调平和花费时间比较长的硅片曝光平行进行,可以大大提高昂贵镜头的利用率和光刻机产能。Nikon 于 2005 年提出了 Tandem 串列双工件台的设计[62],仅包含一个可以承载硅片的工件台和一个测量台,其工作效率低于 ASML 的双工件台,此处不再赘述。

同时,从上文还可以得知,当使用双工件台时,一般配合使用间接对准。利用硅片台上的透射图像传感器作为摆渡,完成掩模版与硅片之间的间接对准。

① 首先在测量工位完成硅片对准,通过使用对准显微镜对多个曝光场内的对准记号成像(Nikon 的直接成像方式(明场)或者 ASML 的高阶衍射级成像方式(Athena,暗场)),记录对准记号与工件台上透射图像传感器之间的位置关系。

② 工件台移动到曝光工位之后,掩模版上对准记号(格栅)通过投影物镜与工件台上透射图像传感器中的格栅重合,传感器获取到最大的光强,在 X、Y、Z 方向完成掩模版与工件台的对准,通过调整工件台位置达到掩模版对准的目的,间接完成硅片与掩模版的对准。记录对准之后的位置坐标,供曝光时使用。

通过镜头的直接对准需要设计一组投影物镜,同时可以对对准的可见光和曝光的紫外光进行成像,显然对镜头的要求极高,增加了镜头设计和加工难度。同时还限制了对准所用波长,限制了对准精度。对于通过工件台上的透射图像传感器完成的间接对准来说,掩模版对准所用光源就是硅片曝光光源。间接对准的好处也是很明显的:无须同时考虑对准光源与曝光光源的像差,减小了镜头设计难度,降低了成本,且对准时波长范围扩大,对准精度也在不断地提高。

3) 双工件台的测控系统

此外,光刻工艺之后会有对套刻和线宽的测量,这也是芯片工艺中非常重要的两个参数,因此工件台在移动过程中需要测控系统精确测量工件台移动的位置。测控系统从开始传统的至少 6 路的激光干涉仪测控,发展到现在 193nm 水浸没式先进光刻机上的每个工位的 4 块拼接的平面光栅尺测控。传统的激光干涉仪作为光刻机工件台位置测量系统,需要补偿空气折射率的变化,否则将导致测量噪声和误差。在 ASML 先进双工件台的光刻机中,均采用平面光栅尺进行测控,减小空气扰动造成的定位误差。而在最先进的 EUV 光刻机中,由于使用真空曝光环境,所以可以采用成本较低的传统激光干涉仪进行测控。

虽然传统的激光干涉仪的成本低,制作加工难度大大低于大片的二维平面光栅尺。但是,除了在空气中会因为空气扰动造成测控精度降低,传统的激光干涉仪还存在其他缺点。利用平面光栅尺+中继光栅尺测控系统,可以一直测控工件台的移动位置,提高双工件台交换的速度。而通过激光干涉仪测控系统时,由于工件台交换工位后,原工位所在的激光束无法追踪工件台,需要在各自的工位重新确定位置(附加光栅尺、零位传感器等),这会增加交换的时间,影响产能。

4）工件台中影响线宽和套刻的性能参数

在曝光过程中，工件台运动时有两个重要的性能参数需要控制在一定的范围内，否则会影响曝光后的线宽和套刻，从而影响芯片成品率。一个是工作台的平均位置误差（Moving Average，MA），另外一个是定位误差的移动标准差（Moving Standard Deviation，MSD）[36]。MSD 表示工件台定位误差的高频部分，而 MA 表示误差的低频部分[63]。这两个参数对光刻工艺线宽和套刻的影响如下。

（1）在先进技术节点，光刻图形的高分辨率是否能达标与 MSD 紧密关联[64]。MSD 增大将导致图形对比度下降，成像模糊，影响其线宽均匀性。在 180nm 技术节点，MSD 约在 20nm，而到了 193nm 水浸没式光刻机，已降低至约 6nm。

（2）套刻精度受限于 MA，在双重图形技术中，一般需要使套刻精度小于线宽的 10%，因此需要进一步减小 MA。

为了得到半周期为 38nm 的光刻图形，MSD 需要小于 6nm，套刻精度约为 4nm，对应的 MA 需小于 1nm[36,65]。也就是说，随着技术节点的不断推进，对线宽均匀性和套刻精度的要求也越来越高，工件台的相应性能指标也需要不断改进以满足量产的需要。

由于光刻机是整个工艺流程中最精密、最昂贵的设备，也是光刻工艺中不可或缺的重要设备，本节着重讲解了光刻机的漫长发展史：按照曝光方式可分为接触接近式和投影式，其中，投影式又可以分为步进式和步进-扫描式；按照工作波长可分为 g-line（435nm）、i-line（365nm）、KrF（248nm）、ArF（193nm）以及 EUV（13.5nm）；按照工件台的个数可分为单工件台、ASML 双工件台、Nikon 串列工件台；按照缩小比例可分为 10 倍、5 倍、4 倍和 1 倍；按照是否浸没可分为水浸没式、非浸没式（干法）；按照对准方式可分为通过镜头的直接对准和间接对准；按照悬浮方式可分为机械轨道、气悬浮和磁悬浮；按照测控方式可分为传统的激光干涉仪和平面光栅尺测控；按照 NA 的大小可分为～0.5、～0.7、～0.9、>1、1.35 等。可见，随着技术节点的增加，与光刻相关的设备、材料（光刻胶发展过程见第 9 章）、技术（见第 5 章）等都在不断地更新变化。与光刻相关的这些设备、材料、技术等的进步决定了集成电路的线宽能够不断地缩小。

4.2　轨道机-光刻机一体机简介

图 4.18 中除了包含在光刻机中发生的对准、调焦调平、掩模版对准以及曝光等工艺之外，还包含在轨道机中需要完成的后续烘焙、显影等工艺。除此之外，轨道机中还需要配备表面处理、涂胶、机械手、缓冲单元等多种功能模块[66]。早期涂胶显影机中，通过机械手抓取硅片沿着 U 型的路径从一个站点运动到另一个站点，类似沿着轨道前行，因此称为轨道机（Track）。现代的轨道机有几米高，一般有 4 个放置硅片盒的接口（Port），包含多层腔室，每层腔室中还有多个工槽，每片进入到轨道机的硅片都会按照自己的轨道机程序，通过机械手抓取进入不同腔室对应的功能槽中完成各个步骤，而相同功能的工槽会有多个，以便于同时处理多片硅片。轨道机中工槽排列结构、轨道机程序的内容以及各子程序举例可以参考 6.7.5 节。

一般来说，轨道机和光刻机是连在一起的，即“轨道机-光刻机一体机”，图 4.20 为现代集成电路工厂中的一体机举例。硅片经历的流程如下：硅片盒放置到轨道机接口（Port）上并与轨道机连接；机械手从硅片盒（Front Opening Unified Pod，FOUP）中抽取硅片；硅片在轨道机完成表面疏水处理、涂胶以及曝光前烘焙等工艺后被传送到光刻机中进行对准、调焦调平和曝光；曝光完成后再传回轨道机中进行后续的曝光后烘焙、显影和冲洗以及显影后烘焙等步骤(见 4.3 节)；最后由机械手将硅片放回硅片盒。这种一体机可以防止中间耽误时间，从而影响光刻工艺窗口。一般来说，目前最先进的轨道机可以采用如下结构设计，即正面包含下层的涂胶工槽和上层的显影沟槽；背面是烘焙的热板与降温的冷板；前面、背面之间为机械手的通道。

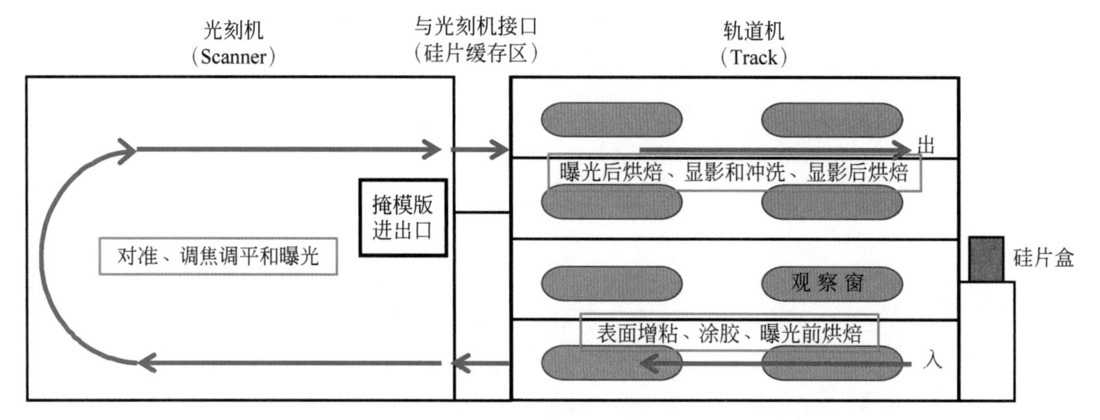

图 4.20 轨道机和光刻机一体机的截面图

在完成光刻工艺之前，需要提前建好轨道机程序(Track Recipe)和光刻机程序(Scanner Recipe)。当硅片到达这一站点，MES 中会显示对应的程序并反馈给机台。当硅片进入轨道机和光刻机中之后，机台会调用对应的程序，使用程序中设置好的条件完成各项工艺流程，光刻机中还会提前调用新的掩模版。

众所周知，光刻机是整个集成电路芯片制作过程中最昂贵的设备，因此需要充分利用光刻机，以保持较高的产能。一般来说，一台轨道机的产能要比光刻机的高 25%左右，现在最新的 193nm 水浸没式光刻机 NXT 2100i 的产能是 295 片硅片/小时(Wafers Per Hour，WPH)。若轨道机的产能无法满足光刻机的需求，为了提高光刻机的利用率，可以采用离线(Offline)涂胶显影，即多台轨道机对应同一台光刻机，不再是单纯的轨道机-光刻机一体机了，这种情况需要严格控制每个步骤之间的时间，防止某些步骤之间出现时间延迟，导致影响最终的图形质量。而上述标称的 295 片硅片/小时产能，对于逻辑芯片的工厂，实际能够达到 250 片硅片/小时就不错了。

4.3 光刻工艺 8 步工艺流程

对于光刻工艺来说，一般包含 8 步工艺流程，如图 4.21 所示，分别是：①表面增粘；②涂胶；③曝光前烘焙；④对准、调焦调平和曝光；⑤曝光后烘焙；⑥显影和冲洗；⑦显影后烘焙；⑧测量。其中，在轨道机中实现其中 6 步：表面增粘、涂胶、曝光前烘焙、曝光后烘焙、显影和冲洗、显影后烘焙。只有对准、调焦调平和曝光在光刻机中实现，测量一般是指测量线宽和套刻，分别在扫描电子显微镜和套刻(光学)显微镜中实现。

接下来分别介绍 8 步工艺流程的具体细节。

(1) 表面增粘[67]。硅片表面通常会有亲水性羟基(氢氧根，-OH)，而光刻胶一般都是疏水性的有机物。在涂胶阶段，为了使光刻胶可以很好地附着在硅片表面，需要提前将硅片表面

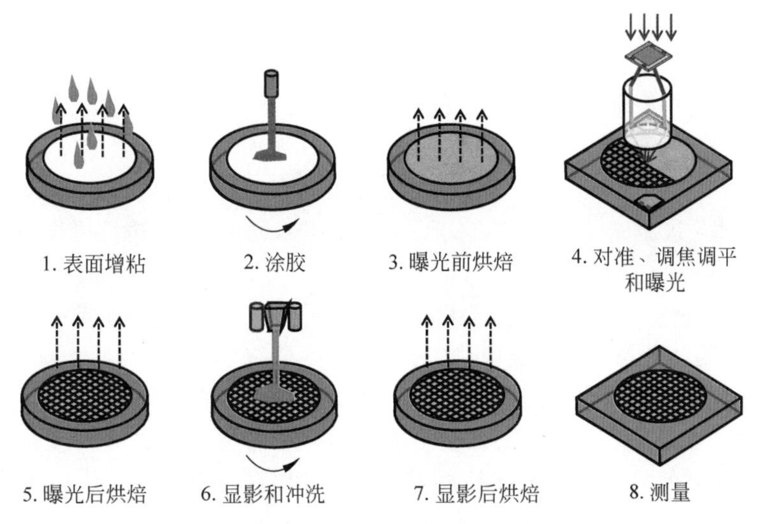

图 4.21 光刻工艺 8 步流程示意图

进行疏水化处理。一般使用的疏水材料是六甲基二硅胺脘（HexaMethyl DiSilazane，HMDS），HMDS 被氮气从容器瓶中排出后，呈气体状态喷洒到硅片表面，将硅片表面的亲水性的-OH 置换成疏水的-O $Si(CH_3)_3$，如图 4.22 所示，最终达到疏水化（增粘）的目的。

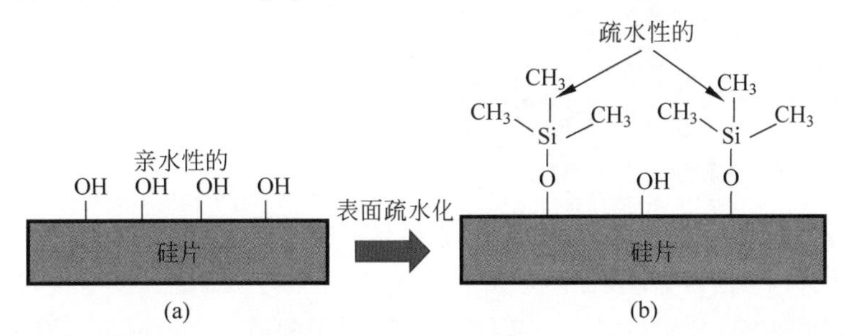

图 4.22 HMDS 表面疏水化处理前后硅片表面变化示意图：(a) 未处理的硅片表面，亲水；(b) 疏水处理后硅片表面，疏水

（2）涂胶。将光刻工艺中需要用到的抗反射层、光刻胶均匀地旋涂在硅片上。涂胶转动分为匀胶转动和成膜转动，先在高转速下将滴在硅片上的光刻胶（以此为例）快速地涂满整个硅片，即匀胶过程。再调节到合适的转速（转速和膜厚成反比），旋涂一定的时间得到厚度均匀的光刻胶薄膜。在匀胶和成膜转动过程中，对应的光刻胶管道一直在喷洒光刻胶，其中只有1%～10%的光刻胶会留在硅片上成膜，90%以上的光刻胶在旋涂过程中被甩出硅片，并顺着周围的保护侧壁流进对应的排污管道。涂胶的整个过程在稳定的风速、排气以及稳定的温、湿度环境中完成。光刻胶、抗反射层的厚度均匀性会直接导致光刻后的线宽均匀性，在研发初期，需要充分优化涂胶程序以获得均匀的膜厚，具体涂胶子程序可见 6.7.5 节。

在涂胶之前，一般会先喷洒疏水性有机溶剂（如 70%的丙二醇单甲醚（Propylene Glycol Monomethyl Ether，PGME）和 30%的丙二醇甲醚醋酸酯（Propylene Glycol Methyl Ether Acetate，PGMEA）的混合物，俗称 OK73）对硅片表面浸润。这样一来，光刻胶可以更快速地附着在硅片表面，大大加速光刻胶匀胶和成膜的过程，减少 75%以上的光刻胶使用量，从而节省成本，这种方式称为减少光刻胶消耗（Reduced Resist Consumption，RRC）。另外，光刻胶、抗反射层、RRC 等有机溶剂的喷嘴都会有回吸功能，防止多余的溶液滴落形成缺陷，或者干涸在喷嘴出口，导致缺陷或者堵塞。长时间不用的管道，会通过空喷(Dummy Dispense)，将管道口中的溶液排出。

在涂胶过程中，由于光刻胶会被硅片边缘吸附并形成一圈鼓包，称为边缘胶滴(Edge Bead)。如果放任这一圈鼓包不做处理，硅片放置到后续其他工件台上(曝光台、热板冷板等)时，鼓包脱落会污染工件台，从而污染后续输送到工件台上的其他硅片。所以在涂胶过程中，需要引入一个技术：边缘胶滴去除(Edge Bead Remove，EBR)即洗边，一般洗边的范围是硅片边缘到硅片中心的 0.5～3mm。

注意，不同的材料洗边范围不同。例如，对于有一层抗反射层的光刻工艺来说，涂完抗反射层之后，再涂水浸没式光刻胶。其中，光刻胶表面需要有一层隔水层，防止光刻胶中的光酸扩散到镜头和硅片之间的水中，一方面造成光刻胶失效形成缺陷，另一方面扩散到水中的光酸会腐蚀镜头。除了水浸没式光刻胶研发初期使用的隔水层是需要单独涂覆在光刻胶表面，现在大规模量产中所用的隔水层一般都是自分凝：提前将自分凝材料配比到光刻胶中，涂覆光刻胶之后烘焙，隔水层从光刻胶中分离并浮在光刻胶表面。如图 4.23 所示，抗反射层的洗边深度要比光刻胶的洗边深度更小，这样隔水层分离出来之后可以和抗反射层一起包裹住光刻胶，防止光刻胶被光照射后产生的光酸扩散到水中。

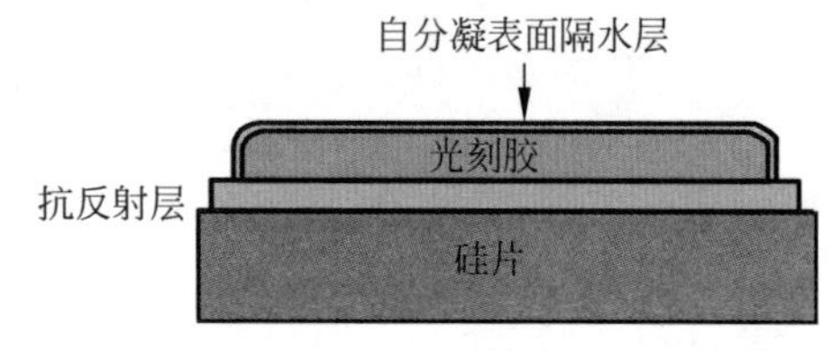

图 4.23　抗反射层和光刻胶的洗边深度示意图

一般来说，表面隔水层需要有两个特性：一是高疏水性，这是因为在硅片台运动曝光的过程中，镜头和工件台中间的水不能残留在扫描过的光刻胶上，会造成缺陷，这就要求光刻胶表面的隔水层有高疏水性。但是后续显影过程中，对于正显影(Positive Tone Development)工艺来说，显影液一般是碱性的四甲基氢氧化铵(Tetra-Methyl Ammonia Hydroxide，TMAH)水溶液，而表面隔水层是疏水的，不利于 TMAH 显影液渗透到隔水层下方并溶解曝光后极性(亲水)的光刻胶。因此表面隔水层的第二个特性就是在曝光后要在显影液中有高溶解速率，显影时先将表面隔水层溶解掉，再溶解极性的光刻胶部分。

(3) 曝光前烘焙。也叫涂胶后烘焙(Post Apply Bake，PAB)或者软烘(Soft Bake，SB)。此步骤有以下目的。

① 烘焙后自分凝隔水层会与光刻胶分离并浮在表面。

② 烘焙过程中，可以烘干光刻胶中占比最多的溶剂，提高光刻胶的黏附性和后续进一步扫描曝光中的机械强度与稳定性，并加强刻蚀过程中的线宽均匀性控制。

一般来说，典型的 193nm 水浸没式光刻胶 PAB 的温度为 90～110℃，时间为 60s。硅片每次经过热板[66]之后，都要再经过一次冷板降温，为后续的工艺做准备。

(4) 对准、调焦调平和曝光。如 4.1.5 节所述，硅片进入光刻机后，需要将硅片上的对准记号(前层)与即将被曝光的掩模版上的记号做水平方向的对准和垂直方向的对焦，然后再进行曝光。

(5) 曝光后烘焙(Post Exposure Bake，PEB)。这就涉及化学放大型光刻胶的反应原理(见 4.5 节)：曝光后产生的光酸需要在 PEB 后发生足够的扩散[68]、以催化脱保护反应，从而使得曝光后光刻胶的极性发生变化，这样非曝光区和曝光区由于存在不同的极性可以区分开是否溶于显影液。通过 PEB 过程可以大大节省曝光能量，但是 PEB 温度不宜太高、时间不宜太长，否则会造成光酸过度扩散，降低图形的对比度。

(6) 显影(Developer)和冲洗(Rinse)。通过上一步定义出极性不同的光刻胶区域之后,需要通过显影和冲洗[69]才能最终形成光刻胶图形。轨道机中有专门的显影和冲洗的机械臂,对于正显影来说,通过将 TMAH 显影液喷洒到硅片表面,将曝光之后的偏亲水的光刻胶溶解后,再通过去离子水管道将去离子水喷洒到硅片表面冲洗去掉残余的光刻胶,甩干,完成显影过程。

随着技术节点的缩小,光刻工艺对图形线宽均匀性的要求也越来越高,显影会影响整个硅片水平的 CDU,这会直接影响芯片的性能和成品率。所以随着技术节点的缩小,显影的喷嘴(Nozzle)和显影程序也在不断改进。如图 4.24 所示,显影喷嘴的发展过程如下。

① 最早的喷嘴是 H Nozzle:有多个喷嘴,流量比较大,能够在硅片的旋转下,将显影液覆盖整片硅片;但是硅片中央接受的显影液比较多,会造成硅片中央显影过度,整个硅片上的线宽均匀性较差,这种喷头一般不用在 1μm 以下的技术节点[70]。

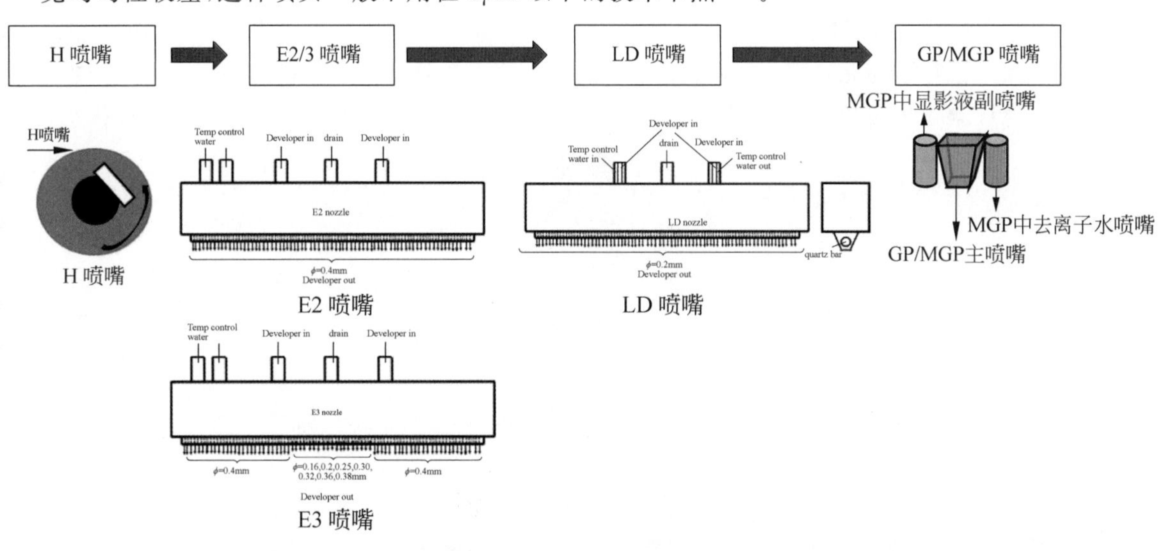

图 4.24 显影喷嘴的演变过程:H、E2/3、LD 及 GP/ MGP 喷嘴

② 随后出现了 E2/3 Nozzle:E2 Nozzle 增加了喷嘴的数量[71],并减小了喷嘴的直径,因此减少了显影液的喷洒量,提高了硅片上显影液喷洒的均匀性,但是由于硅片中间离心力低,仍然会有硅片中间过度显影的情况。

E3 Nozzle 在 E2 的基础上继续增加了喷嘴的数量,同时还将 E2 中相同尺寸的喷嘴改成尺寸从硅片中心到边缘逐渐增加的喷嘴,以减小硅片中央的显影液量,提高硅片上的显影均匀性。但是,向下垂直喷淋会形成对硅片表面较大的冲击力,造成光刻胶倒胶(Peeling),这两种喷头一般用在 0.13μm(不包含)以上的技术节点。

③ 0.13μm 及以下的技术节点需要新型的喷头解决倒胶问题。

LD Nozzle:其最大的特点是在喷嘴里加入了一根石英棒,用以减小显影液喷出的速度并释放压力,以减小对硅片表面待显影光刻胶的冲击。同时,LD Nozzle 喷洒显影液的过程中,从硅片边缘一边喷,一边做垂直于喷嘴长度方向的线性扫描,以使得整个硅片获得更加均匀的显影液量,提高硅片上的 CDU。但是这种喷头的缺点也很明显:喷头数量太多,万一有个别喷头被反溅上来的光刻胶堵塞,会造成沿扫描方向有一长条的光刻胶未被显影,或者显影不足,造成缺陷以及 CDU 变差。

④ 随着技术节点技术发展,光刻工艺对线宽均匀性要求越来越高。光刻胶表面接触角较

大，而且光刻沟槽线宽越来越小，显影液很难渗透到沟槽内，因此喷嘴改成 GP、MGP[72]。以MGP 喷嘴为例，在显影之前用去离子水（正显影）与少量显影液对表面进行浸润，如前文所述，少量显影液可以先将疏水的表面隔水层溶解。对于先进技术节点，还需要配合硅片多次重复喷洒循环（Loop，一般 4～24 Loop）、高速旋转以及先进的冲洗工艺实现小沟槽线宽均匀、无缺陷的显影。

对于 MGP Nozzle，不同节点也会有不同的显影和冲洗方式。如图 4.25 所示，以正显影为例，将传统的显影、冲洗流程和先进技术节点采用的显影、冲洗流程做个简单的对比。首先是相同的流程。

① 在喷洒显影液之前，都需要先用 MGP 去离子水的喷头（MGP sub DIW）喷洒去离子水来浸润硅片表面，硅片处于旋转状态。

② 在去离子水浸润后，MGP 还有一个显影液副喷头（MGP sub DEV），通过喷洒少量显影液（或者稀释过的显影液）来进一步浸润硅片表面。由于提前用去离子水浸润过，因此显影液可以更快、更均匀地覆盖整个硅片表面。同时，显影液也会将疏水的表面隔水层溶解，使得后续 TMAH 显影液可以渗透到曝光之后的光刻胶中。同样，这一过程中硅片处于旋转状态。

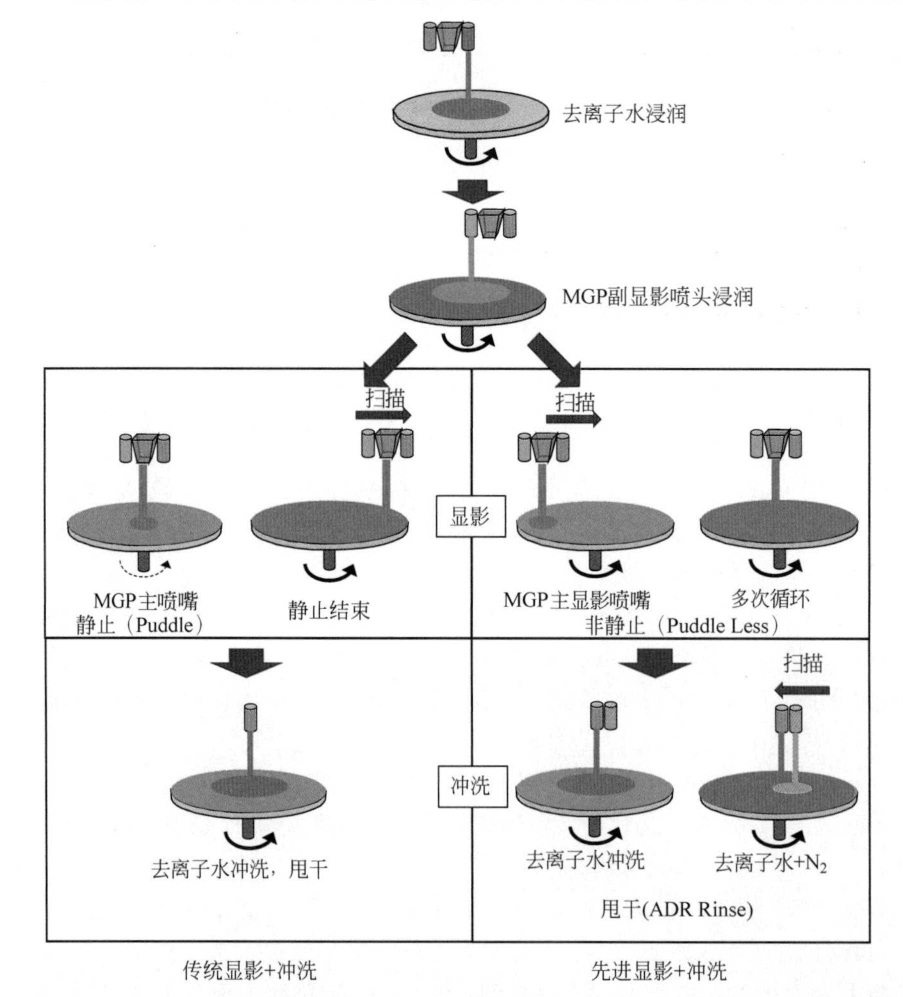

图 4.25 MGP 喷嘴，传统的显影、冲洗流程和先进技术节点中的显影、冲洗流程示意图

后续的过程可以分为传统和先进节点中的显影与冲洗流程。

① 对于传统的流程来说，MGP 主显影液喷头(MGP Main)喷洒大量的显影液，图中旋转的虚线代表需要将转速降到极低，达到一种静止的(Puddle)状态。在 Puddle 过程中，TMAH 显影液和曝光之后的光刻胶充分发生反应。随后 MGP 喷头移到硅片边缘，且不再喷洒显影液，停止 Puddle 状态。

随后是冲洗过程，通过使用去离子水将较大沟槽中脱保护之后的、可能残留的光刻胶冲掉并甩干，冲洗过程中硅片同样是高速旋转的。

② 对于先进技术节点(如 28nm 节点)的显影流程，MGP 的主显影液喷头从硅片边缘往硅片中心扫描的同时喷淋显影液。扫描至硅片中心后继续喷洒显影液，且这一过程需要重复 4～24 个循环(Loop)，即多个硅片高速旋转的周期，使得显影更充分，均匀性更高。

与传统显影程序不同之处在于，显影时硅片一直处于高速转动的非静止(Puddle Less)状态。这一方面是为了在旋转过程中将显影液均匀地涂覆到整个硅片表面，使得显影更均匀，得到更好的硅片上线宽均匀性。另一方面，由于曝光的光刻胶尺寸太小导致显影液很难进入沟槽内部，因此可以通过硅片旋转的巨大冲击力使得显影液冲进很小的沟槽尺寸中，同时也将里边显影残留的光刻胶带出来并甩出硅片。

显影完成后，冲洗过程也不只有去离子水冲洗，还有一个惰性气体(如氮气)的喷嘴，这种冲洗装置称为先进缺陷去除(含氮气喷头)的冲洗设备(Advanced Defect Reduction Rinse, ADR Rinse)[72-76]。如图 4.25 所示，使用去离子水冲洗，通过硅片转动的离心力将与显影液反应之后的光刻胶残留物带离硅片。由于硅片中心离心力偏低，那么在去离子水冲洗时单纯靠硅片旋转的离心力无法将小沟槽中的光刻胶残留物甩出去，或者光刻胶残留物在离心力带动下只能到达硅片上某处而无法被甩出硅片，因此增加了一个惰性气体喷嘴。在硅片中心喷洒一定时间的去离子水之后，机械臂带动 ADR 冲洗设备从硅片中心扫描到硅片边缘，同时氮气喷嘴打开，利用氮气将硅片中心动力不足的带有光刻胶残留物的去离子水吹出去，解决了硅片中心离心力偏低造成显影残留的问题。其中，氮气辅助硅片中心一定的范围即可，外围有较大的离心力就无须氮气的辅助。

上述显影、冲洗过程中涉及轨道机子程序中各项参数的设定。因此，在光刻工艺研发初期，需要针对线宽均匀性、显影后是否有缺陷等指标来调整显影、冲洗的子程序，包括浸润用去离子水、副显影液、主显影液、冲洗用去离子水喷洒的时间、位置，硅片的转速，显影过程中硅片的旋转方向(是否反转)，主显影液喷洒的循环周期以及氮气辅助的范围等。

当然，显影和冲洗过程中硅片的高速旋转会造成处于阵列边缘的光刻胶倒胶，因此 193nm 水浸没式光刻胶的高宽比不能太大，一般为 2～2.5，这比 248nm 的 4∶1 甚至 5∶1 的高宽比要小得多。193nm 水浸没式光刻胶厚度做薄的优势在于，可以提高光刻工艺的焦深。但是与含有苯环的 248nm 光刻胶(树脂一般为聚苯乙烯)相比，193nm 光刻胶(树脂一般为聚甲基丙烯酸甲酯)本身就不耐刻蚀，所以做薄之后的缺点也非常明显：作为刻蚀阻挡层可能太薄，尤其当 FinFET 结构需要更厚的抗反射层来填平前层图形时。因此，此时就需要两层抗反射层，一层较厚的 SOC 用来填平衬底，一层较薄的、抗刻蚀能较强的含 Si 的抗反射层用来作为刻蚀 SOC 的阻挡层，而 193nm 光刻胶只需要在刻蚀过程中将较薄的含 Si 的抗反射打开就可以了。同时，随着线条宽度越来越小(见第 5 章)，光刻阶段的线条宽度也不易做得太小，否则也容易倒胶，可以先将光刻胶线条做大，再通过后续的刻蚀工艺缩小(Etch Trim)线条尺寸。

(7) 显影后烘焙：又称为坚膜烘焙。光刻胶经过显影之后会吸收一些水分，如果后续刻蚀是湿法刻蚀(利用化学溶液)工艺，那么吸收了水分的光刻胶抗刻蚀能力会减弱很多，需要通过烘焙将多余的水分烘干，使光刻胶更好地抵御湿法刻蚀。先进技术节点的刻蚀工艺大多数采用干法，这一步坚膜烘焙就被省略了。主要是因为，干法刻蚀工艺在真空腔中进行，光刻胶内残留的显影和冲洗后的水分会被真空系统抽干，而且光刻胶不会因为含有一些水分而降低（干法）抗刻蚀能力。

（8）测量，包括线宽和套刻的测量。这一步是在芯片试流片过程中，在生产线上在线（Inline）监测图形（光刻胶线条或者沟槽）的线宽和套刻是否满足要求。测量线宽时，一般选择放置在切割道上的测试图形，包含密集（例如锚点）、半密集以及孤立图形。为了既能监测线宽，又不耽误太多时间，会选取合适的曝光场个数（如 9～13 个）来监测同一个产品、同一光刻层次中光刻线宽的变化，具体可见 7.3.4 节。有时也会测量处于芯片内的图形，检查某些图形是否为薄弱点。

套刻是指测量上下两层套刻记号（一层记号为当层光刻胶层，一层记号为前层金属或者无机物层）之间的中心偏移量。套刻的定义、补偿方式及其发展趋势可见 6.5.2 节。同样为了既能监测套刻，又不至于耽误太多时间，一般在每个曝光场选择 5 组套刻记号进行在线测量，分别排布在曝光场长边两侧和曝光场中心处，尽量可监测整个曝光场各个芯片附近的套刻性能，具体可见 7.3.4 节。

当套刻和线宽均在规格范围内，就可以将硅片放到下一站点，继续完成后续的刻蚀、离子注入等工艺流程。在产品经过每个光刻层次时，都会通过先进过程控制（Advanced Process Control，APC）系统进行曝光能量和套刻补值的反馈，以使得后续批次都能获得最佳的光刻性能。若超过规格，则需要剥胶返工。反馈的比例以及返工的处理方式可以参考 7.4 节。

4.4 线宽和套刻的测量设备与原理

如前文所述，光刻 8 步工艺流程中的最后一步是测量，主要是指测量线宽与套刻。只有符合一定规格线宽与套刻的硅片，才会被释放到后续的刻蚀等工艺流程中。本节主要介绍先进节点中，测量线宽与套刻的设备和基本的工作原理。

4.4.1 线宽测量的原理

当线宽为几个微米时，还可以使用光学显微镜来测量线宽。对于一个可以做到较大数值孔径（例如 NA=0.7）的光学显微镜来说，使用可见光 400nm 波长成像时，其极限分辨周期约为 300nm，计算公式参考式（2.5）。对于先进的集成电路工艺，最小周期只有几十 nm，显然无法继续采用光学显微镜来分辨图形的线宽。这就需要引入分辨率更高的电子显微镜，接下来讨论扫描电子显微镜的基本结构和工作原理。

1. 扫描电子显微镜的基本结构和原理

1）扫描电子显微镜的基本结构

现在测量线宽使用的都是扫描电子显微镜，工厂里通常称为关键尺寸（测量）-扫描电子显微镜（Critical Dimension Scanning Electron Microscope，CD-SEM）。电子的德布罗意波长与加速电压的平方根成反比，当采用 600V 的加速电压，电子显微镜数值孔径为 0.05 时，电子显微镜分辨率可以小于 1nm。即使存在一些色球差，最小分辨周期也能达到 2～3nm，这远高于光学显微镜的分辨率。

如图 4.26 所示，这是一种测量线宽的扫描电子显微镜结构示意图。电子从电子枪发出，经历的路径依次为电子枪、准直线圈、聚焦透镜(Condenser)、像散校准透镜(Astigmator)、偏转电极(Deflector)、成像物镜(Imaging Objective)、光阑(Aperture Stop)和硅片。另外,硅片放置于可移动硅片平台上,硅片上方还有二次电子收集器(Secondary Electron Collector)[77]及光学显微镜(图中未画出)等部件,整个环境为高真空环境。接下来介绍各主要部件。

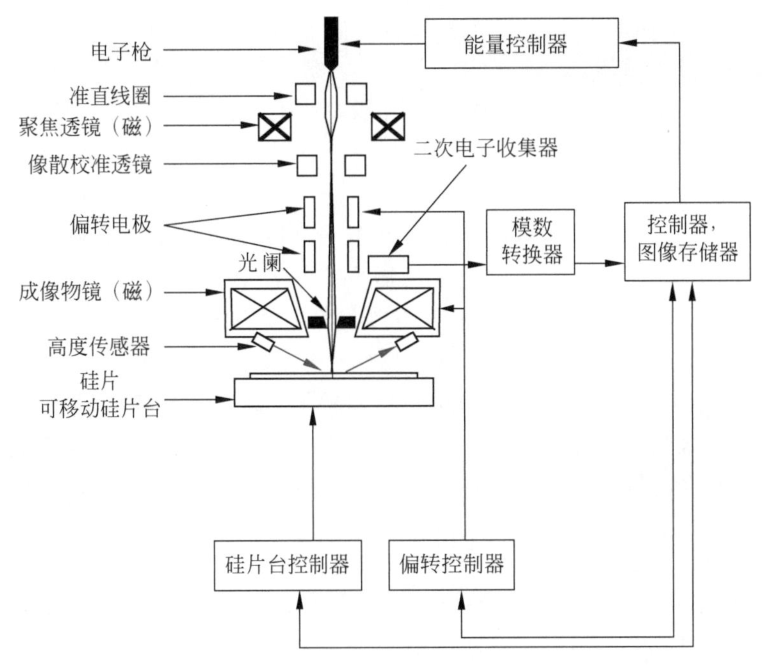

图 4.26 一种测量线宽的扫描电子显微镜结构示意图举例

(1) 电子枪:一般 CDSEM 中使用的是热场发射的电子枪,其中还包含电子加速器。如图 4.26 所示控制器和能量控制器可以控制电子的加速电压,加速电压可以决定电子显微镜的分辨率。一般 CDSEM 中使用的加速电压在 300~800V 范围内,太小的加速电压会导致像差太大,电子束无法聚焦于一点,影响成像质量;而太大的加速电压会造成光刻胶坍缩(Shrink)[78]现象更明显,同样影响测量结果。同样地,电子束的电流也很重要,电流越大,图像越清楚,但是过大的电流同样会造成光刻胶坍缩。这就需要工程师根据光刻层次的需要选择合适的加速电压和电流。除了光刻胶坍缩现象,CDSEM 在测量过程中,碳氢化合物会附着在光刻胶表面造成污染(Contamination);电子累积(Charging)在光刻胶表面会造成成像模糊。因此,CDSEM 测量线宽是有损检测。在刻蚀工艺完成后需要避免测量光刻工艺阶段测量过的图形区域,否则会导致测量的图形线宽与实际线宽差异巨大(光刻胶在 CDSEM 中被电子束轰击后尺寸缩小)。

(2) 聚焦透镜,成像物镜:采用的都是磁透镜。与光子类似,电子束聚焦时也需要所有电子同时到达焦点位置,若不是这样,则说明透镜存在像差,导致成像质量变差。电透镜的像差较大,且需要较高的电压。而磁透镜的像差很小,对于从一点发出的不同角度的电子,若在沿着传播方向的均匀磁场中、在沿着传播方向(Z 方向)有相同的速度,最终都会聚焦在一点。因此,除电子光源中采用电透镜对电子加速之外,聚焦透镜和成像物镜中均采用磁透镜。

(3) 光阑:用来限制电子束的数值孔径,以尽量限制轴外的球差和色差,还可以通过调整光阑来调节与数值孔径成正比的分辨率和与数值孔径成反比的焦深。

(4) 偏转电极:可以通过调整电压实现电子束在硅片表面快速地在 X 和 Y 方向上偏转,用以扫描成像,由控制器和偏转控制器共同主导。

(5) 可移动硅片台：可以较为精确地移动，空间位置精确度在0.5μm左右，由控制器和硅片台控制器共同控制。

(6) 二次电子收集器：CDSEM测量样品形貌的原理主要是分析样品表面发出的二次电子，通过使用二次电子收集器收集二次电子并转换成模拟信号，然后，使用512×512、1024×1024等像素的模数转换器将模拟信号转换为数字信号，发送到控制器，解算出图像，由图像存储器保存，供工程师分析数据。

(7) 光学显微镜(图中未标出)：在对准阶段，先用光学显微镜在低放大倍率下做初步对准。

2) 扫描电子显微镜的放大成像原理

众所周知，扫描电子显微镜通过收集二次电子来分析样品表面的形貌。现代先进集成电路工艺中的线宽已经缩小到几十个nm，这就需要将样品表面的图形放大100K、150K甚至200K、300K才能肉眼清晰可见。目前，主流扫描电子显微镜来自日本日立(Hitachi)公司[79]，其放大倍率只与初始电子的扫描范围(S)有关，如图4.27所示。在显示器中有一固定尺寸H(如13.5cm)，当初始电子扫描范围S越小，小范围的图像需要充满显示器中的这一固定范围，因此有更大的放大倍率；当初始电子扫描范围S越大，大范围的图像充满显示器中的这一固定范围，放大倍率会比较小。放大倍率M的计算公式如下。

$$M=\frac{H}{S} \tag{4.2}$$

若放大倍率为150K，则电子扫描范围为900nm×900nm。前面提到，模数转换器中的像素是有限的，以1024×1024像素为例，放大倍率150K对应的每个像素大小约为0.88nm。像素代表了电子束扫描线的密度，像素越高，扫描线密度越大。由于电子束束斑有一定的大小，对于较小放大倍率，扫描的区域较大，此时越高的像素会改善分辨率。

另外，从图4.27中还可以看出，电子束最好沿着垂直于待测图形的方向进行扫描，以获得更强的二次电子信号，增加测量的精度和准确性。由于扫描方向一般是固定的，必要的时候需要旋转待测图形方向。

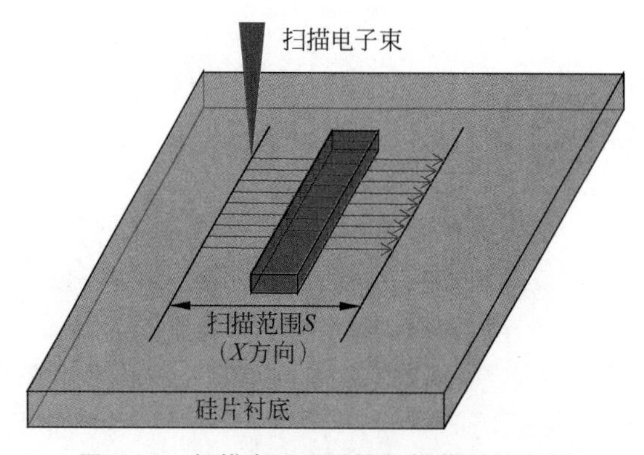

图4.27 扫描电子显微镜扫描范围示意图

3) 测量线宽的两种方法

扫描电子显微镜通过分析二次电子信号来得到表面形貌特征，而通过分析光刻胶边缘的二次电子信号来定义线宽两个边的方法有两种，一种是直接分析，阈值(Threshold)测量方法；另一种是间接分析，线性近似(Linear)测量方法。选定方法之后，可以在自动测量参数(Auto Measurement Parameter，AMP)设置里实现两种方法中多个参数的设置。

2. 建立线宽测量程序的基本方法

1) CDSEM 程序的基本内容

在大规模集成电路工艺中，需要有系统的、测量线宽的 CDSEM 程序(CDSEM Recipe)，以便自动、快速地完成线宽的测量，并将数据导入监测系统。CDSEM 程序编辑界面举例如图 4.28 所示，程序主要包含以下几项内容。

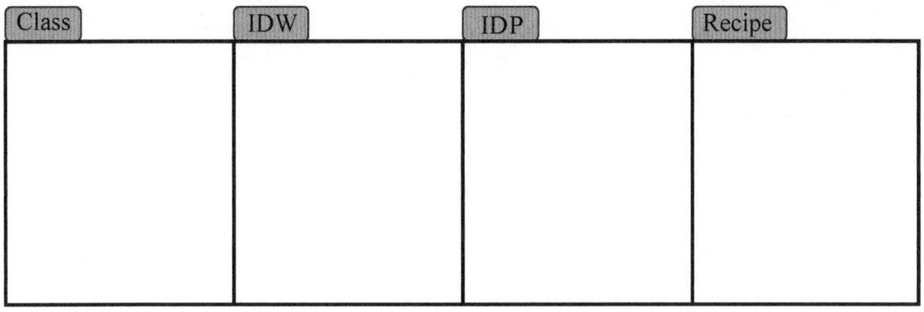

Class	IDW	IDP	Recipe

图 4.28　CDSEM 程序编辑界面示意图举例

(1) Class：一般包含产品的代码，有时也会包含一些实验代码等信息。

(2) IDW(IDentification of Wafer)[80-81]：一般以产品代码命名，包含硅片和曝光场等相关信息，如硅片的尺寸，曝光场的尺寸、个数、排列方式，硅片曝光网格与硅片中心之间的距离(Offset)等。

(3) IDP(IDentification of Position)：一般名称中会包含光刻层次(数字)信息，对于 OPC 建模或者测量薄弱点的程序，名称中还会包含图形类型等信息。各个工厂对正常的监测(Inline)程序都有一套命名规则，而对于特殊的程序，则由工程师根据需求自行定义。IDP 中包含对准(光学、电子)的曝光场坐标，各个待测点的坐标、图形类型、自动对焦图形坐标、各自的放大倍率、寻址点坐标、自动对焦坐标、放大倍率，以及各图形是否存储、存储何种类型(是否压缩，是否包含信号信息)图形以及待测点排列顺序等信息。

(4) Recipe：名称中一般会包含产品代码和光刻层次，特殊程序需要工程师根据需要自行命名。Recipe 是将 Class 中对应的产品信息、IDW 信息以及 IDP 信息关联在一起，最终测量调用的是这个程序(Recipe 名称)。此外，还需要选择合适的条件(Condition)，不同条件中包含不同的加速电压和电流。最终程序里还会包含是否存储对准(Alignment)图形、寻址(Addressing)图形，以及是否再存储一张待测图形及其类型，测量方式(手动、自动)，测量过程中是否再做对准(点数非常多情况下选择)，测量完成后是否需要确认等多种信息。

注意，在 IDP 中设置每个测量点时，都可以选择是否存储某一个图形。而 Recipe 里也可以设置是否存储图形，但是此处是针对所有测量图形的设置。当这两处都选择存储时，一般有一张图片是压缩的、包含二次电子信号以及测量信息的，方便检查测量是否正确；另外一张非压缩的、不包含任何信号的、干净的图片可以用于后续与 OPC 轮廓叠对的工作中。

对于一个全新的产品，需要创建一个 Class 和与曝光相对应的设置，即 IDW。IDP 可以复制类似产品中相似层次的 IDP，并更改名字。同样，由于设置参数较多，Recipe 也建议复制类似产品中相似层次的 Recipe。对于一个新的层次，一般来说无须创建新的 Class 和 IDW，只需要复制类似层次中(若无则复制类似产品中)的 IDP 和 Recipe。IDP 打开之后，需要将其他产品的测量点删除，留下一个测量点供后续使用，否则容易造成混淆。复制的 Recipe 需要更改成需要的名称，同时链接相应的 Class、IDW 以及 IDP，并更改相应的条件和参数。

2) 建立 CDSEM 程序的一般流程

前面讲述了 CDSEM 程序中包含的基本内容，接下来介绍建立程序的一般流程，主要包含

IDP 和 Recipe 的建立，流程如图 4.29 所示[82]。

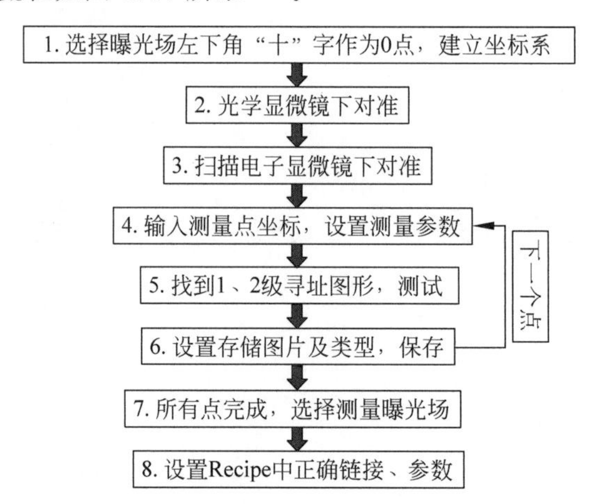

图 4.29 建立 CDSEM 程序(IDP 与 Recipe)的一般流程举例

(1) 进入 IDP 程序，在硅片进行测量或者建立测量点之前，都需要先进行对准，也就是将硅片坐标系和 CDSEM 中移动硅片台上的坐标系进行重合。最好使用三个曝光场的测量参数将硅片对准，可以得到沿 X、Y 方向的平移量，X 方向的放大率以及绕 Z 轴的转动量。而坐标系的原点(0,0)一般是曝光场左下方的“十”字图样中心[83]，特殊情况下也可以选取附近的特征图形，这种情况下的测量点坐标也会发生相应的变化。其中，对准分为两步：光学与电子显微镜下对准。

(2) 先在低倍率下用光学显微镜对准。

(3) 再在高倍率(5～10K)下用电子显微镜对准，以逐步提高对准精度。

(4) 对于一个测量点(又称为评估点，Evaluation Point，EP)[84]，打开界面输入硅片坐标，找到对应图形，放大到测量需要的倍数并注册(Register)。为了提高测量准确度，需要在测量之前做自动对焦(Auto Focus)，注意自动对焦的放大倍率必须与测量时一致[84-85]，且要在远离测量点(2μm)的有图形区域，在对焦的同时防止造成电子束二次扫描[86]。实际自动对焦的位置可以根据测量点的放大倍率进行调整，若放大倍率偏小，则需要较远的距离，并注意设置测量点的 AMP 参数、扫描方式、帧数、测量方法等信息。还有很重要的一点，注册测量图形时，评估的分数不能太低，太低容易定位到其他图形，或者导致测量失败。

(5) 测量点的放大倍率一般比较大(>100K)，由于直接定位的精度有限，因此需要在测量点附近寻找一个特殊图形作为寻址图形(Addressing Pattern，AP)，此图形的放大倍率要低一些[86]。对于一些没有任何特点的测量点(如通孔)，为了更准确地测量，可以使用两级寻址图形：AP1 和 AP2。其中，第一级 AP1 的放大倍率低一些，第二级 AP2 的放大倍率稍高一些，当然还是要低于测量点的放大倍率，以实现逐级提高定位精度的目的。

寻址图形有时候最好也加上自动对焦，可以在寻址图形处对焦或者远离测量点的有图形区域，但是最好在寻址图形附近。自动对焦的放大倍率也没有特别要求，可以与寻址图形倍率一致，或者略大一些。因为寻址图形的放大倍率低，所以距测量点的位置也要稍微远一点，如 3～6μm，更远可能会造成寻址不准确。另外，还需要注意寻址图形注册时的模式，寻址图形的扫描方式、帧数、测量方法等信息。同样地，注册寻址图形时的评估分数也不能太低。

IDP 程序中还有一项是测量图形以及寻址图形的可接受分数(Acceptance)，这一数值可以在注册评估分数基础上降低一些。尤其是当测量 Focus Energy Matrix(FEM)硅片上的图形时,防止设置的分数太高造成测量失败;但是分数设置太低也有可能导致误认其他图形,具体分数的数值都是根据工厂中的实际经验得来的。

当完成待测量图形的注册、参数设置,以及寻址图形的注册和各项参数设置之后,通过测试(Test)确认以上参数设置是否合适。测试通过后,继续后续流程。若测试不通过,需要重复上述测量点、寻址图形的注册、参数设置以及测试等步骤,直至测量点通过测试。

(6) IDP 内设置图形是否存储,存储图片的类型,保存所有设置后完成这一测量点程序的设置。

(7) 复制这个点的信息,重新进入新一轮输入坐标,注册测量点、寻址图形的循环,直至完成所有测量点。可以选择一个曝光场中的测量点,完成对准后进行测试,测试成功,程序建立完毕。将测量点添加到所有需要测量的曝光场,按照需要对测量点排序,一般测量完所有曝光场的同一点,再进行下一个点的测量,防止先测量同一个曝光场的所有点造成电荷累积,影响测量数据的准确性。

(8) 最后一步,在 Recipe 中链接到相应的 Class、IDW、IDP,设置测量条件,存储数据等必要的参数,完成整个 Recipe 的建立。

如前所述,电子是沿着视窗的 X 方向扫描的,而图形延伸方向与电子束扫描方向垂直时会有更强的二次电子信号。因此在建立测量程序时,若图形的延伸方向与电子束扫描方向平行,需要对图形进行旋转后测量。

图 4.30 显示的是在实际测量时,一个 CDSEM 程序自动测量的一般顺序示意图[87]。具体如下。

(1) 根据 IDP 程序中设置的曝光场完成光学(OM)和电子显微镜(SEM)对准。

(2) 根据每个测量点程序中的测量点坐标以及寻址图形与测量点坐标的距离(Offset),先定位到倍率较小的寻址图形(AP1,AP2)处,自动对焦后完成图像采集和识别。

(3) 再根据这个 Offset 从寻址图形处定位到放大倍率较大的测量点(EP)处,自动对焦后完成测量图像的采集和识别,实现逐级定位,提高定位准确性。

以上是自动测量程序的简要流程,若对某些图形的识别发生错误,可能需要手动完成测量。为了提高测量速度和准确性,最好将程序调整到可以自动测量。

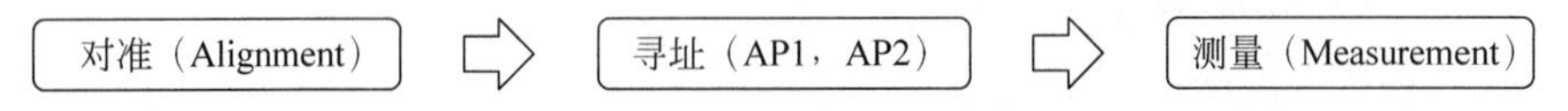

图 4.30 CDSEM 测量程序的一般顺序示意图

3) 线宽测量时 AMP 的设置

在注册测量图形时,需要设置合适的 AMP 参数,才能保证得到更准确的测量信息。里边包含非常多的测量信息[85],例如:

(1) 测量的类型(Kind Type),常用的有宽度(Width)、线宽粗糙度(Width Roughness)、线边粗糙度(Edge Roughness)、直径(Diameter)等。

(2) 确定测量类型后(例如宽度)需要定义一个测量目标(Object Type),包含线条(Line)、沟槽(Space)等。

(3) 还需要定义相应的采样方式(Output Data)(平均值、最大值还是最小值,三倍标准方差、最大值与最小值之差等),采样框(Box)数目,测量的目标数(Target)、最低采样数目(Limit),每个采样框内的采样点数(Measurement Points)、平均点数(Sum Lines)以及图形方向(Direction)等参数。

(4) 最后还需要设置采样框宽度范围、采样框高度、测量方法(阈值方法、线性近似方法等),对二次电子信号进行平滑等参数。

那么,不同的图形如何设定 AMP 的基本参数呢?

(1) 对于一维的线条、沟槽,通常会选择的测量类型有宽度、线宽粗糙度以及线边粗糙度。对于长度较短的线条或者沟槽,也会选择“宽度”的测量方式,同时压缩 Box 的高度测量范围,即在更窄的范围内取样。

(2) 对于一维图形或者有一定长度的图形的线宽测量,一般取除去最大值和最小值后的平均值(Mean′)。对于线端-线端图形,可以测量最小值;对于短线的长轴,可以测量最大值。如图 4.31(a)所示,对于线条图形,实际是从外往内测量线宽;如图 4.31(b)所示,对于沟槽图形,实际是从内往外测量线宽。

(3) 对于通孔图形,一般需要选择多个直径的平均值作为通孔的线宽,特殊情况下可以选择沿着某个方向(一般为 X 方向)的直径作为通孔线宽(压缩测量框高度)。同样地,对于凹陷(类似沟槽)通孔,是从内往外测量;对于凸起的岛状图形,是从外往内测量。

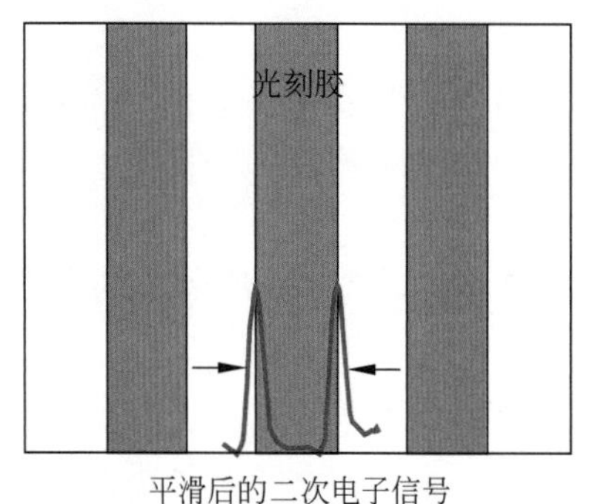

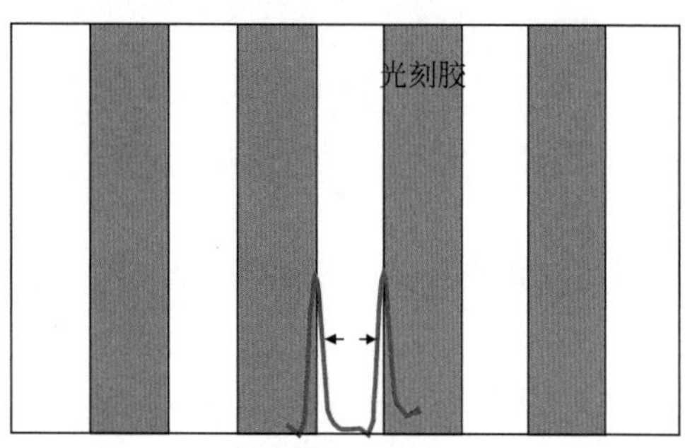

图 4.31 一维不同图形的测量方式示意图:(a) 光刻胶线条,从外往内;(b) 线条之间的沟槽,从内往外

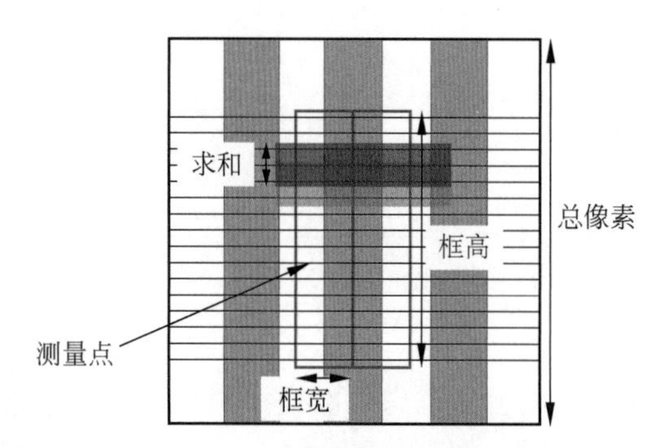

图 4.32 一维图形线宽测量时参数设置示意图举例

当然,需要根据长期生产经验来确定到底选择何种 AMP 的参数设置(采样方式)。本节以一维图形为例,简要介绍测量线宽时 AMP 中一些重要参数的设置方式,如图 4.32 所示。

(1) 假设总像素为 1024×1024,框高选择 600px,框宽需要根据实际的线宽尺寸定义,原则是从测量图形中心往外可以延伸到待测量图形边缘之外,但是又不能碰到隔壁图形的边缘。需要注意,当测量目标为 1 个时,一般待测图形需放置于视窗中心,因此两个框组成的图形也放置于视窗中心。若一张图中需要测量多个点,则需要以一个坐标为基准点,这一坐标处于视窗中心,在这一测量点(EP)中添加其余图形的 AMP 参数,并输入与基准点坐标之间的位置差(Offset)。

(2) 一般来说,为了获得更准确的线宽,一般都会选择多点测量(MultiPoint)取平均值。这就需要注意 AMP 设置中的两个重要参数:测量点数(Measurement Points)和求和点数(Sum Lines),假设两者分别为 128 和 32,意味着 SEM 图像生成之后,在 600px 范围内等分得到 128 个测量点,每个测量点处的线宽是以此测量点为中心取上下各 16 个点线宽的平均值,最后再将这128个线宽取平均值得到最终线宽。

可以看到，线宽测量时，通过增加求和点数，使得相邻测量点之间的线宽计算有交叠部分，可以降低噪声，提高线宽测量的准确性。

4) 线宽粗糙度测量时 AMP 的设置

(1) 线宽粗糙度的定义。线宽粗糙度(Line Width Roughness，LWR)是芯片制造过程中的一个重要参数，它会直接影响线宽均匀性，从而影响前段器件性能(增加阈值电压变化(Variation)、漏电流等，低频部分会增加器件之间的性能差异)和后段的电容电阻。如图4.33所示，当两个线边与理想的线边存在偏差时，说明存在线边粗糙度。若两个线边之间没有关系，则存在线宽粗糙度，线宽粗糙度一般计算的是3倍标准偏差，如下。

$$\mathrm{LWR}(3\sigma)=3\sqrt{\frac{1}{(n-1)}\sum_{i=1}^{n}[W(y_i)-W(\text{平均值})]^2} \tag{4.3}$$

其中，n为采样点数，$W(y_i)$为沿着Y方向每个采样点处的线宽(宽度)，W(平均值)为所有采样线宽的平均值。由于标准偏差计算过程中采用了所有线宽的样本平均值，需要在分母的总样本基础上减少一个自由度，分母从“n”变成“$n-1$”。线边粗糙度也有类似的计算方法，样本是实际线边偏离理想线边的距离。当两个线边之间没有关系时，两个线边粗糙度的平方传递可以得到线宽粗糙度。

(2) CDSEM程序中线宽粗糙度的AMP参数设置。

在测量线宽粗糙度时，测量类型需要选择线宽粗糙度(Width Roughness)，其中，测量点数(Measurement Points)和求和点数(Sum Lines)的选择与测量线宽时的也有所不同。如图4.34所示，为了尽量还原实际粗糙度水平，求和点数不能太多，防止两个测量点之间在测量时有交叠，平均化了线宽之间的差异，即将高频信息平坦化，无法得出比较真实的线宽粗糙度。但是求和点数也不能设置成1，防止单像素的信号信噪比太差。

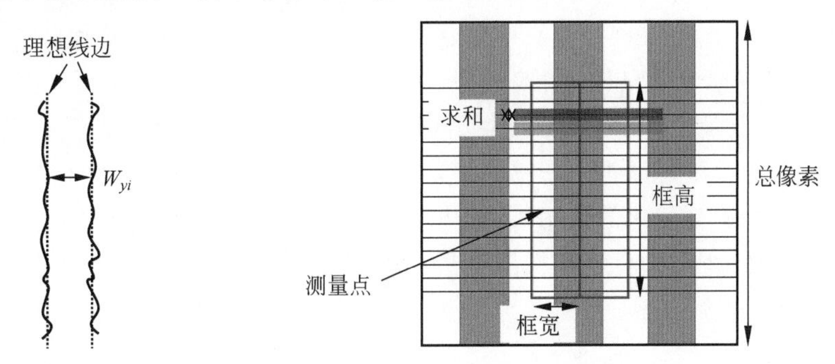

图4.33 存在线边和线宽粗糙度的示意图

图4.34 一维图形线宽粗糙度测量时参数设置示意图举例

(3) 采样频率与被采频率之间的关系对信号还原的影响。

对于测量点数(Measurement Points)的选择，涉及被采样的信号频率与尼奎斯特频率的关系。尼奎斯特频率(Nyquist Frequency)是采样频率的一半。根据尼奎斯特采样定理，只要尼奎斯特频率大于或者等于被采样信号的最高频率，就可以真实地还原被测信号。也就是说，采样信号大于或者等于被采样信号最高频率的两倍，可以唯一确定被采样信号的频率，如图4.35(a)所示。反之，采样信号小于被采样信号最高频率的两倍，则会因为频谱混叠而不能真实还原被测信号，如图4.35(b)和图4.35(c)所示。

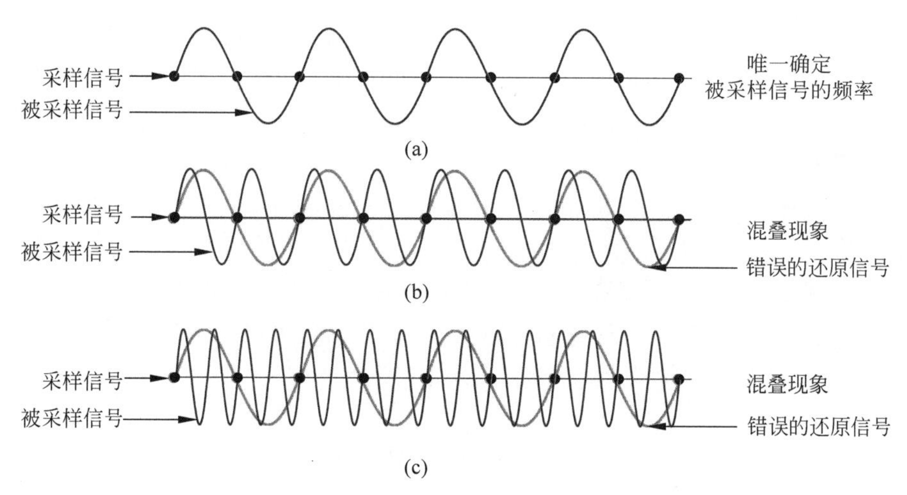

图 4.35 不同的采样信号情况下被采样信号的确认情况示意图：(a) 采样信号最大频率是被采样信号频率的两倍；(b) 采样信号最大频率等于被采样信号的频率；(c) 采样信号最大频率是被采样信号频率的一半

(4) 实际测量 LWR 时采样间隔的确定。从图 4.35 可以看出，采样频率至少需要等于或者大于被采样信号的最高频率的两倍，在此基础上越高越好。当使用 150K 的放大倍率进行测量时，假设使用的像素为 1024×1024，单像素的大小约为 0.88nm。放大倍率越高，单像素尺寸也会越小。那么，在实际的线宽粗糙度测量过程中，是否需要将采样点设置成像素的大小？这就涉及另外一个概念和参数：功率谱密度(Power Spectral Density，PSD)函数[88]和等效光酸扩散长度。

PSD 是将从光刻胶形貌图像中得到的线边缘数据进行傅里叶变换后取模的平方计算得到的。对于只有一个周期的信号，PSD 曲线中只会存在一个峰值，代表信号的一个频率。而光刻胶边缘的信号包含大量的高频、中频和低频信息，计算出各个频率的 PSD 之后，绘制成如图 4.36 所示的对数坐标的 PSD 曲线，展示出不同频率信号的粗糙程度。这里涉及一个关联长度，在这个关联长度之后，PSD 曲线中高频信号明显减弱。在化学放大型光刻胶中，这种关联长度被认为是与等效光酸扩散长度相关，具体可见 9.1 节。先进光刻工艺中，这一扩散长度会在几纳米范围内起到匀化的作用，因此 PSD 高频信号会被减弱，但并不会改善与光刻工艺直接相关、在长程范围内的低频粗糙度信号。扩散长度与线宽粗糙度以及空间像对比度的关系在 9.2 节有详细解释。

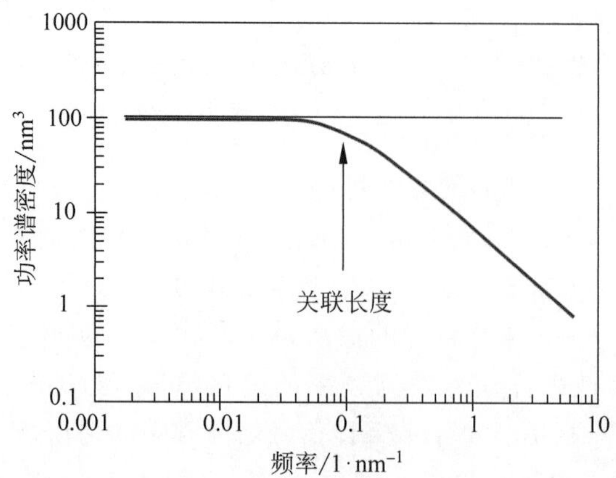

图 4.36 用对数坐标展示的某种 PSD 函数曲线示意图

可见，在与扩散长度相当的范围内，高频信号被大大平均掉，因此采样频率也并非一定要接近极小的像素尺寸，可以尽量比扩散长度低一些。国际半导体制造协会（International Sematech）推荐测量线宽和线边粗糙度的参数设置：对于20nm以上的节点（扩散长度>10nm），测量长度不小于2000nm且采样间隔为4nm；对于20nm以下的节点（扩散长度=5nm（PTD），=7nm（NTD）），测量长度不小于2000nm且采样间隔为2nm[65]。

另外，线宽粗糙度的高频除了可以被光酸扩散部分消除，还可以在干法刻蚀过程中被各向同性的等离子体去掉，而低频只能通过优化光刻工艺来尽量降低。也就是说，即使在光刻工艺过程中由于采样点较少未能测到高频粗糙度，高频粗糙度也会被后续的干法刻蚀去除。因此，即使光刻工艺中获得不是特别准确的粗糙度结果，也并不会造成严重后果。

3. Design Gauge 建立线宽测量程序的基本方法

上述建立CDSEM程序需要在SEM机台端、根据实际硅片上的图形对每个点进行编辑。对于正常的监测试流片线宽的程序（Inline Recipe），每个曝光场只有几个测量点，且只选取几个到十几个曝光场进行线宽的测量，既能达到监测线宽的目的，又能节省测量时间。此时，可以采用直接在CDSEM机台端建立并测试程序的方法。

而对于光刻查找薄弱点来说，需要测量的图形可能会有几十个；对于光学邻近效应修正建模（见6.8节），需要建立的测量点数有几千个。如果使用机台建立程序，会占用机台大量的生产时间。同时，硅片到达站点的时间不定，晚班值班人员没有时间建立如此多测量点的程序，而等到工程师工作时间建立程序会大大影响收集数据的效率。因此，日立公司提供了一套可以只用GDS文件、离线建立程序的软件Design Gauge（DG）[89-90]。只要提前提供用于掩模版制作的GDS文件和相关坐标等信息，在DG软件端可以自动生成程序。详细流程如图4.37所示。

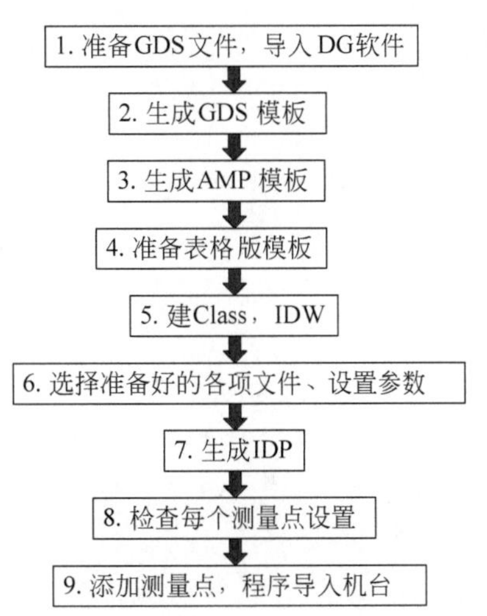

图4.37　Design Gauge 建立CDSEM程序的基本流程示意图举例

（1）由OPC部门提供GDS文件，文件需要放置在DG软件可以读取的文件夹中，导入DG软件中，导入后可以在DG软件中查到。

（2）生成GDS模板（IDD）。GDS还无法直接用于CDSEM程序的生成。需要使用DG软件打开以往任意一个程序，编辑新的IDD模板，设置如下参数：建立程序的层次，Tone的类型，填充图形和颜色。最重要的一点，由于GDS排列在曝光场的不同位置，GDS坐标和实际曝光场内（硅片上）坐标之间有一个差值（Offset），这需要OPC部门在提供GDS文件时同时提供，在生成GDS模板时输入到相应的位置，保存为对应产品、层次以及图形类型的GDS模板。退出界面、退出这个程序，不要做任何改动。若多个GDS之间的坐标差值不同，则需要生成多个IDD模板，以及后续的多个IDP程序。

（3）生成AMP模板。设置合适的AMP参数是测量图形时非常重要的一项内容，在DG程序生成之前也需要提前生成AMP模板，具体设置如下：同样需要使用DG软件打开以往任意一个程序，打开任意一个测量点的AMP设置界面，改为自己需要的参数（参考前述AMP各项参数）之后，保存为AMP模板。退出界面，退出这个程序，不要做任何改动。

（4）准备表格版模板（HSS）[91]。HSS表格中包含待测图形的详细坐标、待测图形名称、放大倍率,待测图形自动调焦位置、放大倍率;寻址图形坐标、放大倍率,寻址图形自动调焦位置、放大倍率以及在寻址图形附近查找功能(防止没有正确定位到寻址图形)。其中,坐标均为nm单位,不能有小数点,对于某个测量点,其他各个坐标均以测量点坐标为(0,0)点。对于不同图形类型,需要选择合适的AMP模板(与第(3)步生成的名字一致)。AMP中还会包含框的高度,此表格优先级最高,若表格中不设置,可以在程序生成界面设置最大值,若待测图形高度较低,程序会根据实际图形大小自行调整。

HSS表格中还包含各类图形的扫描方式、帧数、待测图形的像素以及自动对焦的方式等信息。GDS图形与实际硅片上图形匹配的方式:一维密集线条、沟槽图形需要打开Line/Space探测功能;对于一些特殊图形,例如,线端-线端或者短线的长轴,为了增加匹配的成功率,还需要开启先进Line/Space判断模式,并配合特殊权重模式;对于FEM硅片需要降低图形可接受分数,否则会默认一个较高数值。表格中还包含每个测量点是否存储图形,以及存储图形的类型(是否压缩、是否有信号标记)。表格中还包含测量使用的条件编号,对应某一电压和电流。同时,表格中还包含CDSEM Recipe中包含的各种信息:是否存储对准(Alignment)图形、寻址(Addressing)图形,以及是否再存储一张测量图形及其类型,测量方式(手动、自动),测量过程中是否再做对准(点数非常多情况下选择),测量完成后是否需要确认等。HSS表格准备完成,放入DG软件可以直接读取的相应的文件夹中。

(5) 建Class和IDW:DG软件的程序界面与实际CDSEM程序界面类似,也包含Class、IDW和IDP。对于已有的产品,需要与实际CDSEM机台端的信息一致。对于一个新的产品,需要重新建立Class和对应的IDW。

(6) 程序生成界面中选择准备好的各项文件、设置参数。一切准备就绪,各项模板可以在DG软件中的模板中查到。在程序生成页面选择各项所需的文件或者模板:Class、IDW,HSS表格、IDD模板,定义即将生成的IDP的名称。

另外,若在HSS模板中不输入待测图形的自动对焦位置、寻址图形位置及其自动对焦位置的坐标,在程序生成界面可以勾选自动生成,每个图形影响的范围在DG程序中表现为不同颜色的方框,尽量设置各个方框之间禁止交叠,防止待测图形在自动对焦或者寻址过程中被电子束提前轰击,造成线宽测量值不准确。但是自动生成的寻址位置可能不具有明显特征,不利于图形测量,在阵列式图形测量过程中可以预先计算好寻址等图形的位置;对于芯片中的无规则图形,可以在后续检查(Review)时查看寻址等图形位置是否合适。

前文提到,表格中若不设置框高,可以在程序生成界面设置最大值,若待测图形高度较低,程序会根据实际图形大小在界面设置的基础上自行调整。若对某些特殊图形的测量范围有特殊要求,则可以在表格中设置固定的框高。同时,也需要选择程序生成界面中的框(Box),这样针对不同的线宽,程序生成时会调整框的宽度,即随线宽调整查找边界的区域(Search Area)范围。

(7) 生成IDP,进度条100%完成基本就没有问题。

(8) 最重要的一步:检查(Review)每个测量点的设置。

由于在IDD模板中已经设置了GDS与硅片曝光场的坐标差值,因此IDP程序中的坐标已经是硅片上曝光场的坐标,抽查几个点确认一下坐标是否正确。前文提到,对于测量点,及其相应的寻址、自动对焦等图形,针对不同的放大倍率,都存在一个电子束影响范围的方框:高放大倍率,方框范围小;低放大倍率,方框范围大。所以每个点都需要检查各个方框是否与测量点框拉开了足够的距离,方框处是否有适合的图形等信息。

(9) 检查完毕，需要将测量点加入至少一个曝光场，将 DG 程序传输到机台端。从机台端 DG 文件夹复制到对应产品文件夹中。

完成上述 DG 程序建立、检查以及传输之后，再在实际硅片上完成光学和扫描电子显微镜下的对准(也可用模板)，将测量点添加到需要测量的曝光场之后即可开始测量。实际占用机台的时间最多只有做对准的几分钟，这大大提高了 CDSEM 机台生产利用率，也大大降低了人工利用硅片建立 CDSEM 程序时可能出现的人为失误。DG 软件也成为先进集成电路芯片代工厂中一个常用的软件之一。

4.4.2　套刻测量的原理

由 6.5.2 节可知，即使经过硅片与掩模版的对准，由于硅片台漂移、镜头畸变、前层工艺(刻蚀、高温退火以及化学机械平坦化等)等因素，仍会导致两层套刻记号之间有套刻偏差(错位)。而光刻工艺 8 步流程中最后一步测量中的套刻测量，就是为了确认曝光之后两层套刻记号之间的错位是否符合规格要求，各技术节点的套刻规格可参考表 6.10。

如图 4.38 所示，大规模集成电路中常用的套刻记号有三种：盒子套盒子(Box in Box)[92-93]、线条套线条(Bar in Bar)[94]和 AIM(Advanced Imaging Metrology)[92-93,95]套刻记号。可以看出，每种记号中包含两种颜色，分别表示套刻记号处于不同的层次。对于处于前层的套刻记号(金属或者无机物等)，由于其上覆盖了多层薄膜以及光刻材料，通过成像方式探测到的记号颜色相对较浅；对于当层套刻记号(光刻胶线条或者沟槽)，由于处于最上层，记号信号较强，颜色相对较深。

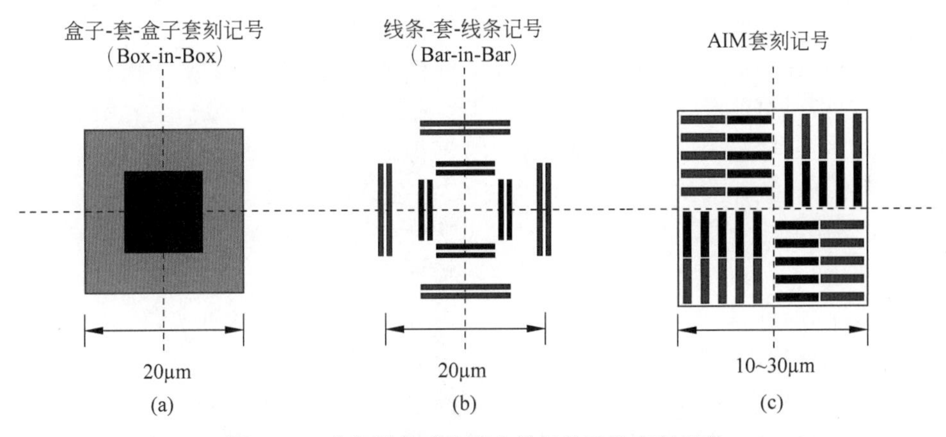

图 4.38　大规模集成电路中常用的三种套刻记号

先进技术节点中常用的套刻记号为 AMI 记号，通过多组线条取平均，降低掩模版制作时的误差对套刻精度的影响。同时，多组套刻记号线条还可以提高对随机噪声的抑制能力。另外，还需要优化套刻记号中线条的周期和宽度，以提高其对其他工艺(刻蚀、化学机械平坦化(Chemically Mechanical Planarization, CMP)等)的耐受力。套刻的具体补偿方式及其发展趋势等详细内容可见 6.5.2 节。

测量套刻的方法包括利用光学显微镜的直接成像(Image Based Overlay, IBO)[96]方法及基于±1 级衍射(Diffraction Based Overlay, DBO)[97]光强不对称性的非成像方法。接下来，分别简单介绍两种套刻测量方法的基本原理。

1. IBO 测量套刻方法简介

采用传统的基于成像的套刻测量(Image Based Overlay, IBO)是在明场下直接对两层套

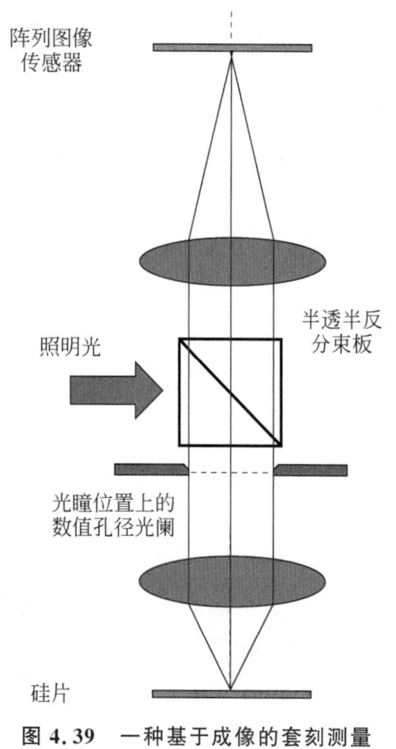

图 4.39 一种基于成像的套刻测量光路示意图[98]

刻记号进行成像，通过测量两层套刻记号中心的偏移来确定套刻偏差。如图 4.39 所示，通过显微镜直接将硅片上两层套刻记号成像到阵列图像传感器上，通过拍照来确定套刻偏差。图中简化了显微镜镜头，实际镜头更加复杂，需要尽量消除各种像差（如球差、彗差、像散、场曲以及畸变等），以获得较高的分辨率和较大的像场。当然，显微镜的像场只有几十微米，如 50μm，比光刻机 26mm×5.5mm（193nm 水浸没式）的像场小得多，因此显微镜镜头的尺寸也小得多。

注意，套刻光学显微镜的分辨率（以波长 550nm，NA 为 0.8 为例）一般只有几百 nm（周期）。那么，为什么可以通过这种显微镜得到的套刻记号获得几个 nm 的套刻精度的测量结果呢？这是因为无论显微镜本身的分辨率如何，只要成像后的套刻记号有足够的信噪比，就可以定义出套刻记号的中心位置，精度可达 nm 级别；知道了两层记号的中心位置，就可以得出精度为几 nm 的套刻偏差。当然，显微镜的分辨率越高，其测量的套刻精度也会越高。另外，在实际测量套刻过程中，需要通过选择不同波长的照明光，以获得最佳的成像信噪比，最终获得精度更高的套刻结果。

IBO 方法会存在一些缺点：离焦会影响图形的对比度（信噪比），进而影响套刻测量精度。解决这一问题就需要对前层、当层两层套刻记号都进行精确对焦，这就需要花费更多的时间。同时，由于是明场探测，当两层之间的介质层越来越厚或者越来越不透明（针对 IBO 的测量波长）时，强背景光会导致探测信号的信噪比会较差，也会影响套刻精度。

套刻测量程序的建立相对比较简单：完成光学对准、套刻记号坐标的输入以及图形注册。通常来说，对于 Inline 的硅片批次，只需要在一个曝光场中选择 5 个套刻记号，选择合适曝光场个数（如十几个）即可，详见 7.3.4 节。若需要获取曝光场内的高阶补值，则需要测量曝光场内的 20 多组套刻记号，建立程序时需要根据这些套刻记号的坐标一一完成图形的注册。实际测量套刻信号的顺序如下：先完成对准；然后根据套刻坐标直接定位到记号附近，根据注册的图形识别套刻记号并完成显微镜成像、拍照、获取套刻偏差的过程。可以看出，由于套刻记号的大小一般为 5～20μm，且特点明显，无须多级寻址，对准后可直接定位到套刻记号位置（一般小范围调整）。一般来说，除了在硅片边缘，也基本不会存在测量失败的情况。实际套刻测量过程中，由于存在设备引入的误差（Tool Induced Shift，TIS）（如系统非远心、光轴与硅片表面不垂直以及由于视场放大率或者畸变相对光轴不对称等），需要在 0°和 180°分别完成套刻测量，以获得精确的测量结果[92,95]。套刻程序的建立较为简单，且光学检测为无损检测，本节不再赘述。

2. DBO 测量套刻方法简介

基于衍射的套刻测量（Diffraction Based Overlay，DBO）并不是对上下两层套刻记号直接成像，而是在暗场下收集±1 级衍射光，通过计算两级光强之间的差异来判断是否存在套刻偏差。如图 4.40(a)所示，以垂直入射为例，若两层记号之间没有套刻偏差，±1 级衍射光光强相同，最后套刻为 0；如图 4.40(b)所示，若两层记号之间存在套刻，±1 级衍射光之间光强不同，通过两者之间的差值解算出套刻偏差。DBO 还可以采用斜入射照明，收集垂直衍射级信息。

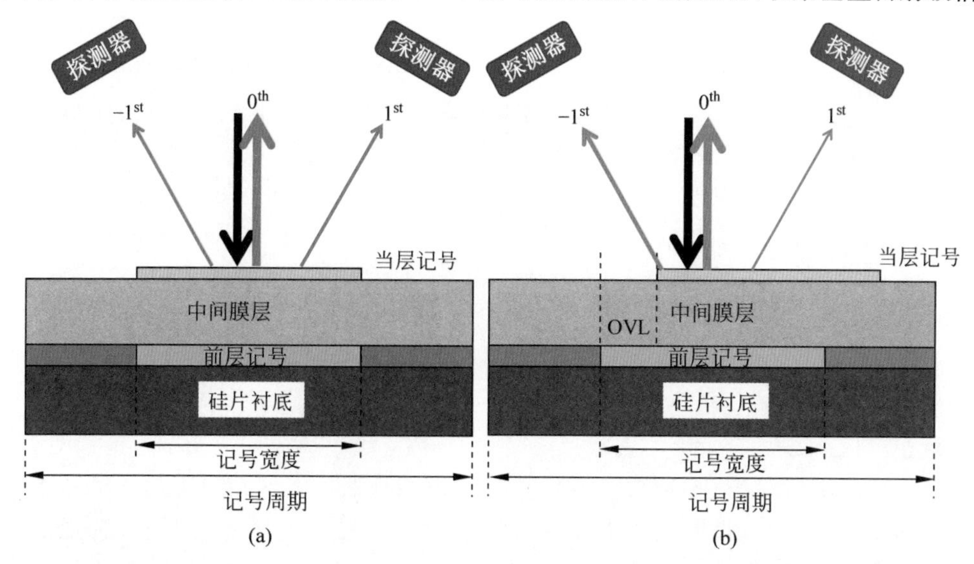

图 4.40 基于衍射的套刻测量方法：(a) 套刻为 0 示意图；(b) 套刻不为 0 示意图

DBO 方法存在一些优势：暗场环境下没有很强的 0 级光，可以提高套刻记号的信噪比。由于 DBO 收集的是±1 级衍射光，无须成像，其对离焦以及衬底的杂散光并不敏感，且测量重复性好。

但是，当化学机械平坦化工艺对前层的套刻记号造成斜坡(Slope)形状损伤时，DBO 的方法会引入额外的、错误的套刻误差。图 4.41(a)这种典型的旋转信号即为由 CMP 造成的错误的套刻信号。从图 4.41(b)中可知，即使没有套刻偏差，前层记号为斜坡时，±1 级衍射光强也会出现不对称的情况，导致了如图 4.41(a)所示的错误的套刻偏差[99-101]。若按照 DBO 测量的错误的套刻结果进行补偿，那么会导致套刻偏差补偿越来越大，这也是 DBO 的局限性。因此，DBO 一般应用在已经固化的工艺流程中，预设前层 CMP 工艺造成的 DBO 中错误的套刻补值，并在套刻测量后将这一部分补值扣除后再补偿。

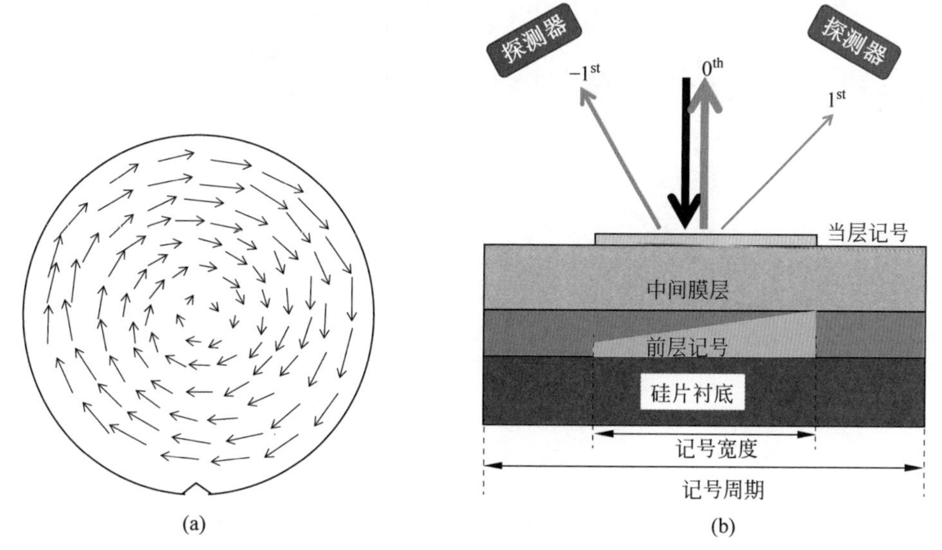

图 4.41 (a) CMP 造成的错误旋转套刻信号；(b) 套刻为 0 时，CMP 导致±1 级衍射光不对称

4.5 先进光刻工艺中不同显影类型的光刻胶

除了光刻机、轨道机以及测量等设备，光刻工艺 8 步流程中还会涉及一些材料，例如光刻胶、掩模版等。6.4 节会介绍光刻胶类型以及相应的抗反射层的选择；9.1 节会介绍光刻胶的发展历史以及化学放大型光刻胶的优点。本节着重介绍先进光刻工艺中常用的化学放大型光刻胶[102]在曝光后发生的光化学反应，以及利用不同的显影方式产生图形的过程。

一般来说，化学放大型光刻胶有两种显影方式：正显影（Positive Tone Development，PTD）和负显影（Negative Tone Development，NTD）[68,103-105]。光刻胶一般包含成膜树脂，作为感光剂的光致产酸剂（Photo Acid Generator，PAG），将各种成分均匀地融合在一起的溶剂，以及其他的添加剂，如淬灭剂（Quencher）、光可分解碱（Photo Decomposable Base，PDB）、表面活性剂等。

1. 对于 PTD 来说

如图 4.42(a)所示，当光照射到掩模版上之后，从掩模版透光区域发出的 0 级光和衍射光（至少 1 级光）被投影物镜收集并成像到硅片表面的光刻胶上。具体的光化学反应如下。

① 投影物镜将光投射到光刻胶上之后，在光的作用下，PAG 中会产生光酸（H^+）。

② 在曝光后烘焙的过程中，光酸会催化成膜树脂的脱保护（Deprotection）反应，保护基团被极性基团代替。因此，曝过光的光刻胶从疏水性变成偏亲水性，在这一反应过程中光酸又被释放出来。也就是说，光酸作为催化剂，在 PEB 过程中催化光刻胶的脱保护反应，使其极性发生变化。光酸不会消失，因此光刻胶中需要有猝灭剂，终止光酸的扩散，防止无限扩散导致图形消失。

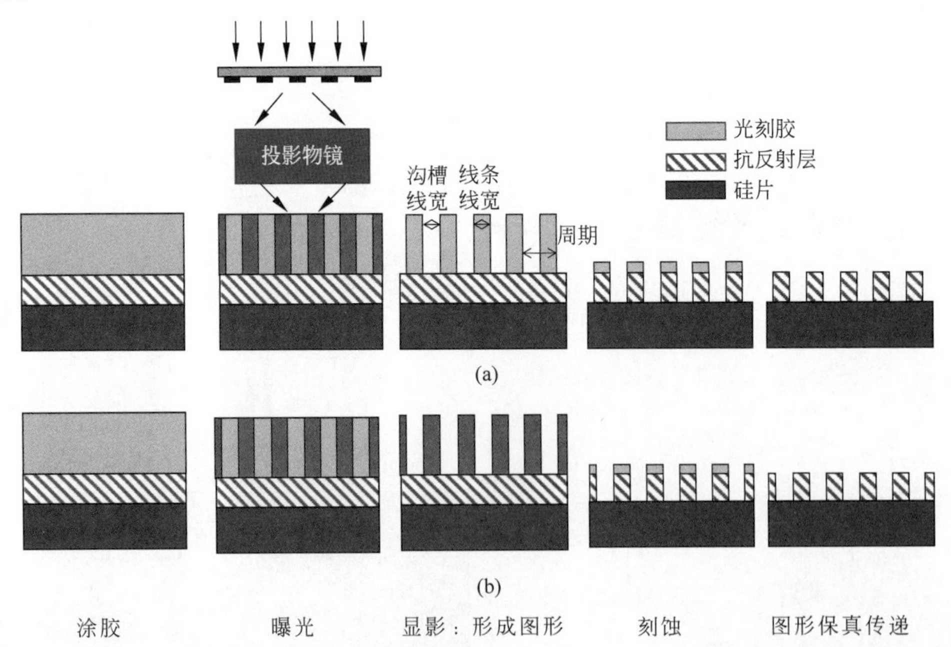

图 4.42 (a) 正显影，被光照射的区域溶于显影液；(b) 负显影，被光照射的区域留在硅片表面

一个光酸可以催化多个脱保护反应，因此称为化学放大型光刻胶，化学放大倍数可达 10～30 倍，大大减小曝光能量，提高光刻机的产能。曝过光的、偏亲水性的光刻胶在水性显影

液 TMAH 中的溶解率大大增加，比未曝光处光刻胶的溶解率高 4～5 个数量级。因此，PTD 工艺之后，曝过光的光刻胶溶于显影液，未曝光的光刻胶留在硅片上形成图形。对于前段来说，更关注的是线条的线宽，对于中后段金属和通孔层次来说，更关注的是沟槽（通孔）的线宽，图 4.42(a)中还标注了周期的定义，即包含一个线条线宽和一个沟槽线宽。随后经过干法刻蚀工艺，完成图形的保真传递。

注意，抗反射层的材料与光刻胶类似，并且由于采用了化学放大型光刻胶，超过 50%的光会透射到抗反射层中。因此，一般需要在抗反射层涂覆完之后进行烘焙使之交联，防止继续涂覆光刻胶在较软表面上难以形成高质量薄膜。当然也有可以直接通过显影去掉的抗反射层（对于能够被显影的抗反射层（Developable Bottom Anti-Reflection Coating，DBARC）），但是难以研发出既要交联，又具备光刻胶的性能，而且还能匹配诸多不同光刻胶光学邻近效应的抗反射层。

2. 对于 NTD 来说

如图 4.42(b)所示，具体的光化学反应如下。

(1) 投影物镜将光投射到光刻胶上之后，在光的作用下，PAG 中会产生光酸（H^+）。

(2) 在曝光后烘焙的过程中，光酸同样会催化成膜树脂的脱保护反应，保护基团被极性基团代替，因此曝过光的光刻胶从疏水性变成偏亲水性，在这一反应过程中光酸又被释放出来。可见光酸催化脱保护以及化学放大的原理与 PTD 的均相同，光刻胶脱保护之后极性变强（疏水变成偏亲水）。不同之处在于显影液不是极性的标准 TMAH 显影液，而是极性不强的溶剂显影液，例如乙酸正丁酯（n-Butyl Acetate，nBA）。对于 PTD 来说，显影后利用去离子水进行冲洗（DI Water Rinse）；对于 NTD 来说，显影后冲洗所用的仍旧是极性不强的溶剂，例如 nBA。

对于 NTD 来说，曝光后的光刻胶在显影液中的溶解率大大降低，比未曝光处光刻胶的溶解率低了 3～4 个数量级。NTD 工艺中曝光前后的溶解率变化量级比 PTD 的要低[106]，这是因为光刻胶是疏水的，几乎不溶于 TMAH 显影液，而曝光之后的光刻胶是偏亲水的，但是还可以部分溶于极性不强的有机溶剂，这也是为什么 NTD 光刻胶显影后容易坍缩[107]、损失厚度的原因之一。另外，PTD 显影过程涉及化学的酸碱中和反应，效率更高，因此显影溶解率对比度更高；而 NTD 显影过程只靠溶剂的物理溶解，效率相对偏低。NTD 显影过程中，极性不强（疏水）的溶剂显影液可以溶解未曝光部分的疏水性光刻胶，将曝光部分的光刻胶留下，形成负显影图形。随后经过干法刻蚀工艺，完成图形的保真传递。

与 NTD 配套的抗反射层除了需要在涂覆之后烘焙交联以外，还需要在曝光之后有极性的转变，这是因为曝光后的光刻胶发生极性转变并留在硅片上，为了让偏亲水的光刻胶可以牢牢黏附在抗反射层上，曝光前疏水性强的抗反射层需要在曝光后转变成偏亲水的，才能防止由于极性不匹配造成的光刻胶倒胶。不同显影工艺中抗反射层极性是否反转可以参考 6.4.2 节。

4.6 掩模版类型与制作流程简介

4.6.1 掩模版类型简介

如前所述，光刻工艺是指所有通过光的技术方法，将预先设计的图样按照一定的比例复制到衬底上工艺方法的总称，掩模版就是预先设计好的图样的承载体。掩模版中不同种类的图形是通过电子束曝光、后续的刻蚀(一般是干法刻蚀)等工艺方法,在不透明或者部分透明的材料上形成的。因此,通过提前制作光掩模,可以把想要的图形绘制在光掩模上,然后通过光刻工艺同时把成千上万的细小线条或者由这些细小线条组成的图形转印到硅片衬底上。这种方式的效率更高,且掩模版可以反复使用。

如前文所述,曝光方式可以分为接触接近式曝光和投影式曝光。先进光刻工艺中使用的均为投影曝光方式,成像比例为 4∶1。由于硅片曝光场大小一般为 26mm×33mm,因此掩模版中图形区域范围一般为 104mm×132mm。如图 4.43 所示,这是一种应用在 ASML 光刻机上的掩模版照片示意图。整个掩模版的大小为 6 英寸,边长为 152.4mm,也是当前主流光掩模版的常用尺寸。其中,掩模版中央最大的白色区域(有图形区域)即为 104mm×132mm。每个掩模版上都对应一个特殊的编号,会包含产品、光刻层次、版本等信息,图中被隐去。但是可以看到掩模版左下角和右下角中"米"字形的预对准记号,而 ASML 使用的掩模版对准记号(格栅图形)一般很小,图中无法显示。可以大概看出这块掩模版包含 20 个相同的芯片,芯片之间是切割道,方便封装后进行切割。整个掩模版的基底是熔融石英玻璃基板,带有图形的一侧距离图形约 5mm 处会有保护膜(Pellicle),防止图形区域被污染,影响硅片上的成像质量。掩模版会被放置于掩模盒中,不使用时会单独存放于洁净室的特定地点,需要时再根据编号调用。

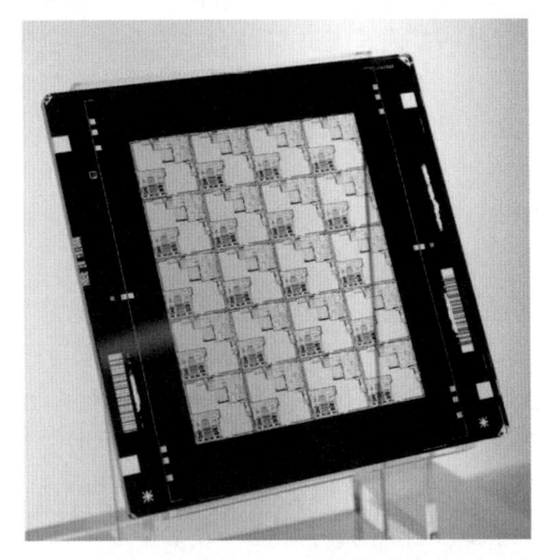

图 4.43 一种掩模版照片示意图

1. 193nm 水浸没式及其之前逻辑技术代中光刻常用的掩模版结构

本节主要介绍在 193nm 水浸没式及其之前逻辑技术代中常用掩模版类型和一般结构。常用的掩模版类型有二元(Binary)掩模版,透射衰减的相移掩模版(Attenuated Phase Shifting Mask,Att-PSM),通常称为 PSM,不透明的硅化钼-玻璃(Opaque MoSi On Glass,OMOG)掩模版。三种掩模版的基板都是 6.35mm 厚的熔融石英玻璃,如图 4.44 所示。

接下来,简单介绍三种掩模版各自的特点。

(1) 大规模集成电路早期的掩模版是二元掩模版(250nm 及之前的技术节点),图 4.44(a)展示了二元掩模版的结构、空间振幅和空间像光强。

① 通过电子束曝光和刻蚀工艺,在基板上不透明的铬层形成各种图形。

② 光通过透光的熔融石英时会发生衍射现象,其中,振幅和空间像光强中的虚线是不存在衍射时的振幅和光强。

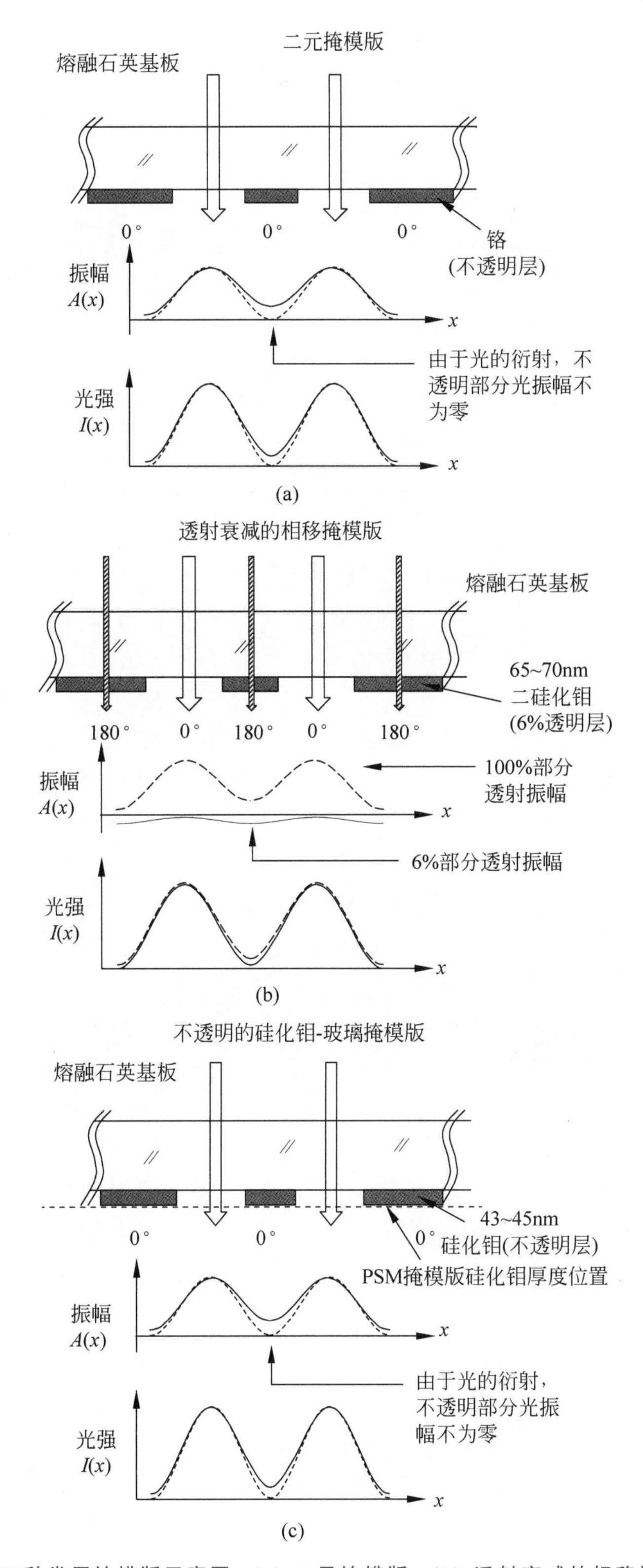

图 4.44 逻辑电路中三种常用掩模版示意图：(a) 二元掩模版；(b) 透射衰减的相移掩模版；(c) 不透明的硅化钼-玻璃掩模版

③ 可见，二元掩模版的空间像光强对比度会因为衍射而有所下降。

(2) 随着技术节点的不断发展，最小设计规则尺寸不断缩小，从 180nm 技术节点开始需要采用 PSM 掩模版，以获得更高的空间像对比度(曝光能量宽裕度)。PSM 掩模版具体结构、空间像振幅和光强如图 4.44(b)所示。

① 从结构来看，基本不透光区域使用的是厚度为 65～70nm 的二硅化钼。

② PSM 中透射衰减指的是原本不透光区域有 6%的光强(约 25%的振幅)透过率，同时此区域透过的光相对正常透光区的光有 180°的相位反转，用来抵消(相干相消)正常透光区衍射到 6%透光区域的光强，从而提高空间像对比度。

③ 其中，空间像光强中虚线表示仅采用铬-玻璃二元掩模版对应的光强，实线代表采用 PSM 掩模版之后，空间像对比度有所提高。

(3) 随着技术节点继续发展，设计规则图形周期进一步缩小，PSM 掩模版会有非常明显的掩模版三维效应，即光线不容易穿过尺寸较小的掩模版，导致光强损失和相位变化。掩模三维效应的主要表现有：图形焦距偏移，掩模误差因子增加，曝光能量宽裕度降低以及离焦后线宽(对比度等)变化不对称等。同时，由于明显的掩模三维效应，还需要较高的曝光能量，这会导致掩模版受热严重。因此，出现了一种不透明层更加薄的二元掩模版——OMOG 掩模版，如图 4.44(c)所示。OMOG 掩模版的特点如下。

① 不透明的硅化钼层减薄到 43～45nm[108]。掩模三维效应本质上是因为光在通过宽度很小(与光波长可以比拟的时候)的透光区域时会发生衍射，越厚的不透明层会导致衍射光会经过更多次数反射而更难通过透光区。因此 OMOG 掩模版可以大大降低掩模版三维效应的影响，提高光刻工艺窗口，由于光更容易穿过透光区域，因此也会降低曝光能量。

② 另外，在二元掩模版中使用的不透明层铬还能作为 PSM 和 OMOG 掩模版制作过程中的硬掩模。与二元掩模版类似，图 4.44(c)中振幅和空间像光强中的虚线是不存在衍射时的振幅和光强，可见，OMOG 掩模版虽然可以降低掩模三维效应，但是图形的对比度同样会因为衍射而有所下降。

根据光刻工艺标准化(5.2 节)的要求，不同技术节点的不同光刻层次需要选择合适的掩模版类型。除了工艺需求，还需要综合考虑掩模版本身的优缺点，最终确定掩模版类型。先进技术节点中，各关键光刻层次使用的掩模版有 PSM 和 OMOG，两者各自对光刻工艺的影响可见 9.5 节。

除了上述几种逻辑技术节点中常用的掩模版，还有交替相移掩模版(Alternating Phase Shifting Mask，Alt-PSM)，由于其应用的局限性，无法使用在图形类型复杂的逻辑电路的制作；还有无铬掩模版(Chromeless Phase Shifting Mask)，由于只能应用于明场，且存在多种缺点，所以没有被广泛应用。

2. 极紫外光刻的掩模版结构

对于 13.5nm 的极紫外光来说，所有材料都是不透明的。因此，极紫外光刻机中涉及的聚光镜、照明系统中镜头、投影物镜系统中镜头以及掩模版都是反射式的，通过多层硅-钼薄膜实现高反射率。高反膜也经历了从钌-钨到钨-碳、硅-钌的发展历程，最终使用的是硅-钼多层高反膜[45,109,110]。如图 4.45(a)所示，40 对硅-钼高反膜生长在低热膨胀系数的微晶玻璃上，表面被一层钌保护[111-112]。图 4.45(b)中是 40 对硅-钼多层高反膜[45]在正入射时的反射率示意图，由图中可知，在 13.5nm 处，正入射时的最高反射率约为 70%。反射率还会受到入射光角度的影响，入射光角度越大，反射率越低[45]，因此在实际曝光过程中，应避免太大的入射到反射镜的入射光角度。

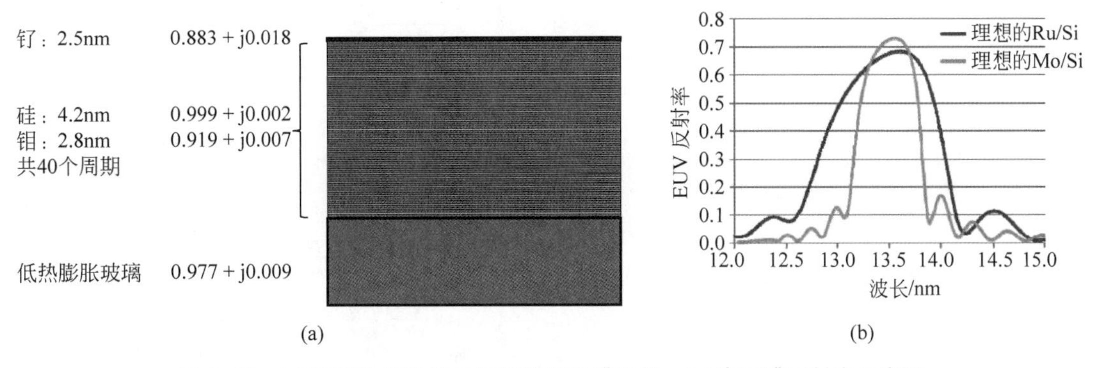

图 4.45 (a)极紫外光刻机中反射镜多层膜结构；(b)高反膜反射率示意图

本书涉及的极紫外光刻工艺仿真中使用的掩模版如图 4.46 所示，除了硅-钼多层膜以及钌保护层，在钌保护层之上是氮化钽[113-114]吸收层，这一吸收层形成掩模版的图案。在 193nm 水浸没光刻工艺中，如果增加不透明(或者透过光强为 6%)的硅化钼的厚度，会增加掩模版三维效应，导致空间像对比度下降，掩模版误差因子增加等。同样地，在极紫外光刻工艺中，如果增加吸收层氮化钽的厚度，也会增加掩模三维效应，导致极紫外光刻工艺窗口变小。目前，极紫外光刻中的掩模版还是二元掩模版，氮化钽吸收层将入射的极紫外光完全吸收。很多研究人员提出可以通过选择合适的相移材料(Shifter)替代极紫外二元掩模版中的吸收层，使得极紫外光通过这一物质可以实现相位反转[115]。如果 Shifter 材料具有低吸收、高折射率，那么相移的效果会更好。可选的材料包括单组分材料如 Mo、Ru，化合物材料如 Si_3N_4。通过仿真可知，相移掩模版可以进一步提高极紫外光刻工艺窗口，如增加对比度，降低掩模误差因子等。ASML 公司的 Jan van Schoot 也提到将衰减相移掩模版纳入未来 10 年的计划中。

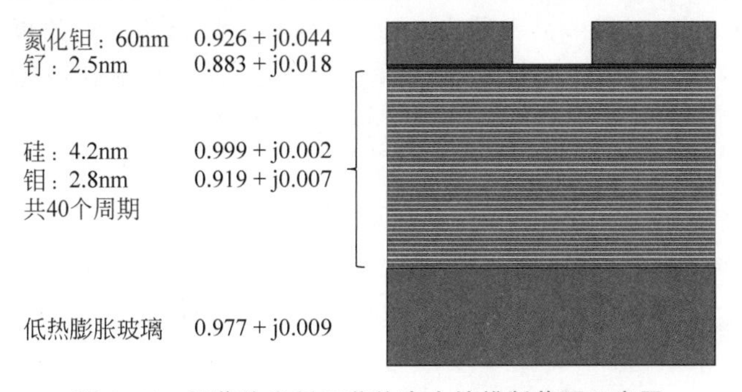

图 4.46 极紫外光刻工艺仿真中掩模版截面示意图

4.6.2 掩模版制作流程简介

那么掩模版是如何制作的呢？图 4.47 展示了掩模版制作的三个重要部分：版图设计，数据处理以及掩模版制作，囊括从标准单元库选择到版图生成，再到光学邻近效应修正、掩模版数据格式转换，最后再到电子束曝光、缺陷检测、保护膜安装等全套掩模版制作的简单工艺流程。

1. 第一部分是版图设计

版图设计就是将电路(SRAM 和逻辑电路等)转换成工艺可以实现的版图。设计单位需要根据各电路功能选择合适的、包含多种图形的标准单元库，如反相器、放大器、模数转换以及

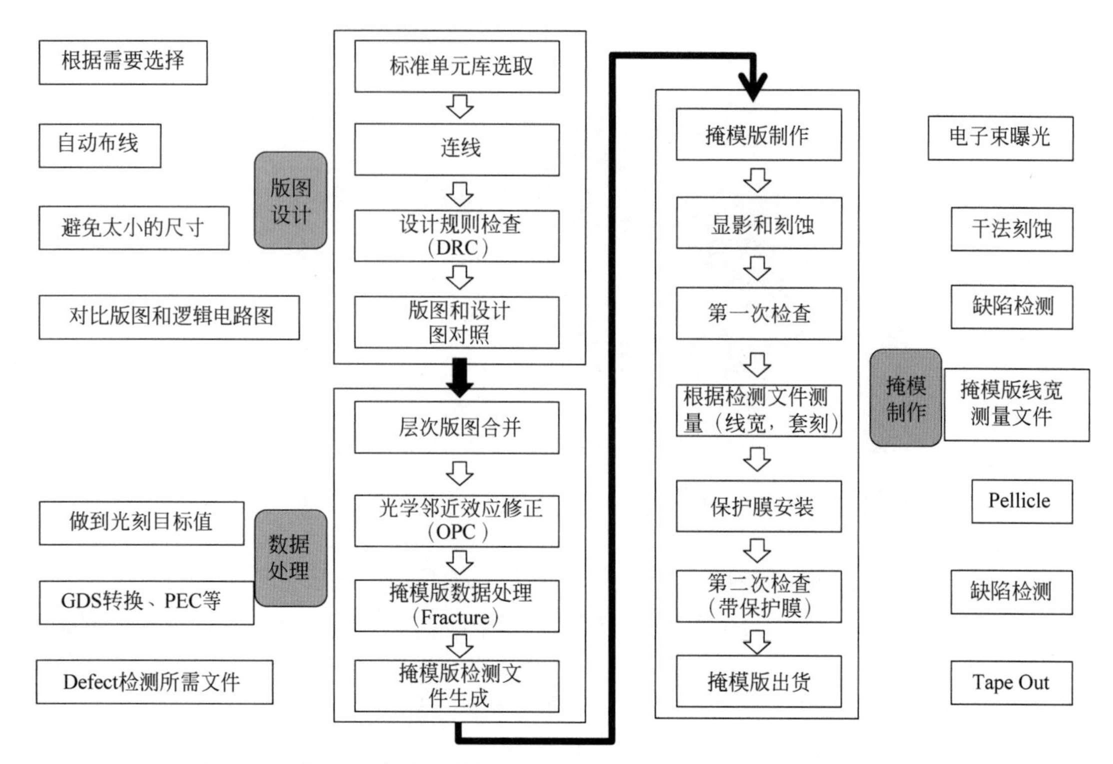

图 4.47 版图设计、版图数据处理以及掩模版制作简单流程示意图举例

运算器(中央处理器)等,然后完成层与层之间的自动布线。此时,版图中已经包含多层光刻工艺图形,且每层图形都会存在一维或者多种二维图形(对于线条和沟槽图形)。随后,需要通过设计规则检查(Design Rule Check,DRC),以确保版图中没有小于某些规格的尺寸,没有潜在的、可能会造成短路、断路或者成品率损失的设计规则存在,确保版图的可靠性。最后还需要对比版图与逻辑电路图(Layout Versus Schematics,LVS),从晶体管级别来验证版图和逻辑电路图是否一致,如连接是否正确、输出是否一致等。

2. 第二部分是数据处理

设计部门将设计好的版图交给 OPC 部门,这时的版图中的尺寸一般是指刻蚀后需要获得的最终尺寸。但是对于光刻来说,这种尺寸较小图形的光刻工艺窗口极小。因此,OPC 部门首先要做的是重新定义光刻工艺目标尺寸,在此基础上进行亚分辨辅助图形的添加、OPC 修正以及最终的验证过程,详细见 6.8 节。

随后,OPC 部门将修正后的 GDS 文件发送给掩模厂。掩模厂在用电子束制作掩模版之前会让负责的光刻工艺工程师进行最后一次版图检查工作(Job Deck View,JDV)。JDV 信息检查包括掩模版名称,图形的暗调亮调(Tone),图形排布方向,各种记号(对准、套刻、测量的十字对准记号等)以及图形周期线宽的对应情况等信息。检查完毕通知掩模厂,开始曝光制备。在 OPC 部门将修正后的版图 GDS 发送给掩模厂时,光刻、OPC 部门同时需要提供掩模版线宽测量文件,其中通常会包含各种图形需要测量的坐标位置、方向、目标尺寸以及需要达到的规格等。

接下来需要对 OPC 修正后的掩模版进行处理,例如,电子束曝光也会有邻近效应,需要增加电子束的邻近效应补偿(Proximity Effect Correction,PEC)[116],以获得目标掩模版线宽;掩模版的最终线宽是光刻对应线宽的 4 倍;由于目前主流电子束曝光方法为可变截面形状的电子束(Variable Shaped Beam,VSB)[117]曝光,因此还需要将 OPC 修正后的连续的图形转换成电子束曝光机可以实现的各种小长方形或者正方形等图形,这一过程称为 Fracture。

3. 第三部分是掩模版制作

利用电子束在电子束光刻胶上进行曝光,再经过后续的显影和刻蚀,在熔融石英基板上(除 EUV 掩模版之外)形成最终的图形。与正常芯片工艺流程相同,刻蚀也包括湿法刻蚀和干法刻蚀,其中,湿法刻蚀容易造成硬掩模铬层底部内切。因此,从 20 世纪 70 年代开始,干法刻蚀,也就是等离子体刻蚀开始进入掩模版刻蚀工艺,得到不透明材料层更加垂直的形貌。接着进行第一次缺陷检测,缺陷检测一般使用的方法有两种:第一种是芯片与芯片的对比(Die to Die Comparison),前提是掩模版中有多个相同的芯片,通过芯片之间的不同来确定最终的缺陷;第二种是研发用的测试芯片,一片掩模版中包含多家公司或者一家公司的多种芯片,芯片功能与尺寸均不相同,只能将芯片与设计版图进行对比才能获得缺陷类型。常见的缺陷类型有:线宽远离目标值,例如,超过目标值的 50%;较小孤立图形、空洞等的缺失(Missing);断线(Break)或者桥接(Bridge);外源性颗粒等。

由于掩模误差因子[118-121]的存在,掩模版线宽的变化会大大影响硅片上的线宽均匀性,掩模版线宽均匀性对光刻工艺的影响占比为 35%~50%,具体请参考 6.5.1 节。如果当层的掩模版相对于上一层掩模版的套刻有很大的偏移,即使光刻工艺控制得很好,也会影响产品的套刻,从而影响产品成品率。一般来说,掩模版线宽测量使用的是分辨率较高的扫描电子显微镜;而掩模版套刻,即图形放置误差(Registration Errors)的测量一般采用与原版图数据库对比的方法。根据掩模版线宽测量文件中一维、二维和某些特殊图形的坐标和测量信息得到各图形线宽,同时测量掩模版的套刻,并将线宽与套刻的检测数据反馈给光刻工程师,由光刻工程师判断是否达到出版标准。若数据达到要求,则可以进行后续的保护膜(Pellicle)安装,以及带保护膜后的缺陷检测。最后,掩模版出版,一般称为 Tape Out。随后,掩模版进入工厂(Fab In)。后续可以通过使用掩模版完成硅片曝光,进行光刻胶评估、光刻工艺仿真数据验证以及光刻工艺研发等工作。

本章小结

本章介绍了光刻工艺中使用的主要设备,包括光刻机、轨道机和测量线宽的扫描电子显微镜以及测量套刻的光学显微镜。光刻机是光刻工艺中最精密,也是最昂贵的设备,其各子系统也在不断发展变化:①光源从宽光谱的汞灯发展到窄带的准分子 KrF、ArF 激光光源,再到极紫外光刻机的激光激发等离子体光源。②为了得到均匀的照明,光刻机均采用科勒照明。随着设计规则尺寸的减小,为了提高分辨率,照明方式由最初的传统照明发展到离轴照明。为了进一步提高图形的对比度,照明方式又从离轴的环形照明发展到四极照明、交叉四极照明、偶极照明再到现在先进技术节点中采用的自由光瞳照明。③投影物镜从最早的 Perkin-Elmer 公司的反射式投影物镜,到 SVG 的折返镜头,再到人们熟知的光刻机公司(ASML、Nikon、Canon 等)的折射式投影物镜,水浸没式光刻机中折射-反射式混合投影物镜,以及最先进的极紫外光刻机中的全反射投影物镜。为了提高分辨率,数值孔径不断增加,投影物镜的镜头也更加复杂(尺寸变大、数目变多、非球面等),通过选择合适的材料以及对镜头进行优化设计,得到符合要求的投影物镜:大像场,低像差以及低畸变。④工件台从最早的单工件台发展成效率更高的双工件台(以 ASML 光刻机为例);工件台的运动方式由丝杆驱动发展为气悬浮再到现在的磁悬浮，提高了运动速度，即提高了曝光产能。⑤测控方式从传统的激光干涉仪的测控发展为受空气干扰更小的平面光栅尺测控，定位精度大大提高。但是到了极紫外光刻机中，由于处于高真空工作环境，可以继续使用更简单、成本也更低的传统的激光干涉仪。⑥对准方法由通过镜头的直接对准发展为通过工件台上传感器作为摆渡的间接对准。先进光刻机中使用的均为间接对准方法。

另外，扫描电子显微镜通过收集二次电子获得光刻胶的线宽、线宽粗糙度等性能参数，扫描电子显微镜是有损检测。套刻测量包含两种方式，一种是直接成像的 IBO，另一种是检测衍射光的 DBO。本章还介绍了光刻工艺 8 流程以及各流程的主要过程。同时，还介绍了光刻工艺中使用的材料：光刻胶和掩模版。先进光刻工艺中使用的是化学放大型光刻胶，包括两种显影类型。随着技术节点的发展，为了获得足够的光刻工艺窗口，掩模版的类型也在不断地发展变化，先进光刻工艺中最常用的掩模版是 PSM 掩模版。

参考文献

参考文献

第5章

光刻工艺发展历程与工艺标准

如第 4 章所述，随着技术节点的不断发展，光刻机中的各个子系统（如光源、照明条件、投影物镜、工件台、测控方式、对准方法等）也在不断更新改进。同时，光刻机各子系统中重要的性能指标规格也在不断地缩紧（如镜头像差、畸变，工件台的平均位置误差、定位误差的移动标准差等），以满足光刻乃至整个制造工艺的要求。反过来，应用准确的光学仿真软件模拟出光刻工艺窗口与工艺各性能参数的模型关系，基于标准化的光刻工艺窗口制定出合适的规格（设备），并根据实际情况对所制定的规格进行必要的调整，这种方式对光刻机以及光刻机设备工业标准化研发有重要的指导意义。

此外，光刻胶也从普通光刻胶发展为化学放大型光刻胶（Chemically Amplified photoResist，CAR），这一类型光刻胶也一直被应用到 7nm 甚至 5nm、3nm 等更先进的技术节点中，具体原理见 9.1 节。化学放大型光刻胶的曝光灵敏度更高，一方面可以减小对较难获取的氟化氪（KrF）和氟化氩（ArF）等短波长光源输出能量的依赖；另一方面可以通过控制曝光后烘焙（Post Exposure Bake，PEB）的温度与时间来更加精密地调节成像质量，如对比度、焦深以及光学邻近效应的表现等，使得光化学反应更加精密可控。光刻胶配方的研发与优化同样也需要遵循标准化的路径：尽量符合物理模型，与基于物理模型的光刻工艺仿真结果尽量匹配，以降低光学邻近效应建模的难度。

可见，无论是光刻机的标准化研发还是光刻胶的标准化研发，全物理模型的、准确的光刻工艺仿真都可以指导研发的方向，其中，光刻工艺仿真结果必须符合光刻工艺标准化要求。如图 5.1 所示，光刻工艺仿真软件还可以指导标准化的光刻工艺研发。本章首先分析各个技术节点中的工艺细节，然后讨论满足量产需求的光刻工艺标准化规格，最后从理论与仿真两方面来探讨实现标准化的光刻工艺窗口时如何选择合适的照明光瞳。同时，本章还包含先进技术节点关键层次中线端-线端的最小尺寸。

除了曝光设备与光刻材料的发展，光刻工艺中还在不断地引进其他新技术，以支持光刻技术的持续发展，实现更高的分辨率，如抗反射层（Anti-Reflection Coating，ARC）[1-2]、离轴照明（Off-Axis Illumination，OAI）[3-4]、相移掩模版（Phase Shifting Mask，PSM）[4-5]、亚分辨率辅助图形（Sub-Resolution Assist Feature，SRAF）[6-10]、光学邻近效应修正（Optical Proximity

Correction，OPC）[11-12]、偏振成像（Polarized Imaging）[13]、光源-掩模协同优化（Source-Mask co-Optimization，SMO）[14-15]、光可分解碱（Photo-Decomposable Base，PDB）[16-17]、负显影（Negative Toned Developing，NTD）[18]、聚合物键合的光致产酸剂（Polymer Bound Photo Acid Generator，PBPAG）[19-20]等技术。本章介绍不同技术节点中引入的新技术种类及其优点，包含部分新技术的原理，剩余多种新技术的具体内容见第 9 章。

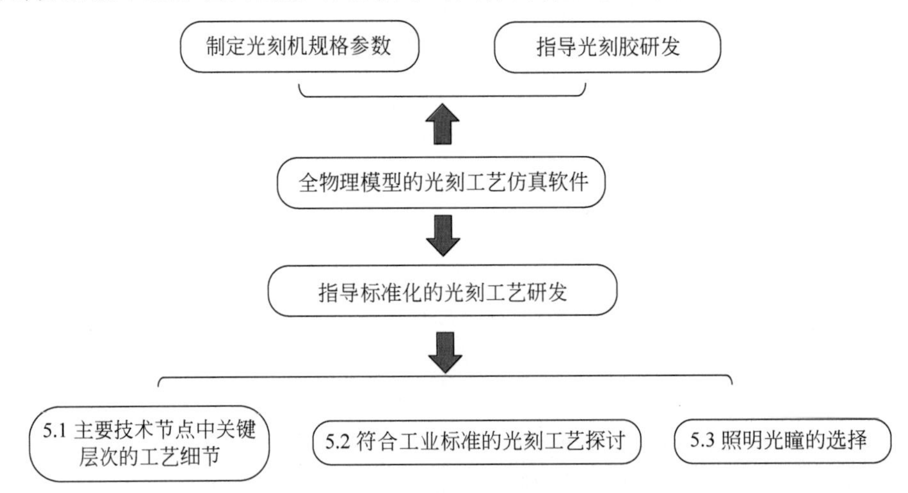

图 5.1 全物理模型光刻工艺仿真软件在光刻工艺、设备以及材料研发过程中的作用

5.1 主要技术节点中关键层次的工艺细节

本节主要总结从 250nm 节点开始，一直到未来的 1nm 技术节点中，前段栅极、中后段金属和通孔这三个关键层次的工艺细节，采用的设备、材料及先进技术的发展变化趋势。其中的光刻工艺参数、基本设计规则以及总结的数据均来自于使用自研的光刻仿真软件建模和团队的技术经验积累，部分数据参考了技术发展路线图[21-24]以及团队的早期工作[25-26]。

5.1.1 250～65nm 技术节点的工艺细节

如表 5.1 所示，这一部分先讨论 250～65nm 技术节点中的一些工艺细节，这些节点使用的是 248nm KrF 以及 193nm ArF 干法光刻机。

1. 250nm 技术节点的工艺细节

250nm 技术节点于 20 世纪 90 年代问世，并于 1997 年左右投入量产[27]，使用的硅片尺寸为 8 英寸（200mm 直径），这一节点引入的新技术主要有以下几个。

（1）深紫外 248nm 氟化氪（KrF）准分子激光的曝光光源：缩短波长可以提高光学系统的分辨率，同时激光的单色性更好，降低色差对成像的影响。

（2）化学放大型光刻胶：提高图形分辨率，优化光刻胶形貌，降低曝光能量。

（3）抗反射层：大大降低驻波效应，提高光刻后的线宽均匀性。

（4）基于规则的光学邻近效应修正：例如，在方形的角落添加辅助图形（如装饰线、Serif），尽量减小光刻之后方形角落变圆的现象等。

表 5.1 250nm、180nm、130nm、90nm 和 65nm 技术节点的光刻工艺总结

节点/nm	栅极周期/nm	栅极 CD/nm	光刻机	光刻胶	掩模版	OPC	EL	MEF	DoF/nm	分辨率增强技术	抗反射层	刻蚀	线宽均匀性
250	500	250	248nm	248nm CAR	Binary	Rule Based	19.3%	1.47	500～600	Serif	Single Layer	—	—
180	430	180	248nm	248nm CAR	6%PSM	Rule Based	17.7%	1.39	450	Serif, OAI, CVI	Single Layer	—	—
130	310	130	248nm	248nm CAR, Mid E_a	6%PSM	Model Based	18.9%	1.66	350	Serif, OAI, CVI, SRAF	Single Layer	Linewidth Trim	Wafer
90	240	120	193nm Dry	193nm CAR, High E_a	6%PSM	Model Based	19.7%	1.56	350	Serif, OAI, CVI, SRAF, Quad	Single Layer	Linewidth Trim	Wafer and Shot
65	210	90	193nm Dry	193nm CAR, High E_a	6%PSM	Model Based	18.6%	1.51	250	Serif, OAI, CVI, SRAF, Quad	Single Layer	Linewidth Trim	Wafer and Shot
节点/nm	金属周期/nm	金属 CD/nm	光刻机	光刻胶	掩模版	OPC	EL	MEF	DoF/nm	分辨率增强技术	抗反射层	刻蚀	线宽均匀性
250	640	300	248nm	248nm CAR	Binary	Rule Based	29.3%	1.03	600～800	Serif	Single Layer	—	—
180	460	230	248nm	248nm CAR	6%PSM	Rule Based	18.1%	1.85	600	Serif, OAI, CVI	Single Layer	—	—
130	340	160	248nm	248nm CAR, Low E_a	6%PSM	Model Based	19.8%	1.69	350	Serif, OAI, CVI, SRAF	Single Layer	—	Wafer
90	240	130	193nm Dry	193nm CAR, Low E_a	6%PSM	Model Based	16.9%	2.00	350	Serif, OAI, CVI, SRAF, Quad	Single Layer	—	Wafer and Shot
65	180	90	193nm Dry	193nm CAR, Low E_a	6%PSM	Model Based	13.4%	2.85	200	Serif, OAI, CVI, SRAF, Quad	Single Layer	—	Wafer and Shot

续表

节点/nm	通孔周期/nm	通孔线宽/nm	光刻机	光刻胶	掩模版	OPC	EL	MEF	DoF/nm	分辨率增强技术	抗反射层	刻蚀	线宽均匀性
250	640	300	248nm	248nm CAR	Binary	Rule Based	27.8%	1.68	600～800	Serif	Single Layer	—	—
180	460	230	248nm	248nm CAR	6%PSM	Rule Based	25.0%	2.33	580	Serif，OAI,CVI	Single Layer	—	—
130	340	160	248nm	248nm CAR，Low E_a	6%PSM	Model Based	17.6%	4.12	330	Serif，OAI，CVI,SRAF	Single Layer	—	Wafer
90	240	160	193nm Dry	193nm CAR，Low E_a	6%PSM	Model Based	15.1%	4.82	330	Serif，OAI，CVI,SRAF	Single Layer	—	Wafer and Shot
65	200	130	193nm Dry	193nm CAR，Low E_a	6%PSM	Model Based	15.0%	4.90	230	Serif，OAI，CVI,SRAF	Single Layer	—	Wafer and Shot

注：193nm Dry：193nm 干法（光刻机）。E_a：光刻胶的活化能。Binary：二元掩模版。Rule Based OPC：基于规则的光学邻近效应修正。Model Based OPC：基于模型的光学邻近效应修正。EL(Exposure Latitude)：曝光能量宽裕度（一般相对于线宽±10%的范围）。MEF(Mask Error Factor)：掩模版误差因子。DoF(Depth of Focus)：焦深。Serif：装饰线。CVI(Continuous angle Varying Illumination)：连续变角度照明。Quad(Quadrupole)：代表 ASML 光刻机中的 Quasar（四极照明）和 Cross-Quasar（CQ）（交叉四极照明）。Etch Linewidth Trim：线宽刻蚀修身。Single Layer：单层。Wafer：硅片范围。Wafer and Shot：硅片和曝光场范围。

2. 180nm 技术节点的工艺细节

1999 年，180nm 技术节点取代了 250nm 技术节点[27]。为了满足更高的关键尺寸均匀性/线宽均匀性(Critical Dimension Uniformity，CDU)的要求，180nm 技术节点引入了很多新技术。

(1) 离轴照明：如第 2 章所述，离轴照明可以提高分辨率和空间像对比度或者曝光能量宽裕度(Exposure Latitude，EL)。

(2) 透射衰减相移掩模(Attenuated Phase Shifting Mask，Att PSM)[28]：提高关键光刻层次的成像对比度或者 EL。通过选择合适的硅化钼的厚度，使得光强经过原来的不透明层之后衰减到只剩 6%，并且光的相位与透光区域相比发生了 180°移动。在典型的工艺条件下，6%透射的 PSM 可以将成像对比度或 EL 提高 15%～20%，具体可见 9.5.1 节。

(3) 连续变角度照明(Continuous angle Varying Illumination，CVI)：进一步优化光刻工艺窗口，CVI 可以使孤立到密集图形之间的关键尺寸的差值更精确地控制到 10nm 以内，即在整个周期范围内，尽量保持光学邻近效应修正之前、光刻之后有相同或者差异很小的线宽尺寸。具体见 2.10 节，这样可以大大减小半孤立、孤立图形中光学邻近修正量，降低 OPC 修正难度与出错后的影响。

3. 130nm 技术节点的工艺细节

量产于 2001 年的 130nm 技术节点中也引进了一些新的材料或者技术。

(1) 显著改善了光刻胶性能：例如，降低了化学放大型光刻胶的活化能(E_a)，同时其等效光酸扩散长度(Effective Photoacid Diffusion Length，EPDL)也从 180nm 节点的 40～70nm 缩短至 20～30nm。因此，KrF 光刻机仍然适用于 130nm 技术节点。

(2) 基于模型的光学邻近效应修正，添加 SRAF：进一步改进逻辑电路的 CDU(硅片范围内)和焦深。

(3) 刻蚀修身(Trim Etch)工艺：为了实现线条/沟槽 1：1 的高对比度的成像。例如，前段的栅极光刻工艺中，最终需要的物理栅长较短。但是为了提高光刻空间像对比度，需要先将光刻线条尺寸做得较大，再通过后续的刻蚀修身工艺将线条尺寸缩小。需要注意的是，一般来说，考虑到明场成像与使用透射衰减相移掩模的规律，光刻工艺在掩模版上的线条尺寸会略小于沟槽尺寸。具体需要使用多大的掩模版线宽偏置，需要综合考虑整个周期的光刻工艺窗口和刻蚀与光刻之间的线宽偏置。

一般来说，130nm 技术节点是 248nm KrF 光刻机可以做到的最后一个节点，NA 最大为 0.7。

4. 90nm 技术节点的工艺细节

到了 90nm 技术节点，硅片尺寸增加到 12 英寸(300mm 直径)。由于需要更高的分辨率以及更好的硅片范围内的线宽均匀性和曝光场内的线宽均匀性，继续引入新技术。

(1) 193nm 干法光刻机：提高光学系统的分辨率。

(2) 四极(Quasar)[29-30]照明光瞳：这种照明光瞳除了可以提高密集图形的对比度或者 EL，还可以提高焦深。注意，表 5.1 中的 Quad(Quadrupole)代表 ASML 光刻机中的 Quasar(照明点位于光瞳的±45°与±135°位置)和 Cross-Quasar(CQ)(交叉四极照明，照明点位于光瞳的 0°、90°、180°、270°位置)。

不同节点可根据工艺需求选择合适的 Quad 照明，对于四极照明来说，其类似弱偶极照明，针对的主要是距离光刻机衍射极限还有一定距离的、可以同时兼顾两个方向的设计规则。

例如，本节点中前段栅极的设计周期为240nm，线条尺寸为120nm，此时使用193nm干法光刻机做逻辑工艺的最小周期一般为140～150nm，可见栅极240nm周期距最小周期还有一定的距离。同时，前段栅极又需要较高的EL以获得更好的LWR和线宽均匀性。因此，在这一节点前段栅极需要采用四极照明代替环形照明，以实现两个方向图形的较大的光刻工艺窗口。

(3) 曝光能量分布测绘(Dose Mapping，DoMa)功能：ASML在其扫描光刻机上推出了这一功能，在光刻工艺曝光过程中通过调整不同曝光场或者同一曝光场的不同位置的曝光能量来弥补后续工艺可能造成的线宽不均匀，大大提高光刻工艺窗口。

90nm技术节点于2002年首次投入量产[27]。同样地，193nm干法光刻工艺已扩展到65/55nm节点，其中，NA已从90nm节点的0.75[31-32]增加到0.85～0.93[33-35]，具体NA的使用还要兼顾焦深。

5.1.2 45～7nm技术节点的工艺细节

表5.2描述了使用193nm浸没式光刻机曝光时，45nm、28nm、16/14nm一直到7nm技术节点中几个关键层次的光刻工艺总结。由于193nm干法光刻机的NA已经接近1(0.93)，因此不可能再通过增加NA来进一步提高分辨率，而是需要通过进一步缩短曝光波长来实现。因此，45～7nm技术节点继续引入新技术。

1. 45nm技术节点

193nm水浸没式光刻：由4.1节可知，提高NA的最终方式是在工件台和镜头之间添加水，缩短等效曝光波长。水的折射率在193.368nm约为1.436，所以等效波长缩短为193.368nm/1.436≈134.657nm。此外，光刻机中除了照明系统需要增加偏振，增加水循环之外，其他子系统与干法光刻机的差异不大，无须增加太多额外的研发人力、物力以及迭代的时间。因此，193nm水浸没式光刻技术被选为65/55nm以下技术节点的主力。

2. 28nm技术节点

偏振照明：当NA超过一定的数值(>0.65)时，横磁波(Transverse Magnetic，TM)偏振光的引入会造成对比度的降低。如果能通过只采用横电波(Transverse Electric，TE)偏振光照明成像，就能保持较高的成像对比度(具体见9.3节)。原则上，从65nm开始就可以引入偏振照明，但是由于更大的数值孔径，如0.85～0.93可以满足65nm甚至55nm节点的光刻工艺需求，相对复杂的偏振照明就没有被使用。到了水浸没式时期，由于水的折射率为1.436，较大的数值孔径在水里实际的角度还是比较小的，如1.1NA在水里的实际角度只有50°(类似干法0.77NA)。因此，在45/40nm技术节点，由于有足够的成像对比度，可以不使用偏振照明。从32/28nm技术节点开始，偏振照明成像才被用于光刻工艺中。

3. 16/14nm技术节点

(1) 两层抗反射层(Bi-layer)：由于使用的NA大于1(1.35)，同时鳍型晶体管(FinFET)结构造成衬底的不平整度大大增加，会影响整个曝光的焦深，因此，需要采用两层抗反射层，一方面可以抑制更大入射角范围的衬底反射，使得所有图形的反射率都达到很低的水平，另一方面靠下面一层较厚的抗反射层(一般为SOC)来填平衬底。如果还是只靠一层抗反射层去填平衬底，就需要增加其厚度，而相应的光刻胶厚度也需要增加，而增加光刻胶厚度会大大降低本来就有限的光刻工艺的焦深。更重要的是，没有厚度很大的(>120nm)193nm水浸没式光刻胶。

表 5.2 45nm、28nm、16/14nm、7nm 技术节点的光刻工艺总结

节点/nm	栅极周期/nm	栅极线宽/nm	光刻机	光刻胶	掩模版	OPC	EL	MEF	DoF/nm	分辨率增强技术	抗反射层	刻蚀	线宽均匀性	多次图形技术	设计规则
45	180	70	193nm Water Immersion	193nm CAR，Low，E_a	6%PSM	Model Based	22.5%	1.51	150	Serif，OAI，CVI，SRAF，Quad	Single Layer	Linewidth Trim	Wafer and Shot	Cut	—
28	117	55	193nm Water Immersion	193nm CAR，Low，E_a	6%PSM	Model Based	23%	1.40	90	Serif，OAI，CVI，SRAF，DP，Polarized Imaging	Single Layer	Linewidth Trim	Wafer and Shot，刻蚀 tuning	Cut	单向
16	90	45	193nm Water Immersion	193nm CAR，Low，E_a	6%PSM	Model Based	22.6%	1.45	60	Serif，OAI，CVI，SRAF，DP，Polarized Imaging SMO	Bi Layer	Linewidth Trim	Wafer and Shot，刻蚀 tuning	Cut	单向
14	84～90	42～45	同上	同上	同上	同上	23%	1.4	同上	同上	同上	同上	同上	同上	同上

续表

节点/nm	栅极周期/nm	栅极线宽/nm	光刻机	光刻胶	掩模版	OPC	EL	MEF	DoF/nm	分辨率增强技术	抗反射层	刻蚀	线宽均匀性	多次图形技术	设计规则
7	57	28	193nm Water Immersion	193nm CAR，Low，E_a	6%PSM	Model Based	25.4%	1.22	55	Serif，OAI，CVI，SRAF，DP，Polarized Imaging SMO	Bi Layer	Linewidth Trim	Wafer and Shot，刻蚀 tuning	SADP，Cut	单向

节点/nm	金属周期/nm	金属线宽/nm	光刻机	光刻胶	掩模版	OPC	EL	MEF	DoF/nm	分辨率增强技术	抗反射层	自对准方法	线宽均匀性	多次图形技术	设计规则
45	160	80	193nm Water Immersion	193nm CAR，Low E_a	6%PSM	Model Based	14.9%	2.63	200	Serif，OAI，CVI，SRAF，Quad	Single Layer	—	Wafer and Shot	—	—
28	90	45	193nm Water Immersion	193nm CAR，Low E_a	6%PSM	Model Based	13.5%	3.14	80～100	Serif，OAI，CVI，SRAF，Quad，Polarized Imaging	Single Layer	—	Wafer and Shot	—	—

续表

节点/nm	金属周期/nm	金属线宽/nm	光刻机	光刻胶	掩模版	OPC	EL	MEF	DoF/nm	分辨率增强技术	抗反射层	自对准方法	线宽均匀性	多次图形技术	设计规则
16	64	32	193nm Water Immersion	193nm CAR，Low E_a，PDB	6% PSM，OMOG	Model Based	13.5%	3.14	80～100	Serif，OAI，CVI，SRAF，Quad，Polarized Imaging，SMO	Bi Layer	—	Wafer and Shot	LELE	—
14	64	32	193nm Water Immersion	193nm CAR，Mid E_a，PDB，NTD	6% PSM，OMOG	Model Based	12%	3.3	60～80	Serif，OAI，CVI，SRAF，Quad，Polarized Imaging，SMO，NTD	Bi Layer	—	Wafer and Shot	LELE	—
7	40	20	193nm Water Immersion	193nm CAR，Low E_a，PDB，NTD	6%PSM	Model Based	13%	3.9	55～70	Serif，OAI，CVI，SRAF，Quad，Polarized Imaging，SMO，NTD	Bi Layer	金属 SALELE	Wafer and Shot	SALELE，Cut	单向

续表

节点/nm	通孔周期/nm	通孔线宽/nm	光刻机	光刻胶	掩模版	OPC	EL	MEF	DoF/nm	分辨率增强技术	抗反射层	刻蚀	线宽均匀性	多次图形技术	自对准方法
45	180	90	193nm Water Immersion	193nm CAR, Low E_a	6%PSM	Model Based	18.0%	3.53	150	Serif, OAI, CVI, SRAF	Single Layer	—	Wafer and Shot	—	—
28	100	65	193nm Water Immersion	193nm CAR, Low E_a	6%PSM	Model Based	15.1%	5.20	75	Serif, OAI, CVI, SRAF, Polarized Imaging	Single Layer	Shrink	Wafer and Shot	—	—
16	64	42	193nm Water Immersion	193nm CAR, Low E_a, PDB	6%PSM	Model Based	14.6%	5.23	70	Serif, OAI, CVI, SRAF, Polarized Imaging, SMO	Bi Layer	Shrink	Wafer and Shot	LE4	—
14	64	42	193nm Water Immersion	193nm CAR, Mid E_a, PDB NTD	6%PSM	Model Based	12.4%	7.72	60～70	Serif, OAI, CVI, SRAF, Polarized Imaging, SMO, NTD	Bi Layer	Shrink	Wafer and Shot	LE4	—

续表

节点/nm	通孔周期/nm	通孔线宽/nm	光刻机	光刻胶	掩模版	OPC	EL	MEF	DoF/nm	分辨率增强技术	抗反射层	刻蚀	线宽均匀性	多次图形技术	自对准方法
7	57	38	193nm Water Immersion	193nm CAR，Low E_a，PDB NTD	6%PSM	Model Based	12.9%	6.90	55～70	Serif，OAI，CVI，SRAF，Polarized Imaging，SMO，NTD	Bi Layer	Shrink	Wafer and Shot	LE4	—

注：193nm Water Immersion：193nm 水浸没式光刻机。DP(Dipole)：偶极照明。Etch tuning CDU：刻蚀调整线宽均匀性。Etch Shrink：刻蚀缩小线宽(缩孔)。SADP(Self-Aligned Double/Quadruple Patterning)：自对准双重或者四重图形技术。Cut：剪切层。Multiple Patterning：多重图形技术。SALELE(Self-Aligned Litho-Etch Litho-Etch)：自对准光刻-刻蚀、光刻-刻蚀图形方法。LE4：4 次光刻-刻蚀方法。Uni-Directional Design：单向设计。

(2) PDB：到了16/14nm技术节点，图形对比度无法满足量产的需求，必须在光刻胶中添加PDB，以提升光刻工艺窗口(主要是曝光能量宽裕度)。

(3) NTD：到了16/14nm技术节点，由于中后段金属和通孔层次的设计规则较小，因此需要采用多次曝光配合NTD工艺来实现更小的光刻沟槽和通孔线宽，降低刻蚀-光刻线宽偏置，从而显著提高产品率，具体可见9.4节。

(4) OMOG：此外，对于80nm周期的金属层，由于掩模版的开口尺寸(160～180nm，4倍率下)与照明波长(193nm)相比相对较小，照明光不容易穿过掩模版到达投影物镜，所以将发生严重的掩模三维(3D)散射，并将导致曝光能量增加30%～70%，掩模误差因子(Mask Error Factor，MEF)[36-38]，又称为掩模版误差增强因子(Mask Error Enhancement Factor，MEEF)会升高12%～20%。曝光能量太高，会造成掩模版和镜头发热，造成光刻工艺的套刻偏差变大、镜头寿命缩短以及工艺不稳定等一系列的不良影响。幸运的是，这个问题可以通过使用不透明的硅化钼-玻璃掩模版(Opaque-MoSi-On-Glass，OMOG)[39]来解决，但代价是EL会降低15%～20%。更幸运的是，可以通过在光刻胶中添加光可分解碱来减少成像背景，从而提高被减少的EL。

(5) SMO：经验表明，采用自定义的照明方式，通过使用几千个(ASML使用4096个[40])转镜来实现照明光瞳的自由定义，充分挖掘部分相干照明的潜力，可以将整个光刻工艺窗口的性能平均提高8%～10%。实际从22/20nm节点开始，SMO就被用于最大限度地提高整个光刻工艺窗口。

4. 7nm技术节点

极紫外光刻技术：从7nm技术节点开始就可以引入极紫外光刻技术[41]，例如，中国台湾的台积电、韩国的三星、美国的格罗方德以及英特尔等先进的芯片代工厂已经有这方面的技术积累。然而，中国大陆暂时没有极紫外光刻机，所以国内芯片代工厂都是用193nm水浸没式光刻机多次曝光实现7nm逻辑芯片的光刻工艺流程。

由于本节中讲的是每种光刻机可以做到的技术节点的极限，以及考虑到作者团队曾经参与的实际7nm节点的研发也是基于193nm水浸没式光刻工艺的，因此将7nm罗列在193nm水浸没式光刻可以实现的各个技术节点中。

5.1.3 5～1.5nm技术节点的工艺细节

一般来说，从5nm技术节点开始，到更先进的3nm、2.1nm甚至1nm技术节点，除了前段仍然使用193nm水浸没式配合自对准双重或者四重图形技术(Self-Aligned Double/Quadruple Patterning，SADP/SAQP)以外，对于前段鳍和栅极沟槽尺寸较小的剪切层以及中-后段的金属、通孔层次，193nm水浸没式光刻工艺不再适用。这是因为这些层次可能需要6～8次曝光，一方面，掩模版数目增多，大大增加了工艺成本；另一方面，太多的曝光次数使得本就不够的套刻精度更加难以控制，同时还伴随着复杂的薄膜工艺和较大的刻蚀-光刻线宽偏置。因此，通常从5nm技术节点开始，大多数中-后段层次和前段的鳍和栅极的剪切层次都采用极紫外光刻工艺来实现。光刻工艺总结如表5.3所示。

另外，由于所有材料都对极紫外光有很强的吸收，所以极紫外光刻工艺的一个特点是不需要抗反射层，但是需要使用底部增感层[42-43]，使得光刻胶对极紫外光的吸收增加约30%，以减小光子吸收的随机涨落效应对光刻工艺窗口的影响。

表 5.3 5nm 技术节点的光刻工艺总结与 3nm 及以下节点的展望

节点/nm	栅极周期/nm	栅极线宽/nm	光刻机	光刻胶	掩模版	OPC	EL	MEF	DoF/nm	分辨率增强技术	抗反射层	刻蚀 Etch	线宽均匀性 CDU	多次图形技术	设计规则
5	50	25	193nm Water Immersion	193nm CAR, Low E_a	6%PSM	Model Based	22.0%	1.5	50	Serif, OAI, CVI, SRAF, DP, Polarized Imaging SMO	Bi Layer	Linewidth Trim	Wafer and Shot, Etch tuning	SADP, Cut	单向
3	48	24	193nm Water Immersion	193nm CAR, Low E_a	6% PSM, OMOG	Model Based	18.0%	1.5	50	Serif, OAI, CVI, SRAF, DP, Polarized Imaging SMO	Bi Layer	Linewidth Trim	Wafer and Shot, Etch tuning	SADP, Cut	单向
2.1	32	16	193nm Water Immersion	193nm CAR, Low E_a	6%PSM	Model Based	18.0%	1.5	50	Serif, OAI, CVI, SRAF, DP, Polarized Imaging SMO	Bi Layer	Linewidth Trim	Wafer and Shot, Etch tuning	SAQP, Cut	单向

续表

节点/nm	栅极周期/nm	栅极线宽/nm	光刻机	光刻胶	掩模版	OPC	EL	MEF	DoF/nm	分辨率增强技术	抗反射层	刻蚀 Etch	线宽均匀性 CDU	多次图形技术	设计规则
1.5	32	16	193nm Water Immersion	193nm CAR，Low E_a	6%PSM	Model Based	18.0%	1.5	50	Serif，OAI，CVI，SRAF，DP，Polarized Imaging SMO	Bi Layer	Linewidth Trim	Wafer and Shot，Etch tuning	SAQP，Cut	单向
1	32	16	193nm Water Immersion	193nm CAR，Low E_a	6%PSM	Model Based	18.0%	1.5	50	Serif，OAI，CVI，SRAF，DP，Polarized Imaging SMO	Bi Layer	Linewidth Trim	Wafer and Shot，Etch tuning	SAQP，Cut	单向
节点/nm	**金属周期/nm**	**金属线宽/nm**	**光刻机**	**光刻胶**	**掩模版**	**OPC**	**EL**	**MEF**	**DoF/nm**	**分辨率增强技术**	**底部增感**	**Etch**	**CDU**	**多次图形技术**	**设计规则**
5	30	15	13.5nm 0.33NA EUV	EUV CAR，Low E_a，PDB	EUV Binary	Model Based	18.0%	1.5	55	Serif，OAI，CVI，SRAF，Quad，SMO	Single Layer	—	Wafer and Shot	SALELE，Cut	单向

续表

节点/nm	金属周期/nm	金属线宽/nm	光刻机	光刻胶	掩模版	OPC	EL	MEF	DoF/nm	分辨率增强技术	底部增感	Etch	CDU	多次图形技术	设计规则
3	24	12	13.5nm 0.33NA EUV	EUV CAR,Low E_a,PDB,Polymer Bound PAG	EUV Binary	Model Based	18.0%	1.5	55	Serif，OAI，CVI，SRAF，Quad，SMO	Single Layer	—	Wafer and Shot	SALELE,Cut	单向
2.1	16	8	13.5nm 0.55NA EUV	EUV CAR,Low E_a,PDB,Polymer Bound PAG	EUV Binary	Model Based	18.0%	1.5	30～40	Serif，OAI，CVI，SRAF，Quad，SMO	Single Layer	—	Wafer and Shot	SALELE,Cut	单向
1.5	14	7	13.5nm 0.55NA EUV	EUV CAR,Low E_a,PDB,Polymer Bound PAG	EUV Binary	Model Based	18.0%	1.5	30～40	Serif，OAI，CVI，SRAF，Quad，SMO	Single Layer	—	Wafer and Shot	SALELE,Cut	单向
1	14	7	13.5nm 0.55NA EUV	EUV CAR,Low E_a,PDB,Polymer Bound PAG	EUV Binary	Model Based	18.0%	1.5	30～40	Serif，OAI，CVI，SRAF，Quad，SMO	Single Layer	—	Wafer and Shot	SALELE,Cut	单向

续表

节点/nm	通孔周期/nm	通孔线宽/nm	光刻机	光刻胶	掩模版	OPC	EL	MEF	DoF/nm	分辨率增强技术	底部增感	刻蚀 Etch	线宽均匀性 CDU	多次图形技术	自对准方法
5	48	24	13.5nm 0.33NA EUV	EUV CAR, Low E_a, PDB	EUV Binary	Model Based	18.0%	3	55	Serif, OAI, CVI, SRAF, SMO	Single Layer	Shrink	Wafer and Shot	—	—
3	36	18	13.5nm 0.33NA EUV	EUV CAR, Low E_a, PDB, Polymer Bound PAG	EUV Binary	Model Based	18.0%	3	55	Serif, OAI, CVI, SRAF, SMO	Single Layer	Shrink	Wafer and Shot	0.33NA LE2	—
2.1	25	12	13.5nm 0.55NA EUV	EUV CAR, Low E_a, PDB, Polymer Bound PAG	EUV Binary	Model Based	20.0%	3	30～40	Serif, OAI, CVI, SRAF, SMO	Single Layer	Shrink	Wafer and Shot	0.55NA LE3	—
1.5	20	10	13.5nm 0.55NA EUV	EUV CAR, Low E_a, PDB, Polymer Bound PAG	EUV Binary	Model Based	20.0%	3	30～40	Serif, OAI, CVI, SRAF, SMO	Single Layer	Shrink	Wafer and Shot	0.55NA LE4	—
1	20	10	13.5nm 0.55NA EUV	EUV CAR, Low E_a, PDB, Polymer Bound PAG	EUV Binary	Model Based	20.0%	3	30～40	Serif, OAI, CVI, SRAF, SMO	Single Layer	Shrink	Wafer and Shot	0.55NA LE4	—

5.1.4 250～1nm 技术节点的光刻工艺实现方式

表 5.4 中展示了从 250nm 开始一直到已经量产的 5nm 技术节点中关键层次的设计周期，还包含更先进技术节点，如 3nm，2.1nm，1.5nm 以及 1nm 中关键层次的发展路线图，同时列举了每个技术节点中关键层次的光刻工艺实现方式。随着技术节点的不断发展，设计规则线宽尺寸不断缩小，需要获得较好的线边粗糙度（Line Edge Roughness，LER）/线宽粗糙度（Line Width Roughness，LWR）和线宽均匀性，同时又要保证较高的成像对比度，最终都是为了提升器件性能。因此，从 28nm 节点开始，前段栅极采用单向设计规则。从 10nm 技术节点开始，连中后段金属连线层次也需要采用单向设计规则，光刻工艺窗口才能满足量产的需求，设计规则方向排布具体可见 6.1 节。到了 7nm 技术节点，193nm 水浸没式光刻机的潜力在中后段基本已经被充分利用，水浸没式光刻工艺支持了从 45/40nm、32/28nm、22/20nm、16/14nm 到 10/7nm 这 5 组主要技术节点，以及后续更先进节点的前段层次。

表 5.4 250nm 一直到 1nm 技术节点中关键光刻层次的设计规则总结

节点/nm	栅极周期/nm	栅极层光刻方法	金属周期/nm	金属层光刻方法	通孔周期/nm	通孔层光刻方法
250	500	248nm	640	248nm	640	248nm
180	430	248nm	460	248nm	460	248nm
130	310	248nm	340	248nm	340	248nm
90	240	193nm Dry	240	193nm Dry	240	193nm Dry
65	210	193nm Dry	180	193nm Dry	200	193nm Dry
45	180	193nm Water immersion	160	193nm Water immersion	180	193nm Water immersion
40	162	193nm Water immersion	120	193nm Water immersion	130	193nm Water immersion
32	130	193nm Water immersion	100	193nm Water immersion	110	193nm Water immersion
28	117	193nm Water immersion	90	193nm Water immersion	100	193nm Water immersion
22	90	193nm Water immersion	80	193nm Water immersion	100	193nm Water immersion
20	90	193nm Water immersion	64	193nm Water immersion LELE	64	193nm Water immersion LE4
16/14	84～90	193nm Water immersion	64	193nm Water immersion LELE	64	193nm Water immersion LE4
10	66	193nm Water immersion SADP	44	193nm Water immersion SALELE	66	193nm Water immersion LE4
7	57	193nm Water immersion SADP	40	193nm Water immersion SALELE	57	193nm Water immersion LE4
5	50	193nm Water immersion SADP	30	0.33NA EUV SALELE	48	0.33NA EUV
3	48	193nm Water immersion SADP	24	0.33NA EUV SALELE	36	0.33NA EUV LE2

续表

节点/nm	栅极周期/nm	栅极层光刻方法	金属周期/nm	金属层光刻方法	通孔周期/nm	通孔层光刻方法
2.1	32	193nm Water immersion SAQP	16	0.55NA EUV SALELE	25	0.55NA EUV LE3
1.5	32	193nm Water immersion SAQP	14	0.55NA EUV SALELE	20	0.55NA EUV LE4
1	32	193nm Water immersion SAQP	14	0.55NA EUV SALELE	20	0.55NA EUV LE4

从表5.4中还可以看出，从20/16/14nm节点开始，设计规则的周期已经小于光刻机的分辨率极限，需要开始采用双重或者多重曝光技术。

(1) 前段采用了单向设计规则，目标图形为线条，且图形相对来说更简单。因此可以采用自对准的双重或者多重图形技术，以最大化地实现较小的套刻偏差和较高的线宽均匀性。二次图形的相对位置由光刻(心轴层)的线宽决定，并且可以精确地调整。主图形只需要一次曝光过程，周期、线宽的缩小，线宽均匀性的提高，均通过后续间隔层的生长和刻蚀等工艺实现。

自对准双重或者多重图形技术的缺点在于版图比较难以制作，最终形成的图形是间隔层，而非版图上的图形。版图上的图形是生长间隔层所需的辅助结构，即心轴。生长间隔层之后，心轴的图形两端会产生不必要的边角连线，需要增加至少一块掩模版去切除这些不必要的图形。另外，这种方法只适用于方向单一、周期性强的线条、沟槽图形，不适用于通孔图形。

(2) 中后段包含图形较为复杂的金属沟槽和通孔层次，不宜采用如前述的自对准双重或者多重图形方法，而是需要采用多次光刻-刻蚀图形技术。

① 对于金属层次：由于在20/16/14nm节点时仍然采用双向设计规则，因此只能采用两次光刻-刻蚀工艺(Litho-Etch，Litho-Etch，LELE)[44]来实现；从10nm和7nm节点开始，可以使用自对准的多次光刻-刻蚀工艺(SALEn)[45]来实现尺寸更小的、单向设计规则图形，以最大化地实现套刻偏差的减小和CDU性能的提升。

② 对于通孔层次：只能采用多次光刻-刻蚀工艺来实现较小的设计规则。

多次光刻-刻蚀图形技术的优点是：曝光的光刻图形就是电路的设计图形，不需要转换；这种方法不仅可以用于线条、沟槽图形，还适用于通孔图形。多次图形之间的相对位置由光刻机套刻精度与掩模版图形放置精度决定，无法调整且存在极限。

5.2 符合工业标准的光刻工艺探讨

如前所述，随着技术节点的不断推进，涌现了许多新技术以支持光刻技术的持续发展。在光刻工艺研发过程中，光刻工艺是否合格关系到线宽均匀性是否符合要求，而与线宽均匀性息息相关的三个光刻工艺的重要参数分别是EL、MEF和DoF(见第2章)。接下来，我们会根据每个节点在实际量产中采用的光刻方法和光刻胶的特性所建立的物理仿真模型，计算每个节点中关键光刻层次(前段栅极、后段金属和通孔层次)的这三个重要的光刻工艺参数。通过各自的照明条件(与实际量产条件相仿的)仿真得到的从250nm到5nm逻辑技术节点中的三个关键光刻层次的EL、MEF和DoF，分别如图5.2～图5.4所示。同时，对于更先进的技术节点，根据以往的经验给定仿真条件。

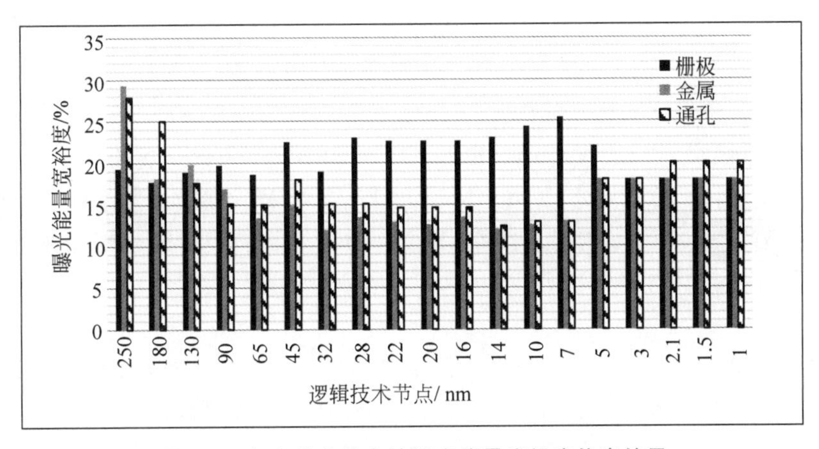

图 5.2　各个技术节点的曝光能量宽裕度仿真结果

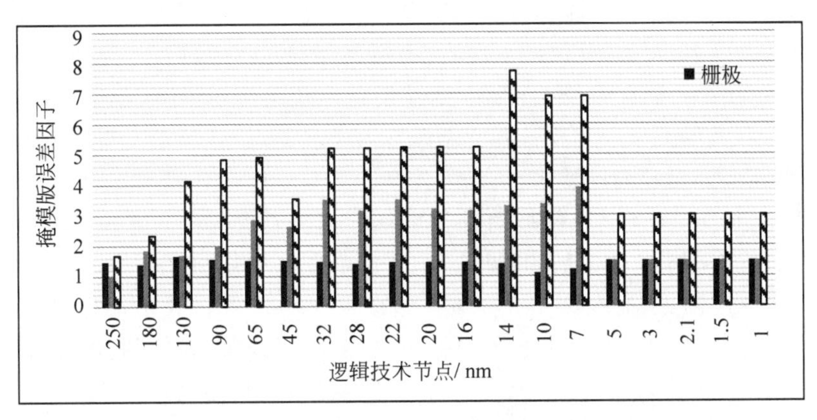

图 5.3　各个技术节点的掩模误差因子仿真结果

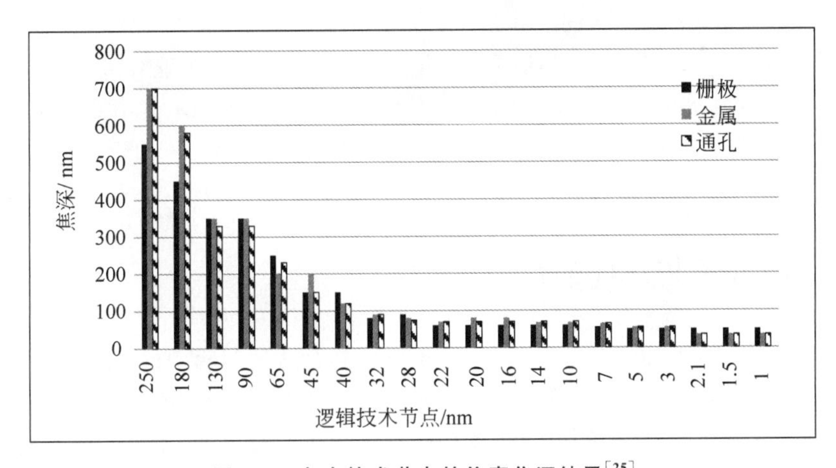

图 5.4　各个技术节点的仿真焦深结果[25]

从这三张图中可以得出如下结论。

(1) 如图 5.2 所示，一般来说，前段与器件相关的栅极层次需要满足 EL≥18%[46]（注意：三星 14nm 节点中与器件无关的栅极周期低至 78nm，无法满足 EL≥18%），后段通孔层次需要满足 EL≥15%（对于 14/10/7nm 的通孔，EL 只有 13%，这是因为采用了 NTD，对比度由于等效光酸扩散长度增加而有所降低），后段金属层次需要满足 EL≥13%。对于极紫外光刻工艺，前后段均需满足 EL≥18%。

可见，对于193nm水浸没式光刻工艺中，前段关键光刻层次（栅极、鳍层次）的EL比中后段金属和通孔层次的EL高，这是因为EL会直接影响线宽均匀性（CDU）以及线宽粗糙度（Line Width Roughness，LWR），而CDU与LWR会直接影响器件性能。所以对于前段与器件性能相关的关键层次，其EL要比中后段与器件性能关系不大的金属连线层次的EL高。到了EUV光刻工艺，由于线宽更小，对CDU以及LWR的要求更高，同时由于随机效应的存在，为了减小缺陷，需要提高光刻工艺性能（见9.2节）。因此，极紫外光刻工艺的前中后段关键层次都需要EL≥18%才能符合量产的要求。本章所述EL为最大值，如第2章所述，离焦时EL会有所降低。

（2）如图5.3所示，一般来说，前段栅极需要满足MEF<1.5，后段通孔层次需要满足MEF<5（对于14/10/7nm的通孔，因为采用了NTD使得对比度降低，从而增加了MEF），后段金属层次需要满足MEF≤3.5。对于极紫外光刻工艺，前后段均需满足MEF≤1.5。

同样地，对于前段与器件性能相关的关键层次，需要更小的MEF来达到更好的光刻线宽均匀性。后段层次更多的是需要保证不短路、不断路，因此其对线宽均匀性的要求比前段略低一些，MEF的要求也相应地低一些。然而，对于后段通孔层次的图形，需要从两个方向考虑线宽的变化，因此MEF的要求要更低一些。与EL的要求类似，对于EUV光刻来说，前中后段层次的MEF都需要满足较高的要求。

（3）如图5.4所示，每个节点的每个层次的DoF都需要控制在一定的规格以上，保证光刻机曝光过程中的所有因素造成的离焦（见6.5.3节）都在这一规格范围内，才能使得线宽与光刻胶形貌在规格范围内，从而顺利完成光刻工艺。由于DoF与波长呈正比，与NA的平方呈反比。随着技术节点的发展，曝光波长不断缩短，投影物镜镜头NA不断增加，DoF的理论值呈下降趋势。从图5.4中可以看出，实际DoF值也会随着波长的缩短、NA的增加而下降。然而，光刻胶厚度等因素会减小DoF，因此，实际的DoF值会比理论值要小。

上述三个重要光刻工艺参数的规律是从几十年的量产条件和经验中总结出来的，这些条件并不一定是最优化的，但是事实证明可以满足量产的需求，也是工业界应该尽量遵循的一条技术路线，也就是我们提议的光刻工艺的工业标准。若对应的光刻工艺不能满足这样的标准，甚至远离这样的标准，会导致严重的后果，例如，由于没有考虑MEF的标准导致图形对比度大幅降低，造成掩模版、硅片报废。

5.3 照明光瞳的选择

在光刻工艺研发阶段，需要选取并经过优化后得到合适的照明条件，才能使得各层次光刻工艺窗口符合5.2节中标准化的要求，可见照明条件的重要性。由第2章照明光瞳与第4章光刻机中的照明系统发展趋势可知，为了提高分辨率和成像对比度，需要逐渐引入新的照明条件：离轴照明、连续变角度照明、Quad照明（Quadrupole）（四极照明与交叉四极照明）以及偶极（DiPole，DP）照明，如图5.5所示。除了照明条件的改进，设计规则的排布方式也会发生改变，例如从双向改为单向，具体可以参考6.1节。

接下来，从技术节点发展变化来看照明条件的发展趋势。

（1）250nm技术节点中还在使用第2章所述的部分相干照明，即传统照明（Conventional Illumination）。

（2）为了提高分辨率以及优化光刻工艺窗口，从180nm技术节点开始就需要引入离轴照

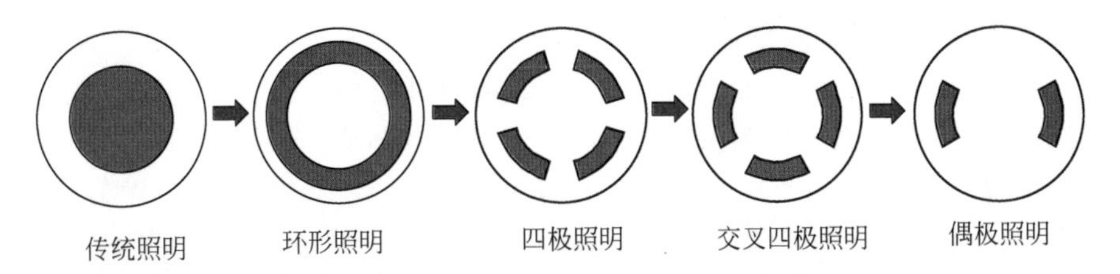

图 5.5　照明光瞳的发展变化趋势示意图

明和连续变角度照明。

(3) 到了 90nm 技术节点，不仅需要引入分辨率更高的 193nm ArF 干法光刻机，同时需要改进光刻机照明系统，利用衍射光学元件实现四极(Quasar)照明光瞳。

(4) 到了 28nm 技术节点，金属层次仍然使用 Quad 中的交叉四极照明实现金属布线的双向设计规则。由于前段与器件性能息息相关的栅极层次在线宽与周期持续缩小的情况下需要维持原有的光刻工艺性能或窗口，如较高的曝光能量宽裕度，较低的掩模误差因子，但是光刻工艺(包括光刻机与光刻胶等)的分辨率相比上一个技术节点(45/40nm)没有提高这么多，所以从这一节点开始前段的栅极层次需要改为单向设计规则，其照明方式也从这一节点开始需要选择合适的偶极照明(DP)，以充分利用照明光瞳来最大限度地提高对比度。

(5) 到了 16/14nm 技术节点(也包括 22/20nm)，表 5.2 中显示已经采用 SMO，此时光刻机中要有自定义的照明系统。由 4.1.3 节可知，EUV 光刻机中的照明系统直接采用自定义照明系统。

简单来说，随着技术节点的发展，最小设计规则周期逐渐缩小，为了使得对线宽均匀性要求较高的前段栅极层次的对比度仍然满足工艺标准要求，需要采用单向设计规则搭配合适的偶极照明；对于金属层次，其对光刻工艺窗口的要求比前段要低，在 10nm 技术节点之前还可以采用双向设计规则，同时采用交叉四极照明条件。通孔层次自使用离轴照明开始就一直沿用环形照明。即使采用了 SMO，照明条件的大概轮廓仍旧是环形照明。

除了需要知道选取哪种照明条件之外，一个合格的工程师还需要熟知照明条件中的各种参数是如何影响光刻工艺窗口的，这些参数包括照明光瞳中的内径、外径、张角以及数值孔径。当研发某个技术节点中的某一关键层次的光刻工艺时，需要在选定初始照明光瞳的基础上，优化照明光瞳中的这些参数，获得最佳的光刻工艺窗口。

5.3.1　照明光瞳选择的理论基础

1. 先进技术节点中初始照明光瞳的选择

随着先进技术节点的发展，图形的设计规则尺寸越来越小，需要采用离轴照明提高光学系统的分辨率。此外，在成像中，光刻工艺各参数(EL、MEF 和 DoF 等)还需要满足一定的光刻工艺标准，如 5.2 节所示。由第 2 章可知成像对比度(EL)与镜头收集的衍射光的多少息息相关，而衍射光的收集情况与照明光瞳直接相关。因此针对不同周期、不同图形，选择合适的初始照明光瞳也非常重要。本节主要讨论先进技术节点(从 28nm 开始)，前段栅极、中后段金属和通孔等层次中离轴的、初始照明光瞳的选择，一般有如下规律。

1) 对于前段栅极层次

为了获得足够的光刻工艺窗口，从 28nm 节点开始的栅极层次改为单向设计规则。同时，需要配合偶极照明才能使得光瞳收集足够多的衍射光，获得足够大的曝光能量宽裕度(对比度)。

(1) 选择 X 方向偶极照明。

一般来说，前段栅极设计规则沿着 Y 方向，如图 5.6(a)所示，需要选择沿 X 方向的偶极照明，如图 5.6(b)所示。对于 Y 方向图形来说，其衍射级是沿 X 方向展开的，偶极照明中两部分照明光经过掩模版之后的衍射过程如图 5.6(c)所示(为了方便阅读，拆解为图 5.6(d)和图 5.6(e))。对于衍射角度较大的密集图形，只有 0 级和 1 级两束光被镜头收集；由于采用偶极照明，镜头可以收集更多的 1 级衍射光，因此可以获得更高的曝光能量宽裕度。图示中的偶极照明的张角比较小，称为强偶极(0°～60°张角)。一般来说，只有在设计规则尺寸非常接近 193nm 水浸没式光刻机的衍射极限(72nm)时，如 76nm，才会采用强偶极照明(配合大内径、外径)。设计规则尺寸相对来说较大时，弱偶极照明可以兼顾一维图形的曝光能量宽裕度与尽量小的二维线端-线端的尺寸，有关张角对光刻工艺的影响可见 5.3.3 节。

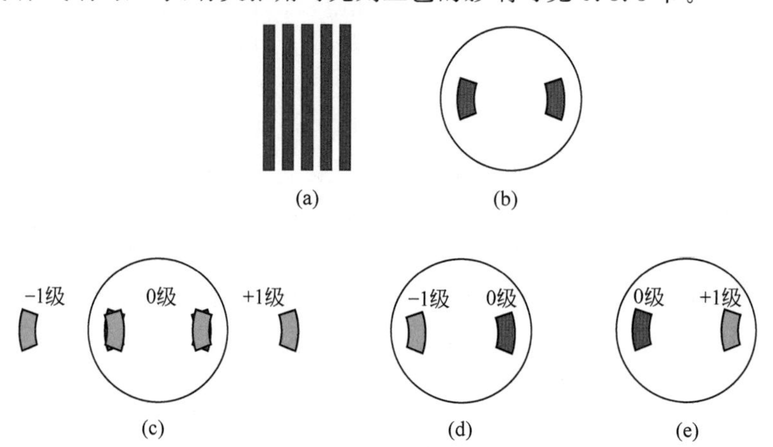

图 5.6　28nm 及以下技术节点中(a)前段栅极层次的设计规则(Y 方向)；(b)初始偶极(X 方向)照明光瞳；(c)衍射级分布；(d)(e)两图组成(c)

(2) 选择 Y 方向偶极照明。

若是对于 Y 方向的设计规则，采用沿 Y 方向偶极照明会出现什么结果呢？如图 5.7 所示，衍射级仍然是沿 X 方向展开，由于密集图形的衍射角较大，镜头只能收集 0 级光，单束光无法完成干涉成像。因此，Y 方向设计规则的照明光瞳必然选择沿 X 方向上的偶极照明，沿 Y 方向上的偶极照明无法对 Y 方向设计规则的成像对比度做出贡献。

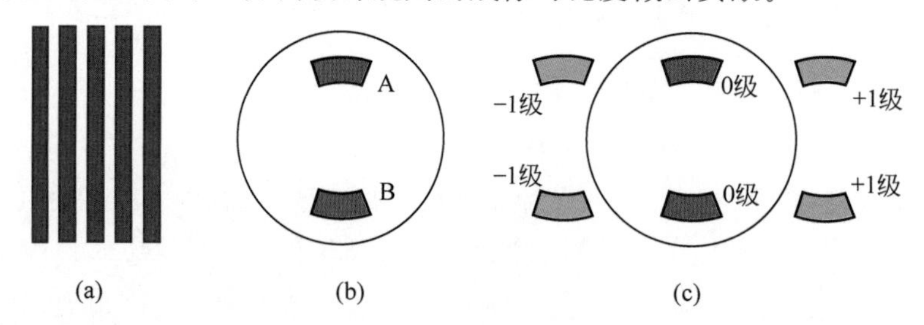

图 5.7　28nm 及以下技术节点中(a)前段栅极层次的设计规则(Y 方向)；(b)初始偶极(Y 方向)照明光瞳；(c)衍射级分布

2) 对于后段通孔层次

作为二维图形，通孔层次在 X、Y 方向上均需要有衍射级展开，且被光瞳收集。同时，照明条件还需要能减弱方角处的光学邻近效应影响，增加其光刻工艺窗口。因此，环形照明光瞳是通孔层次的最优选择，可以兼顾通孔层次图形在各个方向的成像，如图 5.8 所示。正如 5.2 节所述，自 180nm 技术节点开始，通孔层次的照明条件就一直是离轴照明中的环形照明。

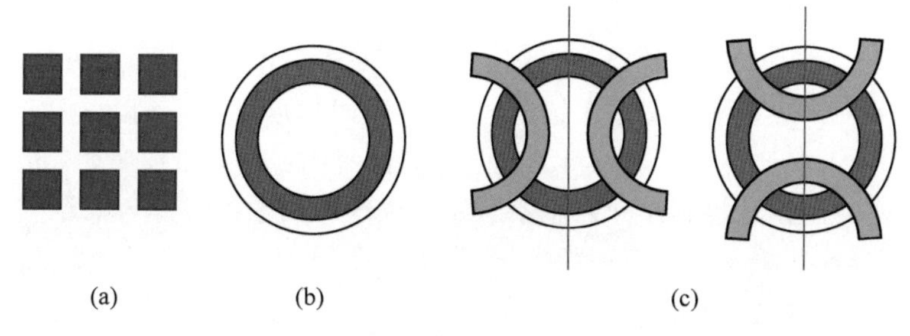

图 5.8　28nm 及以下技术节点中(a)通孔层次设计规则；(b)初始环形照明光瞳；(c)衍射级分布

3）对于后段金属层次

在 28nm 及更先进的技术节点中，根据金属层次的两种设计规则可以使用两种光瞳类型，如图 5.9 所示，一种是交叉四极照明，另一种是偶极照明。金属层次的设计规则和相应的照明光瞳一般分为以下两种情况。

第一，图形周期距离衍射极限有一定距离，可以采取双向设计规则。例如，最小周期为 90nm 的金属层次，沟槽尺寸为 45nm。其使用的光刻机为 193nm 水浸没式光刻机，衍射极限周期约为 72nm。可见，这一金属层次的最小设计规则周期与衍射极限有一定的距离。此时需要通过使用交叉四极照明条件，也就是两个方向上的偶极照明，实现两个方向上图形的曝光。但是，对于沿 X 方向的图形，X 方向的这部分偶极照明不起作用，此时 X 方向图形的 EL 会小于单独使用 Y 方向偶极照明时的 EL。同理，采用交叉四极照明时，Y 方向图形的 EL 也小于单独使用 X 方向偶极照明的 EL。而从 5.2 节可知，193nm 水浸没式光刻工艺后段对 EL 的要求不高，只要达到 13%就可以了。因此，交叉四极照明适合设计规则与衍射极限有一定的距离、对光刻工艺窗口要求不高的、采用双向设计规则的层次。

第二，图形周期挑战衍射极限。到了 10/7nm 技术节点，后段金属层次的设计规则逐渐缩小到 44nm 与 40nm，需要采用自对准的光刻-刻蚀方法完成图形。单次曝光的周期分别为 88nm 与 80nm，设计规则改为单向，同时需要配合偶极照明以实现单一方向图形最佳的光刻工艺窗口。图 5.9 中的 X 方向偶极照明针对的是沿 Y 方向的金属图形。

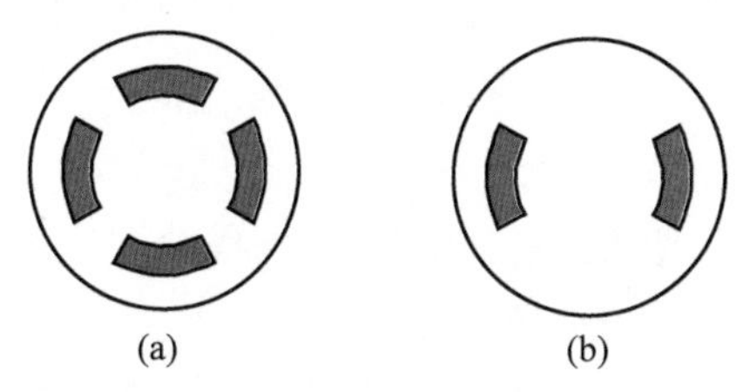

图 5.9　28nm 及以下技术节点中后段金属层次的初始照明光瞳：(a) 交叉四极照明；(b) 偶极照明

注意，照明条件的选择并非只针对最小设计规则，而是需要兼顾整个周期（Through Pitch，TP）的光刻工艺窗口，参考 5.3.2 节。如 5.2 节所示，每个技术节点中每个层次的 EL、MEF、DoF 都需要满足一定的规格。然而，随着照明条件的优化，光刻工艺中一些参数的性能是此消彼长的，所以需要根据每个节点的工艺标准来优化照明光瞳，使得光刻工艺窗口达到最合适的状态。例如，不能为了优化 LWR 进而得到更好的 CDU，一直提高 EL。因为当 EL 高于一定的数值后，LWR 不再继续变好，但是 EL 过度增加会明显损失 DoF，这是不利的。同时，5.2 节的工艺标准是从几十年的量产中总结出来的、最合适的一种状态，若在这个基础上继续提高整体的光刻工艺窗口，可能需要对工艺、设备进行更深入的优化，会造成大量的人力、物力损耗，不利于芯片生产的性价比。

此外，从以上讨论中可以清楚地获得以下结论：对于一维线条/沟槽图形，当图形周期逐渐缩小时，环形照明光瞳会损失很多1级衍射光，导致对比度下降。因此，需要将照明条件改为类似偶极照明的四极照明；再改为两个方向的偶极照明：交叉四极照明；最终发展为偶极照明，且张角还需要随设计规则尺寸缩小不断缩小以维持周期持续缩小后的对比度。目的是加强两个方向图形或者单一方向图形的成像，收集更多的1级光，以获得更高的图形对比度。到了非常极端的设计规则，如76nm，不仅需要将照明条件设置成强偶极，还需要加大照明的离轴角，即增加光瞳的内径与外径。

2. 先进技术节点中照明光瞳中参数的设置

根据上面的方法选定初始的照明光瞳之后，如何确定内径(σ_{in})、外径(σ_{out})以及张角等参数也是光瞳优化中的重要一环。本节以双向设计规则的沟槽(金属)层次为例，一般来说，193nm水浸没式光刻工艺中沟槽层次的最小双向设计规则为88～90nm，此处以90nm周期为例。选定交叉四极初始光瞳后，简要介绍确认照明光瞳中各参数的基本步骤。

(1) 首先确认平均半径，即内径外径的平均值σ_{ave}。

一般来说，σ_{ave}主要由设计规则中的最小周期90nm决定。为了获得最大的焦深，最好使得0级和1级衍射光围绕光轴对称，图5.10(a)即为离轴角度较大(图形周期较小)时的0级光与1级光对称的情况。0级与1级光之间的衍射角θ与曝光波长(λ)和硅片上图形周期(P)之间的关系如式(5.1)所示。

$$\sin\theta=\frac{\lambda}{P} \tag{5.1}$$

其中，λ为193.368nm，P为90nm，最终$\sin\theta\approx2.1485$，这一衍射角针对NA为1.35的镜头。由于光轴平分衍射角θ，因此可以将式(5.1)中衍射角换算到最大σ为1的光瞳上，获得如式(5.2)所示的σ_{ave}。

$$\sigma_{ave}=\frac{\sin\theta}{2NA} \tag{5.2}$$

得到内径与外径的平均值$\sigma_{ave}\approx0.8$。

(2) 接下来需要定照明光瞳中外径和内径的差值，即离轴照明的宽度。

这一宽度会对整个光刻工艺窗口有很大的影响，尤其是对DoF有较大的影响。已知0级和1级光围绕光轴基本对称时，图形才会有比较大的DoF。不同周期图形的衍射角不同，因此需要根据图形的种类选择合适的光瞳。

① 对于密集图形：由于0级与1级光之间的衍射角度较大，需要较大的离轴角度才能使得0级光与1级光围绕光轴对称。同时，对于单一周期的图形，光瞳中最好是两个点，即内径外径合并在一起。

② 对于周期较大的图形(尤其是无法添加SRAF的禁止周期)：0级与1级光之间的衍射角变小，要使两束光围绕光轴对称，需要减小这种比密集图形周期偏大的半密集图形的离轴照明角度，如图5.10(b)所示。

可以看出，密集图形倾向于更大的σ_{ave}(大离轴角)，而半密集图形需要的σ_{ave}偏小。在一个光刻层次中，一般会包含密集图形、半密集图形以及孤立图形。尽管密集图形的占比超过70%，也需要适当调整照明光瞳以平衡不同图形的焦深，获得整个周期上最佳的光刻工艺窗口。因此，一般会在密集图形计算得到的σ_{ave}的基础上做一些调整：减小σ_{ave}。另外，由于设

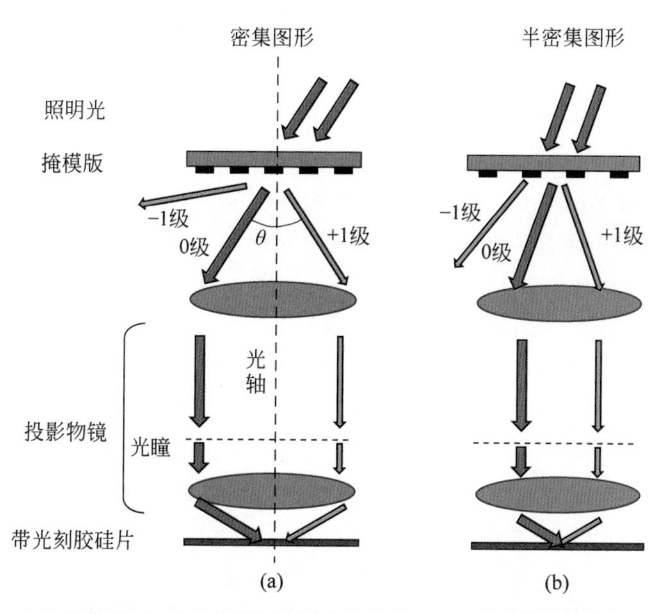

图 5.10 (a) 密集图形(最小周期)需要大离轴角;(b) 半密集图形需要小离轴角

计规则中并不只有一个图形周期,因此必须设置比较宽的外径与内径的差值,以获得整个周期上的较大的公共焦深(Commen DoF)。

一般来说,内外径之间的宽度需要大于或等于 0.16。否则,太小的宽度会使光强集中在镜头较小的范围内。长时间高强度的光不仅会损伤镜头,降低镜头使用寿命;还会造成小范围内镜头可能存在的像差对光刻工艺有较大的影响。另外,太小的宽度是接近相干照明的,会导致图形边缘成像质量变差。一般宽度的初始值可以设置为 0.2,那么 90nm 最小周期金属层次的初始 σ_{out}/σ_{in} 可设置为 0.9/0.7。

(3) 最后,确定张角的范围。

一般来说,将光瞳的初始张角设置一个整数,如 60°,这一张角的选择会直接影响沿 X、Y 方向图形的对比度,沟槽线端-线端的尺寸和线端的形状。

初步确定交叉四极照明光瞳中的内径外径的数值和张角之后,可以在这个条件附近做一些分组(Split)实验:改变内径外径宽度、离轴角度(σ_{ave})、张角大小等。通过对比各分组光瞳下仿真得到整个周期的光刻工艺窗口,得到最佳的照明条件。相比于偶极照明,交叉四极照明可以得到更小的线端-线端的尺寸以及线端-横线的尺寸,这部分仿真的详细内容见 5.3.3 节。

除了上述这些可以依靠 Zoom Telescope 和 Zoom Axicon 搭配 DOE 实现的照明,我们知道,自从 16/14nm(也包括 22/20nm)技术节点开始,照明光瞳采用自定义系统,SMO 的优势很明显,可以提高整个光刻工艺窗口。但是如果 SMO 过程中图形类型考虑得不周全,会造成光源没有兼顾到某些图形,这样的 SMO 光源是不合格的。在了解了不同照明条件以及内径、外径、张角的作用之后,也可以对 SMO 光源的合理性做初步的判断。

5.3.2 通过简单的仿真结果判断如何选择合适的照明光瞳

前面讨论了符合工业标准化的光刻工艺窗口,以及不同光刻层次选择初步照明光瞳、确定照明光瞳中各参数的规律。本节通过仿真论证 5.3.1 节中推荐的照明光瞳类型是合适的,以及在推荐的照明光瞳下的前段栅极和后段金属层次的工艺窗口可以满足光刻工艺标准化的要求。

另外，在 5.1 节的工艺总结中提到过，随着技术节点的不断发展，不仅照明方式在发展变化，还引入了很多分辨率增强技术(Resolution Enhancement Technique，RET)[35,47]来提高各个节点的光刻工艺窗口。一般来说，从 130nm 技术节点开始，RET 中引入亚分辨辅助图形(Sub-Resolution Assist Feature，SRAF)，其中就包含散射条(Scattering bar，Sbar)。选择合适的 Sbar 尺寸是一项非常重要的工作，既要能增加光刻工艺窗口，又不能让 Sbar 图形曝光到硅片上(特殊可曝出 Sbar(Printable Sbar)除外)。因此，除了照明光瞳的选择，本节还会讨论 Sbar 对光刻工艺窗口的影响以及如何选择合适的散射条的尺寸。

1. 先进技术节点前段栅极层次照明光瞳与 Sbar 的选择

通常，光刻工艺仿真中需要关注的几个重要的参数包含曝光能量宽裕度、掩模误差因子、焦深以及光学邻近效应修正(Optical Proximity Correction，OPC)的大小。如 5.2 节所述，标准化的光刻工艺窗口一般是指 EL 和 DoF 足够大，MEF 足够小，可以满足量产的要求，同时 OPC 在整个周期上又不能太大，容易加大 OPC 修正的难度。

本节以先进技术节点(如 28nm 技术节点)中的前段栅极为例，光刻工艺形成的主图形是光刻胶线条，SRAM 中最小的栅极周期为 117nm[27](台积电设计规则)，光刻工艺后硅片上线条尺寸可以定为 55nm。5.2 节中提到，当栅极的 EL≥18%，MEF≤1.5 时，才可以将线宽粗糙度尽可能控制在较低的水平，以得到更好的线宽均匀性，最终得到性能符合工业标准的器件。因此，栅极层次的设计规则也从 28nm 技术节点开始从双向变成单向，同时需要配合使用偶极照明(Dipole，DP)来实现一维栅极图形的高 EL 和低 MEF。接下来，从亚分辨辅助图形的添加、亚分辨辅助图形的尺寸以及照明方式的选择等方面讨论这一前段栅极层次的光刻工艺窗口，并验证单向设计规则的必要性。

1) 先进技术节点前段栅极层次中 Sbar 尺寸的选择

本节讨论在前段栅极光刻工艺中，不同尺寸的亚分辨辅助图形在硅片上的成像表现。如前所述，台积电的 28nm 技术节点中前段栅极在 SRAM 的最小周期为 117nm，但是由于逻辑区有更小的周期，所以这一层次将锚点设置在周期 107nm，掩模版上线条尺寸(Mask Critical Dimension，MCD)为 50nm(1 倍率)，硅片上线条尺寸(Wafer Critical Dimension，WCD)定为 55nm。照明条件为 NA=1.35，σ_{out}/σ_{in}=0.8/0.6，偶极，张角为 115°，采用 XY 方向的偏振。掩模版是透光率为 6%的相移掩模版(Phase Shift Mask，PSM)。光刻胶厚度为 90nm，等效光酸扩散长度为 5nm，显影方式为正显影。本节使用的全物理模型光刻工艺仿真软件(CF Litho)中 Sbar 的最小周期为 110nm，因此从 220nm 周期开始可以在两个主图形中间添加第一根 Sbar。图 5.11(a)表示偶极照明光瞳；图 5.11(b)表示锚点周期(107nm)的空间像；图 5.11(c)表示 Sbar 为 10nm 时，220nm 周期图形的空间像；图 5.11(d)表示 Sbar 为 15nm 时，220nm 周期图形的空间像；图 5.11(e)表示 Sbar 为 20nm 时，220nm 周期图形的空间像；图 5.11(f)表示 Sbar 为 25nm 时，220nm 周期图形的空间像。其中，图 5.11(c)～图 5.11(f)中的空间像仿真需要通过调整掩模版线宽，使得硅片线宽均为 55nm，即保持与锚点相同的阈值。

从图 5.11 中可以看出：

(1) 当 Sbar 线宽为 10nm 时，其最低空间像强度完全在阈值之上，由于 Sbar 与主图形一致，为线条(6%透光区)图形，所以 Sbar 并不会在硅片上出现。

(2) 当 Sbar 线宽为 15nm 时，其最低空间像强度刚刚低于阈值，所以 Sbar 线条会出现在硅片上。由于尺寸非常小，可以通过调整显影程序增加显影液冲击力度或者通过后续的刻蚀

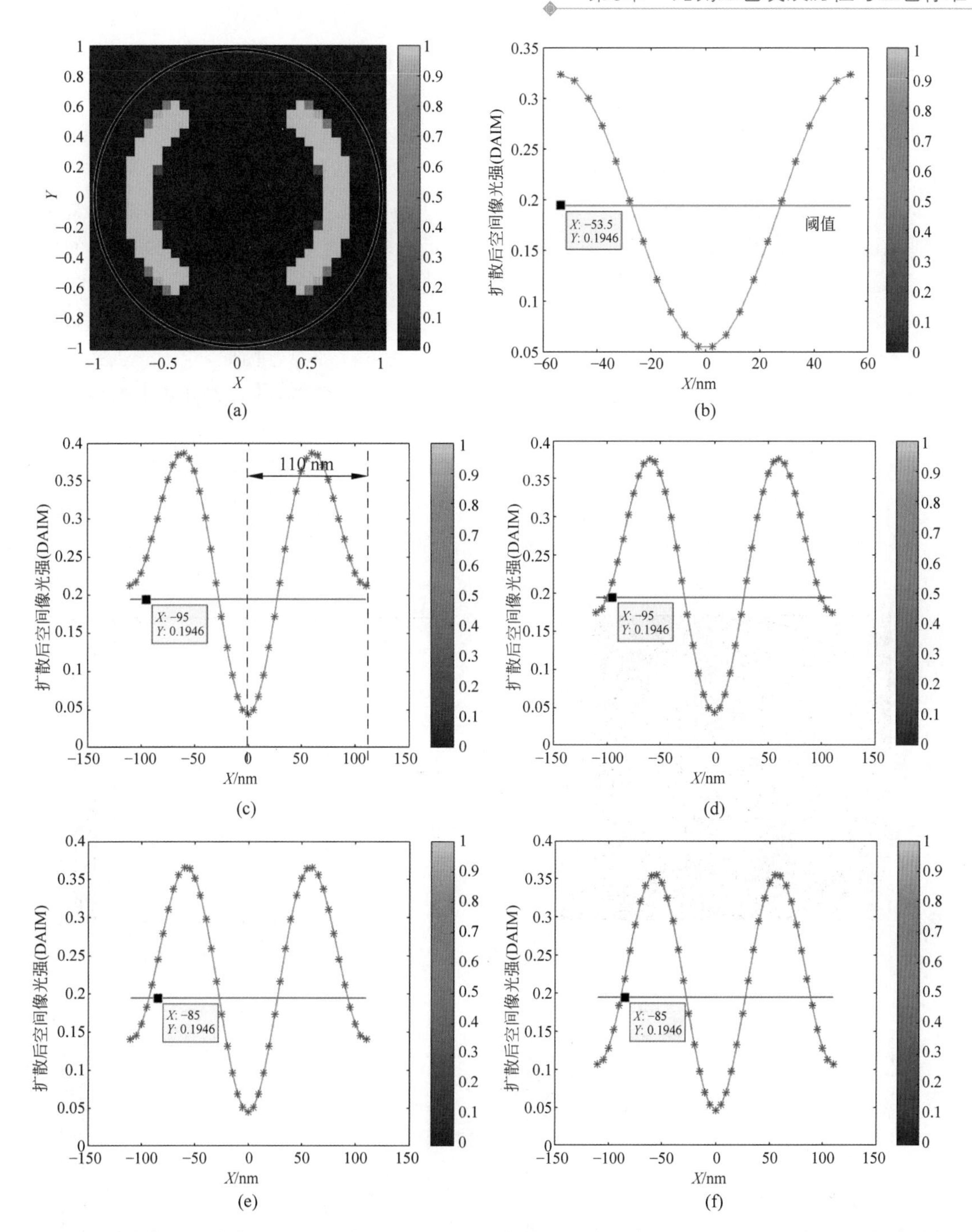

图 5.11 前段栅极层次中不同 Sbar 线宽时，220nm 周期的空间像示意图：(a) 照明光瞳；(b) 锚点周期(107nm)；220nm 周期，不同的 Sbar 尺寸：(c) Sbar 线宽 10nm；(d) Sbar 线宽 15nm；(e) Sbar 线宽 20nm；(f) Sbar 线宽 25nm

工艺，将这点类似光刻胶残留(Scum)的曝光在硅片上的 Sbar 线条去掉。即使不能通过显影或者刻蚀完全去除，栅极剪切层次也可以将此曝光到硅片上的 Sbar 完全去掉。

(3) 当 Sbar 线宽为 20nm 和 25nm 时，其最低空间像强度已经远低于阈值，所以硅片上会留下较大尺寸的 Sbar。

Sbar 被曝光到硅片上的这种现象称为散射条曝出(Sbar Printing)，一般来说，亚分辨辅助图形不能曝光在硅片上，这就需要预先知道 Sbar 的设计规则（尺寸、周期或者与主图形的距离等）。通常来说，在 28nm 逻辑技术节点中，前段栅极层次允许散射条曝出，只需通过后续的剪切层将多余的 Sbar 线条去除即可。一般来说，剪切 Printable Sbar 和剪切栅极的图形方向是相互垂直的，这就需要根据实际的设计规则情况来判断是否需要将剪切层次分到不同的掩模版中。

此外，锚点处掩模版上线宽（1 倍率）与硅片上线宽之间的差值称为掩模版线宽偏置（Mask Bias）。在上述栅极层次中，锚点处掩模版上的线宽为 50nm，要小于硅片上的线宽 55nm。这是因为在存在明显的衍射现象时，需要尽量将掩模版上能透光部分的线宽（4 倍率）做大（>曝光波长），使得光更容易穿过掩模版，降低掩模三维效应，提高光刻工艺窗口，例如，降低掩模误差因子，具体锚点和掩模版线宽偏置的选择见 6.7.4 节。因此，对于先进技术节点的前段线条层次（正显影）来说，一般都是掩模版上偏小的线条线宽，曝光到硅片上变成较大的线条线宽，也就是常说的“小曝大”，又称为曝光不足（Under Exposure）。

除了 220nm，继续通过仿真查看另一个周期（250nm）不同 Sbar 尺寸对应的空间像情况，如图 5.12 所示。从图中可以看出，15nm 的 Sbar 尺寸仍然是一个临界值：高于这一线宽，较大尺寸的 Sbar 会被曝光到硅片上，需要剪切层次去除；小于或等于这一线宽，即使硅片上有较小尺寸的 Sbar，也可以通过显影或者刻蚀去除。

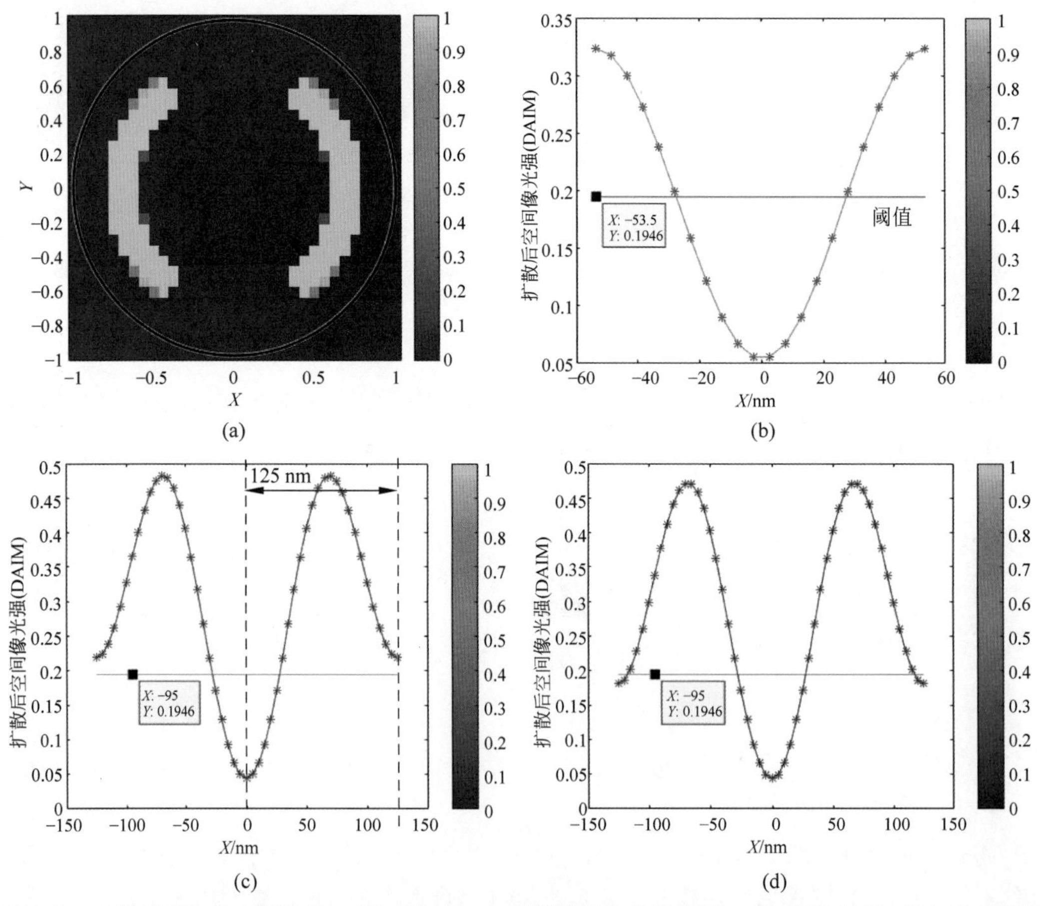

图 5.12 前段栅极层次中不同 Sbar 线宽时，250nm 周期的空间像示意图：(a) 照明光瞳；(b) 锚点周期（107nm）；250nm 周期，不同的 Sbar 尺寸：(c) Sbar 线宽 10nm；(d) Sbar 线宽 15nm；(e) Sbar 线宽 20nm；(f) Sbar 线宽 25nm

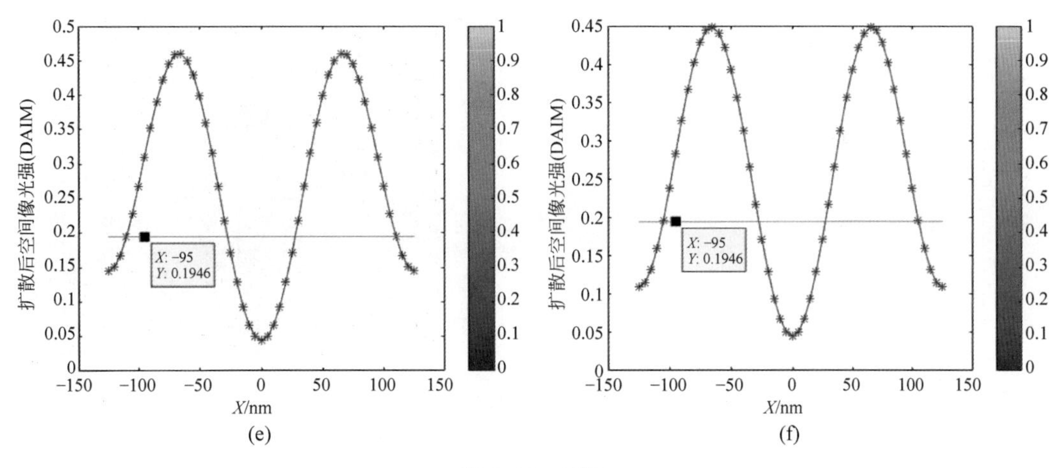

图 5.12 （续）

从图 5.11 中还可以看出，Sbar 空间像的谷值约为±110nm，也就是说，从 220nm 周期开始在两个主图形中间添加 Sbar。只有当主图形周期增加到三倍的最小 Sbar 周期 330nm 时，才会开始添加两根 Sbar。而图 5.12 中的周期为 250nm，所以这唯一的一根 Sbar 仍然需要添加在两个主图形之间，以公平优化相邻两个主图形的工艺窗口，因此 Sbar 空间像的谷值约为±125nm。随着技术节点从 28nm 继续推进到更先进的节点，如果明场环境下的设计规则尺寸更小，则需要更强（小张角）的偶极照明条件，这会增大 Sbar 曝光到硅片上的概率。因此，Sbar 的线宽也需要随之减小到掩模版制作的极限 10～12nm（1 倍率）。

2）Sbar 对光刻工艺窗口的影响

上面探讨了不同 Sbar 尺寸的成像情况，下面讨论 Sbar 的存在对光刻工艺窗口的影响。图 5.13 展示的是未添加 Sbar 时，照明光瞳与整个周期上光刻工艺窗口的仿真结果。仿真条件与上面相同：锚点周期为 107nm，线条的 MCD 为 50nm，线条的 WCD 为 55nm；照明条件为偶极照明：NA＝1.35，σ_{out}/σ_{in}＝0.8/0.6，张角为 115°；掩模版是透光率为 6%的 PSM，采用 XY 方向的偏振。光刻胶厚度为 90nm，等效光酸扩散长度为 5nm，显影方式为正显影。需要注意的是，栅极在整个周期上的 WCD 均为 55nm。其中，仿真结果中蓝色曲线为 OPC 之后的光刻工艺仿真数据（焦深曲线除外）。

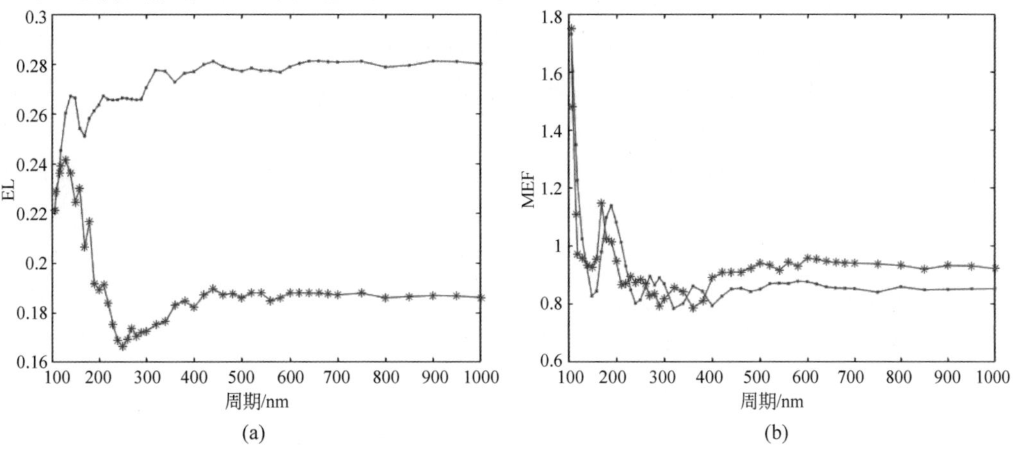

图 5.13　前段栅极层次未添加 Sbar 时，光刻工艺仿真结果示意图：(a) OPC 前后曝光能量宽裕度随周期变化；(b) OPC 前后掩模误差因子随周期变化；(c) 焦深随周期变化；(d) 照明光瞳；(e) OPC 前后硅片上线宽随周期变化；(f) OPC 前后掩模版线宽（1 倍率）随周期变化

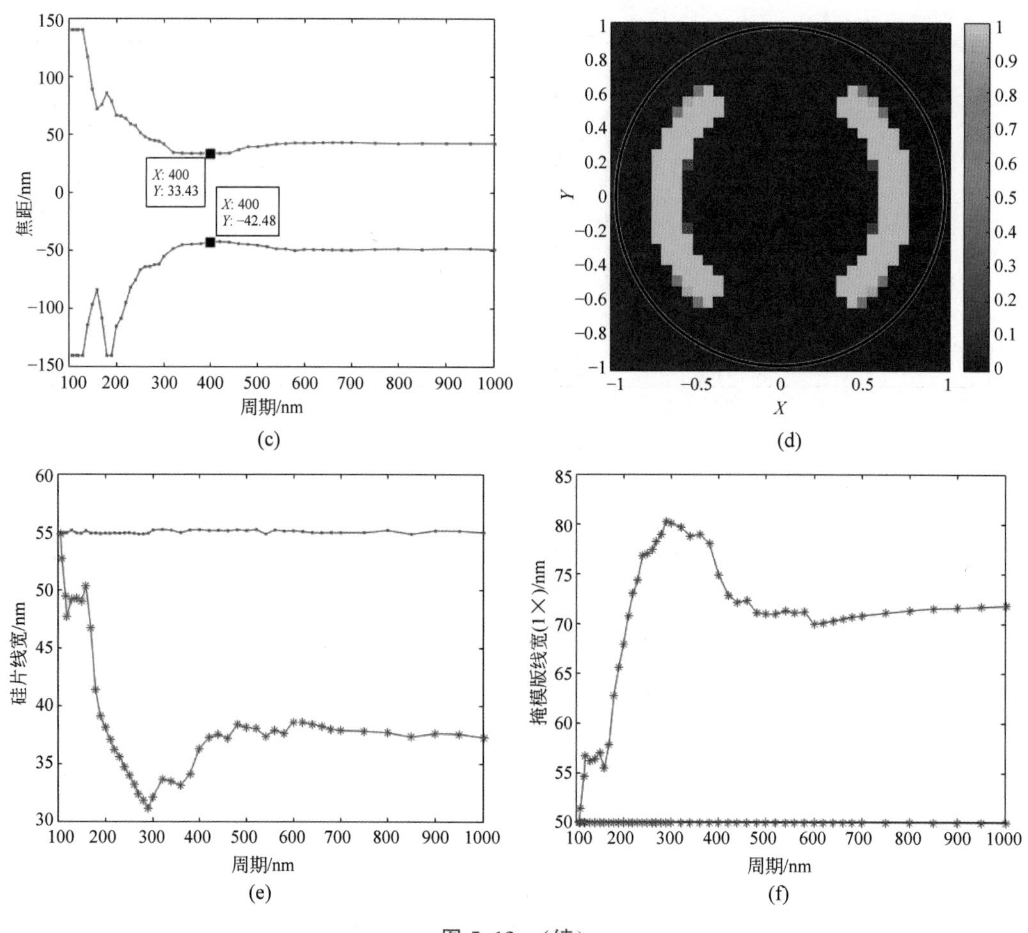

图 5.13 (续)

图 5.13(a)～图 5.13(c)分别为光刻工艺中的三个重要参数：EL、MEF 和 DoF。其中，EL 和 MEF 展示的是在 OPC 前后(蓝色为 OPC 之后)随周期的变化趋势，DoF 只有 OPC 之后随周期变化的趋势；图 5.13(d)为照明光瞳；图 5.13(e)为硅片上线条的线宽在 OPC 前后随周期的变化趋势，可以看到，OPC 之后 WCD 在整个周期上均为 55nm；图 5.13(f)为掩模版线宽(1 倍率)在 OPC 前后随周期的变化趋势，可以看到，MCD 在 OPC 之前均为锚点的 MCD，即 50nm，在整个周期上最大的 OPC 补偿值约为 30nm。接下来，按照 5.2 节所述的光刻工艺标准，对以上 OPC 之后的仿真结果进行分析。

(1) EL 在整个周期上都满足光刻工艺标准：EL≥18%。

(2) 对于 MEF：只有周期 107nm 以及 110nm 的 MEF 略高于 1.5，从第三个周期即 SRAM 区域的最小周期 117nm 开始一直到孤立图形(1000nm)，MEF 均小于 1.5。

(3) 图 5.13(c)中显示的是 OPC 后根据光刻胶形貌与线宽(目标线宽的±10%范围)共同确定的焦深随周期的变化，图中位于上方的曲线是正离焦，而位于下方的曲线是负离焦，公共焦深取正负离焦之间最小的差值。从图中可以看出，DoF 只有 70nm 左右，未达到 28nm 节点(见 6.5.3 节)所需要的至少 80nm(前段对焦深要求会更高一些)焦深的要求。

也就是说，在不添加 Sbar 时，栅极层次的 EL、MEF 基本可以满足光刻工艺的要求，但是焦深无法满足量产的最低需求。

接下来讨论添加了 Sbar 之后的栅极层次的光刻工艺窗口，如图 5.14 所示。其中，光刻工艺条件均与未添加 Sbar 的相同，Sbar 的最小周期为 110nm，Sbar 线条尺寸采用 15nm。同样基于 5.2 节所述的光刻工艺标准，对以上 OPC 之后的仿真结果进行分析。

（1）EL 在整个周期上都满足光刻工艺标准：EL≥18%。

（2）对于 MEF：从逻辑区的最小周期 117nm 开始都小于 1.5。

（3）基于线宽以及光刻胶形貌的公共焦深也达到了 95nm。注意，由于前段涉及晶体管器件的性能，因此其 DoF 需要比相应节点后段金属层次中 80nm 的 DoF 高，才能得到更好的线宽均匀性。

（4）由图 5.14(f)中 OPC 之后掩模版线宽随周期的变化结果可看出，添加 Sbar 之后，某些周期的 OPC 修正量有所降低。

从仿真结果来看，EL、MEF 以及 DoF 都已经符合量产对光刻工艺窗口的要求。因此，作为分辨率增强技术，Sbar 的添加是必然的。若继续增加 Sbar 尺寸，例如，从 15nm 增加到 20nm，焦深可以继续提高一些。

另外，从 DoF 图中还可以看出，无论是否添加 Sbar，对于前段主图形为线条的栅极层次，焦距在整个周期上向负向偏移，这与掩模版的三维（Mask 3 Dimension，M3D）[48] 散射效应有关。若主图形是沟槽，则 M3D 会造成整个周期上的焦距向正向偏移，与主图形为线条的栅极层次中的现象正好相反。一般来说，从 28nm 节点开始必须考虑 M3D 效应对光刻工艺窗口的影响。

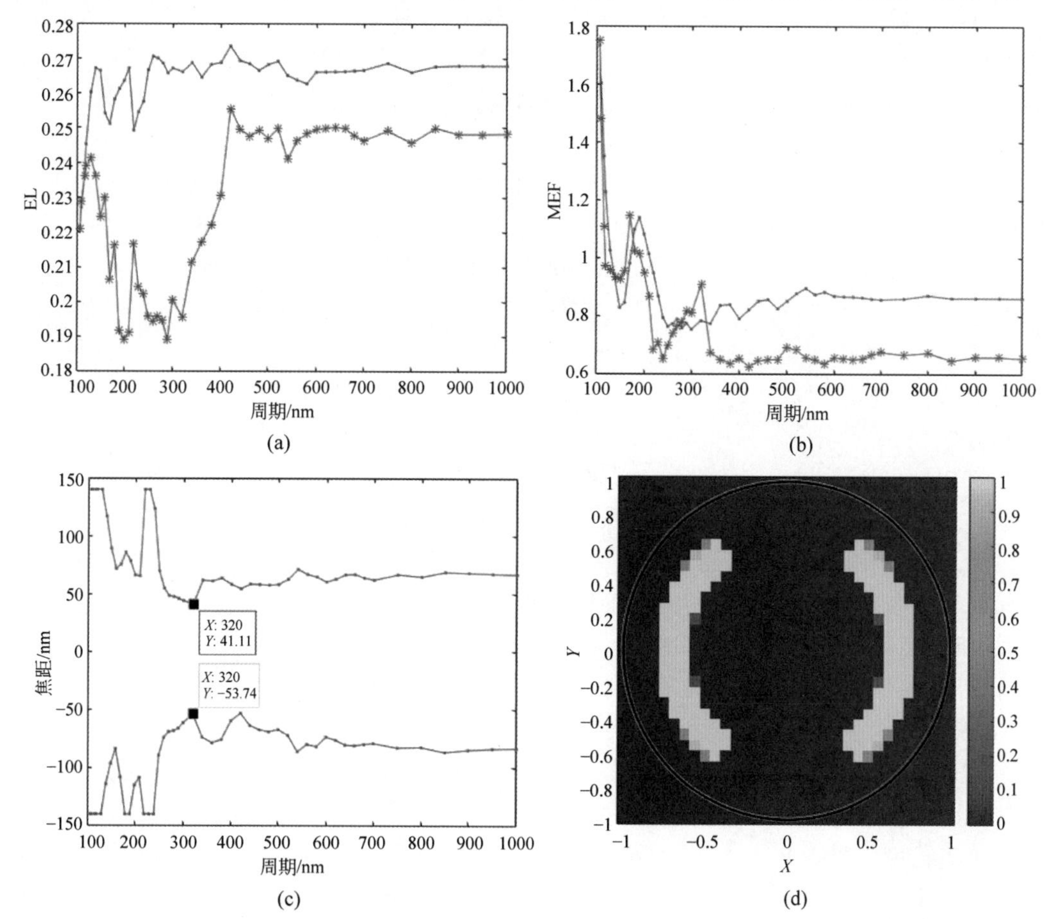

图 5.14　前段栅极层次添加 Sbar 时，光刻工艺仿真结果示意图：(a) OPC 前后曝光能量宽裕度随周期变化；(b) OPC 前后掩模误差因子随周期变化；(c) 焦深随周期变化；(d) 照明光瞳；(e) OPC 前后硅片上线宽随周期变化；(f) OPC 前后掩模版线宽（1 倍率）随周期变化

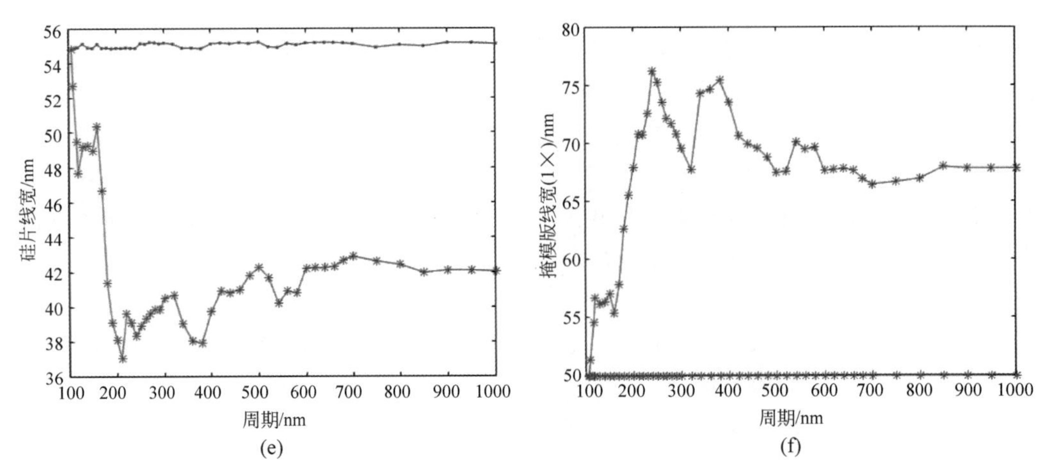

图 5.14 （续）

3）不同照明光瞳对前段栅极层次光刻工艺窗口的影响

接下来继续讨论不同照明光瞳对前段栅极层次光刻工艺窗口的影响，同时讨论 28nm 前段栅极为何需要单向设计规则。图 5.14 中是偶极照明条件下光刻工艺窗口的仿真结果，接下来分别使用另外两种照明光瞳进行仿真：0.85/0.65 CQ60°（交叉四极）照明以及 0.9/0.7 Quasar（四极）照明。其余仿真条件与前面相同：锚点周期为 107nm，线条的 MCD 为 50nm，线条的 WCD 为 55nm；NA 为 1.35；掩模版是透光率为 6% 的 PSM，采用 *XY* 方向的偏振。光刻胶厚度为 90nm，等效光酸扩散长度为 5nm，显影方式为正显影。

（1）交叉四极照明条件下的仿真结果。

对于 NA 为 1.35、$\sigma_{out}/\sigma_{in}=0.85/0.65$ CQ60°的照明方式，线条 Sbar 的线宽可以比偶极照明的更大一些。图 5.15(a)为照明光瞳，图 5.15(b)为锚点周期（107nm 周期）的空间像；图 5.15(c)是 Sbar 为 25nm 时，周期为 220nm 图形的空间像；图 5.15(d)是 Sbar 为 30nm 时，周期为 220nm 图形的空间像。对于图 5.15(c)和图 5.15(d)，通过调整掩模版尺寸，使得线条线宽达到 55nm 时的阈值与锚点阈值保持一致。

从图 5.15 中可以看出：当 Sbar 线宽为 30nm 时才刚会被曝光到硅片上。如 5.3.1 节所述，（*X* 方向）偶极照明会加强一维（*Y* 方向）图形的成像，增加其光刻工艺窗口，因此偶极照明条件下的 Sbar 更容易被曝光到硅片上。而在交叉四极照明条件下，对于一维图形来说，至少有一半的光是无法被利用的，所以 Sbar 不容易被曝光到硅片上。

因此，在交叉四极（CQ）的照明方式中，Sbar 最小周期为 110nm，线宽尺寸选择 30nm，以最大限度地提高光刻工艺焦深，仿真结果如图 5.16 所示。同样，基于 5.2 节所述的光刻工艺标准，分析交叉四极照明条件下、OPC 之后的仿真结果。

① 密集图形的 EL 只有约 15%，无法达到工艺标准的 18%。

② 密集图形的 MEF 超过 3，超过工艺标准要求（MEF≤1.5）的两倍。

③ 公共焦深只有约 60nm，与量产需要的 DoF≥80nm 的光刻工艺窗口差距很大。

这说明，可以兼顾两个方向设计规则的交叉四极照明条件已经无法满足这一节点栅极层次对光刻工艺窗口的要求。另外，从图 5.16(f)中还可以看出，随着周期增加，OPC 修正量逐渐增加；从可以开始添加 Sbar 时（220nm 周期开始添加第一根 Sbar），每新增一根 Sbar，OPC 补偿量会有明显下降；到达孤立图形之后，OPC 补偿量基本保持不变。

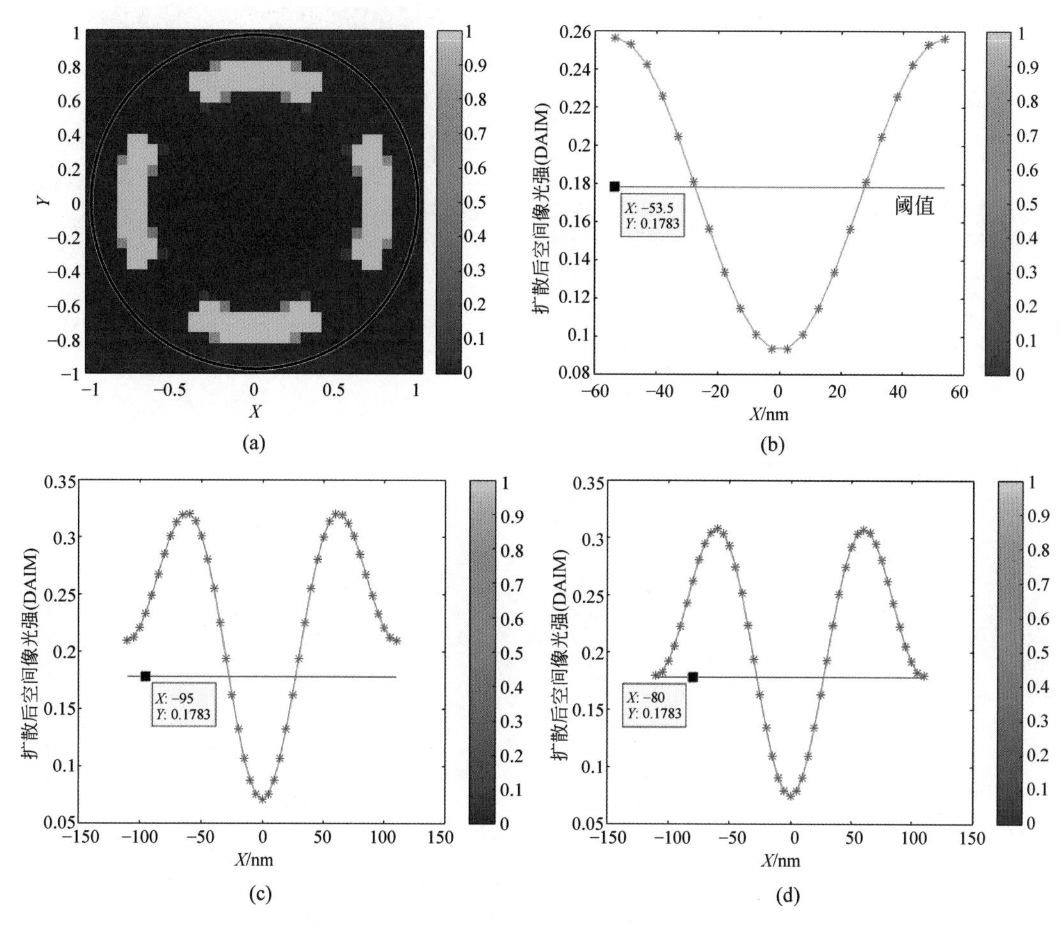

图 5.15　前段栅极层次中不同 Sbar 线宽时，220nm 周期的空间像示意图：(a) 交叉四极照明光瞳；(b) 锚点周期(107nm)；(c) 220nm 周期，Sbar 线宽 25nm；(d) 220nm 周期，Sbar 线宽 30nm

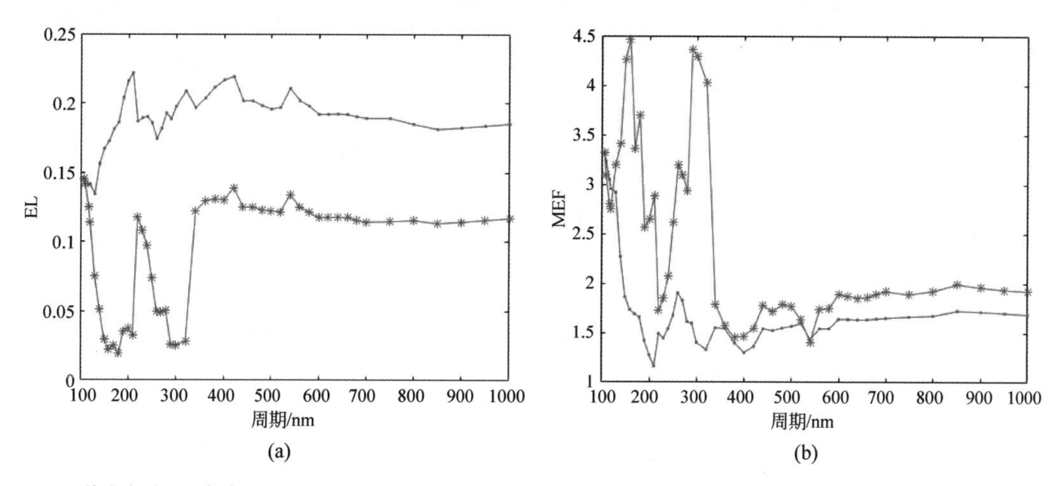

图 5.16　前段栅极层次在交叉四极照明条件下、添加 Sbar 时，光刻工艺仿真结果示意图：(a) OPC 前后曝光能量宽裕度随周期变化；(b) OPC 前后掩模误差因子随周期变化；(c) 焦深随周期变化；(d) 照明光瞳；(e) OPC 前后硅片上线宽随周期变化；(f) OPC 前后掩模版线宽(1 倍率)随周期变化

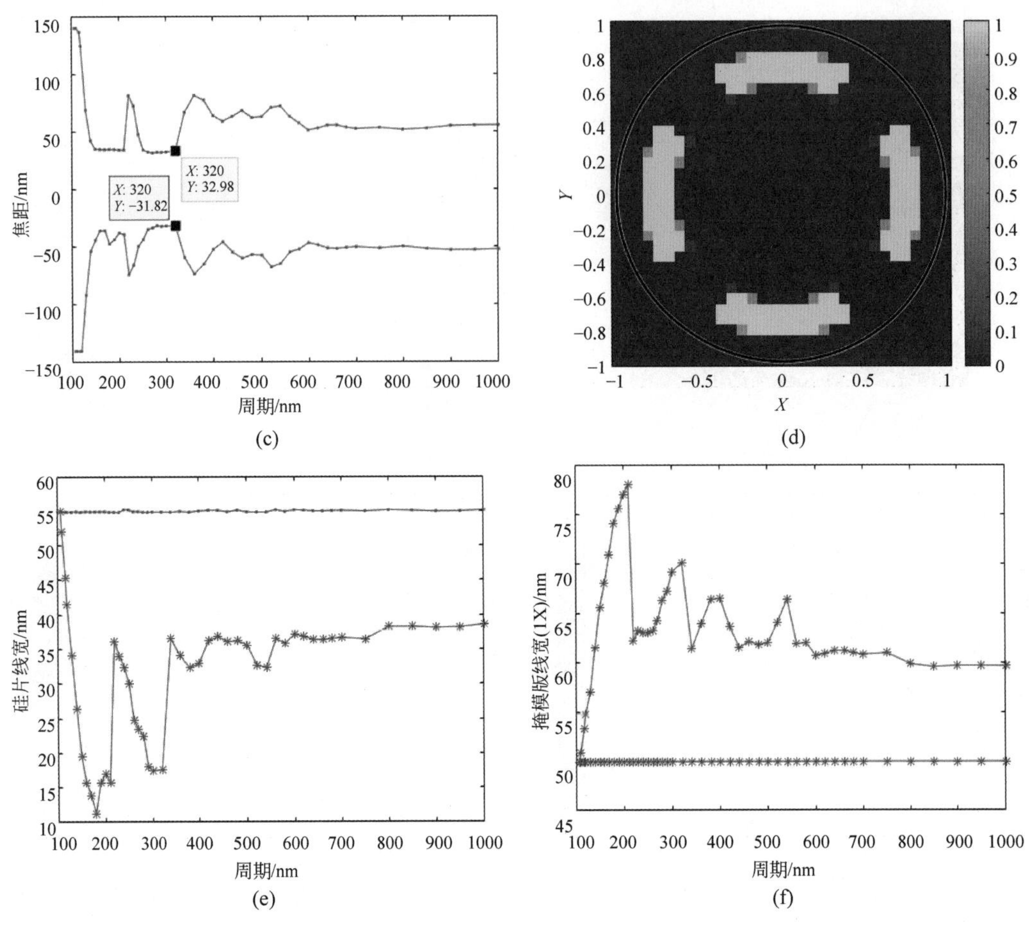

图 5.16 （续）

（2）四极照明条件下的仿真结果。

接下来是上述栅极层次(锚点 107nm)在 0.9/0.7 Quasar45°照明条件下的仿真结果。首先,还是先选取合适的 Sbar 线条尺寸,图 5.17(a)为照明光瞳,图 5.17(b)为锚点周期的空间像；图 5.17(c)是 Sbar 为 25nm 时,周期为 220nm 图形的空间像；图 5.17(d)是 Sbar 为 30nm 时,周期为 220nm 图形的空间像。对于图 5.17(c)和图 5.17(d),通过调整掩模版尺寸,使得线条线宽达到 55nm 时的阈值与锚点阈值保持一致。

与交叉四极照明方式相比,四极照明方式在 Sbar 为 30nm 时,曝光到硅片上之后的 Sbar 尺寸明显增大(处于阈值以下的部分增多)。这是因为四极照明类似弱偶极照明,会加强一维 Sbar 图形的成像。通过上述讨论,从 Sbar 在硅片上曝出图形的难易程度这一角度,可以对三种照明条件排序如下：偶极照明＞Quasar(四极照明)＞CQ(交叉四极照明)。可见,相同 Sbar 尺寸时,偶极照明最容易将 Sbar 曝光到硅片上,交叉四极照明需要兼顾两个方向上的图形,最不容易将 Sbar 曝出来。

图 5.18 为采用类似弱偶极照明的四极照明条件时,光刻工艺仿真结果与照明光瞳示意图。其中采用的 Sbar 最小周期为 110nm,线宽尺寸选择 25nm,以最大限度地提高光刻工艺焦深,其余仿真结果与图 5.16 中相同。同样基于 5.2 节所述的光刻工艺标准,分析四极照明条件下、OPC 之后的仿真结果。

① 与交叉四极照明条件下的仿真结果类似,密集图形的 EL 只有约 15%,无法达到工艺

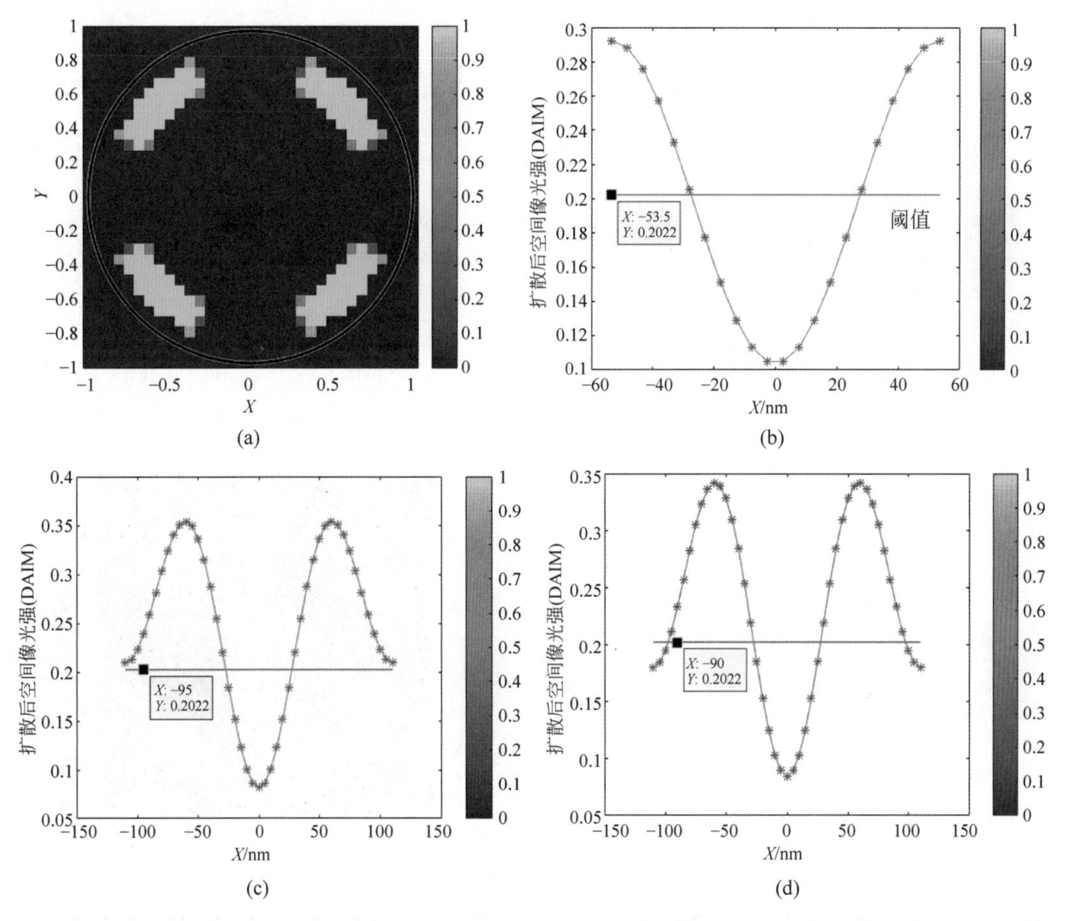

图 5.17 前段栅极层次中不同 Sbar 线宽时，220nm 周期的空间像示意图：(a) 四极照明光瞳；(b) 锚点周期 (107nm)；(c) 220nm 周期，Sbar 线宽 25nm；(d) 220nm 周期，Sbar 线宽 30nm

标准的 18%。

② 类似地，密集图形的 MEF 也超过 3，超过工艺标准要求(MEF≤1.5)的两倍。

③ 公共焦深超过 80nm，基本满足工艺需求。

尽管焦深基本符合量产需求，但是在设计规则中占比超过 70%的密集图形的 EL、MEF 均与标准相差较大。这说明，四极照明条件也无法满足栅极层次对光刻工艺窗口的要求。

综上，只能最大程度上优化一个方向上图形的偶极照明条件，才能使得此节点前段栅极层次的工艺窗口在整个周期上基本满足 EL≥18%、MEF≤1.5 以及 DoF 超过 80nm(甚至超过 90nm)。这也证明了 28nm 节点前段栅极层次的设计规则必须改成单向，并采用偶极照明条件才能完成这一层次的光刻工艺。随着图形周期逐渐接近衍射极限，偶极照明需要从弱偶极(大张角)发展到强偶极(小张角)照明。但是越强的偶极照明，单次曝光形成的线端-线端的尺寸越大，这就需要后续的栅极剪切层次完成较小的线端-线端的尺寸，具体见 5.3.3 节。Quasar 照明类似弱偶极照明，但是又可以兼顾周期较大时的两个方向的设计规则。如果需要兼顾两个方向的、周期较小的设计规则，则必须采用交叉四极(CQ)照明。

本节通过三个不同的照明条件仿真得到 28nm 技术节点前段栅极的光刻工艺窗口，通过与标准化的窗口对比，最终确定最合适的照明方式是偶极照明。随着对光刻知识学习的深入，确定设计规则之后，有经验的工程师马上可以给出合适的初始照明光瞳。如果使用 SMO 自

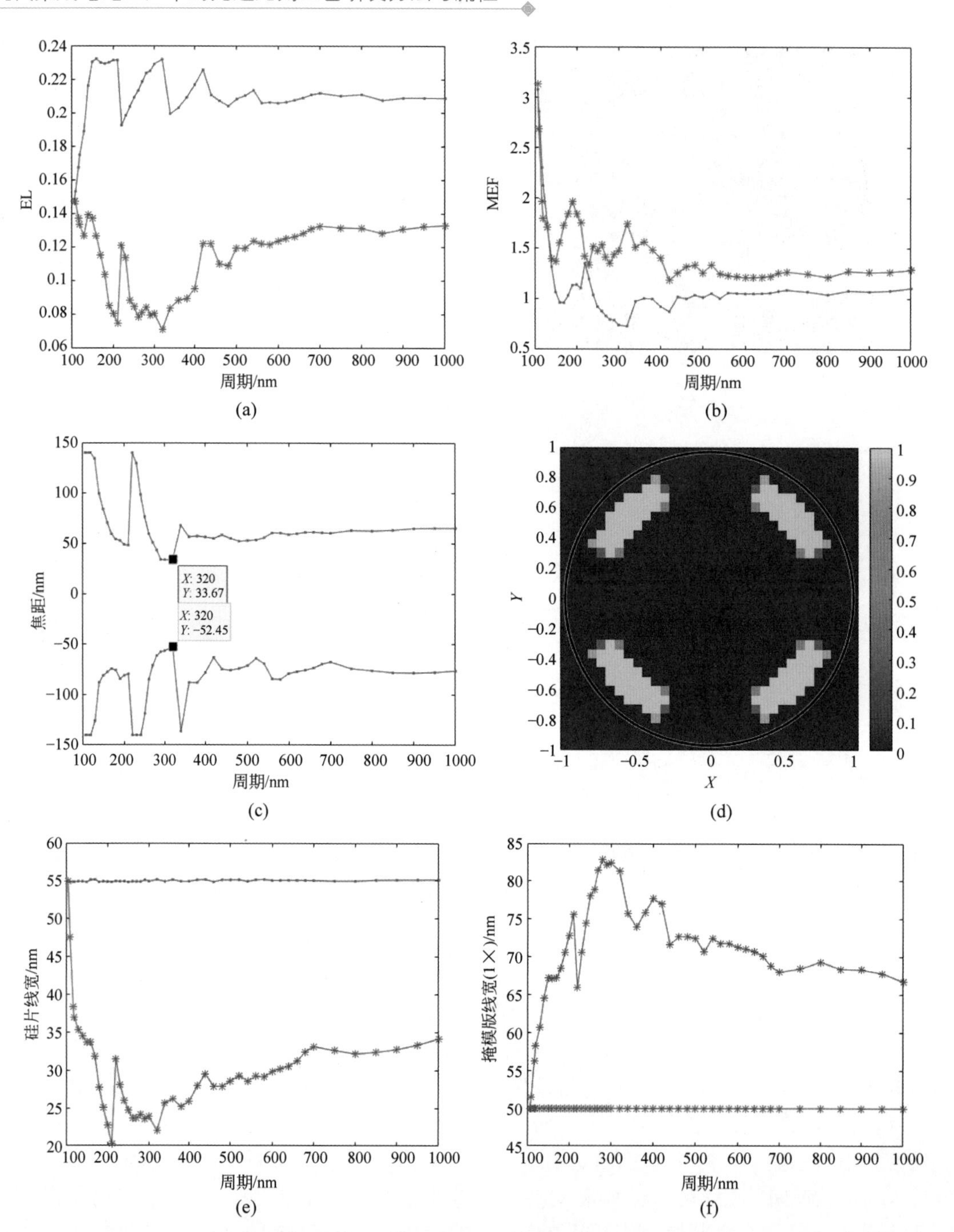

图 5.18 前段栅极层次在四极照明条件下、添加 Sbar 时，光刻工艺仿真结果示意图：(a) OPC 前后曝光能量宽裕度随周期变化；(b) OPC 前后掩模误差因子随周期变化；(c) 焦深随周期变化；(d) 照明光瞳；(e) OPC 前后硅片上线宽随周期变化；(f) OPC 前后掩模版线宽(1 倍率)随周期变化

由光瞳，也可以判断自由光瞳中的各个部分是为了优化哪些特定的图形。

2. 先进技术节点后段金属层次照明光瞳与 Sbar 的选择

1) 先进技术节点后段金属层次中 Sbar 尺寸的选择

从前面可知，Sbar 是必须要添加的，不仅可以提高公共焦深，还可以降低某些周期的 OPC 修正量。本节讨论双向设计规则沟槽(金属)层次 Sbar 的添加，一般来说，193nm 水浸没式光刻工艺中沟槽层次的最小双向设计规则为 88～90nm，此处以 90nm 周期为例，同时也是曝光的锚点。通过光学仿真和硅片数据确认，最佳的掩模版线宽为 50nm，硅片线宽（沟槽）为 45nm。掩模版是透光率为 6% 的 PSM，采用 *XY* 方向的偏振。光刻胶厚度为 90nm，等效光酸扩散长度为 5nm，显影方式为正显影。照明光瞳的 NA 为 1.35，初始照明光瞳的类型以及参数的设置见 5.3.1 节，经过优化确认后的照明条件为 $\sigma_{out}/\sigma_{in}=0.84/0.68$，Cross-Quasar (CQ)（交叉四极照明）60°。

本节讨论主图形为沟槽时，沟槽型 Sbar 线宽的选择，Sbar 的最小周期设置为 90nm，同时做了 180nm 和 200nm 这两个周期随着沟槽 Sbar 线宽变化的空间像仿真，如图 5.19 和图 5.20 所示。其中，图 5.19 对应的是周期为 180nm 图形的空间像随着 Sbar 线宽的变化，图 5.20 对应的是周期为 200nm 图形的空间像随着 Sbar 线宽的变化。两图中的 4 幅图分别为交叉四极照明光瞳；锚点周期(90nm)的空间像；Sbar 为 25nm 时的空间像；Sbar 为 30nm 时的空间像。对于后段金属层次，为了增加光刻工艺窗口，需要添加选择性线宽偏置（Selective Sizing Adjustment，SSA）[49]，也就是随着周期增加，需要增大硅片上沟槽的线宽值。对于 180nm 周期，其硅片上沟槽线宽为 60nm，因此图 5.19(c) 和图 5.19(d) 中的空间像在达到 60nm 沟槽线宽时的阈值应保持与锚点的阈值一致。对于 200nm 周期，其沟槽线宽为 65nm，因此图 5.20(c) 和图 5.20(d) 中的空间像在达到 65nm 线宽时的阈值应保持与锚点的阈值一致。

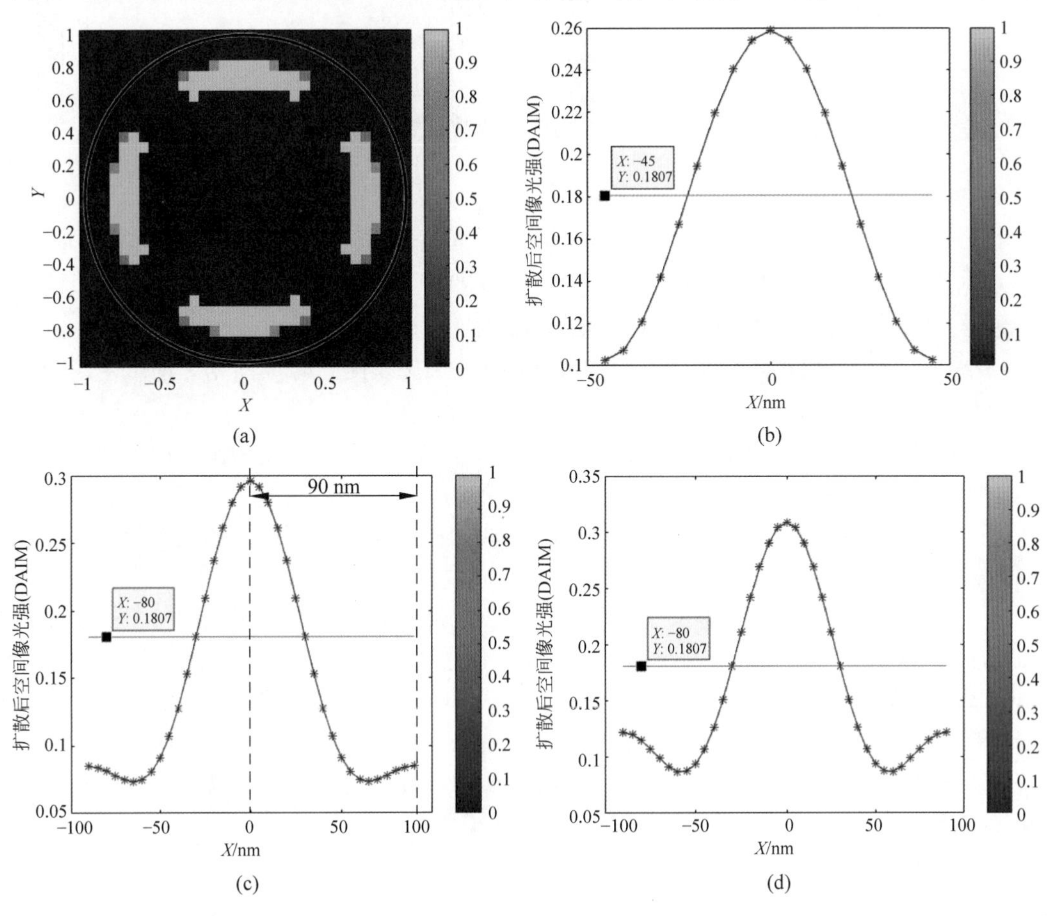

图 5.19　后段金属层次中不同 Sbar 线宽时，180nm 周期的空间像示意图：(a) 交叉四极照明光瞳；(b) 锚点周期(90nm)；(c) 180nm 周期，Sbar 线宽 25nm；(d) 180nm 周期，Sbar 线宽 30nm

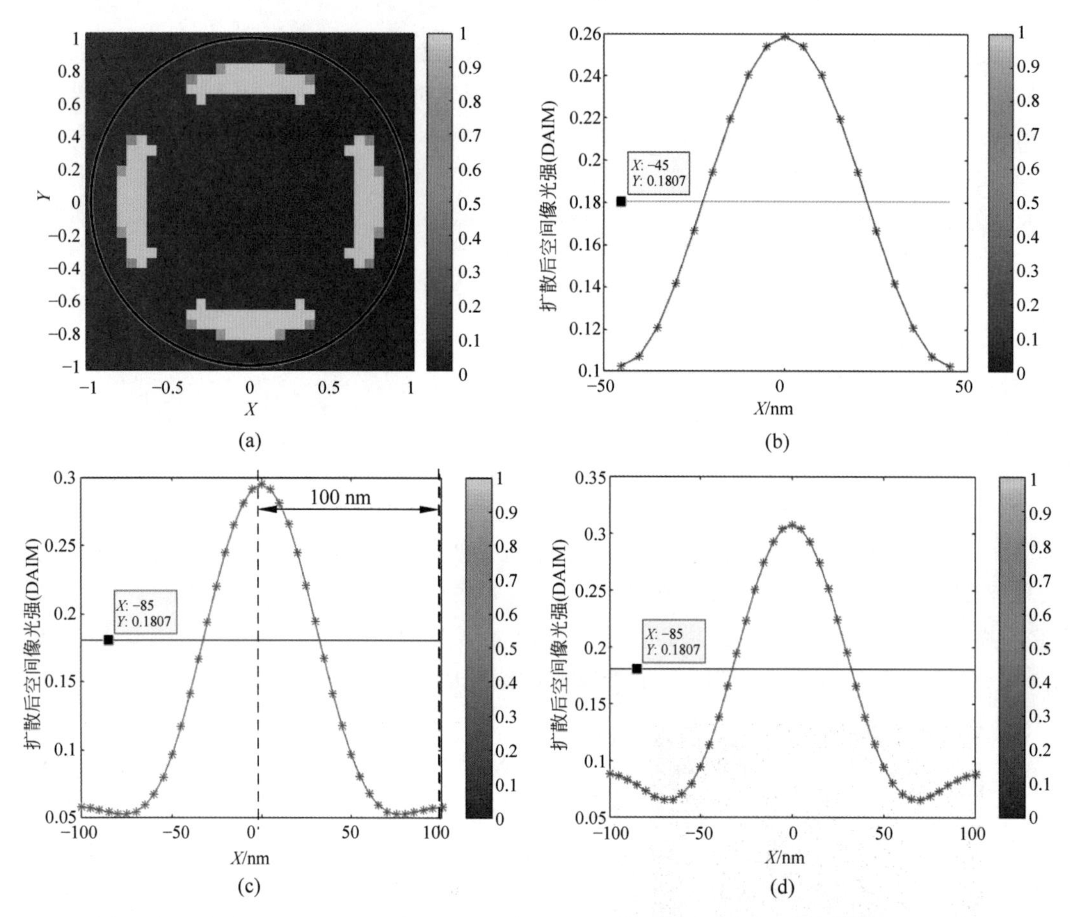

图 5.20 后段金属层次中不同 Sbar 线宽时，200nm 周期的空间像示意图：(a) 交叉四极照明光瞳；(b) 锚点周期(90nm)；(c) 200nm 周期，Sbar 线宽 25nm；(d) 200nm 周期，Sbar 线宽 30nm

另外，第一根 Sbar 从 180nm 周期开始添加在两个主图形中间，在周期小于 270nm(三倍锚点/最小周期)时只能在两个主图形中间添加一根 Sbar，以便同时提高相邻两个主图形的工艺窗口。

(1) 从图 5.19(c)和图 5.19(d)中可以看出，Sbar 图形中心(峰值)距离主图形中心(峰值)的周期即为 Sbar 的最小周期 90nm。

(2) 从图 5.20(c)和图 5.20(d)中可以看出，Sbar 图形中心(峰值)距离主图形中心(峰值)的周期也为主图形周期的一半即为 100nm。

(3) 另外，即使 Sbar 的沟槽尺寸增加到 35nm，也完全不会被曝光到硅片上(Sbar 光强在阈值之下，此处未列图)。而对于前段明场、主图形为线条的栅极层次，当采用偶极照明时，15nm 的 Sbar 就已经开始被曝光到硅片上；当采用 CQ 或者 Quasar 照明时，Sbar 在 30nm 时也会被曝光在硅片上。显然，主图形为沟槽时，沟槽 Sbar 更不容易被曝光到硅片上。这是因为，PSM 掩模版会加强线条图形成像，导致相同尺寸时，线条比沟槽更容易曝光到硅片上。这需要工程师根据实际情况，减小某些线条图形的掩模版线宽尺寸。

2) 选择性线宽偏置(SSA)对光刻工艺窗口的影响

(1) 整个周期上线宽保持一致。

由上述可知，对于前段栅极层次来说，整个周期的线条线宽是一致的，均为 55nm。对于后段金属层次，若整个周期的沟槽线宽均为 45nm，仿真结果如图 5.21 所示。仿真条件如下：

锚点周期为 90nm，MCD 为 50nm，WCD 为 45nm。掩模版是透光率为 6% 的 PSM，采用 XY 方向的偏振。光刻胶厚度为 90nm，等效光酸扩散长度为 5nm，显影方式为正显影。照明条件为 NA=1.35，σ_{out}/σ_{in}=0.84/0.68，Cross-Quasar(CQ)(交叉四极照明)60°。添加 Sbar，最小周期为 90nm，Sbar 沟槽尺寸为 25nm。

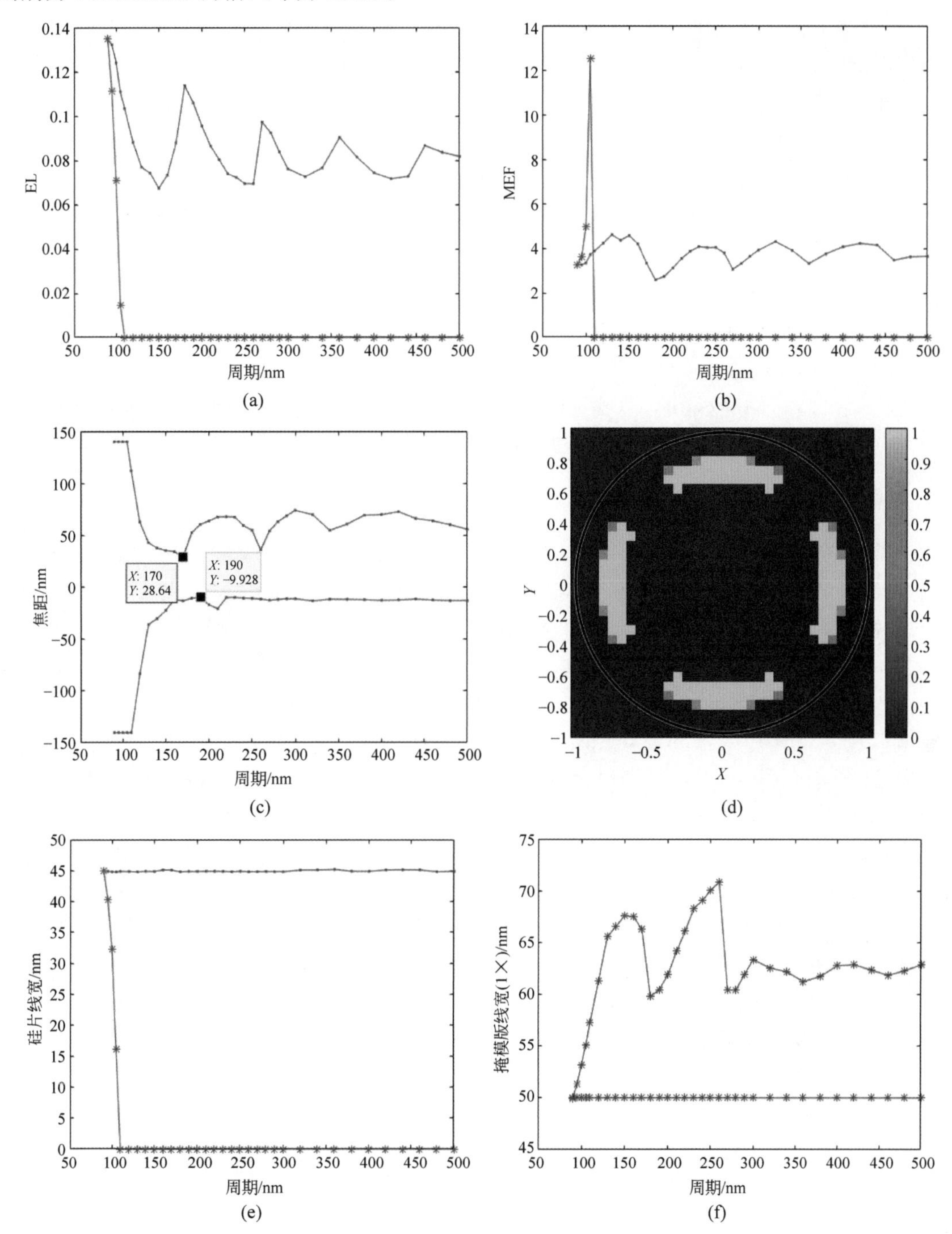

图 5.21　后段金属层次在交叉四极照明条件下、添加 Sbar、整个周期上线宽一致时，光刻工艺仿真结果示意图：(a) OPC 前后曝光能量宽裕度随周期变化；(b) OPC 前后掩模误差因子随周期变化；(c) 焦深随周期变化；(d) 照明光瞳；(e) OPC 前后硅片上线宽随周期变化；(f) OPC 前后掩模版线宽(1 倍率)随周期变化

图5.21(a)～图5.21(c)分别为光刻工艺中的三个重要的参数：EL、MEF和DoF。其中，EL和MEF展示的是在OPC前后(蓝色为OPC之后)随周期的变化趋势，DoF只有OPC之后随周期变化的趋势；图5.21(d)为照明光瞳；图5.21(e)为硅片上沟槽的线宽在OPC前后随周期的变化趋势，可以看到，OPC之后WCD在整个周期上均为45nm；图5.21(f)为掩模版线宽(1倍率)在OPC前后随周期的变化趋势，可以看到，MCD在OPC之前均为锚点的MCD，即50nm，在整个周期上最大的OPC补偿值约为20nm。

基于5.2节所述的光刻工艺标准，分析图5.21中的后段金属层次光刻工艺窗口。

① 只有在密集图形附近EL才勉强达到13%，从周期120nm开始一直到孤立图形的EL均低于10%，完全不能满足光刻工艺EL≥13%的要求。

② 对于MEF：在包含禁止周期在内的多个周期上都超过4，超出标准化MEF≤3.5的要求。

③ 考虑了光刻胶形貌和线宽之后的公共焦深只有约40nm，这远不能达到图5.21中设计规则对应节点所需要的至少80nm的焦深的要求。

如前文所述，从180nm周期可以添加第一根Sbar，每当周期增加90nm，就可以再多添加一根Sbar。从图5.21(a)、图5.21(b)、图5.21(f)中还可以看出，每次添加Sbar之后，EL都会有所上升，MEF都会有所下降，OPC修正量也会有所降低，但是最终结果仍然不能满足量产对光刻工艺窗口的要求。

(2) 随着周期增加线宽不断增大。

当整个周期采用相同的线宽，光刻工艺窗口无法满足量产需求时，需要添加选择性线宽偏置(Selective Sizing Adjustment，SSA)，仿真结果如图5.22所示。仿真条件与图5.21完全一致，只是随着周期的增加，硅片上沟槽线宽也在不断增加，其中一种SSA规则如下：从120nm周期开始将硅片上沟槽线宽增加到50nm，从140nm周期开始将线宽增加到55nm，从160nm周期开始将线宽增加到60nm，从200nm周期开始将线宽增加到65nm，从250nm周期开始将线宽增加到70nm，从300nm周期开始一直到孤立图形将线宽增加到75nm。

图5.22(a)～图5.22(c)分别为光刻工艺中的三个重要的参数：EL、MEF和DoF。其中，EL和MEF展示在OPC前后(蓝色为OPC之后)随周期的变化趋势，DoF只有OPC之后随周期变化的趋势；图5.22(d)为照明光瞳；图5.22(e)为硅片上沟槽的线宽在OPC前后随周期的变化趋势，可以看到，OPC之后WCD在整个周期上按照上述SSA规则逐渐增加(台阶式)；图5.22(f)为掩模版线宽(1倍率)在OPC前后随周期的变化趋势，可以看到，在OPC之前的MCD是在硅片沟槽目标(添加了SSA)的基础上增加了掩模线宽偏置(5nm)。

基于5.2节所述的光刻工艺标准，分析图5.22中添加SSA之后的光刻工艺窗口。

① 只有在没有办法添加Sbar的禁止周期附近EL小于13%(约为10%)，其余周期均能满足EL≥13%的要求。

② 对于MEF：只有在禁止周期附近略大于3.5(<4)，其余周期均能满足MEF≤3.5的要求。

③ 公共焦深DoF也达到80nm，完全满足光刻工艺的要求。

可见，在添加了SSA之后，后段金属层次的光刻工艺窗口(EL、MEF以及DoF)得到了大幅提升，后段金属层次无法像前段栅极层次一样获得一个统一的硅片目标线宽。

图5.23展示了OPC后有无SSA时线宽随周期变化的对比，可见添加了SSA后，OPC之后的硅片线宽随着周期呈现出台阶式的变化，证明成功添加了SSA。同样地，对于后段的通

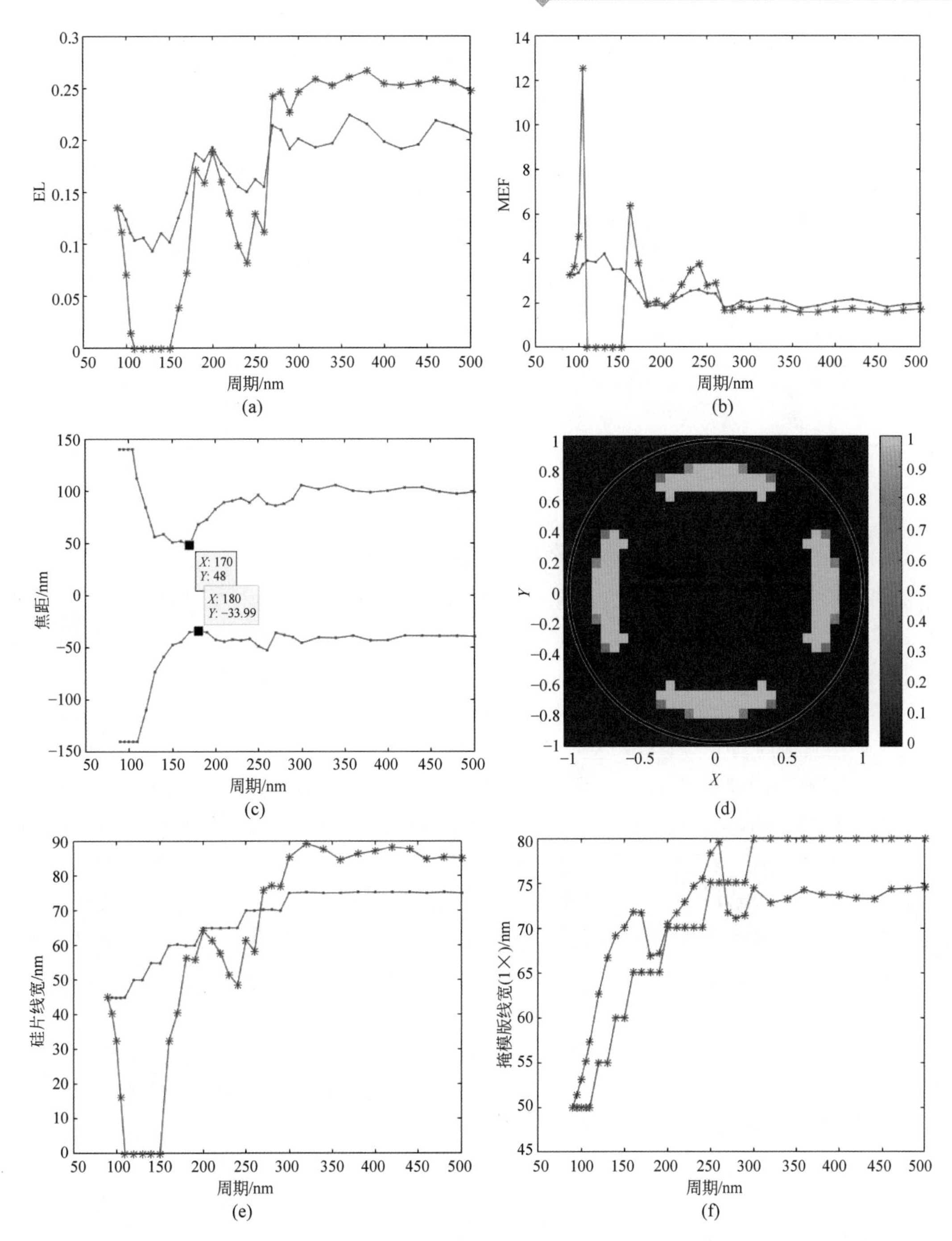

图 5.22 后段金属层次在交叉四极照明条件下、添加 Sbar、SSA 时，光刻工艺仿真结果示意图：(a) OPC 前后曝光能量宽裕度随周期变化；(b) OPC 前后掩模误差因子随周期变化；(c) 焦深随周期变化；(d) 照明光瞳；(e) OPC 前后硅片上线宽随周期变化；(f) OPC 前后掩模版线宽(1倍率)随周期变化

孔层次，也需要添加合适的 SSA，以提升光刻工艺窗口。

另外，无论是否添加 SSA，从 DoF 图中都可以看出后段主图形为沟槽的金属层次，焦距在整个周期上向正向偏移，这与掩模版的三维散射效应有关。前面讨论主图形为线条的栅极层次时提到过，其焦距向负向偏移，与沟槽的焦距偏移方向相反。同时，在半密集到孤立图形这一范围(以添加 Sbar 的对比)，沟槽的焦距偏移量要大于线条的焦距偏移量，这是因为线条图

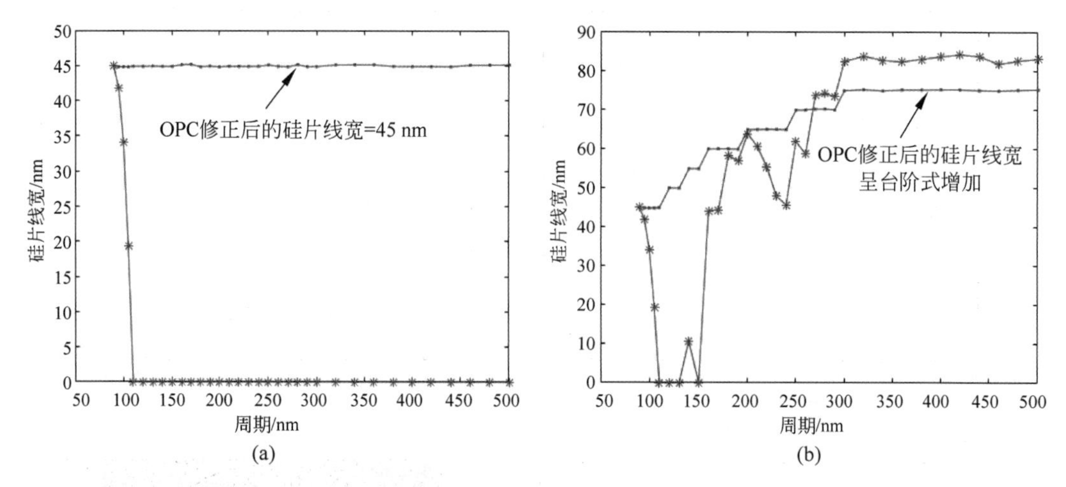

图 5.23 一维光刻空间像仿真结果中"线宽随周期变化"的对比：(a) 无 SSA；(b) 有 SSA

形到了大周期是明场照明，掩模三维效应变弱。

3) 不同照明光瞳对后段金属层次光刻工艺窗口的影响

前面讨论过，光刻工艺仿真过程中，照明光瞳的选择也至关重要。不同的设计规则，需要选择合适的照明光瞳，以获得满足要求的光刻工艺窗口。本节多次提到，交叉四极照明(CQ)可以兼顾两个方向上的设计规则。如图 5.22 所示，对于后段金属(沟槽)层次，当最小双向设计规则周期为 90nm 时，除了禁止周期附近，CQ 照明完全可以使得光刻工艺的重要参数 EL、MEF、DoF 在其他周期上均能满足量产的需求。由于是双向设计规则，只对一个方向图形的光刻工艺窗口有利的偶极照明肯定不适用在本层次。因此，本节会采用另外两种照明方式：环形照明和四极照明，来说明为什么 CQ 照明对于周期较小的双向设计规则的后段金属层次来说是最佳选择。其中，环形照明的光瞳为 NA＝1.35，0.9/0.7，CQ 照明的光瞳为 NA＝1.35，0.9/0.7，Quasar 45°。在这两种光瞳照明下，即使沟槽 Sbar 线宽为 30nm 时，也不会有曝光到硅片上的风险(未列出)。在这两种光瞳仿真过程中，选择添加的 Sbar 沟槽线宽为 25nm，最小周期为 90nm。

(1) 环形照明条件下的仿真结果。

首先是环形照明条件下，后段金属层次的仿真结果，如图 5.24 所示。环形照明条件为 NA＝1.35，0.9/0.7，除照明光瞳外，其余仿真条件与图 5.22 中的均相同。基于 5.2 节所述的光刻工艺标准，分析图 5.24 中环形照明条件下的光刻工艺窗口。

① 密集图形的 EL 只有约 10%，禁止周期的 EL 也明显小于 13%。

② 对于 MEF：密集与禁止周期附近的 MEF 超过 4，大于光刻工艺的标准(MEF≤3.5)。

③ 公共焦深刚刚满足这一层次需要达到的 80nm 的要求。

以上仿真结果说明，NA 为 1.35，σ_{out}/σ_{in} 为 0.9/0.7 的环形的照明方式无法满足最小周期为 90nm 的双向设计规则的金属层次对光刻工艺窗口的要求。

(2) 四极照明条件下的仿真结果。

图 5.25 中是四极照明条件(NA＝1.35，0.9/0.7，Quasar 45°)下光刻工艺窗口的仿真结果和照明光瞳，除照明光瞳外，其余仿真条件与图 5.22 中的均相同。基于 5.2 节所述的光刻工艺标准，分析图 5.25 中四极照明条件下的光刻工艺窗口。

① 密集图形的 EL 远小于 13%(约为 5%)，禁止周期的 EL 也明显小于 13%。

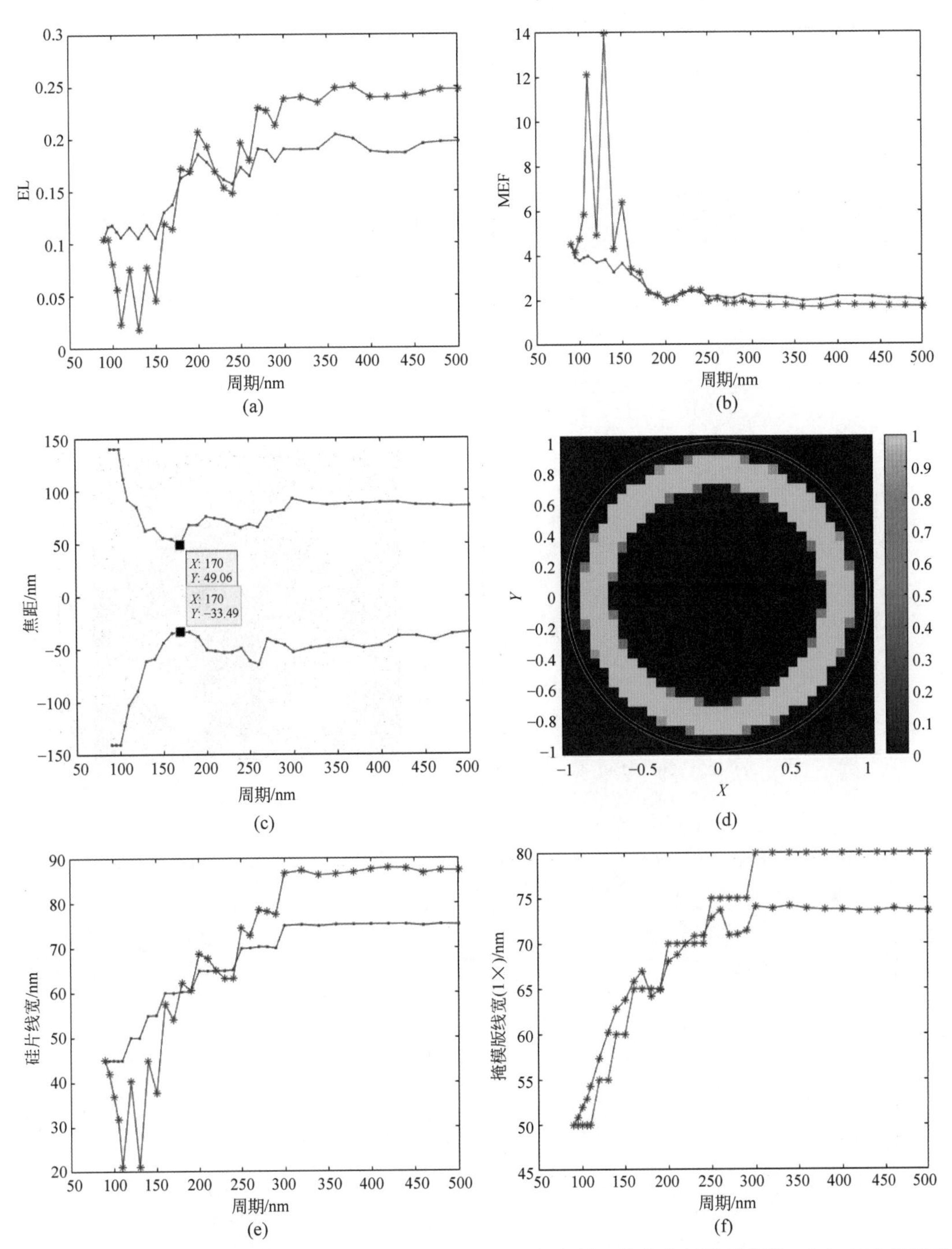

图 5.24　后段金属层次在环形照明条件下、添加 Sbar、SSA 时，光刻工艺仿真结果示意图：(a) OPC 前后曝光能量宽裕度随周期变化；(b) OPC 前后掩模误差因子随周期变化；(c) 焦深随周期变化；(d) 照明光瞳；(e) OPC 前后硅片上线宽随周期变化；(f) OPC 前后掩模版线宽(1 倍率)随周期变化

② 对于 MEF：密集图形的 MEF 远超工艺标准的 3.5(约为 10)，禁止周期附近的 MEF 也超过 4。

③公共焦深超过工艺标准的 80nm(约为 90nm)。

尽管 DoF 超过工艺标准，EL 与 MEF 与工艺标准差距较大，这说明四极的照明方式也无法满足最小周期为 90nm 的双向设计规则的金属层次对光刻工艺窗口的要求。

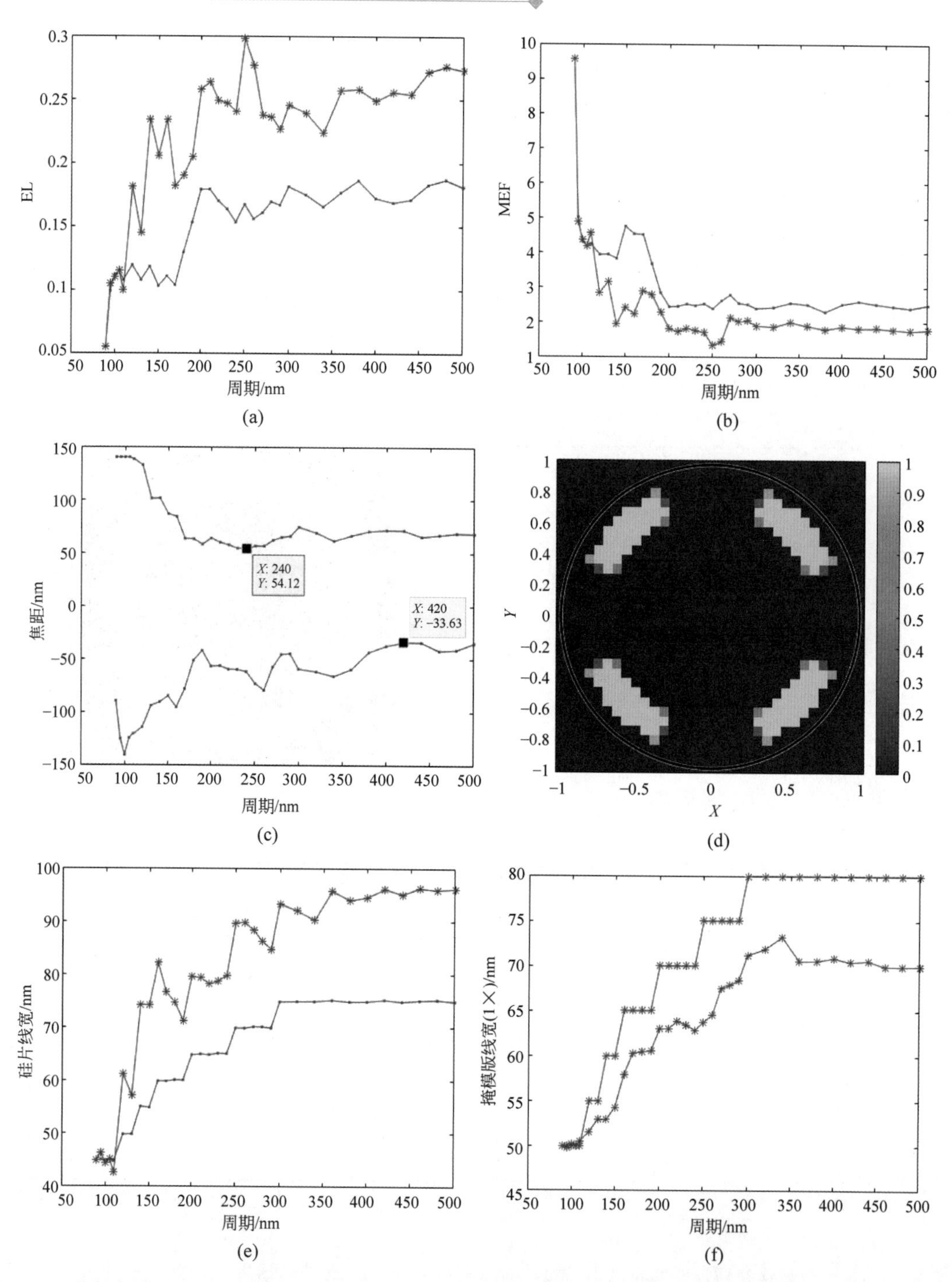

图 5.25 后段金属层次在四极照明条件下、添加 Sbar、SSA 时，光刻工艺仿真结果示意图：(a) OPC 前后曝光能量宽裕度随周期变化；(b) OPC 前后掩模误差因子随周期变化；(c) 焦深随周期变化；(d) 照明光瞳；(e) OPC 前后硅片上线宽随周期变化；(f) OPC 前后掩模版线宽(1 倍率)随周期变化

由第 2 章可知，随着设计规则中最小周期的不断缩小，照明条件由传统的部分相干照明，依次发展到离轴的环形照明、四极照明、交叉四极照明与偶极照明。对于环形照明和四极照明，只有在设计规则(双向)比衍射极限大得多的情况下才适用。对于较为接近(有一定距离)衍射极限的(如 90nm 最小周期)、采用双向设计规则的后段金属层次，交叉四极照明中两组偶极照明可以分别加强两个方向设计规则的成像对比度，使得光刻工艺窗口满足工业标准。

5.3.3　仿真举例照明光瞳对线端-线端的影响

5.3.2节中的仿真主要针对一维整个周期的图形，对于不同的设计规则，需要选择不同的照明条件。例如，28nm节点中对工艺窗口要求较高的前段栅极，采用的是单向设计规则配合偶极照明条件；而对工艺窗口要求低一些的后段金属层次(例如，最小设计规则周期为90nm的节点)，仍然可以采用双向设计规则配合交叉四极照明。在先进技术节点前段栅极中，还会引入一层剪切层次，用来切开不能相连的晶体管和曝光到硅片上的Sbar。那么，什么时候开始采用剪切层切开不能相连的晶体管呢？当单次曝光形成的线端-线端的尺寸较大，无法满足设计规则的要求时，就需要引入额外的剪切层，实现不相连晶体管的断开，且断开的距离较小。

本节主要针对二维线端-线端图形，通过仿真讨论偶极照明条件中的张角对线端-线端的影响。另外，本节还会讨论28nm技术节点中前段栅极和最小设计规则为90nm周期的后段金属层次中，通过一次曝光可以实现的最小线端-线端的尺寸(光刻后)。若设计规则继续缩小，无法通过单次曝光实现线条或者沟槽的短距离分隔，则需要引入额外的剪切层次。

1. 照明条件中张角的作用

首先讨论照明条件中张角的作用，先以采用偶极照明条件的28nm技术节点前段栅极层次为例。前面提到，这一层次的锚点周期设置在107nm，MCD为50nm(1倍率)，WCD为55nm。照明条件为NA 1.35，采用XY方向的偏振。掩模版是透光率为6%的相移掩模版。光刻胶厚度为90nm，等效光酸扩散长度为5nm，显影方式为正显影。仿真结果如图5.26所示。仿真采用X方向的偶极照明条件，其中，σ_{out}/σ_{in}为0.8/0.6，张角分别为115°、90°、60°、30°，即偶极照明由弱到强。图5.26(e)中是总结了切线1以及切线2的线宽以及曝光能量宽裕度。具体结果如下。

(1) 对于切线1处的密集线条图形来说：从图5.26(e)中可以看出，随着照明条件从弱偶极(115°)变成强偶极(30°)照明，曝光能量宽裕度不断增加，且都超过工艺窗口要求的18%。这也验证了前面提到的，对于Y方向图形，X方向偶极照明越强，镜头收入的1级衍射光越多，成像对比度越高。

(2) 对于切线2处线条的线端-线端来说：只要EL≥10%即可满足量产的需求。因此，在这一标准工艺窗口下(通过调整掩模版上线端-线端尺寸，偶极照明张角越小，掩模版线端-线端尺寸越大)，随着照明条件从弱偶极变成强偶极，仿真后线端-线端的尺寸在不断增加，并且光刻胶线端处也变得有点尖锐。

由仿真结果可以看出，X方向的偶极照明有利于Y方向图形的工艺窗口。根据经验表明，对于同样的掩模版间隙宽度，偶极照明张角越小，线端-线端尺寸也越小，但是会损失线端对比度。在保证线端-线端对比度达到工艺标准(如10%)的情况下，偶极照明张角越大，线端-线端尺寸可以做得越小。另外，较小的张角不仅会造成线端-线端尺寸(线端工艺窗口达到要求时)变大，且形貌也变尖锐，这样的光刻胶线条形貌经过后续的刻蚀之后，会造成更多的线端缩短，导致最终断开的栅极之间的间隙更大。

前面以周期107nm为例时，线条的线端-线端的尺寸以及形貌随着偶极照明的强弱变化并没有非常明显的变化。接下来，以周期84nm为例观察偶极照明张角对线条线端-线端尺寸和形貌的影响，这一周期为某些代工厂14nm技术节点前段栅极层次的最小设计规则。具体仿真条件如下：周期为84nm，MCD为39nm(1倍率)，WCD为39nm。照明条件为NA 1.35，

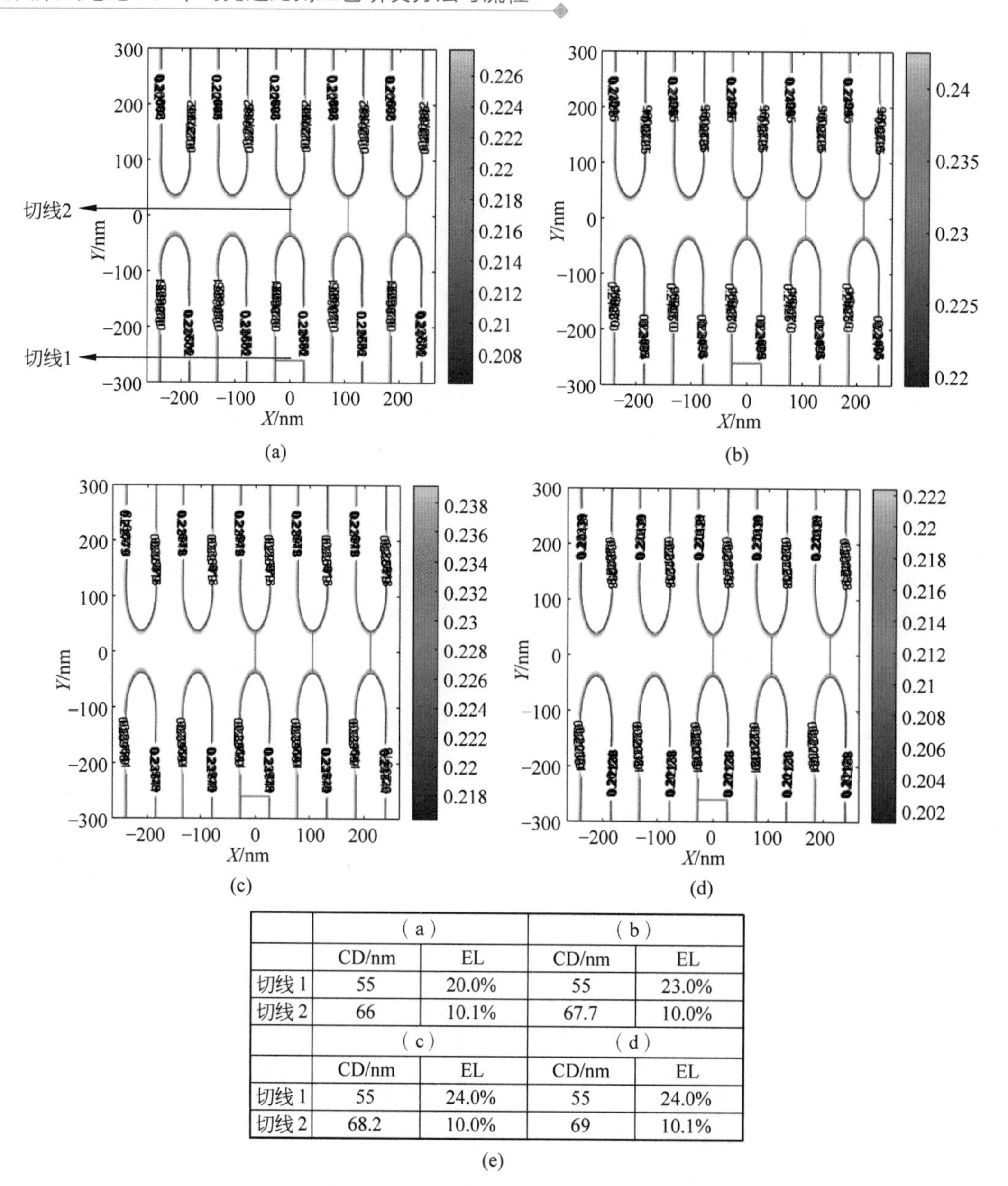

	(a)		(b)	
	CD/nm	EL	CD/nm	EL
切线1	55	20.0%	55	23.0%
切线2	66	10.1%	67.7	10.0%
	(c)		(d)	
	CD/nm	EL	CD/nm	EL
切线1	55	24.0%	55	24.0%
切线2	68.2	10.0%	69	10.1%

图 5.26　前段栅极层次中周期为 107nm 的图形，偶极照明张角对线端-线端的影响：(a) 偶极 115°；(b) 偶极 90°；(c) 偶极 60°；(d) 偶极 30°；(e) 切线 1 与切线 2 处的线宽与曝光能量宽裕度总结。

采用 XY 方向的偏振。掩模版是透光率为 6%的相移掩模版。光刻胶厚度为 90nm，等效光酸扩散长度为 5nm，显影方式为正显影。仿真结果如图 5.27 所示。仿真采用 X 方向的偶极照明条件，由于锚点周期较小，因此需要采用较大的 σ_{out}/σ_{in}：0.97/0.81。偶极张角分别为 115°、90°、60°、30°。图 5.27(e)中同样总结了切线 1 以及切线 2 处的线宽以及曝光能量宽裕度。具体结果如下。

(1) 对于切线 1 处的密集线条图形来说：随着照明条件从弱偶极(115°)变成强偶极(30°)照明，曝光能量宽裕度不断增加，且变化非常明显。由于周期太小，一定需要强偶极照明(张角接近 60°)才能实现 EL≥18%。对于周期非常接近衍射极限的图形，可以更好地验证：偶极照明越强，镜头收入的衍射级越多，成像对比度越高这一结论，同时内径外径的平均值(离轴角)

需要更大才能保证 1 级(或者−1 级)光被投影物镜有效地收集。

(2) 对于切线 2 处线条的线端-线端来说：只要 EL≥10%即可满足量产的需求。因此，在这一标准工艺窗口下(通过调整掩模版上线端-线端尺寸，偶极照明张角越小，掩模版线端-线端尺寸越大)，随着照明条件从弱偶极变成强偶极，线条线端-线端的尺寸从 82nm 左右增加到 100nm 以上，并且光刻胶线端处明显变得非常尖锐。这样的光刻胶线条形貌经过后续的刻蚀之后，会造成额外的几十纳米的线端缩短。

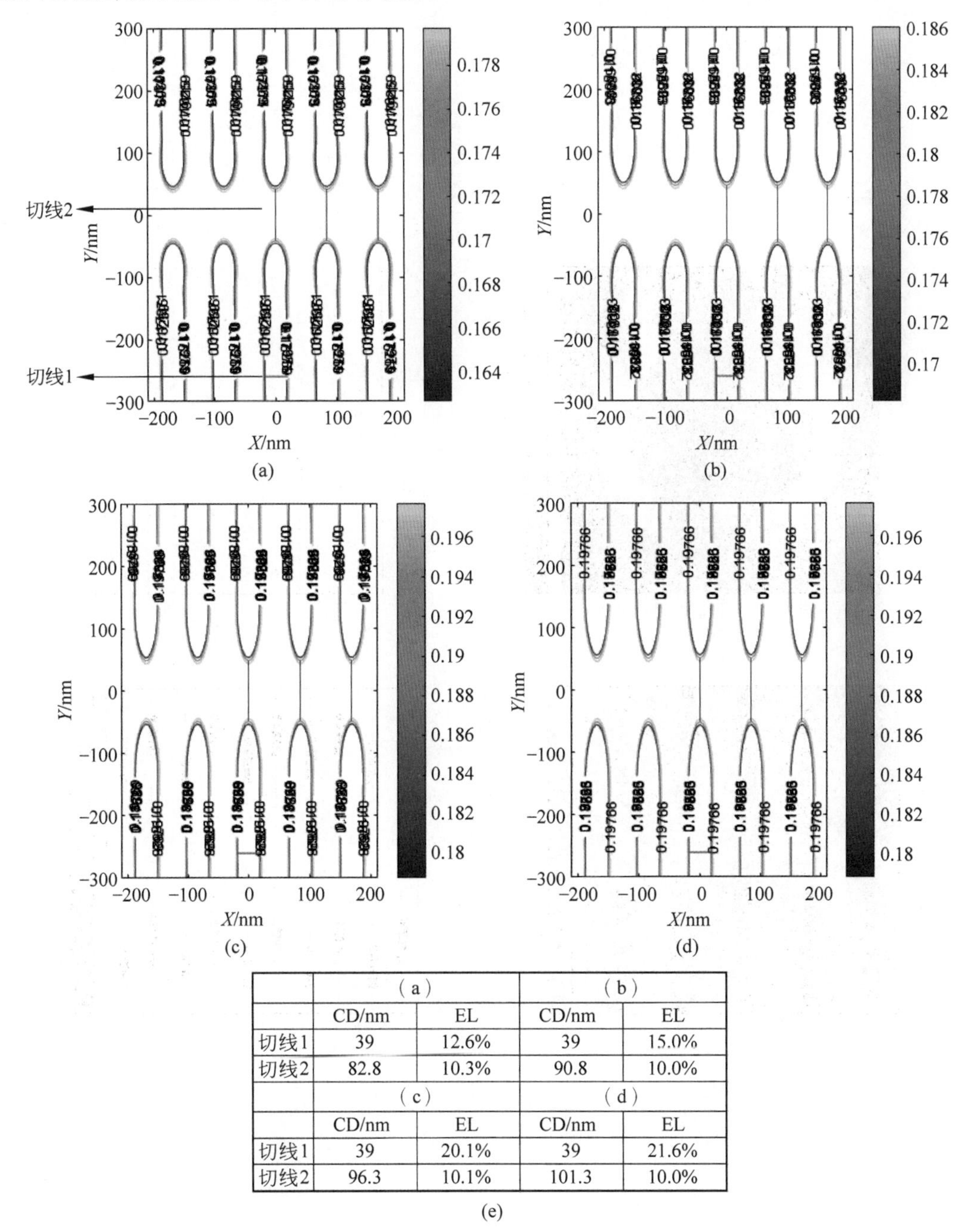

	(a)		(b)	
	CD/nm	EL	CD/nm	EL
切线1	39	12.6%	39	15.0%
切线2	82.8	10.3%	90.8	10.0%
	(c)		(d)	
	CD/nm	EL	CD/nm	EL
切线1	39	20.1%	39	21.6%
切线2	96.3	10.1%	101.3	10.0%

图 5.27　对于周期为 84nm 的前段线条图形，偶极照明张角对图形的影响：(a) 偶极 115°；(b) 偶极 90°；(c) 偶极 60°；(d) 偶极 30°；(e) 切线 1 与切线 2 处的线宽与曝光能量宽裕度总结。

因此，如果主图形的周期太小，需要采用强偶极照明以获取足够的主图形的光刻工艺窗口，当需要获得较小的线端-线端尺寸时，则需要通过增加额外的剪切层次来实现。由于光学邻近效应，通过曝光自然形成的线端是圆角（甚至尖角），而通过剪切层形成的线端是直边，且可以做到很小的线端-线端尺寸。自然形成的线端与剪切形成的线端示意图可以分别参考图 3.28(b)和图 3.28(a)。

2. 先进技术节点前段栅极层次最小线端-线端尺寸讨论

1）偶极照明条件下的仿真结果

讨论完张角对线端-线端尺寸的影响之后，继续讨论周期为 117nm 的前段栅极通过一次曝光可以实现的最小线端-线端的仿真情况。其中，MCD 为 50nm（1 倍率），WCD 为 55nm。照明条件为 NA 1.35，$\sigma_{out}/\sigma_{in}=0.8/0.6$，偶极照明，张角为 115°，采用 XY 方向的偏振。掩模版是透光率为 6%的相移掩模版。光刻胶厚度为 90nm，等效光酸扩散长度为 5nm，显影方式为正显影。通过对线端添加合适的榔头（Hammer）并调整掩模版上线端-线端的距离，在保证线端-线端的 EL 达到 10%的情况下，得到最终的仿真结果，如图 5.28 所示。图 5.28(a)为偶极

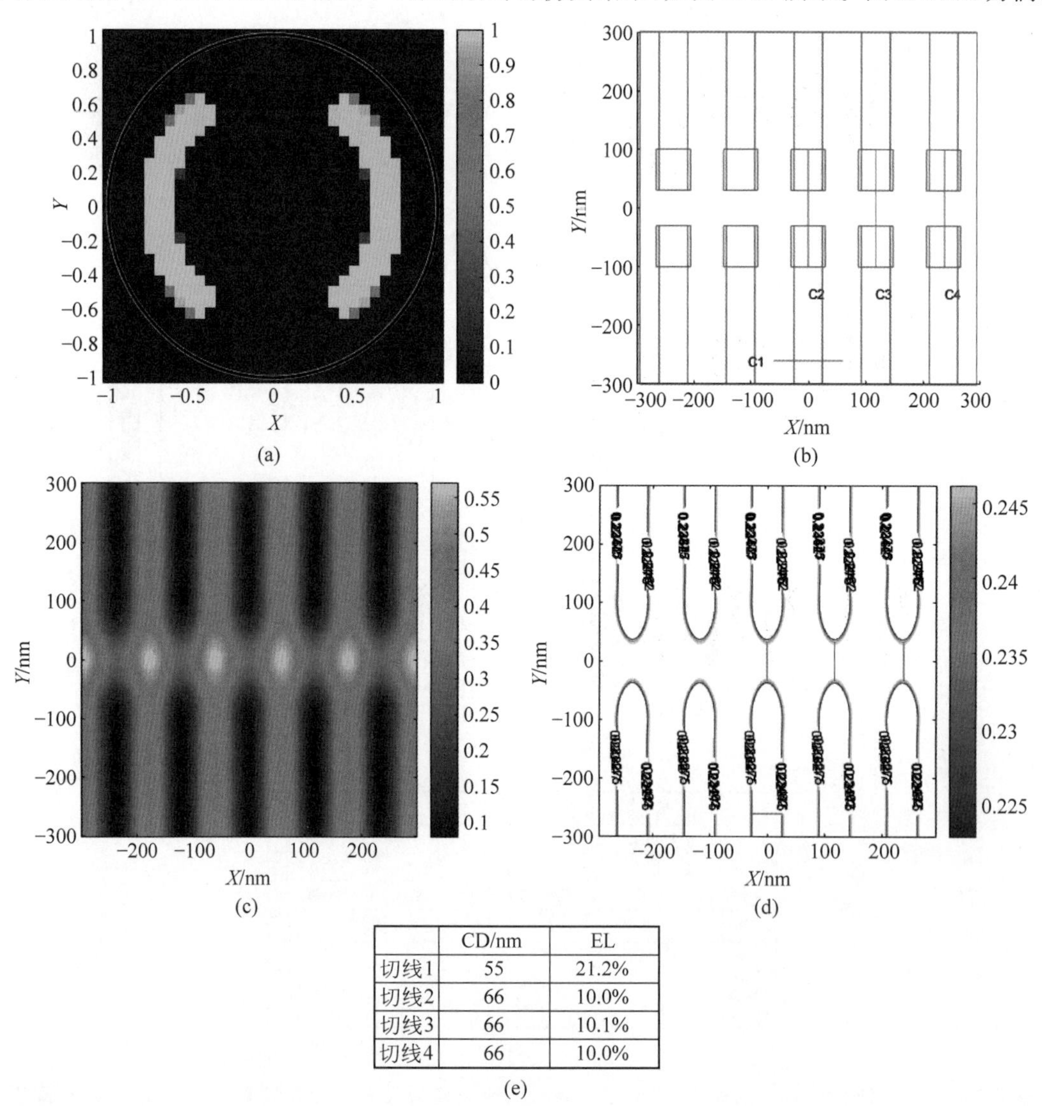

	CD/nm	EL
切线1	55	21.2%
切线2	66	10.0%
切线3	66	10.1%
切线4	66	10.0%

(e)

图 5.28 前段栅极层次，周期 117nm 图形，在弱偶极照明条件下最小线端-线端尺寸仿真结果示意图：(a) 偶极照明光瞳；(b) 掩模版；(c) 空间像光强仿真结果；(d) 轮廓图(Contour image)；(e) CD 和 EL 数据总结。

照明光瞳；图 5.28(b)为掩模版，其中标记了切线的 4 个位置，切线 1(C1)为密集线条图形处，切线 2～4(C2～C4)为线条的线端-线端图形处；图 5.28(c)为空间像光强仿真结果；图 5.28(d)为以 C1 处为锚点(线条线宽为 55nm)时的轮廓图(Contour Image)；图 5.28(e)为 4 个切线处的 CD 和 EL 数据。具体结果如下。

(1) 当密集线条图形线宽做到 55nm 时，其 EL 可以满足工艺标准的要求，即达到 18%。

(2) 当线端-线端的 EL 达到 10%的最低工艺标准时，弱偶极照明条件(115°张角)下可以做到的最小线端-线端尺寸约为 66nm。

(3) 由于采用正显影工艺，掩模版中的图形需要变成硅片上的光刻胶线条，此部分在曝光过程中仅有 6%的光通过，这部分很少的光还会被隔壁沟槽衍射过来的光中和一部分。因此，此部分在如图 5.28(c)所示的空间像分布中的光强很弱。

2) 环形照明条件下的仿真结果

由于偶极张角已经很大(115°)，如果想继续减小线端-线端的尺寸，则可以采用环形或者交叉四极照明，此处以环形照明为例。其中，掩模版中的榔头(Hammer)尺寸(长、突出主图形的宽)与图 5.28 中所示相同，同时根据环形照明调整了掩模版上线端-线端的距离。除照明条件采用环形之外，其余所有设置均与图 5.28 中弱偶极照明条件下的仿真设置相同，仿真结果如图 5.29 所示，其中，图 5.29(a)为照明光瞳，图 5.29(b)为掩模版，图 5.29(c)为空间像，图 5.29(d)为轮廓图，图 5.29(e)为数据总结。具体结果如下。

(1) 采用环形照明时，周期为 117nm 的密集图形的 EL(约为 15%)已经无法满足光刻工艺标准的需求(EL≥18%)。

(2) 最小的线端-线端尺寸也仅仅缩小到了约 61nm，但是，线端显然比图 5.28 中所示的更圆滑(更趋向于方形)。

由 5.3.2 节可知，对于 28nm 节点前段栅极层次，必须采用偶极照明才能使得光刻工艺窗口符合量产要求。其他照明条件，如交叉四极照明、四极照明以及本节所述环形照明均不能满足要求，尽管这些照明条件中的有些可以获得更小的线端-线端尺寸和更圆滑的线端形貌。

由 5.3.3 节可知，对于周期在 107nm 左右的栅极，在保证密集图形的 EL 达到 18%的前提下，其光刻之后最小线端-线端的尺寸也在 66nm 左右。若有更小尺寸的线端-线端的需要，则只能在更大的周期中实现，或者通过剪切层实现。

3. 先进技术节点后段金属层次最小线端-线端尺寸讨论

这一部分讨论先进技术节点后段金属层次沟槽线端-线端的最小尺寸，越小的周期越不容易做到更小尺寸的线端-线端。因此，针对金属层次中最小周期 90nm 的图形，讨论这一周期下最小沟槽的线端-线端尺寸。其中，密集的主图形在掩模版上的沟槽尺寸为 50nm(1 倍率)，需要做到的 WCD 为 45nm。由 5.3.2 节可知，由于 90nm 周期时的设计规则仍然是双向设计规则，所以照明条件必须选择交叉四极照明，具体仿真条件如下：掩模版是透光率为 6%的 PSM，光刻胶厚度为 90nm，等效光酸扩散长度为 5nm，显影方式为正显影。照明条件为 NA=1.35，σ_{out}/σ_{in}=0.84/0.68，Cross-Quasar(CQ)(交叉四极照明)60°。通过对线端添加合适的榔头(Hammer)并调整掩模版上线端-线端的距离，在保证线端-线端的 EL 达到 10%的情况下，得到最终的仿真结果，如图 5.30 所示。图 5.30(a)为照明光瞳；图 5.30(b)为掩模版，其中标记了切线的 4 个位置，切线 1(C1)为密集沟槽图形处，切线 2～4(C2～C4)为沟槽的线端-线端图形处；图 5.30(c)为空间像仿真结果；图 5.30(d)为以 C1 处为锚点(沟槽线宽为 45nm)时的轮廓图(Contour Image)；图 5.30(e)为 4 个切线处的 CD 和 EL 数据。具体结果如下。

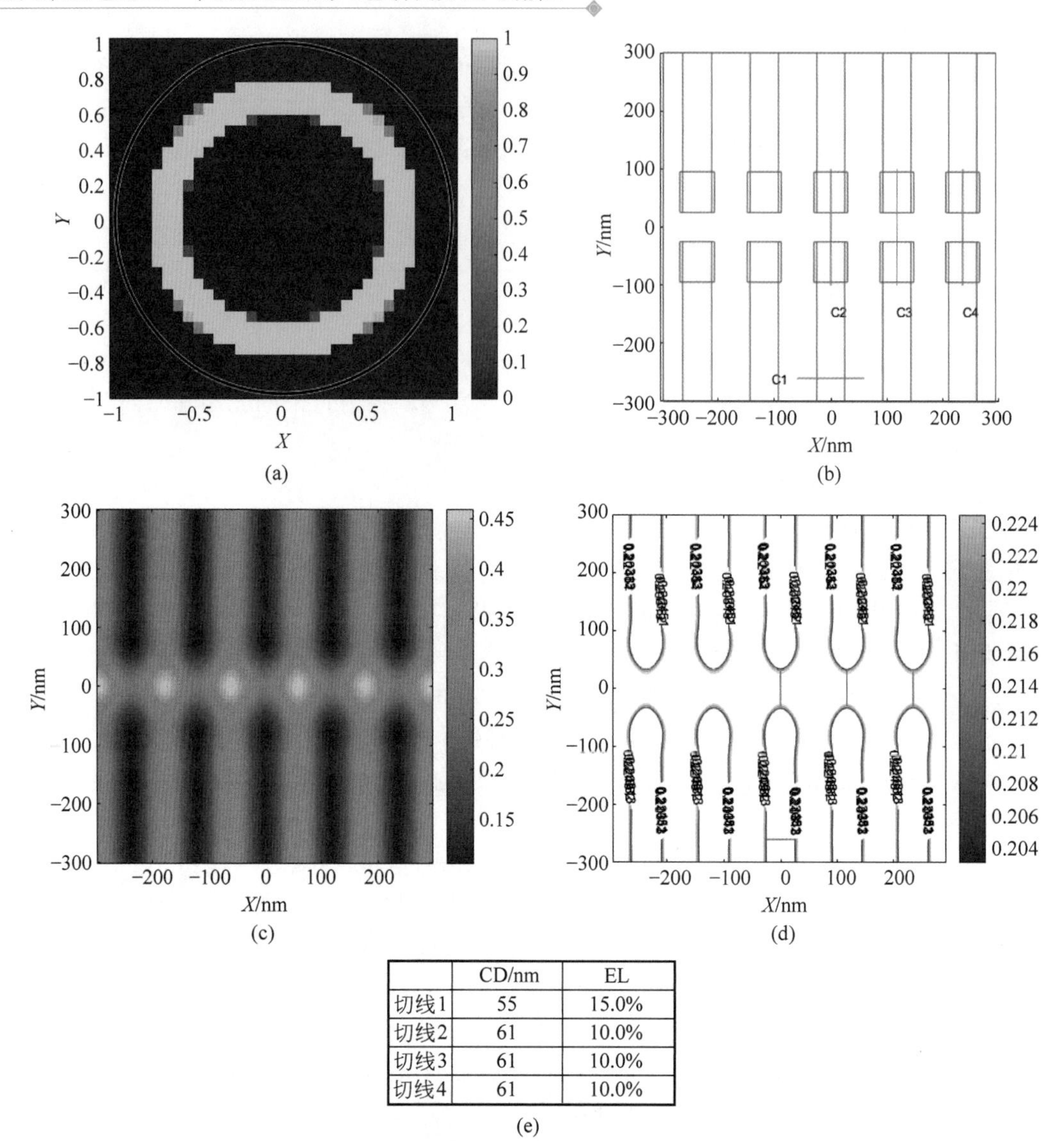

	CD/nm	EL
切线1	55	15.0%
切线2	61	10.0%
切线3	61	10.0%
切线4	61	10.0%

(e)

图 5.29 前段栅极层次，周期 117nm 图形，在环形照明条件下最小线端-线端尺寸仿真结果示意图：(a) 环形照明光瞳；(b) 掩模版；(c) 空间像光强仿真结果；(d) 轮廓图(Contour image)；(e) CD 和 EL 数据总结。

(1) 当密集沟槽图形做到 45nm 时，其 EL 可以满足工艺标准的要求，即达到 13%。

(2) 当线端-线端的 EL 达到 10%的工艺最低标准时，交叉四极照明可以做到的最小尺寸约为 60nm，且线端处较圆滑。

(3) 由于采用正显影工艺，掩模版中的图形需要变成硅片上光刻胶被显影去掉的沟槽图形(后续填充金属)，因此此部分在如图 5.30(c)所示的空间像中是透光部分，光强很强。

由前面可知，强偶极照明对缩小线端-线端尺寸非常不利，而环形或者交叉四极照明有利于缩小线端-线端的尺寸。由图 5.30(e)可知，对于考虑双向设计规则的后段金属层次，90nm 周期可以做到的最小沟槽线端-线端尺寸约为 60nm。

综上所述，在以上仿真结果的基础上，若需要进一步减小主图形的周期时，在保证主图形以及线端-线端工艺窗口达到工艺标准的情况下，对应线端-线端的尺寸(尤其是刻蚀后)会有所增加，需要工程师根据实际设计规则来确定是否需要增加剪切层次。

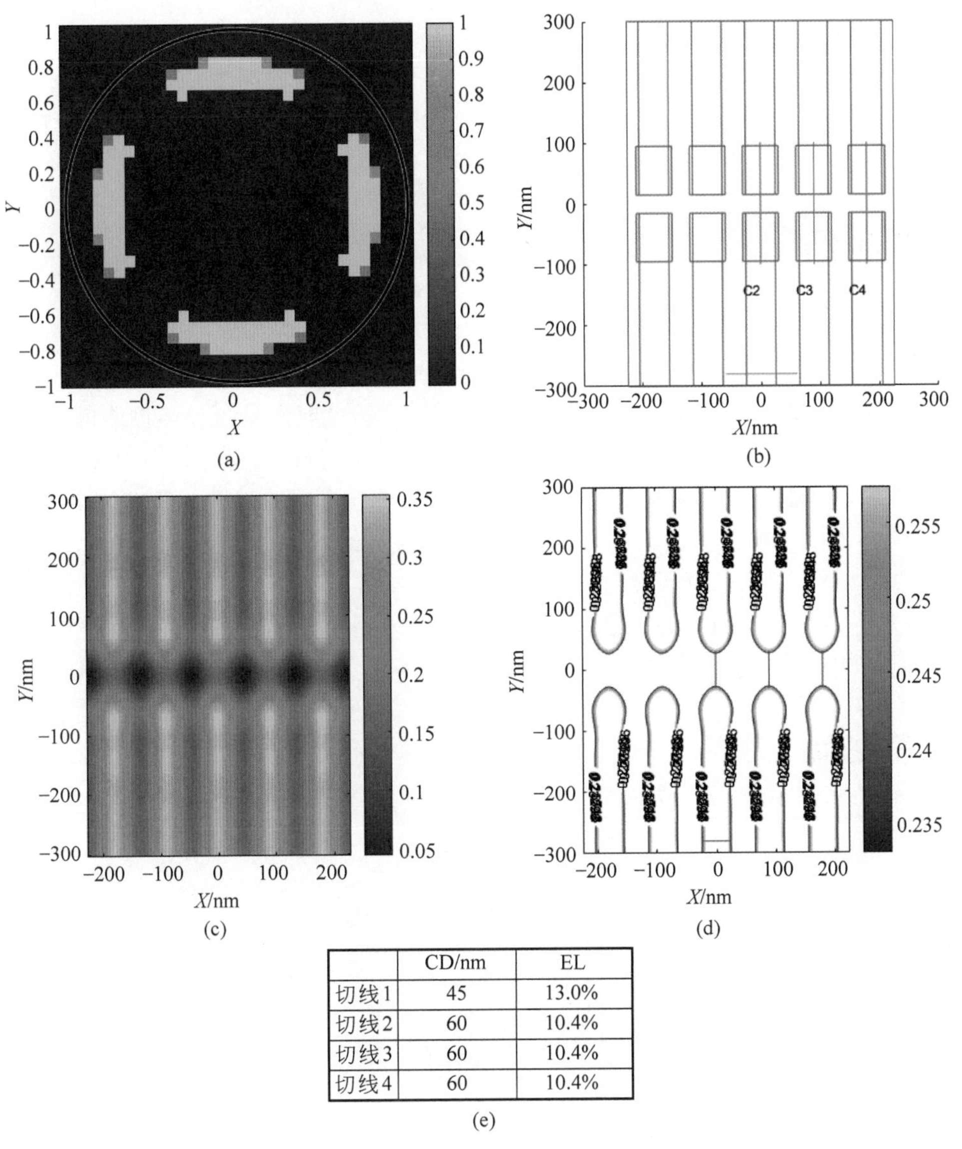

	CD/nm	EL
切线1	45	13.0%
切线2	60	10.4%
切线3	60	10.4%
切线4	60	10.4%

图 5.30　后段金属层次，周期 90nm 图形，在交叉四极照明条件下最小线端-线端尺寸仿真结果示意图：(a) 交叉四极照明光瞳；(b) 掩模版；(c) 空间像光强仿真结果；(d) 轮廓图(Contour image)；(e) CD 和 EL 数据总结。

(1) 对于周期约为 100nm 的前段线条图形，如果线端-线端尺寸需要小于 65nm(光刻)，一般都需要通过增加剪切层来实现。

(2) 对于 14nm 技术节点栅极层次来说，其单次曝光实现的最小周期一般为 78～90nm，根据如图 5.27 所示的仿真结果，这么小的栅极周期在刻蚀后的线端-线端的尺寸可能要大于 150nm。因此，必须要配合额外的剪切层次。

(3) 周期继续缩小到小于光刻机的衍射极限时，一般通过 SADP 和 SAQP 配合必要的剪切层实现前段线条层次的工艺。

从 28nm 技术节点开始，前段栅极开始采用单向设计规则，需要通过选择合适的偶极照明条件的张角，既能保证整个周期上的光刻工艺窗口(如 EL、MEF、DoF 等)满足量产需要，又能兼顾较小的线端-线端的尺寸。而到了 10nm 技术节点，后段第一层金属(M1)也开始需要采用单向设计规则，沟槽的线端-线端随着偶极张角的变化规律与线条的类似。因此，当周期较小的时候，还是尽量通过选择合适的偶极照明的张角，在保证主图形的 EL 达到要求的前提下，采用单次曝光实现最小的沟槽线端-线端尺寸，以期尽量减少金属层次剪切层次数目，节省掩模版以及工艺成本。

本章小结

本章通过各技术节点的工艺细节，介绍各技术节点中引入的提高工艺窗口的新技术。对于任意一个技术节点，各光刻层次的工艺窗口都需要满足量产的需求，即标准化的光刻工艺。本章以先进技术节点的前段栅极以及后段金属层次为例，说明研发过程中可能碰到的问题以及解决的方法，例如，添加合适的 Sbar、SSA 以提高光刻工艺窗口，选择合适的照明光瞳类型、确认光瞳中各项参数等。本章还着重讨论了不同照明光瞳和其中参数对线端-线端尺寸、形貌的影响。另外，本章涉及很多工艺仿真，仿真结果是为了说明针对已有设计规则，如何选择光刻工艺条件的一般方法，仿真条件与结果并不一定是对应设计规则的最优化的仿真条件和结果，仅供参考。通过以上内容的讨论，期望读者可以了解各技术节点的基本工艺性能，可以根据实际碰到的具体问题找出提高工艺窗口的方案。

参考文献

参考文献

第6章

光刻技术的发展和应用、工艺的研发流程

在大规模集成电路生产中,需要先利用光刻技术将掩模版上的图案通过镜头投影成像到硅片表面的光刻胶上,再通过刻蚀、离子注入、薄膜生长以及化学机械平坦化等工艺一层一层完成芯片制造工艺中的各个流程。对于一个新的技术节点,首先需要确定芯片的性能指标(Power,Performance,Area and Cost,PPAC),在尽量缩小芯片面积的前提下制定设计规则。接下来,进入工艺流程(Flow)的优化过程,包括垂直工艺、图形工艺(Patterning)以及与器件相关的工艺,如薄膜、光刻、刻蚀、离子注入以及热处理等。工程师在研发过程中,不仅需要对每个单独的工艺流程进行研发,还需要关注各工艺之间的相容性以及各工艺的研发、维护成本以及设备、材料软件等的获取是否有限制等。在工艺流程的各工艺研发过程中,器件 TCAD 模型的建模和仿真工作也在同步进行。若器件性能符合 PPAC 的要求,同时各工艺的窗口足够大,工艺流程可行,则说明工艺研发完成。若工艺与器件性能中有一个不能满足要求,则需要返回设计和工艺阶段进行调整优化,这一过程称为设计工艺协同优化(Design Technology Co-Optimization,DTCO)。包含先进光刻工艺研发的工艺流程如图 6.1 所示,图中包含本章即将讲述的先进光刻工艺研发中涉及的多项内容。

其中,DTCO 的概念从 65nm 逻辑技术节点就已经开始提出,在这一节点开始将不规则的栅极图形(中间有突起)改为完全平直的线条图形,同时设计规则仍然为双向。随着技术节点不断推进,工艺流程变得更加复杂,并且在 14nm 技术节点开始逼近各自的物理、化学、机械、电学的极限。因此,一个可以用于量产的工艺很难通过一次设计就达到设计目标,需要通过多次迭代最终逼近完美的器件性能,得到可行的工艺方案。在工艺研发过程中,若无法获得达标的器件性能,则只好调整设计规则。对于某一技术节点的某一层次,研发过程中,通过几轮对设计规则的调整、对工艺流程的优化以及对材料和单项工艺的不断改进,最终实现最佳的 PPAC。一般来说,在试流片过程中,还可以对设计规则、工艺流程进行调整或者优化,到了工艺定型(Process Freeze)后,原则上,上述设计规则与工艺流程就不会有调整了。到了量产过程,设计规则与工艺流程已经固化,不能再更改。

从图 6.1 中可以看出,对于光刻模块,在进行每个层次的光刻工艺(Lithography Process)研发时,主要包含以下内容。

(1) 确定初步的设计规则(6.1 节)。

(2) 确定光刻工艺模型(6.2 节),包含选择合适的光刻机(像差符合规格)(6.3 节),选择合适的光刻材料(光刻胶、抗反射层、显影液等)(6.4 节),选择合适的掩模版类型(如 PSM、OMOG 等)以及级别(关系到掩模版的线宽均匀性、图形放置误差的规格等)(6.6 节)等。

(3) 对线宽均匀性、套刻以及焦深进行分配(6.5 节)。

(4) 完成先进光刻工艺研发,包括光刻工艺仿真、建立光刻工艺流程(曝光照明条件,涂胶、显影工艺等),获得仿真与实际(6.7 节)硅片上的光刻工艺窗口并进行对比。

本章主要针对光刻工艺的研发流程展开讨论,除了需要制定光刻工艺(曝光和显影)条件之外,还需要选择合适的光刻材料、掩模版,讨论线宽均匀性、套刻精度以及焦深的分配方法。本章还会介绍与光刻工艺性能息息相关的光学邻近效应修正,包含准确模型的建立、修正程序的研发以及薄弱点的检测等内容。本章还包含光刻工艺之后刻蚀工艺的简单介绍。以上研发流程都完成之后,还需要在硅片上进行验证,确保工艺窗口均符合量产的要求,才能进行第 7 章所述的硅片的试流片过程,否则就需要进行如图 6.1 所示的 DTCO 过程。

6.1 确定设计规则

如图 6.1 所示,在每个技术节点进入研发阶段之后,光刻工程师首先需要确定的就是当前技术节点中各个光刻层次的设计规则。每个技术节点中的产品都会有一份厚厚的、绝密设计规则(Design Rule)文件,包含几百(28nm 技术节点)上千页(14nm 技术节点以及更先进的技术节点)与设计规则相关的信息。最终,设计规则与电学设计规则文件、版图层次定义文件、工艺流程文件、器件性能仿真模型与指标等一系列文件都归入工艺设计包(Process Design Kit, PDK)中。

其中,设计规则文件中包含非常多内容,以下只列举与光刻图形技术相关的部分内容。

(1) 目录中会包含与这一节点相关的信息,例如,光刻层次、芯片截面流程示意图,各层次命名等。

(2) 按照流程中各层次的先后顺序,将各层次分成各个章节,每个层次对应的章节中会包含这一层次的关键尺寸、最小设计周期、各种类型图形的周期和线宽、允许布线方向、周期上的限制(哪种周期不被允许)、各种线端的间距、选择性线宽偏置(从哪个周期开始增加线宽,一次增加量,最终增加到多少线宽等)、各种布线并行的要求、边缘通孔的布置要求、相邻通孔的方向要求等详细信息。

(3) 除了与工艺相关的部分,还有可靠性工程师需要关注的一些信息,例如,静电(Electro Static Discharge, ESD)测试和闩锁(Latch Up, LU)测试单元,进行失效性分析。

6.1.1 设计规则中图形类型

对于先进光刻工艺,光刻层次的种类主要可以分为线条、沟槽、通孔、剪切(Cut)或者阻挡层(Block)(一般为沟槽)。其中,线条一般是前段光刻层次中的图形,例如,前段鳍、栅极层次;沟槽和通孔一般是中后段光刻层次中的图形,例如,中后段金属和通孔层次;剪切层一般用在前段线条图形中,用于剪切(通过刻蚀工艺实现)多余的线条或者实现单次曝光无法得到的小尺寸的线条线端-线端图形;阻挡层一般用在中、后段沟槽图形中,用于实现单次曝光无法得到的小尺寸的沟槽线端-线端图形。

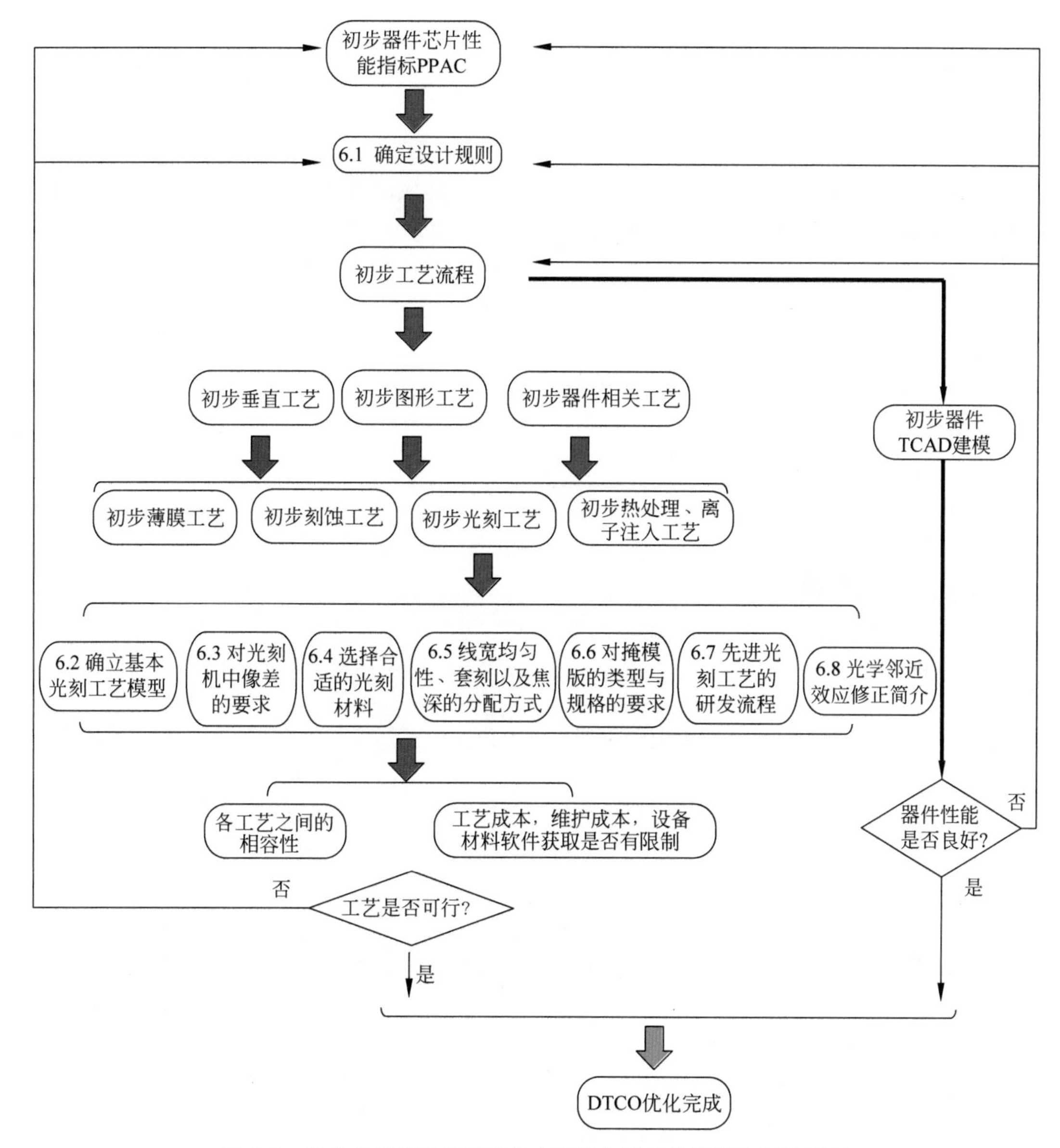

图 6.1　包含先进光刻工艺研发内容的先进工艺研发流程示意图

每类光刻层次需要重点关注的图形设计规则举例可以参考表 6.1，具体如下。

(1) 对于线条或者沟槽图形，设计规则会包含一维的整个周期(Through Pitch，TP)图形：密集图形、半密集图形、孤立图形。对于线条，还会包含线端-线端、交错的线端-线端等图形。对于沟槽，也会包含线端-线端、交错的线端-线端图形，同时还会包含线端-横线、"H"形，一次曝光工艺可实现的最小面积，密集图形或者宽沟槽旁边的孤立沟槽(非最小面积)，孤立的两线(Bi-line)、三线(Tri-line)、五线、七线等图形。

(2) 通孔图形中除了包含整个周期的方阵通孔图形，还包含其他角度(如 26.5°、45°等)排列的整个周期的通孔图形，整个周期的短线(Share Contact，共用通孔，一般展现为短沟槽)方阵以及其他角度错位排列的整个周期的短线图形等。

另外，设计规则中最重要的是要确定每个光刻层次需要实现的最小周期。因此从曝光方式来看，设计规则中可以分为单次曝光和需要拆分的多次曝光，各技术节点关键层次光刻工艺的实现方式可以参考5.1节。注意，如果是多次曝光，重点需要研究如何拆分掩模版，包含区分主图形和剪切层次图形以及各自是否需要进行掩模版拆分。

(3) 对于剪切图形，包含两个方向：一个方向与线条主图形方向平行，可以剪切多余的线条图形(如鳍)；另一个方向与线条主图形方向垂直，剪切得到尺寸更小的、形貌更方的线条线端-线端，将某些晶体管隔开。由第5章可知，单次曝光形成的线端-线端尺寸达到某个数值之后很难继续缩小，且由于光学邻近效应，线端会存在圆角，圆角存在转弯半径(Corner Rounding)。转弯半径越小，线端越接近方形。在先进光刻工艺中，显著的衍射会导致较大的转弯半径，影响晶体管的性能(前段)和接触导电性(中后段)。随着光刻工艺所用光刻机的波长逐渐缩短，光刻工艺中的转弯半径也在工艺技术的不断改进下不断缩短。

(4) 对于阻挡层次，一般来说，与主图形(沟槽)方向垂直，也是获得尺寸小、形貌好的线端-线端图形。

表6.1 光刻工艺中需要重点关注的设计规则类型举例

光刻层次分类	需要重点关注的设计规则
线条层次(前段鳍、栅极层次)	一维：密集、半密集、孤立图形
	二维：线端-线端，交错线端-线端，线端-L形线等
通孔层次(中后段)	通孔方阵：密集、半密集、孤立图形
	通孔45°，26.5°等阵列：密集、半密集、孤立图形
	短线方阵：密集、半密集、孤立图形
	其他角度错位短线阵列：密集、半密集、孤立图形
沟槽层次(中后段金属层次)	一维：密集、半密集、孤立图形
	二维：线端-线端，交错线端-线端；线端-L形线，密集图形旁边孤立(最小)面积，宽沟槽旁孤立(最小)面积，之字形，H形，孤立的两线(Bi-line)、三线(Tri-line)、五线、七线等
剪切层次 X 方向(前段)	密集、半密集、孤立图形
	线端-线端，交错线端-线端，短浅，交错短线等
剪切层次 Y 方向(前段)	密集、半密集、孤立图形
	线端-线端，交错线端-线端，短线，交错短线等
阻挡层次(中后段)	短线方阵：密集、半密集、孤立图形，交错短线等

6.1.2 设计规则形状与排布方向

设计规则的形状(主要指前段栅极)与排布方向如表6.2所示：对于栅极形状，有不规则和规则之分；对于各关键层次设计规则的排布方向，有单向设计规则和双向设计规则之分。设计规则的形状与排布方向发生变化的主要技术节点如下。

(1) 本章提到，到了65nm技术节点，光刻工艺无法实现栅极的不规则形状。因此，将栅极改为横平竖直的线条，排布方向仍然为双向设计规则。

(2) 在第5章中提到，在28nm(不包含)逻辑技术节点之前，前段栅极以及后段的金属层次都是双向设计规则。到了28nm节点，由于设计规则(图形最小周期)的缩小，栅极层次需要改为单向设计规则搭配合适的偶极照明才能获得符合工业标准的光刻工艺窗口。而90nm最小设计规则周期对应的后段金属层次对工艺窗口的要求比前段栅极的低，仍旧可以采用双向设计规则搭配交叉四极照明(CQ)，实现满足量产的光刻工艺窗口。

(3) 在28nm节点以及之前的技术节点，中段只有一层接触孔(Contact，CT)就可以实现前段器件和后段导线的连接。到了 14nm 逻辑技术节点，由于更小的面积需要更复杂的金属连线，因此引入复杂的中段工艺，包含中段金属、接触孔和通孔层次。中段金属层次的功能是将前段源漏区引出（见第 3 章），因此其设计规则方向与前段栅极的一致，同样为单向设计规则。后段金属层次的最小设计规则周期虽然降低到 64nm[1]，由于可以采用两次曝光工艺（单次 128nm 周期），即使最小周期为 90nm，仍然可以使用双向设计规则。

（4）到了 10nm 和 7nm 技术节点，后段金属层次的最小设计规则周期继续降低，分别为 44nm 和 40nm，需要采用 193nm 水浸没式自对准的两次光刻-刻蚀工艺实现，最好采用单向设计规则配合合适的偶极照明。

表 6.2 各逻辑技术节点中关键光刻层次设计规则的排布方向

逻辑技术节点	设计规则			
	前段栅极		中段金属	后段金属
	栅极形状	排布方向	排布方向	排布方向
65nm 之前	不规则	双向	NA	双向
65nm	规则	双向	NA	双向
28nm	规则	单向	NA	双向
14nm	规则	单向	单向	双向
10nm	规则	单向	单向	单向
7nm	规则	单向	单向	单向

6.2 确立基本光刻工艺模型

如 6.1 节所述，给定某个技术节点时，首先要研究光刻设计规则，找出最小的设计规则周期。一般来说，每个设计规则都有上一代技术节点中的设计规则作为参考，上一代节点中设计规则的 70%即为新一代技术节点的初始设计规则。确定好初始设计规则之后，根据以往的经验，选择初始光刻工艺模型进行仿真，具体如表 6.3 所示。光刻工艺模型中包含的主要内容如下。

（1）光刻目标的确定。线条、沟槽或者通孔等图形，光刻线宽目标值，主要需要考虑刻蚀线宽与光刻线宽之间的差异，即刻蚀线宽偏置（Etch Bias）。

（2）光刻胶的选取。根据图形种类选择合适的光刻胶，一般对于明场成像需要选择偏中高活化能的光刻胶，对于暗场成像需要选择偏低活化能的光刻胶。同时确认显影方式，是正显影还是负显影，以及获取光刻胶的一些性能指标——n、k 值，厚度，等效光酸扩散长度等。

（3）照明条件的选择。根据设计规则的最小周期、图形类型选择合适的光刻机类型（波长）、NA 以及照明光瞳。对于先进光刻工艺，一般采用 193nm 水浸没式光刻工艺，NA 为 1.35，照明光瞳均为离轴照明。需要根据图形种类及其对分辨率、对比度的要求，选择合适的离轴照明条件：环形、四极、交叉四极或者偶极照明。其中，内径、外径以及张角的确认可以参考第 5 章。另外，还需要根据图形种类添加不同类型的偏振，先进光刻工艺研发中通常使用 XY 偏振。

（4）掩模版的选择。确定是选择 PSM 还是 OMOG 或者普通二元掩模版。对于先进光刻工艺，一般采用 PSM 掩模版，偶尔会采用 OMOG 掩模版。同时，根据图形类型与显影方式，将掩模版中需要在硅片中形成的多边形（Polygon）定义为不同的透光类型：亮调（Clear Tone）

透光区或者暗调(Dark Tone)不透光区。最重要的是,需要确定锚点的掩模版线宽偏置。

(5) 其他方面。此外,还需要确认是否使用分辨率增强技术,主要是亚分辨辅助图形的使用,以及合适的周期(间距)和线宽。同时,在后段金属、通孔层次,还需要添加选择性线宽偏置。从 22/20/16/14nm 技术节点开始,还需要将光源掩模联合优化(Source Mask Optimization, SMO)[2-4]技术纳入考虑范围。

确认上述基本的光刻工艺模型之后,通过仿真得到一维整个周期和二维特征图形的光刻工艺窗口,判断这些光刻工艺窗口是否符合工业标准化的要求。再经过后续的曝光确认与优化迭代过程,就可以确定最终的光刻工艺设计规则以及光刻工艺条件。

表 6.3 光刻工艺模型包含的主要内容

光刻工艺模型	具 体 内 容
光刻目标	线条、沟槽或者通孔
	光刻线宽目标(刻蚀线宽偏置)
光刻胶	高活化能、低活化能,正显影、负显影
	n、k 值,厚度,等效光酸扩散长度等
照明条件	波长(光刻机)、NA、偏振类型选择
	照明光瞳(环形、四极、交叉四极、偶极)中内径、外径、张角等
掩模版	PSM、OMOG、Clear Tone、Dark Tone、掩模版线宽偏置(锚点)
其他方面	分辨率增强技术(SRAF、Serif 等)、选择线宽偏置、SMO 等

6.3 对光刻机中像差的要求

在 6.2 节的光刻工艺模型中,需要根据设计规则来确认使用的光刻机。光刻机中的一些性能指标会对光刻工艺有较大的影响,例如,光源的波长、带宽、工件台的平均位置误差(Moving Average,MA)、工件台定位误差的移动标准差(Moving Standard Deviation,MSD)、照明系统的各项参数(NA、内径、外径等)以及镜头的像差等因素。本节重点关注光刻机中几种重要的像差对光刻工艺的影响以及不同技术代光刻机镜头中标准的像差规格。在第 2 章光学基础知识中,介绍了常见像差的类型、各类型产生的原因以及镜头设计过程中可以尽量消除(抵消)像差的方法。由于镜头设计和加工等因素,镜头的像差无法被完全消除。然而,过大的像差会导致成像后的弥散圆超出衍射极限(艾里斑)范围,影响成像分辨率和成像质量,有些像差还会对光刻工艺造成严重影响[5]。因此,对于每一代光刻机,其镜头整体像差需要控制在一定的规格范围内。

随着技术节点的发展,光刻机在不断更新,光刻机的波长也在不断地缩短,镜头总像差的规格也在不断地缩小以满足工艺要求。不同光刻机类型对应不同的技术节点段,一般来说,对像差的要求如表 6.4 所示。

(1) 对于 248nm 的 KrF 光刻机:通常允许 0.025~0.060 波长(6~15nm)均方根(Root Mean Square,RMS)的总像差。

(2) 对于 193nm ArF 干法光刻机[6]:通常允许 0.01~0.015 波长(2~3nm)均方根的总像差。

(3) 对于 193nm ArF 水浸没式光刻机[7-8]:通常只允许 0.005 波长(1nm)均方根的总像差。

(4) 对于极紫外(13.5nm)光刻机[9-12]:由于需要实现的分辨率更高,通常只允许 0.015

波长(0.2nm)均方根的总像差。

不同像差对光刻工艺影响的表现不同,球差 Z9 会造成禁止周期范围内图形的焦距偏移,导致不同周期的焦距不一致,还会影响图像对比度。彗差 Z7 和 Z8 会分别造成沿 Y 方向和沿 X 方向的图形有位置移动(Pattern Shift),影响光刻工艺图形的套刻精度以及图像对比度(曝光能量宽裕度)。接下来,着重讨论这三种重要像差对光刻工艺的影响。

表 6.4　不同类型光刻机中总像差规格

光刻机类型	总像差规格	
	均方根(波长)	均方根/nm
248nm KrF	0.025～0.060	6～15
193nm ArF 干法	0.01～0.015	2～3
193nm ArF 水浸没式	0.005	1
13.5nm EUV	0.015	0.2

6.3.1　彗差(Z7,Z8)对光刻工艺的影响

第 2 章中罗列了泽尼克的低阶、高阶像差,其中,彗差 Z7 和 Z8 分别如图 6.2(a)和图 6.2(b)所示。可见,Z7 沿着 Y 轴不对称,因此会对沿 X 方向展开的衍射级有不同的相位差,导致沿 Y 方向的图形有位置偏移。而 Z8 是沿 X 轴不对称的像差,因此会对沿 Y 方向展开的衍射级有不同的相位差,导致沿 X 方向的图形有位置偏移。接下来,从理论与实际仿真结果两方面来讨论彗差对光刻工艺的影响。

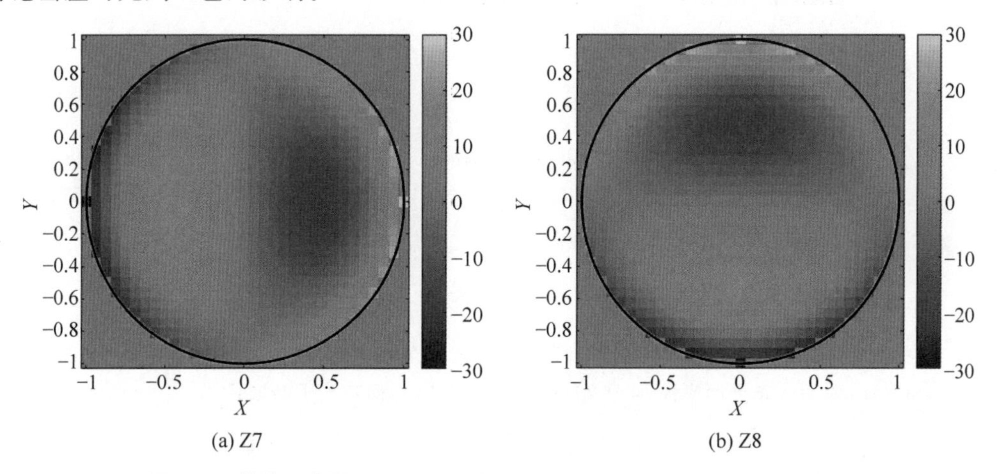

图 6.2　彗差示意图:(a) Z7= +10nm RMS;(b) Z8=+10nm RMS

1. 彗差导致密集图形位置移动的原理

那么,彗差 Z7、Z8 造成图形位置移动的原理是什么呢?本节以沿 Y 方向的、一维周期性密集图形(例如 90nm 周期)为例,其衍射级沿 X 方向分布,对彗差 Z7(图 6.3(a))敏感。由于照明光瞳是沿 X 轴和 Y 轴对称的,因此在±X 方向均有 0 级与 1 级光。通过选择合适的照明光瞳,可以使得密集图形的 0 级与 1 级光沿光轴(Z 轴)基本对称,如图 6.3(b)和图 6.3(c)所示。是否存在彗差(Z7)对图形位置的影响如下。

(1) 如图 6.3(b)所示,当没有彗差存在时:0 级与 1 级光聚焦在 A 点,且 0 级光的光强大于 1 级光光强(光线粗细代表光强弱)。由于在±X 方向均有 0 级与 1 级光,最终左右两侧光强一致,图形位置在 A 处没有移动(EUV 会因为左右光强不同有图形位置移动,见 9.2.2 节)。

(2) 如图 6.3(c)所示,当存在彗差 Z7(+10nm RMS)时：图 6.3(c)上图中 0 级光相对 1 级光有+的相位差,最后 0 级与 1 级光的聚焦点在 A′处；图 6.3(c)下图中 1 级光相对 0 级光有与图 6.3(c)上图中相同的+的相位差,最后 0 级与 1 级光的聚焦点也在 A′处。也就是说,必须通过图形的横向位置移动来弥补 0 级和 1 级两束光之间的相位差。同样,沿着 Y 轴对称的光瞳最终成像的左右两束光光强相同,不会因为光强不对称造成图形位置有额外的横向移动。

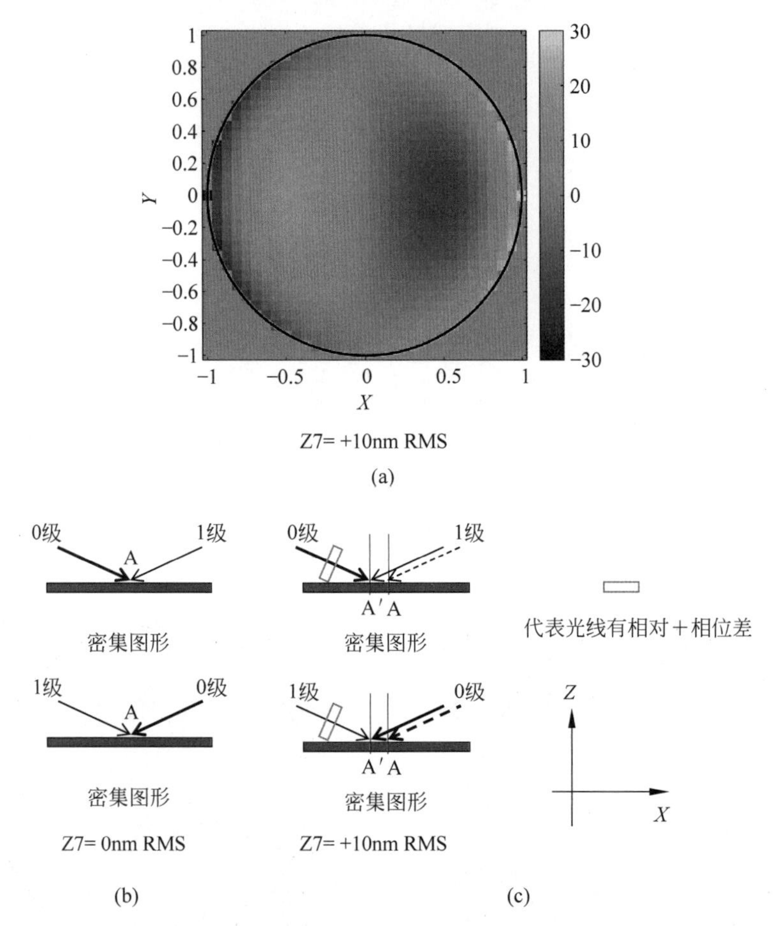

图 6.3 彗差造成密集图形(90nm 周期)位置移动的原理示意图：(a) 彗差 Z7=+10nm RMS；(b) Z7=0nm RMS 时两束光干涉成像；(c) Z7=+10nm RMS 时两束光干涉成像

将图 6.3(c)上图放大之后,如图 6.4(a)所示。经过推导,沿光轴基本对称的 0 级光和 1 级光的相位差 φ 如下。

$$\varphi = 2 \times \Delta x \times \sin\theta \tag{6.1}$$

其中,$\sin\theta = \lambda/(P \times n \times 2)$,$P$ 为图形的周期(1 倍率),n 为水的折射率。由图 6.4(b)的照明光瞳中可以读出 0 级光和与 0 级光基本对称的 1 级光之间的位置,因此,可以从图 6.4(c)泽尼克多项式中的各级衍射光对应位置读出 φ 的数值(需要考虑在水中的相位差)。根据式(6.1),可以得出彗差导致密集图形的横向平移量 Δx。需要注意的是,上述只讨论了光瞳上一点,最终图形的平移是整个光瞳的平均效果。

另外,本章对移动方向与相位差之间的关系约定如下：对于相位差为"+"的光束(相对另外一束光),先到达成像位置,并等待相位差为"−"的光束。所以综合整个光瞳,当 Z7 为 +10nm 时,成像图形有向 $-X$ 方向的横向偏移。这一约定与其他软件(书籍)的不一定一致,

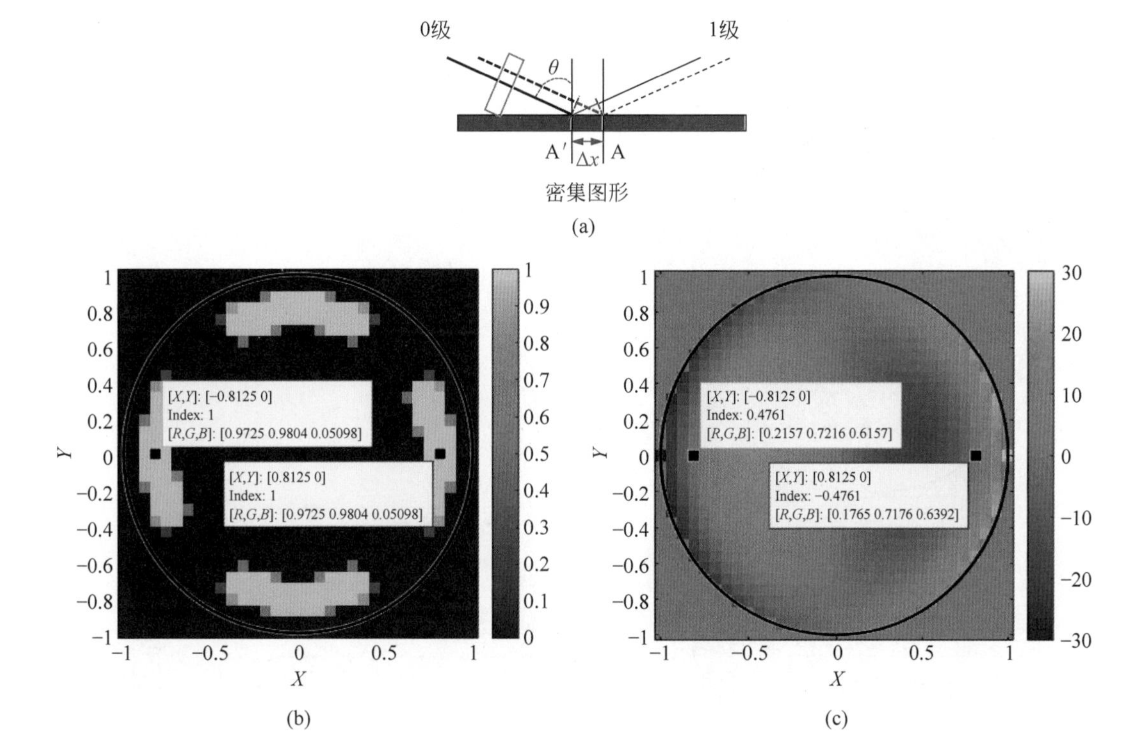

图 6.4　存在彗差（Z7＝10nm RMS）时密集图形（90nm 周期）衍射级示意图举例：(a) 平移原理；(b) 光瞳上的 0 级与 1 级位置；(c) 0 级与 1 级的相位差

可能相反，但是数值是确定的。彗差 Z8 造成图形位置移动的原理与 Z7 相同，只是 Z8 是对沿 X 轴方向的图形有沿 Y 轴方向的图形位置移动。

2. 仿真结果验证彗差对光刻工艺窗口的影响

1）彗差导致图形位置移动和线宽缩小（特定图形）

下面用仿真来验证彗差对图形位置偏移、线宽和对比度的影响，以 193nm 水浸没式光刻工艺中的一维图形为例。仿真图形是沿 Y 方向的一维沟槽图形，因此在仿真程序中添加彗差 Z7，图形周期为 120nm，掩模版线宽为 55nm，仿真线宽为 50nm。照明条件为 NA＝1.35，σ_{out}/σ_{in}＝0.9/0.7，CQ60°，采用 XY 方向的偏振。掩模版是透光率为 6% 的相移掩模版（Phase Shift Mask，PSM）。光刻胶厚度为 90nm，等效光酸扩散长度为 5nm，显影方式为正显影。是否存在彗差（Z7）对空间像的影响如下。

（1）如图 6.5(a)所示，当 Z7＝0nm RMS 时，图形位置没有偏移，空间像左右完全对称。

（2）如图 6.5(b)所示，当彗差 Z7＝10nm RMS 时，空间像中心（光强最强处）明显向 $-X$ 方向偏移约 10nm。

（3）当彗差 Z7＝−10nm RMS 时，空间像中心明显向 $+X$ 方向偏移约 10nm，如图 6.5(c)所示。

上面只以特殊情况的密集图形（且 0 级光与 1 级光基本对称）为例，说明彗差导致图形位置移动的简单计算方式。实际上，不同照明条件、不同周期图形的偏移量都会有所差异，这是因为不同的照明条件、不同周期图形会导致衍射级在光瞳上的分布不同。由于不同光瞳位置处的彗差不同，导致衍射级之间的相位差有所不同，最终导致偏移量的差异。

随着彗差的逐渐增加，图形位置偏移也会继续增大，直到错开一个周期，如图 6.6(a)～图 6.6(d)所示。随着 Z7 从＋10nm RMS 增加到＋80nm RMS，此周期的图形沿 $-Y$ 方向的偏

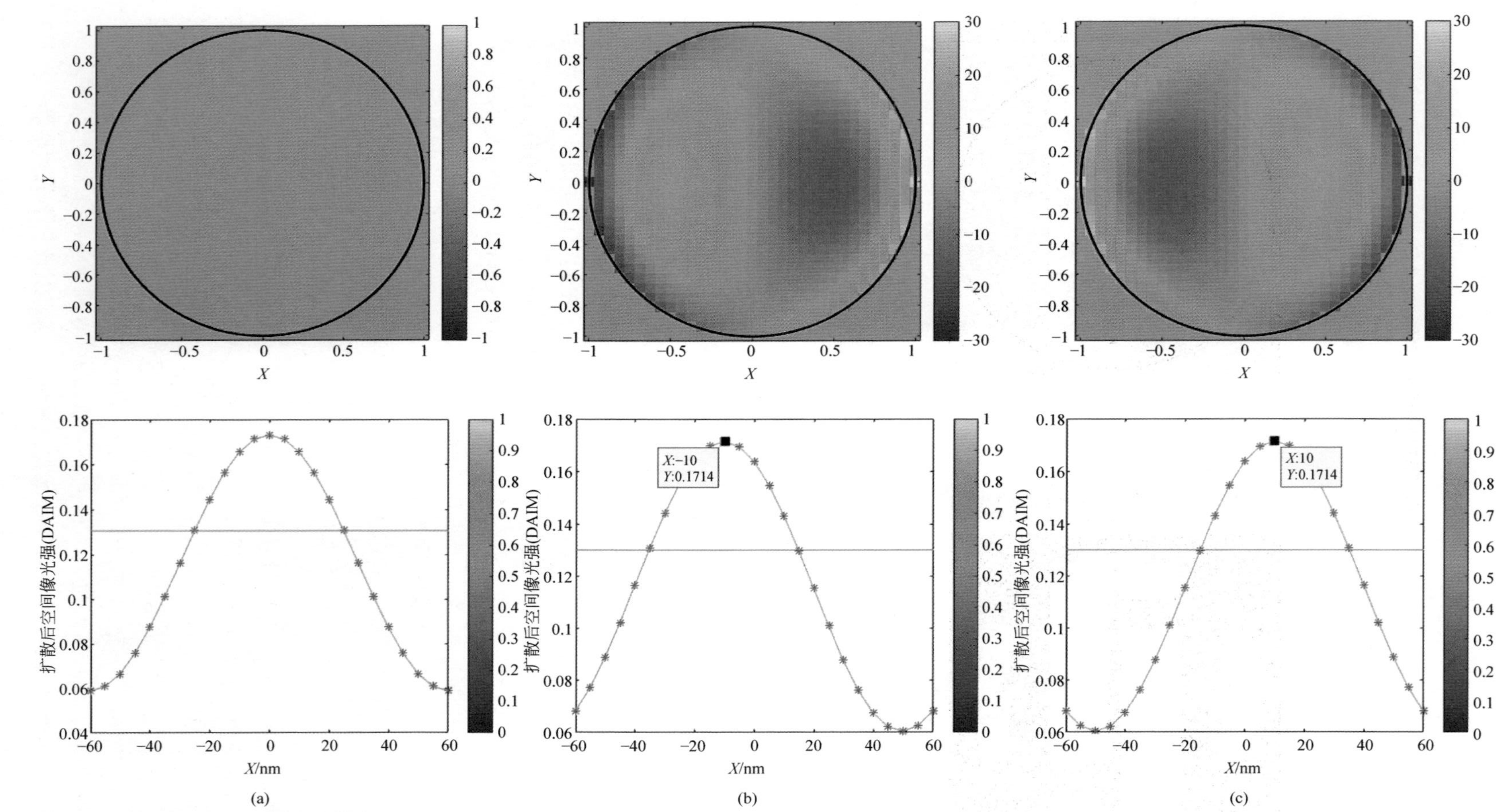

图 6.5 一维单周期空间像的计算结果，周期为 120nm，掩模版尺寸为 55nm，硅片（沟槽）尺寸为 50nm；（a）Z7＝0nm RMS；（b）Z7＝＋10nm RMS；（c）Z7＝－10nm RMS

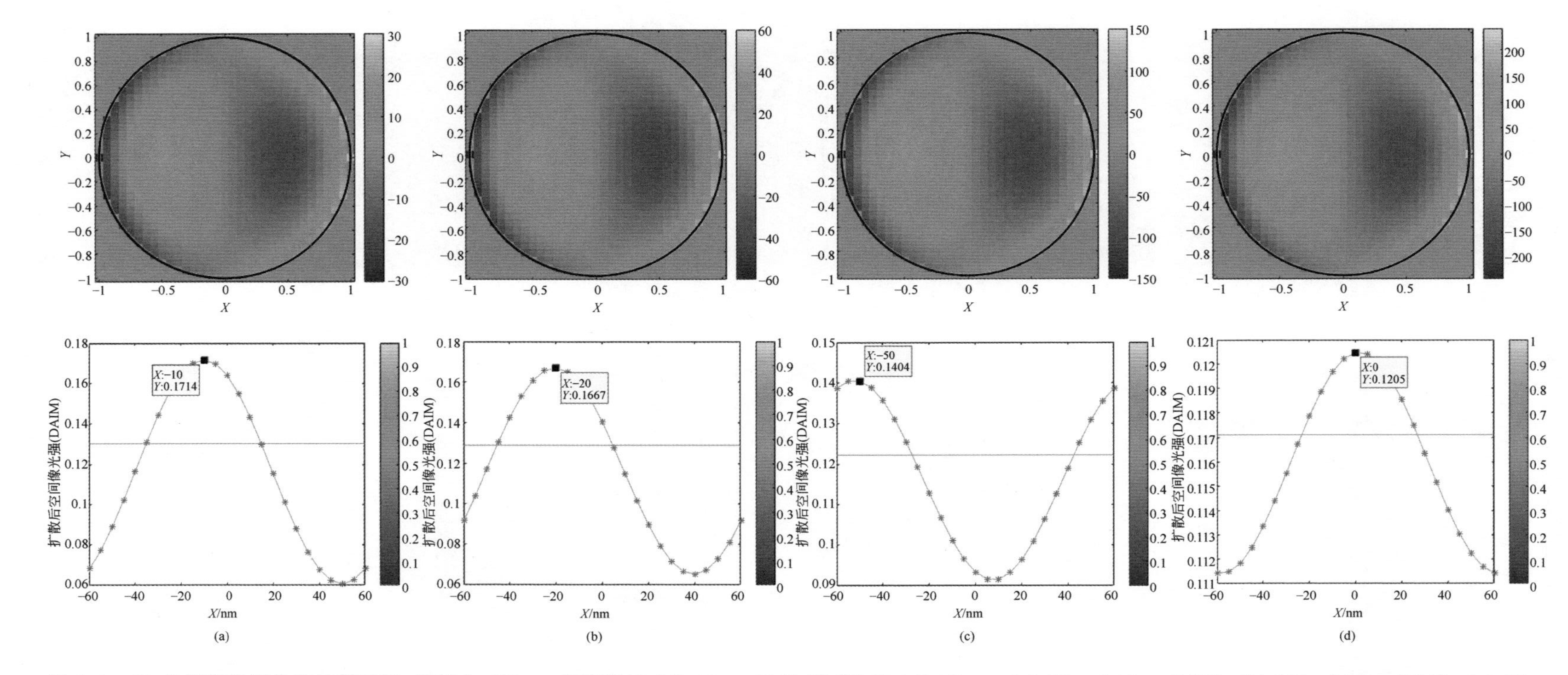

图 6.6　1D 单周期空间像的计算结果，周期为 120nm，掩模版尺寸为 55nm，硅片（沟槽）尺寸为 50nm：（a）Z7＝＋10nm RMS；（b）Z7＝＋20nm RMS；（c）Z7＝＋50nm RMS；（d）Z7＝＋80nm RMS

移从−10nm一直增加，直到偏移量达到一个周期。若彗差继续增加，图形位移继续增加至错开两个甚至更多周期。从图中还可以看出，随着彗差逐渐增加，同样的掩模版尺寸时沟槽线宽达到55nm时的阈值在不断降低。这说明，在这一周期下，在无彗差的阈值下，随着彗差增加，线宽逐渐缩小。

2）彗差导致图形对比度降低

虽然图6.6(d)中的空间像基本对称，但是对比度比无彗差以及彗差较小时的对比度小得多，如图6.7所示。其中，没有彗差时，对比度约为49%；当Z7为+10nm RMS时，对比度约为48%；在极端彗差情况下，即Z7为+80nm时，对比度只有4%左右，空间像几乎不可分辨。需要注意的是，彗差对不同周期的空间像对比度的影响不同。当仿真整个周期图形受彗差的影响时，随着彗差逐渐增加，周期较大图形的对比度比周期偏小（密集、半密集）图形的对比度降低得要快。

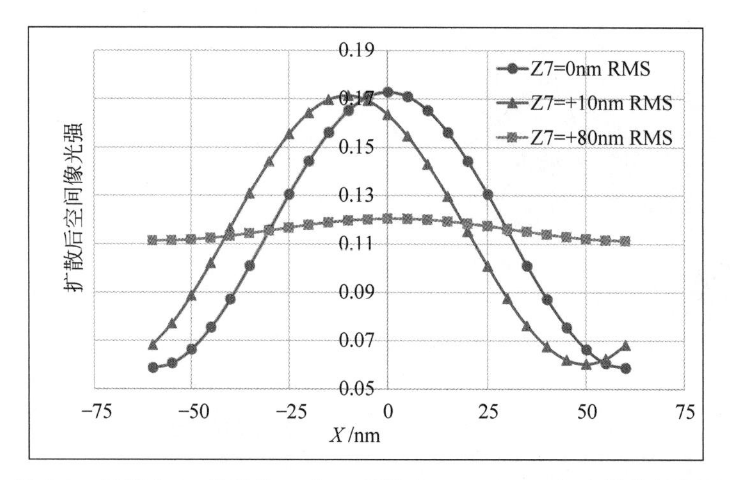

图6.7 当彗差Z7分别为0、+10以及+80nm RMS时，空间像示意图

综上，彗差的存在不仅会导致图形的横向偏移，还会影响图形线宽（本节举例是线宽缩小），使对比度下降，导致图形的套刻变差、光刻工艺窗口的降低。因此，前述的总像差规格中也不能全都是Z7、Z8。也就是说，彗差的单个像差规格要比总像差规格小，这需要在镜头研发阶段就分配好各像差的比例，尽量给对光刻工艺影响较大的像差类别制定更加严格的规格。不仅考验镜头的设计能力，还考验镜头的加工、工装能力。

6.3.2 球差（Z9）对光刻工艺的影响

接下来讨论球差Z9对光刻工艺的影响，着重讨论球差的存在对不同周期图形焦距的影响。由于不同周期图形的衍射角不同，衍射光线会经过光瞳的不同位置，从第2章中球差的定义可知，若光瞳存在球差，势必会导致不同周期图形的聚焦点无法重合。

1. 球差（Z9）导致焦距变化的原理

1）密集图形

对于周期为90nm、沿Y方向的密集图形，其衍射级沿X方向分布，如图6.8所示。由第5章光瞳初始照明条件选择中的计算可知，对于周期为90nm的图形，光瞳只能收入0级和1级光。通过选择合适的照明光瞳，可以使得密集图形的0级与1级光沿光轴（Z轴）基本对称。是否存在球差（Z9）对密集图形焦距的影响如下。

（1）如图6.8(b)所示，当没有球差存在时，0级和1级两束光聚焦在A处。同样，由于光

瞳是沿 X 轴和 Y 轴对称的，最终左右两侧光强一致。

(2) 如图 6.8(c)所示，当存在球差(Z9＝＋5nm RMS)时，由于球差是沿光轴(Z 轴)中心对称的，那么沿光轴(Z 轴)基本对称的两束光(0 级和 1 级)经历的相位差基本相同，相互抵消，干涉成像后仍然聚焦在 Z 轴原来的位置 A 处。因此，球差并不会影响密集图形的焦距。

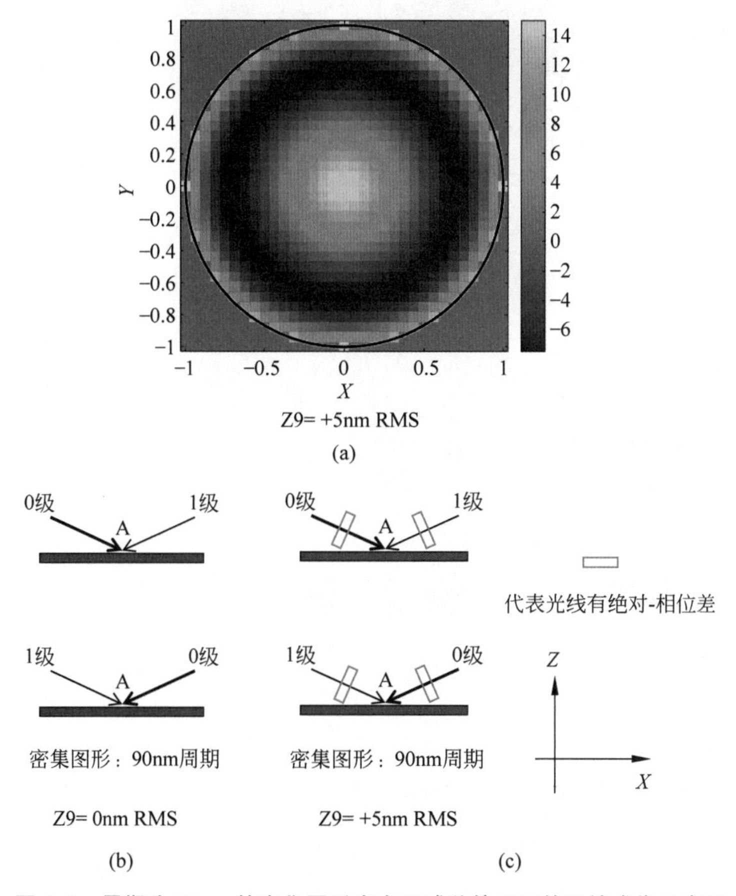

图 6.8 周期为 90nm 的密集图形在有无球差情况下的干涉成像示意图

2) 半密集图形

对于周期为 180nm、沿 Y 方向的半密集图形，衍射级同样沿 X 方向分布，如图 6.9 所示。其中，照明条件为 NA＝1.35，σ_{out}/σ_{in}＝0.9/0.7，CQ60°。在这一照明条件下，1 级衍射光基本通过光瞳中心、与光轴(Z 轴)基本平行，同时还可以收入部分 2 级衍射光，其中，0 级与 2 级衍射光沿光轴基本对称。是否存在球差(Z9)对半密集图形焦距的影响如下。

(1) 如图 6.9(b)所示，当没有球差存在时，三束光聚焦在 A 处。同样，由于光瞳是沿着 X 轴和 Y 轴对称的，最终左右两侧光强一致。

(2) 如图 6.9(c)所示，当存在球差(Z9＝＋5nm RMS)时，由于球差是沿光轴(Z 轴)中心对称的，那么沿光轴(Z 轴)基本对称的两束光(0 级和 2 级)经历的相位差基本相同，相互抵消。而通过光瞳中心的 1 级衍射光相对于 0 级与 2 级衍射光有“＋”相位差，根据前文的约定，相位差为“＋”的光束先到达成像位置，再等待相位差为“－”的光束。这种情况下，必须通过离焦才能使得三束光重新聚焦。

因此，最终三束光干涉成像后聚焦在位置 A′处，工件台需要沿 Z 轴往上(靠近镜头)移动，造成图形正离焦。

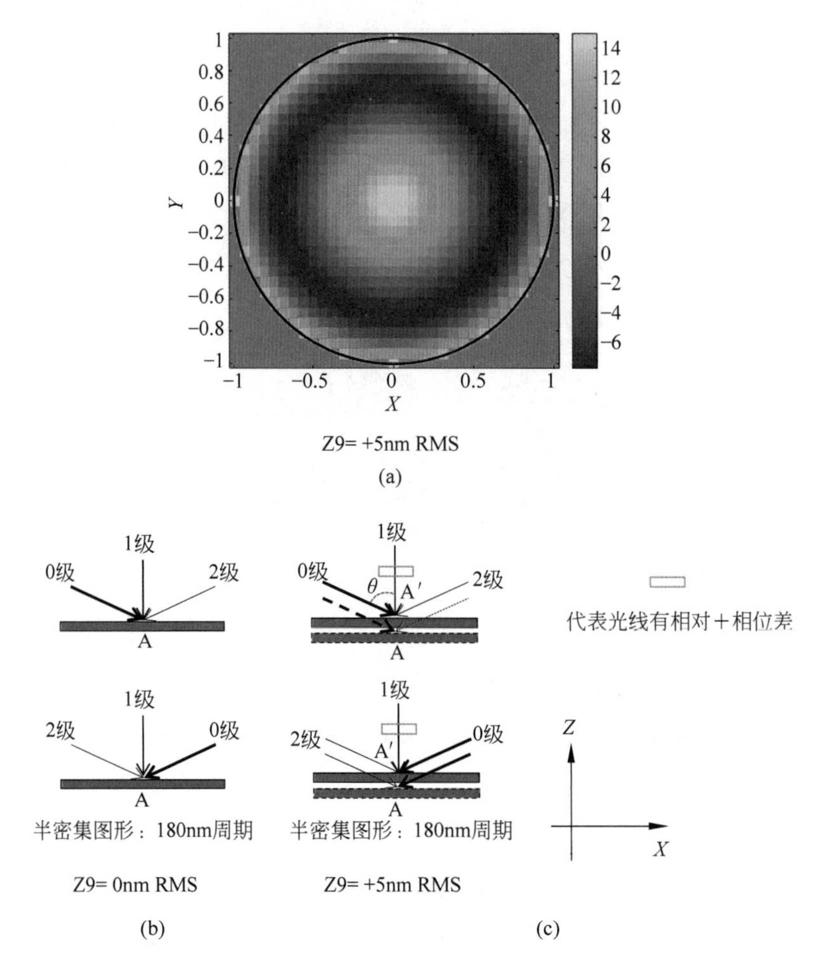

图 6.9 周期为 180nm 的半密集图形在有无球差情况下的聚焦成像示意图

球差会导致半密集图形的焦距发生变化，将图 6.9(c)上图放大之后，如图 6.10(a)所示。经过推导，1 级光基本与光轴重合时(周期 180nm)，0 级光和 1 级光的相位差 φ 如下。

$$\varphi = \Delta z(1-\cos\theta) \tag{6.2}$$

其中，$\sin\theta=\lambda/(P\times n)$，$P$ 为图形的周期(1 倍率)。由图 6.10(b)的照明光瞳中可以读出 0 级光与几乎正入射的 1 级光之间的位置，因此，可以从图 6.10(c)泽尼克多项式中的对应位置读出 φ 的数值(需要考虑在水中的相位差)。根据式(6.2)，可以计算出 Z9 造成周期 180nm 图形的离焦量 Δz。注意，上述只讨论了光瞳上一点，最终图形的焦距变化是整个光瞳的平均效果。

2. 球差(Z9)导致焦距变化的仿真结果

下面对球差(Z9)导致焦距变化进行仿真验证。以最小设计规则为 90nm 的后段金属层次为例，锚点为 90nm，掩模版沟槽线宽设为 50nm，硅片沟槽线宽设为 45nm。掩模版是透光率为 6%的 PSM，采用 XY 方向的偏振。光刻胶厚度为 90nm，等效光酸扩散长度为 5nm，显影方式为正显影。照明条件为 NA=1.35，σ_{out}/σ_{in}=0.9/0.7，CQ 60°。Sbar 的最小周期设置为 90nm，尺寸为 25nm。其中，仿真中所用 SSA 表格与 5.3.2 节一致。

由第 5 章可知，一维整个周期的光刻工艺仿真中可以获得焦深的结果，从中可以提取出不同周期的最佳焦距，具体焦距仿真结果如图 6.11 所示，图中含义与仿真结果分析如下。

(1) 图 6.11(a)是有无球差时，一维整个周期的焦距仿真对比结果。可以看出，当没有球

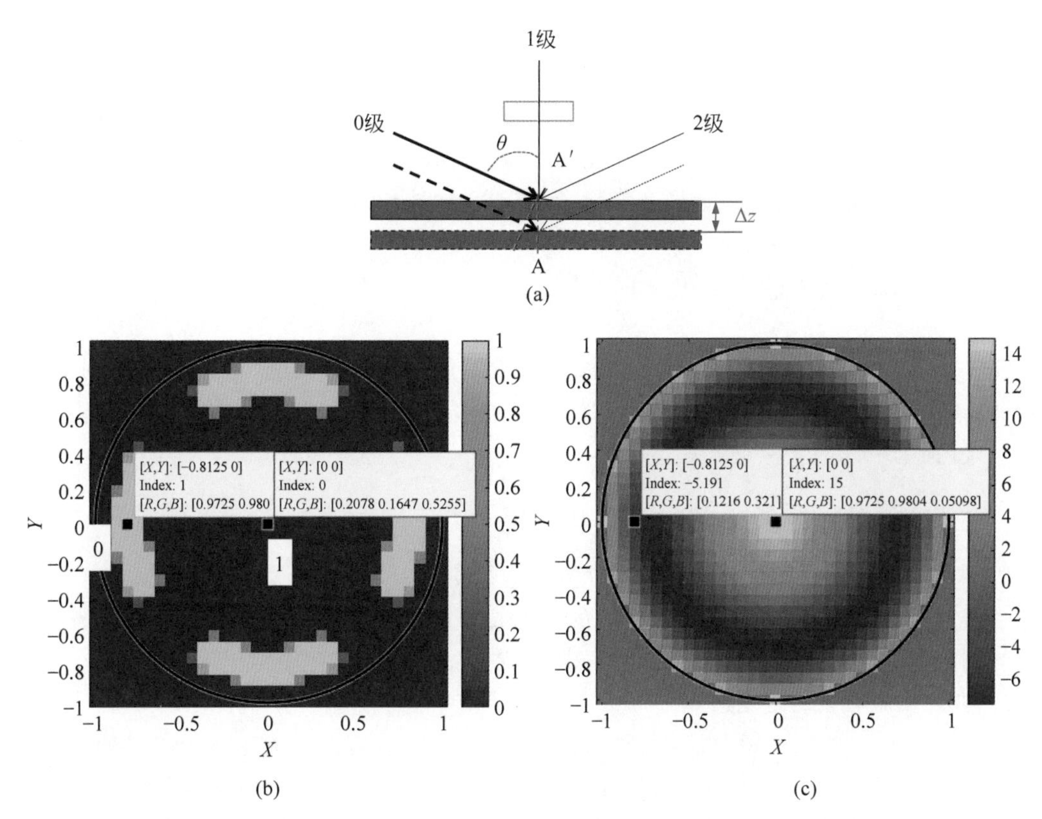

图 6.10　周期为 180nm 的半密集图形在存在＋5nm RMS 球差时的示意图：(a) 离焦原理；(b) 光瞳上的 0 级与 1 级位置；(c) 0 级与 1 级的相位差

差时，沟槽图形焦距也向正向偏移，这是由掩模三维效应导致的；当存在＋5nm RMS 的球差时，在密集到半密集(周期为 120～250nm)图形范围，焦距继续往"＋"向偏移。因此，正球差加大了密集到半密集沟槽图形焦距的整体正偏移量，若使用负球差，其对焦距的影响与正球差相反，即焦距会在掩模三维效应导致离焦的基础上有向负向的离焦量。另外，球差的存在还会导致一些图形对比度的降低。

(2) 如前文所述，球差(Z9)是中心对称的，因此不会导致图形的横向移动。而彗差基本不会造成焦距的移动，如图 6.11(b)所示。以较大的彗差(Z7＝＋10nm RMS)为例，有无彗差时的焦距在整个周期上没有明显区别。

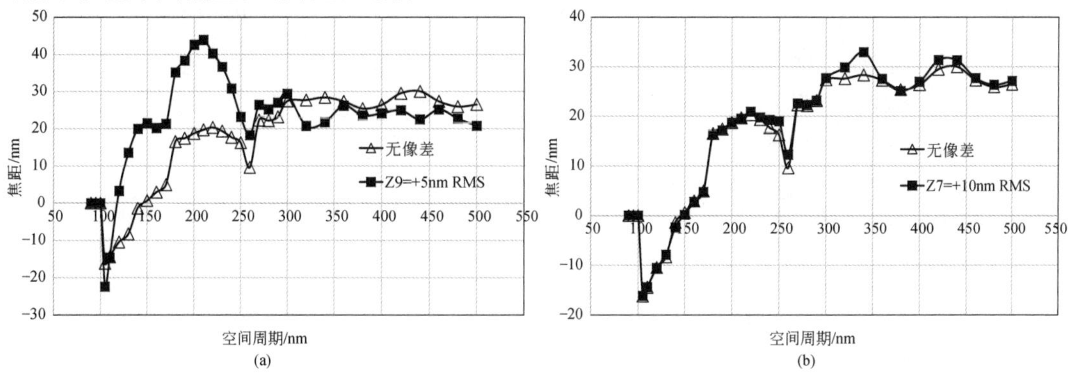

图 6.11　(a) 有无球差(Z9)时的焦距仿真结果对比示意图；(b) 有无彗差时(Z7)的焦距仿真结果对比示意图

本节以对光刻工艺影响较大的其中两种像差(彗差、球差)为例,说明像差会影响光刻工艺的线宽、工艺窗口(对比度、焦距)以及套刻。这也说明,在光刻机镜头研究初期可以根据目标节点(可以实现的最先进节点)的光刻工艺窗口标准来指导并制定标准化的像差规格,同时要做好各种像差分配工作。即使研发初期无法将像差规格一步到位,但是可以在制定的标准化像差规格基础上,通过工艺、设计联合优化,完成镜头的迭代,达到最终的像差规格。

6.4 选择合适的光刻材料

在6.2节光刻工艺模型的选择中,需要选取合适的光刻材料,包括光刻胶、抗反射层,并选取合适的显影工艺等。本节重点讨论光刻胶类型的选取,光刻胶与抗反射层厚度的确认及类型匹配等内容。

6.4.1 选择合适的光刻胶

光刻胶的种类多样:有适用于不同波长的光刻胶,有普通光刻胶和化学放大型光刻胶,有适用于不同掩模版透光区域(明场、暗场)的光刻胶,有活化能不同的光刻胶,还有显影方式不同的光刻胶等。接下来按照不同的分类方法,分别讨论各种光刻胶的特点。

1. 不同显影类型的光刻胶

对于先进光刻工艺来说,按照不同的显影方式,光刻胶可以分为正显影(PTD)和负显影(NTD)光刻胶,其反应原理见4.5节。其中,正显影光刻胶可以实现前段线条(明场)和中后段沟槽、通孔(暗场)的图形;而负显影光刻胶主要用来实现较小的沟槽或者通孔尺寸,以减小光刻和刻蚀之间的线宽偏置(Etch Bias),适用场景为明场,如表6.5所示。

表6.5 不同显影方式光刻胶的适用场景

显影类型	适用场景	适用层次、图形
正显影	明场/暗场	前段线条、中后段沟槽和通孔
负显影	明场	前段剪切层、中后段阻挡层(沟槽),中后段沟槽和通孔

那么,光刻工艺中的明场和暗场如何定义呢?一般来说,明场定义如下:掩模版透光区域面积大于50%。暗场定义如下:掩模版透光区域面积小于50%。而接近衍射极限时,光刻工艺对明场的要求更高一些:不仅掩模版透光区域面积需要大于50%,同时掩模版透光区域线宽(4倍率)不小于甚至需要略大于(如+10%)光波长(193.368nm),以尽量降低掩模三维效应的影响。因此,对于正显影光刻工艺,对于前段需要实现较小线条尺寸的层次,需要采用明场;对于中后段需要实现较小沟槽和通孔尺寸的层次,需要采用暗场。对于负显影工艺,需要获得较小的沟槽或者通孔尺寸,即未曝光区域较小,所以是类似正显影光刻工艺中的线条图形的明场成像。在5.1节中展示了不同技术节点光刻工艺的总结,其中负显影工艺从14nm技术节点开始引入,详细讨论见9.4节。

2. 不同活化能的光刻胶

针对明场、暗场的光刻工艺,光刻胶需要有相应的灵敏度。根据光刻胶对光的敏感程度,可以将光刻胶分为高活化能胶和低活化能胶。表6.6列举了KrF光刻胶活化能种类以及不同光刻胶的优缺点,具体如下。

表 6.6 KrF 光刻胶活化能种类以及不同光刻胶的优缺点

活化能	曝光后烘焙温度	优势	缺点	适用层
高活化能	>120℃	曝光时不放气(Outgassing),抗刻蚀能力强	对 PEB 温度和衬底敏感,扩散长度中等或者偏高	前段线条
低活化能	<110℃	对 PEB 温度和衬底不敏感,扩散长度低	曝光时放气,较低的抗刻蚀能力	中后段沟槽和通孔

(1) 高活化能胶一般也称为高温胶,对光的灵敏度偏低,需要较高的曝光后烘焙(Post Exposure Bake,PEB)温度来完成光酸催化的脱保护反应。其优点是曝光时不会放气(Outgassing),因此污染镜头的概率低,且抗刻蚀能力强。但是缺点也很明显,对 PEB 温度和衬底比较敏感,同时较高温度下完成脱保护就需要较长的扩散长度,过度的扩散会导致空间像对比度降低,即曝光能量宽裕度降低,且曝光能量偏高。一般来说,低灵敏度光刻胶适用于前段线条图形的明场光刻工艺。

(2) 低活化能胶一般也称为低温胶,对光有较高的灵敏度,在较低的温度(甚至常温)下都可以完成酸催化的脱保护反应。其优点是对 PEB 温度和衬底不敏感,且较短的扩散就可以完成脱保护反应。虽然可以有较高的曝光能量宽裕度,但是扩散不足可能会导致图形的 LWR 较大(见 9.2.2 节),类似拍照中的噪点。同时,低活化能胶还有一个优点:曝光能量偏低,因此俗称"给点阳光就灿烂"胶,能充分利用暗场中有限的光。其缺点是曝光过程中可能会发生一些脱保护反应,造成放气现象,污染光刻机镜头,同时抗刻蚀能力也较弱。一般来说,高灵敏度光刻胶适用于中后段的金属沟槽和通孔的暗场光刻工艺,以充分利用暗场环境中的有限光子实现充分的光酸催化脱保护反应。

从技术节点来看,在 180nm 技术节点,前后段都是高活化能,接触孔(ConTact,CT)为中活化能;在 130nm 技术节点,前段为中活化能,中(接触孔)后段为低活化能(见 5.1.1 节)。到了 193nm 干法光刻机时代,前段光刻胶为偏高活化能(偏低灵敏度),中后段光刻胶为偏低活化能(偏高灵敏度)。对于 ArF 浸没式光刻胶来说,其 PEB 温度降低为 75~95℃,相对于之前的 KrF 光刻胶来说,都是低活化能光刻胶(Low E_a)。注意,活化能的高低对某一类光刻机对应的光刻胶来说是相对的。因此,对于 193nm 水浸没式光刻胶来说,尽管前中后段都是低活化能光刻胶,但是前段使用的光刻胶的活化能是偏高(偏低灵敏度)一些的,中后段使用的光刻胶活化能是偏低(偏高灵敏度)一些的。对于 NTD 光刻胶来说,最开始是中活化能,最新的已经发展为接近低活化能(相对 KrF 光刻胶,与 193nm 水浸没式 PTD 光刻胶相比,NTD 光刻胶为偏高活化能)。另外,在水浸没式光刻工艺中,放气产生的杂质会被浸没头中的循环水及时带走,降低污染程度。

6.4.2 选择合适的抗反射层

一般来说,先进光刻工艺的抗反射层是指底部抗反射层(Bottom Anti-Reflcctive Coatings,BARC),与光刻胶类似都是偏疏水性的,主要成分为可交联的树脂,其余还包含溶剂、活性剂等。在 4.5 节中提到,无论是哪种显影方式,抗反射层涂覆结束后都需要进行烘焙,以发生交联反应,防止继续涂覆光刻胶在较软表面上难以形成高质量薄膜。而光刻工艺不同的显影方式中,抗反射层在曝光后的极性会有所不同,如表 6.7 所示。

(1) 对于正显影光刻工艺[13],由于被光照射部分光刻胶的极性由疏水变为亲水,这部分光刻胶会溶于亲水性的、剧毒碱性显影液(TMAH)。而未被曝光的光刻胶仍然为疏水性,需要黏附在疏水的抗反射层表面,因此抗反射层在曝光之后不需要转变极性。

(2) 对于负显影光刻工艺[14]，由于被光照射部分光刻胶的极性由疏水变为亲水，且这一部分光刻胶需要留下来，未被光照射的部分光刻胶会溶于疏水的、有机显影液。因此光刻胶下层的抗反射层也需要在曝光之后由亲水转变为疏水，防止极性不同导致光刻胶倒胶。

同时，对于抗反射层的选择还要考虑其抗刻蚀能力、形貌等因素。普通的有机抗反射层的抗刻蚀能力弱，在先进技术节点，通常会采用含 Si 的抗反射层，其抗刻蚀能力大大增加，可以用来刻蚀用于填平的、较厚的旋涂碳(Spin On Carbon，SOC)层。由于抗反射层交联后的分子结构粗糙，因此一般在抗反射层(Si-ARC 除外)刻蚀结束之后，光刻胶需要有部分残留，以便继续用其小分子断面保真传递图形。具体光刻胶和抗反射层类型、各自厚度的选择见 6.7.5 节。

表 6.7 抗反射层特性与不同类型光刻胶的匹配

显影类型	抗反射层极性是否变化
正显影	否
负显影	是

6.5 线宽均匀性、套刻以及焦深的分配方式

经过前面几章工艺流程，了解了芯片的制造过程：通过使用光刻工艺定义图形，再经过后续的刻蚀工艺对图形保真传递，一步一步将前段的氧化物隔离层、栅极、离子注入层，中断的接触孔层以及后段的金属连线层和通孔层层层叠加，再经过最终的测试封装后形成集成电路芯片。也就是说，光刻在其中起到了最重要的定义初始图形的作用。而我们经常说，光刻工艺中包含三驾重要的马车：关键尺寸(Critical Dimension，CD)和关键尺寸(线宽)均匀性(CD Uniformity，CDU)，套刻精度(OVerLay，OVL)以及光刻工艺中的缺陷。只有三驾马车齐头并进，才能达到工艺标准化的要求。本节介绍前两驾马车：线宽均匀性与套刻精度的分配方式。另外，由于光刻工艺中的三个重要参数——曝光能量宽裕度(EL)、掩模误差因子(MEF)以及焦深(DoF)都会直接影响线宽均匀性，且线宽均匀性分配方式中同时包含 EL 与 MEF 的影响，因此，本节后面会单独讨论焦深的分配方式。

6.5.1 线宽均匀性的分配方式

本节介绍线宽均匀性的定义、影响因素以及分配方式，即光刻工艺中影响 CDU 的各种因素的占比到底是多少。一般来说，线宽均匀性的定义是三倍标准偏差(3σ)范围内的线宽，即 99.73%的线宽，均需要在某个目标值范围内，例如，在目标值的±10%范围内。

1. 三种线宽均匀性的计算方式

线宽均匀性一般分为整个硅片上的线宽均匀性，曝光场内的线宽均匀性以及曝光场之间的线宽均匀性。接下来，依次讨论各种线宽均匀性的定义与计算方法。

1) 整个硅片上的线宽均匀性

如图 6.12 所示，每个硅片中包含多个曝光场，假设每个曝光场(对应掩模版)的坐标为(X,Y)，每个曝光场内包含多个线宽测量点，坐标为(x,y)。如果计算整个硅片上的线宽均匀性，计算方法如下：将整片硅片内所有测量线宽取平均值，再计算三倍标准偏差值，计算公式如式(6.3)所示。其中，CD 表示测量的线宽值，$n_{曝光场}$表示用来测量线宽的曝光场的数量，$n_{曝光场内}$表示每个曝光场内线宽测量的点数。由于利用硅片中所有线宽的平均值来计算三倍标准偏差，在总自由度上减少了一个，因此标准偏差计算中的分母中样品需要减少一个，分母

从“$n_{曝光场} \times n_{曝光场内}$”变成“$n_{曝光场} \times n_{曝光场内} - 1$”。这种计算方式既包含曝光场内的线宽均匀性，又包含曝光场之间的线宽均匀性，将所有因素导致的线宽均匀性混在一起，无法判断线宽均匀性变差的原因。如果要提高线宽均匀性，需要对以上的计算进行进一步分类。

$$\begin{cases} \mathrm{CD}(\text{平均值}) = \dfrac{\sum\limits_{X,Y;\,x,y} \mathrm{CD}(X,Y;\,x,y)}{n_{曝光场}\, n_{曝光场内}} \\ \mathrm{CDU}(3\sigma) = 3\sqrt{\dfrac{\sum\limits_{X,Y;\,x,y} [\mathrm{CD}(X,Y;\,x,y) - \mathrm{CD}(\text{平均值})]^2}{n_{曝光场}\, n_{曝光场内} - 1}} \end{cases} \tag{6.3}$$

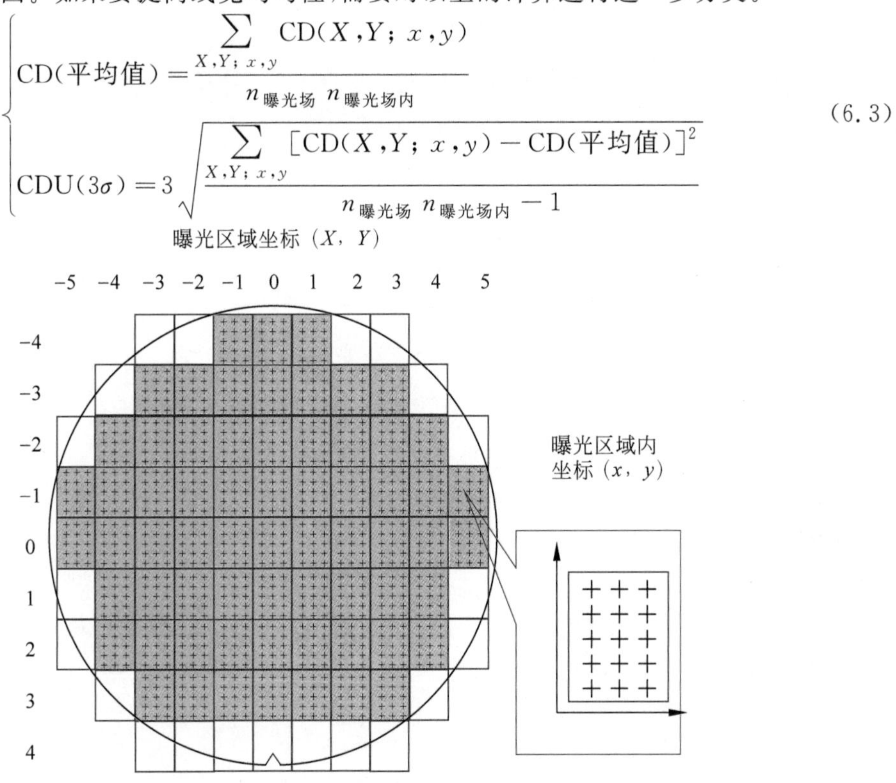

图 6.12　硅片上包含多个曝光场，每个曝光场内量测多个点的线宽数值

2）曝光场内的线宽均匀性

接下来讨论最受关注的两种线宽均匀性：曝光场内的和曝光场之间的线宽均匀性。首先是曝光场内的线宽均匀性，计算方法如下。如图 6.13 所示，需要先将各个曝光场内相同坐标

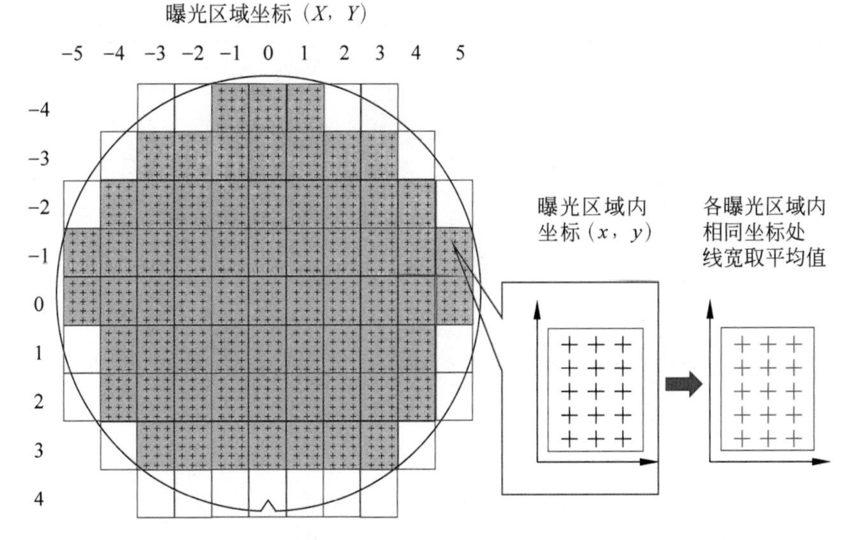

图 6.13　硅片上包含多个曝光场，每个曝光场内，相同坐标处(x, y)线宽取平均值

(x, y)的线宽取平均值之后，再以最后组成的这个曝光场内的各个坐标处的线宽为样本，取平均值并计算三倍标准偏差值，计算公式如式(6.4)所示。同样由于标准偏差计算过程中采用了曝光场内的样本平均值，需要在分母的曝光场内的总样本基础上减少一个，分母从“$n_{曝光场内}$”变成“$n_{曝光场内}-1$”。通过先对每个曝光场内相同坐标处的线宽取平均值，可以尽可能地消除曝光场之间的线宽变化，得到比较准确的曝光场内的线宽均匀性的情况。

$$\mathrm{CD}_{曝光场之间平均}(X, Y)=\frac{\sum\limits_{X, Y}\mathrm{CD}(X, Y;\ x, y)}{n_{曝光场}}$$

$$\begin{cases}\mathrm{CD}_{曝光场内}(平均值)=\dfrac{\sum\limits_{x, y}\mathrm{CD}_{曝光场之间平均}(X, Y)}{n_{曝光场内}} \\ \mathrm{CDU}_{曝光场内}(3\sigma)=3\sqrt{\dfrac{\sum\limits_{x, y}\left[\mathrm{CD}_{曝光场之间平均}(X, Y)-\mathrm{CD}_{曝光场内}(平均值)\right]^2}{n_{曝光场内}-1}}\end{cases} \tag{6.4}$$

3）曝光场之间的线宽均匀性

如果计算曝光场之间的线宽均匀性，计算方法如下。如图6.14所示，需要先将每个曝光场内的线宽取平均值作为这个曝光场的样本，再以所有曝光场中的这一线宽作为计算线宽均匀性的样本值，取平均值并计算三倍标准偏差值，计算公式如式(6.5)所示。同样，由于标准偏差计算过程中采用了所有曝光场中样本(每个曝光场内所有样本取平均后的样本)的平均值，需要在分母的曝光场的总样本基础上减少一个，分母从“$n_{曝光场}$”变成“$n_{曝光场}-1$”。通过先将每个曝光场内的线宽取平均值，可以尽可能地消除曝光场内的线宽变化，得到比较准确的曝光场之间的线宽均匀性的情况。

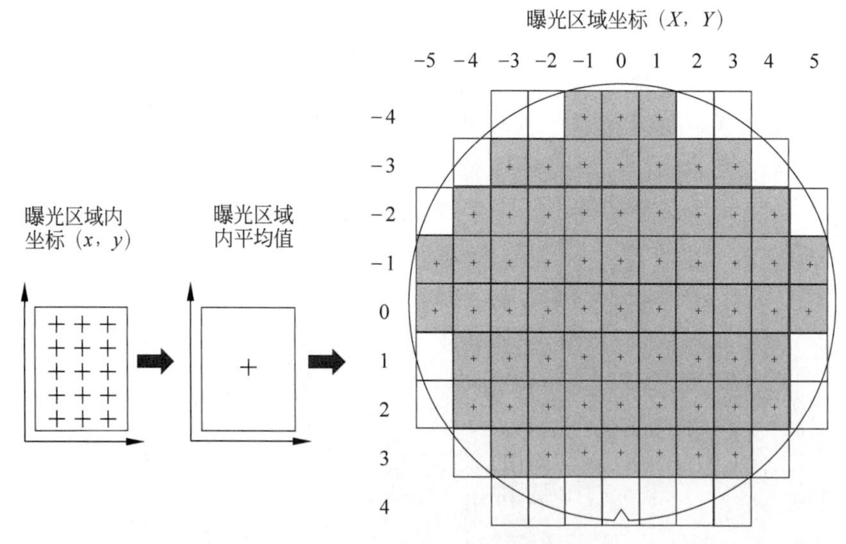

图6.14 硅片上包含多个曝光场，每个曝光场内量测多个点的线宽并取平均值

众所周知，光刻工艺中影响线宽均匀性的因素有很多，包括光刻机中的某些因素、掩模版、光刻工艺窗口、光学邻近效应修正精度、光刻胶以及硅片衬底等。其中，掩模版制造误差或者光学邻近效应造成的问题都会局限在曝光场内；由于涂胶、显影等的不均匀以及衬底本身的问题造成的线宽均匀性变差一般会影响整个硅片范围。由于影响线宽均匀性的因素较多，具体每种因素的占比就是线宽均匀性分配的重要内容，具体见下面介绍。

$$\mathrm{CD}_{曝光场内平均}(X,Y)=\frac{\sum\limits_{x,y}\mathrm{CD}(X,Y;\,x,y)}{n_{曝光场内}}$$

$$\begin{cases}\mathrm{CD}_{曝光场之间}(平均值)=\dfrac{\sum\limits_{X,Y}\mathrm{CD}_{曝光场内平均}(X,Y)}{n_{曝光场}}\\ \mathrm{CDU}_{曝光场之间}(3\sigma)=3\sqrt{\dfrac{\sum\limits_{X,Y}[\mathrm{CD}_{曝光场内平均}(X,Y)-\mathrm{CD}_{曝光场之间}(平均值)]^2}{n_{曝光场}-1}}\end{cases}\tag{6.5}$$

2. 线宽均匀性分配

1）线宽均匀性分配举例 1

如表 6.8 所示，以某接近 193nm 水浸没式光刻极限的设计规则为例，包含前段栅极、后段金属以及通孔层次，讲述各种因素对 CDU 的贡献。下面先介绍表 6.8 中的各项信息及来源。

（1）表格中从左到右依次包含上述三个关键层次的设计规则：①设计规则，即最小周期和最小线宽（一次刻蚀后线宽）。②光刻设计规则，即一次光刻可以实现的最小周期和光刻后线宽，以及光刻方法。③线宽均匀性要求。由于这些设计规则距离 193nm 水浸没式光刻机单次曝光可以实现的最小周期 76nm 还有一定的距离，三个关键层次的光刻方法均可采用“单次曝光”，因此一次光刻可以实现的周期与第一组“设计规则”中的周期一致。

（2）曝光能量宽裕度和掩模误差因子两栏分别列出了密集图形可以接受的最小 EL 和最大 MEF，这些数值满足标准化光刻工艺的需求。通过选择合适的光刻机、照明光瞳、掩模版以及光刻胶材料等，可以实现表中的工艺窗口。

（3）前面已经说明，一般光刻线宽均匀性定义的是三倍标准偏差，其数值需要在±10%的线宽目标值（Target）范围内，而这个目标值一般是指刻蚀后的目标值。以栅极为例，最终刻蚀后的尺寸约为 23nm，如最后一列所示，刻蚀后的线宽均匀性需要小于或等于±2.3nm。

（4）光刻的线宽均匀性需要做到多少呢？我们知道，刻蚀可以去掉线宽粗糙度的高频部分，因此可以部分改善线宽均匀性。本节以一个保守的标准，在刻蚀线宽均匀性的基础上增加 15%作为光刻线宽均匀性的规格。因此，栅极层次的光刻线宽均匀性只要能做到 2.6nm（光刻后规格）就可以符合工艺需要。

（5）已知光刻机、光刻工艺、掩模版、光学邻近效应修正、衬底以及其他工艺都会影响线宽均匀性。在表 6.8 中，将影响光刻线宽均匀性的因素分为以下几个大类：①掩模版的线宽均匀性；②DoMa 的影响；③光学邻近效应修正的误差对线宽均匀性的影响；④其他因素的影响，例如，光刻测量设备和衬底各种非均匀性等。一般认为，以上 4 类因素对线宽均匀性的贡献都是随机性的，因此通过平方传递这些因素贡献的线宽均匀性，可得到最终的“光刻显影后”的线宽均匀性。接下来，需要将所有因素导致的线宽均匀性与目标的线宽均匀性（“光刻后规格”，即最终刻蚀后×1.15）做对比，看工艺上是否可行。若所有因素导致的最终“光刻显影后”的线宽均匀性小于或等于“光刻后规格”，则说明工艺可行；否则，工艺较难被实现。

接下来，讨论以上几种因素在线宽均匀性中的占比，即线宽均匀性如何在各因素之间进行分配，仍然以前段栅极为例。

（1）一般来说，掩模版线宽均匀性对“光刻显影后”线宽均匀性的贡献占 35%～50%。一般来说，由于图形的复杂性（二维图形），通孔层次掩模版线宽均匀性的贡献会超过 50%。表 6.8 中掩模版线宽均匀性（4 倍率下）的最大值由式（6.6）给出：

表 6.8　某接近 193nm 水浸没式光刻极限的设计规则中各关键层次 CDU 分配方式举例 1

	设计规则		光刻设计规则(一次光刻)					线宽均匀性要求(3σ,+/−nm)						
层次名称	最小周期/nm	最小线宽/nm	光刻方法	最小周期/nm	最小线宽/nm	曝光能量宽裕度(最小)	掩模版误差因子(最大)	曝光场内-掩模版(4倍率)/nm	曝光场与场之间光刻显影后用 DoMa/nm	光学邻近效应修正误差/nm	其他(光刻设备,测量。衬底各种非均匀性等)/nm	光刻显影后(随机量平方传递)/nm	光刻后规格(刻蚀后×1.15)/nm	刻蚀后(最终)/nm
栅极	117	23	单次曝光	117	55	18%	1.5	3.5	1	0.5	0.5	1.8	2.6	2.3
金属 1	90	32	单次曝光	90	45	13%	3.5	2.1	2	2	1	3.5	3.7	3.2
通孔 X	110	40	单次曝光	110	65	15%	4.5	2.7	2	2.5	1	4.5	4.6	4.0

$$\mathrm{Mask_{CDU}} = p \times \frac{4 \times \mathrm{CDU}_{光刻后规格}}{\mathrm{MEF}} \tag{6.6}$$

其中，MEF一般由准确的模型仿真得到，有时也会通过实际掩模版曝光获得。由5.2节可知，对于前段栅极来说，MEF≤1.5才符合标准化的光刻工艺条件。当已知MEF(1.5)、线宽均匀性的光刻后规格(2.6nm)以及掩模版对线宽均匀性的贡献占比 p(Percentage，如0.5)之后，通过式(6.6)可以得到掩模版的线宽均匀性为3.5nm。得到掩模版线宽均匀性之后，需要判断当时的技术能力能否实现这一规格。当然，这一规格对于现在的掩模版工艺来说是很容易实现的。重点是，这一掩模版线宽均匀性规格对于表6.8中设计规则对应技术节点研发初始阶段(2008年左右)是否也是比较容易实现的，答案是肯定的：可以实现。

这说明，在光刻工艺(EL、MEF等)满足要求时，确定了掩模版线宽均匀性对硅片线宽均匀性的贡献之后，可以得到工艺对掩模版线宽均匀性的要求。若分配方式不合理，例如，高估了掩模版线宽均匀性的贡献(偏大)，会放松掩模版线宽均匀性的规格，虽然掩模版容易制造，但是由于光刻规格有限，会导致其他因素的贡献(规格)变小，加大其他因素的工艺控制难度。若低估了掩模版线宽均匀性的贡献(偏小)，尽管其他因素导致的线宽均匀性规格放松、工艺会更好控制，但会卡紧掩模版线宽均匀性的规格，严重的会导致掩模版无法制造。因此，合适的分配方式是至关重要的。

(2) 栅极层次使用DoMa之后可以将光刻的线宽均匀性提高到±1nm以内。

(3) 对于一维图形来说，栅极层次的光学邻近效应修正误差在±0.5nm以内。

(4) 栅极处于前段层次，衬底的均匀性比后段的要好得多，所以其他因素贡献的线宽均匀性在0.5nm左右。

这4种一般被认为是随机的因素对线宽均匀性的贡献经过平方传递之后变成“光刻显影后”的线宽均匀性，如式(6.7)所示。

$$\mathrm{CDU} = \sqrt{\left(\frac{\mathrm{Mask_{CDU}}}{4} \times \mathrm{MEF}\right)^2 + (\mathrm{DoMa})^2 + (\mathrm{OPC}\,精度)^2 + (其他因素)^2} \tag{6.7}$$

通过式(6.7)可以计算出“光刻显影后”线宽均匀性为2nm，这一数值小于表6.8中要求的栅极“光刻后(线宽均匀性)规格”2.6nm。因此，栅极层次的光刻显影后的线宽均匀性是符合要求的。也就是说，在线宽均匀性分配合理的情况下，上述4种因素导致的线宽均匀性可以满足工艺的要求。

2) 线宽均匀性分配举例2

从表6.8中可见，由于前段栅极对线宽均匀性的要求比较高，其对光刻工艺窗口的要求相应的也较高：EL≥18%，MEF≤1.5。如果栅极的MEF只能做到后段金属层次的水平，即3.5左右，如表6.9所示。此时如果想继续保证光刻显影后的线宽均匀性为1.8nm，那么掩模版的线宽均匀性需要控制在1.5nm，这一数值基本是目前(2023年)最先进掩模版制造设备可以达到的最好的线宽均匀性(最高水平在1.4nm左右)水平。显然，在2008年左右，掩模版线宽均匀性规格无法达到这样的水平。对于前段栅极层次这种对线宽均匀性要求较高的层次，其掩模误差因子需要控制在较低的水平，否则就可能会对掩模版制作提出更高的要求，甚至对其他对线宽均匀性有贡献的因素提出更高的要求。

表 6.9 某接近 193nm 水浸没式光刻极限的设计规则中各关键层次 CDU 分配方式举例 2

层次名称	设计规则		光刻设计规则(一次光刻)			曝光能量宽裕度(最小)	掩模版误差因子(最大)	线宽均匀性要求(3σ,+/−nm)						
	最小周期/nm	最小线宽/nm	光刻方法	最小周期/nm	最小线宽/nm			曝光场内-掩模版(4倍率)/nm	曝光场与场之间光刻显影后用 DoMa /nm	光学邻近效应修正误差/nm	其他(光刻设备,测量。衬底各种非均匀性等)/nm	光刻显影后(随机量平方传递)/nm	光刻后规格(刻蚀后×1.15)/nm	刻蚀后(最终)/nm
栅极	117	23	单次曝光	117	55	18%	3.5	1.5	1	0.5	0.5	1.8	2.6	2.3
金属 1	90	32	单次曝光	90	45	13%	3.5	2.1	2	2	1	3.5	3.7	3.2
通孔 X	110	40	单次曝光	110	65	15%	4.5	2.7	2	2.5	1	4.5	4.6	4.0

总之，光刻工艺中对线宽均匀性有贡献的各个因素之间是竞争关系，如果无法控制其中一个或者多个因素的工艺水平，就会挤压剩余因素的工艺窗口。若其他因素也达不到更高的水平，整个光刻工艺就无法达到预期的目标，从而影响器件性能、产品成品率。

从表6.9中还可以看出，对于后段金属和通孔层次来说，掩模版线宽均匀性的规格也很容易达到。另外，有以下几处与前段栅极的不同之处。

(1) 由于DoMa一般只在前段对线宽均匀性要求较高的层次使用，因此后段金属和通孔在曝光场和曝光场之间的线宽均匀性较大。

(2) 由于图形的复杂度变高，因此后段图形的MEF、OPC精度高于前段栅极的MEF与OPC精度。

另外，由于后段金属和通孔层次刻蚀后的线宽比栅极刻蚀后尺寸大得多，其线宽均匀性的要求也低得多，因此，即使后段图形的曝光场和曝光场之间的线宽均匀性、MEF以及OPC都偏高，上述4种因素最终贡献的线宽均匀性也能满足光刻工艺的要求。

随着技术节点的不断发展，光刻工艺窗口(MEF)、掩模版线宽规格、OPC修正精度、DoMa的水平都有各自的最高水平。在先进技术节点研发时，针对特定节点设计规则的发展变化规律以及各因素对线宽均匀性的贡献占比，需要根据经验提前做好线宽均匀性的分配工作，方便各个模块熟悉各自需要达到的水平。防止出现某一因素贡献的线宽均匀性过大，挤压其他因素工艺窗口的情况，从而影响最终的工艺稳定性、成本和可靠性。

6.5.2　套刻的分配方式

1. *套刻的定义与套刻精度的发展趋势*

除了6.5.1节的线宽、线宽均匀性，在芯片制造的整个工艺流程中，层与层之间是否对准也非常重要，这关系前段的器件是否有效、中后段的引线是否导通，最终会影响整个芯片的成品率。由4.4.2节可知，套刻(Overlay)精度是指两层记号中心之间的错位大小，代表两个工艺层次之间的错位情况。在不同技术节点中，套刻精度(mean+3σ)只有满足一定的规格才能满足工艺的要求。光刻工艺之后，需要判断不同层次之间是否对准，最早使用光学显微镜的目检方式来确定层与层之间是否对准。随着技术节点的推进，套刻精度需要控制在越来越小的范围，目检已经不能满足工艺对层与层之间套刻的要求。此时，就需要使用套刻光学显微镜进行无损检测，得到精确的套刻精度，具体的测量方式及常见的套刻记号见4.4.2节。

表6.10展示了从250nm到5nm逻辑技术节点中前段栅极、中段接触孔以及后段金属层次的线宽、周期以及套刻精度的变化。对于中段接触孔层次来说，28nm节点之前(包含28nm)是指中段唯一的一层Contact(CT)，而从16nm节点开始是指中段中的金属0(M0)层次，由表中可以看出其周期与前段栅极相同。在设计规则中，中段金属0层的方向也与栅极的相同，与栅极错开排布。在90nm技术节点之前，技术节点的数值与前段栅极光刻后线宽相同；随着技术节点不断推进，各层次线宽和周期也在不断缩小。但是显然技术节点数值的缩小比栅极线宽缩小得更快，这是因为考虑到短沟道效应，栅极线宽无法做到较大比例的缩小。从90nm节点开始，各技术节点的数值并不对应某一实际的物理线宽，而是按照技术发展路线图，以一定的比例不断缩小线宽、周期、芯片面积，不断提升芯片性能。另外，表6.10中16/14nm及以下技术节点中，中段接触孔(M0)层次的线宽为刻蚀后线宽。

表 6.10 250nm 技术节点到 5nm 技术节点中，前段栅极、中段接触孔以及后段金属层次中线宽（除非特别注明，是指光刻后线宽）、周期与套刻精度的演变

逻辑技术节点/nm	栅极		接触孔		金属		套刻精度/nm
	线宽/nm	周期/nm	线宽/nm	周期/nm	线宽/nm	周期/nm	
250	250	500	300	640	300	640	70
180	180	430	230	460	230	460	60
130	130	310	160	340	160	340	45
90	120	240	160	240	130	240	25
65	90	210	130	200	90	180	15
45	70	180	90	180	80	160	12
40	62.5	162	85	130	65	120	10
28	55	117	65	100	45	90	8
16	45	90	30	90	32	64	6
14	42～45	84～90	28	84～90	32	64	4.5
10	33	66	22	66	22	44	3.5
7	28	57	20	57	20	40	3
5	25	50	14	50	15	30	2.5

从表中还可以看出，随着技术节点的不断缩小，套刻精度规格也在逐渐缩小，一般是最小线宽尺寸的 1/3～1/4。对于最先进的技术节点，套刻精度会卡得更紧，如表 6.10 所示。图 6.15 举例说明随着线宽尺寸缩小，套刻精度也需要卡紧。

(1) 图 6.15(a)中，当线宽尺寸较大时，每层之间的套刻精度也可以稍微放松，仍然可以保证层与层之间有效的连接(不短路，不断路)。

(2) 图 6.15(b)中，若线宽缩小到先进技术节点的几十纳米，套刻精度不随之缩小，会造成每层之间相互错开的情况。

(3) 图 6.15(c)中，越先进的技术节点的线宽越小，为了得到更好的器件性能和电路特性，就需要缩紧套刻精度，以保证有效的连接。

注意，对于两层之间的图形(如金属和通孔)，一般来说，至少需要有超过 2/3 面积(最小尺寸方向)的交叠(Overlap)，才能满足工艺需求。

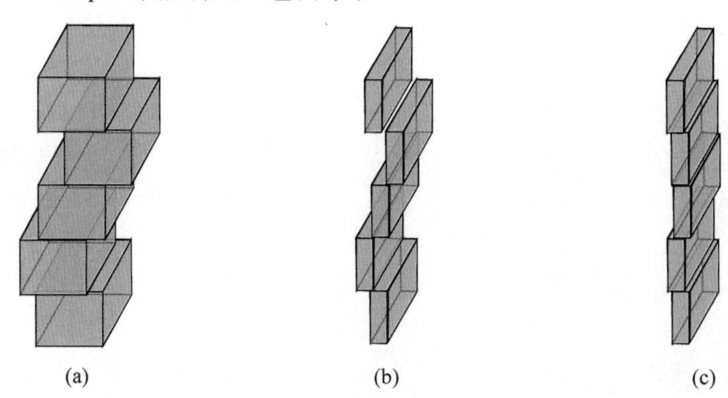

图 6.15 不同线宽、多层次之间套刻示意图：(a) 大线宽对应宽松的套刻精度；(b) 线宽缩小仍然对应宽松的套刻精度；(c) 线宽缩小对应缩紧的套刻精度

2. 套刻补值补偿在光刻工艺中的位置

由 4.3 节光刻工艺的 8 步流程可知，最后一步是测量线宽和套刻，只有线宽和套刻精度均

满足规格要求时，才能进行后续的刻蚀等工艺。若两者有其中一项无法满足规格要求，硅片需要去胶返工，同时需要更新曝光能量或者套刻补值，应用到下一批硅片或者返工的这批硅片中，具体流程和方法见7.3.7节。

那么，套刻补值的补偿是在光刻机中的哪个步骤实现的呢？如图6.16所示。硅片进入光刻机后会依次完成：通过硅片缺口（Notch）的预对准（X，Y 方向约 $\pm 10\mu m$）；硅片粗调平（Z 方向 $\pm 1\mu m$）即硅片边缘调平，在宏观上将硅片放平；硅片粗对准（X，Y 方向 $< \pm 3\mu m$）；再完成精调平和精对准（Z 方向 $< \pm 15nm$，X，Y 方向 $< \pm 1 \sim 2nm$）；最后掩模版和工件台对准后就可以开始曝光了。上述精度为最先进ASML光刻机的控制精度。其中，光刻机硅片和掩模版的具体对准方式和原理见4.1.5节。而套刻补值的补偿就发生在曝光过程中，通过采取调整工件台（如平移、旋转、扫描方向及速度等）或者调整镜头的像差（畸变）等措施，完成各项线性和高阶套刻补值的补偿。

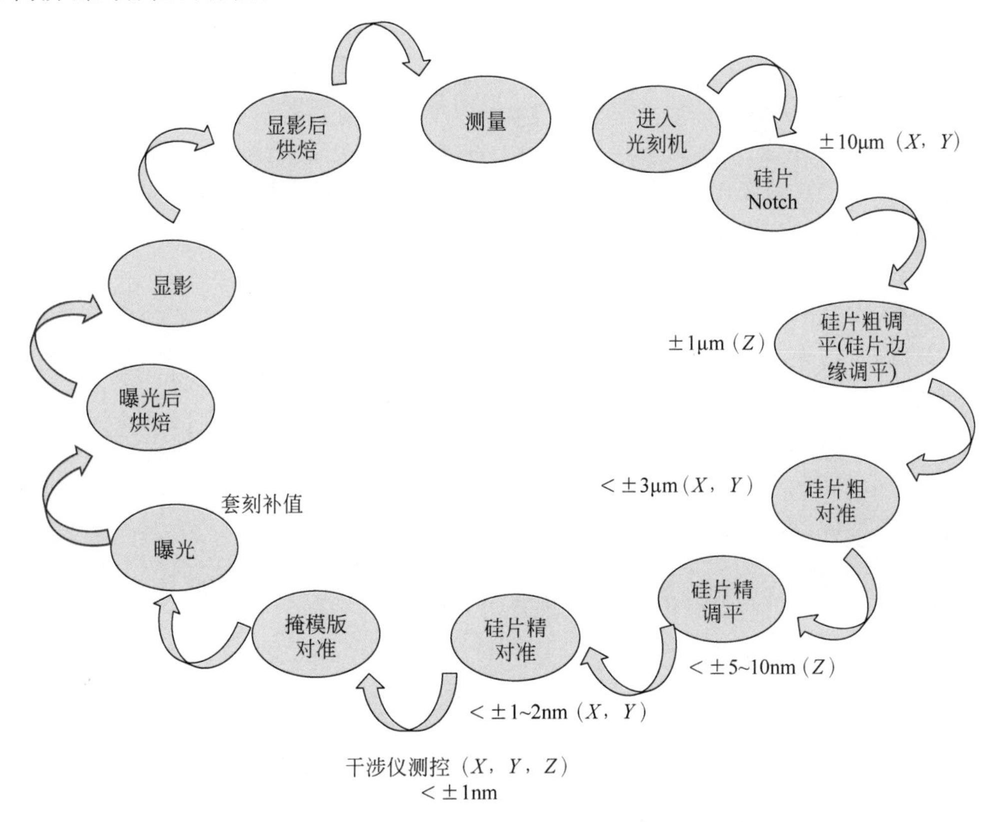

图6.16　硅片从进入光刻机到测量的流程示意图（以最先进的193nm水浸没式光刻机为例）

这里有人会提出，为什么硅片与掩模版已经做好对准，还需要在光刻工艺之后量测套刻，并在曝光过程中进行套刻补值的补偿呢？这是因为，会有一些因素导致对准之后两层之间仍会存在偏差。例如，硅片对准完成后到曝光之间两个不同工位之间干涉仪的位置匹配差异（如ASML双工件台光刻机特有的），镜头的像差畸变随时间漂移以及对不同层次掩模版图形的差异，掩模版对准、套刻记号制作时的位置偏差造成套刻与对准有偏移，以及其他工艺（刻蚀、快速热退火、化学机械平坦化等）造成的硅片非线性形变等。所以一定要在显影完成后对套刻记号进行测量，确定层与层之间的套刻偏差，生成套刻补值，补偿到下一批次硅片或者返工的同一批次硅片中。

综上，在光刻工艺流程中有两个关系到层与层之间能否对齐的重要概念：对准和套刻。一般来说，对准是在曝光之前补偿硅片和硅片之间的差异，通常包含线性10参数。套刻是在曝光之后通过套刻光学显微镜测量两层之间的套刻记号偏差，生成套刻补值后补偿到下一批次的硅片或者返工的同一批次硅片中，包括线性和非线性补偿参数。接下来针对套刻补值的分类、套刻补偿方式以及对准补偿方式等内容做详细的介绍。

3. 套刻补值的分类

套刻补值主要分为曝光场之间和曝光场内两种类型。接下来分别介绍这两种类型补值的表达方式以及曝光场的变化情况。

1）曝光场之间的套刻补值

曝光场之间的套刻补值也称为网格套刻，表达式如式(6.8)所示，包括线性的6参数：硅片沿X和Y方向的平移(Translation)T_x、T_y；硅片在X和Y方向的旋转(Wafer Rotation)R_x、R_y；硅片在X和Y方向的放大率(Grid Magnification)M_x、M_y；曝光场之间的套刻补值还包括剩余的高阶项。

如图6.17所示，蓝色为不存在任何套刻偏差时曝光场的位置，红色为存在线性或者高阶套刻偏差时曝光场的位置。图6.17详细展示了各线性套刻补值分别存在和线性、高阶补值同时存在时，曝光场位置的变化。

(1) 如图6.17(a)和图6.17(b)所示，当存在X/Y方向平移补值，即所有曝光场中心在X/Y方向上有位置平移时，曝光场尺寸和形状不变。

(2) 如图6.17(c)所示，当存在硅片旋转时(顺时针旋转)，以硅片的中心为中心点，将整个网格做位置旋转，曝光场尺寸和形状不变。此时，两个方向(X、Y)的旋转方向(顺时针)和旋转量均相同。

(3) 如图6.17(d)所示，当两个方向旋转不同时，例如，只有一个方向旋转(逆时针)，也就是以硅片的中心为中心点，将整个网格做位置扭曲，曝光场尺寸和形状不变。由于只有一个方向旋转，曝光场的排列方式由无套刻偏差时的长方形变成平行四边形。

(4) 如图6.17(e)和图6.17(f)所示，当存在X/Y方向的放大倍率变化(放大/缩小)，即所有曝光场中心在X/Y方向上有位置外延/缩进时，曝光场尺寸和形状不变。

(5) 图6.17(g)中显示的是线性、高阶套刻偏差均存在时曝光场(红色)的位置变化。

$$\begin{cases}\Delta X = T_X + \Delta M_X X - R_X Y + C_{X20}X^2 + C_{X11}XY + C_{X02}Y^2 + \\ \quad C_{X30}X^3 + C_{X21}X^2Y + C_{X12}XY^2 + C_{X03}Y^3 \\ \Delta Y = T_Y + \Delta M_Y Y + R_Y X + C_{Y20}X^2 + C_{Y11}XY + C_{Y02}Y^2 + C_{Y30}X^3 + \\ \quad C_{Y21}X^2Y + C_{Y12}XY^2 + C_{Y03}Y^3\end{cases} \tag{6.8}$$

综上所述，无论存在的是线性还是高阶曝光场之间的套刻偏差，只是曝光场(红色)的位置发生变化，尺寸和形状均不变，这就是曝光场之间套刻补值的特点，完全可以通过工件台的步进完成补偿(对于高阶补偿，有子程序，见下面内容)。

2）曝光场内的套刻补值

曝光场内的套刻补值表达式如式(6.9)所示[15-16]，包括线性的6参数：曝光场(即掩模版)的平移(t_x,t_y)；曝光场在X和Y方向的旋转(Reticle Rotation, Shot Rotation)r_x,r_y；曝光场在X和Y方向的放大率(Reticle Magnification, Shot Magnification)m_x,m_y。通常来说，曝光场内的平移可以合并到曝光场之间的平移中，工程师在套刻测量完生成补值时也可以看到，曝光场内也是6参数，其中的平移量极小，这是因为将平移量归于曝光场之间了。

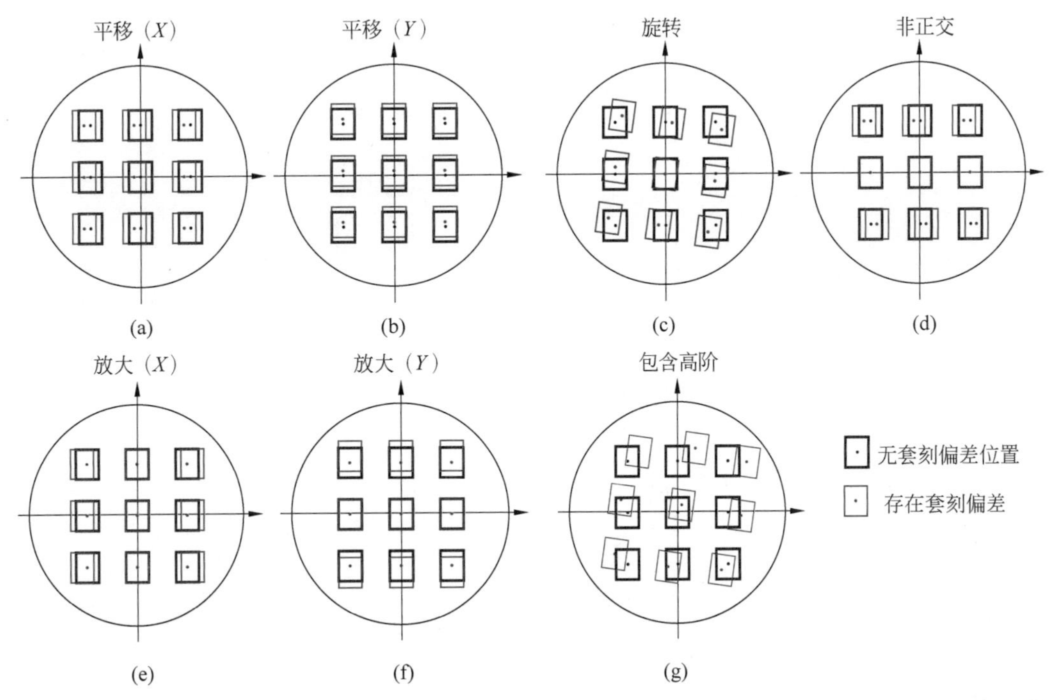

图 6.17　曝光场之间存在套刻补值时示意图：(a) X 方向平移；(b) Y 方向平移；(c) XY 方向相同旋转；(d) XY 方向不同旋转(非正交)；(e) X 方向放大；(f) Y 方向放大；(g) 包含线性与高阶套刻

如图 6.18 所示，蓝色为不存在任何套刻偏差时曝光场的位置，红色为存在线性套刻偏差时曝光场的位置。图 6.18 详细展示了各线性套刻补值分别存在时，曝光场位置的变化，接下来介绍除平移外的其余几项曝光场内的线性套刻偏差。

(1) 如图 6.18(c)所示，当存在曝光场对称旋转(顺时针)时，每个曝光场以各自中心为中心点做旋转，所有曝光场的中心位置不变。

(2) 如图 6.18(d)所示，由于先进光刻机均为扫描式，会出现曝光场的两个方向旋转(方向、大小等不同)的情况，例如，只有一个方向旋转(顺时针)。也就是说，曝光场以各自中心为中心点做非对称旋转(Y 轴顺时针旋转，X 轴不动)，所有曝光场的中心位置不变。由于只有一个方向旋转，每个曝光场由长方形变成平行四边形。

(3) 如图 6.18(e)所示，当曝光场存在 X 和 Y 方向对称的放大倍率变化时(以放大为例)，每个曝光场以各自中心为中心点做 X 和 Y 方向的等比例放大，所有曝光场的中心位置不变。

(4) 如图 6.18(f)所示，同样由于扫描式光刻机，会出现曝光场的两个方向的缩放倍率不同的情况，图中 X 方向缩小，Y 方向放大，每个曝光场以各自中心为中心点做 X 和 Y 方向的非对称性缩放，所有曝光场的中心位置不变。

$$\begin{cases}\Delta x = k_1 + k_3 x + k_5 y + k_7 x^2 + k_9 xy + k_{11} y^2 + k_{13} x^3 + k_{15} x^2 y + k_{17} xy^2 + k_{19} y^3 \\ \Delta y = k_2 + k_4 y + k_6 x + k_8 y^2 + k_{10} yx + k_{12} x^2 + k_{14} y^3 + k_{16} y^2 x + k_{18} yx^2 + k_{20} x^3\end{cases} \tag{6.9}$$

实际套刻补值中，曝光场内会包含线性的和高阶补值，其中大多数是指曝光场的形状发生形变。曝光场内的线性参数指 X、Y 方向的旋转和放大率这 4 项，需要在曝光过程中通过调整工件台的扫描(如速度、方向等)以及调整镜头的畸变进行实时补偿。式(6.9)中，k_3、k_4 是与放大率相关的套刻补值，k_5、k_6 是与旋转相关的套刻补值。对于曝光场内的高阶套刻补值：

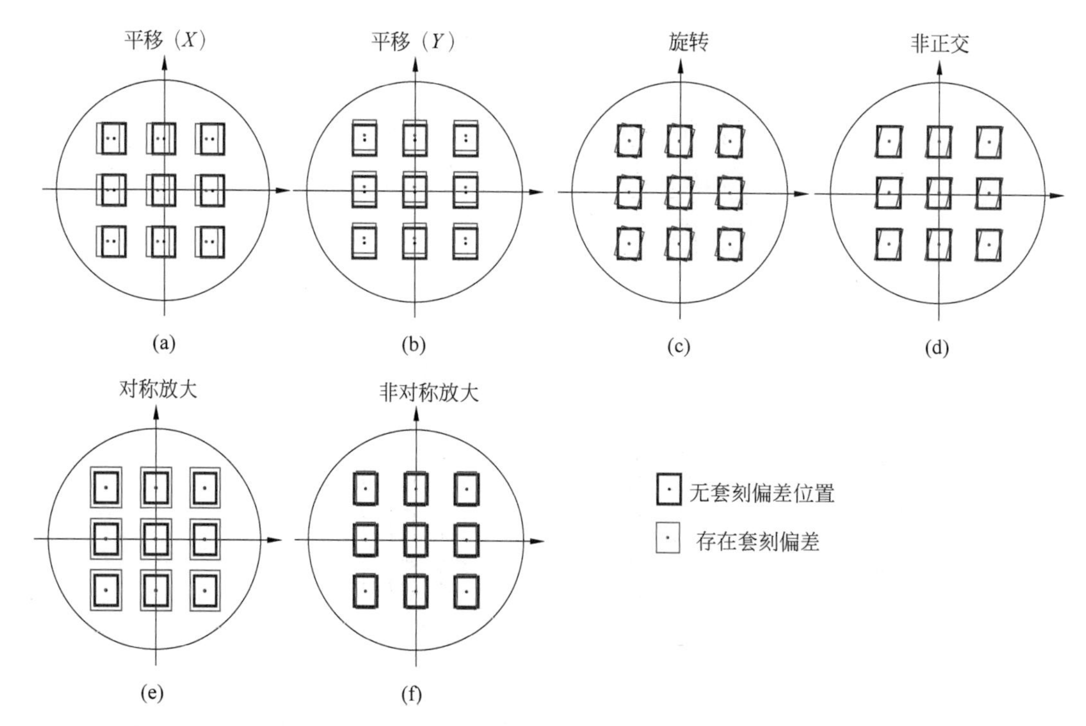

图 6.18 曝光场内存在线性套刻补值时示意图：(a) *X* 方向平移；(b) *Y* 方向平移；(c) *XY* 方向相同旋转；(d) *XY* 方向不同旋转(非正交)；(e) *XY* 方向对称放大；(f) *XY* 方向非对称放大

$k_7 \sim k_{20}$，$k_7 \sim k_{12}$ 为二阶，$k_{13} \sim k_{20}$ 为三阶，也是在曝光过程中通过调整工件台的扫描速度、方向，调整镜头的畸变[17-18]，或者两者都调整来补偿[15]。套刻测量完成并获得补值之后，每个曝光场内的 4 个参数输入何处，通过什么途径进行套刻补偿，可以参考 7.3.7 节。

4. 提高套刻精度的补偿方式的发展变化

由于本书涉及的主要是先进光刻工艺的研发，因此以扫描式光刻机(以 ASML 光刻机为例)中的套刻补偿为例。如上所述，经过套刻光学显微镜对选中的曝光场内的多点进行测量之后，会将套刻偏差分解为线性与非线性参数。最初的套刻补偿用线性 10 参数模型就足够了，包括曝光场之间的 6 参数($T_x, T_y, R_x, R_y, M_x, M_y$)和曝光场内的 4 参数($r_x, r_y, m_x, m_y$)。

1) 提高套刻精度的各种补值方式

随着技术节点对套刻的要求越来越高，线性的 10 参数套刻补值已经不能满足工艺生产的需求，荷兰阿斯麦(ASML)公司推出“网格测绘”(Grid Mapper)软件[19-22]，包含多种可以提高套刻精度的补偿方式。如表 6.11 所示[23]，Grid Mapper 包含的功能主要有高阶套刻工艺补偿(High Order Process Correction，HOPC)[24]、曝光场内的高阶套刻工艺补偿(intrafiled High Order Process Correction，i-HOPC)、每个曝光场的套刻补偿(Correction Per Exposure，CPE)以及针对对准的高阶硅片对准(High Order Wafer Alignment，HOWA)[25]。每种补偿方式的简单原理如下。

(1) HOPC：如表 6.11 所示，HOPC 可以补偿曝光场之间(网格、硅片范围)的非线性位置参数[21-23]，由于只补偿曝光场之间的套刻，其对整个套刻精度的提高是有限的。

(2) i-HOPC：由名称可知，i-HOPC 可以补偿曝光场内的高阶补值，通过把测量的所有曝光场内的 $k_7 \sim k_{20}$ 平均，得到一组 $k_7 \sim k_{20}$ 的数据[23]。曝光时，光刻机将这组高阶补偿值应用到所有的曝光场内，即如表 6.11 所示，所有曝光场用同一组 i-HOPC 高阶补值。

表 6.11 Gridmapper 中提高套刻精度的各种方法

		Description	Remark
Overlay(套刻补偿方式)	HOPC	High Order Process Correction(高阶工艺补值) Process correction based on interfield high order global grid modeling(基于高阶网格模型的工艺补值)	Field based correction(determined by HOPCmodel and fieldlocation)
	CPE	Correction Per Exposure(每个曝光场的补值) (6 parameters intra-field correction per exposure~extended exposure)(每个曝光场内的 6 参数补值)	Field based correction(每个曝光场不同)
	i-HOPC	High Order Intrafield Process Correction(曝光场内高阶工艺补值) Process correction by per exposure based on intra-field high order modeling	ldentical for all ficlds(每个曝光场相同)
Alignment(对准方式)	HOWA	High Order Wafer Alignment(高阶硅片对准) Wafer alignment based on interfield high orderglobal grid modeling	Field based correction perwafer (determined by higherorder modeling ofalignmentresults and field location)

(3) CPE：一般来说，CPE 补偿的是每个曝光场内的线性 6 参数[15,20,23]，每个曝光场内的线性 6 参数可以是不同的。通过 CPE 补偿，可以获得比 HOPC 更高的套刻精度。

以上三种均为在曝光时补偿套刻的方式，一般需要通过 Gridmapper 子程序实现[21,23]。在先进光刻工艺(如 28nm 技术节点及以下)的套刻补偿过程中，通常将 CPE 与 iHOPC 搭配使用[21]，分别补偿曝光场内的线性 6 参数和其他曝光场内的高阶参数，可以获得最佳的套刻精度。生成 Gridmapper(CPE+iHOPC)子程序之后，需要将此子程序上传到 APC 中，同时光刻机的曝光程序中也需要链接这个子程序。曝光时，光刻机会调用这个子程序对每个曝光场分别进行不同的线性 6 参数($k_1 \sim k_6$)以及相同的高阶 14 参数($k_7 \sim k_{20}$)的补偿。一般通过 Gridmapper 功能来补偿的是前层的刻蚀、化学机械平坦化(Chemical Mechanical Planarization，CMP)工艺以及热板造成的热应力等效应引起的图形变形导致的套刻偏差。

一般来说，先进光刻工艺在线(Inline)常用的套刻补偿方式为线性 10 参数(曝光场之间 6 参数和曝光场内 4 参数)补偿。对于某些层次来说，由于前层图形复杂，前层工艺中的化学机械平坦化等工艺会对前层套刻记号造成损伤，同时由于这些层次对套刻的要求更高等因素，除了常规的线性 10 参数补偿，还需要添加 Gridmapper 子程序，对曝光场内的高阶套刻偏差进行补偿。需要注意的是，若工艺流程、掩模版等因素没有发生太大变化，某一层次中的 Gridmapper 子程序可以一直使用。若发现套刻中不能补偿部分——残留(Residual)比较大，则说明高阶套刻偏差未能被补偿掉，需要根据情况重新生成 Gridmapper 子程序。也就是说，对于某一光刻层次来说，在一段时间内，Gridmapper 子程序是不会改变的。而常规的线性 10 参数套刻补偿方式，会根据每一批测量的套刻补值实时更新到 APC 系统中，反馈补偿到同一产品同一层次的下一批硅片中或者返工后的同一批硅片上。在典型的集成电路芯片代工厂中，最先进的套刻反馈方式已经不局限于实时更新的线性 10 参数补偿或者每个层次只需要一个 Gridmapper 子程序的补偿方式，而是可以实时更新高阶非线性补值[26]。

(4) HOWA：HOPC、i-HOPC 和 CPE 的补偿方式，均是测量曝光之后硅片上的套刻记号，获得线性与非线性的套刻补值，再对返工的(或者新的一批)硅片进行整批统一补偿，以确认子程序的准确性。一般来说,Gridmapper 补偿方式会补偿到后续多批硅片中。当然,也会有一些特殊情况需要对某些光刻层次的每个批次单独生成 Gridmapper 子程序,达到更好的套刻精度,只是操作起来更加复杂,需要工程师关注批次到站时间,及时收集数据生成子程序且不能跟其他的 Gridmapper 子程序混淆。总之,上述套刻补偿的方式均是后反馈。

很多时候,我们希望在曝光之前就可以将套刻尽量维持在较好的水平。前面提到,曝光之前的对准补偿的一般是线性 10 参数。对于高阶部分,除了用套刻后反馈对整批进行统一补偿之外,还可以使用这种新的对准方法 HOWA,如表 6.11 所示,在曝光之前进行补偿。这是一种可以针对每片硅片曝光场之间存在的不同非线性位置偏差进行对准的方式。高阶补偿完成后,再进行曝光以及曝光过程中的套刻补值修正,最终实现更高的套刻精度。为了获得曝光场之间的高阶对准补值,需要在当前线性补值选择的 20 多对(如 26 对)X、Y 方向对准记号的基础上,继续增加对准记号总数(如增加到 50 对左右),并设计合适的测量所需的对准记号分布方式,以获得最优的套刻精度,但这会显著降低光刻机的产能[19]。

2) 生成 Gridmapper 子程序的基本步骤

生成 Gridmapper 子程序需要对硅片中每个完整曝光场(也可以包含大部分在硅片内的曝光场)中的套刻记号进行测量,获取每个曝光场内的完整套刻补值信息。前面提到,Gridmapper 中有很多种算法,本章以常用的 CPE+高阶补值(i-HOPC)为例,说明子程序生成时的基本步骤。

图 6.19(a)是生成 Gridmapper 子程序的一般流程[21,23]。

(1) 选出每个工件台(Chuck)各两片硅片,注意,每个 Chuck 最少选取各一片硅片进行数据的收集。一般来说,曝光时仅使用线性 10 参数套刻模型对这些硅片进行套刻补偿。接下来,对 4 片硅片进行全硅片套刻数据测量。需要在曝光场内选 20 多个(如 24 个)套刻记号进行测量,套刻记号需要在曝光场边界和内部均匀分布,防止漏补某芯片处的套刻,如图 6.19(b)所示。套刻记号的选择也并非越多越好,记号越多会增加量测的时间,但是套刻精度并不会继续提高,因此只要分布均匀,数量足够即可[16]。

(2) 查看量测数据,剔除无效数据。利用 Gridmapper 软件生成子程序(如 CPE+iHOPC),并做好链接(APC 系统以及曝光主程序 Scanner Job 中)。注意,Gridmapper 软件可以预测 CPE+高阶补偿后套刻的剩余值,当预测的剩余值符合要求时,才会最终生成 Gridmapper 子程序。

(3) 将这 4 片硅片返工(或者使用新的硅片),曝光前确定线性 10 参数已经自动反馈(自动跑货)或者已经手动补偿到 APC 系统的套刻补值中,确保下一步验证阶段硅片尽量不发生套刻精度超出规格(Out Of Specification,OOS)的情况。调用刚生成的 Gridmapper 子程序对硅片进行曝光,完成曝光场内的线性和高阶补偿,重新收集全硅片套刻数据。

(4) 一般补偿成功之后,硅片上套刻的剩余值(Residual)(不可补部分)会从未调用 Gridmapper 子程序的较大变成较小。一般这个硅片上套刻的剩余值与 Gridmapper 子程序中预测的剩余值基本相当。最后,需要工程师对实际硅片的测量结果进行判断:若剩余值符合要求,则验证结束,相同产品这一层次的其余硅片可以进行曝光;若剩余值不符合要求,则需要查找原因,必要时需要将硅片返工(或者用新硅片),再完成新一轮的曝光、数据收集、生成 Gridmapper 子程序以及验证的过程。

5. 不同曝光方式中套刻的分配方式

随着技术节点的不断发展,光刻工艺对套刻精度的要求也越来越高。而从 16/14nm 技术

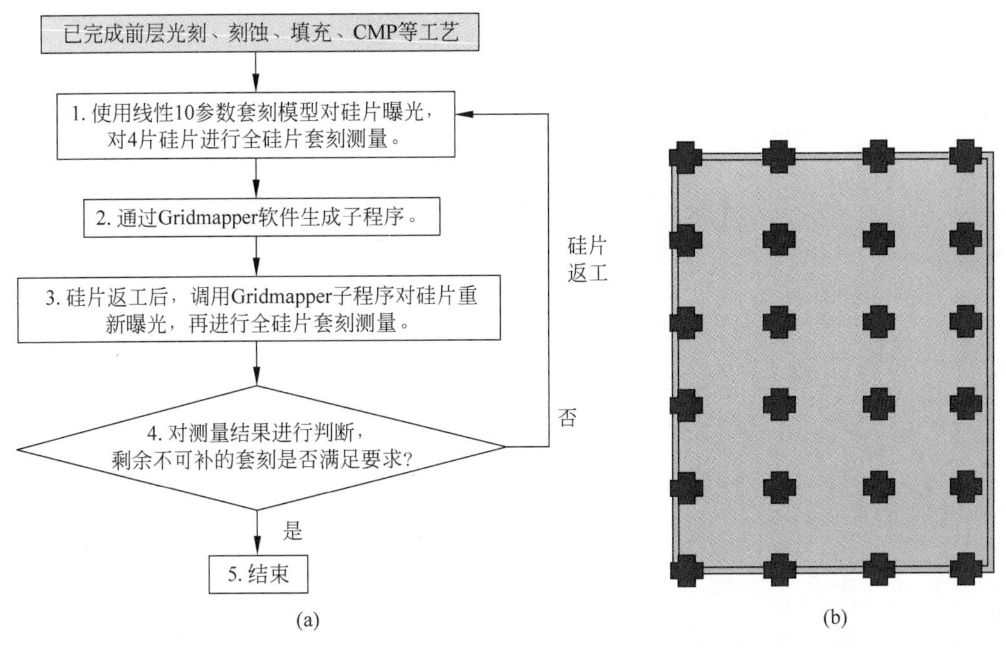

图 6.19　(a) 生成 Gridmapper 子程序的一般流程示意图；(b) 套刻记号在曝光场中分布示意图

节点开始，光刻工艺实现的方式从单次曝光发展为多重曝光以及自对准的多重曝光。本节针对不同的光刻工艺实现方式，讨论套刻的分配方式以及工艺实现方式对套刻精度的影响[27]。

1）单次曝光时套刻的分配方式和套刻精度

本节针对单次曝光(Single Exposure)时 14nm 到 1nm 逻辑技术节点，后段金属(M_1)层次套刻的分配方式以及总的套刻误差，如表 6.12 所示。在光刻工艺阶段，重点关注的是产品的套刻(On-Product-Overlay，OPO)精度，代表两层图形中心之间的偏移。而实际工艺流程中，还会关注图形边缘之间的套刻——边缘放置误差(Edge Placement Error，EPE)，这关系是否会有短路等现象。表中列举了这些技术节点中 OPO 的规格要求，EPE 还包含前层和当层的线宽均匀性的因素，如图 6.20 所示，具体计算公式如下[27]。

$$\mathrm{EPE}=\sqrt{\mathrm{OPO}^2+\left(\frac{\mathrm{CDU}_{\mathrm{V}_0}}{2}\right)^2+\left(\frac{\mathrm{CDU}_{\mathrm{M}_1}}{2}\right)^2} \tag{6.10}$$

其中，$\mathrm{CDU}_{\mathrm{V}_0}$ 为前层中段通孔 0(V_0)层次的线宽均匀性，$\mathrm{CDU}_{\mathrm{M}_1}$ 为当层后段金属 1(M_1)层次的线宽均匀性。一般来说，线宽均匀性为随机误差，因此是平方传递。最终，EPE 的规格是 OPO 规格以及前层、当层线宽均匀性一半的平方传递的结果，其中，前层(V_0)与当层(M_1)的线宽均匀性是已知的(刻蚀目标线宽的±10%)。

表 6.12　后段金属 1(M_1)层次对中段通孔 0(V_0)层次的边缘放置误差举例

OPO 规格(3σ，nm)		4.5	3.5	3.0	2.5	2.5	2.0	2.0	2.0
EPE 规格(3σ，nm)		5.0	3.8	3.3	2.7	2.6	2.1	2.1	2.1
逻辑技术节点		14nm	10nm	7nm	5nm	3nm	2nm	1.5nm	1nm
误差来源	误差类型								
单硅片台 DCO(同一块掩模版移动测定——两次曝光间隔三天)	系统	2	2	1.6	1.4	1.1	0.9	0.9	0.9
系统稳定性(两层之间间隔时间超过三天系统的漂移量)	随机	0.5	0.5	0.5	0.5	0.5	0.5	0.5	0.5

续表

OPO 规格(3σ,nm)		4.5	3.5	3.0	2.5	2.5	2.0	2.0	2.0
EPE 规格(3σ,nm)		5.0	3.8	3.3	2.7	2.6	2.1	2.1	2.1
逻辑技术节点		14nm	10nm	7nm	5nm	3nm	2nm	1.5nm	1nm
误差来源	误差类型								
镜头加热(两块掩模版镜头加热补偿后的差异)	系统	0.6	0.5	0.4	0.3	0.3	0.3	0.3	0.3
直接对准贡献(一次对准的全部偏差,包括记号变形)	随机	0.45	0.35	0.3	0.25	0.25	0.2	0.2	0.2
照明相关部分	系统	0	0	0	0	0	0	0	0
扫描速度相关	随机	0	0	0	0	0	0	0	0
掩模版受热补偿后残留量(两块掩模版之间的差异)	随机	0.5	0.5	0.5	0.5	0.5	0.5	0.5	0.5
掩模版图形偏差(两块掩模版之间的差异)	随机	1	0.7	0.7	0.5	0.5	0.5	0.5	0.5
掩模版夹持(两块掩模版之间的差异)	随机	0.4	0.4	0.4	0.4	0.4	0.4	0.4	0.4
硅片变形(两片硅片之间的差异)	系统	1.5	1	0.7	0.5	0.5	0.5	0.5	0.5
套刻测量中所有的不确定性	随机	0.45	0.35	0.3	0.25	0.25	0.2	0.2	0.2
批次到批次稳定性	随机	0	0	0	0	0	0	0	0
中段通孔 0 层次线宽均匀性	随机	3.2	2.2	2	1.6	1.2	0.9	0.7	0.7
金属层次线宽均匀性	随机	3.2	2.2	2	1.6	1.2	0.9	0.7	0.7
总 OPO 误差(3σ,nm)		5.54	4.68	3.85	3.22	2.92	2.69	2.69	2.69
总 EPE 误差(3σ,nm)		6.78	5.45	4.52	3.72	3.22	2.88	2.81	2.81

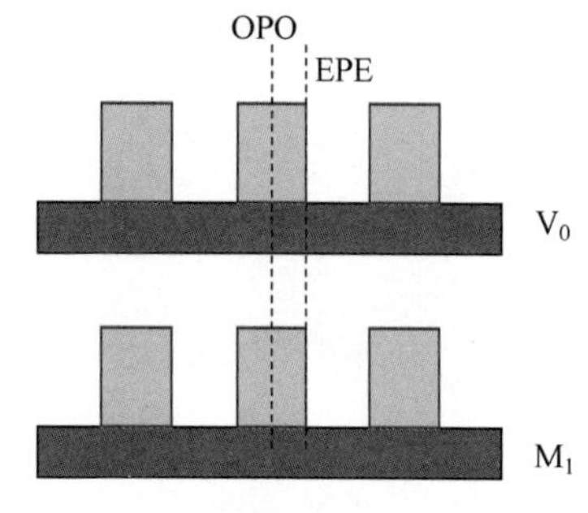

图 6.20 单次曝光时 OPO 与 EPE 误差示意图

从表 6.12 中可看出,误差来源分为系统误差和随机误差。系统误差包含:单硅片台固定工件台套刻(Dedicated Chuck Overlay,DCO),镜头加热,与照明相关的部分(自由光瞳 Flexray)以及硅片变形(两个硅片之间的差异)。随机误差包含系统稳定性,直接对准贡献,工件台扫描速度相关,掩模版受热补偿后残留量,掩模版图形偏差,掩模版夹持,套刻测量中所有的不确定性,批次到批次稳定性以及前层(V_0)与当层(M_1)的线宽均匀性。其中,系统误差直接相加,其余随机误差需要平方传递。同样地,EPE 总误差也需要添加线宽均匀性的影响。以 3nm 先进逻辑技术节点为例,单次曝光的 OPO 只能做到 2.92nm,EPE 做到 3.22nm,这与规格要求 OPO 的 2.5nm 和 EPE 的 2.6nm 差距较大。要想满足规格要求,需要对所有较大贡献的项目进行改进。

2) 两次曝光时套刻的分配方式和套刻精度

当采取光刻-刻蚀,光刻-刻蚀(Litho-Etch,Litho-Etch,LELE)的两次曝光方式时,套刻精度是否会有所提高呢?其中,M_1 为第一次曝光的金属图形,对准 V_0;而 M_1DP 为同一层次中第二次曝光的金属图形,对准 M_1。

从表 6.13 中可知,误差来源、类型以及 OPO、EPE 规格均与表 6.12 中相同,由于采用的是 LELE 方式,第二次曝光的单硅片台 DCO 仍然存在,并与第一次是相同的。除此之外,由于两层之间使用的掩模版基本相同,两层之间曝光间隔很短,因此硅片变形、掩模版加热以及系统稳定性等误差都可以忽略不计。仍然针对 3nm 节点来看，M_1DP 与 M_1 之间的 EPE 明显降低，只有 2.22nm。但是 M_1DP 与 V_0 之间的 EPE 仍然有 3.91nm（单次曝光(3.22nm)与 LELE 方式中 EPE 套刻误差(2.22nm)的平方传递）。显然，对于 LELE 曝光方式，可以直接改善同一图形层次中两层光刻之间的套刻精度。

表 6.13　后段金属 1(M_1)层次第二次光刻(M_1DP)对第一次光刻(M_1)的边缘放置误差举例

OPO 规格(3σ,nm)		4.5	3.5	3.0	2.5	2.5	2.0	2.0	2.0
EPE 规格(3σ,nm)		5.0	3.8	3.3	2.7	2.6	2.1	2.1	2.1
逻辑技术节点		14nm	10nm	7nm	5nm	3nm	2nm	1.5nm	1nm
误差来源	误差类型								
单硅片台 DCO(同一块掩模版移动测定——两次曝光间隔三天)	系统	2	2	1.6	1.4	1.1	0.9	0.9	0.9
系统稳定性(两层之间间隔时间超过三天系统的漂移量)	随机	0	0	0	0	0	0	0	0
镜头加热(两块掩模版镜头加热补偿后的差异)	系统	0	0	0	0	0	0	0	0
直接对准贡献(一次对准的全部偏差,包括记号变形)	随机	0.45	0.35	0.3	0.25	0.25	0.2	0.2	0.2
照明相关部分	系统	0	0	0	0	0	0	0	0
扫描速度相关	随机	0	0	0	0	0	0	0	0
掩模版受热补偿后残留量(两块掩模版之间的关系)	随机	0	0	0	0	0	0	0	0
掩模版图形偏差(两块掩模版之间的差异)	随机	1	0.7	0.7	0.5	0.5	0.5	0.5	0.5
掩模版夹持(两块掩模版之间的差异)	随机	0.4	0.4	0.4	0.4	0.4	0.4	0.4	0.4
硅片变形(两片硅片之间的差异)	系统	0	0	0	0	0	0	0	0
套刻测量中所有的不确定性	随机	0.45	0.35	0.3	0.25	0.25	0.2	0.2	0.2
批次到批次稳定性	随机	0	0	0	0	0	0	0	0
第一次金属层次线宽均匀性	随机	3.2	2.2	2	1.6	1.2	0.9	0.7	0.7
第二次金属层次线宽均匀性	随机	3.2	2.2	2	1.6	1.2	0.9	0.7	0.7
总 OPO 误差(3σ,nm)		3.25	2.95	2.51	2.13	1.83	1.60	1.60	1.60
总 EPE 误差(3σ,nm)		4.59	3.82	3.28	2.75	2.22	1.85	1.76	1.76

3）自对准工艺中套刻的分配方式和套刻精度

那么，采用自对准的曝光方式时，套刻精度是否会继续提高呢？首先来看，自对准情况下，EPE 总误差的示意图如图 6.21 所示。第二次图形相对于第一次的 EPE 与间隔层(Spacer)的线宽均匀性直接相关。具体的套刻分配方式如表 6.14 所示，对于主图形来说，这种图形方式只有一次曝光，第二次图形靠间隔层形成。对于第二次图形来说，所有与光刻机曝光系统相关的误差来源均可忽略，只有套刻测量的不确定性和间隔层的均匀性会对 EPE 套刻误差有贡献。因此，第二次图形相对第一次图形的 EPE 误差只有 0.56nm，相比单次曝光的 3.22nm 的 EPE 误差有极大的改

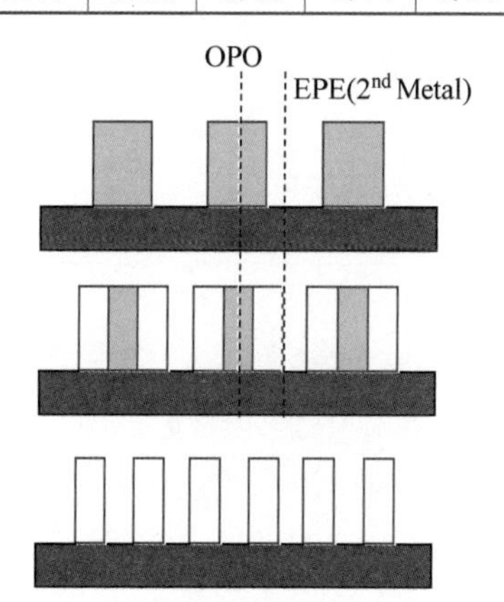

图 6.21　自对准曝光方式中 OPO 与 EPE 误差示意图

善。但是 M_1DP 与 V_0 之间的 EPE 仍然有 3.27nm(单次曝光(3.22nm)与自对准方式中 EPE 套刻误差(0.56nm)的平方传递)。显然,自对准方式中间隔层的线宽均匀性直接影响 EPE 套刻精度,目前单原子层沉积(Atomic Layer Deposition,ALD)的线宽均匀性可以达到 0.5nm,因此自对准的图形方式可以极大地改善同一图形层次中两层图形之间的套刻精度。

对于 28nm 及之前的技术节点,只有单次曝光方式,其套刻分配及计算方式可以参考表 6.12。从 16/14nm 开始,可以采用多次光刻-刻蚀以及自对准的多重图形技术,套刻分配及计算方式可以参考表 6.13 和表 6.14。从上述讨论中还可以看出,随着技术节点的不断发展,引起套刻误差的类型规格也在不断地改进。对于单次曝光,靠改进各种误差规格无法大幅度改善套刻精度。而自对准多重图形方式可以很大程度上改善同一层次(如 M_1)中不同图形(多个掩模版)之间的套刻误差。若想进一步提高套刻精度,需要聚焦在改善 DCO 与硅片变形等方向。

表 6.14 自对准曝光方式时第二次图形的边缘放置误差举例

OPO 规格(3σ,nm)		4.5	3.5	3.0	2.5	2.5	2.0	2.0	2.0
EPE 规格(3σ,nm)		4.5	3.5	3.0	2.5	2.5	2.0	2.0	2.0
逻辑技术节点		14nm	10nm	7nm	5nm	3nm	2nm	1.5nm	1nm
误差来源	误差类型								
单硅片台 DCO(同一块掩模版移动测定——两次曝光间隔三天)	系统	0	0	0	0	0	0	0	0
系统稳定性(两层之间间隔时间超过三天系统的漂移量)	随机	0	0	0	0	0	0	0	0
镜头加热(两块掩模版镜头加热补偿后的差异)	系统	0	0	0	0	0	0	0	0
直接对准贡献(一次对准的全部偏差,包括记号变形)	随机	0	0	0	0	0	0	0	0
照明相关部分	系统	0	0	0	0	0	0	0	0
扫描速度相关	随机	0	0	0	0	0	0	0	0
掩模版受热补偿后残留量(两块掩模版之间的关系)	随机	0	0	0	0	0	0	0	0
掩模版图形偏差(两块掩模版之间的差异)	随机	0	0	0	0	0	0	0	0
掩模版夹持(两块掩模版之间的差异)	随机	0	0	0	0	0	0	0	0
硅片变形(两片硅片之间的差异)	系统	0	0	0	0	0	0	0	0
套刻测量中所有的不确定性	随机	0.45	0.35	0.3	0.25	0.25	0.2	0.2	0.2
批次到批次稳定性	随机	0	0	0	0	0	0	0	0
间隔层的膜厚均匀性	随机	0.5	0.5	0.5	0.5	0.5	0.5	0.5	0.5
总 EPE 误差(3σ,nm)		0.67	0.61	0.58	0.56	0.56	0.54	0.54	0.54

6.5.3 焦深的分配方式

表 6.15 展示了从 250nm 技术节点到未来 1nm 逻辑技术节点中前段栅极和后段金属、通孔层次的焦深变化趋势。由于焦深与曝光波长呈正比,与数值孔径成反比(见式(2.17))。随着技术节点的发展,曝光波长不断缩短,数值孔径逐渐增加,因此焦深的整体趋势是不断缩小的。几十纳米的焦深是什么概念呢?对于一个光学显微镜来说,手动微调的最小感知距离为 100~200nm,这比 28nm 技术节点的焦深还要大。焦深不仅受到曝光波长、数值孔径的影响,

还与照明条件、光刻胶厚度等息息相关。我们根据经验认为,对于每个先进技术节点中的每个光刻层次,其光刻后测得的焦深都需要达到如表 6.15 所示的最小值,才可以覆盖光刻机、工艺等造成的焦距的不稳定性与准确性带来的偏差,将线宽控制在工艺允许的范围内。而实现这一焦深最小值需要通过曝光过程中光刻机的调焦调平以及工件台的控制来完成。

表 6.15 250nm 技术节点到未来 1nm 逻辑技术节点中前段栅极和后段金属层次的焦深变化趋势

节点/nm	栅极周期/nm	栅极层光刻方法	焦深/nm	金属周期/nm	金属层光刻方法	焦深/nm	通孔周期/nm	通孔层光刻方法	焦深/nm
250	500	248nm	550	640	248nm	700	640	248nm	700
180	430	248nm	450	460	248nm	600	460	248nm	580
130	310	248nm	350	340	248nm	350	340	248nm	330
90	240	193nm 干法	350	240	193nm 干法	350	240	193nm 干法	330
65	210	193nm 干法	250	180	193nm 干法	200	200	193nm 干法	230
45	180	193nm 水浸没式	150	160	193nm 水浸没式	200	180	193nm 水浸没式	150
40	162	193nm 水浸没式	150	120	193nm 水浸没式	120	130	193nm 水浸没式	120
32	130	193nm 水浸没式	80	100	193nm 水浸没式	90	110	193nm 水浸没式	90
28	117	193nm 水浸没式	90	90	193nm 水浸没式	80	100	193nm 水浸没式	75
22	90	193nm 水浸没式	60	80	193nm 水浸没式	70	100	193nm 水浸没式	70
20	90	193nm 水浸没式	60	64	193nm 水浸没式 LELE	80	64	193nm 水浸没式 LE4	70
16	90	193nm 水浸没式	60	64	193nm 水浸没式 LELE	80	64	193nm 水浸没式 LE4	70
14	84～90	193nm 水浸没式	60	64	193nm 水浸没式 LELE	67.5	64	193nm 水浸没式 LE4	70
10	66	193nm 水浸没式 SADP	60	44	193nm 水浸没式 自对准 SALELE	67.5	66	193nm 水浸没式 LE4	70
7	57	193nm 水浸没式 SADP	55	40	193nm 水浸没式 自对准 SALELE	65	57	193nm 水浸没式 LE4	65
5	50	193nm 水浸没式 SADP	50	30	0.33NA EUV 自对准 SALELE	55	48	0.33NA EUV	55
3	48	193nm 水浸没式 SADP	50	24	0.33NA EUV 自对准 SALELE	55	36	0.33NA EUV LE2	55
2.1	32	193nm 水浸没式 SAQP	50	16	0.55NA EUV 自对准 SALELE	35	25	0.55NA EUV LE3	35
1.5	32	193nm 水浸没式 SAQP	50	14	0.55NA EUV 自对准 SALELE	35	20	0.55NA EUV LE4	35
1	32	193nm 水浸没式 SAQP	50	14	0.55NA EUV 自对准 SALELE	35	20	0.55NA EUV LE4	35

28nm、14nm 及使用 0.33NA EUV 的 3nm 逻辑技术节点的一种焦深分配见表 6.16[28],其中,每一行代表覆盖某类型影响焦深因素需要的焦深,如第一行在 28nm 节点时,需要 25nm 焦深去覆盖调焦调平本身偏移对焦距的影响。除了调焦调平,影响焦深的主要因素还包括焦距稳定性、掩模版平整度、硅片平整度、化学机械平坦化。其中,掩模版和硅片平整度属于系统误差类型,直接影响总焦深,其余三个随机因素平方传递。对于每个技术节点,实际光刻工艺的焦深需要尽量达到甚至大于表中的总焦深数值。

表 6.16 一种 28nm、14nm 及使用 0.33NA EUV 的 3nm 逻辑技术节点的焦深分配

		逻辑技术节点焦深分配		
覆盖焦深的因素类型	类型	28nm	14nm	3nm(0.33NA EUV)
调焦调平	随机	25	20	10
焦距稳定性	随机	20	10	7
掩模版平整度	系统	16	15	15
硅片平整度	系统	28	20	16
化学机械平坦化	随机	15	10	10
总焦深		79.4	59.5	46.8

6.6 对掩模版的类型与规格的要求

由 4.6 节可知，对于逻辑技术节点来说，常用的掩模版类型有二元(Binary)掩模版，透射衰减的相移掩模版(Attenuated Phase Shifting Mask，Att-PSM)以及不透明的硅化钼-玻璃(Opaque MoSi On Glass，OMOG)掩模版。选择合适的掩模版类型时，需要综合考虑各种因素，如曝光能量宽裕度、掩模三维效应以及曝光能量等。5.1 节中列举了关键光刻层次在不同技术节点对掩模版类型的需求，其中，PSM 掩模版与 OMOG 掩模版的区别，及其分别对光刻工艺的影响可见 9.5 节。

随着技术节点的发展，光刻工艺对线宽均匀性和套刻精度的要求越来越高。掩模版的线宽均匀性和图形放置误差(Mask Registration Error)会直接影响光刻工艺的线宽均匀性与套刻，因此掩模版的这两项参数也随着技术节点在不断降低。目前，掩模版(一维图形)的线宽均匀性最小可以做到 1.5nm(3σ)左右，而图形放置最小可以做到 3nm(3σ)左右。

6.7 先进光刻工艺的研发流程

6.7.1 先进芯片工艺研发的重要时间节点

在讨论光刻工艺的研发流程之前，先来讨论一下先进芯片工艺研发时各关键时间节点，如图 6.22 所示。具体工艺可以分为光刻部分、OPC 部分以及技术验证载具(Technology Qualification Vehicle，TQV)部分，整个研发周期又可以分为 0.1 和 0.5 版工艺，以及最终的 1.0 版。由于 1.0 版是最终的版本，因此这里主要介绍 0.1 和 0.5 版。

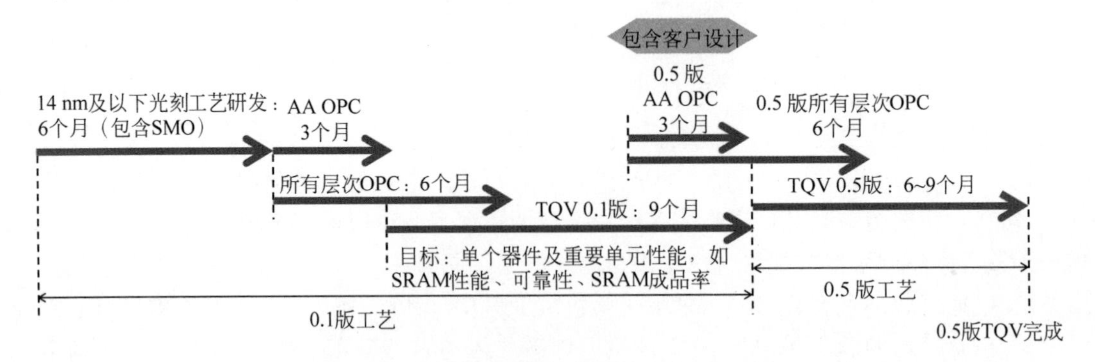

图 6.22 先进芯片研发各关键时间节点示意图

1. 0.1 版工艺

1) 对于光刻

以 14nm 及以下逻辑技术节点工艺研发为例，由于包含 SMO，所有层次研发需要约 6 个月的时间。对于无须做 SMO 的技术节点，光刻工艺研发只需约 3 个月。

2) 对于 OPC

当光刻工艺研发结束后，可以开始有源区（Active Area，AA）或者鳍（Fin）层次的 0.1 版 OPC。一般一层 OPC 从数据收集、模型建立、程序（Recipe）编写与模型验证，到 OPC 修正和最终掩模版出版，需要约 3 个月。而所有层次 OPC 均完成建模、验证以及掩模版 GDS 修正和出版，需要约 6 个月。

3) 对于 TQV

TQV 是包含特殊设计或者客户设计的用于建立工艺和完善流程的一种实验产品类型。当第一层 AA（或者 Fin）的掩模版出版之后，TQV 0.1 版硅片批次就可以按照工艺流程开始跑货。在这期间，会不断启动很多短流程（Short Loop，SL）的硅片批次用于其他工艺的研发，很多全流程（Full Loop，FL）的批次用于工艺研发、光刻工艺能量、套刻的确认等。具体与试流片相关内容可参考第 7 章。最终需要在约 9 个月内实现单个晶体管器件及重要单元性能，如 SRAM 性能，可靠性满足各技术节点的规格要求，SRAM 的成品率破零，三者缺一不可。

2. 0.5 版工艺

1) 对于 0.5 版光刻

从 0.5 版工艺开始，需要导入客户的设计（有时从 0.1 版就开始导入）。但是这些设计一般不能违反设计规则，否则要将 0.1 版的工艺与设计做适当的调整或者优化。因此，在这一部分，光刻工艺不会有根本性改动，通过更多硅片批次的不断验证，适当调整与优化光刻工艺。

2) 对于 0.5 版 OPC

从 TQV 0.1 版结束之后，或者从 TQV 0.1 版获取了必要的数据后，TQV 0.5 版就可以启动。需要在这之前留出 3 个月，供第一层光刻层次（AA 或者 Fin）完成 0.5 版 OPC 建模、验证以及掩模版 GDS 修正和出版，此时的掩模版中包含客户设计。OPC 建模也应用了从 TQV 0.1 掩模版上获得的验证数据且做了相应的调整。其中包含模型拟合向在 TQV 0.1 版工艺研发过程中每个层次验证中发现的某些薄弱点（Weak Point）倾斜，还有在拟合过程中部分参数的调整。找出薄弱点的方法一般有两种：其一，通过校准的 OPC 模型对整个版图进行扫描，找出工艺窗口（Process Variation Band，PV Band，又称为工艺变化带宽）偏小的图形；其二，通过工艺窗口验证（Process Window Qualification，PWQ）的硅片曝光方法来找出工艺窗口较小的图形。第一种方法通常称为光刻的规则检查（Lithography Rule Check，LRC）[29-30]。对薄弱点的处理方法除了上述对 OPC 模型进行改进、升版以外，如果图形的数量不多，特征明显，还可以通过指令的形式对其尺寸进行修正，如同“打补丁”。一般来说，这样的方法仅是对建立准确模型的补充。

其中，0.5 版所有层次 OPC 完成建模、验证以及掩模版出版需要花费约 6 个月。

3) 对于 0.5 版 TQV

TQV 0.1 版工艺完成后，基本完成了 0.1 版的工艺研发。后续 6～9 个月是 TQV 0.5 版工艺研发，通过不断启动 SL 和 FL 的硅片批次，完善各个工艺模块（薄膜生长、刻蚀、离子注入、炉管以及化学机械平坦化等），进一步提高 SRAM 成品率水平、芯片成品率水平、器件性能、前段与后段的可靠性等关键性能参数等。

在完成 TQV 0.5 版之后，如果成品率及其他性能水平已经达到预定要求，可以转移到工厂与工厂一同继续优化工艺流程直至完成 TQV 1.0 版、投产、量产。有时，产品会继续留在技术研发部门(Technical Development Department，TD)，作为成熟的验证平台进行下一代，或者改进型产品的预研或者研发。

另外，在工艺研发的 0.1 或者 0.5 版，除了有对应版本的 TQV，还会有对应版本的工艺设计包(Process Design Kit，PDK)，里边主要是详细的设计规则、器件模型、器件性能指标、工艺流程、部分标准单元库以及其他相关技术文件等内容。

上述工艺研发时间节点中，各模块的进度、掩模版的出版、客户设计的导入等也并非一成不变的，会根据不同的研发情况有所调整。对于一个新的、先进技术节点，从光刻工艺研发开始到 SRAM 成品率破 0 需要约一年半，到可以实现量产一般需要 2.5～3 年。这是针对研发比较顺利的情况，若由于研发过程中遇到事故、技术方向判断失误等问题，后续发现有些工艺、材料等并不符合要求，那就需要花费更多的人力、物力和更长的时间。

6.7.2 光刻工艺研发的一般流程

6.7.1 节讨论了整个芯片工艺研发的重要时间节点，光刻在其中的作用非常重要。只有光刻都准备完毕，才能进行 OPC，后续的工艺模块才能顺利进入流片过程。本节重点讨论光刻工艺研发的一般流程，如图 6.23 所示，具体过程如下。

(1) 在考虑尽量缩小芯片面积的前提下，**制定初步的光刻设计规则**。

(2) **初步选择光刻机**和相应的**照明条件**。需要**测试掩模版**对光刻工艺和**光刻胶**进行评估，一般来说，每个测试掩模版可以使用两个技术节点。因此，对于初始光刻工艺研发，可以使用已有的上个技术节点的测试掩模版，也可以重新设计测试掩模版。还需要选择合适的光刻材料(抗反射层+光刻胶等)类型，确定其各项参数(n、k 值，厚度，光刻与刻蚀性能等)，便于后续的评估。

(3) 然后进行**一维图形**和**二维图形**的光刻工艺仿真。

对于**一维图形**：

① 需要确定锚点，定义掩模版线宽偏置(Mask Bias，掩模版线宽与光刻线宽之间的差异)。

② 仿真整个周期的光刻工艺窗口。

③ 通过仿真确认亚分辨辅助图形的添加规则，如添加的尺寸、最小周期等。

对于**二维图形**：

① 仿真各种线端的光刻工艺窗口(最小尺寸)。

② 密集阵列边缘孤立图形，孤立图形的最小面积等。

③ 方角变圆时的转弯半径等。

若这些图形的光刻工艺窗口无法满足光刻工艺标准化的要求，则需要对照明条件、掩模版进行优化。还可以对锚点的线宽偏置进行调整。

(4) **SMO 优化**：对于需要做 SMO 的层次，需要已知锚点(掩模版线宽偏置)，一维、二维图形的设计规则，以及光刻工艺参数的指标 EL、MEF 和 DoF 等。由第 5 章可知，EL、MEF 以及 DoF 等参数会直接影响线宽均匀性，而线宽均匀性的分配方式可见 6.5.1 节。

一般来说，做完 SMO 之后，需要专门出版一张用于验证 SMO 的掩模版，掩模版中包含经过掩模版优化后的一维、二维图形结构。利用 SMO 中的光源，验证掩模版优化(MO)的结果。

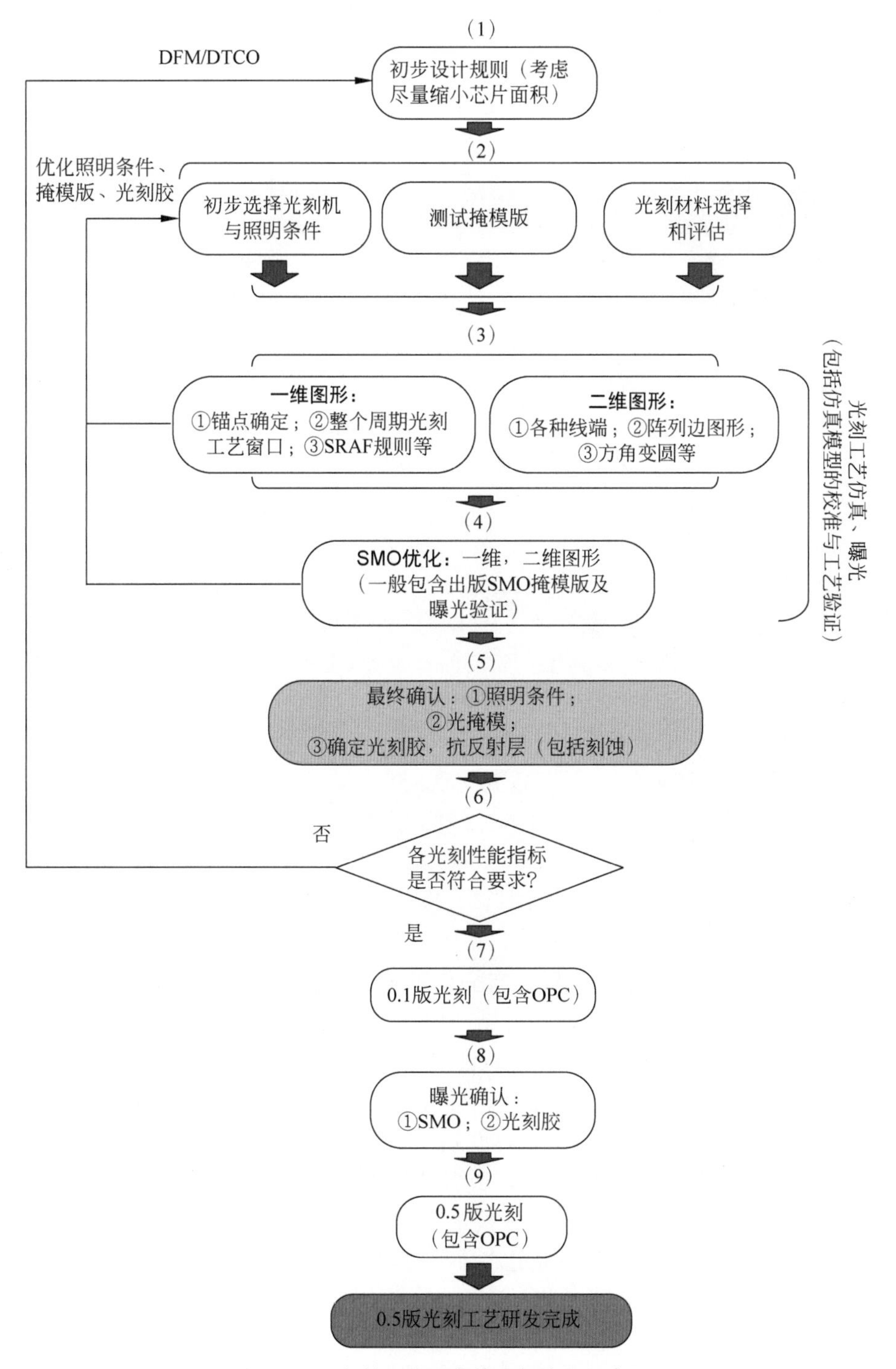

图 6.23　光刻工艺研发的一般流程示意图

很多时候，由于照明条件的优化与仿真软件的绝对准确度关联不是很大，即只要仿真软件能够指示正确的工艺窗口变化趋势就可以获得可用的 SMO 光源，这一步骤直接被省略，只用 TQV 掩模版曝光验证即可。其中，验证使用的光刻胶即为光刻工艺中需要评估的光刻胶。对于 PTD 光刻胶来说，经过曝光后光刻胶的光刻工艺窗口、OPC 表现与基于全物理模型的严格(Rigorous)光刻工艺仿真结果基本一致，即光刻胶是基本符合物理模型的。这种标准化的光刻胶也更方便符合物理模型的OPC模型的建立，提高OPC的精度。对于NTD光刻胶来说，也希望其是符合物理模型的，但是比PTD光刻胶的研发要困难得多。这样一来，可以将符合物理模型的光刻胶的评估与SMO的验证剥离开来。例如，通过严格的物理仿真，或者通过光刻胶校准的仿真可以知道线端-线端的极限。同时，这一步也包含光刻胶的评估，若光刻胶的一些性能指标（OPC、形貌等）无法满足要求，则需要对光刻材料以及光刻材料的反应条件（PEB、显影流程等）进行优化，甚至更换光刻材料。

从16/14nm技术节点开始，SMO已经被广泛应用于光刻工艺流程的优化，在保证占比较多（约70%）的密集图形光刻工艺窗口较高的情况下，SMO主要用于优化占比较少（约30%）的其他图形，一般来说，可以提高8%～10%的光刻工艺窗口。SMO中包含SO与MO，其中，MO是为了将特殊图形的线宽做到目标值，而SO可以提高光刻工艺窗口，这是光刻工艺研发过程中最重要的提高工艺窗口的手段。经验表明，在光刻工艺研发过程中的SMO主要是SO，一般不使用SMO软件生成的掩模版来代替OPC。这样做的原因是MO的方法属于相对新的方法，相比OPC，没有经过大量实践的检验，而且MO的掩模版也表现出过于复杂的结构，会增加掩模版制造与检测的难度。

上述步骤（3）、（4）不仅包含光刻工艺仿真条件的确认、光刻工艺仿真，还包含曝光验证照明条件（SMO）、评估光刻胶等内容。通过硅片曝光数据与实际仿真数据的对比，可以对仿真软件中的光刻胶模型进行拟合，得到光刻胶的一些参数（等效光酸扩散长度等），用以确认该光刻胶是否符合工艺要求。若无法满足量产需求，则需要返回进一步优化照明条件、掩模版线宽偏置、光刻材料工艺条件，甚至更换光刻材料。

（5）通过上述仿真、曝光之后，**最终需要确认**的有：

① 照明条件（SO）是否可以保证一维、二维图形均有足够的光刻工艺窗口。

② 掩模版类型、线宽偏置是否符合要求。

③ 光刻胶、抗反射层在光刻工艺窗口（EL、MEF、DoF）、形貌、线宽粗糙度、物理模型的符合度、抗刻蚀能力等方面是否符合要求。

（6）通过数据分析，若**各项性能指标有些还不符合要求**，则由于已经对光刻材料、照明条件、掩模版等做了充分优化，这里只能通过制造设计（Design For Manufacturing，DFM）或者更新与更全面的设计工艺联合优化（Design Technology Co-Optimization，DTCO）技术对设计进行优化，然后确认或者微调光刻工艺，使得各项光刻性能指标完全符合设计规则需要。其中，DFM（DTCO的前身）只对设计进行优化，随着技术节点的不断发展，对工艺窗口和芯片性能的要求越来越高，单纯优化设计的DFM无法满足量产需求，因此从设计、工艺、材料等多方面进行充分优化的DTCO技术取代了DFM技术。

（7）当各项光刻性能指标完全符合量产需要之后，继续进行后续流程：完成**0.1版的光刻工艺**研发，包含OPC建模，OPC模型应用在TQV 0.1版工艺中。

（8）通过TQV 0.1版掩模版**曝光确认**，通过每层的LRC与PWQ方法获取薄弱点图形及其工艺窗口情况，确认照明条件（SMO）和光刻胶。这一阶段一般不会有很大的改动，否则会造成前期光刻工艺研发作废。

分析以上每层LRC与PWQ获取的薄弱点情况，得出0.5版光刻工艺和/或者OPC模型的改进方案，应用于0.5版OPC模型的改进。

（9）进行0.5版OPC建模、验证，版图（含客户设计）修正以及掩模版出版，完成**0.5版光刻工艺**研发。0.5版OPC模型应用在TQV 0.5版工艺中。

以上是光刻工艺研发的一般流程，接下来针对其中的重要步骤进行更加详细的讨论。

6.7.3 制作测试掩模版

对于一个新的节点，在工艺研发初期，可以先使用上一个技术节点中的掩模版。通常，新技术节点中也需要针对每层特征图形制作相应的测试掩模版，并尽量延伸到下一代技术节点，供光刻部门评估光刻胶、建立光刻工艺以及供 OPC 部门建模收集数据、验证模型等。原则上，根据图形的类型、光刻工艺的类型、掩模版制作工艺的类型，以及过多测试掩模版可能带来的复杂管理与较高成本，可以将测试掩模版分为以下几种。

(1) 对于前段的线条图形，如鳍和栅极层次可以共用一张测试掩模版，只要包括这两个层次中的所有设计规则图形。

(2) 前段的剪切层次(沟槽)[31]也需要独立的测试掩模版。

(3) 对于中段来说，需要有一张金属 0(M_0)层的测试掩模版。中段的通孔 0(V_0)层次主要是圆形的通孔，而共享通孔(Share Contact)即 M_0G 层次主要是短沟槽(Short Bar)，与圆孔的制作工艺类型相似，所以这两层可以共用一张测试掩模版。

(4) 一般来说，后段的金属层次和通孔层次需要分别出一张测试掩模版。

接下来，从掩模版中图形的排列方式、不同类别掩模版中图形的种类等方面讨论测试掩模版绘制的一般方法。

1. 掩模版图形的一般排列方式

掩模版中需要包含的图形类型很多，对于不同层次其图形类型不同，具体可见表 6.1。对于线条或者沟槽的层次，需要包含一维整个周期的图形(有些图形，如线端-线端，也需要覆盖整个周期)，一般的排列方式如图 6.24 所示，具体信息如下。

(1) 掩模版线宽沿 X 方向逐渐增大，周期沿 Y 方向逐渐增大。

(2) 由第 5 章可知，193nm 水浸没式光刻工艺可以实现的双向设计规则的最小周期为 88～90nm。若绘制最小周期为 88～90nm 对应节点的测试掩模版，则可以将掩模版上的周期缩小到 80nm 甚至更小，为下一个节点的预研做准备。

(3) 其中一个方块代表一个周期和掩模版线宽固定的一维图形的区域，两个区域之间的间隔一般为整数，如 10～15μm，方便线宽的测量和寻址，也可以根据实际情况进行调整。

(4) 每块区域下方一般都会放置记号，如 P88T40，代表周期为 88nm，沟槽(Trench)掩模版线宽为 40nm(1 倍率)。若是线条(Line)，可以用 P88L40 的记号进行标记。除了周期和线宽的标记，还会放置特殊的记号(如“十”字)和一组容易被曝光到硅片上的密集图形，分别用作 CDSEM 测量时的寻址图形(Addressing Pattern，AP)和寻址图形的自动对焦(Auto Focus，AF)图形，如图 6.25 所示。对于用于自对准的掩模版，寻址图形一般需要特殊设计。

(5) 一般来说，掩模版线宽和周期的增加量都可以从小到大递增，例如，掩模版线宽增量(Step)可以从初始的 1nm，增加到 2nm，甚至 5nm；周期的增加量可以从初始的 2nm，增加到 5nm、10nm、20nm、50nm，甚至 100nm、200nm。不同技术节点中掩模版线宽与周期的增量的设置不同，需要根据经验来制定。

(6) 同一个周期中，掩模版线宽的范围要足够广，一方面可以在验证时准确找到对应硅片目标值的掩模版，另一方面可以用于通过实际硅片数据测量掩模误差因子。可以根据全物理模型的光刻工艺仿真获取掩模版线宽的准确范围。对于锚点周期，其周期一般较小，掩模版线宽分布得较为密集，可以通过硅片数据验证得到最准确的掩模版线宽偏置。

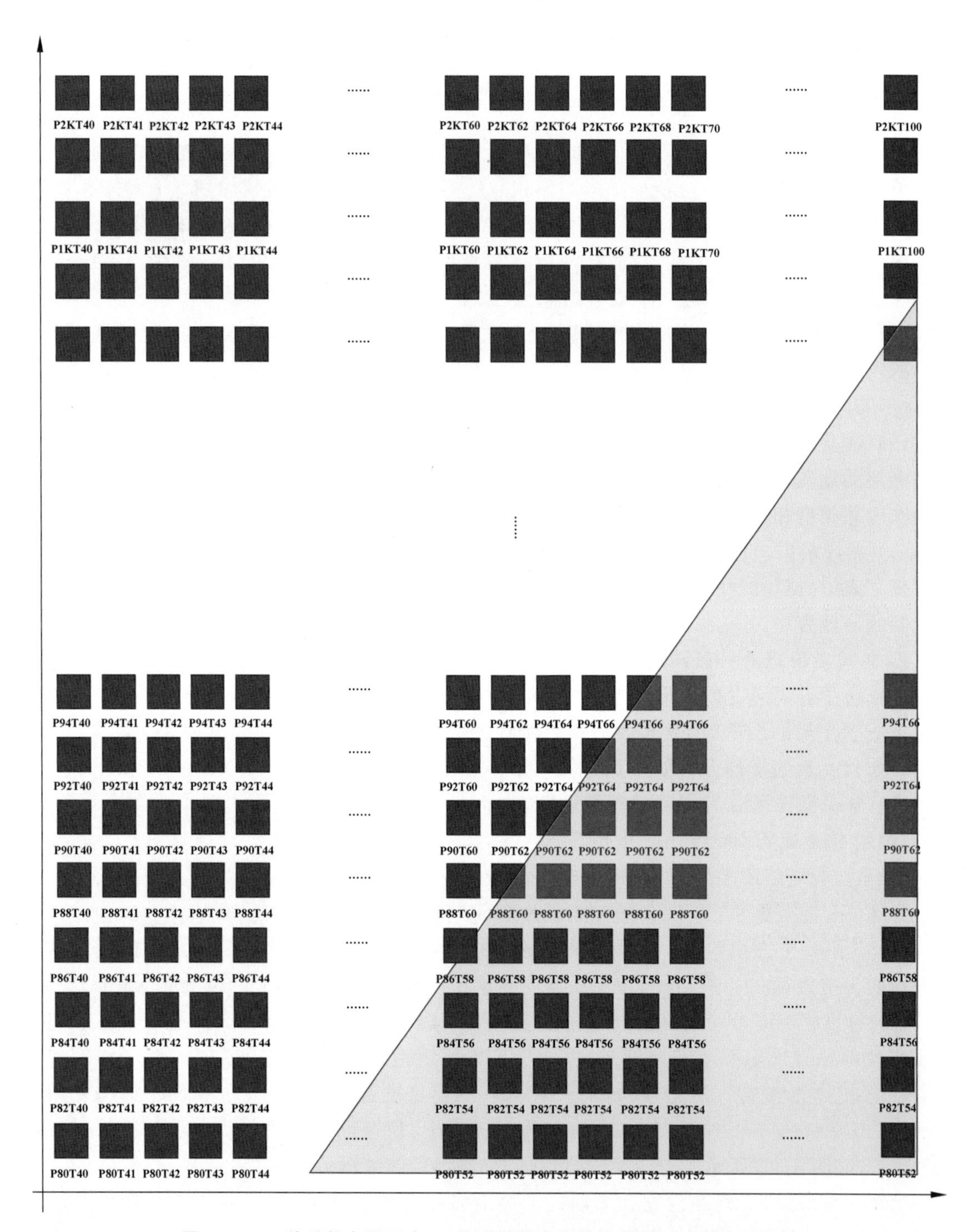

图 6.24　一种后段金属层次、一维图形整个周期掩模版设计示意图举例

(7) 图 6.24 中有一块三角阴影区，这是因为对于孤立图形，需要将掩模版的线宽做到 100nm 左右。而对于较小的周期，为了防止沟槽线宽太大而导致缺陷，一般会限定一个最小线条尺寸。这样一来，从最小周期 80nm 开始，当沟槽增加到一定尺寸之后，线条达到限定的最小值，沟槽尺寸不能继续增加。后续位置不能空置，一般可用最大的这一沟槽尺寸或者 1∶1 的沟槽/线条作为填充图形(Dummy Pattern)。随着周期增加，掩模版上的沟槽线宽也可以不断

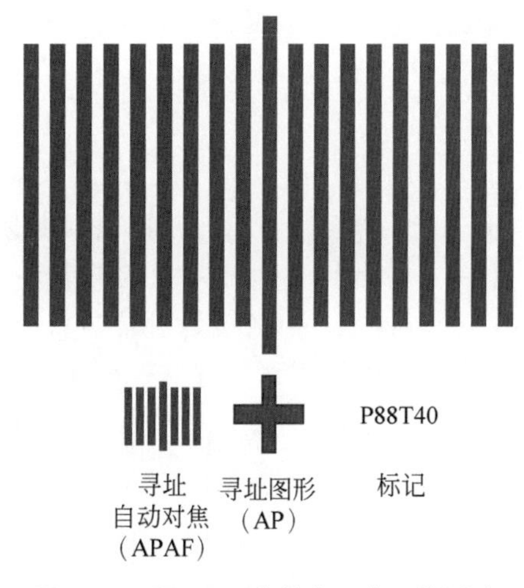

图 6.25　图 6.24 中其中一个一维测试图形举例

增加,最终呈现一个三角形的阴影区域。这一阴影区域中图形一般不用于数据收集,只作为填充图形。对于线条和通孔图形,也是相同的排列方式,需要对记号做一些相应的更改。

2. 不同类型层次中设计图形举例

1) 前段栅极(线条)层次设计规则

对于先进工艺的前段栅极来说,图形种类比后段金属层次的更简单一些。除了前面以及图 6.26 所述一维密集、半密集、半孤立以及孤立线条图形之外,前段栅极线条层次还会包含以下情况的二维图形:密集线端、半密集线端、孤立线端、密集图中之间和旁边的线端以及交错(Stagger)的线端-线端等线端-线端图形。这些图形需要根据需求放置不同的线宽和周期,且任何图形都需要用特殊的记号做好标记,包含图形种类、周期、线宽,以及寻址图形和自动对焦图形等。对于半孤立和孤立图形,需要添加一些亚分辨辅助图形,可以参考 6.8 节。除了上述测试图形,有时还会在测试掩模版中放置一些真实的设计图形以及一些可能的薄弱点等图形。

对于前段栅极来说,最终在硅片中呈现的是线条,而线条图形均用 PTD 显影工艺,因此掩模版采用 Dark Tone,也就是说,画出来的图形为非透光区域,经过曝光显影后曝光区域光刻胶被去掉,非曝光区域光刻胶留下,形成线条。

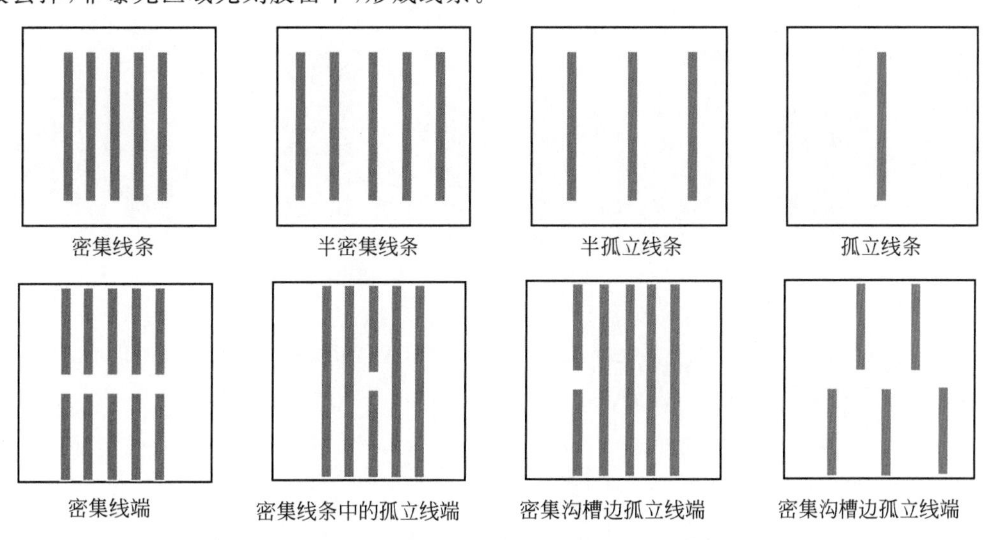

图 6.26　前段栅极层次设计图形举例示意图(PTD 显影工艺,Dark Tone)

2) 中后段金属(沟槽)层次设计规则

对于沟槽来说,除了前面以及图 6.27 所述一维密集、半密集、半孤立以及孤立图形之外,金属层次的图形还会包含各种情况的二维图形,例如,线端-线端图形:密集线端、半密集线端、孤立线端、密集图中之间和旁边的线端以及交错(Stagger)的线端-线端;孤立的双线(Bi-line)、三线(Tri-line)、五线以及七线;密集图形旁边的孤立图形以及密集图形旁边孤立图形的最小面积等图形。这些图形类型都要放置到掩模版上,且根据需要放置不同的线宽和周期。

需要注意，任何图形都需要用特殊的记号做好标记：包含图形种类、周期、线宽，还要包含寻址图形和自动对焦图形。

对于半孤立和孤立图形，还需要添加一些亚分辨辅助图形。其中对于线条和沟槽来说，亚分辨辅助图形的 Tone 与主图形保持一致，同时亚分辨辅助图形的类别也与主图形保持一致，若主图形为沟槽，则亚分辨辅助图形也是沟槽；若主图形为线条，则亚分辨辅助图形也是线条。另外还会针对线端-线端的图形及有线端的图形添加榔头（Hammer）[32]，需要在掩模版中对榔头的尺寸（长度、宽度）进行分组。除了上述测试图形，有时还会在测试掩模版中放置一些真实的设计图形以及一些可能的薄弱点等图形。

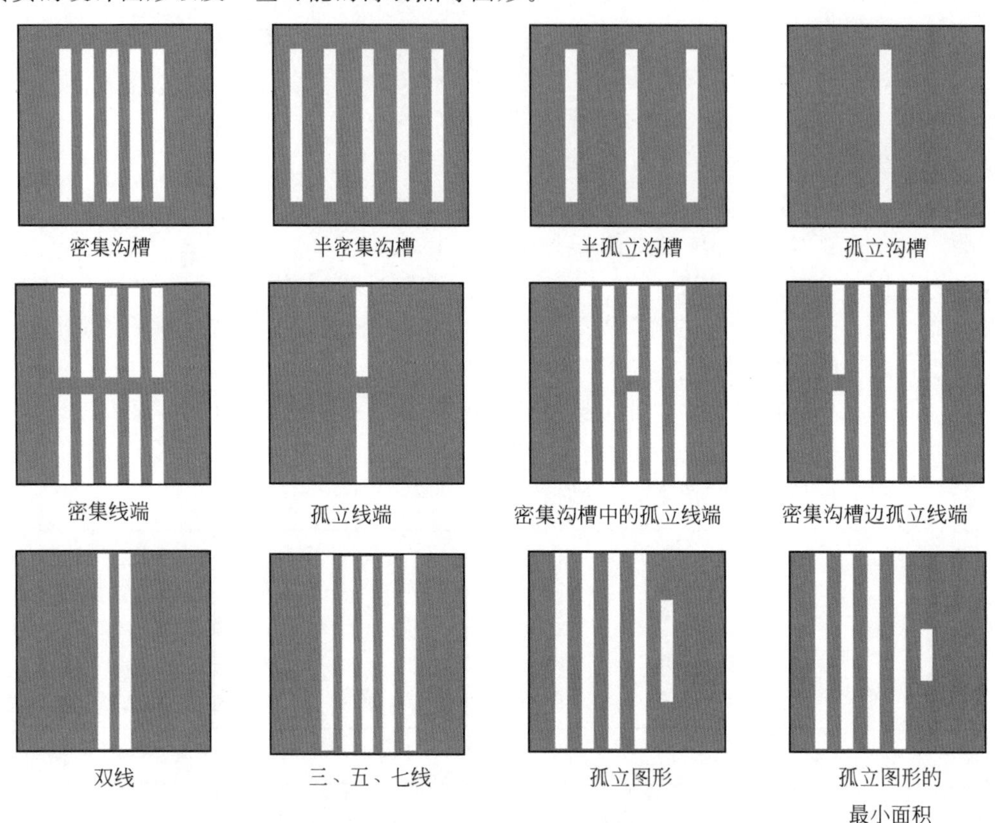

图 6.27　中后段金属层次设计图形举例示意图（PTD 显影工艺，Clear Tone）

除了图形的种类外，图形的亮调（Clear Tone）、暗调（Dark Tone）也很重要。画在掩模版上的多边形（Polygon）需要在硅片中实现，对于后段金属来说，希望在硅片上形成沟槽。若采用 PTD 显影工艺，则为 Clear Tone，也就是说，画出来的图形为透光区域，经过曝光显影后对应光刻胶被去掉，形成沟槽，如图 6.27 所示。若采用 NTD 显影工艺，则为 Dark Tone，也就是说，画出来的图形为非透光区域，如图 6.28 所示，经过曝光显影后曝光区域光刻胶留下，非曝光区域光刻胶被去掉，形成沟槽。

3）中后段通孔层次设计规则

以中段通孔来说，包含阵列通孔图形，不同角度交错的通孔图形以及孤立的一行和两行通孔，这些图形类型都包含密集、半密集、半孤立以及孤立图形结构，如图 6.29 所示。除了通孔，还会存在一些共享通孔（Share Contact），一般为短线。因此掩模版中还会包含阵列短线和交错的阵列短线，同样包含密集、半密集、半孤立以及孤立图形种类。同样地，这些图形也需要根

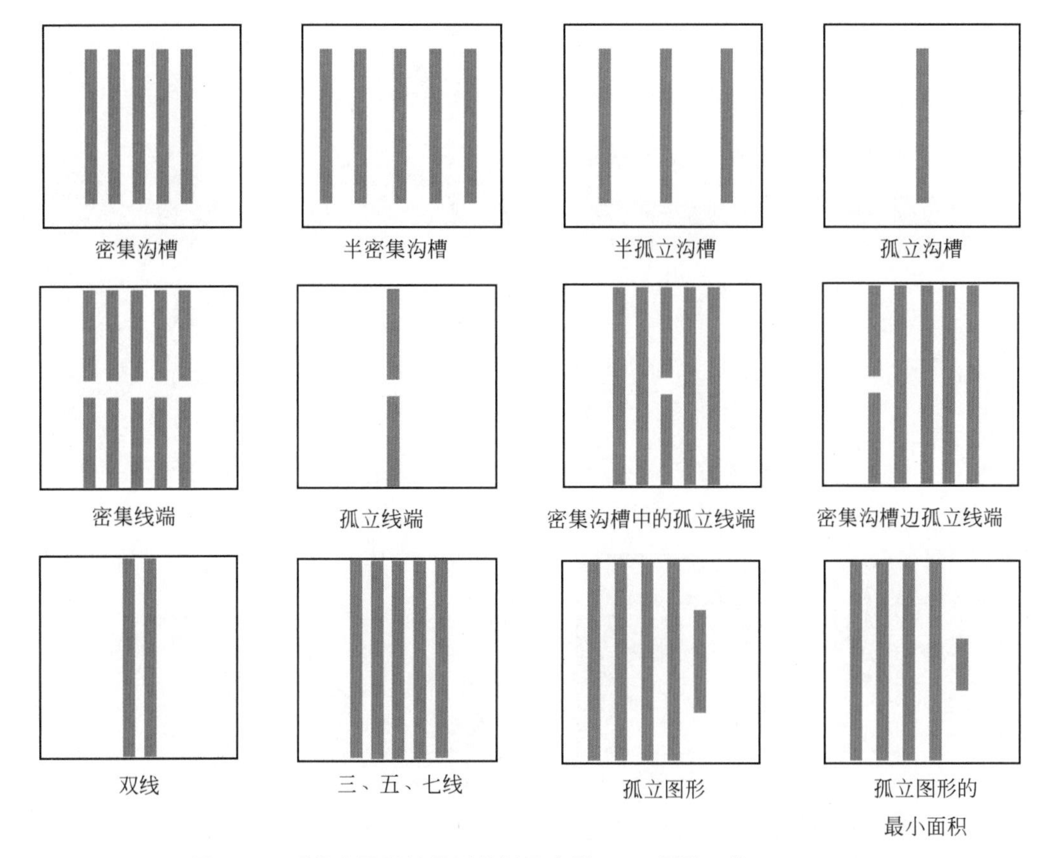

图 6.28　后段金属设计图形举例示意图(NTD 显影工艺,Dark Tone)

据需求放置不同的线宽和周期,且任何图形都需要用特殊的记号做好标记,包含图形种类、周期、线宽,以及寻址图形和自动对焦图形。对于半孤立和孤立图形,同样需要添加一些亚分辨辅助图形。另外,通孔层次亚分辨辅助图形的 Tone 也应与主图形保持一致,但是对于通孔图形,会有通孔和窄沟槽两种亚分辨辅助图形;对于短线图形,同样有通孔和窄沟槽两种亚分辨辅助图形。线端处榔头添加的尺寸同样需要分组放置在掩模版中。除了上述测试图形,有时还会在测试掩模版中放置一些真实的设计图形以及一些可能的薄弱点等图形。

对于中后段通孔图形来说,最终需要用来填充金属。若采用 PTD 显影工艺,则为 Clear Tone,即画出来的图形(框内部分)为透光区域,经过曝光显影后对应光刻胶被去掉,形成凹下去的图形,如图 6.28 所示。若采用 NTD 显影工艺,则为 Dark Tone,即画出来的图形为非透光区域,经过曝光显影后曝光区域光刻胶留下,非曝光区域光刻胶被去掉,形成沟槽(此处未画出)。

生成合适图形的 GDS 之后,再根据 4.6 节中的掩模版制作流程交由掩模厂制作。掩模厂在用电子束制作掩模版之前会让负责的光刻工艺工程师进行 JDV 检查,检查完毕通知掩模厂,开始曝光制备掩模版。制备完成需要根据掩模版线宽测量文件中的要求进行测量并提供各种图形的测量数据,符合要求的掩模版可以进入工厂,并进行硅片曝光,完成光刻胶评估、光刻工艺仿真数据验证以及光刻工艺研发等工作。

对于一张测试掩模版,其中包含的图形区域主要有:未做 OPC 修正的图形区域 A,用上一节点的 OPC 模型对 A 区域进行 OPC 修正后的图形区域 B,Sbar 分组(尺寸、周期)的图形区域 C,榔头分组的图形区域 D,以及一些真实的客户设计图形以及可能的薄弱点图形区域 E

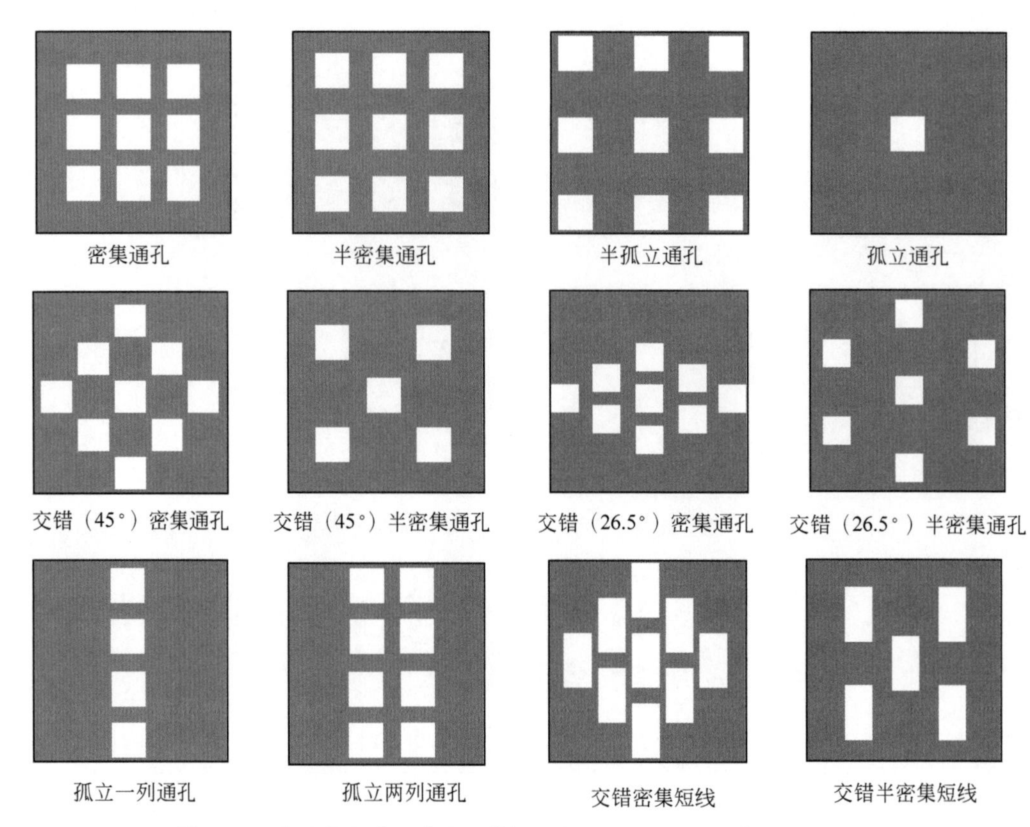

图 6.29　中后段通孔设计图形举例示意图(PTD 显影工艺,Clear Tone)

等。除了以上不同层次中所需的各种图形之外,测试掩模版中还会包含工艺集成图形,线宽均匀性图形,掩模版规则检查(Mask Rule Check,MRC)图形(如检测掩模版可以做到的一维最小尺寸、最优转弯半径等),掩模版对准记号(如透射图形传感器等),以及光刻机检测图形等多种图形。

3. 掩模版中填充图形的设计规则

众所周知,在掩模版中尽量不要有大片的空白区域。对于掩模版制造来说,均匀的图形覆盖率有利于掩模版的邻近效应补偿以及获取更好的线宽均匀性。对于实际流片来说,在化学机械平坦化工艺流程中,均匀的图形覆盖率有利于获取较平的表面。若存在大片的空白区域,CMP 之后,此处会有明显凹陷,容易造成后续光刻工艺的离焦和缺陷。而且,微观上均匀的图形填充可以获得硅片表面较为均匀的应力分布,对于需要通过应力来增强晶体管性能的工艺来说,是必需的。

1) 对于测试掩模版

因为测试掩模版中的大多数图形是不需要做 OPC 的,而且由于测试掩模版的充分利用率,几乎没有空白地方需要填充,所以测试掩模版中一般不需要专门画填充图形。如果需要做精细填充,那么也可以放置一些具有线宽分组的填充测试图形,或者通过准确的仿真软件来确定。

2) 对于流片或者生产掩模版

实际用于流片或者生产的掩模版中的空白区域必须添加填充图形。另外,在先进技术节点中,其中的 GDS 图形必须经过 OPC 之后才能交给掩模厂生产制造。因此,填充图形的添加需要满足如下要求。

(1) 一般不做OPC。否则会大大增加OPC修正的工作量,增大GDS版图文件,增加掩模版制作过程中的曝光时间,最终增加掩模版的制作成本,延长掩模版的交付时间。

(2) 要有工艺(薄膜、光刻、刻蚀以及CMP等)兼容性。例如,图形排布方向要与实际芯片中相同,不能增加光刻的难度,需要有足够的光刻工艺窗口;不能增加刻蚀的难度;图形密度要与实际芯片中的基本匹配,防止CMP之后产生高低起伏;不能引入额外的缺陷等。

基于以上要求,填充图形的一般添加规则如下。

一般来说,芯片中主要图形包含的周期范围从最小周期到5倍最小周期。

① 对于线条或者沟槽图形,填充图形的线宽一般为最小周期线宽的2倍,因此填充图形的周期为最小周期的2倍,仍然处于芯片中主要图形的线宽与周期分布范围内。

实践表明,对于填充图形,193nm水浸没式光刻工艺的最小可实现的面积为2.5×45nm×45nm,这一最小面积的线宽为45nm,长度为112.5nm。因此,填充图形的长度设为最小面积长度的2倍,约为230nm,宽度约为90nm,宽度周期为180nm,长度周期一般可以设为350nm或者以上。这一长度只是推荐的最小长度,可以在此基础上增加线条或者沟槽的长度,但是不宜太长,否则显影时容易被显影液冲击造成倒胶(线条)。以上填充图形只要满足最小面积要求,也可以是正方形。至于图形与图形之间的间距在满足不做OPC与工艺兼容性的要求后,一般需要通过物理仿真软件进行确认。

② 对于通孔图形,填充图形的线宽一般也是最小周期线宽的2倍,填充图形的周期为最小周期的2倍。对于共用接触孔(Share Contact),除了线宽和周期增加2倍,短线的长度也需要增加到最小短线周期图形长度的2倍。

然而,对于非常先进技术节点,如10、7nm及更先进技术节点,也会根据需要对填充图形进行设计并进行OPC修正,尤其是靠近主图形区域的填充图形。

6.7.4 光刻工艺仿真条件的确定

1. 光刻工艺锚点的确认(包含照明条件)

在每个技术节点的不同光刻层次,都有最小设计规则周期。一般来说,最小设计规则周期就是锚点周期,即定义曝光能量的周期,如某接近193nm水浸没式光刻极限的设计规则:90nm最小周期,也是对应节点后段金属层次的锚点周期[1]。而有些时候,最小设计规则作为锚点周期时,通过仿真无法使得整个光刻工艺窗口满足标准化需求。此时就需要尽量选择合适的照明条件,以兼顾整个周期的光刻工艺窗口,但是可能会稍微损失最小周期设计规则的工艺窗口。

确定好锚点周期之后,需要确认掩模版线宽偏置(Mask Bias)。以90nm周期的沟槽为例,其光刻设计规则线宽为45nm,需要确认掩模版的线宽,掩模版(1倍率)与光刻线宽中间的差异即为Mask Bias。通过一组仿真结果来看随着Mask Bias的增加,锚点MEF的变化趋势如图6.30所示。照明条件的选择可以参考5.3.1节,仿真条件如下:NA=1.35,σ_{out}/σ_{in}=0.84/0.68,Cross-Quasar(CQ)(交叉四极照明)60°。掩模版是透光率为6%的PSM,采用*XY*方向的偏振。光刻胶厚度为90nm,等效光酸扩散长度为5nm,显影方式为正显影。

由2.9.2节可知,若没有衍射效应,MEF接近1。由于衍射效应导致光不易通过掩模版,会导致掩模三维效应,还会造成MEF增加。随着Mask Bias的增加,MEF变化规律如下。

(1) Mask Bias=0nm:掩模版(4倍)线宽为180nm,小于曝光波长193nm,衍射效应非常强，光会在传播方向（Z 方向）发生多次反射，不容易透过掩模版，导致 MEF 较大。

(2) 随着 Mask Bias 增加，掩模版沟槽尺寸逐渐增大，光更容易通过掩模版，因此 MEF 也逐渐减小。

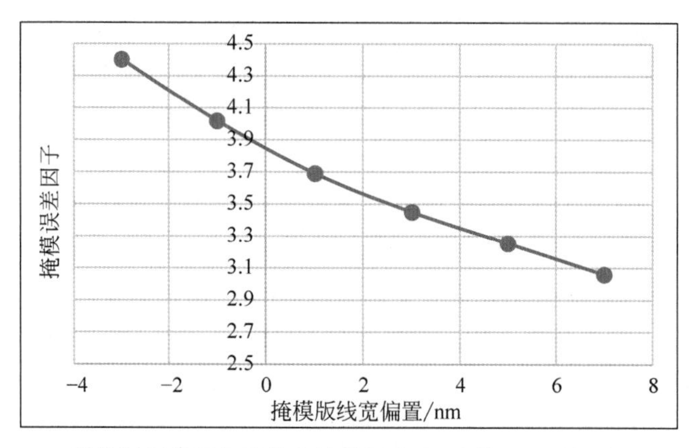

图 6.30 掩模版误差因子随锚点掩模版线宽（沟槽）偏置的增加逐渐减小

但是曝光能量宽裕度除了与照明条件有关，还与图形占空比有关。一般来说，一维图形占空比为 1∶1 时，EL 最大，偏离 1∶1 太多，EL 不能满足要求。综合考虑仿真的 MEF 与 EL 结果，最终将 Mask Bias 定在 5nm，锚点掩模版线宽为整数 50nm（1 倍率）。此时，MEF<3.5，且密集图形还能满足 EL>13%。同时，还需要在此 Mask Bias(5nm)下仿真整个周期的光刻工艺窗口（EL、MEF 以及 DoF），以确定其满足工艺标准化要求。选择合适的掩模版线宽偏置可以让光更易通过掩模版，减小掩模三维效应，减小 MEF，同时还可以增加禁止周期的工艺窗口，降低 OPC 修正量。所有这些优点仅以稍微降低 EL 为代价（EL 仍能满足工艺标准要求）。

通过仿真得到 Mask Bias 之后，需要通过曝光在硅片上验证这一 Mask Bias 是否是合适的。通过 FEM 得到这一 Mask Bias 附近几个掩模版线宽的最佳能量，并测量不同掩模版线宽曝光后对应的 EL、MEF（需要精确测量并且校准掩模版线宽）是否与仿真结果一致。若一致，可以确定仿真得到的 Mask Bias 即为最佳线宽偏置。若不一致，则可能仿真中的光刻胶物理参数需要重新校准。确定了掩模版线宽偏置（5nm），还需要利用这一锚点确定最佳曝光能量，并收集一维图形在整个周期上的数据，对比实际曝光数据与仿真结果的差异。一般来说，PTD 光刻胶都是遵循物理模型的，因此曝光结果与仿真结果吻合较好，且可以通过仿真结果获取光刻胶的一些物理参数。而有些 NTD 光刻胶并非完全遵循物理模型研发的，会与仿真结果匹配较差，可能需要一些近似（非物理）来达到更好的匹配效果。

对于密集图形（锚点附近图形）来说，由于选定的照明条件可以使得 0 级与 1 级（或者 −1 级）衍射光沿光轴几乎对称，因此泊松曲线（线宽随焦距的变化趋势）几乎是平的，即离焦不会导致线宽有明显变化，焦深非常大。而禁止周期和半孤立以及孤立图形的焦深则会因为 0 级与 1 级（或者 −1 级）衍射光沿光轴的不对称性而有所下降，禁止周期中两束光的不对称性最强（1 级几乎与光轴重合），焦深最小，具体仿真可以参考 5.3.2 节。

2. 光刻工艺仿真结果

上面提到，定义好锚点的掩模版线宽偏置之后，需要在硅片上验证曝光数据与仿真结果的匹配关系。在这一部分，需要仿真一维图形在整个周期上的光刻工艺窗口以及通过仿真确认 SRAF 线宽的选取规则，具体可以见 5.3 节。其中，光刻工艺仿真软件（CF Litho）是包含光刻胶物理模型的。

同时，还需要仿真二维图形的光刻工艺窗口，如各种线端的最小尺寸（见5.3.3节）；阵列边孤立图形的最小面积，对于193nm水浸没式光刻工艺来说，最小面积需要满足2.5个最小方块，最小方块是指193nm水浸没式光刻工艺可以轻松实现的45nm沟槽线宽，即最小沟槽面积需要大于或等于2.5×45nm×45nm；还有方角变圆的转弯半径[33-34]，这一数值与套刻有直接关系。

若光刻工艺仿真结果（包含SMO）与需要满足的标准化的光刻工艺窗口相差大于或等于10%，则需要重新对照明条件、掩模版等进行优化。直到仿真结果达到要求，才可以进行后续的SMO掩模版出版和曝光验证。曝光验证照明条件的同时，还需要进行光刻胶的评估，具体见6.7.5节。

6.7.5　光刻材料的选择和评估

光刻工艺流程的研发和确认过程中，选择合适的光刻材料尤其重要，光刻材料主要包括两层光刻结构中的光刻胶和普通的有机抗反射层；三层光刻结构[35]中的光刻胶以及两层抗反射层，一般为含Si的抗反射层（Si-ARC）[36]和旋涂碳层（Spin On Carbon，SOC）[37]。光刻材料的选取如果发生错误，会导致光学邻近效应修正重新建模以及后续的刻蚀工艺重新调整程序，不仅耗费人力、物力，还会浪费时间并延长研发进度达到半年以上。因此，从最开始就选择合适的光刻材料尤为重要。本节主要介绍光刻胶的选择、评估流程以及与光刻胶配套的抗反射层的厚度确认以及评估标准与流程。

1. 光刻胶的选择

光刻胶的一般评估流程如图6.31所示，包含筛选合适的光刻胶，根据芯片工程的性能工业标准导出的标准芯片设计规则与工艺流程，结合物理仿真（如CFLitho仿真）结果确定合适的厚度、建立轨道机程序并选择合适的初始条件、曝光、收集数据，检测缺陷，以上都是在光刻工艺阶段完成的内容。同时也需要将实验硅片放到后续的刻蚀工艺，完成刻蚀工艺优化、数据收集等工作。下边针对每个步骤，详细介绍应该如何对光刻胶进行评估。

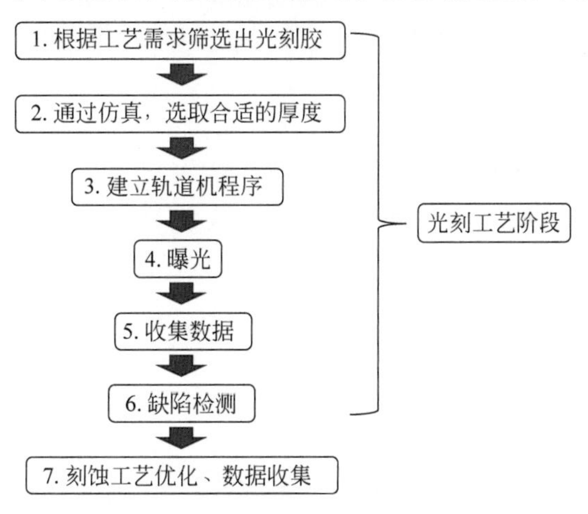

图6.31　光刻胶评估流程示意图

1）根据工艺需求筛选出备选光刻胶

可以先参考工业界标准，选择已经比较成熟的、已经拥有应用于某些代工厂工艺研发或者量产材料企业的光刻胶材料，这些企业已经拥有了提供量产材料的能力，其提供的即便是试验用的新型光刻胶材料也将符合供应商量产的标准，即该材料在缺陷水平、工艺稳定性方面可以得到保证或者未来在量产时得到保证。根据工艺需求,可以比较多家供应商提供的光刻胶性能参数,如分辨率、形貌、线宽粗糙度、通孔光刻胶的圆整度、刻蚀速率等,选择出最合适的一支或者几支光刻胶进行评估。同时还需要供应商提供初始的、合适的工艺条件,如涂胶厚度、曝光前烘焙条件(温度、时间)、曝光后烘焙条件(温度、时间)以及显影程序(浸润量、显影路径和循环周期)等。然后在初始条件的基础上做分组实验,通过实际硅片数据对比各支光刻胶在最佳条件下的各项性能指标:光刻工艺窗口(曝光能量宽裕度、掩模误差因子、焦深)、形貌、线宽粗糙度、抗刻蚀能力等。

对于一支新的光刻胶,首先要关注其经过曝光之后在显影液中溶解率的变化曲线,即 E_0 曲线。如图 6.32 所示,随着曝光能量逐渐增加,光刻胶在显影液中的溶解率的变化最好是一个阶跃函数,即光刻胶厚度在某个能量处突然降到 0。这是一种理想状态,实际上,随着曝光能量增加,光刻胶厚度会在一定的能量范围内降到 0。

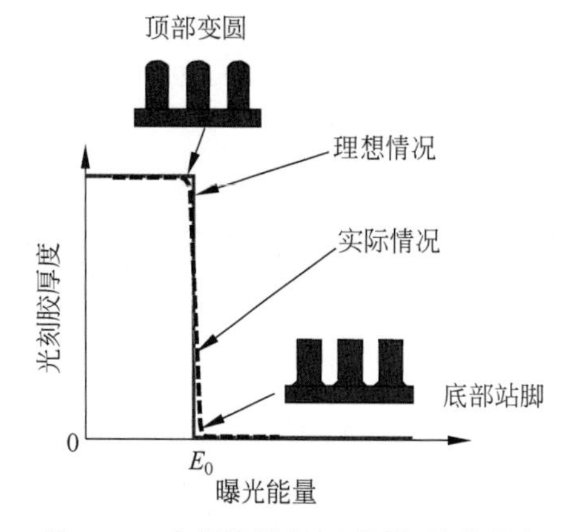

图 6.32 光刻胶厚度(正显影)随着曝光能量增加的变化趋势

(1) 若在能量较小一侧光刻胶厚度缓慢下降,而非迅速下降,则会导致光刻胶顶部变圆的形貌。

(2) 若在能量较大一侧光刻胶厚度变化有个拖尾,而非迅速变为 0,则会导致光刻胶底部有光刻胶残留或者底部站脚。

因此,对于实际的 E_0 曲线,越接近理想的阶跃函数,越能获得最佳的光刻胶形貌。

虽然不完美的 E_0 曲线会导致光刻胶有顶部变圆或者底部站脚的形貌,对于先进技术节点中的光刻胶,E_0 曲线类似阶跃函数,对光刻胶形貌的影响较小。对于正常光刻胶,可能导致光刻胶顶部变圆和底部站脚的主要原因如下。

(1) 对于光刻胶顶部变圆,影响最大的因素是显影过程,大量的显影液冲洗需要被去掉的光刻胶,光刻胶顶部接触的显影液量大,会导致顶部光刻胶变圆。

(2) 对于光刻胶底部站脚,存在多种影响因素。

① 底部抗反射层与光刻胶界面上的酸碱性。酸碱不平衡会严重影响光刻胶底部形貌。若底部抗反射层中存在碱性物质,则会中和光刻胶中的光酸,导致出现底部站脚。

② 底部抗反射层与光刻胶界面上的反射率。从下面抗反射层仿真中可知,通过调整抗反射层的厚度,可以调整界面上反射率的相位,达到微调光刻胶底部形貌的目的。

③ 显影工艺。显影液无法有效地进入光刻胶底部,会导致显影不良。加大显影的冲洗力度会使底部站脚消失,但是由于冲洗力增大会导致光刻胶顶部形貌更圆。

综上所述,对于先进光刻胶材料,其 E_0 曲线趋于阶跃函数,对光刻胶形貌的影响微乎其微。主要影响光刻胶形貌的因素有酸碱平衡、反射率以及显影工艺。

2) 通过仿真,选取合适的光刻材料厚度

(1) 抗反射层存在的必要性。

根据如图 6.31 所示的流程,选定光刻胶之后,需要确定光刻胶厚度。在确定光刻胶厚度之前,需要先确定与其配套的 BARC 和 SOC 的厚度。一般来说,BARC 和 SOC 都有工业界中标准的材料和厚度可以参考。

在确定光刻胶厚度之前,先讨论为何需要抗反射层,以及什么情况下使用一层或者两层抗反射层。图 6.33(a)～图 6.33(c)分别代表没有抗反射层；有一层抗反射层，即两层光刻结构；有两层抗反射层，即三层光刻结构时的反射光情况。当没有抗反射层时，入射到光刻胶的透射光与光刻胶和衬底之间的反射光(光刻胶内部)干涉，形成驻波[38]，驻波会大大影响线宽的均匀性和光刻工艺窗口[39]。因此从 248nm(氟化氪准分子激光光源，KrF)深紫外光刻开始，抗反射层被应用在大规模集成电路量产中。由于从 250nm 技术节点就开始使用化学放大型光刻胶，这种光刻胶对光的吸收很少，有超过 50%的光会穿过光刻胶进入下方的抗反射层中。因此，使用抗反射层时有以下两个作用。

① 抗反射层本身可以吸收部分透射到其中的光。

② 通过调整抗反射层的厚度，n、k 值，使得光刻胶和抗反射层界面上的“反射光 1”与抗反射层和衬底界面上的“反射光 2”的相位差接近 180°，这样两者可以相干相消，最大程度地抑制入射到光刻胶中的反射光，如图 6.33(b)所示。

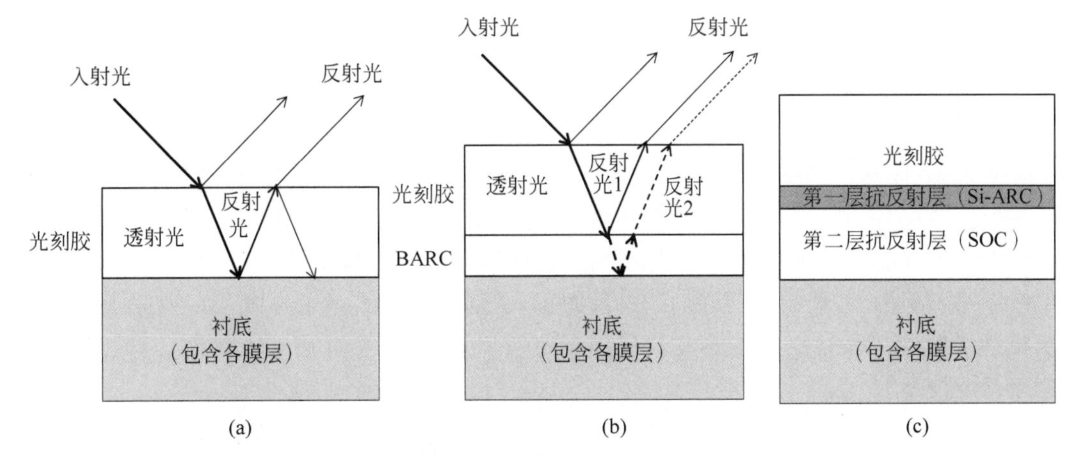

图 6.33　(a) 一层光刻结构(没有抗反射层)；(b) 两层光刻结构(一层底部抗反射层)；(c) 三层光刻结构(两层底部抗反射层)中反射光情况示意图

也就是说，抗反射层通过产生两束互相平行的且相对相位差接近 180°的反射光来互相抵消反射光总能量。这样一来，光刻胶内部只有透射光一束光，无法形成干涉，可以大大消除驻波效应。对于如图 6.33(c)所示的两层抗反射层，其原理也是吸收一部分光以及尽量抑制第一层抗反射层与光刻胶界面上的反射光。

(2) 抗反射层厚度的选取。

这里举一个简单的例子，看如何选取合适的抗反射层的厚度。在抗反射层厚度仿真过程中，需要计算抗反射层与光刻胶界面处的反射光的残留量。如图 6.34(a)所示，抗反射层与光刻胶界面的反射率随着抗反射层厚度(图 6.34 中膜层 2 厚度)的增加，出现了两个极小值，第一极小值对应的抗反射层厚度只有 30nm 左右。这个厚度太薄，一方面对于不太平整的图形层次，填平能力太差；另一方面从图中可以看到其厚度的变化会导致明显的反射率变化。因此，一般选择第二极小值对应的厚度作为抗反射层厚度，此处反射率对 BRAC 厚度不敏感，易于工艺的控制。BARC 厚度发生变化之后，会导致反射率相位的变化，如图 6.34(b)所示，最终会影响光刻胶形貌。

① 在第二极小值基础上适当减薄 BARC 厚度。相位会更趋向于 0，即反射光的相位趋向于与入射光的相位相同，发生相干相长。因此，光刻胶底部光强会变强，催化底部更多的光刻胶反应，对于 PTD 显影方式来说，BARC 减薄可以去底部站脚(NTD 相反)。

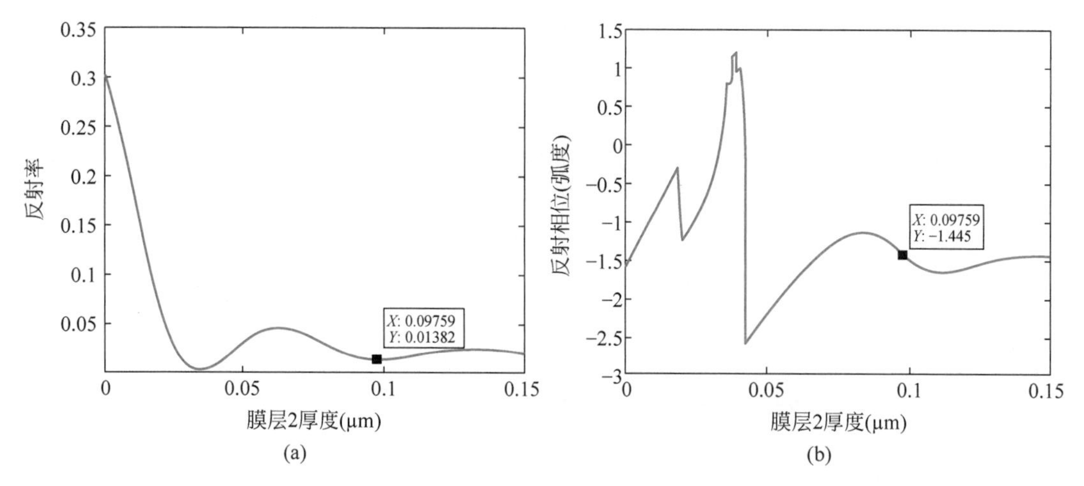

图 6.34 抗反射层与光刻胶界面的(a)反射率与(b)相位随抗反射层厚度变化示意图

② 在第二极小值基础上适当增加 BARC 厚度。相位相对于最佳厚度会远离 0,即反射光的相位趋向于与入射光的相位相反,发生相干相消。因此,光刻胶底部光强会变弱,对于 PTD 显影方式来说,BARC 增厚可以改善底部内切(Undercut)现象(NTD 相反)。

综上,可以通过微调抗反射层厚度来优化光刻胶形貌。另外,还有一点需要注意,BARC 厚度的选择不仅需要考虑密集图形(斜入射),同时还需要考虑禁止周期(垂直入射),两者的极小值一般是不同的,需要权衡更倾向于哪种图形,从而选择更合适的厚度。一般来说,对于单层抗反射层来说,单一角度的反射率可以控制在 1%~2%,而考虑所有入射角(所有图形)时,反射率只能控制在 6%[40]。

而到了 16/14nm 技术节点,由于使用的 NA=1.35(>1),同时又从平面的有源区改成了三维立体结构的鳍型晶体管(FinFET),造成衬底的不平整度大大增加,会影响整个曝光的焦深,因此,需要采用双层抗反射层。这样做有以下好处。

① 可以抑制更大入射角范围的衬底反射,使得所有图形(入射角度)的反射率都达到很低的水平。

② 靠下面一层较厚的抗反射层(SOC)来填平衬底。如果还是只靠一层抗反射层去填平衬底,那么需要增加其厚度,而相应的光刻胶厚度也需要增加,而增加光刻胶厚度会大大降低本来就有限的光刻工艺的焦深。更重要的是,没有厚度很大的(>120nm)193nm 水浸没式光刻胶。

因此,对于线宽均匀性要求更高的层次,需要采用双层抗反射层(三层光刻结构),可以将所有入射角(对应不同周期图形)的反射率都控制在 2%以内。一般对于三层光刻结构,光刻胶下方是厚度较小(约 30nm)、抗刻蚀能力较强的含硅的抗反射层,这一层厚度的选择是基于其与光刻胶界面上反射率的高低;再下方是填平衬底的厚度很大(约 180nm)的 SOC,这一层厚度的选择主要是基于刻蚀的选择比。对于三层光刻结构,含硅的抗反射层和 SOC 均有吸收入射光的作用。

(3) 光刻胶的摆线效应和光刻胶厚度的选取。

抗反射层厚度选好之后,需要通过计算摆线效应(Swing Curve),选择合适的光刻胶厚度。那么,什么是摆线效应呢?尽管使用了抗反射层,还会有少量的反射光进入光刻胶中,如图 6.35 所示。随着光刻胶厚度的变化(衬底不平整或者涂胶不均匀等),图 6.35(a)中反射光 0 和 1 的相位会发生周期变化,两者干涉之后的光强(光刻胶上表面反射率)也会随光刻胶厚度

(图 6.35(b)中膜层 2 厚度)发生周期变化,即摆线效应,如图 6.35(b)所示。因此,进入光刻胶内部的能量也随厚度发生周期变化,光刻线宽也会发生周期变化,这会严重影响光刻线宽均匀性。

通过仿真得出摆线效应后,一般选择光刻胶上表面反射率最小处附近对应的厚度作为光刻胶厚度,此厚度对反射率不敏感,线宽会在更小的范围内变化。同时还需要考虑光刻胶厚度要大于抗反射层厚度,在光刻后续的刻蚀工艺中,有足够的光刻胶作为阻挡层。为什么不能只用抗反射层作为图形的阻挡层呢?因为抗反射层一般是交联的,交联后分子结构粗糙,不如光刻胶小分子的图形传递保真度好(Si-ARC 除外)。另外,还可以从图 6.35(b)中看出,随着光刻胶厚度的增加,光刻胶上表面最高反射率的强度不断降低,这是因为光刻胶对光有一定的吸收。

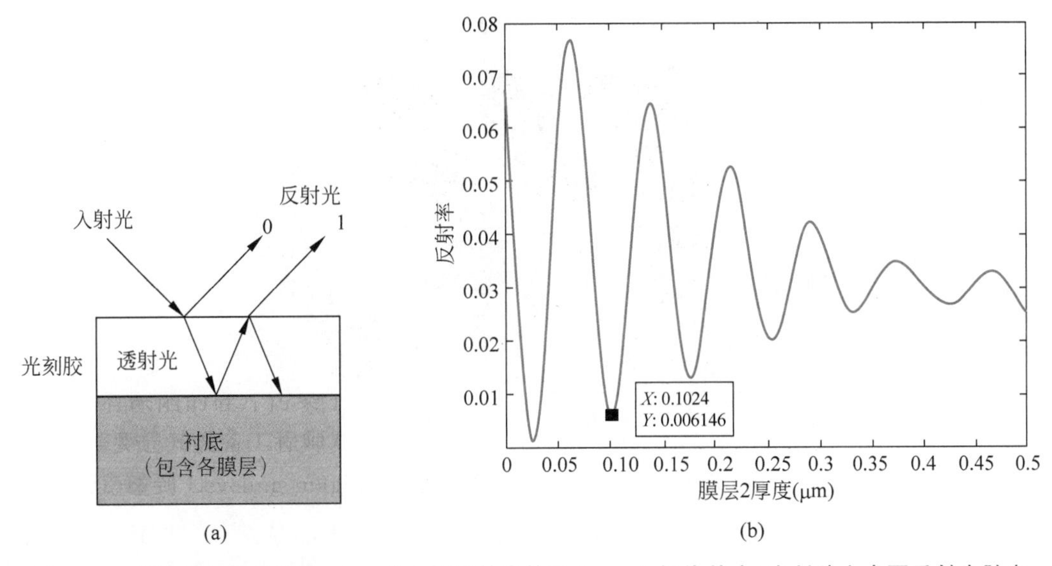

图 6.35　摆线效应及其原理:(a) 产生摆线效应的原理;(b) 摆线效应(光刻胶上表面反射率随光刻胶厚度变化呈周期性变化)

2. 建立轨道机程序

图 6.36 是一种可能的轨道机的结构示意图举例,从正面来看,抗反射层的涂覆(BARC Coating,BCT)和光刻胶(Coating,COT)的涂覆在底层,再往上分别是负显影(NTD)和正显影(PTD)的显影(Develop,DEV)槽。硅片到达这一站点,硅片盒会被放置到接口(Port)上,随后机械手根据工艺流程(Flow)抽取对应的硅片进入轨道机中,并根据流程中的程序设置完成曝光前的工艺流程:表面疏水处理、涂胶(抗反射层、光刻胶等)、前烘焙,通过与光刻机的接口(缓存区)进入光刻机完成对准和曝光,再进入轨道机完成后续曝光后烘焙、显影冲洗等工艺流程。其中,冷热板在背面,通常,经过热板后必须经过一个冷板,实现快速降温,否则会影响线宽均匀性(密集-孤立)[41]。

通过仿真确定了光刻材料(BARC 和光刻胶)的厚度之后,需要建立轨道机(总)程序(Track Recipe)。第 4 章光刻工艺 8 步流程中详细介绍了在轨道机中需要完成的各个步骤,每个步骤都需要通过提前设置程序来实现,这个程序就是轨道机总程序。轨道机总程序中包含多个模块[42]程序,如成膜、烘焙以及显影等模块程序。成膜模块程序中通过设置合适的转速、时间等参数,得到均匀的膜层;烘焙模块程序中设置冷热板中合适的温度和时间;显影模块中需要优化显影方法,包括浸润方式、显影液喷淋方式、显影周期以及去离子水冲洗方式等,使得显影后没有倒胶或者光刻胶残留等缺陷。在轨道机总程序中,不同的模块都有对应的代码，且同一种功能的模块会依次编号，例如，接口编号可以为 1-1，1-2，1-3，1-4；涂胶槽编号可以为 2-1，2-2，2-3，2-4 等，涂胶区域的一些冷热板及转移板的编号可以继续编号为 2-5，2-6，…；显影槽编号可以为 3-1，3-2，3-3，3-4 等，显影区域的一些冷热板及转移板的编号可以继续编号为 3-5，3-6，…；轨道机与光刻机接口区域的一些转移板也需要单独标号。本节仅举例说明编号的大概规律，实际编号对应的功能模块在不同轨道机机台端有所区别。在轨道机总程序中，需要通过选择不同模块的代码设置硅片需要经过的各种工艺流程，对于有多个同一功能的模块，一般都选上，机器根据模块的空闲程度进行分片；若需要固定某个编号的模块，以达到实验或者稳定工艺的目的，则只能在程序中设置这一个模块。

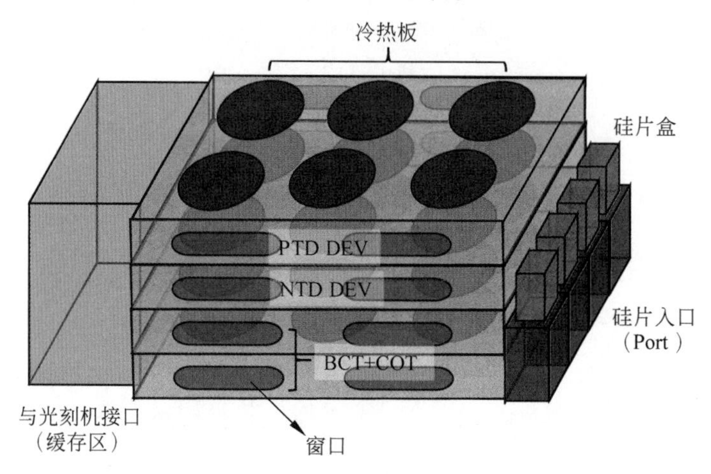

图 6.36 一种轨道机结构示意图举例

当按照轨道机的总程序经过各个模块时，在每个模块中按照对应的子程序设置的条件完成相应的模块工艺。接下来，以涂胶模块和显影模块的子程序为例，简要介绍子程序中包含的基本内容。

1）涂胶模块子程序举例

表 6.17 展示了轨道机中部分涂胶模块子程序的主要内容，涂胶模块子程序中包含很多步骤，需要设定每个步骤的时间(s)、硅片的转速、硅片的加速度、喷淋(Dispense)以及机械手的位置。不同步骤的喷淋中，通过选择不同编号，可以实现不同功能，例如，选择各种喷嘴实现液体的喷淋，如 4.3 节提到的 RRC 喷嘴、光刻胶喷嘴以及 EBR 喷嘴等(喷淋的具体剂量、时间等参数在额外的子程序中设置)。在涂胶的不同步骤，机械手的位置也会不同。

表 6.17 轨道机中部分涂胶模块子程序举例

	时间/s	硅片转速	硅片加速度	喷　淋	机械手位置
1					
2					
3					
4					
5					
6					
7					
8					
…					

2）显影模块子程序举例

表 6.18 展示了轨道机中部分显影模块子程序的主要内容，与涂胶模块子程序相同的是，显影模块子程序也需要设定每个步骤的时间(s)、硅片的转速、硅片的加速度、喷淋(Dispense)以及机械手的位置。同样地，不同步骤的喷淋中，通过选择不同编号对应的喷嘴，实现不同液体的喷淋，如 4.3 节提到的去离子水(浸润用)喷嘴、显影液(浸润用)副喷嘴、显影主喷嘴、冲洗时的去离子水喷嘴以及氮气喷嘴等(喷淋的具体剂量、时间等参数也在额外的子程序中设置)。显影过程较为复杂，在不同的步骤，机械手的位置、扫描路径等也会不断改变；即使是同一个功能，可能也会分为不同的步骤，设置不同的时间、硅片转速、加速度以及机械手的位置等参数。另外，如 4.3 节所述，对于先进技术节点，还需要配合硅片多次重复喷洒循环(Loop，一般 4～24 Loop)，见表中“循环”一列。

表 6.18 轨道机中部分显影模块子程序举例

	循 环	时间/s	硅片转速	硅片加速度	喷 淋	机械手位置
1						
2						
3						
4						
5	开始(4～24)					
6	结束					
7						
8						
…						

本节简述了轨道机程序的基本内容及其包含的模块，并以其中两个模块(涂胶和显影)为例，简要说明子程序中需要设置的基本内容。在轨道机中，需要重点优化的两个子程序是曝光后烘焙与显影子程序。曝光后烘焙温度的选取与光刻胶类型有关，对于低灵敏度光刻胶，一般需要较高的 PEB 温度；对于高灵敏度光刻胶，一般需要较低的 PEB 温度。在供应商提供的初始条件(温度、时间)基础上做分组实验，通过微调温度可以控制光酸的扩散，得到更好形貌或者达到稍高的光刻工艺窗口。另外，如 4.3 节所述，显影喷头的选择，程序的充分优化(浸润、喷淋方式、路径以及循环次数)都可以降低越来越小的线宽中的缺陷，提高光刻显影后的线宽均匀性。

3. 曝光

通过前边光刻照明条件的确认、光刻材料的选择、光刻工艺模型的确立和轨道机程序的建立之后，需要建立光刻机中的曝光程序(Scanner Job)，并完成硅片的曝光。曝光程序中包含产品信息(Product ID)，曝光层次(Layer)，掩模版名称(Mask ID)，硅片中曝光场网格尺寸、分布，网格与硅片中心(0，0)的错位(offset)，曝光过程中的对准策略等基本信息。此外，有些曝光程序中还会包含各种子程序，如 Dose Mapper[43-44] 和 Gridmapper[20] 等。

此时硅片不一定是全流程的，但是最好包含这一层次所需要的各种膜层，并且曝光方式为焦距-能量矩阵(Focus Energy Matrix，FEM)，因此需要通过拆分跑货卡(Split Run Card，SRC)[45] 来完成轨道机与曝光机中的各个步骤。一般来说，在 SRC 中，主机台站点的程序是曝光程序＋轨道机程序，在这一站点同时完成光刻工艺 8 步流程中除测量之外的其他工艺步骤。光刻工艺研发过程中,曝光过程需要选择合适的测试掩模版,如前所述,可以先使用上一节点中的测试掩模版,或者针对这一节点绘制的新测试掩模版。

4. 分析数据

曝光完成后,需要收集数据并进行分析。通过 FEM 硅片中的锚点定义最佳能量,根据半密集、孤立图形以及某些特殊图形定义最佳焦距,具体见 7.3.6 节。并计算得到一维图形整个周期的 EL、MEF、DoF、线宽粗糙度、OPC 修正量等信息。对于线条的线端-线端,由于可能存在饱和现象,导致顶端缩短和较大的粗糙度,也需要进行重点检查。对于沟槽图形,还需要关注一些二维图形,如沟槽线端-线端的最小尺寸、孤立图形的最小面积等。另外,还需要通过切片观察光刻胶倒胶的工艺窗口以及光刻胶的形貌等。

前文提到,在光刻胶曝光确认之前,需要做一些仿真。在光刻胶数据分析过程中,需要验证光刻胶实际硅片数据与光学仿真的接近程度,以确保光刻工艺条件的选取充分发挥出了光刻胶的性能,必要的时候可以微调轨道机的程序,包括涂胶成膜,烘焙温度、时间,以及显影工艺等,以充分发挥材料本身的性能,从而建立最佳的光刻工艺。我们知道,正显影光刻胶基本都是按照标准的物理模型来研发的,因此其曝光数据与仿真结果基本一致,还可以通过仿真结果提取光刻胶的性能参数,例如,等效光酸扩散长度。而对于负显影光刻胶,在光刻工艺窗口满足量产需求的情况下,要尽量选用跟光学仿真最接近的光刻胶,这样的光刻胶从原理上对光刻成像的保真度更高,而且还容易提取物理参数,可以降低 OPC 物理模型建立的难度,提高 OPC 修正的精度。真正按照标准化研发的光刻胶,对光刻工艺仿真软件校正之后,曝光之后的 EL、DoF 以及 OPC 修正量都会与仿真结果基本一致。

最后,还需要成品率提升(Yield Enhancement,YE)部门对全硅片进行扫描,检查有无明显的缺陷,如倒胶、颗粒、气泡等。通过综合考虑光刻胶(与基准对比或者备选光刻胶之间对比)曝光后的光刻工艺窗口、形貌、抗刻蚀能力等多种因素,选择整体表现最好的作为光刻工艺研发的基准材料。例如,有的光刻胶 DoF 很大,有的光刻胶 EL 很高,有的光刻胶形貌很直、LWR 很好但是不耐刻蚀,有的光刻胶抗刻蚀能力强但是 LWR 又较高。这就需要考虑集成电路工艺中更看重的是什么,例如,抗刻蚀能力强是光刻胶需要考虑的一个重要因素,可以保真传递图形;至于偏高的 LWR,只要能通过刻蚀工艺降低就可以。

另外,在光刻工艺建立的过程,除了优化光刻照明条件外,还需要不断地改进和优化光刻机和轨道机中各子程序,例如,光刻机中的 Gridmapper、Dose Mapper 子程序,轨道机中的涂胶、烘焙、显影等子程序,使得光刻工艺窗口、缺陷率等均能达到量产的要求。此外,还需要对测量设备及程序进行优化,以最大限度地体现光刻工艺的性能。

5. 刻蚀程序的建立、工艺的优化和数据的收集

如上所述,同一节点中的多支备选光刻胶的表现也可能不同,有的光刻胶 EL 很大,有的光刻胶 DoF 很高,有的光刻胶形貌很直。但是,评估光刻胶中最重要的一点是:分析光刻胶的抗刻蚀能力。在选择了备选的光刻材料后,光刻部门在做光刻工艺窗口的数据收集分析工作,而刻蚀部门需要先将光刻曝光后的硅片进行刻蚀:分析光刻胶的刻蚀速率即抗刻蚀阻挡能力,分析刻蚀后形貌即确保保真传递,以及获取不同图形密度的刻蚀负载效应,刻蚀后线宽偏置(Etch Bias),垂直形貌等,初步建立刻蚀的程序。光刻胶的评估需要综合考虑光刻工艺窗口、形貌、线宽粗糙度以及抗刻蚀能力。若有一支光刻胶的这些参数都是最佳的,毫无疑问可以用于量产。然而,实际情况是,不同光刻胶的优势不同,在保证光刻工艺窗口、形貌、线宽粗糙度等性能不太差的情况下,一定要选择一支抗刻蚀能力最强的。

在不同的工艺研发阶段(0.1 版、0.5 版、1.0 版),光刻工艺中的材料、掩模版、照明条件、曝光程序和轨道机程序等也在不断地优化。同时,刻蚀工艺也需要不断地调整,同时收集光刻胶的抗刻蚀能力(底部抗反射层打开之后光刻胶需要有残留)、刻蚀后形貌、整个周期的光刻刻蚀线宽偏置(Etch Bias)、缺陷等信息。也就是说,在试流片过程中,各工艺模块均在不断地优化改进。注意,光刻工艺之前的设计规则一般是指刻蚀后的线宽,因此需要在此基础上根据光刻工艺窗口、对不同周期图形加上不同的 Etch Bias,作为光刻的目标线宽。

另外,对于底部抗反射层来说,也需要评估其刻蚀速率。对于普通 BARC 来说,光刻胶的成分与底部抗反射层类似,因此需要较厚的光刻胶才能在 BARC 打开之后还有残留。对于含 Si 的抗反射层,其抗刻蚀能力大大增加,因此其厚度变薄。另外,需要通过刻蚀、切片,确认 BARC(包括 Si-ARC)的厚度是否合适,根据实际情况进行微调厚度。同时,抗反射层的形貌,即是否能保真传递以及刻蚀之后的缺陷率也是需要重点关注的内容。有关抗反射层的评估主要在刻蚀模块进行,需要与光刻胶的评估同时进行,联合调整。

6.8 光学邻近效应修正简介

6.8.1 OPC 修正的必要性

本节简述光学邻近效应修正之前,先来说一下什么是光学邻近效应,以及光学邻近效应修正的必要性。由 2.7 节可知,对于较小的图形周期,由于衍射效应导致镜头无法收集所有的衍射光,造成图形的失真,严重的导致线端缩短、线宽减小、方角变圆,这就是光学邻近效应的表现。在 2.10 节中提到,光学邻近效应还有一个重要表现:禁止周期。

在先进光刻工艺中,若放任光学邻近效应的这些影响,硅片上图形与设计图形相差太大,光刻工艺窗口极低,甚至为 0,无法正常地完成光刻工艺研发。因此,必须对衍射导致的光学邻近效应进行修正[46-47],将缩小的线宽加大,缩进的线端外放,这些都需要在版图中进行处理。那么,什么时候需要考虑光学邻近效应,并进行光学邻近效应修正呢?一般来说,当 k_1 因子开始小于 0.4 时(在这之前是简单的修正),必须考虑光学邻近效应并进行修正。下面用图 6.37 中的简单图形举例说明衍射导致的光学邻近效应以及修正后光刻线宽的变化。

(1) 如图 6.37(a)所示,当掩模版上线宽(4 倍率)远大于曝光波长时,衍射效应不明显,曝光后图形可以完美还原掩模版形状。

(2) 如图 6.37(b)所示,当掩模版上线宽(4 倍率)开始与曝光波长相当时,衍射效应明显,会导致图形尺寸缩小,方角变圆以及线端缩进等现象,此时就需要进行 OPC 修正。

(3) 如图 6.37(c)所示,在掩模版上将曝光后缩小、缩进的地方外放,将曝光后突出的地方缩进,最终曝光后的图形如图 6.37(d)所示。

可见,由于衍射效应存在,只能尽量还原掩模版形状,但是无法消除方角变圆等现象。因此,在通孔层次,掩模版上绘制的均为方形,曝光后基本都是圆形。2.10 节还提到,对于 90nm 技术节点的栅极来说,通过 OPC 修正,可以使得整个周期的线宽都达到目标值,且光刻工艺窗口都满足要求。但是到了最小周期为 90nm 周期的金属层次,即使通过 OPC 补偿可以使整个周期的线宽都达到目标值,但是由于 k_1 因子只有 0.31,通过光刻工艺窗口(EL、MEF、DoF)可以看到存在明显的禁止周期。在这种情况下,就需要评估禁止周期的工艺窗口是否可以接受,若无法接受,可能真的需要在设计规则中禁止这一部分周期的出现。另外,可以通过增加光刻后线宽来尽量增加禁止周期范围内的工艺窗口。

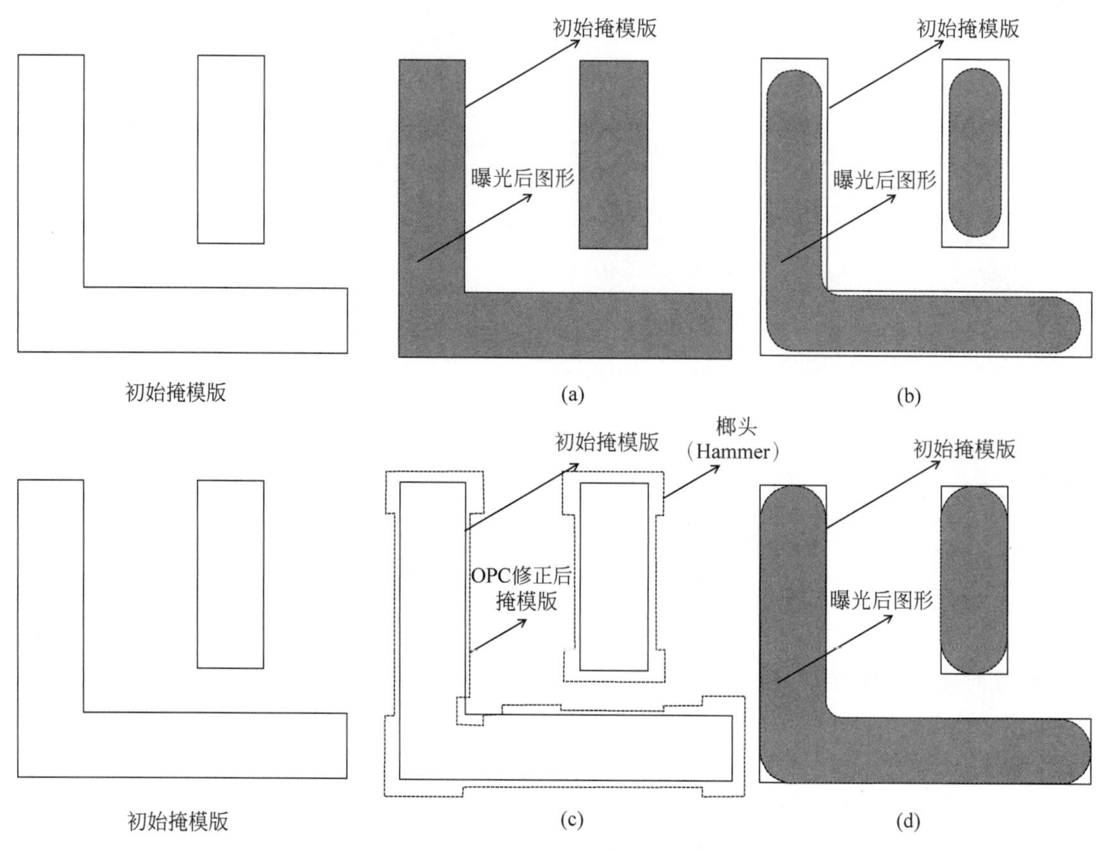

图 6.37 光学邻近效应修正举例说明

6.8.2 OPC 修正的一般研发流程

光学邻近效应修正分为两种：基于规则(Rule Based)[32-33]的修正和基于模型(Model Based)的修正[48-51]。

1. 基于规则的光学邻近效应修正

对于基于规则的 OPC 修正，根据已知的数据来对整个设计图样通过内差和外延进行掩模版图形的修正。例如，对一个周期为 300nm 的一维图形，掩模版上设计线宽为 100nm。通过实际硅片数据(查预先收集的数据表)证明，为了使得在硅片上实现 100nm 线宽，掩模版上需要增加 10nm，即修正后掩模版线宽应该为 110nm，基于规则增加了 10nm 的修正量(单边 5nm)。如果图形不在已知的数据中，修正程序会使用内差和外延方法来近似解决。除了简单的一维图形的基于规则进行 OPC 修正，对于方角以及线端还需要根据规则分别添加装饰线(Serif)[52]和榔头(Hammer)[32]，此时需要收集大量的数据，比一维图形的数据更多，修正效果与数据收集量成正比。一般来说，基于规则的 OPC 修正之后，版图相对来说较为简单。

另外，在拿到掩模版之前，基于规则的 OPC 修正缺乏检查和评估程序修正后好与坏的手段。因此，从 130nm 技术节点开始，开始使用效率更高、精度更准的基于模型的 OPC 修正方法。

2. 基于模型的光学邻近效应修正

1）基于模型的光学邻近效应修正的一般流程

由于本书聚焦于先进光刻工艺研发，因此会较为详细地介绍基于模型的OPC修正方法的具体研发流程，如图6.38所示，具体流程如下。

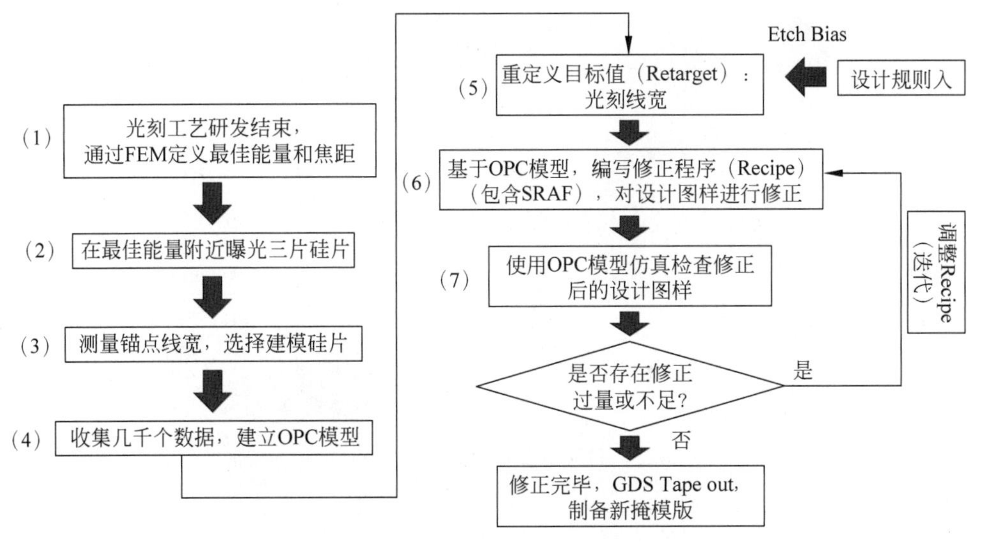

图6.38　基于模型的光学邻近效应修正一般流程示意图

（1）**确定最佳能量和焦距**：光刻工艺研发结束之后，通过FEM硅片在工艺研发条件基础上确认最佳能量和焦距。

（2）**曝光三片硅片**：固定焦距，在最佳能量、锚点线宽减少0.5nm（视具体情况而定）对应的能量以及锚点线宽增加0.5nm对应的能量下曝光三片硅片，防止工艺、设备的一些因素影响曝光能量。其中，硅片中不同曝光场的曝光条件需要由OPC部门制定，包含最佳能量、焦距条件，只有能量变化，只有焦距变化或者能量离焦均变化的曝光场，且每种条件至少有多个曝光场（如三个）来取线宽平均值，以确保OPC数据的准确与可靠。对于最佳能量和焦距的条件，则需要更多的曝光场。一种用于OPC数据收集的曝光Map如图6.39所示，为了收集更全面的数据，图中对曝光条件做了很多分组。其中，E0F0是指最佳曝光能量、焦距时的曝光场；E±3%、6%、8%等代表在最佳能量的基础上加上或者减去3%、6%、8%的能量；F±0.03、0.04、0.05等代表在最佳焦距的基础上加上或者减去0.03μm、0.04μm、0.05μm的焦距。

（3）**选择建模硅片**：通过测量锚点在最佳曝光能量和焦距（E0F0）条件下的线宽，选择最接近目标线宽的一片硅片作为建模硅片。

（4）**收集数据，建立模型**：由于OPC建模收集的收据种类杂、点数多，因此需要使用Design Gauge建CDSEM程序，并收集几千个图形，包括整个周期的图形、特殊二维图形以及一些用于模型验证的图形的数据，用于OPC模型的建立。

OPC建模的过程就是在确定的照明条件下，建立掩模版上图样与曝光到硅片上图样之间的对应关系[53]。OPC模型中包含多项参数，例如，光酸转换系数、光碱转换系数、光酸和光碱的个数以及光酸、光碱高斯扩散的核函数等。在模型拟合过程中，需要将模型预测的数据与收集的硅片中的数据尽量吻合，同时为了确保模型的准确性，模型中参数的选取需要尽量考虑其物理意义（>95%）。模型建立之后，在已知线宽目标时，通过OPC模型反推掩模版需要修正

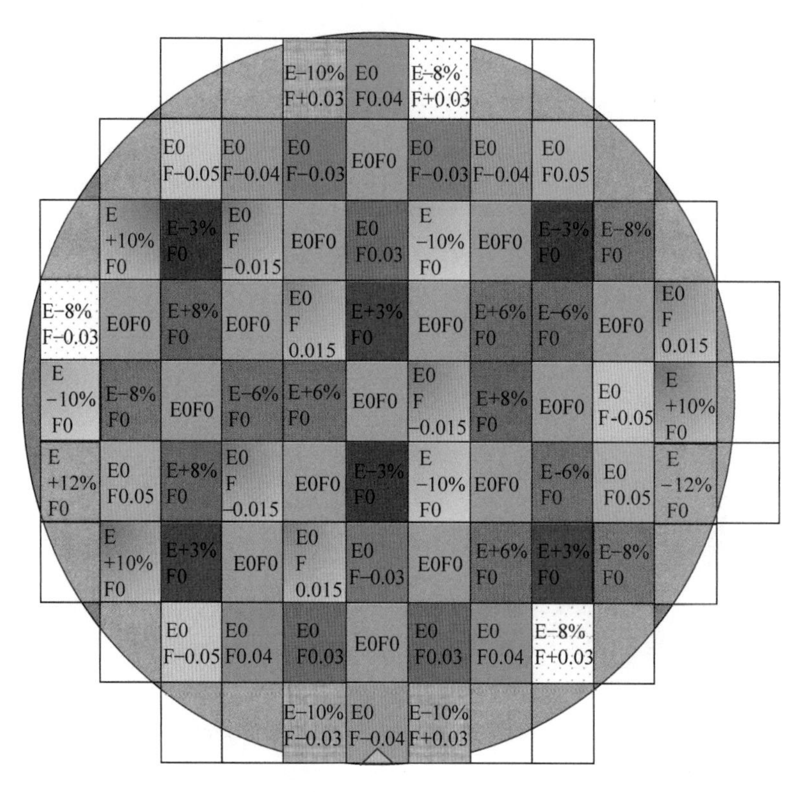

图 6.39 一种光学邻近效应修正时曝光 Map 举例示意图

到的尺寸，同时得到 OPC 模型预测后的光刻线宽、工艺窗口等参数。其中，模型的准确性是指，通过这个模型得到的仿真数据与版图经过实际硅片曝光后的数据之间的差值[54]在工艺要求的范围内。不同技术节点中不同光刻层次对 OPC 精度有不同的规格要求，OPC 的精度会直接影响光刻工艺的线宽均匀性，如 6.5.1 节所示。

(5) **定义光刻线宽**：设计规则给定的线宽一般为刻蚀后的线宽，因此在对设计规则版图进行光学邻近效应修正之前，需要重新定义目标值(Retarget)。即在初始设计规则中加上 Etch Bias，将设计规则中线宽变为光刻之后的线宽。

(6) **完成 OPC 程序(Recipe)并对版图进行修正**：Recipe 编写包含按照规则添加的一些亚分辨辅助图形，以及如何对各种长度的边进行分割、补偿反馈等。添加完亚分辨辅助图形，编写好修正 Recipe，可以基于已经建好的 OPC 模型对版图进行修正。

(7) 验证(Verification)工艺窗口：完成版图的修正后，利用 OPC 模型对版图进行仿真，得到版图的轮廓(Contour)，即光刻之后线宽、工艺窗口(EL、MEF、DoF 以及工艺变化带宽(Process Variation Band，PV Band))。确认线宽、工艺窗口是否符合工艺要求，这就是 LRC 的检查过程，若符合，则修正完毕，GDS 版图可以交给掩模厂用于生产。若不符合，需要调整 Recipe，使得最终 OPC 仿真后的线宽、工艺窗口符合要求。在这个过程中，需要对 Recipe 进行多次迭代调整。有时还会挑选一些薄弱点，交由光刻部门在实际硅片上确认(LRC)。

另外，若 OPC 模型不够准确，在实际的 TQV 到量产过程中，需要根据实际硅片数据对 Recipe 进行反复调整，添加某些条目以达到增加某些薄弱点工艺窗口的目的，俗称“打补丁”。这就需要重新出版流片掩模版，大大增加了人力物力，延长了量产时间。因此，OPC 模型的准确性与否对整个芯片工艺流程的研发是至关重要的。一般来说，建模过程中的模型拟合大多数采用最简单的数据(如一维整个周期数据),最后用二维复杂的图形去确认验证。

2）基于模型的光学邻近效应修正程序(Recipe)的建立

OPC部门中包含两个非常重要的工作：一个是OPC模型的建立,另一个就是Recipe的编写。由于Recipe中包含部分掩模版绘制内容,所以本节简单介绍Recipe包含的内容,以及一维金属层次和二维通孔层次中亚分辨辅助图形的一般添加规则。如上所述,Recipe中包含定义光刻目标值,根据建模收集数据的情况对较为孤立与孤立的图形添加尺寸明显小于主图形的亚分辨辅助图形(Sub-Resolution Assist Features,SRAF)和装饰线(Serif),编写修正版图的规则。修正程序中一般流程如下。

(1) 对于客户提供的设计图形,光刻工艺工程师与工艺集成工程师需要制定单次曝光设计规则。版图设计或者OPC部门根据这一规则进行掩模版的拆分,然后将版图转到OPC部门。设计图形的尺寸一般是指器件中的最终尺寸,即刻蚀之后的图形,所以需要在设计图形的基础上根据上述工艺研发过程中得到的刻蚀偏置表,将图形的尺寸增大到光刻工艺可以实现的尺寸——目标重置(Re-target)。

(2) 添加SRAF以及Serif。一般Serif添加在二维图形的4个角,以减弱衍射效应导致的方角变圆现象。由于衍射导致的光学邻近效应,会使整个周期上的光刻工艺窗口越来越小。因此,一般从两倍的最小周期开始添加SRAF。例如,最小周期为90nm时的沟槽图形,从180nm周期开始在两个沟槽主图形之间添加一根散射条(Scattering bar,Sbar)。如5.3节所述,SRAF的尺寸远小于主图形的尺寸,既保证添加了SRAF之后,可以将半密集图形以及孤立图形变成类似密集图形,增加相应的光刻工艺窗口,对于沟槽图形来说,又不会将尺寸较小的SRAF图形曝光到硅片上。如果主图形是类似前段栅极层次的线条图形,那么线条SRAF即使大一些,被曝光到硅片上也没关系,可以通过后续剪切层次去掉。

(3) 编写修正版图的规则。例如,不同长度的边如何分段以及分段的尺寸[49],分段后补偿的先后顺序以及迭代过程中的反馈比例等。一般来说,在一个相干长度范围(式(6.14))内,分成1～2段凸起或者凹陷就足够了,太多的分段并不会使光刻工艺窗口有所提高,还会增加掩模版书写、版图数据传输的难度。

3）一维(后段金属层次)图形散射条的添加规则举例

测试掩模版中提到,一维沟槽层次包含一维整个周期图形,二维的线端-线端、孤立线端、密集图中之间和旁边的线端以及交错(Stagger)的线端-线端,孤立的双线(Bi-line)、三线(Tri-line)以及五线等图形。本节以最简单的、最小周期为90nm的一维沟槽图形为例,讨论添加Sbar的基本规则[55-57]。一般来说,由于周期在90～170nm范围时图形比较密集,无法加入Sbar,如图6.40(a)所示。添加Sbar的一般规则如下。

(1) 如图6.40(b)所示,从180nm周期开始一直到260nm周期,可以在两个沟槽主图形之间添加一根Sbar。

(2) 如图6.40(c)所示,当周期达到最小周期的三倍(270nm)时,可以添加两根Sbar。随着周期继续增加,需要优化并固定Sbar与沟槽主图形之间的距离(边到边),以尽量加强主图形的成像。从图6.40(d)中可见,在周期小于4倍最小周期时,只能添加两根Sbar,此时随着周期的增大,Sbar到主图形(优化之后)的距离保持不变。

(3) 如图6.40(e)所示,当周期达到最小周期的4倍(360nm)时,开始添加三根Sbar。随着周期的继续增加,同样需要固定Sbar到主图形的距离。在周期达到5倍最小周期之前,中间那根Sbar时刻保持放在中间位置,如图6.40(f)所示。

(4) 如图 6.40(g)所示,当周期达到 5 倍最小周期(450nm)时,可以添加 4 根 Sbar。此时,不仅要优化并固定 Sbar 到主图形的距离,还要优化并固定 Bar 到 Bar 之间的距离。从图 6.39(h)中可以看出,当图形周期继续增大到孤立图形时,每根沟槽主图形两侧分别有两根(可以增加到三根 Sbar),这基本就可以满足光刻工艺的要求。

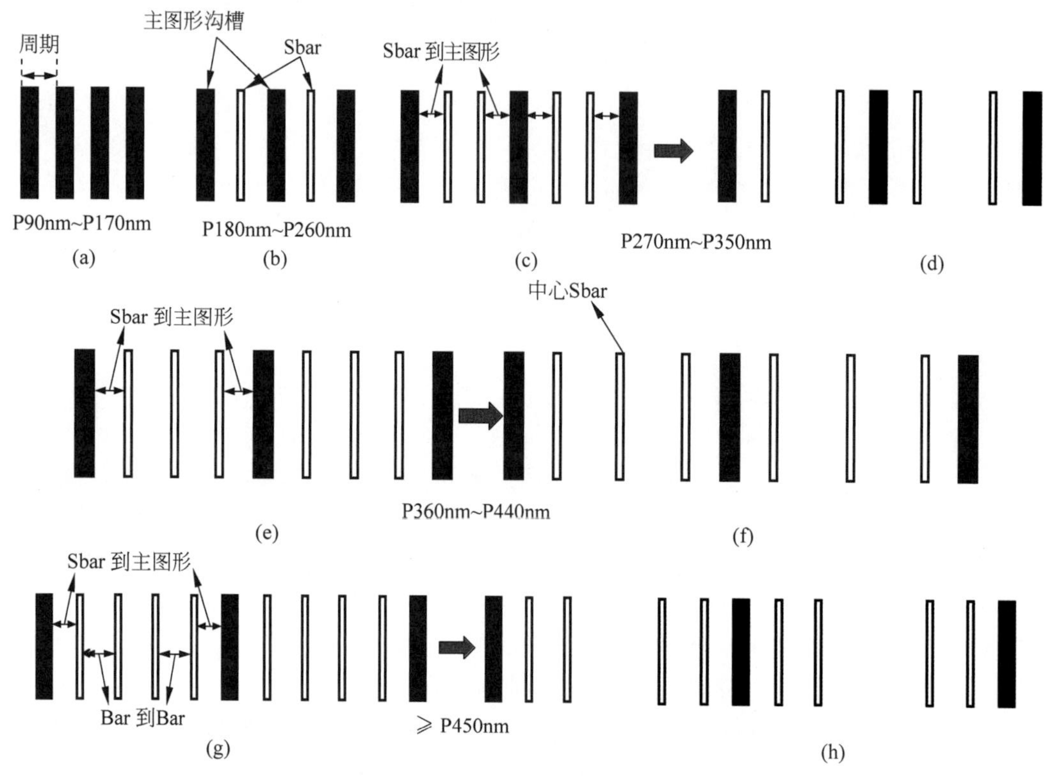

图 6.40 一维沟槽图形添加 Sbar 的基本规则示意图举例

当然,如上所述,为了获得最佳的光刻工艺窗口,需要在测试掩模版上做多组分批(Split)实验,以获得最合适的添加 Sbar 的规则:最佳 Sbar 尺寸、Sbar 到沟槽主图形的距离以及 Bar 到 Bar 的距离。同时,对于 Sbar 的尺寸,一般都需要找到刚好能被曝光到硅片上的最大尺寸,找到边界之后,才能避免这种情况发生。因此,对于 Sbar 尺寸、Sbar 到沟槽主图形的距离以及 Bar 到 Bar 之间距离的分组一般可以设置如下(实际版图设计过程中,分组情况会更加复杂多样)。

(1) 对于沟槽中 Sbar 尺寸的分组实验,可以设置在 10~40nm 的范围。

(2) 在半密集图形中,Sbar 与沟槽主图形的周期(图形中心到中心)一般是最小周期 90nm。而实际 OPC 修正程序中定义的是 Sbar 的边到沟槽主图形或者 Sbar 的边的空间距离(Space),因此分别扣掉沟槽主图形和 Sbar 图形尺寸的一半之后,Sbar 到沟槽主图形之间距离的分组可以设置在 50~80nm 的范围。

(3) Bar 到 Bar 之间的距离也可以设置在 50~80nm 的范围。

4) 二维(后段)通孔图形散射条的添加规则举例

上文测试掩模版中提到,通孔层次包含正方阵列通孔、45°错位阵列通孔、短线(Short Bar)阵列、不同角度错位短线阵列、一排、两排孤立的通孔等图形。本节以最小周期为 100nm 的正方阵列通孔为例,讨论添加 SRAF 的基本规则[50,57-60]。对于通孔层次来说,SRAF 的种类包含短线与尺寸较小的正方形[61-64]。如图 6.41(a)所示,通孔图形添加 Sbar 的一般规则如下。

(1) 一般来说,由于周期在 100～200nm 范围时图形比较密集,无法加入短线 Sbar,但是可以在周期靠近 200nm 时,在主图形的 45°对角线之间添加尺寸较小的正方 SRAF,如图 6.41(b)中红色正方形所示。

(2) 如图 6.41(c)所示,从 200nm 周期开始一直到 300nm 周期,可以在两个通孔主图形之间添加一根 Sbar,同时仍然在两个主图形通孔 45°的对角线上添加正方形 SRAF。

(3) 如图 6.41(d)所示,当周期达到最小周期 100nm 的 3 倍,即 300nm 时,可以添加两根 Sbar。这里同样需要优化并固定 Sbar 与通孔主图形之间的距离(边到边)。从图中可以看出,每个通孔周围有 4 根 Sbar,4 根 Sbar 组成正方形的 4 个角放置正方形 SRAF,准确位置需要优化。

(4) 如图 6.41(e)所示,随着周期继续增大但是仍然小于 4 倍的最小周期时,无法添加第三根 Sbar,但是可以在两个主图形通孔 45°对角线中心放置一个正方 SRAF(红色正方形 SRAF)。

(5) 如图 6.41(f)所示,当图形周期增加到 4 倍的最小周期之后,即从 400nm 周期开始,在两个通孔中心位置可以加入第三根 Sbar,即增加每个通孔的第二圈长方形 Sbar。其长度可以比每个通孔的第一圈 Sbar 略长[65],且每个通孔第二圈的 Sbar 组成的正方形的 4 个角位置也可以放置正方形 SRAF。例如,放置在 45°对角线的两侧(偏离角度 θ 为 10°～20°),图中只画出部分通孔第二圈的正方形 SRAF。

(6) 随着周期从 400nm 继续增加到靠近 500nm 时,第三根 Sbar 还是放置在两个通孔中心,兼顾增加两个主图形通孔的工艺窗口。除了共用中心的 Sbar,图 6.41(f)中两个主图形通孔会共用第二圈的正方形 SRAF。到了图 6.41(g)(标出部分 Sbar)中,因为周期足够大,被共用的正方形 SRAF 可以分成两个,因此每个通孔周围开始有其独享的第二圈正方形 SRAF。

(7) 如图 6.41(h)(标出部分 Sbar)所示,当周期继续增加到 500nm 时,可以添加第 4 根长方形 Sbar。每个通孔周围都有两圈亚分辨辅助图形。而且随着周期的继续增加,Sbar 到主图形的距离,Bar 到 Bar 的距离以及两圈中正方形 SRAF 的位置都需要被优化并固定。这就需要在测试掩模版上进行多个各种图形距离与两种 SRAF 尺寸的分组,以确定添加最佳的亚分辨辅助图形。

(8) 如图 6.41(i)所示,当周期进一步增加之后,通孔完全孤立。此时可以继续增加 SRAF 的圈数,图中只显示了三圈,对于光学邻近效应修正来说已经足够了,添加规则以及分组范围与前两圈类似。可以增加第三圈的正方形 SRAF 个数,例如增加到三个:两个通孔主图形 45°线上一个,以及线两侧各一个。

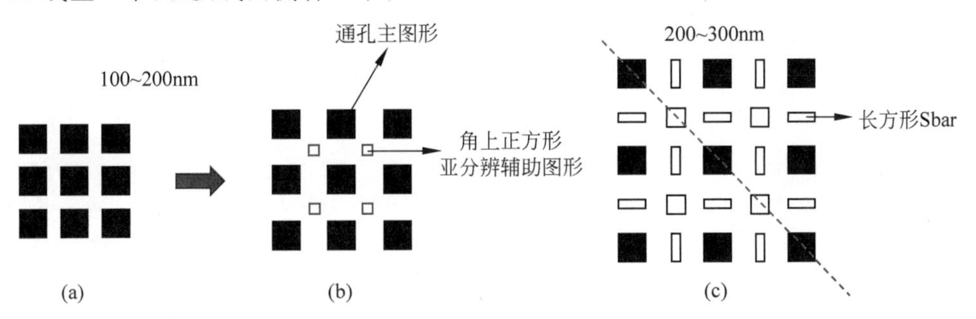

图 6.41 二维正方阵列通孔图形添加 SRAF 的基本规则示意图举例

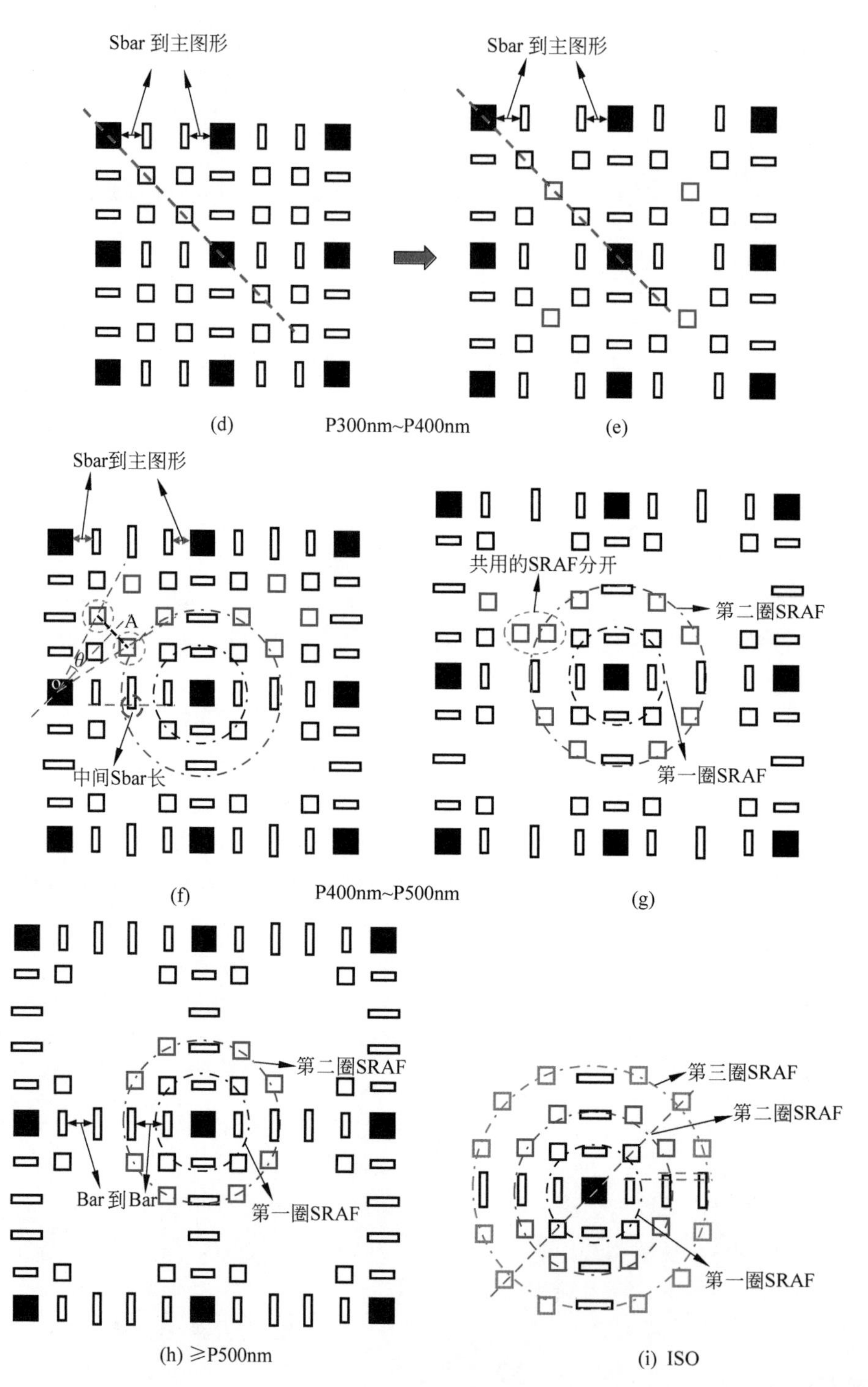

图 6.41 （续）

另外，长方形 Sbar 尺寸[长度(超出主图形或者内圈 Sbar 的范围)、宽度]、正方形 SRAF 尺寸(边长)，Sbar 到通孔主图形的距离以及 Bar 到 Bar 距离的分组一般可以设置如下。

(1) 对于长方形 Sbar 的尺寸(宽度)，可以设置在 10～40nm 的范围。

(2) 对于正方形 SRAF 的尺寸(边长)，一般可以大于长方形 Sbar 的尺寸(宽度)，可以设置在 15～50nm 的范围。

(3) 对于密集图形，Sbar 与通孔主图形的周期(图形中心到中心)一般是 100nm 左右，由于实际 OPC 修正程序中定义的是边到边的空间(Space)，因此分别扣掉主图形和 Sbar 图形尺寸的一半之后，Sbar 到主图形的距离分组可以设置在 50～80nm 的范围。

(4) Bar 到 Bar 之间的距离分组也可以设置在 50～80nm 的范围。

前面讨论了最小周期为 90nm 的一维沟槽和最小周期为 100nm 的二维通孔正方阵列图形添加 SRAF 的基本规则以及大概的分组范围，具体到每个节点的特定层次，则需要根据实际情况进行调整。将这些分组图形绘制到测试掩模版上，曝光到硅片上之后收集所有图形添加 Sbar 的分组数据，分析数据并找到最佳线宽、距离的分组组合，形成每个节点每个层次的 SRAF 添加规则。对于通孔层次中的短线图形、线条或者沟槽的线端-线端图形，掩模版中还会包含榔头(Hammer)(长度、宽度等)的分组实验。

5) 光学邻近效应修正的范围

前面提到，已经将设计规则的尺寸增大到了光刻的目标尺寸，在此基础上根据 SRAF 的添加规则对不同周期的图形添加合适的 SRAF，然后进行修正程序(Recipe)的编写，并完成最后的光学邻近效应修正。

进行光学邻近效应修正的版图格式一般是 GDS 或者 oasis 格式，一般统称版图文件为 GDS 文件。修正时需要将大面积的版图分割成小块(Clip)，这样服务器可以对多组版图的 Clip 并行处理。其中，Clip 范围的选择与光瞳的分割数目有关。接下来先讨论关联长度的概念，再讨论 Clip 范围的选择。

(1) 关联长度。

如第 2 章所述，对于一个点光源照明(相干光)，可以认为是平行光入射，则掩模版上(硅片上)的任何两点都具有相位关联。对于非相干照明条件来说，包含各个角度的平行光照射到掩模版上，则掩模版上具有相位关联的最远的两点之间的距离 h' 如下：

$$h' \approx \frac{0.61\langle\lambda_0\rangle}{n'\sin\alpha'} \tag{6.11}$$

这一公式来源于《光学原理》中圆形扩展光源照明下掩模版上两点相互作用的强度的表达式[66]，式中第一个零点对应的位置即为掩模版上两点最长的相干距离。其中，λ_0 为曝光波长，$n'\sin\alpha'$ 为掩模版方的数值孔径 $\mathrm{NA_m}$，我们知道在 $M:1$ 成像倍率下，硅片上的数值孔径 $\mathrm{NA}=M\times\mathrm{NA_m}$，193nm 水浸没式光刻机中 NA 为 1.35，因此，在非相干光源照明中，硅片上具有相位联系最远两点之间的距离 h 如下：

$$h = \frac{h'}{M} \approx= \frac{0.61\langle\lambda_0\rangle}{\mathrm{NA}} \approx 87\mathrm{nm} \tag{6.12}$$

综上，对于点光源(平行光)照明，硅片上两点之间的最长关联长度是无限大的，对于完全非相干的照明，硅片上两点之间的最长关联长度约为 87nm。实际光刻工艺中的照明条件为部分相干照明条件以及离轴照明，硅片上两点之间的最长关联长度 l 如式(6.13)所示，处于 87nm 与无限大之间。

$$l = \frac{h}{\sigma_{\mathrm{out}}} \approx= \frac{0.61\langle\lambda_0\rangle}{\mathrm{NA}\times\sigma_{\mathrm{out}}} \tag{6.13}$$

(2) 分割区域(Clip)范围。

由于准分子激光的强相干性，会导致散斑(照明不均匀)，还会导致线端图形的波动。因此，需要对光源进行去相干[67]。阿斯麦公司的 193nm 水浸没式光刻机中，通过使用 4096

(64×64)个微机电转镜来实现自由定义的照明光瞳,即光瞳被分割成64×64的阵列,分割后的每个小光源内部是相干的,相互之间没有相干性。则对于 X、Y 方向均有64个相干光源像素的光瞳来说,每个光瞳像素的数值孔径为总数值孔径的1/64,硅片上两点之间的最长关联长度为64倍的非相干照明下的关联长度,即 64×87nm≈5.6μm,这是假设光瞳上只有一个像素照明。有相位联系就意味着在5.6μm范围内的图形之间会相互影响,因此在OPC切割版图时,Clip大小不需要大于5.6μm,超出这个范围之后图形之间几乎没有相位联系,自然不需要考虑OPC之间的相互影响。先进技术节点中,OPC实际使用的Clip范围为2~3μm,这是因为实际照明中采用的是有一定光瞳填充率(Pupil Fill)的离轴照明,而非单像素(1/4096)照明,因此Clip范围比单个光源像素对应的关联长度要小得多。原则上,关联长度在微米级是源于化学杂散光(Chemical Flare)。在浸没式光刻下,化学杂散光的影响由于浸没水的流动可以忽略。所以,选择Clip的大小与上述原因无关。

另外,在计算空间像的时候,由于单个照明像素(1/4096)是相干光源,可以按照相干成像理论计算出每个像素的空间像光强;所有光源像素之间是非相干的,因此将所有像素中的空间像光强叠加,可以得到总的空间像光强,这种方法称为源于霍普金斯原理的相干系统的线性叠加(Sum of Coherent Systems,SOCS)。

那么,对于去相干的像素(独立光源),是否是越多越好呢?有些公司提倡使用几万个非相干光源,可能会存在以下问题。

(1) 大大增加了去相干的难度,若无法在几万个像素上去相干性,几万个像素之间不独立,则无法使用阿贝或者霍普金斯成像理论(光源内部相干,独立光源之间无相干性,单独计算独立光源的空间像,再相加)。

(2) 另外,光瞳分得越细,尽管还会稍微提高光瞳分布的精度。但是更多更小的像素会增加设备的控制难度与稳定性保持难度。

当然,若光瞳分割数目太少,会影响光瞳分布的精度,难以微调光学邻近效应。同时,太少的分割数目,照明光瞳的相干性太强,不仅会影响图形边缘的成像质量,还会影响OPC精度。目前来看,即使在先进技术节点中,ASML的4096个独立光源对于OPC精度也是足够的。

本章小结

本章着重讲解先进光刻研发过程中的主要工作内容,包括确定各关键光刻层次的设计规则、基本的光刻工艺模型;选择合适的光刻胶、抗反射层材料种类、厚度;完成各关键光刻层次的线宽均匀性、套刻以及焦深的分配;从而选择符合要求的掩模版种类、规格等。以密集图形和半密集图形为例,分别介绍彗差(Z7)和球差(Z9)对图形横向位置和图形焦深的影响;同时还通过仿真说明彗差对图形横向位置和对比度以及球差对某些周期焦深的影响。因此,曝光设备——光刻机镜头的各像差也需要在规格范围内,否则会明显降低光刻工艺窗口(套刻、对比度等)。本章以先进光刻工艺的研发为例,详细讲解其主要的工作流程和重要的时间节点。最后简要介绍了与光刻息息相关的光学邻近效应修正,包括OPC建模、亚分辨辅助图形的添加以及修正等基本过程。期望本章可以让初学者了解与光刻研发相关的基本工作内容。

参考文献

参考文献

第7章

光刻工艺试流片和流片简述

由第 6 章可知，在完成光刻工艺研发和第一层光刻层次版图的 OPC 修正之后，进入技术验证载具(Technology Qualification Vehicle,TQV)0.1 版工艺(包含光刻、薄膜生长、刻蚀、离子注入、炉管以及化学机械平坦化等)研发流程，历经约 9 个月之后可以预计实现 SRAM 成品率破零。后续 6～9 个月进行 TQV 0.5 版工艺研发，通过不断启动短流程(Short Loop,SL)和全流程(Full Loop,FL)的硅片批次，完善上述各工艺模块，进一步提高 SRAM 成品率水平、芯片成品率水平、器件性能、前段与后段的可靠性等关键性能参数。如果成品率及其他性能水平已经达到预定要求，可以转移到工厂与工厂一同继续优化工艺流程直至完成 TQV 1.0、投产、量产。

图 7.1 是某个技术节点从研发到量产的一般流程，包括非营利的研发过程：TQV 0.1 版、TQV 0.5 版和 TQV 1.0 版试流片；还包括通常需要收费的客户的多产品硅片(Multi Product Wafer,MPW)和新出版产品(New Tape Out,NTO)的流片(小批量生产)过程(MPW 与 NTO 具体见 7.2 节)，以及最终流片达到一定数量(大批量，如几万片)硅片之后的量产过程。若研发过程中 TQV 0.5 版的工艺流程非常成熟，SRAM 成品率水平、芯片成品率水平、器件性能以及前段与后段的可靠性等关键性能参数达到了流片的水平，有些客户也会直接将 MPW 或者 NTO 中的某些芯片提前放在 TQV 1.0 版中，提前生产这一技术节点的芯片，以抢占市场份额。本章主要简述量产之前，光刻工艺的试流片和流片过程。首先，介绍各部门、各工程师的分工(7.1 节)，以便快速、高效地分工合作完成整套工艺流程的研发和改进工作；其次，介绍流片产品的两种主要类型(7.2 节)；然后，从光刻工艺模块出发，介绍试流片的具体流程(7.3 节)，包括试流片的前期准备工作，硅片种类，硅片批次试跑流程，硅片和数据处理方法等；最后，介绍流片时硅片曝光和数据反馈流程(7.4 节)。

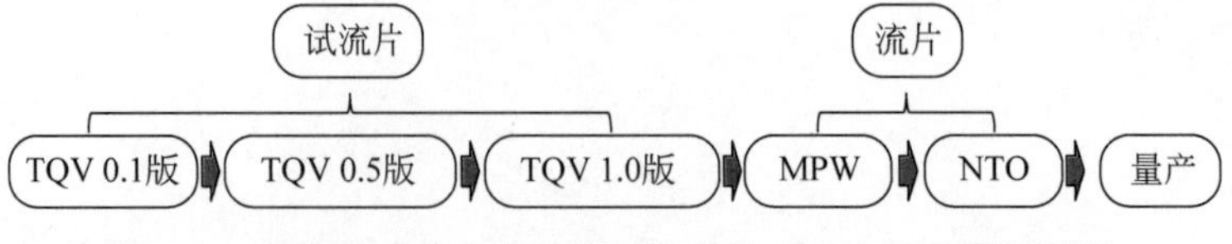

图 7.1　某个技术节点从研发到量产的一般流程示意图举例

7.1 简要介绍各部门、各工程师的分工

由第 3 章可知，整个芯片工艺流程中包含多个部门模块：薄膜（化学气相沉积（Chemical Vapor Deposition，CVD）和物理气相沉积（Physical Vapor Deposition，PVD）等）、光刻、刻蚀、离子注入、外延、化学机械平坦化等。由第 4 章与第 6 章可知，工艺研发还需要与光刻相关的光学邻近效应修正，图形检测（Metrology）以及电性测试等部门。其中，以上部门可以分为与图形（Patterning）技术相关的和与图形技术不相关的（Non-patterning），具体可见图 7.2。

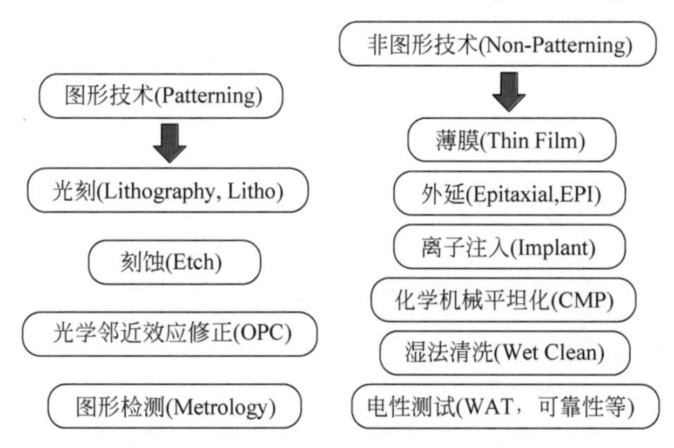

图 7.2 芯片工艺流程中的图形和非图形技术分类示意图

整个芯片工艺流程中会用到各种设备、材料，芯片工艺研发还会涉及各个模块、多个层次的工艺研发、日常性能维护、问题（Issue）解决等非常多的工作内容。因此需要职责分明的工程师（包括工程师助理）各司其职，高效地维持整个代工厂的运转。例如，对于研发（Technology Development，TD）或者生产部门来说，会包含工艺集成工程师（Process Integration Engineer，PIE）、各个模块的工艺工程师（Process Engineer，PE）和设备工程师（Equipment Engineer，EE）、成品率提升（Yield Enhancement，YE）工程师；制造部（ManuFacturinG，MFG）中也会有对应模块的生产技术助理（Manufacturing Assistant，MA），还有很多其他未列出的工程师（包括工程师助理）类别。本节针对这几种工程师（包括工程师助理），简述他们各自的职责。

（1）工艺集成工程师（PIE）：一般也会根据芯片的工艺流程分为前段、中段、后段的 PIE，主要负责建立芯片制造的工艺流程（Flow）及提供工艺研发相关资料（测量线宽、套刻的曝光场选择，硅片上不同曝光场的曝光条件（曝光 Map）等）；作为批次的所有者（Lot Owner），与工艺工程师合作，设计一些工艺实验，最终得到更加稳定的工艺并实现成品率的提升；为工艺工程师提供必要的支持，例如，申请试流片（实验）硅片，申请实验时间等。

（2）光刻工艺工程师（PE）：每个模块都有各自的工艺工程师，通常也分为前、中、后段 PE。对于光刻工艺工程师来说，主要负责新工艺流程中程序的建立、最佳光刻工艺条件（涂胶、曝光（选择合适光刻材料）、显影等）的确定；处理线上产品的异常情况；与其他部门合作解决工艺问题（如与 OPC 部门、YE 部门合作解决缺陷问题等）；配合 PIE 优化光刻工艺流程，以提升产品成品率。其他模块 PE 也需要建立与优化相关工艺及其操作程序，解决异常情况，改善工艺窗口，为提升产品成品率做贡献。PE 不仅需要满足 PIE 提出的工艺规格要求，还不能因为借机研发工艺而过多影响制造部的生产量（如长时间暂停批次不处理）。

(3) 设备工程师(EE)：不同模块的不同设备都有相应的EE负责，EE需要对新设备进行评估、安装与调试，对已有设备进行日常维护、解决异常问题、定期检查(季度、半年、年检)，以保证所有设备安全、可靠地运行，充分提高设备的利用率。

(4) 成品率提升(YE)工程师：负责建立与优化缺陷检测设备的程序，筛选缺陷、追溯缺陷产生的原因并提出降低缺陷、提升成品率的方法等工作。

(5) 制造部的生产技术助理(MA)：负责分片、手动辙入、辙出(7.2节)，根据批次等级安排硅片批次完成各工艺步骤(排货)。制造部负责整个工厂的实际生产工作，因此对生产量有较高要求。MA的部分工作内容举例如下：监测某些机器是否正常运行，对某些机器(如测量机器)进行日常测机(Monitor)，若有问题及时反馈给设备工程师；设备工程师进行必要的检查时，也需要通知制造部，以便更好地优化排货方案；制造部还需要严格把控某些做实验工程师的借机(各种设备)时间，以防耽误生产进度等。

7.2 流片的产品类型

由前所述，某个技术节点会经历研发试流片(TQV 0.1版、TQV 0.5版、TQV 1.0版)、流片与量产几个主要阶段。通常来说，流片阶段包含两种产品类型：多产品硅片(Multi Product Wafer，MPW)和新出版产品(New Tape Out，NTO)，一般是需要向客户收费的。

在193nm水浸没式光刻机可以实现的先进技术节点中(7～14nm)，芯片制作工艺中包含几十上百道光刻工艺。其中，1/3～1/2的光刻层次需要193nm水浸没式光刻工艺来实现，尤其是中后段金属和通孔层次更是需要多次曝光(193nm水浸没式)-刻蚀工艺，这又增加了主图形掩模版以及剪切掩模版的数目。随着技术节点的发展，对掩模版的级别和性能规格(如线宽均匀性、图形放置误差等)要求越来越高，掩模版的制作成本也随之增加。到了7nm技术节点，一块193nm水浸没式光掩模版需要花费10～15万美元(外包的价格)。对于同一技术节点的芯片，若针对每个客户的芯片都设计一套光掩模版，并单独进行流片，这会加大客户在光刻设备、材料以及各工艺模块中涉及的设备和材料的消耗，大大增加流片的成本。同时，代工厂中可能也没有足够的研发人员支持多个客户的独立流片，因此提出了MPW的产品概念。MPW是指在一块掩模版上包含多家客户同一技术节点、相同工艺的芯片产品或者同一家客户、相同技术节点中不同功能的芯片产品。这样一来，所有客户的芯片或者同一客户多个产品的芯片都可以使用同一套光掩模版。多家客户在同一个MPW产品中完成多种芯片的验证，可以大大节省流片时间并分摊成本(人力、物力)。

如图7.3(a)所示，一块掩模版中包含多个芯片(Chip或者Die)，由于芯片来自不同的客户(或者同一客户不同种类芯片)，因此芯片大小会有差异。在流片过程中，若是有一些重要客户的重要芯片，则需要额外关注其附近的套刻、线宽、焦距、调平精度以及缺陷等关系到成品率、器件性能和可靠性的多种性能指标。芯片和芯片之间是切割道(Scribe Line)，一般宽度为50～100μm，可以放置一些记号(套刻、对准等)和特殊图形(监测线宽的图形，WAT测试图形等)。MPW流片的过程就是迭代的过程，利用多个实验的硅片批次(SL，FL)，获取各家公司芯片(同一客户各个芯片)的各项性能指标，继续优化各模块工艺流程，以获取最佳的晶体管性能、可靠性、最高的SRAM成品率，芯片成品率以及最少的缺陷率。

通常来说，通过MPW产品的迭代优化之后，得到最优的工艺流程和最佳的、满足客户需求的性能指标之后，客户会下单、小批量生产(流片)某种芯片，此时的产品称为NTO(有些批量大的客户不需要分摊成本，即不需要经过MPW，直接NTO）。图7.3(b)是一种NTO产品掩模版中同种芯片排布举例。有时，NTO产品中还会包含客户希望生产的其他尺寸和功能的芯片。当流片的硅片达到一定数量之后，产品开始量产过程。量产时，通过大量生产芯片来分摊成本。一般来说，在NTO流片过程中，还可能会继续优化工艺，不过都是微调。

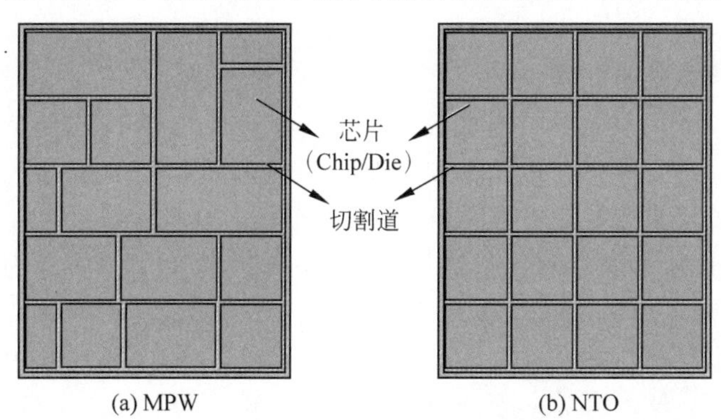

图7.3　流片过程中两种掩模版的芯片排布示意图举例

无论是研发的试流片还是流片过程，都有一个试跑(pilot run，pirun)[1]的概念。通过试跑找出一些潜在的问题，通过多次迭代不断完善各模块工艺。实际工作中，除了研发试流片、新产品流片过程需要试跑，若光刻工艺中引入新的掩模版，或者更改了曝光程序、轨道机程序，又或者若一种产品长时间(两周)有一个新的批次，都需要重新确定最佳工艺条件，因此这些情况也都需要进行pirun。在量产阶段，由于各工艺模块都固化(工艺、设备、材料等)，硅片批次也较多，一般不会出现需要pirun的情况。

7.3　试流片和流片的具体过程

由第1章可知，制造执行系统(Manufacturing Execution System，MES)中可以查到每个硅片批次的信息，包括所属的产品，所处的状态(正常(Active)、暂停(Hold)[2]、暂存(Bank)、销毁(terminate)等)；硅片批次编号(Lot ID)；硅片批次的所有者(Lot Owner)；硅片批次需要经过的详细工艺流程，流程中每个工艺步骤需要的机台、程序、步骤描述、步骤编号，这一批次所处的硅片盒编号(FOUP ID)等。此外，还可以在MES中查到批次运行的历史步骤、具体时间等信息。

硅片盒(FOUP)放置到机台的接口(Port)上被机台识别后，硅片盒被拉向机台以便硅片被传送到机台的动作称为辙入(Track In)，完成对硅片的处理后需要将硅片从机台中退出的动作称为辙出(Track Out)。辙出后，在完成各工艺期间被锁在机台端的硅片盒解锁，可以从机台端拿开，方便下一个硅片盒辙入。

7.3.1　芯片制造工艺流程与硅片批次的部分处理方法

在介绍试流片和流片的具体过程之前，首先简单介绍硅片批次的一些简单且常用的处理方法。

(1) 当硅片批次(Lot)碰到一些问题时会被暂停[3]在某个站点，无法正常完成当前和后续的工艺流程，通常称这样的批次被暂停(Hold)了。第8章中会有硅片批次被暂停的一些常见原因，例如，线宽、套刻超出规格范围，需要等光掩模版进厂，等试跑(priun)的结果，或者机台宕机无法过货等。

(2) 除了碰到问题的被动暂停外,还会因为一些实验需要,硅片批次被工程师主动、提前在某些还未到达的站点设置一个暂停信息(Comment)。当硅片批次到达这一站点之后,会被停住,由于这个暂停信息是在还未到达的站点提前设置的,因此称为未来暂停(Future Hold)[1-2]命令。

而设置未来暂停命令还可以分为:设置在站点之前和站点之后。一般来说,设置在站点之前的称为 Future Hold,设置在站点之后的称为后未来暂停(Post Future Hold)命令。接下来,以光刻工艺模块为例,说明在什么情况下设置哪种未来暂停命令更合适,图 7.4 是 MES 中一段包含光刻工艺模块在内的工艺流程举例。

① 当还未建立套刻和线宽的测量程序时,需要在套刻(OVL)站点前设置 Future Hold(站前),硅片批次完成主机台(涂胶、曝光、显影等)程序之后,会在套刻站点前被暂停(Hold)。当套刻、线宽的测量程序建立完毕,需要将硅片批次释放(Lot Release)。释放后,批次状态由暂停变为正常状态(Active),批次可以正常进行后续的测量步骤。

② 当工程师需要重点关注某些批次的套刻和线宽时,一般在套刻、线宽都测量完毕之后统一检查,以尽量节省时间。此时,需要在 CDSEM 站点(或者最后一项测量站点)设置 Post Future Hold。当硅片批次完成线宽测量之后,会被暂停。

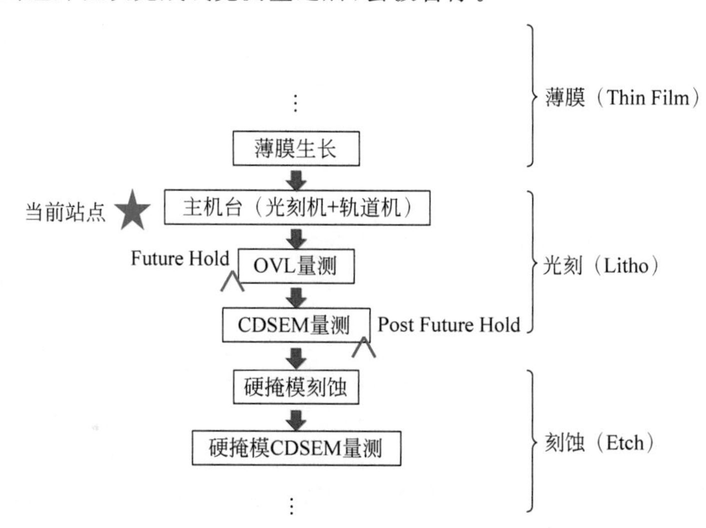

图 7.4 MES 中一段工艺流程举例以及未来暂停命令设置方法示意图举例

由于设置暂停时需要选择暂停给具体部门的具体模块(如研发部门光刻模块),对应的工程师就可以及时检查套刻和线宽。此时,硅片批次没有完成辙出操作,而这一操作一般只能交给制造部的相应模块完成,因此需要工程师在完成数据检查后,将暂停的控制转移给相应部门(如制造部光刻),并说明需要他们先将硅片批次手动辙出(Manual Track Out)。此类暂停转移的信息如下:“Please manual track out and hold to TD litho”。也就是说,对方辙出之后要继续将暂停转移回来,硅片批次的释放一般都需要对应模块的研发/生产工程师自行完成,防止造成错误释放。

综上,相应部门(研发/生产)对应的模块(如薄膜、光刻、刻蚀、离子注入、CMP 等)都会处理各自产品的、处于各自模块工艺的暂停的硅片批次。一般来说,当硅片批次出现问题暂停时,暂停的对象是制造部的相应模块,因此需要制造部的工程师将问题硅片批次的暂停的控制转移给对应部门的模块进行处理。而类似分批,手动辙入、辙出,跳过量测站点等操作都需要制造部相应的模块来处理。

7.3.2 简述试流片和流片的准备工作

在硅片曝光过程中,需要用到掩模版。如6.8节所述,OPC部门将各个层次的版图修正完之后,传给掩模厂(Mask Shop);同时光刻部门提供掩模版线宽测量文件,其中包含需要测量的图形类型、坐标以及规格等信息,以供后续检查掩模版是否符合要求使用。每个层次的掩模版在掩模厂经过线宽、图形放置误差以及缺陷等检测合格之后,会被输送到工厂(Fab),这一过程称为出版(Tape Out)。

在试流片和流片过程中,会有每块掩模版出版的计划表(Schedule),各模块工程师(尤其光刻工程师)需要根据计划表提前做好准备,以便掩模版入厂(Fab In)之后可以尽快开始曝光,提高整体的流片效率。以光刻模块为例,需要光刻工程师提前准备的部分内容如下。

(1) 曝光所用的硅片,例如,薄膜部门需要提前生长所需的膜层,光刻工程师需要确保硅片到站,具体使用哪个批次的硅片由PIE提前做好规划。

(2) 硅片试跑计划表,例如,前中后段各层次分别使用哪个批次的哪些硅片进行哪种试跑,试跑的内容一般包含焦距-能量矩阵(Focus Energy Matrix,FEM)确定最佳曝光能量和焦距;中后段图形类型较为复杂,有时还需要在硅片上确认OPC仿真得到光刻的规则检查(Lithography Rule Check,LRC)中(如6.7.1节所述)某些图形的工艺窗口(光刻、刻蚀等);工艺窗口验证(Process Window Qualification,PWQ)[4]刻蚀后的工艺窗口;生成套刻补值(两个工件台)等。这个计划表一般由对应段(前、中、后)的PIE提供,各模块工程师需要熟知,并做好硅片到站的各项准备。

(3) 拿到每个层次建立各种程序的手册(Handbook)。

(4) 所有光刻工艺步骤中涉及的程序:光刻机曝光程序(Scanner Job),轨道机程序(Track Recipe),测量套刻预程序(OVL Pre-recipe),测量线宽预程序(CDSEM Pre-recipe)。预程序是指可以提前将线宽和套刻图形的坐标位置计算好,复制上一节点或者同一节点其他产品、类似光刻层次的程序作为新产品的预程序,提前将坐标信息以及其他测量参数输入其中。当硅片到站后,利用实际硅片微调程序(Fine Tune Recipe),就可以得到可以正常测量的程序。

(5) 还需要在APC系统中添加能量、焦距以及套刻补值等条目信息。

(6) 在产品流片(试流片)的最初阶段,每道工艺流程都需要试跑。光刻工艺试跑期间,一般只用几片硅片确定条件,剩下的硅片需要暂停等待结果,这就需要提前申请工程时间。即使没有正在等待结果的硅片,试跑的硅片可能也需要暂停一段时间以便收集数据,因此也需要申请工程时间。工程师需要确认试跑所需要时间,并向PIE提出申请,并统一添加。工程师需要在工程时间范围内完成所有实验内容,并释放需要进行后续工艺流程的硅片。

综上所述,光刻工程师在试跑之前需要提前准备的内容包括:硅片,各个流程中的程序,甚至是主程序中包含的各子程序,APC中保证硅片批次可以顺利流片不被暂停的各项条目(第8章会有因为APC中缺少部分条目引起的批次暂停举例)以及申请工程时间等。

如前所述,在一个新的技术节点开始试流片或者新产品流片时,每道工艺流程都需要试跑。一般来说,为了提高流片效率,前段和中后段会同时进行试跑。由于前段硅片到达中后段需要一定的时间,因此中后段可以先使用短流程硅片试跑,全流程硅片到达之后,可以用较少的时间进行再次确认。前面提到,光刻工艺试跑包含的内容主要有:通过FEM硅片确定最佳能量和焦距,有些光刻层次还需要检查薄弱点(Weak Point)的工艺窗口;通过PWQ进行刻蚀后的工艺窗口验证;微调测量线宽和套刻的程序,并获取套刻补值(一般FL硅片获得的套刻补值更准确),使得硅片的套刻在规格范围内等。另外,通过FEM硅片确定好最佳能量和焦距之后,一般会用此能量和焦距(单一条件)进行硅片曝光,再次确认线宽是否达到目标值(Target),有时需要微调能量。

7.3.3 硅片的种类

一般来说,新产品试跑时,其硅片批次的等级会比较高,这样一来,硅片到站后会被优先安排完成工艺流程。即使等级比较高,一道完整的流程(包含光刻、刻蚀(Etch)、离子注入或者薄膜沉积以及CMP等)也需要24~36h才能完成。由第3章可知,前段包含很多与器件相关的、较为复杂的工艺流程,例如,鳍(Fin)层次及其剪切层,栅极层次及其剪切层,各种离子注入层,锗硅(SiGe)外延以及磷硅(SiP)外延生长层,栅氧和金属栅层次等。因此,前段的硅片流片到中后段可能需要至少一个月的时间。

如7.3.2节所述,为了提高流片效率,前段和中后段会同时进行试跑。因此,在pirun过程中会使用到两种硅片:一种是从流程的第一步一直到流程最后一步的硅片,称为全流程(Full Loop,FL)硅片;另外一种是短流程(Short Loop,SL)硅片,可以是从中后段开始到流程最后一步的硅片或者根据实验需要,只包含整个工艺流程一部分的硅片。对于中后段层次来说,需要提前试跑,建立主机台以及测量等相关程序,通过FEM硅片获得曝光能量、焦距、薄弱点的工艺窗口以及套刻补值等性能参数,这些工作都可以提前在SL硅片上完成。另外,SL硅片的第一层光刻工艺之前,一般也会包含一些必要的薄膜层次。等到FL硅片到达中后段站点之后,所有光刻工艺涉及的程序都已经建立,最多只需要进行微调。为了确保工艺条件的可靠性,只需要再用更少的时间、在FL硅片上确认套刻补值和曝光能量、焦距等内容即可。注意,套刻补值与前层环境息息相关,一般来说,用SL硅片得到的套刻补值不一定是准确的,不过用SL先得到的套刻补值一般可能使得FL硅片的套刻精度接近满足要求,某些情况下可能无须返工以节省时间。硅片批次的处理方式并非一成不变的,本章只讲述一般处理方式,让初学者有个初步的概念。实际试流片/流片过程中,硅片批次具体处理方式可以根据实际情况进行调整。但是,处理硅片批次之前,务必跟所有者确认这个批次的作用以及对这个批次各种性能规格的要求,防止错误释放造成废片。

7.3.4 光刻工艺模块的具体工作内容举例

每个试流片或者流片的产品都会有对应的产品编号,每个不同的代工厂对每道光刻层次也会有对应的编号。另外,每个批次也有编号,每个批次中的硅片也会有编号。光刻模块中每个光刻层次都有对应的层次所有者(Layer Owner),用来处理试跑过程中的各种问题。针对某个硅片批次,会有对应的批次所有者,以便出现问题时,模块工程师可以及时联系批次所有者进行沟通。本节以后段第一道金属层次的试跑为例,讲述与试流片/流片相关的基本内容。

1. 硅片批次处理方式

1) 等待掩模版入厂

假设产品名称为AABB,第一道金属层次的编号为100,对应的掩模版编号设为

AABB00100A，其中，A 代表第一版掩模版。若由于某些原因(光刻材料、制作掩模版机器更换等)需要重新出版掩模版，最后的字母可依次改成 B,C,D,…。

如前所述，PIE 需要提前通知工艺工程师试跑所需的硅片批次。当短流程硅片经过必要的前层工艺到达当前(第一层金属 M_1：100 层次)站点之后，掩模版若还没有入厂(Fab In)，就需要暂停这一批次的硅片等待掩模版进厂。一个批次不能无缘无故暂停而不做任何处理，因此暂停的信息需要明确暂停人工号、暂停原因以及暂停时间等信息，例如“2023/07/19：(工号) Wait for mask AABB00100A fab in”。此处需要注意，暂停批次等待掩模版的对象需要选择自己所在的部门和模块，这样这个暂停批次就会显示在自己模块所在的列表中。

2) 试跑之前进行分片

一般来说，若一个批次的硅片较多，需要从批次中分出至少两片(对应两个工件台)作为子批，其余硅片作为母批。如前所述，分片操作的执行者是制造部，因此需要 TD 光刻工艺工程师将暂停转移给制造部的光刻部门。假设硅片批次是满批(25 片硅片)，批次编号为 PC2023，将第 1 片(#01)和第 24 片(#24)硅片(无论是否满批，只要分出来的子批中包含两个工件台的硅片，供两个工件台试跑套刻(pirun OVL)即可)分出来作为子批，其他作为母批，分好之后将暂停转回给 TD 光刻，具体信息如下：“Please split wafers #01,#24 as child lot,others as mother lot,split OK,please hold to TD litho”。制造部分好之后会将暂停的控制转移回 TD 光刻。若转移到其他部门(如工厂)，因为 TD 没有权限处理这个暂停，只能联系相应部门(模块)的值班工程师，将暂停的控制转回给 TD 光刻。

若这个批次是第一次被分出子批，子批批次编号就是 PC2023.01；若这个批次曾被多次分出子批，即使后来已经合并，为了防止混淆，后续再分出的子批会在上一个子批(即使已合并)的基础上，增加编号数字作为新的子批编号。一般来说，子批用于试跑，母批暂停等待结果再决定是否释放，因此 TD litho 工程师(试跑的工程师)需要将母批的暂停信息改为“2023/07/20：(工号)wait child lot PC2023.01 pirun results”。这样一来，负责催促硅片流程、提高流片效率的部门就不会因为母批无故暂停而不停催促工程师处理(无工程时间除外)。通过从母批中分出几片硅片进行试跑的方式，可以避免整批返工对衬底造成不必要的氧化，增加缺陷产生的概率。

2. 光刻模块非常规流片方式

试流片/流片过程中，有的硅片可以按照正常流程中的程序完成各个工艺步骤，可以认为是常规流片方式。例如，对于光刻的常规流片，经过主机台时，曝光程序中整个硅片上使用同一个曝光能量和焦距；经过测量线宽步骤时，选用正常流程中的线上(Inline)程序进行某些选定曝光场的线宽测量等。

但是在某些情况下，不能使用正常流程中的程序，例如，初始确定曝光条件(能量、焦距)的 FEM 硅片上、在验证光刻工艺窗口的 PWQ 硅片上或者在后续 OPC 建模的硅片上每个曝光场的条件(曝光场 Map)都有所区别；后续 FEM 硅片测量线宽的 CDSEM 程序中曝光场的选择也与线上(Inline)程序有所不同等。这几种情况可以认为是非常规流片方式，需要(批次)拆分跑货卡(Split Run Card,SRC)[3,5]来完成相应的工艺流程。

对于 7.3.4 节所述的试跑子批 PC2023.01，需要经过 FEM 曝光程序(轨道-曝光一体机中，曝光程序和轨道机程序在一个步骤里实现)，测量套刻程序以及测量线宽程序。一般来说，这些步骤都需要在 SRC 中完成，本节以最简单的处理方式说明批次如何经过 SRC 完成图形的形成以及线宽和套刻的测量等工艺流程。如图 7.4 所述，流程中一般的顺序是主机台(光刻机＋轨道机)，测量套刻，测量线宽，因此在SRC中最好也按照流程里的顺序。设置好SRC中内容并提交后，需要经过多级审批才从正常流程进入SRC中设置的非常规实验流程中。通过SRC完成非常规的光刻工艺流程时，处理批次的光刻层次所有者(Layer Owner)需要注意以下几点。

(1) 在主机台这一步中，需要注意光刻APC类型的选择，是否调用APC系统中的套刻补值(前层的总套刻补值以及当层可被反馈更新的套刻补值等)信息，是否将测量得到的套刻补值反馈到APC系统中。一般来说，FEM硅片同时还肩负着pirun套刻的责任，所以此处应该选yes：yes。若此处不想选择调用APC中的补值信息，可以将总套刻补值(当层)手动计算之后输入到SRC页面中。实际工作中，可根据需求进行合适的选择。

(2) SRC结束之后可以按照流程继续后续的工艺，也可以暂停在某个站点前方。无论是哪种选择，都需要在SRC中输入SRC结束之后需要将批次移动到的站点编号。

① 若批次纯粹是分批过某些站点，则SRC结束之后需要选择"按照流程(MES中)继续后续工艺"，SRC出站的站点需要在正常MES流程中、SRC中最后一步流程的下一个站点，或者在根据需要跳过某些不重要的站点之后的新站点，需要避免出现硅片批次重复完成同一个工艺步骤的情况。

② 对于"需要暂停在某个站点"的选择，暂停的信息要写清楚硅片批次的作用和暂停的时间等基本信息。一般来说，SRC出站的位置一定不能是光刻机对应的主机台站点，以防批次被错误释放，导致二次涂胶、曝光等工艺的误操作(Miss Operation，MO)。假如真的不小心暂停在主机台之前，经过SRC之后的硅片批次又需要完成后续的工艺流程，就需要联系相应的人员进行跳站。一般来说，尽量按照标准操作流程(Standard Operation Procedure，SOP)完成各项工作，不要做可能增加工作复杂性和风险性的事情。

因此，SRC出站的站点一般是测量套刻或者线宽的站点，即使硅片需要继续完成后续的流程，多测量一次不会对光刻胶有损伤的套刻也没有关系。但是CDSEM站点最好不要重复测量，因为电子显微镜会不断损耗光刻胶，造成沟槽线宽越来越大，或者线条线宽越来越小。这种在正常流程中二次测量的数据一般都偏离目标值较远，会进入线宽的统计工艺控制图表(Statistical Process Chart，SPC)中，混淆工艺的稳定性。若需要跳过测量站点，则需要制造部的相应部门来操作，暂停转移的跳站信息举例："Please skip the CDSEM step and hold to TD litho"。为了防止某些情况下制造部错误释放批次，可以将暂停转移给TD，由层次所有者(Layer Owner)释放。

(3) 如前所述，当SRC结束之后，若需要暂停硅片批次进行数据的整理和分析。待数据分析完毕，再决定如何处理试跑的子批和等待的母批时，一定要详细写明暂停的信息，例如："2023/07/20：(工号)FEM pirun wafer，waiting check FEM data"。

(4) 如果硅片批次在非工作时间到站，则需要层次所有者详细写明交接(Passdown)内容，包括需要分批的试跑硅片、母批处理方式(是否等待试跑结果)、SRC的模板、各步骤使用的程序、SRC完成各工艺之后如何处理母批和子批、其他各种需要注意的事项等。

同时，需要在即将到达的光刻层次的光刻机站点前设好未来暂停(Future Hold)命令，防止批次按照常规流程完成工艺流程。这个Future Hold的对象可以是TD Litho，这就需要值班人员再转给制造部按照交接分片。因此，最好是在设置Future Hold时，直接设给制造部(光刻)，分片完成后母批子批全都转给TD Litho，供后续pirun处理。值班工程师根据SRC模板将pirun的子批开SRC，完成光刻胶图形的形成和数据的收集。

还有一种情况，若硅片批次只有两片供试跑的硅片，那么在掩模版到位的情况下，层次所有者可以直接提前生成 SRC。提交 SRC 之后,会在 SRC 进站的站点前生成一个未来暂停命令,当批次到达这一站点之后,直接进入 SRC 非常规流程(前提是多级审批完成)。

综上所述,交接对于晚班和周末值班的工程师来说是非常重要的,这可以让值班工程师知道硅片批次的来龙去脉,提高处理暂停批次的效率,从而提高生产量。

3. 线上测量程序与 SRC 中测量程序的区别

1) 测量套刻的程序

如 6.5.2 节所述,掩模版中会放置 20 多组套刻记号,以便在需要补偿高阶套刻时收集足够的数据。一般来说,对于正常的套刻试跑,可以直接使用 MES 中线上(Inline)的常规 OVL 程序,这一程序一般只用于常规线性 10 参数的补偿。需要选择合适的曝光场内套刻记号数目和曝光场数目。

(1) 由于线上的程序需要兼顾补值的准确性与测量效率(记号太多,测量太慢),因此一个曝光场内需要选择合适数目的套刻记号,如图 7.5(a)所示,以 5 个套刻记号为例,包含处于掩模版两侧的 4 个记号和处于掩模版中间的一个记号,以尽量兼顾整个曝光场内的所有芯片的套刻。

(2) 另外,还需要获取整个硅片范围内的线性套刻补值,因此需要选择合适数量的曝光场,如图 7.5(b)所示,以 9 个曝光场为例。

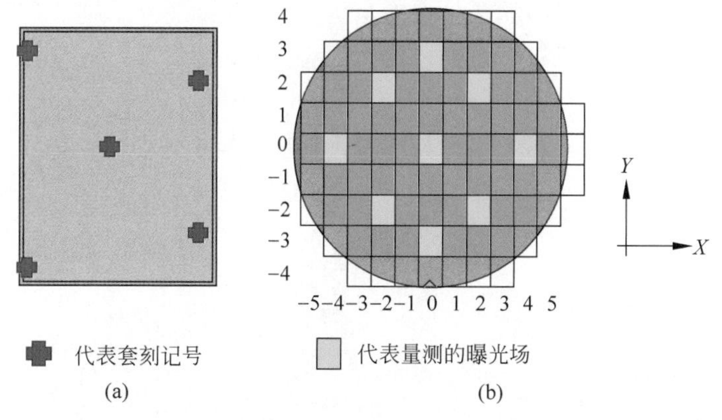

图 7.5　线上(Inline)常规套刻程序中记号的选择:(a) 曝光场内套刻记号的选择及一般分布;(b) 硅片内曝光场的选择(测量套刻的 Map)

实际生产中需要选择多少曝光场,每个曝光场内有多少套刻记号,与技术节点、光刻机以及对套刻精度的要求等因素都有关系。一般来说,记号要在曝光场内均匀分布,曝光场要在硅片上均匀分布。由于两个工件台的套刻差异明显,尤其是随着技术节点的不断缩小,套刻精度规格也在不断缩小。通过固定工件台(Dedicated Chuck)的方式,可以尽量将每个工件台上曝光的硅片套刻精度控制在更小的范围。固定工件台意味着,一个硅片从进入芯片流程之后,需要在一台光刻机的某个工件台上完成所有光刻层次,而不能混跑到另一个工件台上。试跑的两片硅片,分别在工件台 1(Chuck1)和工件台 2(Chuck2)上完成曝光,因此需要测量两片硅片的套刻以获得两个工件台的套刻补值。若每个工件台试跑的硅片有多片,可以对每个工件台的多片套刻补值取平均,再反馈。由第 6 章可知,若需要建立 Gridmapper 子程序以补偿高阶套刻,测量套刻的程序就不是 MES 中常规的程序,需要在每个曝光场选择 20 多个套刻记号,并且进行全硅片的套刻测量。

2) 测量线宽的程序

对于测量线宽来说,由于两个工件台的能量差异极小,不像套刻一样需要区分工件台。因此，试跑时只需要测量其中一片硅片的线宽。对于套刻来说，线上程序和高阶补偿程序的区别只是选择的曝光场和曝光场内记号个数的不同，套刻记号种类在某一节点的、某一光刻层次中只有一种。对于线宽来说，线上常规和试跑的非常规所用的程序，还有图形种类的区别。

(1) 在线上常规程序中，CDSEM 包含的图形一般有切割道内的测试图形(Test Key)：密集的锚点、半密集图形以及孤立图形。

(2) 在 FEM 硅片所用的非常规程序中，除了上述确定能量的锚点图形和确定初始焦距的半密集、孤立图形之外，还可能包含 OPC 仿真得到 LRC 中某些可能的薄弱点图形(芯片内)，这些图形的个数从十几个到几十个不等。

当然，如果无法确定初始的最佳曝光能量，可以将两片硅片设成不同的中心曝光能量(甚至焦距)，防止一片 FEM 的条件设偏了无法看到工艺窗口的全貌。这样一来，两片(或者几片)硅片都需要测量 CDSEM。

由于是 FEM 硅片，因此所有图形(测试图形＋某些 LRC 图形)都需要进行全硅片或者大多数曝光场的测量。一种测量 FEM 硅片线宽时曝光场的选择(测量 Map)如图 7.6(a)所示，以全硅片测量为例；一种线上常规测量 Map 如图 7.6(b)所示，其中，(0,0)曝光场的能量和焦距即为 SRC 中设置的能量和焦距，具体可见 7.3.5 节。其中，FEM 硅片的线宽测量 Map 也包含某些大部分在硅片内的曝光场，具体选择全硅片测量还是主要的几列(如 5 列)对应不同能量的曝光场测量，可以根据实际工艺窗口进行调整，以尽量节省测量时间。而线上(Inline)常规线宽程序中的图形一般只包含切割道中的锚点密集图形——确定能量是否偏移，半密集以及孤立图形——确定焦距是否偏移。另外，为了保证测控的全面性，选定的测量曝光场需要在硅片上分布均匀，为了提高整个 MES 流程的工作效率同时保证线宽的可靠性，曝光场个数从 9 个到十几个不等，图 7.6(b)中以 9 个为例。

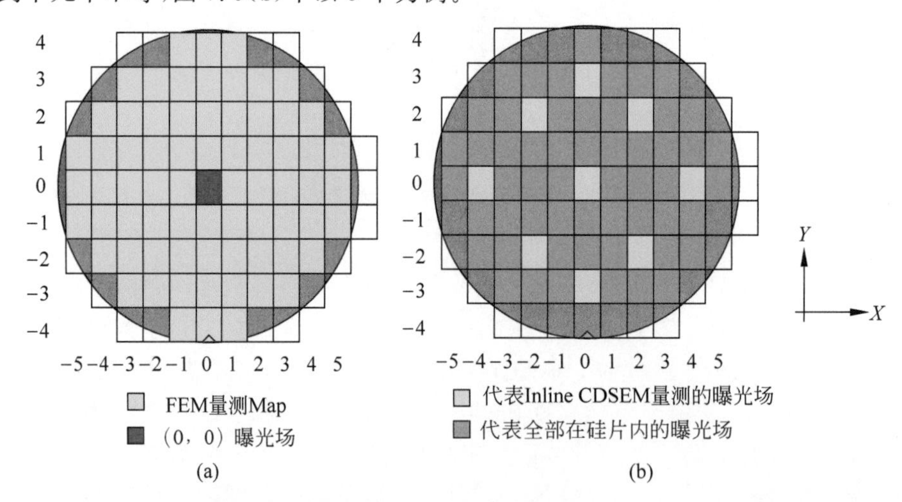

图 7.6 (a) 一种 FEM 硅片测量线宽的 Map；(b) 一种线上硅片测量线宽的 Map

7.3.5 批次试跑的一般流程

1. 后段金属层次短流程硅片非常规试跑的一般流程

前面介绍了试跑之前需要做的一些准备工作，本节简单介绍光刻工艺模块中后段金属层次短流程硅片批次非常规试跑的一般流程。如图 7.7 所示，这是一个新产品、新批次试跑的一般流程举例，具体内容如下。

(1) 根据试跑计划,如7.3.4节所示,需要提前在母批(PC2023)的待试跑主机台站点前设置未来暂停(Future Hold)命令,将用于试跑FEM(LRC)以及套刻的硅片#01,#24分为第一个子批(如PC2023.01),将用于试跑PWQ的硅片#02分为第二个子批(如PC2023.02)。其中,剩下的母批和PWQ硅片子批需要暂停等待子批PC2023.01的试跑结果。由于PWQ硅片需要花费较长进行拍照和后续的检查(Review)工作,因此母批一般不要等待PWQ结果,只需要在PWQ的公共焦深结果出来以后,对曝光焦距进行微调即可。值得注意的是,由于中后段的金属布线较为复杂,因此中后段经常会做LRC和PWQ的检查来确定工艺窗口和曝光条件。

(2) 由于是非常规试跑,所以需要通过SRC完成以下内容:①硅片#01,#24的FEM曝光;②使用FEM量测Map完成线宽数据的测量(可能包含部分LRC图形);③使用线上常规套刻程序完成套刻数据的测量(生成Gridmapper子程序时的套刻的测量可见6.5.2节)。

(3) 根据FEM结果得到曝光的最佳能量和焦距并手动更新到APC系统中,根据套刻数据获得补值并确定已经自动更新到APC系统中,若没有自动更新,则手动更新。

(4) 很多时候,尤其是对于SL的试跑硅片,一般会留给工程师供后续收集数据或者做一些测试使用。因此,当pirun完成,能量、焦距以及套刻补值都更新完毕之后,可以释放母批PC2023继续后续的工艺流程,第一个试跑子批(PC2023.01)直接留在光刻模块。还需要使用SRC,完成PWQ的曝光,并设置好Future Hold(写好说明),一般在刻蚀(如硬掩模刻蚀(Hard Mask ETch,HMET))之后将PWQ硅片转移给缺陷检测部门。另外,释放母批或者任何其他批次时也最好写一个清楚的信息:何时由谁因为哪个子批试跑完毕释放。无论是暂停命令,还是释放等命令,尽量写清楚原因,即使出现问题,也可以通过查找历史记录寻找到负责的工程师,工程师根据这些信息就能回想起处理批次的具体的情况。

本节针对后段金属层次试跑短流程硅片留在光刻模块的情况,简述试跑的一般工艺流程。对于前段工艺流程,若直接使用全硅片流程试跑,其一般流程也如图7.7所示,某些关键层次一般也会有LRC和PWQ检查。同时,无论是短流程还是全流程硅片,其实际试跑过程中还会碰到各种情况,包括试跑硅片需要返工与母批合并一起完成后续工艺,母批等待PWQ的试

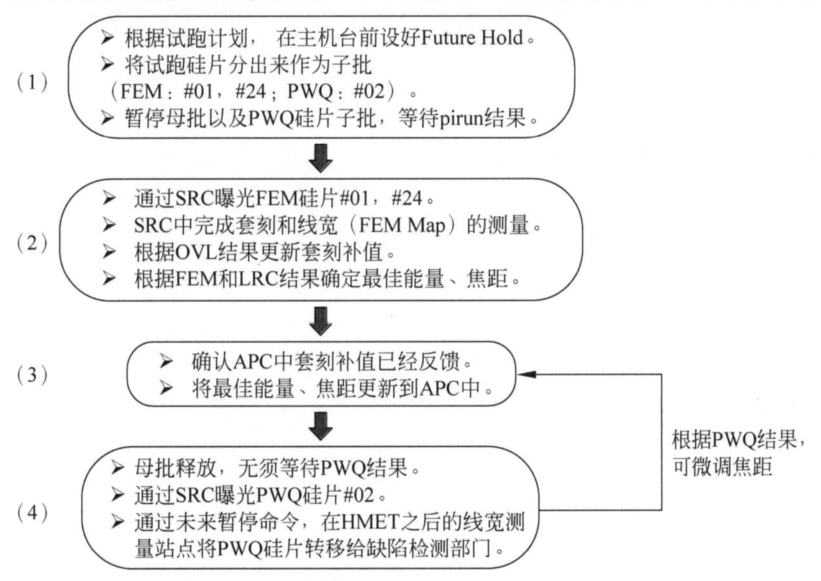

图7.7 后段金属层次短流程硅片非常规试跑的一般流程示意图举例

跑结果,甚至母批不等待任何试跑结果只负责完成各工艺流程等,工程师需要根据具体问题进行具体的分析处理。

2. 后段金属层次全流程硅片常规试跑的一般流程

如前所述,为了提高试流片效率,会利用短流程硅片提前进行试跑,将工艺提前导通。然而,短流程硅片前层的图案、衬底的膜层等与全流程硅片的还是存在一些区别。因此,通过短流程硅片试跑后的最佳能量、焦距,尤其是套刻补值,与全流程硅片的参数都会存在一定的差异。所以,当一段时间后,全流程硅片从前段流片到后段第一道金属(100)层次对应光刻站点之后,最好还是分出两个 Chuck 各一片硅片用来确认套刻补值,以及最佳曝光能量和焦距。本节以全流程硅片到站之后试跑确认光刻工艺条件为例,常规试跑所用的程序均为在线程序(轨道机+曝光机程序,测量套刻、线宽程序),一般不需要 SRC 来完成,具体流程见图 7.8。

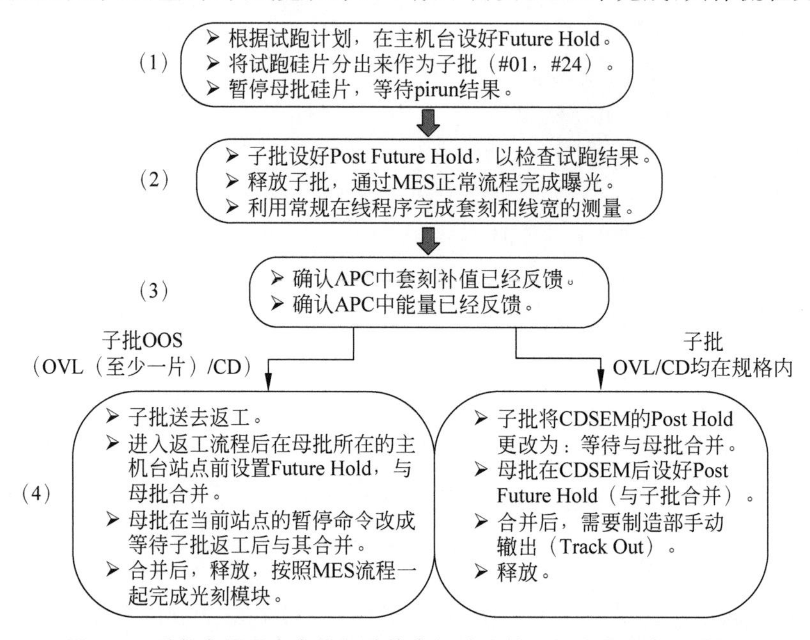

图 7.8 后段金属层次全流程硅片常规试跑的一般流程示意图举例

(1) 与短流程硅片试跑类似,同样需要根据试跑计划,提前在母批(如 PL2024)的待试跑主机台站点前设置未来暂停命令,将用于试跑的硅片#01,#24 分为子批(如 PL2024.01),母批需要暂停等待 PL2024.01 的试跑结果。

(2) 同时,由于使用线上常规流程进行常规试跑,为了防止子批完成光刻模块后继续到达后续的工艺流程(如刻蚀),需要在光刻的 CDSEM 站点设置一个 Post Future Hold,以方便工程师在测量完 CDSEM 之后检查试跑的套刻、线宽结果。然后,释放试跑的子批,完成常规流程中 8 步光刻工艺流程。其中,对于线宽测量来说,抽片可以抽中至少其中一片,这对于线宽监测来说足够了。对于套刻测量来说,必须要保证对应两个工件台的两片硅片被抽中测量,以获得自动更新的补值。这就需要在做试跑计划时,将按照选片规则一定可以被抽中的两片硅片作为试跑硅片。若两片无法同时被测量,可以加量,或者在测量之前将硅片传送至不同的卡槽(Slot),但是这些方式都会浪费时间,增加工作量。

(3) 一般来说,利用在线程序进行套刻和线宽的测量,可以自动反馈套刻补值和曝光能量,但是需要确认。若没有自动反馈或者没有打开自动反馈权限,需要根据测量结果进行手动补偿。

（4）一般来说，全流程硅片都非常重要，需要与母批一起完成后续的工艺流程。此时，对于子批可能存在的两种情况需要有不同的处理方式。

① 一种情况是线宽超出规格（Out Of Specification，OOS）（不常见）或者至少一片硅片的套刻 OOS。此时，子批需要剥胶返工。同时，母批最好继续暂停在主机台前等待子批返工后与其合并，再按照 MES 流程继续完成后续工艺流程。

母批与子批在主机台前合并之后一起完成光刻工艺流程，而不是先流片到线宽测量站点再与返工之后也流片到线宽站点的子批合并。这样做的好处是，在曝光时采用同一个总套刻补值，防止两个批次的总套刻补值不同、套刻精度不同给后续光刻层次曝光带来麻烦，具体可见第 8 章。

② 另一种情况是试跑子批的套刻和线宽都在规格范围内，通常来说，此时子批是不需要剥胶返工的。在测量完线宽之后，会碰到提醒工程师检查试跑数据的暂停命令。因此，需要将此暂停命令改成等待与母批合并的命令。当确认能量和套刻补值已经更新之后，释放母批，同时也需要在母批线宽测量的站点设置与子批合并的 Post Future Hold。当母批完成线宽测量并被暂停之后，子批母批同时将暂停命令转移给制造部相应部门（Litho），完成合并，并手动辙出。合并后批次的释放，最好由试跑工程师来完成。

这种情况下试跑的子批并没有 OOS，所以没有返工。但是这样一来，母批和子批的总套刻补值不同。此层次作为前层时，会有两组总套刻补值，此两批硅片在后续光刻层次中存在一直分开完成曝光过程的风险，增加了工艺复杂性，浪费时间，且可能造成套刻测量之后的补偿也比较混乱。因此，工程师一般都会建议批次所有者（PIE），无论试跑结果是否 OOS，都将子批返工之后与母批合并，再一起经过光刻工艺 8 步流程，避免后续光刻层次的一系列麻烦。

图 7.8 中利用全流程硅片进行常规的试跑，如果时间允许，可以继续利用全流程硅片完成 FEM 曝光，确认能量和焦距，母批同样需要等待试跑结果。如果时间不允许，试跑的全流程硅片数目足够多时，批次所有者也可能留下硅片供光刻收集 FEM 以及 PWQ 的数据。在这种情况下，母批可能需要根据花费时间较短的、常规的子批试跑结果释放到后续工艺中。硅片是否留在某个工艺模块，需要根据试跑批次的多少，是否可以顺利完成整个流程的试跑工作等因素来决定。

本节给出的是第一次非常规试跑 FEM、PWQ 以及后续常规试跑（pirun）的一般流程和建议。如前所述，实际试流片/流片过程中，可能会突发各种情况：增加其他检测或者减少一些检测，试跑的 FEM 硅片返工与母批合并或者在后续工艺中做其他实验，母批等待结果或者不等待试跑结果，与子批合并或者不合并，甚至最初的试跑批次在前面的层次发生一些意外，还会临时更改硅片批次等。这就需要工程师根据 PIE 的要求和实际情况，选择最合适的处理硅片批次的方法。一般来说，工程师只需要记住处理硅片批次的几大原则：①设好该设的 Future Hold；②提前申请足够的试跑工程时间；③不确定的批次不能释放，该暂停的暂停，因为下一阶段就是刻蚀，经过刻蚀之后就再没有返工的机会了，错误释放容易造成废片事故。

当一个产品完成所有试跑流程之后，会陆续有很多批次硅片进入工艺流程。不同批次的硅片可能用于实验不同的工艺，最后通过 SRAM 成品率、芯片成品率、器件性能和可靠性测试确认最佳的工艺流程。同时，多批次也是为了验证整个流程的工艺稳定性。在这些批次完成整个工艺流程的过程中，会因为多种原因被暂停，常见的原因以及解决方法见第 8 章。

7.3.6　FEM 硅片数据处理

1. FEM 硅片曝光 Map 举例

如前所述，硅片试跑时需要通过 FEM 硅片确定最佳曝光能量、焦距等基本条件。FEM

的曝光条件与常规曝光程序不同，但是能量和焦距都是按照一定的规律在变化，这种曝光需要通过 SRC 来完成。图 7.9 为一种曝光时能量和焦距变化的分布图，其中，绿色和红色曝光场((0,0)曝光场)完全在硅片内，其余曝光场部分在硅片内。每个曝光场内的能量和焦距都不相同，一般来说，能量沿着 $+X$ 方向逐渐增加，焦距沿着 $-Y$ 方向逐渐增加。将曝光场(0,0)对应的中心能量 E_0(如 35mJ/cm^2)和焦距 F_0(如 -0.02μm)以及能量的间隔(Step)(如 1mJ/cm^2)和焦距的 Step(如 0.02μm)设置到 SRC 中，能量和焦距就会如图 7.9 所示在每个曝光场内发生变化，可以根据实际情况调整能量和焦距的 Step 大小。

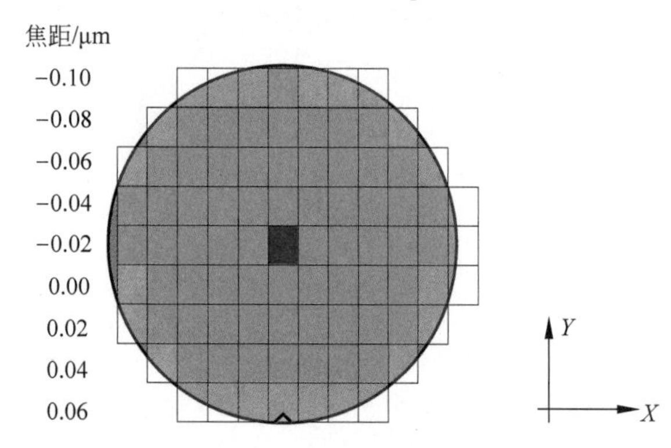

图 7.9 一种焦距-能量矩阵示意图

FEM 硅片曝光完成之后，根据收集的硅片数据确定最佳曝光能量和焦距，并将两个数值输入 APC 系统中，系统中针对某一产品(产品编号)和某一层次(掩模版编号)都会有对应的能量、焦距输入条目。光刻工艺研发过程中，需要建立好曝光程序(Scanner Job)，其中包含曝光场的大小、行列数，位置，掩模版编号，与前层的对准策略等信息，通过调用 APC 系统中对应产品、对应层次和掩模版的曝光能量、焦距以及相应的套刻补值完成曝光。

2. *FEM 硅片数据一般处理方法*

收完数据之后需要对数据进行处理，由于是 FEM 硅片，能量太大、太小或者离焦都会影响线宽。因此，首先要观察测量数据的准确性，判断是否拍到了正确的位置，并进行了正确的测量。若图形正确，测量有偏差，则需要通过远程连接机台，使用程序中设置的 AMP 参数重新测量以获取正确的线宽。若连正确的图形都没有拍到，可能程序有问题，需要精调程序之后重新测量。若待测图形已经被测量过，由于电子束会轰击光刻胶导致线宽发生变化，则需要更换测量坐标，若没有可更换的其他位置，则可能需要更换 FEM 硅片。数据检查完成之后，按照如下步骤对 FEM 数据进行处理。

1) 数据导出

将每个图形随着曝光能量和焦距变化的 FEM 数字数据、图片与数字同时存在的数据导出。导出的数据中只会标注曝光场坐标，需要根据 FEM 条件将对应的能量和焦距标注在表格中(手动或者通过程序)。

2) 计算最佳曝光能量和锚点曝光能量宽裕度

根据锚点的数据来计算最佳曝光能量，并计算锚点图形的曝光能量宽裕度(Exposure Latitude,EL)，有关 EL 的计算公式可参考 2.9.1 节。

表 7.1 展示了一组沟槽线宽为 45nm 的 FEM 数据，从数据可以看出采用的是正显影光刻

胶。对于这组数据来说，SRC 中输入的(0,0)曝光场的曝光能量和焦距分别为 35mJ/cm^2 和 $-0.02\mu\text{m}$，Step 分别为 1mJ/cm^2 和 $0.02\mu\text{m}$。表格中 Energy 所在行的数字与 Focus 所在列的数字组成不同的曝光场，而 Energy 下方一行是曝光能量(单位：mJ/cm^2)的变化，Focus 右边一列是焦距(单位：μm)的变化。

表 7.1　一组目标线宽为 45nm 的 FEM 数据

	曝光能量/$\text{mJ}\cdot\text{cm}^{-2}$	−5	−4	−3	−2	−1	0	1	2	3	4	5
焦距/μm		30	31	32	33	34	35	36	37	38	39	40
4	−0.1				38.13	41.6	44.3	45.9	48.21	50.55		
3	−0.08		32.37	37.3	38.78	42.23	45.2	46.88	48.85	50.71	51.9	
2	−0.06		33.57	36.81	39.71	42.27	45.98	47.4	48.31	49.79	51.77	53.8
1	−0.04	30.13	34.69	36.78	39.92	43.17	46.44	47.4	48.75	51.23	52.17	53.78
0	−0.02	31.79	34.13	39.64	41.06	43.77	46.6	48.74	49.19	51.49	52.62	53.16
−1	0		35.55	37.55	40.85	43.02	45.59	47.16	49.48	50.5	52.48	53.83
−2	0.02		33.27	38.69	39.59	42.07	45.04	47.56	49.44	51.14	51.11	53.84
−3	0.04			38.32	39.04	41.8	44.54	47.03	49.45	50.7	51.23	
−4	0.06						44.04	46.5				
					平均线宽	43.32	46.21	47.77	49.14			

在数据处理方面，由于光刻工艺对线宽均匀性的要求一般是在目标值的±10%范围内，因此，首先将在线宽目标±10%以内的数据标记出来(阴影处数据)。可以看出±10%的线宽对应的能量为 34～ 37mJ/cm^2。接下来，用这 4 组能量对应的线宽作为计算 EL 的数据。需要注意的是，可以在最佳能量(表中可看出约为 35mJ/cm^2)附近多取几组对应不同焦距但是尽量在±10%线宽以内的线宽数据，使得计算结果更准确可靠。而曝光的焦距中心大概在 $-0.02\mu\text{m}$(由孤立图形泊松曲线得到)，为了得到更精确的结果，在计算 EL 时将最佳焦距附近 2～3 个焦距的线宽做平均，此处取−0.04，−0.02 以及 $0\mu\text{m}$ 三个焦距的线宽平均。最终，用于计算 EL 的线宽数据如表 7.1 中"平均线宽"所示。另外，为了更加突出需要被选出的数据，在上述提到的±10%范围内的线宽，对应最佳能量、焦距范围都标注了各种颜色，仅供参考。

这样一来，可以得到两组数据，横坐标为能量 $34\sim37\text{mJ/cm}^2$，纵坐标为线宽 43.32～49.14nm。已知沟槽线宽为 45nm，在计算 EL 之前，先利用上述两组数据拟合出斜率(Slope)和截距(Intercept)。

$$\text{Slope}=\frac{\Delta\text{CD}}{\Delta E}=1.9\text{nm/mJ}\cdot\text{cm}^{-2} \tag{7.1}$$

$$\text{Intercept}=-20.9\text{nm} \tag{7.2}$$

然后计算最佳曝光能量 E_{best}：

$$E_{\text{best}}=\frac{45-\text{Intercept}}{\text{Slope}}\approx 35.2\text{mJ/cm}^2 \tag{7.3}$$

最终计算±10%线宽变化时对应的 EL：

$$\begin{aligned}\text{EL}&=\frac{\Delta E}{E_{\text{best}}}\times100\%=\frac{\Delta\text{CD}}{\text{Slope}\times E_{\text{best}}}\times100\%=\frac{0.2\times45}{\text{Slope}\times E_{\text{best}}}\times100\%\\&=\frac{0.2\times45}{45-\text{Intercept}}\times100\%\approx13.6\%\end{aligned} \tag{7.4}$$

经过上述计算，可以得出最佳曝光能量约为 35.2mJ/cm^2，锚点的 EL 约为 13.6%（符合工艺标准要求）。同样可以按照上述公式，计算其他图形在最佳曝光能量下的 EL。

由于锚点为密集图形，由第 2 章可知，选择合适的照明条件可以大大增加密集图形的焦深。图 7.10 为锚点在不同能量下、线宽随焦距变化的泊松曲线[6]，可以看出泊松曲线基本是平的[7]，说明在一定的焦深范围内，锚点线宽随着焦距变化并没有明显变化，因此无法通过锚点的泊松曲线来判断最佳焦距。

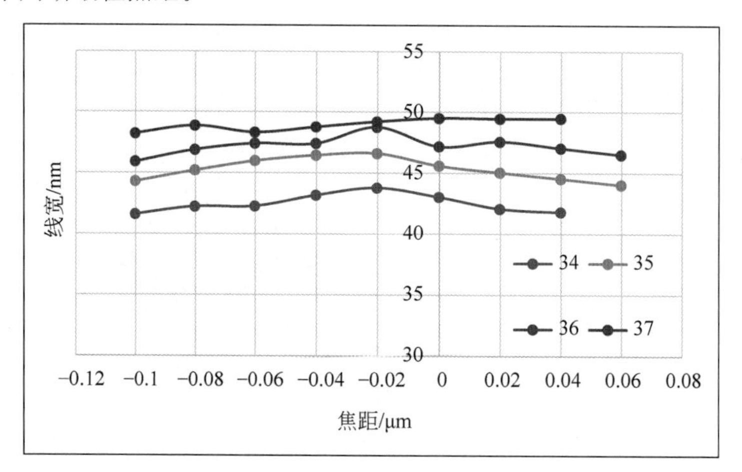

图 7.10 表 7.1 锚点图形对应不同能量（34mJ/cm^2、35mJ/cm^2、36mJ/cm^2、37mJ/cm^2）下的泊松曲线示意图

3）获得最佳焦距

最佳焦距一般先通过孤立图形的泊松曲线来判断，如图 7.11 所示。选择最佳能量附近能量（34～35mJ/cm^2）的泊松曲线，通过 2 阶多项式拟合并计算出顶点对应的焦距位置，这就是初始最佳焦距，约为−0.02μm。

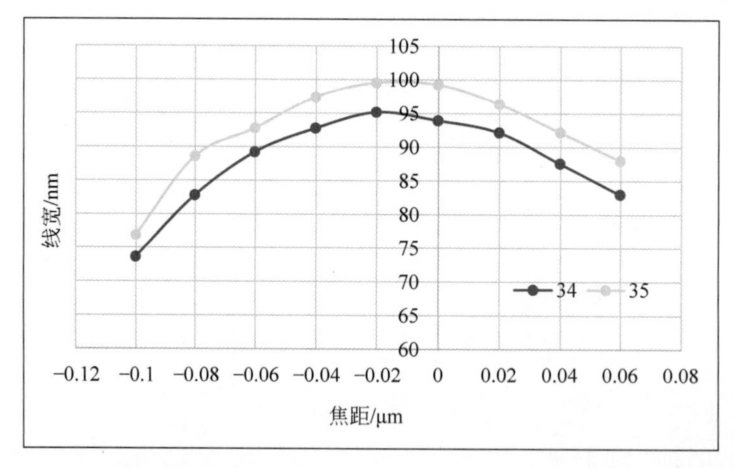

图 7.11 孤立沟槽图形在最佳能量附近（34mJ/cm^2、35mJ/cm^2）的泊松曲线示意图

除了利用孤立图形泊松曲线确认最佳焦距之外，在使用刻蚀后的 PWQ 结果确认最终工艺窗口和最佳焦距之前，还可以使用其他多种图形（线宽、SEM 形貌）确认光刻曝光焦距，例如，半密集、孤立图形，部分 LRC 图形等。由 2.9.3 节可知，离焦会导致光刻胶线宽和形貌的变化。因此，可以通过线宽和形貌判断各图形的焦深，最终确认最佳焦距（在初始最佳焦距的基础上微调或者不变）。已知曝光最佳能量，判断各图形的焦深通常会考虑一定曝光能量范围内(如±3%～±5%)的数据。如图 7.12 所示,以最佳能量(35mJ/cm^2)与左右各一列能量(±3%)的沟槽线宽和光刻胶形貌来得出每个图形的焦深之后,通过综合所有图形的公共焦深,最终获得最佳焦距,此例子仍与初始最佳焦距一致(有时会有微调)。其中,线宽不能超过这一图形目标值的±10%,同时还需要观察正离焦时光刻胶是否有明显的顶部损失变圆(Toploss)现象(白边是否增多),负离焦时光刻胶是否有内切造成的倒胶。图中密集图形的焦深最大,最终焦深一般受限于孤立图形和芯片中的潜在薄弱点图形。当考虑的能量范围越大,焦深仍然足够,说明光刻工艺条件是完全满足光刻工艺窗口要求的。实际工作中,可以根据具体需要增加或者减小判断焦深时考虑的能量范围。如 5.2 节所述,每道光刻层次(尤其是关键层次)的工艺窗口需要满足技术节点的最低要求。

通过 FEM 硅片数据得到最佳能量和焦距之后,需要输入 APC 系统中对应的产品、层次、掩模版版本的条目中,方便后续硅片批次调用这一能量和焦距完成常规流程曝光。

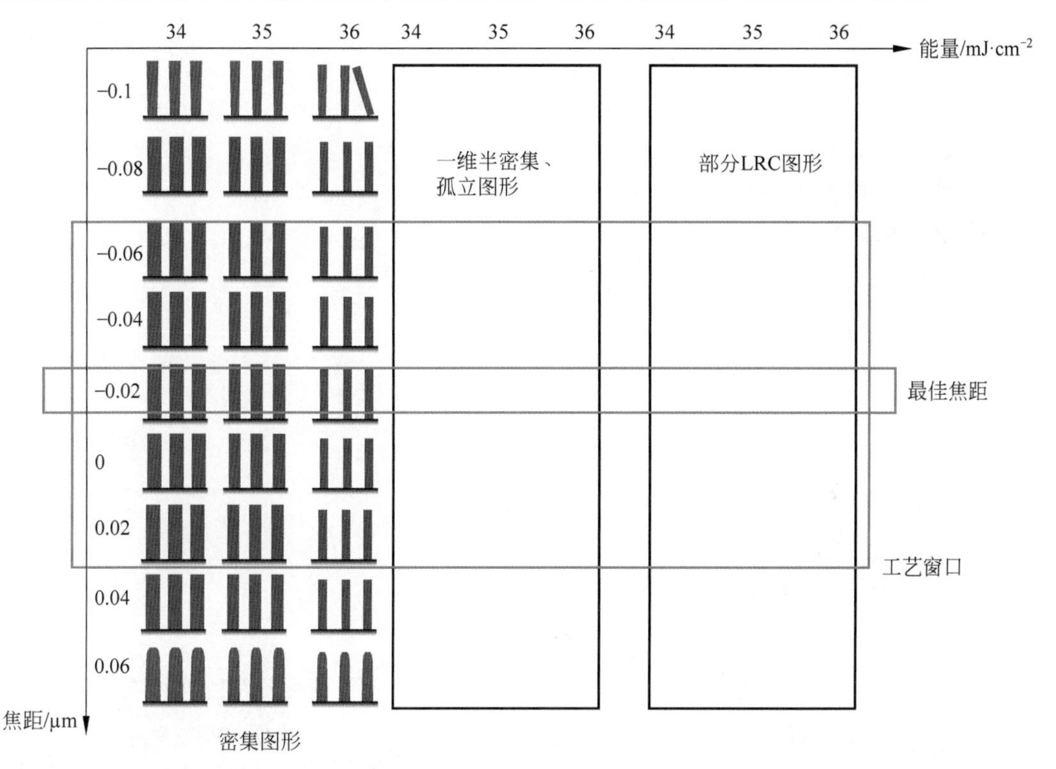

图 7.12　最佳曝光能量附近一定范围内(如±3%～±5%),各种图形(线宽、形貌)的公共工艺窗口示意图举例

4) 套刻补偿

上述均为对线宽数据的处理,对于套刻数据,测量完数据后可以导出 10 项线性补值(针对一般补偿)。工程师需要在 APC 系统中查看是否已自动反馈,若没有,则需要手动更新,手动更新需要确保格式的一致性。

7.3.7　工艺窗口验证

如 6.7.1 节所述,可以通过工艺窗口验证(Process Window Qualification,PWQ)检验刻蚀后的工艺窗口,同时还可以确认是否存在真正的薄弱点。这是因为,有些底部残留或者高频线宽粗糙度会被刻蚀消除,光刻模块线宽偏小的沟槽,经过刻蚀之后会变大。因此,可以在刻蚀后确认是否存在真正的薄弱点。

若在光刻阶段的 FEM 硅片上发现有些图形的工艺窗口较小，则可以通过以下两种方式检测这些图形是否是真正的薄弱点。

(1) 由于 FEM 硅片中此薄弱点已经被扫描电子显微镜损伤，因此，可以请 OPC 部门提供环境类似的薄弱点坐标，一般将 FEM 硅片释放到刻蚀(如硬掩模刻蚀、HMET)流程，完成 HMET 工艺之后暂停。建立刻蚀线宽测量程序，测量刻蚀之后的这些类似图形的线宽的工艺窗口是否仍然偏小。

(2) 若必须判断光刻测量出的工艺窗口偏小的图形在刻蚀(如 HMET)之后的实际工艺窗口，则可以使用一片新的硅片来做工艺窗口验证。即利用 PWQ 硅片(刻蚀之后)测量对应坐标的图形线宽、工艺窗口。如前所述，在第一次产品试跑时，PIE 通常也会为一些重要的层次准备一片硅片进行 PWQ 检测，以判断刻蚀(如 HMET)之后的实际工艺窗口。此时，只要在这片 PWQ 硅片上收集需要的图形数据即可，无须重新制备一片 PWQ 硅片。

PWQ 包含的主要内容如下。

(1) 当通过 FEM 硅片得到最佳曝光能量和焦距之后，通过 SRC 对硅片进行 PWQ 的曝光，一种 PWQ 曝光条件分布图(Map)如图 7.13(a)所示。其中，未标注条件的曝光场意味着在最佳能量和焦距条件下曝光。标注条件的曝光场中，E_0，F_0 分别代表最佳能量和焦距；$E\pm3\%$，$E\pm5\%$代表在最佳能量的基础上加上或者减去 3%、5%的能量；$F\pm(0.02\sim0.06)$代表在最佳焦距的基础上加上或者减去 0.02～0.06μm 的焦距。其中，只需要在 SRC 中输入最佳能量和焦距，通过建立 PWQ 硅片的主机台曝光程序(输入 SRC 中)来实现如图 7.13(a)所示的曝光 Map。

(2) 硅片完成曝光和刻蚀之后，需要将暂停命令转移给负责缺陷检测的部门，利用明场缺陷检测方式得出各种能量和焦距条件中的缺陷，给出刻蚀之后的公共焦深，如图 7.13(b)所示，绿色即为没有缺陷的工艺窗口范围，红色即为存在缺陷范围，检测部门还会将存在缺陷的图形类型和缺陷种类强调出来。

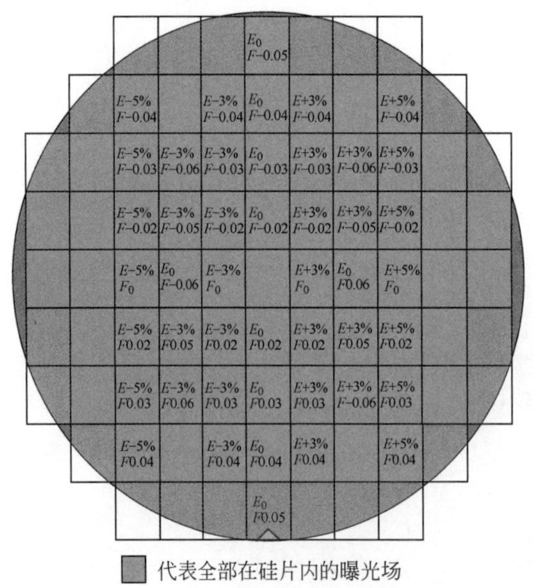

(a)

	E-5%	E-3%	E_0	E+3%	E+5%
F-0.06					
F-0.05					
F-0.04					
F-0.03					
F-0.02					
F_0					
F+0.02					
F+0.03					
F+0.04					
F+0.05					
F+0.06					

(b)

图 7.13 (a) 一种 PWQ 硅片的曝光 Map；(b) 一种 PWQ 硅片的工艺窗口示意图

可以说，通过扫描 PWQ 硅片的缺陷得出的公共焦深是更加准确可靠的，光刻最佳焦距可以根据 PWQ 的最终焦深结果再次进行调整。具体可根据实际情况确定调整的比例。通过 PWQ 确定了工艺窗口之后，再判断这一窗口是否满足工艺生产的需求，这也是 PWQ 手段的重要作用。

(3) 若工艺窗口不能满足当层最小焦深的规格，则需要利用 PWQ 硅片查看主要是哪种图形类型导致的工艺窗口偏小。再去 FEM 硅片中测量光刻之后的线宽，确定 OPC 修正后的仿真线宽以及掩模版线宽，确定线宽(沟槽或者线条)偏小的源头。

(4) 如上所述，还可以利用 PWQ 硅片检查 FEM 硅片中的薄弱点是否是真实的。若单个薄弱点的线宽在刻蚀后仍然偏小，同样需要确认线宽偏小的源头(OPC、掩模版等)。若大部分薄弱点在刻蚀之后都有问题，而且通过 PWQ 硅片获取的工艺窗口也不满足技术节点的要求，可能是制定光刻工艺条件的过程中出现了问题，一般不会出现这种情况。

7.4 硅片批次进行常规流片时曝光以及数据的反馈流程

如前所述，当工艺流程达到一定的成熟度，就可以开始流片。如果光刻工艺固定，且在一段时间内(如两周)到达光刻站点的批次不断，套刻补值、能量等参数一直在动态反馈补偿过程中，就不需要对不断到达这一站点的批次进行试跑(pirun)。一个不需要试跑的成熟光刻工艺的一般流程图如图 7.14 所示，这一流程也是对第 4 章提到的 8 步光刻工艺流程及其中涉及的光刻设备功能的一个总结。

(1) 首先通过光刻、刻蚀等工艺完成第一层掩模版的曝光，每块掩模版上都会包含对准记号(Alignment Mark)以及套刻精度测量记号(OVL Mark)。

(2) 在开始下一层光刻之前，需要生长相应的薄膜(Film Stack)。然后进行光刻工艺的流程：涂胶(抗反射层、光刻胶)，完成曝光前软烘过程。

(3) 硅片在对准工位时，利用对准显微镜和调焦调平装置完成硅片的对准和调焦调平；此时在曝光工位有另一片硅片在完成掩模版对准后进行曝光。

(4) 对准解算。完成对准后，对对准数据进行解算，并补偿 10 项线性对准参数：硅片平移(X、Y 方向)，转动，正交，放大率(X、Y 方向)和对于掩模版的转动，非对称转动，放大率和非对称的放大率。曝光之前的对准补偿的是硅片和硅片之间的差异(6.5.2 节)。

(5) 由第 6 章可知，由于光刻机中工件台测控的漂移、镜头的畸变、前层工艺的影响等多种原因，即使完成了线性对准，也需要调用 APC 系统中对应的套刻补值，在曝光过程中通过调整工件台的扫描(方向、速度)配合镜头的同步畸变对套刻进行补偿。

在介绍不同对准、套刻策略方式的套刻补偿方式之前，先介绍几个套刻补值的概念，这几个概念在不同代工厂可能有不同的代号，但是各自代表的含义是一致的。

"总套刻补值"：直接应用在曝光过程中，补偿由于光刻机工件台测控的漂移、镜头畸变、前层工艺影响等因素导致的套刻偏差。曝光完成后，总套刻补值可以在 APC 系统中查到。

"APC 系统中套刻补值"：这个套刻补值是可被"测量后套刻补值"反馈更新的，可动态补偿后续批次的套刻，用于计算当层总套刻。

"测量后套刻补值"：通过测量硅片套刻得到的套刻补值，并反馈到"APC 系统中的套刻补值"中。

如 6.5.2 节所述，常用的套刻各参数补值是线性的 10 参数模型，包括曝光场之间(硅片范

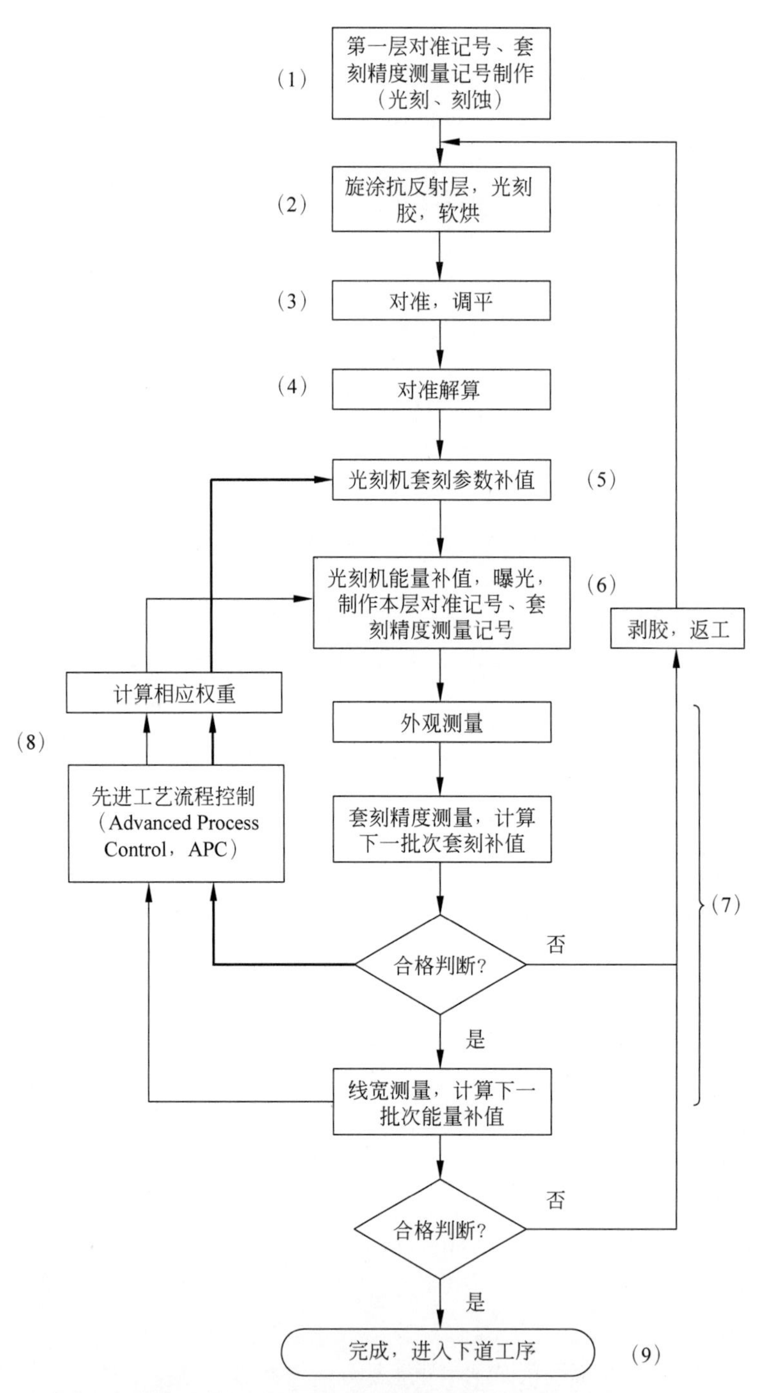

图 7.14 常规硅片曝光、数据反馈流程示意图

围内)的 6 参数和曝光场内的 4 参数。对于一个光刻层次，其最终“总套刻补值”有多种计算方式，有的方式不考虑前层的影响，有的方式则需要考虑前层的影响，最终都是为了得到更高的套刻精度。本节以考虑前层对当层套刻有影响为例，简述计算“当层总套刻补值”的一般方法，如式(7.5)所示：同时考虑了“当层对前层的 APC 系统中套刻补值”以及“前层的总套刻补值”(全部或者部分)。

$$总套刻补值_{当层} = 总套刻补值_{前层} + APC系统中套刻补值_{(当层\text{-}前层)} \tag{7.5}$$

对于不同的对准和套刻测量策略[8]，“当层总套刻补值”的计算方式也略有区别。

① 若当层对准的前层和后续测量套刻并进行套刻反馈的前层为同一层，则为直接对准[9-10]，如图7.15(a)所示。直接对准中对准可以将曝光场之间的偏差纠正，因此只需要取“前层总套刻补值”中曝光场内的4参数与“当层对前层APC系统中套刻补值”的10项线性参数对应相加，注意格式的一致性。

② 若当层对准的前层和后续测量套刻的前层为不同层次，则为间接对准[9-11]，如图7.15(b)所示，当层与前层2对准，而测量与前层1和前层2的套刻。

其“当层总套刻补值”计算方式也经历了发展变化，早期当层-前层1的套刻测量结果更加准确，因此早期“当层总套刻补值”的计算方式如下：式(7.5)中“前层总套刻补值(总套刻补值$_{前层1}$)”的线性10参数与“当层对前层1 APC系统中套刻补值(APC系统中套刻补值$_{当层-前层1}$)”的10项线性参数(格式需统一)对应相加。

随着当层对两个前层的套刻测量结果越来越准确，其“当层总套刻补值”的算法综合了直接对准(当层-前层2)和早期间接对准(当层-前层1)的计算方法，将两种对准方式获得的“总套刻补值”做加权求和(权重可调)后作为最终的“当层总套刻补值”。

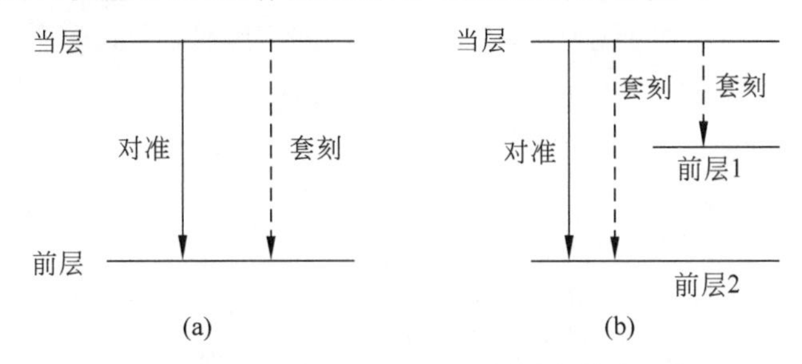

图7.15 (a) 直接对准；(b) 间接对准策略示意图

在28nm技术节点中，简单的直接对准的例子是后段金属层次[10]：金属层$_{X+1}$-金属层$_X$。而间接对准的例子是后段通孔层次：通孔层$_X$-金属层$_X$(对准)，通孔层$_X$-金属层$_{X+1}$(X)(套刻)。一种金属X，金属$X+1$以及通孔X的结构示意图如图7.16所示。以上介绍了其中一种“当层总套刻补值”的计算方式，还有其他不考虑前层套刻补值的计算方式，本节不再赘述。实际生产中，具体选择哪种方法需要根据补偿后套刻精度、芯片成品率等参数来具体确定。

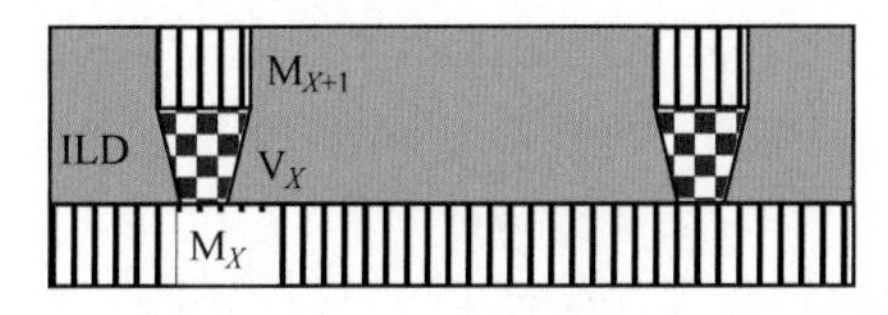

图7.16 28nm后段金属X(M_X)，金属$X+1$(M_{X+1})以及通孔X(V_X)的结构示意图举例(双大马士革工艺)

若出现需要手动计算套刻补值的情况，可以在APC系统中查找批次经过某光刻层次的记录，其中包括“总套刻补值”。还可以通过光刻机中的批次报告(Lot Report)查找，批次报告中不止有“总套刻补值”，里边包含曝光的详细信息：曝光的程序、曝光条件、掩模版、硅片等。

以上调用的只有APC中的线性参数补值[12]，对于高阶套刻补值，需要调用Gridmapper子程序。

(6) 接下来，调用APC系统中的能量和焦距，光刻机需要用放置于工件台角落处的能量传感器(Spot Sensor)校准曝光能量(每个批次一次)；焦距为0处即调焦调平的0点处，是工件台对角线上两个透射图形传感器连线平面找平后的结果。然后进行掩模版对准和曝光，如

第6章所述，对于硅片范围内的补值，完全可以通过每次步进时完成每个曝光场的位置调整；而对于曝光场内的线性和非线性的高阶补值，需要在曝光过程中实时调整工件台的扫描配合镜头的同步畸变进行补偿。

(7) 涂胶、前烘、曝光、后烘、显影、冲洗等工艺完成后，硅片批次继续按照MES流程依次完成后续套刻和线宽测量，具体的在线测量程序可以参考7.3.4节。

从流程中可以得到如下信息。

① 无论是套刻还是线宽，只要有其中一项发生OOS，就需要进行剥胶返工。

② 注意，若测量套刻之后出现OOS现象，一定要将批次释放到后续的线宽测量站点，测量完线宽再送去返工。否则，若线宽也出现OOS，只能在批次返工之后才能发现，继而造成多次返工，不仅影响流片进度，还会损坏前层衬底。注意，释放批次测量线宽时，还需要在线宽站点设置Post Future Hold，防止批次被错误释放。套刻、线宽均测量完之后返工，返工之后如何处理批次（常规流程还是非常规SRC流程），需要视情况而定。

一般来说，对于工艺固定、批次较多的产品，线宽和套刻发生OOS的情况均不常见。在试流片的实验阶段，套刻发生OOS的情况比线宽OOS更为常见。此时，若批次中硅片数目较多，实际量测的片数太少，可能还需要多加量几片硅片甚至是整批硅片以确认OOS硅片的片数，再判断是否需要全批返工处理。如果所有硅片都OOS，毋庸置疑需要全批返工；有时只有某一个Chuck对应的硅片OOS，那就只需要将这一个Chuck对应的硅片送去返工即可。更为复杂的OOS情况也会出现，此处不再赘述。

(8) 测量结束之后，系统的反馈尤为重要。

① 对于套刻来说，通过套刻测量数据可以得到线性10参数补值（系统内直接导出）（即"测量后套刻补值"），并反馈到APC对应的产品、层次以及掩模版的"APC系统中套刻补值"条目中，可以设置反馈的比例，防止特殊硅片过补造成偏向另一边的套刻偏差。若没有自动反馈，需要手动计算并更新。

② 对于线宽来说，通过锚点线宽可以调整曝光能量的大小。线宽测量完成之后，机台会根据锚点线宽和线宽与能量的斜率计算出需要调整的能量差值，再根据设置的反馈比例对相应的产品、层次以及掩模版的这一条能量进行更新。反馈比例不可过大，防止过补。通过多批次经常性的反馈，使得线宽逐渐靠近目标值。

注意，以上反馈均为后反馈，即将最佳能量或者套刻补值反馈到下一批次或者返工后的同一批次。有时，在一个批次进行光刻工艺之前，可以根据类似产品、类似层次的套刻补值，提前输入APC系统中，这称为前馈，以尽量降低返工概率。

(9) 最后，若套刻精度与线宽都在规格范围内，代表光刻工艺完成，可以进入下一个流程，即刻蚀工艺。有时，对于一些比较重要的批次，其线宽与套刻需要控制在更小的规格范围内，可能需要工程师特殊处理，本节只针对一般情况进行讨论。

本章小结

在试流片、流片过程中，各个模块、工艺集成以及生产技术助理都需要各司其职，并与其他部门高效地沟通合作。在试流片、流片阶段，光刻工艺部门需要做好各种准备工作，做到及时、快速又正确地处理各硅片批次。试跑阶段的重要工作内容包括FEM曝光，获取最佳能量、焦距，获取套刻补值，通过PWQ得到工艺窗口等。经过本章的学习，初学者不仅学会试流片/流片的各项工作，最重要的是要学会按照标准操作流程处理硅片批次，防止误操作。

参考文献

参考文献

第8章

光刻工艺试流片和流片中出现的常见问题和解决方法

第 7 章讲述了产品在试流片和流片过程中，光刻模块的主要工作内容。试流片过程中会有各种实验批次，人工处理会产生一些误操作(Miss Operation，MO)，在不成熟的工艺流程中也会出现各种批次暂停的情况。本章主要介绍试流片和流片过程中，光刻工艺模块经常出现的一些问题以及相应的解决或者避免的方法。

8.1 光刻中常见的批次暂停举例

在试流片过程中，由于硅片批次较少、工艺还未完全固定等多种原因，会出现比较多的问题导致批次暂停。接下来介绍试流片和流片过程中常见的批次暂停、产生这些暂停的原因以及相应的解决方法。

8.1.1 调焦调平图像异常

在第 4 章中提到，当硅片进入光刻机之后需要先通过对硅片边缘调平来完成硅片的粗调平，然后完成粗对准，再完成后续的精调平和精对准。其中，精调平的过程称为 Leveling，通过使用可见-红外光波段(或紫外波段)对硅片进行掠入射照明并测量反射光的位置来测得硅片的高低起伏，以便在曝光时可以通过动态调整工件台水平、垂直的位置，确保硅片始终处于或者尽量接近透镜的最佳焦平面。其中，描述硅片高低起伏的调焦调平分布称为 Leveling map。

一般来说，前段光刻层次的 Leveling map 中的起伏范围较小，当完成高低起伏较大的前段与器件相关的工艺流程之后，中后段在此基础上做调平时获得的 Leveling map 中的起伏范围会比前段的大。而如果 Leveling map 中的数值超过设定的规格(Specification，Spec)，硅片一般会在曝光后被暂停。在曝光过程中，工件台可以根据 Leveling map 沿着 Z 轴实时调整位置，但是范围非常有限。因此，Leveling map 异常处会发生离焦现象。从第 4 章双工件台光刻机的工作原理中可知，每片硅片都需要在位于测量工位的工件台(Chuck)上完成对准和调焦调平，然后工件台移动到曝光工位完成掩模版对准和硅片曝光。因此，每片硅片都会有一个Leveling map。此时，工程师必须重视这种暂停，查找原因、确定影响的范围并给出解决方案。

(1) 首先需要查找一下调平异常的原因和影响范围。

① 将有异常的硅片的 Leveling map 调出，确认是某些点的异常，还是整片高低起伏的异常。谨慎起见，可以将异常批次中所有硅片的 Leveling map 均调出，在确认其他未报错硅片的调平结果的同时，还可以作为报错硅片的参考。

② 通过查找硅片批次的历史记录，寻找调平异常的源头。

(2) 若此批次是第一次出现调平异常，且硅片数目很少，硅片上只有极少数的个别点异常，如 1～3 个，而非大范围的异常。同时，经过同一台光刻机的其他批次没有调平异常的情况，一般会直接忽略这个异常。将批次释放到后续的工艺流程中，防止为了提高极小范围(Leveling map 异常处)的芯片成品率，对此批次进行返工，而浪费时间，拖慢批次的整体进度。

(3) 若此批次调平异常是由之前的工艺带来的，后续每个层次都有这种情况，且其他批次没有相似的异常情况。另外，Leveling map 异常处影响的范围都很小，一般也会直接忽略这个异常。

(4) 若此批次是第一次出现调平异常，此批次每片硅片或者经过某个工件台的硅片全都有相似的 Leveling map 异常情况。同时，其他经过这一光刻机(或其中某个 Chuck)的批次也有相似的调平异常情况。无论异常的影响范围大小，说明光刻机的工件台(或某个工件台)被某个背面有缺陷的硅片污染了，且影响范围很广。此时，可能就需要对受影响的批次进行返工，而且需要通知设备工程师对工件台进行清理(清 Chuck)。

以上是碰到 Leveling map 异常的一般处理方式。对于研发部门来说，很多批次是用于实验的，即使是实验批次，也需要重视调平后是否有异常情况。若异常处正好位于重要的实验芯片(Die)处，也需要剥胶返工。对于特殊的批次，若其所有者并不在乎异常处的芯片，且整个流程的时间非常紧张，也会释放批次以尽快完成后续工艺流程。如第 7 章所述，释放批次需要慎重，且无论如何处理，都需要将处理的缘由写清楚，防止后续不必要的麻烦。

8.1.2 APC 中某些条目缺失

APC 是先进过程控制(Advanced Process Control)系统的简称。该系统的目的是解决工艺流程中各项参数或者性能指标随时间的漂移问题，可以通过 APC 系统实时纠正误差。APC 系统的引入有助于提高生产效率，降低返工率，改善产品质量以及工艺流程的可靠性，使得各层次的工艺窗口可以满足先进技术节点量产的要求。

当新产品开始流片之前，需要工艺集成工程师(Process Integration Engineer，PIE)建立完整的工艺流程步骤(Setup Flow)。同时，光刻工程师需要在批次到达其负责的曝光站点之前，在 APC 系统中添加某个产品、某个层次以及某个掩模版对应的初始曝光能量 Energy，最佳曝光焦距 Focus，“APC 系统中套刻补值”(见 7.4 节定义)等批次正常完成曝光所需的各种 APC 条目。注意，根据以往的经验，双工件台中两个 Chuck 的曝光能量和焦距的差异相对于产品的光刻工艺窗口来说可以忽略不计。也就是说，两个 Chuck 共用能量和焦距，且能量、焦距代表的是当层曝光信息，因此只需要分别添加一条当层的信息即可。然而，由于套刻不仅与当层有关，还与前层的高低起伏等因素有关。因此，对于双工件台，两个工件台需要两套相对独立的套刻补值。尤其是到了 40nm 技术节点之后，不仅需要两套独立的套刻补值，还需要采用固定工件台(Dedicated Chuck)的方式来满足日益缩小的套刻精度规格。也就是说，对于一片硅片来说，从前段到中段再到后段的工艺中，每次都必须经过双工件台光刻机中特定的一个工件台，例如，整批硅片中的奇数片都在 Chuck2 曝光，偶数片都在 Chuck1 曝光。另外，套刻在不同工件台上的“APC 系统中套刻补值”是指当层对前层的套刻补值，这个“前层”需要符合此层次的套刻测量策略：对于直接对准来说，前层即为对准(测量套刻)的层次；对于间接对准来说，前层既有对准的层次，又有套刻测量的层次。因此，“APC 系统中套刻补值”条目不仅需要针对工件台添加，还需要根据对准测量策略针对不同层次添加。

1. 缺失前层跑货信息(总套刻补值)

即使添加了跑货的相关 APC 条目，但是在芯片流片过程中仍然会经常碰到与 APC 系统缺失跑货信息(“总套刻补值”，定义见 7.4 节)相关的批次暂停。如 7.4 节所述，一般来说，批次的“当层总套刻补值”与“前层总套刻补值”以及“当层对前层的 APC 系统中套刻补值”都有关系。那么，“总套刻补值”是为了补偿什么呢？当硅片对准完成之后，由于硅片台平整度、浸没式硅片台温度分布、硅片台水冷加速时造成的机械冲击波，以及镜头的一些畸变等因素仍旧会造成套刻偏差，所以需要在曝光的时候通过“总套刻补值”来尽量消除这些因素造成的套刻偏差。其中，套刻偏差的补偿方式(线性、高阶)可以参考 6.5.2 节。

而“当层对前层的 APC 系统中套刻补值”的含义又是什么呢？一般来说，“APC 系统中套刻补值”中包含线性的曝光场之间的 6 参数和曝光场内的 4 参数。由 7.4 节可知，通过正常硅片批次的不断反馈，可以不断补偿由于设备漂移、前层工艺等原因造成的、随着时间缓慢变化的套刻偏差，而测量完套刻之后需要反馈的补偿值就需要更新在“APC 系统中套刻补值”中。一般来说，产品单一的芯片代工厂的返工率也会很低(如<0.5%)。这是因为产品单一，产品数量会很多，多个批次经过同一光刻层次之后，会不断地反馈曝光能量和“APC 系统中套刻补值”，使得实际线宽一直逼近目标线宽，实际套刻在规格范围内可以做到更小。如果产品种类太多，在产能一样的情况下，每种产品经过同一层次的时间会被拉长，套刻补值的偏移会增大，甚至造成 OOS，不仅返工率会大大增加，还会有废片的风险。有的工厂返工率超过 5%，很大程度上是因为产品种类太多，不仅延长了交货时间，高返工率还存在影响芯片可靠性的风险。以上返工率是扣除实验硅片之后的，一般来说，工厂的返工率控制在 1%左右是比较合适的。

直接与间接对准策略情况下的“当层总套刻补值”的计算方式可见 7.4 节。一般来说，“总套刻补值”与“APC 系统中套刻补值”中格式并不相同。因此，在需要手动计算某些套刻补值过程中，需要额外注意两者之间的转换以及对应关系，防止出现误操作。

由于最终“总套刻补值”的计算方式有多种，本节以调用“前层总套刻补值”的套刻补偿方式为例。当批次到达当层光刻工艺站点时，光刻机需要从 APC 系统中调用“前层总套刻补值”。而如果前层的总套刻补值有缺失，就会导致批次暂停。这就需要逐步确认原因并找出解决方案。

(1) 需要确认前层经过光刻机曝光的情况，是否因为某些原因分批完成曝光，例如，前层也分批了，或者前层有不同掩模版型号等。查找曝光记录(包括“总套刻补值”)时，除了在光刻机机台端的批次报告(Lot Report)，还可以在 APC 系统中查到。

一般来说，若前层由于某些原因分批曝光，不会导致“总套刻补值”丢失，更大的可能性是提醒“总套刻补值”不一致或者有缺失。

(2) 若前层使用的是同一张掩模版且并没有分批完成光刻工艺，而 APC 系统中也确实无法查到“总套刻补值”信息(跑货记录信息)，这可能是由于光刻机曝光时出现故障或者设备自动化系统(Equipment Automation Programming，EAP)出现故障等因素造成的数据丢失。

因此，当 APC 中确实缺失“前层总套刻补值”时，解决的方法如下：在光刻机机台端查找对应的批次报告，将两个 Chuck 的“前层总套刻补值”添加到 APC 系统中，手动输入需要格外注意数据的正确性。

2. 并非所有硅片都有前层跑货信息

除了整批次的前层工艺补值缺失，还会有类似“批次中并非所有硅片的前层总套刻补值都可以在 APC 系统中查到”的报错信息。这种情况最可能的原因是，此批次在前层分批完成了光刻工艺，由于一些原因导致多个批次的“前层总套刻补值”未按照两个 Chuck 在 APC 系统中分别自动合并。当层曝光时，APC 系统中获取的只是前层某个子批次中部分硅片的总套刻补值。

需要判断一下这一批次在前层的曝光情况，再决定如何处理。通过历史记录确认前层是否使用了同一张掩模版或者使用同一个子程序(Sub-recipe)，如 Gridmapper 子程序或者 Dose Mapper 子程序。

(1) 如果前层掩模版与各子程序均相同，则解决的方法如下。

① 在 APC 系统记录中或者光刻机机台端的批次报告中(清晰记录硅片编号、Chuck 编号以及总套刻补值等信息)查找当前批次是否在前层分批完成。

② 若在前层确实是分批完成的光刻工艺，则需要确认几个批次的“总套刻补值”之间的差异，如果差异很小，可以取几个批次“前层总套刻补值”的平均值作为整个批次的“前层总套刻补值”添加到 APC 系统中。同时，需要在套刻测量后确认前层中几个批次的硅片都量到了(包括两个工件台)。若没有，需要加量，以确认平均的“总套刻补值”不会对前层分批批次的套刻精度造成较大的影响。

③ 若几个批次的“总套刻补值”差异较大，则需要将批次按照前层的分批方式在当层继续分批。这样一来，几个批次都有各自的前层，若有的批次缺失，根据实际“总套刻补值”在 APC 系统中添加即可。同时，对于继续分批完成光刻工艺的各个批次，由于硅片数目可能比较少，需要在套刻测量后确保几个子批中都量到了两个 Chuck 中的硅片，若没有，需要加量。

(2) 如果前层光刻使用了两张甚至多张掩模版或者使用的各子程序不同，最简单的处理方式就是按照前层的分批方式在当层继续分批，其余的按照前面所述，需要确保每个批次中两个 Chuck 的套刻精度都在规格范围内，测量完线宽之后需要将各批次合并，一起完成后续的刻蚀、离子注入或者薄膜生长、化学机械平坦化等工艺。

如上所述，这种批次暂停会增加批次处理时间，影响流片效率。因此，工程师一般会根据实际的总套刻补值、掩模版以及各子程序使用情况，对某层分批的批次做如下处理，避免这种暂停情况出现在后续的光刻层次。

(1) 若某层掩模版与各子程序均相同，且各批次“总套刻补值”差异很小，则在某层完成曝光之后就将平均的“总套刻补值”添加到 APC 系统中。同时，需要确认各批次两个 Chuck 的硅片套刻都满足要求。

(2) 若某层分批使用了不同掩模版或者子程序，或者使用同一掩模版时“总套刻补值”值差异较大，则需要在后续的光刻层次中都分批跑。因此，需要提前在后续每一道光刻工艺(曝光主机台)之前设置 Future Hold：按照前层分批方式分批，在测量线宽之后合批(Merge)。同时，需要确认各批次两个 Chuck 的硅片套刻都满足要求。

上述两种处理方式可以提前预防这种并非所有硅片都有“总套刻补值”而被暂停的情况，以尽量节省批次处理的时间，包括查找原因、添加套刻补值等。

以上为一般处理情况，工程师可以根据批次的作用、出货时间以及重要性等级来调整处理方式。对于重要的、需要获得成品率的批次，需要精确地控制套刻和线宽。对于有其他用途的批次，例如，只需要做 WAT 等测试，则可以根据实际情况适当放宽判断标准，以简化批次处理过程。无论哪种情况，工程师都需要提前与 PIE 有充分的沟通，且不能给自己或者同事留下无法处理的麻烦。

8.1.3 长时间没有批次经过时 APC 系统的状态变化（一种 APC 设置方式）

8.1.2 节中提到，在产能一定的情况下，产品种类太多会导致同种产品同一层次的批次经过某一光刻层次的时间会被拉长。尤其当产品等级不高时，两个批次经过同一光刻层次的时间间隔会更长。如果超过 APC 系统中设定的某一时间，例如两周，APC 系统中某些条目的状态会发生改变。以"APC 系统中套刻补值"条目为例，假设其正常的状态为 active no，经过两周之后状态会根据提前的设置切换为 ood no 或者 pilot no。这两种状态的区别（APC 系统中可以设置）如下。

（1）一般来说，在 ood no 状态时，第一批先到站的批次可以正常曝光，且只有在测量完数据并反馈给 APC 系统时，状态才会变为正常的状态 active no。若第一批次硅片并没有经过测量步骤或者测量后并没有数据反馈而直接进入刻蚀流程（说明此批次并未 ooc 或者 oos），则状态变为 pilot，后续批次到达光刻站点会被暂停。工程师需要根据数据更新套刻补值或者没有数据时需要重新分批试跑。

若第一批批次发生 OOC 或者 OOS，则根据 8.1.4 节中的处理方式处理该批次。一般来说，ood 的设定会让一个批次完成光刻工艺，优点是节省时间，缺点是万一发生 OOS 可能会整批去胶返工。

（2）一般来说，pilot no 状态时，只有硅片数目很少的（APC 中可以设置，如两片）批次才不会被暂停。当片数超过设置的数目，批次到达光刻站点会被暂停，并提示工程师需要试跑。一般试跑需要将两个 Chuck 中的硅片各分出至少一片，试跑子批总片数不能超过 APC 系统中设置的片数。母批等待子批的试跑结果，具体操作流程可参考 7.3.5 节。

当试跑子批经过主机台之后，"APC 系统中套刻补值"条目的状态会变成 pilot yes，当测量完套刻并将补值反馈到"APC 系统中套刻补值"条目中时，状态会变成正常可以跑货的状态 active no。如前所述，同一批次分批经过同一站点可能会造成"总套刻补值"缺失。因此，试跑的子批最好返工并与母批合并后，再一起完成光刻工艺。注意，在将试跑子批送去返工之前，一定要查看线宽的数值，以确定是否需要对曝光能量进行微调，同时也要确认"APC 系统中套刻补值"已经更新。若没有自动更新，需要手动更新，并确定状态是 active no，防止批次再次被暂停。

综上，可根据产品的特点进行 APC 系统中相应参数的设定，例如，多久之内没有批次经过同一产品、同一层次时需要更改状态，改为何种状态，第一批批次可允许的硅片片数，每种状态的处理方式等。

8.1.4 套刻精度超过规格

如前所述，如果产品的批次较多，经过高频率的补值反馈可以补偿掉一些随时间变化的漂移导致的套刻偏差，套刻精度也会控制在较高的水平。然而，若批次较少，长时间没有反馈会导致后来的批次发生套刻超过控制（Out Of Control，OOC）或者超过规格（Out Of

Specification，OOS）的情况。另外，试流片过程中，由于工艺流程并不固定，有些批次会做很多分批实验，这也会导致套刻出现OOC或者OOS的情况。

一般来说，套刻出现OOC情况时，相当于预警，一定要确保补值有正确的反馈，但是硅片本身不会返工，特殊情况除外。当套刻出现OOS情况时，工程师首先判断这个批次的用途以及重要性，无法确定一定要联系批次所有者。接下来针对重要的批次，说明套刻发生OOS时如何处理批次。一般需要通过加量确认是否批次内所有硅片都OOS，并确认套刻是否可补，若套刻剩余值（Residual）很大，可补空间很小，则需要根据6.5.2节所示更新或者添加Gridmapper子程序，对高阶套刻进行补偿。若套刻剩余值不大，则可以通过返工之后将套刻补偿到规格范围内，一般可返工的硅片OOS情况分为以下几种。

（1）只有一个Chuck的硅片都OOS，根据"测量后套刻补值"（定义见7.4节）补偿"APC系统中套刻补值"后（若需手动补偿，则可取多片平均值），这一个Chuck对应的硅片从批次中分出返工，并在重新完成光刻工艺、套刻和线宽测量后与另一个Chuck中未发生OOS的硅片合并，一起完成后续刻蚀等工艺。

（2）两个Chuck都有OOS，且OOS的硅片数量很多，根据"测量后套刻补值"补偿两个Chuck的"APC系统中套刻补值"后（若需手动补偿，则可取多片平均值），整批送去返工。

（3）若两个Chuck都有OOS，但是OOS硅片数量很少，根据"测量后套刻补值"补偿两个Chuck的"APC系统中套刻补值"。如果同一个Chuck中的硅片分批返工，即分批曝光，可能会造成上述"总套刻补值"存在缺失的情况。对于某些重要批次，可能需要尽量避免返工，因此这种情况下整批送去返工也不太可行。因此，需要根据实际情况确定返工策略，若分批曝光，按照前文所述提前做好后续工艺的曝光工作。

上述返工后会涉及再次测量套刻和线宽后的自动补偿。若由于某些原因，不想让返工后的批次自动补偿。可以计算新的"总套刻补值"（当层老总套刻补值＋"测量后套刻补值"）后，并在APC中设置Single Lot。当然，也可以通过开SRC，将计算好的新的总套刻补值输入到SRC界面中对应的位置，工程师可根据实际情况进行处理。

光刻工艺第八步的测量包括线宽和套刻的测量。一般来说，线宽的趋势比较稳定，不会像套刻一样有较高频次的OOC或OOS情况出现。有时需要关注在一段时间内是否有一个线宽的变化趋势（Trending），以确保设备、光刻材料膜厚等没有发生漂移，本节不再讨论。

除了上述一些较为复杂的批次暂停情况，在试流片、流片过程中还有很多简单的批次暂停情况，此处以以下几种情况为例。

（1）超出排队等待的时间（Over Queue Time）[1-2]被暂停：有时，光刻多层光刻材料中的某些层次会用离线的涂胶设备（Offline Coating），涂完之后到下一个站点的涂胶或者曝光之前这一段时间需要严格控制，如果时间太长，容易造成光刻之后的线宽或者套刻发生明显的变化。这就需要在系统中设置一个时间，超出这个时间，批次会被暂停。除了离线涂胶这种情况，工艺流程中有些工艺之间（上个工艺导出到下个工艺的导入）也会有Queue Time。对于超出Queue Time导致的批次暂停，如果是不重要的层次，可以放掉；如果是重要层次，则需要返工。工程师需要严格遵循每个层次的处理方式，若不确定，需要与层次的所有者沟通确认。

（2）如果MES在测量步骤（一般是线宽）中并没有收到数据或者单点数据没有被收到，批次会被暂停且提醒"存在无效数据"。工程师需要检查是否是少量数据没有被收到，若并不影响判断工艺则可以释放；若大部分数据没有被收到，就需要微调程序（Fine Tune Recipe）并重新测量（线宽需换片或者换曝光场测量）。

(3) 如果机台没有处于正常状态,机台未能读出硅片盒、硅片编号,各机台程序缺失或者修改等原因都会导致批次暂停。

(4) 一般机台端辙入(Track In)和辙出(Track Out)都是自动完成的,若硅片完成工艺步骤之后被送进硅片盒,但是批次还未被辙出硅片盒就被从机台端移走,批次也会被暂停,此时需要手动辙出。

此外,光刻工艺中还会出现一些报警情况,例如,硅片掉片、对准故障、真空吸附不良、集成掩模探测系统(Integrated Reticle Inspection System,IRIS)颗粒、硅片调平报警等。另外,还有与光刻机相关的报警:平台同步错误(Dynamic Error)、真空报警、光源相关的报警等。

8.2 一些误操作举例

8.1 节介绍了试流片、流片过程中常见的一些批次暂停情况,只要处理得当,除了会耽误一些时间,并不会有其他严重的影响。本节会讨论一些误操作(Miss Operation,MO),有些只需要剥胶返工即可挽回,但也不可避免地会对衬底造成影响,延误交期;有些可能造成严重的影响,例如废片。

8.2.1 多次涂胶

这种 MO 一般在光刻阶段并不容易被发现,现举例说明。一般来说,除最后的测量步骤,光刻工艺的 8 步流程中的前 7 步都在轨道机-光刻机一体机中完成。然而,由于某些原因(如轨道机中没有对应管道),某个产品的抗反射层和光刻胶需要离线涂覆(Offline Coating),即在一台单独涂覆各种光刻材料的轨道机中完成材料涂覆工作。此时需要注意,当在轨道机-光刻机一体机中曝光时,需要省略在轨道机中的涂胶步骤,直接进行曝光。然而,如果仍然按照主机台站点中曝光程序+轨道机程序完成涂胶-曝光-显影等一系列光刻工艺流程,就造成了多次涂胶。

在测量阶段,由于添加了抗反射层,底层一些膜层的增加并不会对光刻胶的线宽造成明显的影响。但是由于涂覆了两次光刻材料,套刻的测量可能会受到影响。若由于测量跳站等原因,未在光刻工艺阶段发现这一误操作。进入刻蚀模块之后,需要以光刻胶作为阻挡层刻蚀抗反射层、以抗反射层作为阻挡层刻蚀硬掩模(Hard Mask,HM),然后完成硬掩模刻蚀后的线宽测量等工艺。由于多层涂覆光刻胶和抗反射层,上层抗反射层作为阻挡层刻蚀的实际上可能是光刻胶而非硬掩模。由于刻蚀选择比的不同,最终形成的线宽也有所差异,导致批次被暂停。

通过追溯各个机台中的历史记录,发现多次涂胶的误操作。这种情况下的硅片表面还是光刻胶和抗反射层,可以剥胶返工重新完成光刻、刻蚀等工艺。但是由于批次处于刻蚀工艺流程阶段,需要有跳站权限的工程师(一般为 PIE)将站点跳至光刻工艺的测量站点,光刻工程师再按照返工流程将批次送去返工。若没有追溯到原因,而将批次放到后续的工艺流程,会导致硅片报废甚至污染了其他设备。

8.2.2 套刻补偿错误,包括越补越大

1. 套刻记号选错

这种情况一般发生在套刻程序的建立阶段,程序需要按照套刻和对准策略来建立。若将

其他层次的套刻记号当成需要测量的前层记号，会导致套刻测量错误，套刻补值也必然不准确，有时可能越补越大。因为如果补偿的套刻层次不是测量的套刻层次，一旦补偿不起作用，会一直补下去。

2. 套刻程序设置错误

在套刻量测过程中，如果没有勾选程序中的 Negative results 选项，造成套刻偏差不是被扣除，而是继续叠加到工艺补值中，会导致后续批次的套刻越补越大。

3. 基于衍射的套刻探测，套刻补偿错误

如 4.4.2 节可知，有两种测量套刻的方式：传统的基于成像的套刻测量(Image Based Overlay，IBO)和先进技术节点中基于衍射的套刻测量(Diffraction Based Overlay，DBO)。由于 IBO 对于离焦比较敏感，衬底的高低起伏造成的离焦以及衬底的杂散光同样会影响套刻记号成像的质量。解决这一问题就需要对当层、前层的套刻记号都进行精确对焦，这需要花费更多的时间。同时，由于是明场探测，当两层之间的介质层越来越厚或者越来越不透明(针对 IBO 量测波长)时，背景光很强会导致探测信号的信噪比变差。而 DBO 是在暗场下收集±1 级衍射光，通过计算两级衍射光强之间的差异，获得套刻偏差。暗场的优势是没有很强的 0 级光，可以提高信噪比。由于 DBO 收集的是±1 级衍射光，其对离焦以及衬底的杂散光并不敏感，且测量重复性好。

然而，当化学机械平坦化工艺对前层的套刻记号造成损伤时，DBO 的方法会引入额外的、错误的套刻误差。如果按照 DBO 量测的套刻结果进行错误的补偿，那么会导致套刻补偿错误。因此，DBO 一般应用在已经固化的工艺流程中，预设 CMP 造成的套刻补值，并在套刻测量后将这一部分补值扣除后再进行补偿。

8.2.3　带有光刻胶硅片进入炉管工艺

对于一些实验的批次，可能需要跳过某些站点，一般只有 PIE 才有跳站的权限(测量站点除外)。当硅片完成光刻工艺流程之后，若因为一些原因需要跳站，并且跳站到刻蚀或者离子注入站点之后。批次只是暂停在跳站后的站点且并未进行特殊命令标注，容易被工程师错误释放到后续的炉管站点。表面满是光刻胶的硅片在炉管的高温下蒸发，会造成设备内部污染，甚至污染其他批次。正如第 7 章与本章一直强调的，对于特殊批次，批次所有者或者层次所有者需要在暂停信息中清楚地描述批次用途、暂停时间等信息。若批次在短期内无法完成实验，则需要暂时储存起来；完成实验的批次，且不再继续后续的工艺时，需要及时碎片。

8.2.4　SRC 中的一些误操作

有些需要做实验的批次需要经过 SRC[1,3]完成各种工艺流程，而 SRC 中的一些设置也需要非常注意。经常发生的一些问题如下。

(1) 当需要曝光一片 FEM 硅片时，能量或者焦距输入错误，造成线宽远离目标值，硅片需要返工重新曝光。

(2) 同样是曝光 FEM 硅片时，如果能量和能量的间隔以及焦距都输入正确，但是焦距的间隔值未输入，最后曝光场的焦距按照 SRC 中的输入值，但是能量从输入值开始，按照曝光路径，每个曝光场的能量按照输入的能量间隔值递增，最后形成能量逐渐增加的“蛇形”(与曝光路径相关)趋势。仅有初始的几个曝光场可用，硅片需要返工重新曝光。这个设置是可以改正的，即使焦距间隔不设置，也默认为 0，避免蛇形曝光路径产生，此时相当于曝光了一片 EM 硅片,可以计算出大概的最佳曝光能量。

8.2.5 轨道机宕机时剥胶返工误操作

当硅片在轨道机中涂胶过程中,轨道机发生宕机。轨道机中的硅片一般需要取出,并送去剥胶返工。但是存在一种情况,三层涂胶并没有完成,且工程师并没有做检查,默认旋涂碳(Spin On Carbon,SOC)、含硅抗反射层(Si-ARC)以及光刻胶均旋涂完成。那么按照正常的剥胶返工流程需要先利用氧气等离子体或者溶剂将光刻胶去除,再使用 CF_4 气体将含硅抗反射层去掉,最后使用氧气等离子体将 SOC 去除[4-5]。若硅片在轨道机中只完成了 SOC、Si-ARC 的涂覆,但是按照正常剥胶流程返工,本来用于去除光刻胶的氧气等离子体会与 Si-ARC 中的 Si 反应,形成坚硬的二氧化硅,更难去除,容易造成残留。

8.2.6 批次被错误释放

有时还会发生错误释放批次的情况,如 7.4 节所示,在测量套刻之后发生了 OOS。尽管能量的偏差一般不会造成线宽有明显的 OOC 或者 OOS,但是工程师一般还是会将批次释放以完成后续的 CDSEM 测量步骤之后再送去返工。防止没有测量线宽导致返工后发现线宽存在 OOS 的情况,造成多次返工。此时,就需要工程师在 CDSEM 站点之后设置 Post Future Hold,注明处理人、日期以及缘由(需要返工)。同时,返工之后的是暂停在某个部门还是直接释放也需要说明。若没有这个 Post Future Hold,测量得到合格的线宽之后,批次会自动进入刻蚀工艺,则无法挽救,造成废片。

8.2.7 后段硅片进入前段机台

有时会发生硅片盒错误放置的问题,一般说来,处于工艺流程不同阶段,其硅片盒的把手颜色不同,工艺流程中的各个机台上也会贴上标识,注明何种颜色把手的硅片盒可以用在这一机台上。除了标识,还会通过设置限制来防止硅片盒错误放置到其他机台。例如,后段工艺中都是金属和通孔层次,就不能将已经完成部分后段流程的硅片盒放置到前段的机台上。如果没有设置限制,误将后段 FOUP 放到前段机台,并对硅片进行了一些操作,则会污染前段机台。

8.3 其他的误操作举例

除上述这些 MO 之外,还会经常碰到如下一些小错误。

(1) 做完 FEM 得到最佳能量、焦距之后,输入 APC 系统时输入错误,导致后续产品线宽偏离目标值。套刻试跑结束之后,APC 系统没有自动反馈,手动计算补值错误或者输入错误。可以通过另外工程师的再次检查,尽量避免这些由于人工操作导致的简单错误。

(2) 在光刻工艺的测量步骤中也会出现各种小问题。例如,当某层套刻程序已经建立完毕并完成精调,但是被其他工程师误操作改掉了曝光场尺寸,造成套刻记号坐标位置错误,测量不通过。这就需要工程师注意,查看其他程序时,千万不要改变任何参数。如果想建立新程序,可以复制其他程序作为参考,但是不能更改现有程序中的参数。除非是层次所有者需要对线上程序进行调整,才有权更改程序设置,最好也要做好备份。

(3) 线宽测量过程中也会有多种问题存在,例如:

① 测量 FEM 硅片时没有添加整个硅片中的曝光场或者需要采集数据的大部分曝光场，只添加了设置程序初期的几个测试曝光场。测量结束查看数据才发现，这需要重新借机或者重新开 SRC 完成后续测量，增加人力、机时以及数据处理时间。

② 建立线宽测量程序时，测量图形的放大倍率选择错误，测量点的 AMP 设置错误，造成测量不准确。

③ 测量 FEM 硅片的线宽时未将可接受的最小分数(Acceptance)改低，造成由于能量变化或者离焦导致的与注册图形有差别的图像未被识别，大面积的曝光场没有测量数据。如果图像已经存储，需要花费大量时间离线测量；如果完全没有获得任何正确的图像，则需要重新量测，甚至为了防止硅片已经被电子束轰击过，需要重新曝光再测量。无论哪种情况，都会耗时耗力，延误进度。

本章小结

本章先通过几个常见的例子说明光刻中常见的一些批次暂停原因以及解决方法。此外，试流片、流片过程中还会遇到其他各种各样简单的、复杂的批次暂停、设备报警等状况。一般每个芯片代工厂都会总结一套批次暂停与标准解决方法，工程师需要提前了解，并在需要时进行查找。从上述多种 MO 中也可以看出，工程师需要胆大心细，无论做何种操作，都需要认真谨慎。在做任何一件事情之前，最好先熟悉现有的标准操作流程(Standard Operating Procedure，SOP)，如果还有疑问，务必跟资深工程师、层次所有者确认。尤其是当批次被释放到刻蚀工艺流程之后，就再也没有转圜的余地，所以需要慎重释放(Release)任何一个批次。

参考文献

参考文献

第9章

光刻工艺中采用的关键技术

由 5.1 节中可知，随着技术节点不断发展，光刻工艺中引入了多种新技术，以继续提高分辨率、成像对比度以及光刻工艺窗口等光刻工艺性能。这些新技术包括 248nm KrF 和 193nm ArF 的准分子激光光源、化学放大型光刻胶、离轴照明、透射衰减相移掩模（Attenuated Phase Shifting Mask，Att-PSM）、四极照明、水浸没式光刻工艺、偏振照明、负显影工艺、不透明的硅化钼-玻璃掩模版（Opaque-MoSi-On-Glass，OMOG）、光源-掩模协同优化（Source-Mask co-Optimization，SMO）以及极紫外（Extreme Ultra Violet，EUV）光刻技术等。

本章针对上述新技术中的主要几种展开讨论，如图 9.1 所示，详述几种新技术引入的技术节点、基本原理及其优缺点。

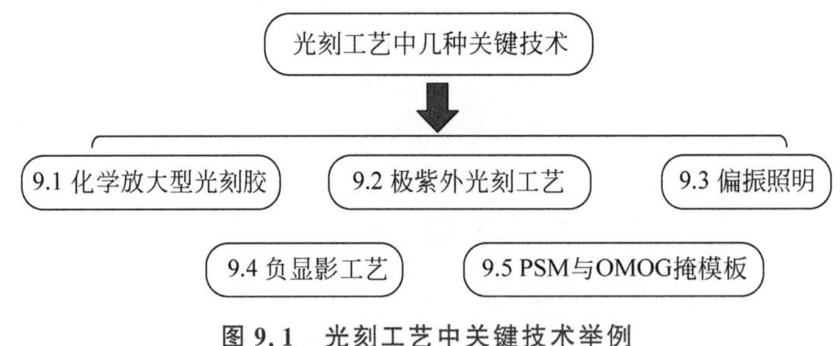

图 9.1　光刻工艺中关键技术举例

9.1　化学放大型光刻胶

9.1.1　简述光刻胶发展历史

光刻胶的发展经历了 20 世纪 60～70 年代的负性光刻胶，其基本原理是：曝光后的光刻胶发生交联反应，从而不溶于显影液，未曝光部分光刻胶溶于显影液。负性光刻胶（负胶）主要用于汞灯的 i-线（365nm）和 h-线（405nm）的接触式光刻机时代。随后，在汞灯的 g-线（436nm）、h-线以及 i-线光刻时代中，重氮萘醌（Diazo Naphtho Quinone，DNQ）/酚醛树脂（Novolac）光刻胶（正胶）占主导地位，其基本原理是：曝光前重氮萘醌磺酸酯里的磺酸基与酚醛树脂里的羟基形成一定强度的氢键,阻碍其溶于碱性的四甲基氢氧化铵(Tetra Methyl Ammonium Hydroxide,TMAH)显影液;曝光后,光化学反应使得DNQ变成茚酸(Indene acid),与酚醛树脂的氢键消失,同时增加酸度,使得其在TMAH显影液里的溶解率大大增加。由于未曝光部分光刻胶不溶于显影液,且没有负胶的溶胀特性,重氮萘醌(Diazo Naphtho Quinone,DNQ)/酚醛树脂(Novolac)光刻胶的分辨率相比负胶更高。

随着技术节点的进一步发展,光刻线宽越来越小。光刻胶又从普通正性光刻胶发展为化学放大型光刻胶[1-2],如图9.2所示。两种类型光刻胶的特点如下。

(1) 如图9.2(a)所示,对于普通光刻胶来说,由于上层对光吸收剧烈,下层光强明显变弱,光化学反应在整个光刻胶厚度上不均匀,造成梯形光刻胶断面形貌[3],梯形断面形貌使得光刻胶的分辨率无法被进一步提高。

(2) 从20世纪90年代中期的250nm节点开始,对更高分辨率和曝光灵敏度的需求推动了化学放大型光刻胶(Chemically Amplified photoResist,CAR)的应用,这一类型光刻胶也一直被应用到7nm甚至5nm、3nm(极紫外光刻胶)[4]等更先进的技术节点中。

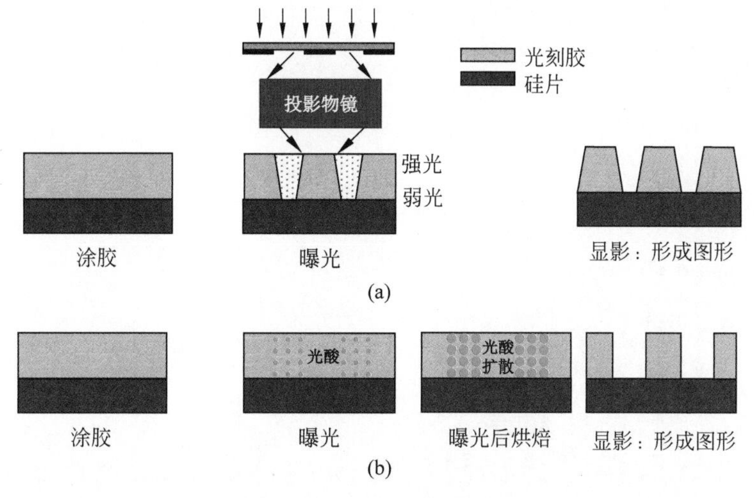

图9.2 普通光刻胶(a)和化学放大型光刻胶(b)的形貌示意图

化学放大型光刻胶主要由以下几部分组成:成膜树脂、溶剂、光致产酸剂以及添加剂等。以正显影工艺为例,如图9.2(b)所示:曝光之后光致产酸剂会产生光酸(H^+),光酸在曝光后烘焙过程(PEB)中催化光刻胶中被曝光部分中的树脂完成脱保护(Deprotection)反应,大大增加曝光后的光刻胶在TMAH显影液中的溶解速率。之所以称之为催化反应,是因为脱保护反应完成之后会重新释放出光酸。与普通光刻胶中一个光子只能催化一次化学反应不同,化学放大型光刻胶中起催化作用的光酸会扩散(图9.2(b)中小圆,实际为三维小球),从而使得一个光酸可以催化多个分子的化学反应,因此可以大大提高光刻胶的灵敏度,使得曝光能量降低到普通光刻胶的十几到几十分之一。图中规则排列的光酸仅为示意图,供参考。

9.1.2 等效光酸扩散长度

化学放大型光刻胶有更高的曝光灵敏度,一方面,可以减小对较难获取的氟化氪(KrF)和氟化氩(ArF)等短波长光源输出能量的依赖;另一方面,可以通过控制曝光后烘焙(Post Exposure Bake,PEB)的温度与时间来控制光酸的等效扩散长度[5],从而更加精密地调节成像质量,如对比度、焦深、侧壁轮廓的垂直度以及密集与孤立图形的线宽差异(整个周期的光学邻近效应)等,使得光化学反应更加精密可控。然而,如果光酸无休止地扩散,可能会造成未曝光区域的光刻胶也发生光酸催化脱保护反应,导致显影后没有光刻胶,即没有图形。因此光刻胶里需要添加碱淬灭剂(Quencher),以终止光酸的扩散。因此,光刻胶的等效光酸扩散长度是中和掉碱淬灭剂之后的光酸的扩散长度,是表征 CAR 的关键参数之一。

尽管化学放大型光刻胶有分辨率高、灵敏度高、形貌垂直等优点,但是,过度的扩散可能会影响成像对比度或者曝光能量宽裕度,这会增大曝光与未曝光区域直接的过渡区,增加线宽粗糙度。随着技术节点的发展,设计规则尺寸也在不断缩小,如果不相应地缩短光刻胶的等效光酸扩散长度[6],就无法得到更高分辨率的图形。因此,对于 250nm 逻辑技术节点的光刻胶,其等效光酸扩散长度为 70～100nm;到了 193nm 水浸没式光刻胶,等效光酸扩散长度缩短为 5～10nm:其中,最先进的正显影光刻胶的等效光酸扩散长度为 5nm,最先进的负显影光刻胶的等效光酸扩散长度为 7nm;对于更先进的极紫外光刻胶,其一般应用于 5nm 及以下技术节点中的前段剪切和中后段的金属、通孔等层次,由于这些先进节点的线宽进一步缩小,所以等效光酸扩散长度也相应地进一步降低至 4nm 及以下,如图 9.3[7-8]所示。此外,9.2 节会详细讨论等效光酸扩散长度与光刻工艺中非常重要的线宽粗糙度的关系。

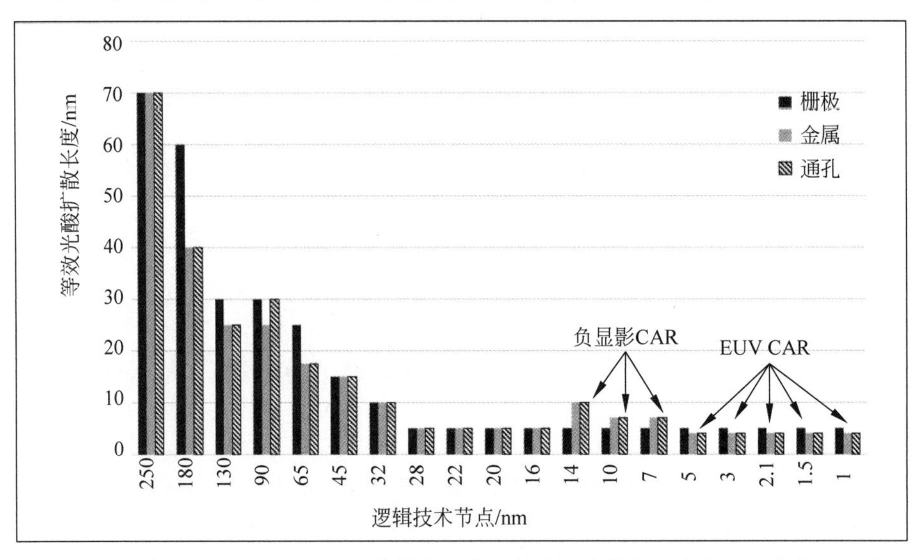

图 9.3 栅极、金属和通孔层次中等效光酸扩散长度随着技术节点发展变化的示意图

9.2 极紫外光刻工艺

到了 5nm 技术节点,设计规则进一步缩小,除了前段仍然使用 193nm 水浸没式配合自对准双重或者四重图形技术(Self-Aligned Double/Quadruple Patterning,SADP/SAQP)以外,对于前段鳍和栅极沟槽尺寸较小的剪切层以及中-后段的金属、通孔层次,一般不再使用 193nm 水浸没式光刻工艺。这是因为这些层次可能需要 6～8 次曝光,一方面,掩模版数目增多,大大增加了工艺成本;另一方面,太多的曝光次数使得本就不够的套刻精度更加难以控制,同时还伴随着复杂的薄膜工艺以及较难实现的刻蚀和光刻之间的线宽偏置(Etch Bias)。因此,从 5nm 技术节点开始,大多数中-后段层次、前段的鳍和栅极的剪切层次最好都采用极紫外光刻工艺来实现。

对于前段较小的周期,例如,5nm 节点中栅极周期约为 50nm,完全可以由一次 EUV 光刻完成曝光。那么，为什么前段鳍或者栅极层次的主图形不能使用极紫外光刻工艺完成图形的曝光呢？这是因为，EUV 光刻工艺存在明显的随机效应，会导致较大的线宽粗糙度（Line Width Roughness，LWR）（目前一次 EUV 曝光产生的 LWR 为 3nm 以上）甚至导致缺陷，这会对芯片的性能造成很大的影响。而 193nm 水浸没式光刻工艺的缺陷率很低（约为 0.01 颗/平方厘米），且原子层沉积技术可以获得膜厚均匀性非常好的间隔层，通过自对准两次和四次图形技术可以大大改善前段关键层次的 LWR。因此，与器件性能息息相关的前段关键层次仍然采用 193nm 水浸没式光刻工艺配合自对准多重图形技术，完成较小设计规则的图形。

9.2.1　极紫外光刻工艺中的随机效应和线宽粗糙度

1. EUV 光子吸收随机效应

如 9.1 节所述，由于随机效应导致较大的 LWR[9]，且成本也很高，EUV 光刻工艺一般只用于前段的剪切层次和后段金属、通孔层次，而不用于前段鳍或者栅极层次的主图形。为何 EUV 光刻工艺中有明显的随机效应呢？这是因为，极紫外光波长为 13.5nm，单光子能量高达 92eV，而 ArF 准分子激光器的单光子能量约为 6.42eV，极紫外单光子能量是 193nm 水浸没式光刻机的单光子能量的 14 倍。在相同曝光能量时，即使光子完全被吸收，极紫外光子数量也只有 193nm 水浸没式光刻机中光子数量的 1/14。而光子到达光刻胶上的位置是随机的，EUV 光子数量越少，会产生更明显的散粒噪声。也就是说，在 EUV 曝光过程中，光子位置的不确定性更大，这通常称为极紫外光子随机效应（Stochastic Effects）[10-12]，会导致光刻后的较大的线宽粗糙度，严重的会造成光刻之后光刻胶的明显缺陷（桥接或者断线）。

193nm 水浸没式光刻工艺与极紫外光刻工艺中的散粒噪声计算如下：对于 193nm 水浸没式的其中一支光刻胶来说，假设光刻胶折射率的虚部 k（消光系数）为 0.025，那么其对应的 193nm 的穿透深度

$$\Delta z=\frac{\lambda}{4\pi k}=\frac{193}{4\times 3.14\times 0.025}=615\text{nm} \tag{9.1}$$

5nm 厚光刻胶对 193nm 的吸收约为 0.0081。对于 30mJ/cm^2 的曝光能量，按照每个光子的能量为 6.42eV，在面积为 5nm×5nm 的区域内，光子数

$$N_{193\text{nm}}=30\text{mJ/cm}^2\times\frac{(5\times 10^{-7})^2}{6.42\times 1.60\times 10^{-19}}=7301 \tag{9.2}$$

按照 5nm 厚度的光刻胶对 193nm 的光的吸收率约为 0.0081，则被吸收的光子数目约为 59，其光子的随机涨落为被吸收光子数目的根号值，约为±7.68 个光子。也就是说，193nm 水浸没式光刻中，约有±13%的光子落在光刻胶上的位置存在不确定性。

同样地，对于单光子能量为 92eV 的极紫外光来说，在面积为 5nm×5nm 的区域内总光子数只有约 509 个。可见，在相同区域内，极紫外光子总数只有 193nm 水浸没式的 1/14。若极紫外光刻胶的吸收效率与 193nm 光刻胶的相同，即 0.0081，那么被极紫外光刻胶吸收的光子数约为 4.1 个，其光子的随机涨落约为±2 个光子，约有±49%的光子落在光刻胶上的位置存在不确定性。可见，由于光子能量大大增加，在曝光能量相同时，如果吸收率相似，被吸收的极紫外光子数目大大降低，造成光子的散粒噪声大幅升高，光子落到光刻胶位置上的不确定性可以增加到 50%。这种不确定性会导致光刻线宽粗糙度变大，甚至出现缺陷。所以，在 2018 年的美国国际光学工程学会（Society of Photo-optical Instrumentation Engineers，SPIE）上，极紫外光刻工艺中的散粒噪声导致的缺陷成为关注的重点，2018 年又称为随机学之年（Year of Stochastics）。

2. EUV 光刻工艺的线宽粗糙度

1）改善线宽粗糙度的方法

由于极紫外光子数量少导致的随机效应会造成各种缺陷，因此在极紫外光刻工艺中，线宽粗糙度是非常重要的概念，也是众多工艺、设备（光刻机光源）、材料（光刻胶）研发人员重点关注的一个参数。一般来说，除了提高光刻工艺窗口（如曝光能量宽裕度）可以改善线宽粗糙度之外，EUV 还可以从以下两方面着手改善线宽粗糙度。

（1）提高曝光能量。这样可以增加极紫外光的光子数量，减少散粒噪声，降低光子吸收随机效应的影响。这就对极紫外光源的输出功率提出了更高的要求，否则就会显著降低光刻机的产量（Throughput）。一般来说，EUV 光源的输出功率指的是中间焦点（Intermediate Focus，IF）处的功率。极紫外光从 IF 处开始，会经过包含掩模版在内的至少 11 组反射镜，最终到达硅片上的能量不会超过 2%。因此，提高 EUV 光源的输出功率也是极紫外光刻的一个重要课题，目前最高功率在 300W 以上。

（2）优化极紫外光刻胶的性能。对于 193nm 水浸没式光刻胶来说，常用的厚度约为 90nm，这一厚度可以充分利用较多的 193nm 的光子。而对于极紫外光刻工艺来说，由于波长大大缩短，焦深相应减小，相应的光刻胶厚度需要减薄（常用厚度为 30～50nm）。另外，由于使用 EUV 光刻工艺技术节点的线宽尺寸较小，为了控制合适的高宽比，EUV 光刻胶厚度也需要减薄。光刻胶厚度变薄会直接影响光刻胶对本来数目就较少的极紫外光子的利用效率。因此，需要进一步改进极紫外光刻胶的性能，以满足光刻工艺的要求。

光刻胶的整体性能可以用 Z 因子来衡量[13-17]，如式(9.3)所示。

$$Z = \mathrm{HP}^3 \times \mathrm{LWR}^2 \times E \tag{9.3}$$

其中，HP 是半周期（Half Pitch，HP），即分辨率；LWR 是线宽粗糙度；E 是曝光能量密度（$\mathrm{mJ/cm^2}$），一般工作中称其为曝光能量。曝光能量越小，说明光刻胶对光越灵敏，可以充分利用光，光刻机的产能可以越高。对于一支光刻胶来说，其 Z 因子越小，光刻胶的整体性能越好（分辨率高，线宽均匀性好，灵敏度高）。目前主流的成熟极紫外光刻胶产品大多采用的是化学放大型光刻胶，当提高光刻胶对光的灵敏度，空间像对比度也会相应提高（分辨率高），但是不需要较长光酸扩散的反应会使得 LWR 有所增加（等效光酸扩散长度与 LWR 的关系见下文）。为了得到较低的 LWR，需要适当增加等效光酸扩散长度，但是这样会损失对比度，从而影响分辨率。因此，需要同时对半周期（分辨率）、线宽粗糙度以及光刻胶对光的灵敏度进行改善才能提高光刻胶的整体性能[18]。

2）等效光酸扩散长度与线宽粗糙度之间的关系

一般来说，光刻胶的线宽粗糙度（LWR）包含光刻胶分子贡献的固定部分，以及光子吸收随机效应和光刻工艺贡献的部分[19]，如下。

$$\sigma_{\mathrm{LWR}} = \sigma_0 + \frac{\sigma_m}{\mathrm{d}m/\mathrm{d}x} \tag{9.4}$$

式(9.4)中包含以下三个重要部分。

（1）σ_0 代表光刻胶分子贡献的固有线宽粗糙度，包含分子的绝对大小和大小的分布。因此，可以通过采用低分子量的树脂，同时优化光刻胶分子量的均匀性来提高线宽均匀性。

（2）σ_m 代表已经脱保护的聚合物分子的数量变化，也就是与统计中的散粒噪声相关，或者直接代表在给定的空间体积内所有吸收光子数的随机涨落。因此，在光子数量不变的前提下，需要提高极紫外光刻胶对光子的吸收效率，以尽量降低光子的随机涨落。

一般来说，可以通过增加光致酸产生剂的掺杂量来提高光子吸收效率[20]。光致酸产生剂通常分为以下两大类。

① 一种是与光刻胶树脂混合在一起的(Polymer blend)PAG[15,21-23]，最高掺杂量可达20%，继续增加掺杂量，会造成偏亲水性PAG从疏水性光刻胶中析出。

② 另一种是生长在树脂上，也称为聚合物键合(Polymer bound)的PAG[15,18,21-23]，最高掺杂量可达50%，虽然不用考虑PAG是否会析出，但是太多的PAG会导致光刻胶偏亲水，可能存在显影前后光刻胶薄膜在显影液里溶解率对比度不高的风险[21]。同时，PAG的增加还会降低光刻胶的抗刻蚀能力，不利于图形的保真传递。

另外，还可以通过增加光刻胶的厚度来提高对光子的利用率，然而，过厚的光刻胶会损失焦深。因此，极紫外光刻工艺中会在光刻胶下方增加一层底层(Under Layer，UL)[24-26]，用来将光子、二次电子[27]甚至光酸[28]反射到上层光刻胶中，以产生更多的光酸，提高了光子的利用效率。这也是与193nm水浸没式光刻工艺的不同之处，极紫外光刻工艺中不需要抗反射层，而是需要能提高光子利用率的UL层。

(3) 式(9.4)中$\mathrm{d}m/\mathrm{d}x$代表聚合物分子脱保护浓度的空间梯度，即镜头投影和光酸扩散共同形成的空间像对比度。对于密集图形，曝光能量宽裕度与空间像对比度成正比，所以这一项代表的是光刻工艺窗口的好坏。而更高的图形对比度或者说是更高的曝光能量宽裕度，可以缩小曝光和未曝光区域之间的过渡区域，从而降低线宽粗糙度。由于极紫外工艺中的线宽更小，需要更小的线宽粗糙度，因此需要提高其光刻工艺窗口。由5.2节可知，需要在193nm水浸没式光刻工艺窗口的基础上，进一步提高极紫外光刻工艺窗口，例如，需要将后段金属层次的曝光能量宽裕度从13%提高到18%，以满足量产的需求。

即使使用EUV光刻工艺，实际生产中单次EUV曝光的周期并不会接近EUV光刻机的理论极限，以防随机效应导致小线宽图形出现较多的缺陷。一般来说，0.33NA EUV光刻单次曝光完成的沟槽图形周期为36～40nm，通孔图形周期为48～50nm[29]。若需要单次曝光实现更小的周期，则需要增加曝光能量，这会大大影响光刻机产能。

9.2.2 极紫外光刻工艺仿真

1. 简述极紫外光刻工艺仿真算法

与193nm水浸没式光刻工艺仿真不同的是，由于存在物方主光线夹角(Chief Ray Angle at Object space，CRAO)与较厚的掩模版(60nm吸收层+280nm多层高反射膜)及其导致的很强掩模版三维散射效应(详见4.1.4节)，极紫外光刻工艺仿真中需要考虑光瞳中多个入射角度的成像效果。若仍然采用时域有限差分(Finite Difference Time Domain，FDTD)的方法，则不能继续使用周期性边界条件和二阶边界吸收条件，需要使用完全匹配层吸收边界条件。同时，仿真区域中需要采用多个周期以得到准确的仿真结果，这会大大增加FDTD的计算量。根据估计，极紫外光刻工艺仿真在一维和二维图形的运算量是193nm水浸没式光刻工艺仿真的约300和1000倍。因此，在计算极紫外光刻工艺中的掩模三维效应时，为了提高计算速度，需要采用一种更加快速的方法：严格耦合波(Rigorous Coupled Wave Analysis，RCWA)算法。RCWA可以将每一层膜当成一个传输矩阵，而不需要像FDTD一样选择合适的格点来逐步计算，这会大大提高计算速度[30]。RCWA算法是当前业界在极紫外光刻工艺仿真算法中常用的、计算掩模三维效应的算法。虽然计算速度提高了，但是RCWA方法的准确性有待提升，需要用FDTD方法的结果来辅助校准。

极紫外光刻工艺仿真采用自研的光刻工艺仿真软件，软件中计算掩模三维效应的算法采用速度更快的 RCWA 算法。软件中对极紫外光刻胶进行建模，模型包含光子吸收随机效应模型以及缺陷预测模型。

另外，如 4.1.4 节所述，由于极紫外光刻机中投影物镜包含 6 片反射镜片(0.33NA)[31]，比 193nm 水浸没式光刻机的 20 多个镜头少得多，太少的镜头无法得到像差符合要求的较大像场。因此，极紫外光刻工艺的像场采用的是离轴距离较大的环形像场[31-37]。

(1) 一方面，在离轴距离较大处，可以在一个宽度有限(如等效宽度为 1.6～2.0mm)的环形区域内有较小的像差。

(2) 另一方面，环形像场本身还可以减小与像场半径有关的像差，如畸变、场曲、像散等；即使仍然存在畸变，由于其在同一个像场半径上的数值相同，可以通过补偿放大率来抵消畸变对成像造成的影响。

因此，除 CRAO(θ)外，在 RCWA 算法中还有另一个重要的角度 $\varphi=18.6°$[35,38-39]，如图 9.4 所示。在环形像场尺寸如 26mm×1.6mm 时，φ 代表环形像场的离轴高度。本章涉及的极紫外光刻工艺仿真结果，已经经过 FDTD 一维仿真数据的验证以及实际硅片数据的校准。

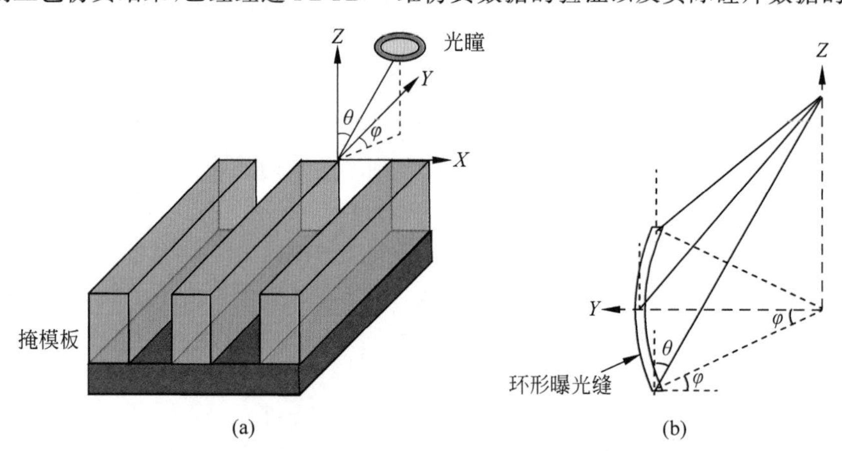

图 9.4 极紫外光刻工艺仿真中两个重要角度($\boldsymbol{\theta}$ 和 $\boldsymbol{\varphi}$)示意图：(a) 光瞳入射到掩模版；(b) 环形曝光缝与角度 $\boldsymbol{\theta}$ 和 $\boldsymbol{\varphi}$

2. 一维图形和二维图形仿真举例

1) 一维图形仿真举例

如前所述，由于存在光子吸收随机效应，极紫外光刻机在实际生产中可以实现的缺陷率满足要求(10^{-12})的单次曝光最小周期会大于极限分辨周期。例如，0.33NA 极紫外光刻机，其一维图形的理论极限分辨率约为 20nm 周期，而实际上用于生产的最小周期需要达到 36nm[11]。本节以 36nm 周期为例，光刻之后的沟槽目标线宽为 18nm。仿真所用的照明条件为 NA=0.33，$\sigma_{\text{out}}/\sigma_{\text{in}}=0.9/0.5$，四极照明，张角为 35°，无偏振。掩模版是二元掩模版，光刻胶为化学放大型，厚度为 40nm，等效光酸扩散长度为 4nm，显影方式为正显影。

如图 9.5 所示为周期为 36nm 时，沿着 Y 方向一维图形的仿真结果，光刻之后沟槽线宽为 18nm，曝光能量宽裕度为 19%，符合光刻工艺标准要求(EI≥18%)。当引入光子吸收随机效应模型之后，曝光能量设为 55mJ/cm²，光刻胶的分子量设为 3000。由图 9.5(e)的空间像中可以看出光子位置的随机分布，这种随机分布会导致线宽粗糙度。由图 9.5(f)轮廓图中可以得出，该一维图形不包含量测误差的线宽粗糙度(Unbiased LWR)约为 3nm[40]。

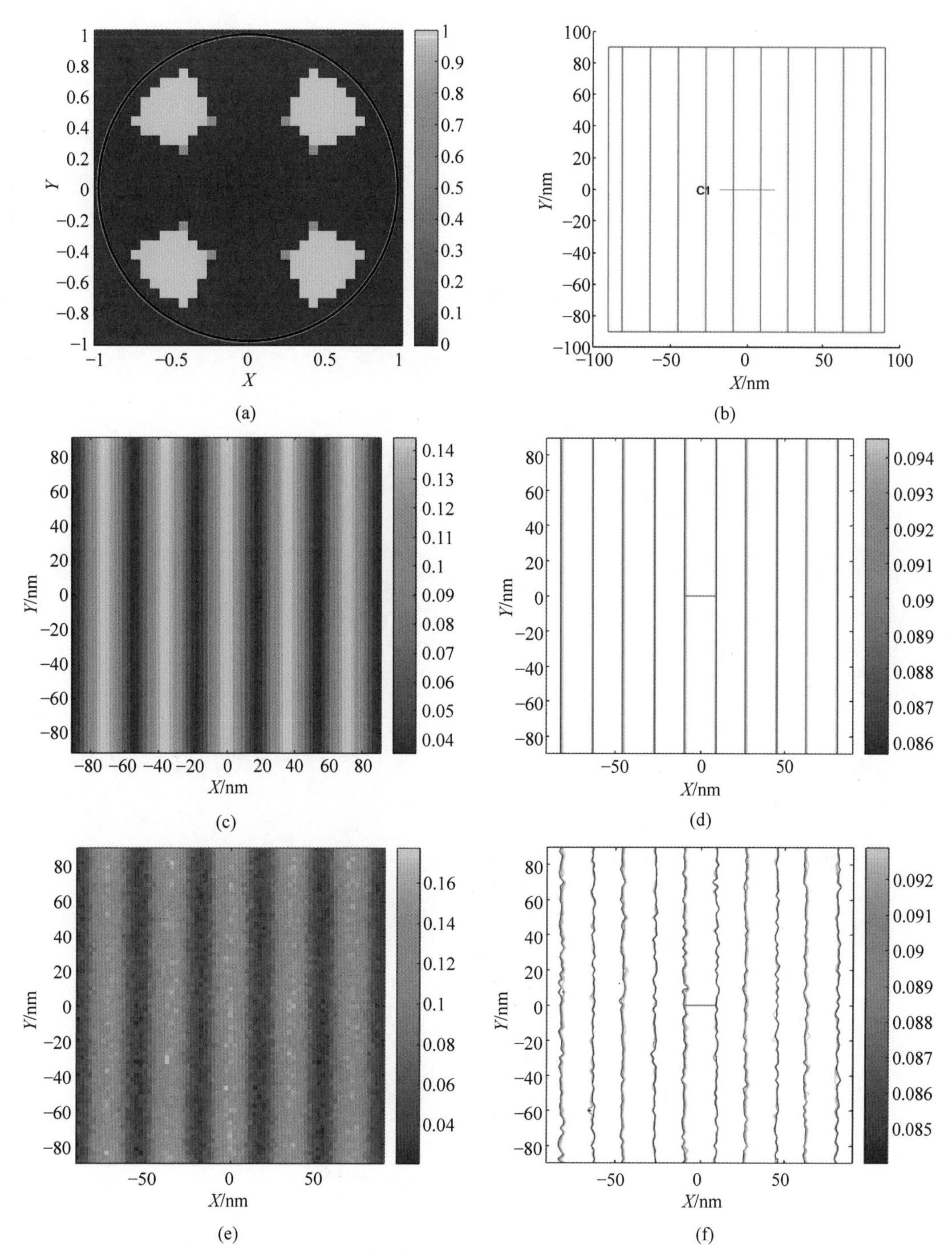

图 9.5　沿 Y 方向一维图形的光刻工艺仿真举例：(a) 照明光瞳；(b) 周期为 36nm 的掩模版；(c) 不含光子吸收随机效应的空间像；(d) 不含光子吸收随机效应的轮廓；(e) 含光子吸收随机效应的空间像；(f) 含光子吸收随机效应的轮廓

2）二维图形仿真举例

对于极紫外光刻工艺来说，除了可以实现更高的分辨率(一维图形)，还可以做到更小的线端-线端、线端-横线的尺寸(二维图形)。对于后段金属层次来说，若可以通过单次极紫外光刻工艺实现更小的线端-线端尺寸，则可以省略剪切层次或者节省剪切层次的层数，减少掩模版张数以降低成本。

由图9.4可以看出，由于CRAO的存在，导致照明光瞳只以Y轴为对称轴对称(即变换X轴±坐标，光瞳不变)。图9.6(a)是二维线端-线端的掩模版，由于光瞳的这种不对称性，导致理想情况下图9.6(a)二维线端-线端的掩模版OPC修正时也需要是上下不对称的。可以通过光源优化(Source Optimization，SO)得到上下非对称的光源[41]，以提高EUV的光刻工艺窗口。图9.6(a)中主图形(一维)周期为36nm，其余仿真条件与图9.5中相同，主图形的光刻之后沟槽目标线宽也为18nm。仿真之后，一般需要查看两个切线处的线宽C1和C2。

(1) C1处是密集图形，为锚点，线宽需达到18nm，仿真之后的EL约为19%(>18%)。

(2) C2处是需要重点关注的沟槽的线端-线端的尺寸，根据工艺标准，此处EL需要大于13%，仿真之后的线宽约为20nm，EL约为15%。

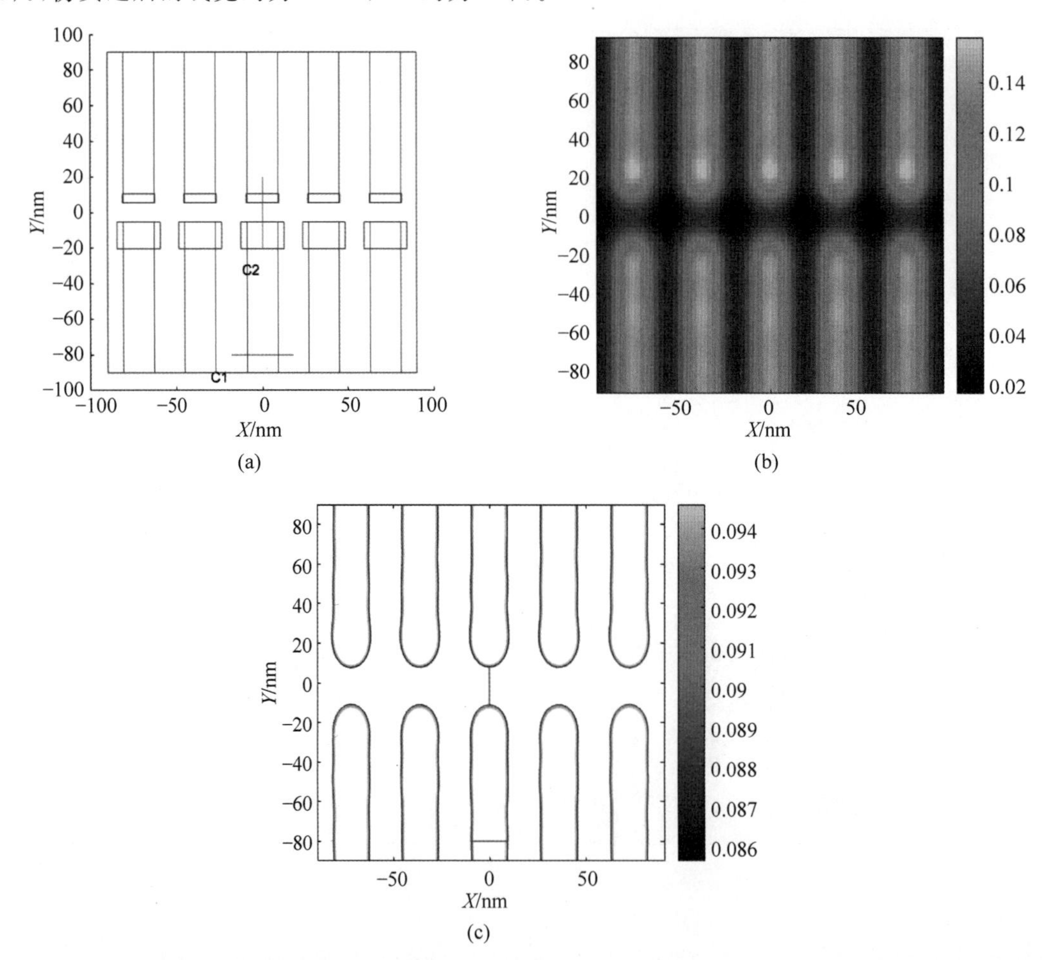

图9.6 二维线端-线端图形的光刻工艺仿真：(a) 经过简单OPC修正的掩模版；(b) 不含光子吸收随机效应的空间像；(c) 不含光子吸收随机效应的轮廓

仿真结果说明，低数值孔径的极紫外光刻工艺中最小的线端-线端尺寸可以做到20nm，这比193nm水浸没式中的60～65nm的沟槽线端-线端尺寸要小得多。当周期较小时，线端-线端尺寸不容易做到很小，当周期继续增加，线端与线宽更容易靠得更近。

对于0.55NA极紫外光刻机，可以实现更小的线宽，其一维图形的极限分辨率为13nm周期，同样因为光子吸收随机效应，实际生产时一维图形周期要大于这一极限值（如 28nm）。随着可实现的图形周期、线宽的缩小，Unbiased LWR 也需相应地减小，如 2～3nm。另外，在低数值孔径小线端-线端尺寸的基础上，0.55NA 极紫外光刻工艺可以允许更近的线端-线端，如 16nm[29]。

3. EUV 光刻工艺中的阴影效应和环形曝光缝不同位置处的一维仿真结果

1）阴影效应

对于在曝光狭缝中间时，入射光主光线在 YZ 平面与 Z 轴有一个固定角度（0.33NA：6°，0.55NA：5.3°）[42-43]。由于存在这个角度，沿着 X 轴的图形，会对光造成遮挡，如图 9.7(a)和图 9.7(b)所示。从图 9.7(b)的 YZ 平面来看，有些反射光会被吸收层遮挡，有些反射光甚至可能从隔壁沟槽中穿出。而从图 9.7(c)中可以看出，对于沿 Y 轴的图形，并不会对反射光造成遮挡。对于 0.33NA EUV 来说，XY 方向有相同的成像倍率（4∶1），由于沿着 X 轴的图形对反射光的遮挡，会造成在相同阈值条件下，其线宽小于沿着 Y 轴图形的线宽，这种两个方向上线宽（包含工艺窗口）之间的差异称为 Horizontal-Vertical（H-V）Bias[41]。

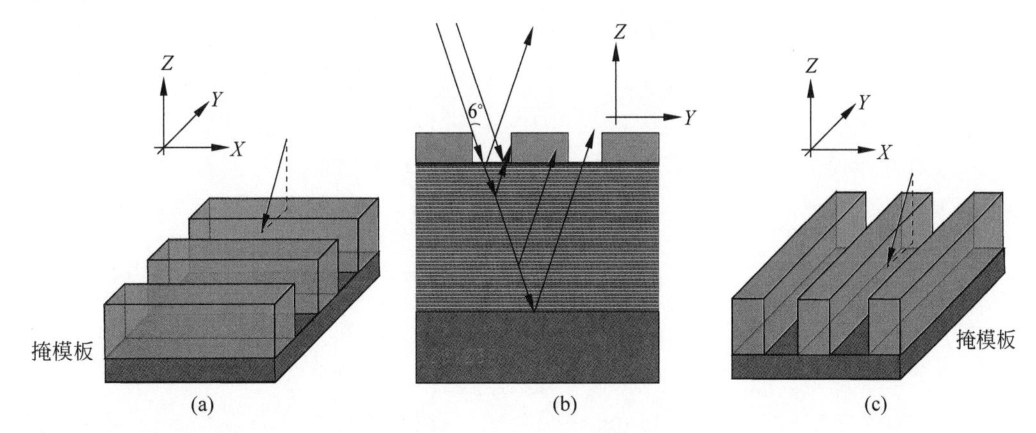

图 9.7　不同方向图形受 CRAO 的影响示意图：(a) 沿着 X 轴的图形；(b) 沿着 X 轴的图形在 YZ 平面的截面；(c) 沿着 Y 轴的图形

除了 HV Bias，EUV 光刻工艺沿 X 方向的图形还存在沿 Y 方向的位置移动（Pattern Shift）[44-47]。本节以 0.33NA EUV 光刻工艺为例，简述图形位置移动的基本原理。

除 EUV 照明，其余光刻机的照明光瞳（SMO 光瞳除外）均为以 X 轴和 Y 轴为对称轴对称的光瞳，如图 9.8(a)所示（以 Y 偶极为例）。而 EUV 照明中存在入射光主光线与 Z 轴的夹角，导致 EUV 照明光瞳在曝光狭缝中心处只以 Y 轴为对称轴对称，如图 9.8(c)所示（以 Y 偶极为例）。上述两种照明光瞳成像的情况如下。

（1）对于以 X、Y 轴为对称轴对称的光瞳（193nm 水浸没式），将偶极照明中的两个偶极部分分为 A，B，如图 9.8(b)所示（光线粗细代表光强大小，图中只展示了一个照明角度）。经过透射掩模版之后，A 的 0 级光强与 B 的 0 级光强相等，A 的 1 级光强与 B 的 1 级光强相等。干涉成像时，左右两束光强（分别包含一个偶极部分的 0 级和另一个偶极部分的 1 级）相等，图形中心位置不会发生偏移。

（2）对于狭缝中心处以 Y 轴为对称轴对称的光瞳（0.33NA EUV），将偶极照明中的两个偶极部分分为 A，B，如图 9.8(d)所示（光线粗细代表光强大小，图中只展示了一个照明角度）。其中，A 部分靠近 Z 轴，B 部分远离 Z 轴。经过反射式掩模版之后，A 部分入射角（反射角）更小，因此 A 部分的 0 级光强高于 B 部分的 0 级光强。然而，A 部分的 1 级衍射角度大于 B 部分的 1 级衍射光角度,因此 A 部分的 1 级光强弱于 B 部分的 1 级光强。干涉成像时,左右两束光强(分别包含一个偶极部分的 0 级和另一个偶极部分的 1 级)不相等,图形中心位置会发生沿 Y 轴的偏移,即 Pattern Shift。

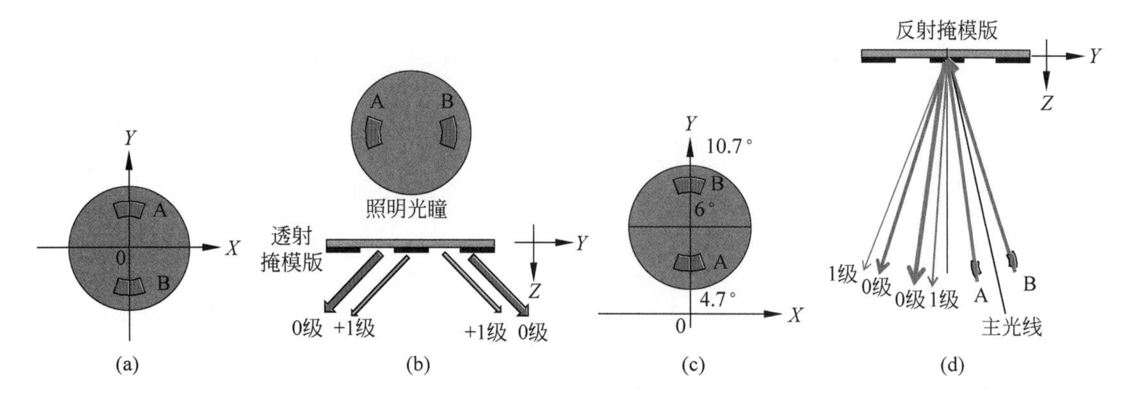

图 9.8 (a) 193nm 水浸没式对称光瞳(以 X、Y 轴为对称轴);(b) 对沿 X 轴的图形,对称光瞳成像;(c) 狭缝中心处 EUV 光瞳只以 Y 轴为对称轴对称;(d) 对沿 X 方向的图形,非对称 EUV 光瞳成像

对于 0.33NA EUV 来说,由于 CRAO 的存在,导致沿 X 方向图形的线宽偏小、EL 有变化,且存在沿 Y 轴的位置移动,这些效应统称为阴影效应(Shadowing Effect)[48-49]。

由于入射到掩模版上的主光线角度变小,且图形在 Y 方向上的放大倍率增加,高数值孔径(如 0.55NA)EUV 光刻工艺窗口和阴影效应等方面的规律与低数值孔径 EUV 光刻工艺中的有所区别[41]。

2) 环形曝光缝不同位置处的一维仿真结果

接下来,通过极紫外光刻工艺仿真来说明狭缝不同位置处的图形位移情况,如图 9.9 所示。以周期 36nm,目标沟槽线宽 18nm 为例。照明条件为 NA=0.33,$\sigma_{out}/\sigma_{in}=0.9/0.5$,四极照明,张角为 35°,无偏振。掩模版是二元掩模版,光刻胶为化学放大型,厚度为 40nm,等效光酸扩散长度为 4nm,显影方式为正显影。由仿真结果可知:

(1) 在狭缝中心位置,由于光瞳以 Y 轴为对称轴对称,因此只有沿着 X 方向的图形在沿-Y 轴方向有约 1.16nm 的位置移动,沿着 Y 方向的图形没有位置移动。

(2) 当逐渐向狭缝两侧移动时,整个光瞳也会有沿着狭缝的转动,这就导致偏离狭缝中心位置时,光瞳均不以 X、Y 轴为对称轴。进而造成沿着 Y 方向的图形也会引入位置移动,移动量随狭缝位置外移而逐渐增加,且在狭缝两侧 Y 方向图形的位置移动方向相反。如图 9.9 所示的狭缝两端的移动一个是 0.8nm,另一个是−0.66nm,数值的绝对值不等应该是计算误差。另外,沿 X 方向图形的位置移动随着偏离狭缝中心而逐渐变小。

上述狭缝不同位置呈现出的不同方向图形、不同大小的位置移动,都需要通过光学邻近效应修正进行补偿。

4. 影响 EUV 光刻工艺 LWR 的因素

1) 曝光能量和光刻胶厚度

前面提到,对于极紫外光刻工艺来说,如果想要减小随机效应的影响,需要增加光子数目且提高对光子的利用率。首先,增加曝光能量可以直接增加光子的数目。对于提高光子的利用率,除了可以通过增加光刻胶中的光致酸产生剂、增加 UL 层次来实现,还可以通过增加光刻胶的厚度来实现。更厚的光刻胶层可以吸收更多的光子,从而改善随机效应。如图 9.10 所示,随着光刻胶厚度的增加、曝光能量的增大,LWR 都呈现逐渐降低的趋势,其中,曝光能量

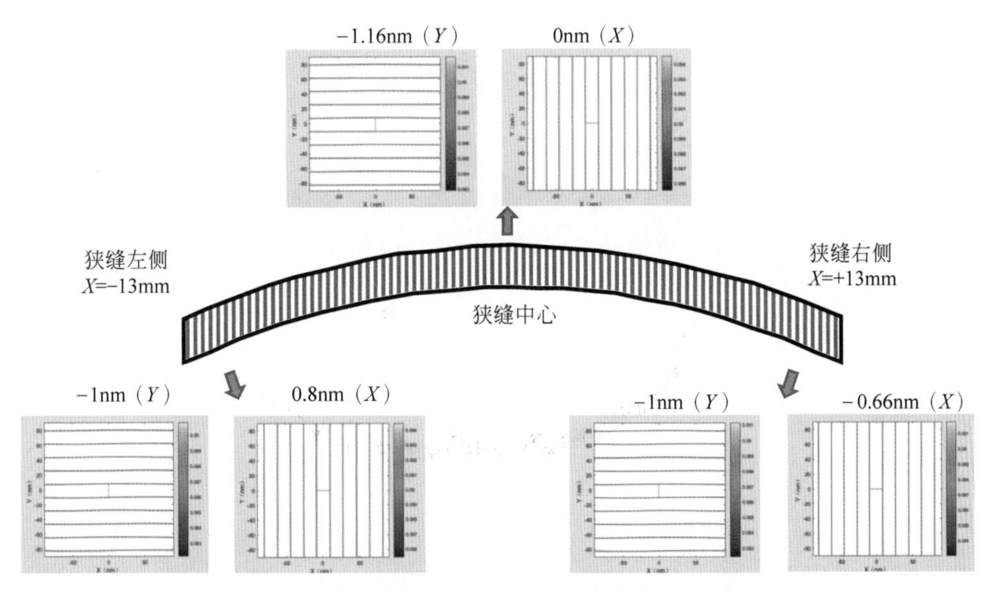

图 9.9　环形狭缝不同位置处光刻工艺仿真结果示意图

增加时可以明显增加吸收的光子数目，因此对线宽粗糙度的改善也更多。

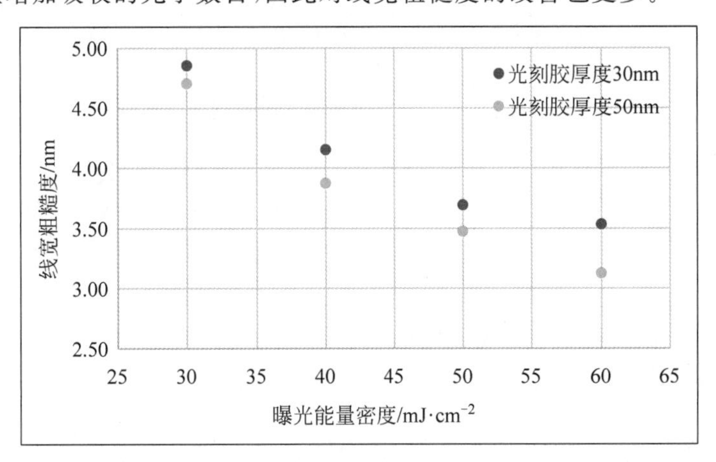

图 9.10　线宽粗糙度与曝光能量密度、光刻胶厚度的关系

光刻胶最终厚度的选择需要考虑光刻工艺的焦深，对 UL 的刻蚀速率等因素；尽管更高的能量可以获得更好的 LWR[40]，能量的选择还需要考虑光刻机的产能。若对于较小的周期，LWR 始终无法满足工艺量产的需求，或者需要以很高的曝光能量为代价，则需要考虑用较大的周期配合多次光刻-刻蚀工艺来完成某道光刻。例如，对于已经实现量产的 5nm 逻辑技术节点，后段金属层次最小设计规则为 30nm 周期，实际使用极紫外自对准光刻-刻蚀、光刻-刻蚀工艺来完成这一层次，EUV 单次曝光的最小周期为 60nm。在较大周期中，光刻工艺窗口更大，还可以通过后续的刻蚀进一步降低线宽粗糙度，从而降低工艺缺陷率。

2）等效光酸扩散长度

如前所述，除了光刻胶的厚度、曝光能量，化学放大型光刻胶中还有一个因素会直接影响线宽粗糙度：等效光酸扩散长度。以一维图形为例，周期为 40.5nm，沟槽线宽为 20nm。照明条件为 0.33NA，sigma 0.819/0.546，偶极照明，张角为 70°。曝光能量为 $55mJ/cm^2$，光刻胶的分子量为 3000，光刻胶厚度为 30nm。仿真结果如图 9.11 所示[50]，可以看出，LWR 与扩散长度的关系类似一个二次函数,可以分为以下三个区域。

(1) 在区域 A(Region A):由于扩散长度太短,光子随机效应被匀化得不明显,LWR较大。

(2) 在区域 B(Region B):较长的扩散匀化了随机效应,LWR 也降低到一个稳定的水平。

(3) 当扩散继续增加,会大大降低图形对比度[37],造成曝光与未曝光区域之间的过渡区域明显增大,反而会导致 LWR 增加,如区域 C(Region C)所示。

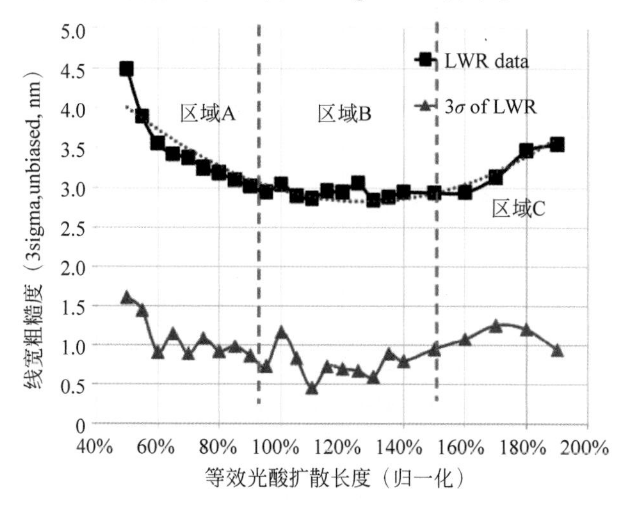

图 9.11 线宽粗糙度与等效光酸扩散长度的关系[ken]

因此,化学放大型光刻胶中的光酸扩散有很多优点,例如,增加光刻胶的灵敏度、降低曝光能量、优化光刻胶形貌、降低线宽粗糙度等。然而,其局限性也很明显,过度的扩散会导致图形对比度下降,使得 LWR 变差,影响光刻工艺的线宽均匀性,甚至影响芯片成品率。因此,光刻胶中光致产酸剂的合成,光酸扩散长度的调整是非常重要且不易的一环。

9.3 偏振照明

9.3.1 采用偏振照明的原因及偏振照明与光瞳的选择

1. 为何采用偏振照明

由第 5 章可知,照明条件的选择需要考虑是否采用偏振照明。一般来说,当 NA 到达 0.65 时,是否采用偏振照明就会开始影响整个光刻的工艺窗口,在浸没式光刻机使用之前,不采用偏振照明的影响还在工艺窗口可接受的范围内。从 45nm 技术节点开始,大多数芯片代工厂都开始引入浸没式光刻工艺,由于 NA 较大,此时偏振的影响也增大[51]。一般来说,40nm 技术节点作为一个使用偏振照明的分水岭,在这一节点可以开始采用偏振照明。但是由于 40nm 节点的设计规则远没有达到浸没式光刻机的衍射极限,即使不采用偏振照明,光刻工艺窗口也能满足工艺的要求,但是到了 28nm 技术节点则必须采用偏振照明条件。

在解释为什么一定要选择偏振照明方式之前,先介绍光在传播过程中的一些概念。众所周知,光的本质是电磁波,根据传播方向上有无电场分量或者磁场分量,可以将光分为如下三类。

(1) 横电磁(Transverse Electric and Magnetic,TEM)波:在传播方向上没有电场和磁场分量,电场和磁场都在垂直于传播方向的平面上,且两者相互垂直。

（2）横电（Transverse Electric，TE）波：在传播方向上有磁场分量而无电场分量，电场分量垂直于光线传播的方向，还与光线和硅片（掩模版）表面法线组成的入射平面垂直。

（3）横磁（Transverse Magnetic，TM）波：在传播方向上有电场分量而无磁场分量，即磁场分量垂直于光线传播的方向，还与光线和硅片（掩模版）表面法线组成的入射平面平行。

任何光波都可以用上述 TEM、TE 以及 TM 波的合成形式表示。

由 2.9.1 节可知对比度的定义，由对比度公式可以看出，若想得到较大的空间像对比度，需要尽量降低空间像光强的最小值。由 2.7 节可知，至少需要两束光干涉才可以成像，图 9.12 展示了带有 TE、TM 偏振的两束光矢量叠加示意图。TE、TM 波的成像特点如下。

（1）由于 TE 波垂直于光线传播和硅片法线组成的表面，因此无论是小 NA（＜0.65），还是大 NA（＞0.65）的情况，空间像的最大值为两个相同方向的 TE 矢量的叠加值，就是两个矢量模的叠加值，而空间像的最小值为两个相同方向的 TE 矢量相减的结果，即 0。所以说，只有 TE 波成像时（采用 TE 偏振照明方式），才有机会实现对比度为 100％的空间像成像结果。

（2）由于 TM 波平行于光线传播和硅片发现组成的表面，无论是小 NA 还是大 NA 的情况，两束光的 TM 矢量都有一定的夹角。因此，两个有夹角的 TM 矢量的叠加值小于两个矢量模的直接叠加值，而两个 TM 矢量的差值随着两者的夹角变大而增加。当两个 TM 矢量相减不为 0 时，其空间像最小值不为 0，对比度会有所损失，且随着 NA 的增大，对比度损失得越多。

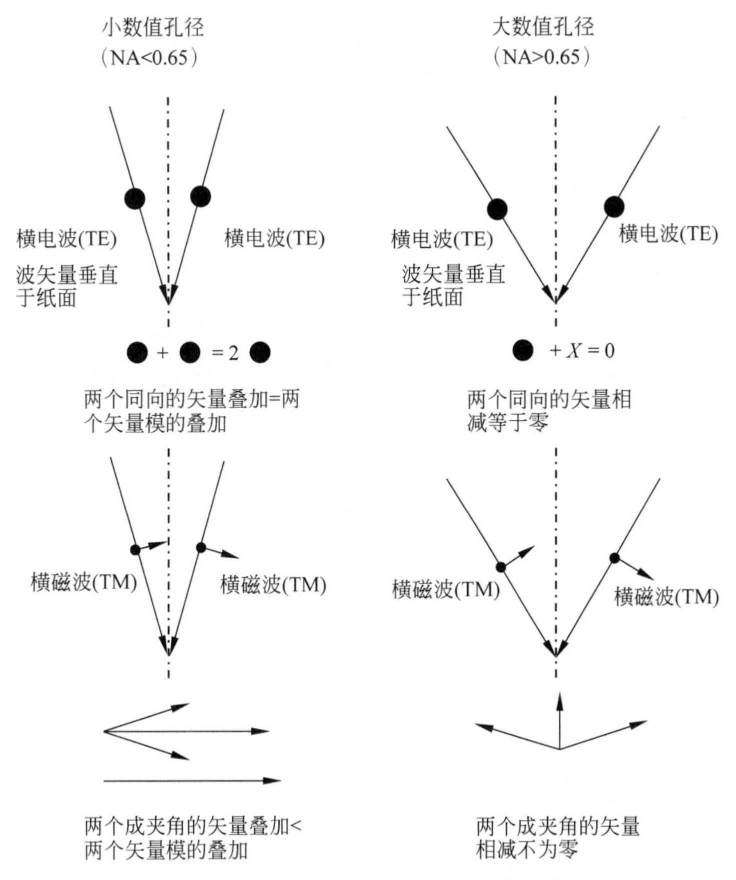

图 9.12　大小 NA 情况下带有 TE，TM 偏振的光束叠加示意图

由于 28nm 技术节点之后的设计规则越来越接近衍射极限，浸没式光刻机中 NA 均采用最大值 1.35，TM 参与成像造成的对比度损失会大大降低光刻工艺窗口。因此，必须采用偏振照明，通过尽量采用 TE 波成像来提高图形的对比度/曝光能量宽裕度。

2. 偏振照明与光瞳的选择

如 5.3 节所述，针对不同类型、方向、尺寸的设计规则，需要选取合适的初始照明条件。同时，为了保证较高的对比度，即较高的曝光能量宽裕度，照明条件中还需要选择合适的偏振方式，即尽量使投影物镜系统能在横电(TE)波照明条件下成像。如图 9.13 所示，使用不同的偏振方式和照明光瞳时，具体成像情况如下。

(1) 由图 9.13(a)可以看出，0 级和 1 级光都被 XY 平面内的光瞳收集，同时由于衍射级沿着 X 方向展开，光束与 Z 轴呈一定的衍射角并沿着 Z 轴传播，传播方向与掩模版法线组成的平面为 XZ 平面。因此 Y 偏振是与 XZ 平面垂直的，即使用 TE 波成像，可以保证有最大的对比度。

(2) 由图 9.13(b)中可以看出，如果 Y 方向的图形采用的是 Y 方向的偶极照明配合 X 偏振，可以看出，1 级衍射光都已经超出光瞳范围无法被收集，因此缺乏两束光干涉成像的必要条件。

因此，当图形为 Y 方向时，为了得到较大的对比度，需要采用 X 方向的偶极照明，同时配合 Y 偏振。然而，当偶极照明张角超过 90°时，说明需要兼顾衍射级分布与 Y 方向图形的衍射级分布垂直的少数其他图形，例如线端-线端图形，此时就需要采用 XY 偏振，详见下文。

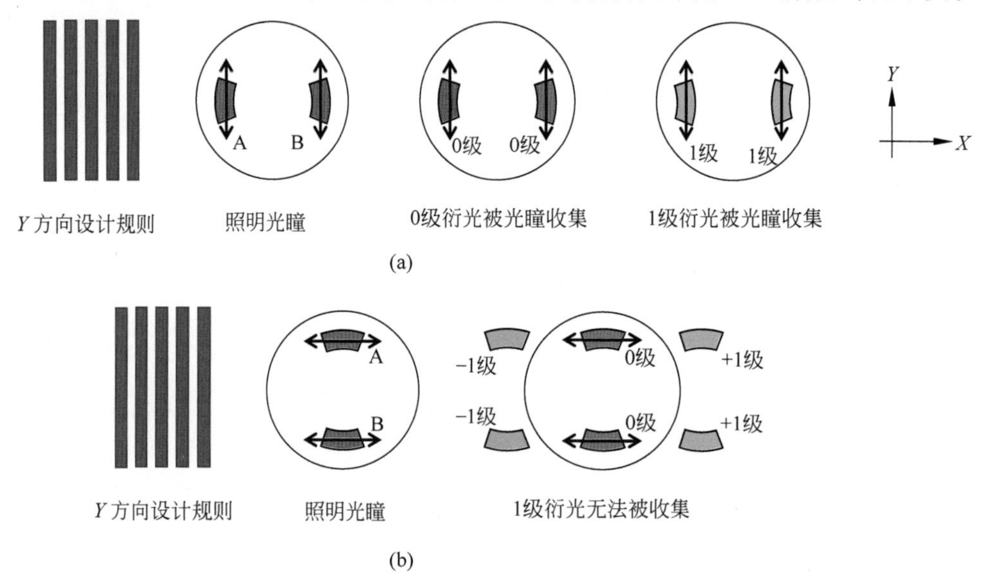

图 9.13 对于 Y 方向设计规则，选择合适的偏振和照明光瞳举例

图 9.14 是几种常用的照明光瞳和相应的偏振照明条件，具体如下。

(1) 交叉四极照明，一般适用于双向设计规则的层次，例如，32/28nm 技术节点后段金属层次，配合 XY 偏振照明。其中，XY 偏振照明是以沿 45°和 135°的两条线为界，45°～135°以及 225°～315°范围为 X 偏振照明，其余角度范围为 Y 偏振照明[52]。

(2) X 方向强偶极照明(张角≤90°)，适用于单向(Y 方向)设计规则，配合 Y 偏振照明。

(3) 弱偶极照明(张角＞90°)，适用于单向设计规则，但是会兼顾少数其他图形，因为张角超过了 90°，所以需要配合 XY 偏振照明，提高其他图形的对比度。

(4) Y 方向强偶极照明(张角≤90°)，适用于单向(X 方向)设计规则，配合 X 偏振照明。

(5) 环形照明，适用于通孔层次，配合 XY 偏振照明，兼顾任意方向图形的对比度。

(6) 环形照明，适用于通孔层次，配合径向角偏振(Azimuthal Polarization)，只有极少数公司曾经使用，事实证明，这种偏振效果与 XY 偏振的差别不大，但是需要额外的偏振装置实现这种偏振照明方式，因此后续通孔都采用 XY 偏振照明方式。

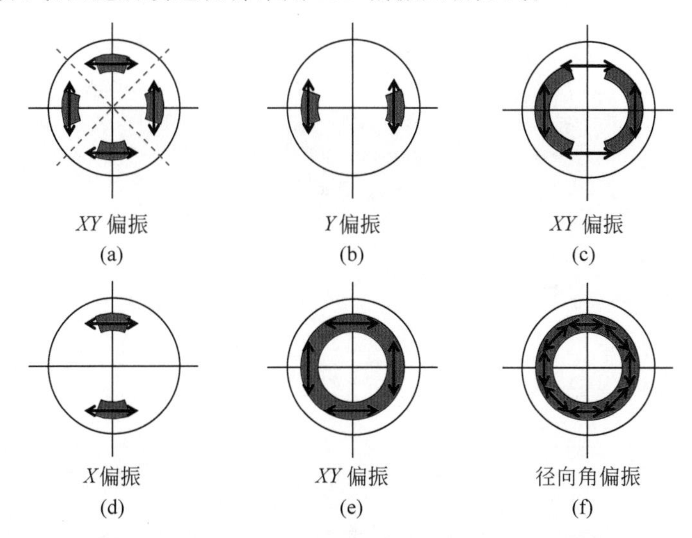

图 9.14 常用的几种配合照明条件的偏振态示意图

9.3.2 有无偏振照明时的仿真结果

1. 偏振照明可以提高光刻工艺窗口

接下来，使用实际的仿真数据来说明偏振照明的选择对光刻工艺窗口的影响。选取的层次为最小的设计规则周期为 90nm 的后段金属层次，锚点周期 90nm，锚点处掩模版(沟槽)线宽为 50nm，硅片(沟槽)线宽为 45nm。添加 Sbar 的最小周期为 90nm，Sbar 的尺寸为 25nm。仿真的其他条件如下：掩模版是透光率为 6% 的 PSM，光刻胶厚度为 90nm，等效光酸扩散长度为 5nm，显影方式为正显影。照明条件为 NA＝1.35，$\sigma_{out}/\sigma_{in}=0.84/0.68$，Cross-Quasar (CQ)(交叉四极照明)60°，需要添加 5.3.2 节中的选择性线宽偏置表格。仿真结果如图 9.15 所示，分别列举了添加 XY 偏振和未添加偏振后的曝光能量宽裕度、焦深、掩模误差因子(OPC 之后)以及光学邻近效应修正后掩模版线宽的结果。

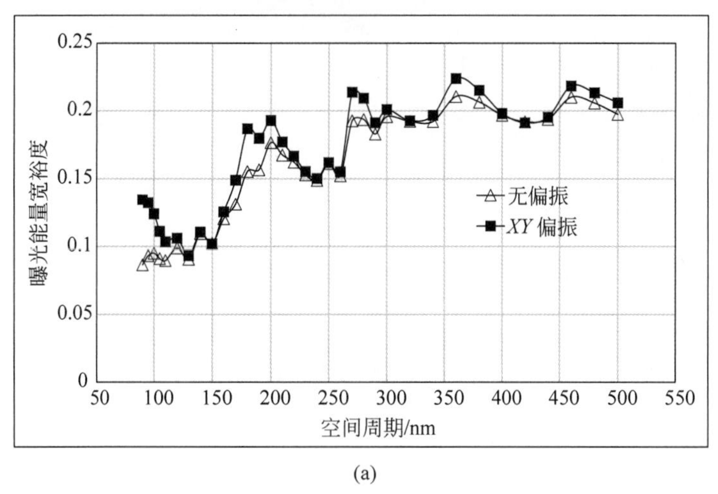

(a)

图 9.15 有无 XY 偏振时的仿真结果(OPC 之后)举例：(a) 曝光能量宽裕度；(b) 焦深；(c) 掩模误差因子；(d) 光学邻近效应修正后掩模版的线宽

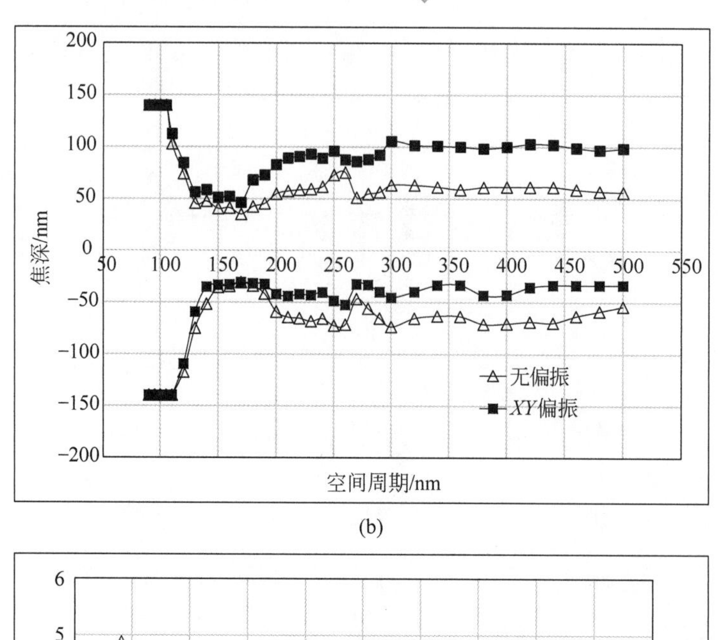

(b)

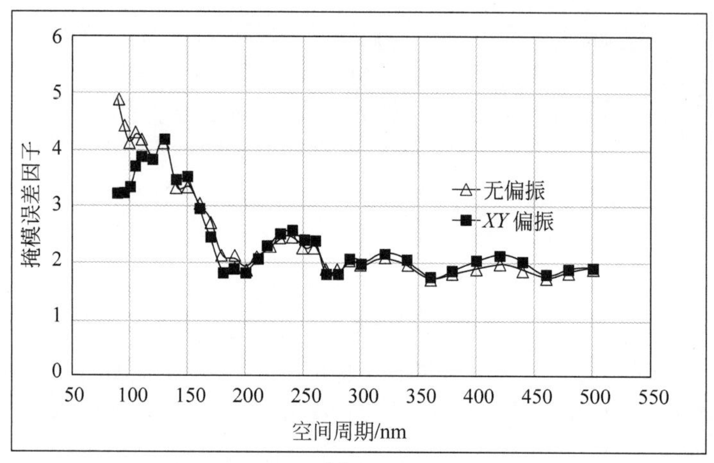

(c)

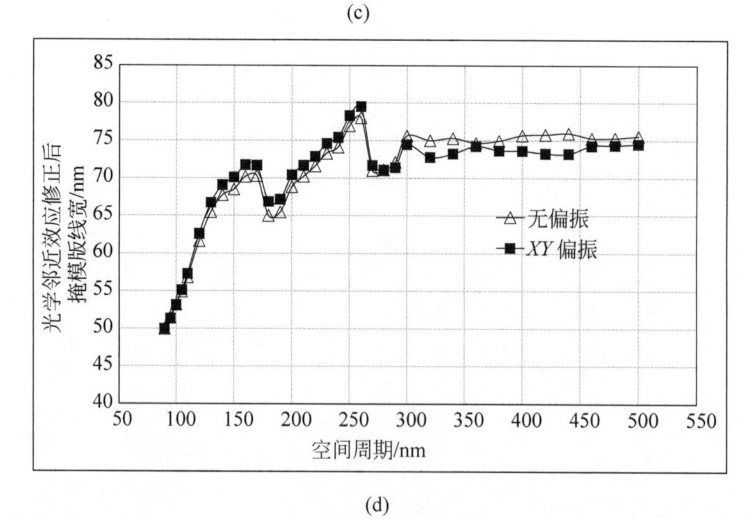

(d)

图 9.15 （续）

（1）如前所述，当 NA 较大的时候，TM 波参与成像会大大降低成像的对比度。由图 9.15(a)可以看出，添加了 *XY* 偏振后，在整个周期范围内的曝光能量宽裕度都有所增加，即成像对比度变好。尤其是在密集图形附近，不使用偏振照明时，曝光能量宽裕度只有 8%左右，这远不能达到量产对光刻工艺的要求(>13%,具体见 5.2 节光刻工艺标准)。添加 XY 偏振照明之后,密集图形的曝光能量宽裕度可以达到 13%以上,工艺窗口满足对应节点的量产要求。

(2) 由图 9.15(b)可以看出,公共焦深增加了 10nm 左右。

(3) 使用 XY 偏振照明之后,密集图形处曝光能量宽裕度变好,同时密集图形的掩模误差因子从 5 降低到 3 左右,如图 9.15(c)所示。

(4) 图 9.15(d)中的光学邻近效应修正后的掩模版线宽在使用了 XY 偏振照明后基本没有变化。

从以上仿真结果可知,当设计规则为双向布线且最小周期较小(如锚点为 90nm 的设计规则)时,必须采用交叉四极照明条件,同时配合 XY 偏振方式,才能同时优化两个方向图形的工艺窗口。但是对于两个方向图形的成像,都会有对方图形对应的偶极照明的衍射光未被光瞳收集,同时还会有 TM 波参与成像,造成对比度的损失,所以其曝光能量宽裕度的最佳值只能达到 13%左右。如果是单向设计规则,例如,32/28nm 技术节点前段栅极层次,采用偶极照明(张角>90°)和 XY 偏振方式,虽然也会有部分 TM 波参与成像,但是相对于交叉四极照明,曝光能量宽裕度可以在 13%的基础上大大提高(>18%)。

2. 偶极照明张角<90°时两种偏振的对比

另外,由图 9.14(a)可知,当偶极照明的角度小于或等于 90°时,可以只使用 Y 偏振。即使采用了 XY 偏振,其结果与只使用 Y 偏振的没有区别。接下来,通过仿真来验证这一结论。仿真条件如下:以前段线条图形为例,锚点周期为 107nm,掩模版线宽 MCD 为 50nm(1 倍率),硅片线宽 WCD 为 55nm,添加 Sbar 的最小周期为 110nm,Sbar 的尺寸为 15nm。照明条件为 NA=1.35,σ_{out}/σ_{in}=0.8/0.6,偶极照明,张角为 88°。掩模版是透光率为 6%的相移掩模版(Phase Shift Mask,PSM)。光刻胶厚度为 90nm,等效光酸扩散长度为 5nm,显影方式为正显影。

具体仿真结果如图 9.16 所示,分别列举了添加 XY 偏振和 Y 偏振后,曝光能量宽裕度和掩模误差因子随周期变化的仿真结果。从图中可以看出,当张角为 88°时,由于照明均在 Y 偏振的范围内,因此无论是采用 XY 偏振还是采用 Y 偏振,最终的仿真结果是相同的。因此,在偶极张角小于 90°时,可以默认采用 XY 偏振,只有 Y 偏振起到成像的作用。对于一些只有 X 或者 Y 偏振照明的光刻机,当张角小于 90°时,对于 Y 方向线条采用 X 方向偶极照明配合 Y 偏振,其成像结果与采用 XY 偏振照明方式是一样的。

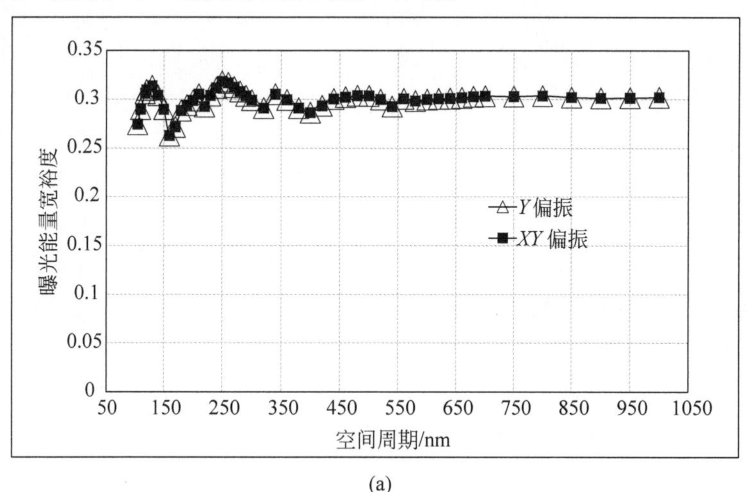

(a)

图 9.16　偶极照明张角为 88°时 XY 和 Y 偏振方式的仿真结果(OPC之后):(a) 曝光能量宽裕度;(b) 掩模误差因子

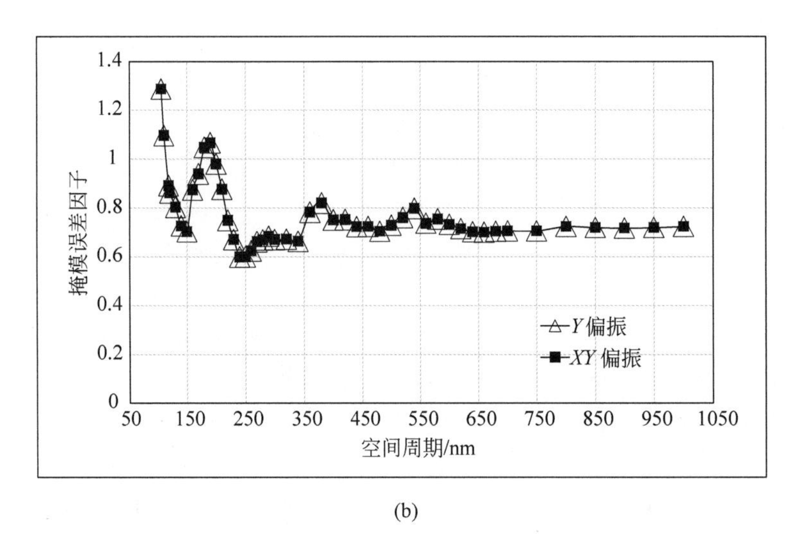

(b)

图 9.16 (续)

9.4 负显影工艺

9.4.1 正负显影工艺的原理对比

如 4.5 节所示,化学放大型的光刻胶有两种不同的显影工艺:正显影和负显影工艺[53-55],如图 9.17 所示。对于两种显影工艺来说,其光化学反应机理都是相似的:曝光后,光刻胶中光致产酸剂产生光酸(H^+),经过曝光后烘焙,光酸在不断扩散的过程中催化脱保护反应,改变光刻胶的极性(疏水变为亲水)[53],从而使得曝光和未曝光区域光刻胶在显影液中的溶解率发生区别。对于两种显影工艺,有以下几点主要区别。

(1) 对于正显影来说,曝光区域溶于碱性显影液,光刻胶上目标(沟槽)图形对应掩模版上透光区域,掩模版的类型即为亮调(Clear Tone)。

对于负显影来说,未曝光区域溶于有机显影液,且只有前段剪切和中后段金属、通孔层次使用负显影工艺,最终在光刻胶中需要获得沟槽图形,因此掩模版的类型为暗调(Dark Tone)。也就是说,掩模版中绘制的目标(沟槽)图形,是不透光区域。

(2) 对于正显影来说,需要将曝光区域极性变为亲水的光刻胶去掉,类似拆大楼,只要脱保护反应达到一定程度,就可以被显影液"瓦解"、冲洗。因此,在曝光后烘焙过程中,较短的等效光酸扩散长度即可以完成上述目标,如图 9.17(a)所示为直径较小的光酸扩散圆(实际为球)。对于先进技术节点中使用的正显影光刻胶,其等效光酸扩散长度约为 5nm。

对于负显影来说,曝光区域需要留下。这就类似建大楼,若想大楼坚固,需要浓度较高的光致产酸剂产生更多的光酸,同时光酸的等效扩散长度也需要更长,以最大程度地催化曝光区域范围内树脂的脱保护反应。防止由于脱保护反应不彻底,造成显影后曝光区域光刻胶的损失,导致光刻胶抗刻蚀能力变差。如图 9.17(b)所示,光酸扩散的范围更大,相应的光酸扩散圆(实际为球)的直径较大。早期负显影光刻胶的等效光酸扩散长度约为 10nm,较长的光酸扩散长度会降低密集图形的对比度,最新的负显影光刻胶的等效光酸扩散长度降至 7nm。

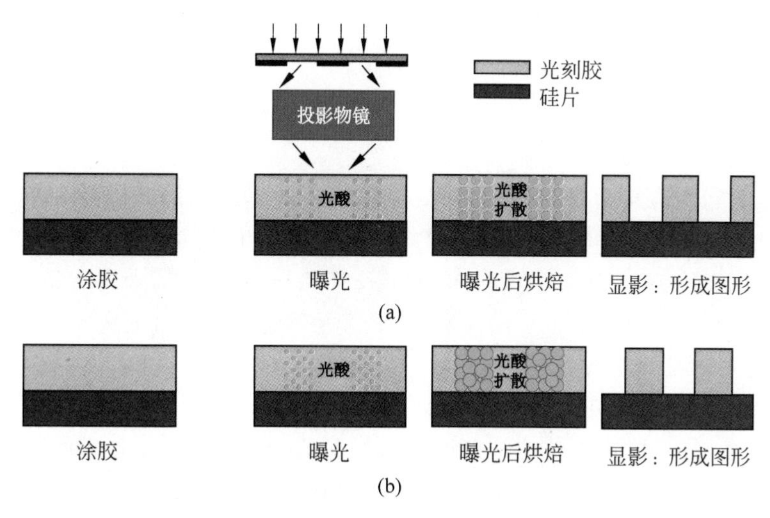

图 9.17　正显影和负显影工艺的一般流程示意图：(a) 正显影工艺；(b) 负显影工艺

9.4.2　负显影工艺的特点

负显影工艺对整个周期上不同图形的影响是不同的。

1. 对于密集图形

NTD 并不是为了提高光刻工艺的分辨率，相反，由于其等效光酸扩散长度比 PTD 的长(NTD：10/7nm > PTD：5nm)，造成其在最小周期下的 EL 明显比 PTD 的差。图 9.18 包含正负显影工艺时，密集图形(90nm 周期)的空间像。对于正显影工艺，掩模版(沟槽)线宽为 50nm，硅片(沟槽)线宽为 45nm，等效光酸扩散长度为 5nm；对于负显影工艺，掩模版(线条)线宽为 40nm，硅片(沟槽)线宽为 45nm，等效光酸扩散长度为 7nm，其余仿真条件相同。从空间像中可以计算得出，对于正显影工艺来说，密集图形的曝光能量宽裕度可以达到 13.5%；负显影工艺中，由于更长的等效光酸扩散长度，其曝光能量宽裕度降至 12%左右。

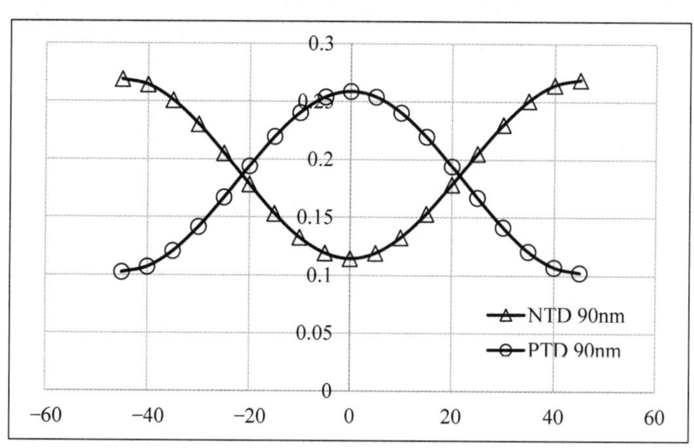

图 9.18　正、负显影工艺时，周期 90nm 图形的空间像示意图

2. 对于半密集、孤立图形

随着周期增加，逐渐变为明场曝光，产生的光酸数量远大于需求。这就会导致光酸催化的脱保护反应达到饱和(光酸扩散小球充分叠加)，且多余的光酸会向未曝光区域挤压。因此，半密集、孤立图形的沟槽线宽可以做得更小(比 PTD)，且有更高的空间像对比度。

由于密集图形曝光时不是明场,并不会存在这一饱和现象,较长的等效光酸扩散长度不仅会导致空间像对比度的损失,还会增加掩模误差因子[3]。

9.4.3 正负显影工艺的仿真结果举例

接下来,以实际的仿真结果为例,说明负显影工艺的优势。仍旧以 90nm 周期作为锚点,最终图形为沟槽。掩模版是透光率为 6%的 PSM,光刻胶厚度为 90nm。照明条件为 NA=1.35,σ_{out}/σ_{in}=0.84/0.68,Cross-Quasar(CQ)(交叉四极照明)60°,采用 XY 偏振照明方式。

仿真结果如图 9.19 所示,图 9.19(a)为光学邻近效应修正之后的线宽,图 9.19(b)为光学邻近效应修正之后的曝光能量宽裕度,图 9.19(c)为光学邻近效应修正之后的掩模误差因子。三个仿真条件的不同之处如下。

(1) 对于正显影来说,锚点处掩模版(沟槽)线宽为 50nm,硅片(沟槽)线宽为 45nm,等效光酸扩散长度为 5nm。添加 Sbar 的最小周期为 90nm,Sbar 的尺寸为 25nm。其中,选择线宽偏置有两组,一组最大硅片线宽到 50nm(PSM PTD SSA 50nm),另外一组最大硅片线宽到 75nm(PSM PTD SSA 75nm)。

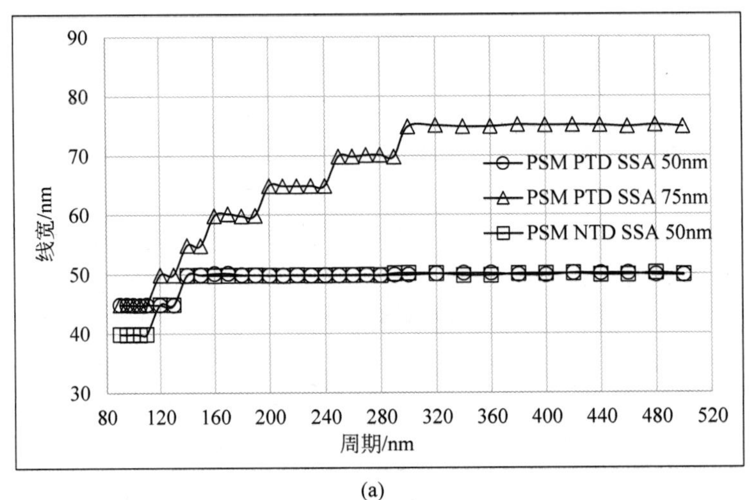

(a)

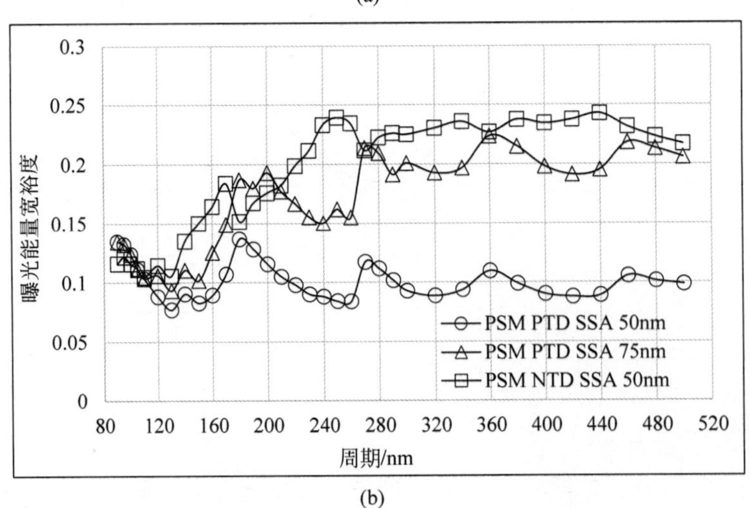

(b)

图 9.19 正负显影工艺条件下,光学邻近效应(OPC)之后的仿真结果举例:(a) 线宽;(b) 曝光能量宽裕度;(c) 掩模误差因子

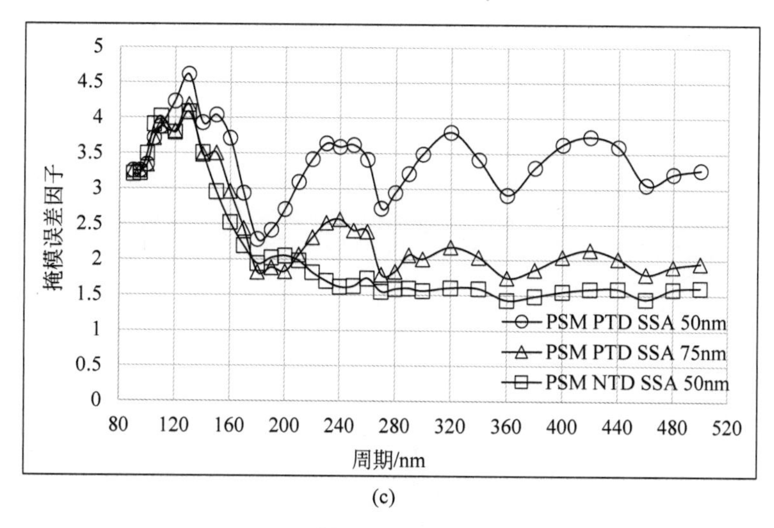

(c)

图 9.19 （续）

(2) 对于负显影来说，锚点处掩模版(线条)线宽为 40nm，硅片(沟槽)线宽为 40nm，等效光酸扩散长度为 7nm。添加 Sbar 的最小周期为 90nm，Sbar 的尺寸为 15nm。选择线宽偏置只有一组，即最大硅片线宽到 50nm(PSM NTD SSA 50nm)。

从仿真结果中可以看出：

(1) 对于正显影工艺来说，若 SSA 只增加到 50nm，整个周期上大多数图形的 EL 小于 10%，同时很多图形的 MEF 超过 3.5，焦深只有 50nm 左右(未列出)，工艺窗口远不能满足要求。

若 SSA 增加到 75nm，除了禁止周期范围图形，其余图形的 EL 均在 13%以上，MEF 小于 3.5(半密集、孤立图形的在 2 左右)，焦深可达 80nm(本章未列出，可参考 5.3.2 节)，工艺窗口达到了对应节点(如 28nm 节点)的工艺标准要求。

(2) 对于负显影工艺来说，最小线宽做到 40nm，SSA 只需增加到 50nm。除禁止周期范围图形，整个周期上绝大多数图形的 EL 大于 13%。由于等效光酸扩散长度为 7nm，密集图形的 EL 约为 12%。尤其在半密集到孤立图形范围内，负显影条件下的 EL 是三种条件中最高的。除禁止周期范围内图形，其余图形的 MEF 小于 3.5(半密集、孤立图形的 MEF 为 1.5～2，也是三种条件中最低的)。同时，焦深约为 65nm(适当增加光刻后线宽或者适当增加 SSA，可增加焦深)，基本满足使用负显影工艺的技术节点要求，如 14nm 技术节点。

综上所述，负显影光刻工艺可以在整个周期上得到较小的沟槽和通孔。尤其是在半密集到孤立的图形上，不仅可以得到较小的沟槽和通孔，还有较高的 EL 和较低 MEF。这样可以显著降低刻蚀和光刻之间的线宽偏置，降低刻蚀缩小线宽的难度，减少刻蚀工艺导致的残留，这也是负显影比正显影的优势所在。由 5.1 节可知，到了 16/14nm 技术节点，由于中后段金属和通孔层次的设计规则规定的线宽较小，需要采用多次曝光配合 NTD 工艺来实现更小的光刻沟槽和通孔线宽，降低刻蚀-光刻线宽偏置，从而显著提高成品率。同时，NTD 工艺还可以用于前段线条图形的剪切层次。

9.5 PSM 与 OMOG 掩模版

9.5.1 两种掩模版在单周期的仿真结果对比

如第 2 章所述，相移掩模版比二元掩模版或者硅化钼玻璃掩模版的空间像对比度更高，也就是曝光能量宽裕度更高。而曝光能量宽裕度是光刻工艺窗口好坏的一个重要衡量因素，也是光刻工艺标准中的一个重要参数。图 9.20 包含使用 PSM 和 OMOG 掩模版时，密集图形（90nm 周期）的空间像。除了掩模版类型不同，其余仿真条件均相同：掩模版（沟槽）线宽为 50nm，硅片（沟槽）线宽为 45nm，等效光酸扩散长度为 5nm，光刻胶厚度为 90nm，显影工艺为正显影。照明条件为 NA=1.35，σ_{out}/σ_{in}=0.84/0.68，CQ（交叉四极照明）60°，采用 XY 偏振照明方式。从仿真结果中可以得出：

（1）对于 PSM，密集图形的曝光能量宽裕度可以达到 13.5%；对于 OMOG，其曝光能量宽裕度降至 12%以下（11.7%）。这一结果验证了 PSM 掩模版可以增加空间像的对比度，即增加曝光能量宽裕度。

（2）由于 PSM 中 MoSi 厚度更厚，导致更明显的掩模版三维散射效应，也就是光更难穿过掩模版，导致 PSM 掩模版时的空间像光强整体降低，这就需要更高的曝光能量。对于如图 9.20 所示的 90nm 周期来说，曝光能量增加约 40%。

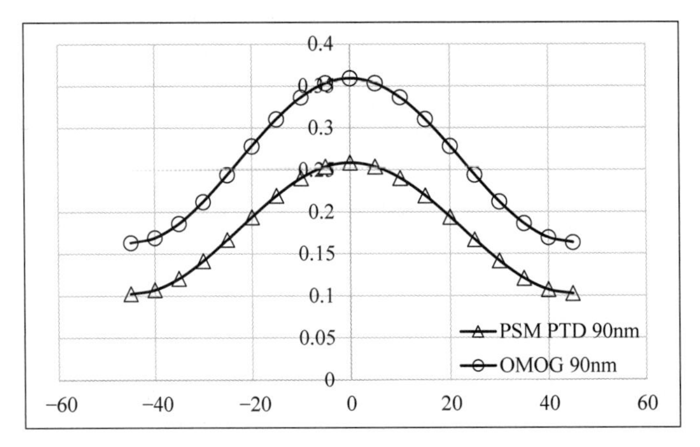

图 9.20 分别使用 OMOG 与 PSM 掩模版时，周期 90nm 图形的空间像示意图

9.5.2 两种掩模版在整个周期的仿真结果对比

1. 一维仿真结果

到了 14nm 技术节点，其后段金属层次的最小设计规则为 64nm[56]，1.25 倍的周期为 80nm。对于 80nm 周期的金属层次，若使用 PSM 掩模版，由于掩模版的开口尺寸（160～180nm，4 倍率下）与照明波长（193nm）相比相对较小，照明光更加不容易穿过掩模版到达投影物镜，会有比 90nm 周期更加严重的掩模三维散射效应。不仅增加曝光能量，还会增加掩模版误差因子。如前所述，负显影工艺可以在整个周期上获得较小的光刻线宽，大大减小刻蚀-光刻线宽偏置。因此，本节以 PSM 掩模版配合负显影工艺，以及 OMOG 掩模版（正显影工艺）的仿真结果为例，对比两种掩模版对整个周期的影响。仿真条件如下。

（1）对于 PSM 掩模版来说，由于这种掩模版会加强线条的成像。因此，对于 80nm 周期的锚点，其掩模版（线条）线宽设置为较小的 38nm，硅片（沟槽）线宽为 40nm，等效光酸扩散长度为 7nm，光刻胶厚度为 70nm，显影工艺为负显影。照明条件为 NA=1.35，σ_{out}/σ_{in}=0.97/0.81，偶极照明（张角 110°），采用 XY 偏振照明方式。添加 Sbar 的最小周期为 80nm，Sbar 的尺寸为 20nm。添加选择线宽偏置，最大硅片线宽到 50nm（PSM NTD SSA 50nm）。

（2）对于 OMOG 掩模版来说，对于 80nm 周期的锚点，其掩模版（沟槽）线宽为 41nm，硅片(沟槽)线宽为 40nm,等效光酸扩散长度为 5nm,光刻胶厚度为 70nm,显影工艺为正显影。照明条件为 NA=1.35,$\sigma_{\mathrm{out}}/\sigma_{\mathrm{in}}=0.97/0.81$,偶极照明(张角 110°),采用 XY 偏振照明方式。添加 Sbar 的最小周期为 80nm,Sbar 的尺寸为 25nm。添加选择线宽偏置,最大硅片线宽到 75nm(OMOG SSA 75nm)。

仿真结果如图 9.21 所示,图 9.21(a)为光学邻近效应修正之后的线宽,图 9.21(b)为光学邻近效应修正之后的曝光能量宽裕度,图 9.21(c)为光学邻近效应修正之后的掩模误差因子。从仿真结果中可以得出:

(1) 对于 80nm 的锚点周期,使用 PSM 掩模版(负显影)时,由于严重的掩模三维散射,其曝光能量比 OMOG 掩模版的增加 60%(未列出)。

(2) 对于密集图形,采用 OMOG 掩模版时,曝光能量宽裕度只能达到 11%左右;而采用 PSM 掩模版(负显影),其曝光能量宽裕度可以达到工艺标准的 13%,如图 9.21(b)所示。

(3) 使用 PSM 掩模版时,由于严重的掩模三维散射,密集图形处的掩模版误差因子也偏大,如图 9.21(c)所示。

(4) 由于使用了负显影工艺,整个周期上的硅片线宽可以做到更小(50nm),如图 9.21(a)所示。

综上所述,两种掩模版有各自的优缺点,可根据实际情况进行选择。

(1) 对于 PSM 掩模版来说,由于更严重的掩模三维散射效应导致曝光能量太高,会造成掩模版和镜头发热,从而造成光刻工艺的套刻偏差变大、镜头寿命缩短以及工艺不稳定等一系列的不良影响。

然而,PSM 掩模版也有其优点,配合负显影工艺可以获得整个周期上的更小线宽。尽管密集图形的掩模误差因子偏大,会导致硅片的线宽均匀性变差。但是,掩模版的线宽均匀性是可表征的,通过优化掩模版的线宽均匀性可以优化硅片线宽均匀性。

(2) 对于 OMOG 掩模版来说,使用较低的曝光能量确实是一大优点,但是代价是 EL 会降低。EL 偏小也会导致硅片的线宽均匀性变差,从而可能会引起光刻性能变差、显影后光刻胶粗糙度变大以及形貌变差等,而且有些现象无法被量化表征。所以,OMOG 的用途比较有限。

2. 二维仿真结果

本节通过仿真说明图 9.21 对应的两种仿真条件下,金属层次可以做到的最小二维线端-线端的尺寸。通过对线端添加合适的榔头(Hammer)并调整掩模版上线端-线端的距离,在保证线端-线端的 EL 达到 10%的情况下,得到最终的仿真结果,如图 9.22 和图 9.23 所示。其中,图 9.22 为 OMOG 掩模版对应的仿真结果,图 9.23 为 PSM 掩模版对应的仿真结果,图 9.22(a)、图 9.23(a)为照明光瞳;图 9.22(b)、图 9.23(b)为掩模版,其中标记了切线的 4 个位置,切线 1(C1)为密集沟槽图形处,切线 2~4(C2~C4)为沟槽的线端-线端图形处;图 9.22(c)、图 9.23(c)为空间像仿真结果;图 9.22(d)、图 9.23(d)为以 C1 处为锚点(沟槽线宽为 40nm)时的轮廓图(Contour Image);图 9.22(e)、图 9.23(e)为 4 个切线处的 CD 和 EL 数据。

由仿真可知,由于锚点周期接近光刻机的衍射极限,因此必须采用离轴角度非常大的偶极照明条件,才能使得密集图形的工艺窗口符合要求。同时,为了兼顾整个周期上的公共焦深,偶极照明设置为弱偶极。在这一弱偶极照明条件下,两种掩模版最终可以获得的最小光刻工艺后线端-线端尺寸约为 90nm。

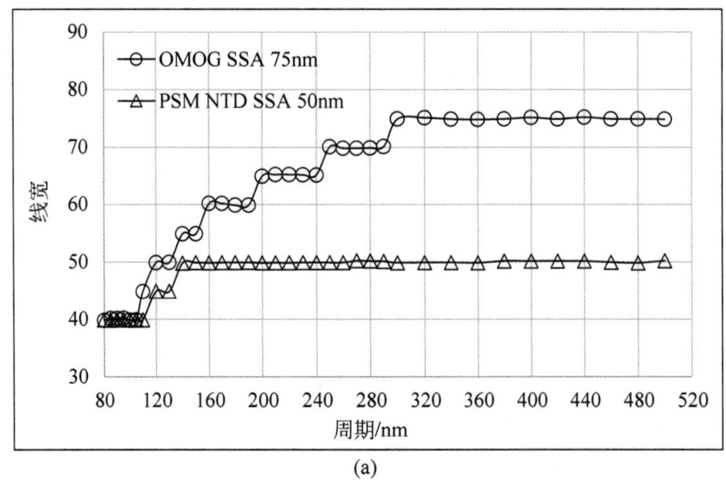

(a)

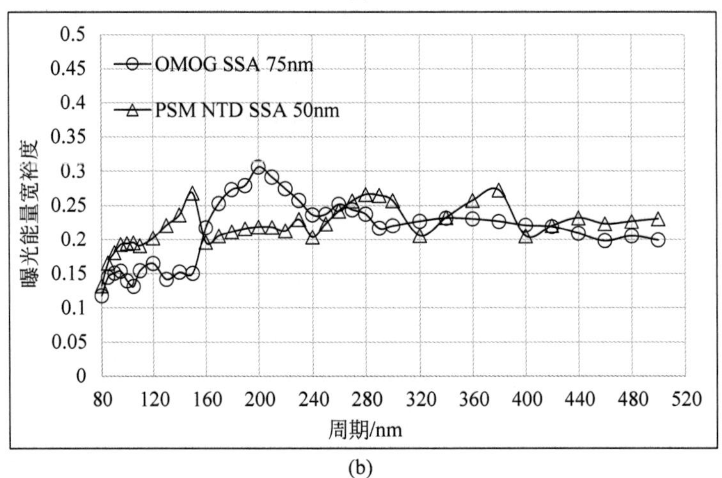

(b)

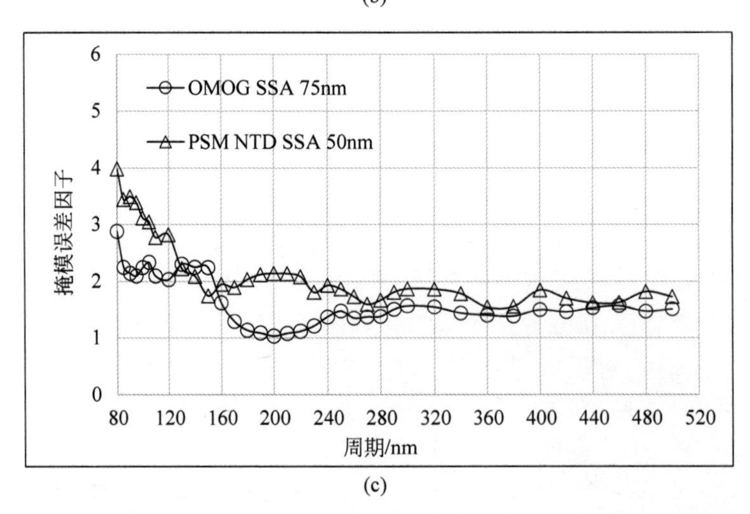

(c)

图 9.21 OMOG 正显影工艺与 PSM 负显影工艺时,光学邻近效应之后的仿真结果举例:(a) 线宽;(b) 曝光能量宽裕度;(c) 掩模误差因子

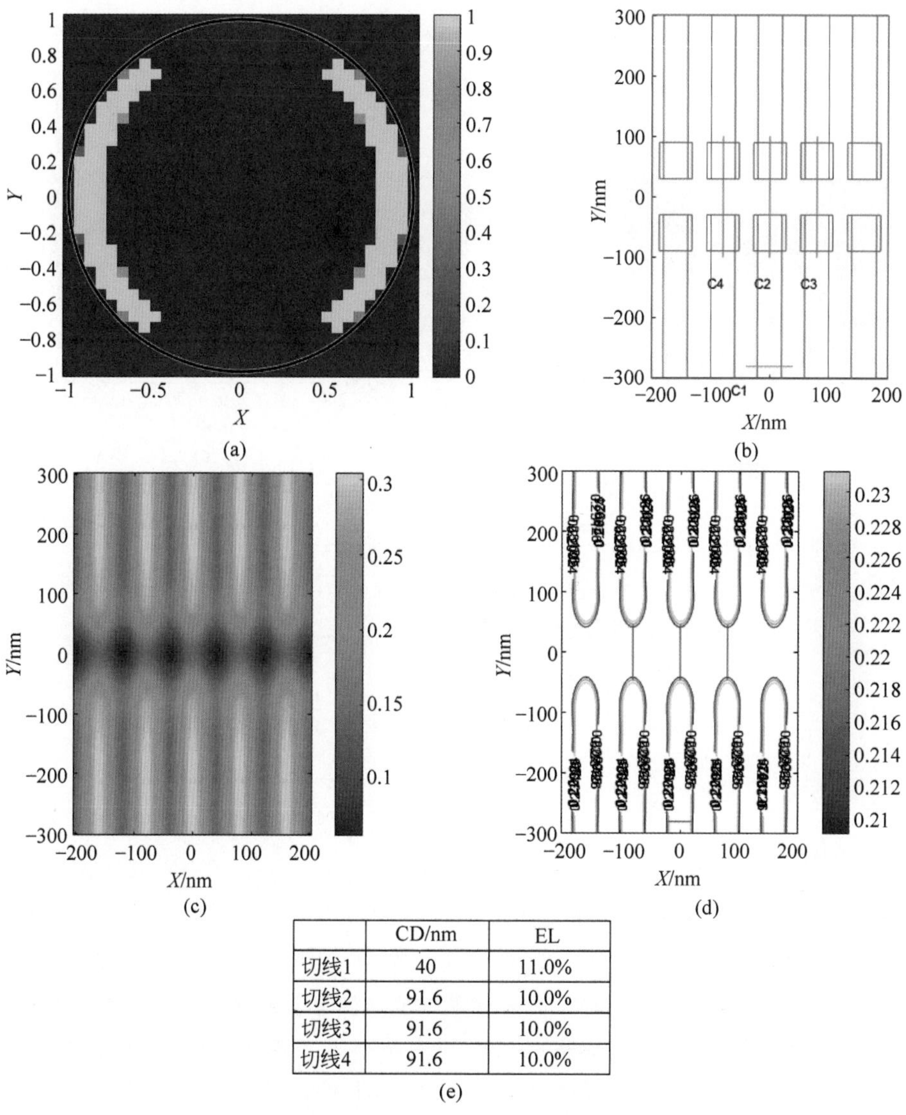

	CD/nm	EL
切线1	40	11.0%
切线2	91.6	10.0%
切线3	91.6	10.0%
切线4	91.6	10.0%

(e)

图 9.22　OMOG 正显影工艺时，金属后段层次 80nm 周期最小线端-线端尺寸仿真结果示意图：(a) 偶极照明光瞳；(b) 掩模版；(c) 空间像光强仿真结果；(d) 轮廓图(Contour image)；(e) CD 和 EL 数据总结。

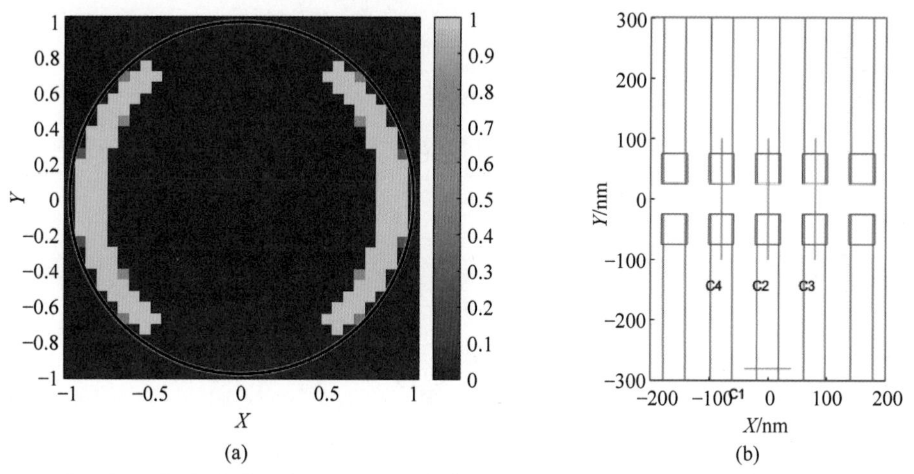

图 9.23　PSM 负显影工艺时，金属后段层次 80nm 周期最小线端-线端尺寸仿真结果示意图：(a) 偶极照明光瞳；(b) 掩模版；(c) 空间像光强仿真结果；(d) 轮廓图；(e) CD 和 EL 数据总结。

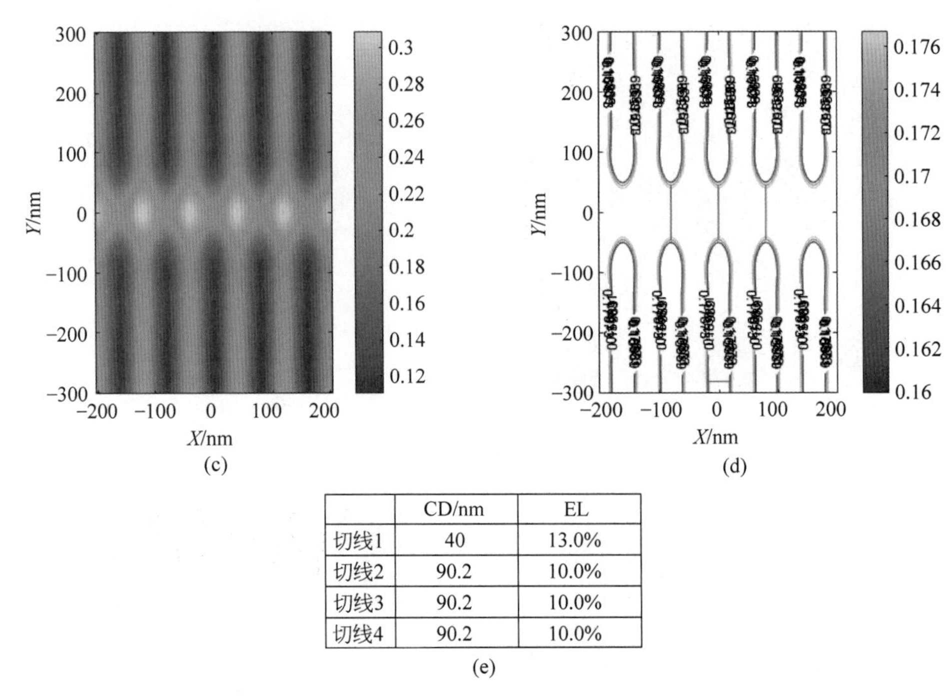

	CD/nm	EL
切线1	40	13.0%
切线2	90.2	10.0%
切线3	90.2	10.0%
切线4	90.2	10.0%

(e)

图 9.23 （续）

本章小结

众所周知，光刻技术的进步决定了集成电路的线宽能够不断缩小，光刻技术中又包含随着技术节点发展不断涌现的各种关键技术。本节简要介绍了其中几种重要的关键技术：化学放大型光刻胶、极紫外光刻工艺、偏振照明、负显影工艺、PSM 和 OMOG 掩模版。从 250nm 逻辑技术节点开始，化学放大型光刻胶成为大规模集成电路芯片制造中的主流光刻胶，一直沿用到极紫外光刻。从简化工艺、节省成本以及提升成品率等多方面考虑，5nm 技术节点开始最好使用 EUV 光刻工艺。当采用大数值孔径实现更高的分辨率时，为了提高光刻工艺窗口（如曝光能量宽裕度），需要采用偏振照明。到了 16/14nm 技术节点，由于中后段金属和通孔层次的设计规则尺寸较小，需要采用多次曝光配合 NTD 工艺来实现更小的光刻沟槽和通孔线宽，降低刻蚀-光刻线宽偏置，从而降低刻蚀缩小线宽的难度，减少刻蚀工艺导致的残留。先进光刻工艺中，使用最多的掩模版是 PSM，特殊情况下，需要综合考虑是否需要选择掩模三维效应较低的 OMOG 掩模版。另外，本章的仿真结果是为了说明各种工艺、关键技术、掩模版的特点，仿真条件与结果并不一定是对应设计规则的最优化的仿真条件和结果，仅供参考。

参考文献

参考文献

第10章

与光刻相关的其他技术

本章介绍与光刻相关的两种非常重要的技术，一种是导向自组装(Directed Self-Assembly，DSA)技术；另一种是光学散射测量(Optical Scatterometry)技术，即常说的光学关键尺寸(Optical Critical Dimension，OCD)测量技术。

10.1 导向自组装技术

10.1.1 导向自组装技术的基本原理

如9.2节所述，到了5nm技术节点，最好引入下一代光刻技术：极紫外(Extreme Ultra-Violet，EUV)光刻技术，以实现更小的设计规则。然而，目前国外对极紫外光刻机禁运，短期内实现国产化有很大的挑战。因此，很早就进入人们视线的、可以实现高分辨率的导向自组装技术[1]是一个可以深入研究的方向。

与传统的通过投影物镜将掩模版成像到硅片上定义图案的光刻技术不同，DSA图案的形成取决于材料本身。DSA主要是利用不同分子之间的相互作用力来自动形成交替变化的图形。定义某个由AB两种单体组成的嵌段共聚物(Block Copolymer)的总聚合度为N，如果嵌段共聚物中占比$f\times N$的分子为A，则剩下的占比$(1-f)\times N$的分子就是B，如图10.1所示。如果将含有此类嵌段共聚物的混合物在一定的衬底上加温，由于A端和B端的亲合能不同，它们会形成A向A靠拢，B向B靠拢的现象，如图10.2(a)所示。

近年来，在DSA技术中使用最多的是两种单体各自形成的聚合物，一种是聚苯乙烯(PolyStyrene，PS)，另一种是聚甲基丙烯酸甲酯(Poly Methyl Meth Acrylate，PMMA)，这两种材料混合后形成嵌段共聚物，用PS-b-PMMA表示，一端是PS，另一端是PMMA。经过一定条件的退火工艺之后，原本随机混合的嵌段共聚物实现有序相分离，图形呈周期性排列，如图10.2(b)所示。这种周期性排列的图形有时是一维排列且没有缺陷的(图10.2(b)右图)，有时是有缺陷的(图10.2(b)左上图中类似指纹状缺陷)。缺陷形成的机理也

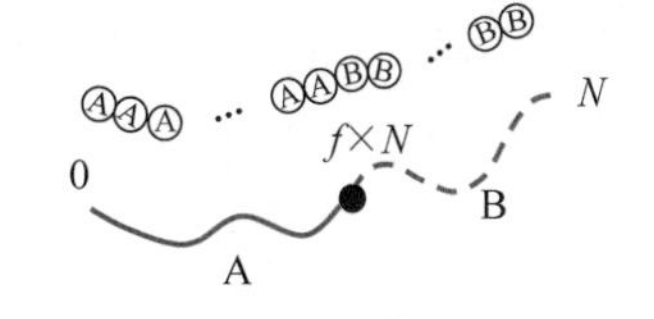

图10.1 AB嵌段共聚物结构示意图举例

比较复杂,可能是由衬底的颗粒或者表面高低起伏等因素造成的。一般来说,在干法刻蚀环境中,例如,氧气、氟碳(CF)气体甚至碳氧(CO)气体中,聚苯乙烯由于存在抗刻蚀能力强的苯环,其刻蚀速率要显著低于聚甲基丙烯酸甲酯[2-3]。因此,嵌段共聚物发生有序相分离之后,会经过干法刻蚀,一般通过刻蚀被去掉的是聚甲基丙烯酸甲酯,留下聚苯乙烯的硬掩模。

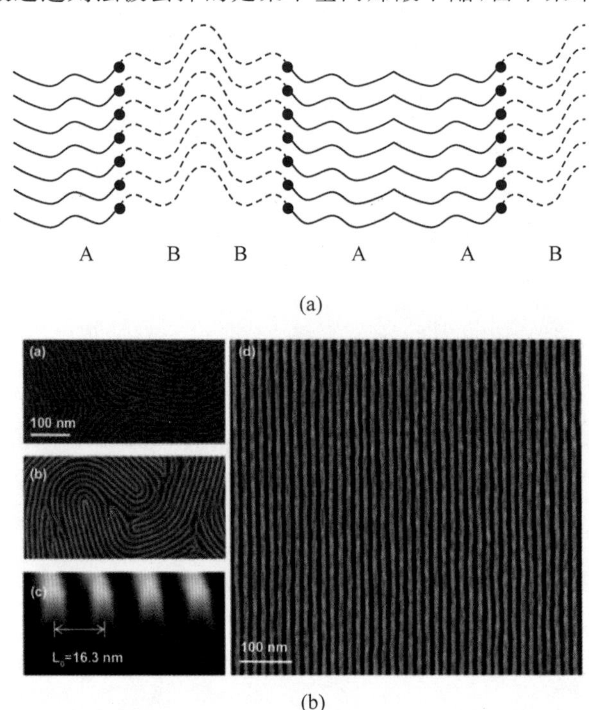

图 10.2 AB 嵌段共聚物经过退火,形成周期性结构示意图:(a) 同种聚合物相互连接;(b) PS-b-PMMA 举例[4]

10.1.2 导向自组装技术的两种方式

现在导向自组装主要有两种方式:物理外延法(Graphoepitaxy)[5-7]和化学外延法(Chemoepitaxy)[8-10]。

1. 物理外延法

物理外延法主要是先通过 193nm 浸没式光刻做出空间周期较大的引导图形,如图 10.3 所示。图 10.3(a)经过 193nm 浸没式光刻之后,光刻胶直接硬化形成图形,或者刻蚀光刻胶下方的硬掩模形成引导图形(两堵“侧墙”);图 10.3(b)侧墙下层是中性的,处理侧墙,使得其对聚合物 A 或者 B 是亲和的,如可以镀金[11]、SiO_2 等,假设这层物质对 B 是亲和的;图 10.3(c)涂覆嵌段共聚物;图 10.3(d)退火之后,嵌段共聚物中的 B 端会连接到侧墙,两个侧墙之间会按照 B-A-B-A-B-A-B 的方式排列,实现 AB 聚合物的相分离并形成了周期性图形;图 10.3(e)利用干法刻蚀的选择比,刻蚀去除聚合物 B,留下 A;图 10.3(f)最后使用 A 和侧墙阻挡,在硬掩模上形成密集的周期性图形。注意,侧墙的周期理论上必须是嵌段聚合物相分离后形成周期的整数倍。这里举了一个简单的例子说明物理外延法是依靠光刻胶或者硬掩模作为侧墙来定义自组装图形的位置,还有其他处理侧墙和侧墙下方表面亲和能的方法,这里不再赘述。

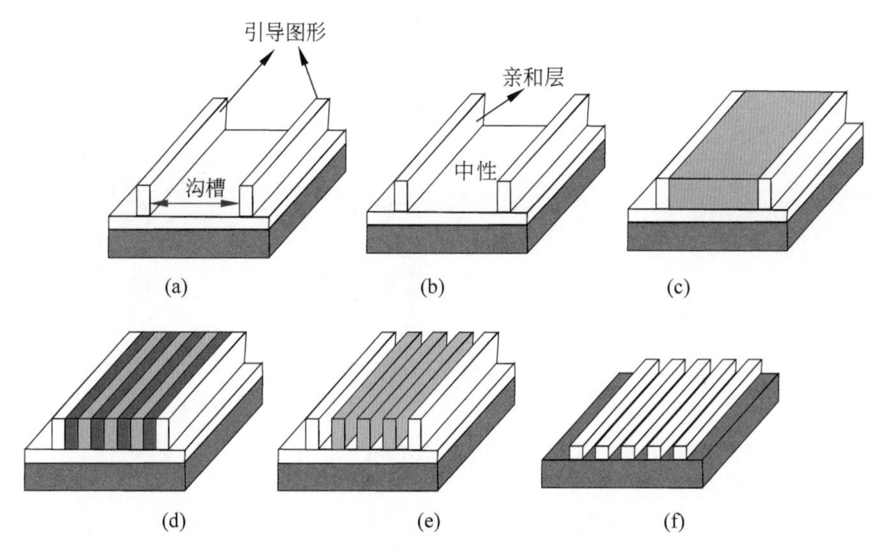

图 10.3 一种物理外延法自组装工艺形成密集图形的示意图：(a) 形成引导图形；(b) 处理侧墙的极性；(c) 涂覆嵌段共聚物；(d) 退火，嵌段共聚物实现相分离；(e) 刻蚀去除其中一种聚合物；(f) 硬掩模刻蚀。

2. 化学外延法

与物理外延法需要侧墙预先定义自组装区域的方式不同，化学外延法需要先在衬底上形成对A和B亲和(或者至少对A或者B其中之一亲和)的区域，使得图形可以按照这些确定亲和A或者B的区域依次排列，如图10.4所示，是典型的化学表面外延法刘-尼(LiNe)型示意图[12-13]。图10.4(a)涂覆亲A的聚合物层，如交联的聚苯乙烯(PS)，然后涂覆光刻胶，经光刻后形成光刻胶图形；图10.4(b)光刻胶瘦形刻蚀(Trim Etch)，亲A的聚合物层刻蚀；图10.4(c)去掉多余的光刻胶；图10.4(d)涂覆中性聚合物层，如PS-PMMA；图10.4(e)涂覆AB嵌段聚合物并退火，由于嵌段聚合物下方白色区域是亲A的聚合物，其他部分是中性聚合物，所以A会聚拢到亲A聚合物上，聚合物B被A夹在中间，实现了AB聚合物的相分离，再对B进行刻蚀；图10.4(f)对中性层进行刻蚀，对最后的硬掩模层进行刻蚀，形成密集的周期性图形。注意，由光刻定义的亲A聚合物的周期理论上必须是嵌段聚合物相分离后形成的周期的整数倍。

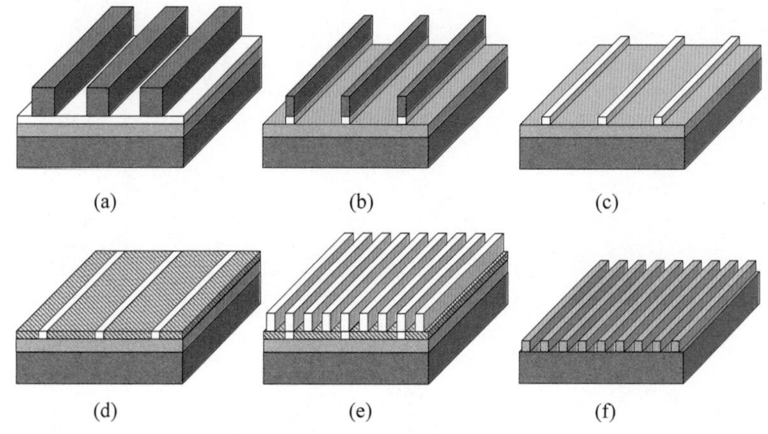

图 10.4 一种化学外延法(LiNe)自组装工艺形成密集图形的示意图：(a) 形成光刻胶图形；(b) 光刻胶瘦形刻蚀；(c) 去掉多余的光刻胶；(d) 涂覆中性聚合物层；(e) 涂覆AB嵌段聚合物并退火，并刻蚀去除其中一种聚合物；(f) 硬掩模刻蚀。

3. DSA两种方式的适用场景

上述两种导向自组装的方式有各自的优缺点，分别适用于不同种类的图形。

(1) 对于物理外延法，由于其需要先做好"侧墙"作为引导图形，而这些是占用芯片面积的。另外，此方式对于193nm光刻形成引导图形的工艺窗口要求比较高，因为光刻工艺窗口直接影响到DSA形成周期性图形的工艺窗口。线宽粗糙度单纯由引导图形决定，一般来说，以此193nm光刻得到图形的粗糙度比较差。

说了这么多挑战和缺点，这种方法的整体工艺流程还是比较简单的，一般适用于通孔层次中缩小尺寸，具体见10.1.4节。

(2) 对于化学外延法来说，无需"侧墙"式的引导图形，因此用于生成不同亲和区域的导向图形不会额外占用芯片面积。另外，此方式对于193nm光刻形成引导图形的工艺窗口要求并不高，只要可以形成交替排列的、亲和性不同的区域即可实现图形的导向自组装。这种方法会经过刻蚀工艺，可以提高图形的粗糙度，因此最后DSA形成图形的粗糙度也较小，图形尺寸比较均匀。

但是这种方法的整体工艺流程较为复杂，一般适用于制作线条或者沟槽这种周期性强的一维图形层次。

10.1.3 国内外导向自组装技术的现状和导向自组装存在的挑战

在光刻机曝光的光刻工艺中会用到仿真软件，该软件通过对光刻胶微观物理模型进行建模，然后仿真光刻工艺窗口、指导光刻工艺流程的研发以及光刻胶的评估，可以大大降低人力、物力并缩短研发时间。而对于DSA技术，目前国内还没有成熟的仿真软件研究嵌段共聚物的微观物理模型。在国际上，由于主流工业使用了极紫外光刻技术，DSA技术没有得以在生产中应用，但是黎家辉(Kafai Lai)博士[14]做了一些前期的工作研究，在2013年发表的文章中建议将DSA融入芯片设计-光刻工艺制定-掩模版出版流程中。

国内也有很多团队在研究导向自组装技术，包括复旦大学的邓海团队[15]、熊诗圣团队等。邓海团队在2020年发表的文章[15]中提到，嵌段共聚物中引入氟可以将χ_{AB}从0.02左右提高到0.2～0.6，因此最终形成的图形周期为10nm或者更小。熊诗圣团队在2020年综述文章中也提到[4]，尽管目前的PS-b-PMMA共聚物的分辨率已经达到在7nm逻辑节点中(周期在30nm左右的工艺)的要求，但是多种多样的高χ_{AB}的嵌段共聚物依旧被研发出来以期进一步提高DSA的分辨率。同时，利用一些工艺技术，例如，表面涂层和溶剂退火法来优化高χ_{AB}嵌段共聚物的自组装工艺过程。同时，熊诗圣也指出，目前阻碍DSA进入工业化的一大挑战是缺乏关于DSA的工艺计算光刻以及EDA工具的研究工作[16]。

DSA技术于2007年就被添加到国际半导体技术路线图(International Technology Roadmap for Semiconductors，ITRS)中。主要半导体行业参与者最初认为DSA技术将在14nm和7nm逻辑节点之间的某一时间进入商业生产，DRAM甚至更快；但到目前为止，这个目标还没有实现。这就不得不谈到阻碍DSA技术进入工业化的另一个挑战：缺陷率问题。DSA技术中的缺陷数量偏多[17]，缺陷的一些类型如图10.5所示，包含上排的位错以及下排的外源性颗粒导致的缺陷。目前，DSA的缺陷率仍然有1～10颗/平方厘米[17-18]，高于逻辑电路大规模量产对缺陷的要求，如0.01颗/平方厘米。

现今的光刻工艺是从早期的技术节点一步一步推进到先进技术节点的，缺陷率已经控制在很低的水平，最后评价工艺流程是否满足量产需求的指标是成品率(Yield)。一般来说，缺

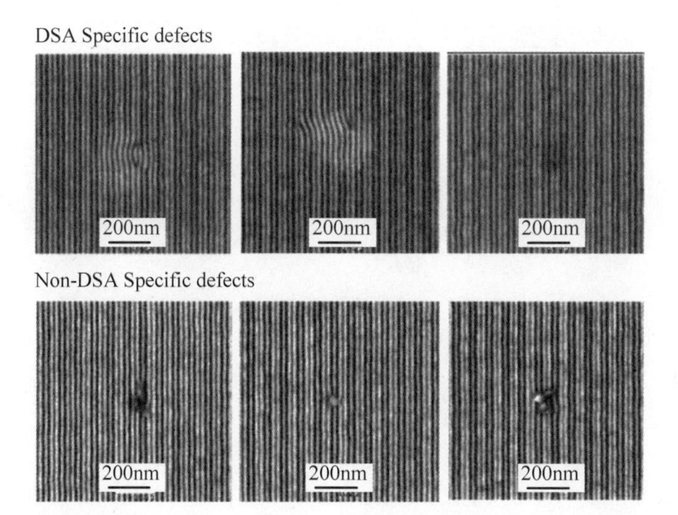

图 10.5 化学表面编码外延刘·尼(LiNe)工艺中出现的导向自组装相关的缺陷，如位错(上排)；非导向自组装相关的缺陷，如外源颗粒(下排)[18]

陷检测设备每小时可以检测 1～2 片带图形全硅片的缺陷率。为了提高效率，缺陷检测也是从一个批次中抽检一片或者几片进行。对于一个将来需要进入工业化的新技术，更加需要了解这个技术的缺陷率水平。对于 DSA 技术来说，其缺陷率较高，尤其是在一维图形上会出现即使检测出但也无法修复的一些缺陷。

10.1.4 导向自组装技术在芯片制造中的应用前景

由于 DSA 技术的缺陷率是 193nm 水浸没式光刻工艺的 100 倍左右，因此在 5nm 技术节点，图形密度只有沟槽或者线条密度约 1/100 的通孔层次可以优先导入 DSA 技术。通孔层次图形密度较低，碰到 DSA 缺陷的概率也大大降低；同时，193nm 水浸没式光刻工艺生成的通孔引导图形可以在多个方向限制 DSA 材料的自组装过程，产生缺陷(尤其是位错或者指纹状缺陷)的概率比一维图形自组装过程中产生缺陷的概率在理论上要低很多。

DSA 技术在通孔层次的作用是可以实现通孔尺寸的缩小，这对于线宽偏置太大的 5nm 技术节点来说是非常重要的。具体的缩孔原理[19-21]如图 10.6 所示，以物理外延法自组装工艺为例，其中膜层结构为简化版，实际的更加复杂。在硅衬底上生长一层氧化物作为硬掩模，硬掩模上方为旋涂的三层(tri-layer)光刻结构：旋涂碳(Spin On Carbon，SOC)，含硅的抗反射层(Si Bottom Anti-Reflective Coatings，Si-ARC)以及光刻胶。193nm 水浸没式光刻工艺＋DSA 技术实现缩孔的流程如下。

(1) 使用 193nm 水浸没式光刻工艺，在光刻胶层次形成通孔，如图 10.6(a)所示。

(2) 干法刻蚀，在 SOC 中形成线宽尺寸较大的通孔，如图 10.6(b)所示。

(3) 刷涂(Brush)(实际上是涂覆)一层亲和 PS 的材料，如图 10.6(c)所示。

(4) 在通孔中填充 PS-b-PMMA(以此为例)型嵌段共聚物并退火，实现相分离，其中与上一步骤中涂层亲和的 PS 在外围，中间为 PMMA，如图 10.6(d)所示。

(5) 通过刻蚀，将处于中间、抗刻蚀能力差的 PMMA 材料去除，实现缩孔，如图 10.6(e)所示。

(6) 刻蚀到氧化物层，得到较小的通孔，如图 10.6(f)所示。

其中，图 10.6(a)～图 10.6(b)以及图 10.6(e)～图 10.6(f)两个刻蚀过程中，可以根据工艺需要设置合适的刻蚀线宽偏置。

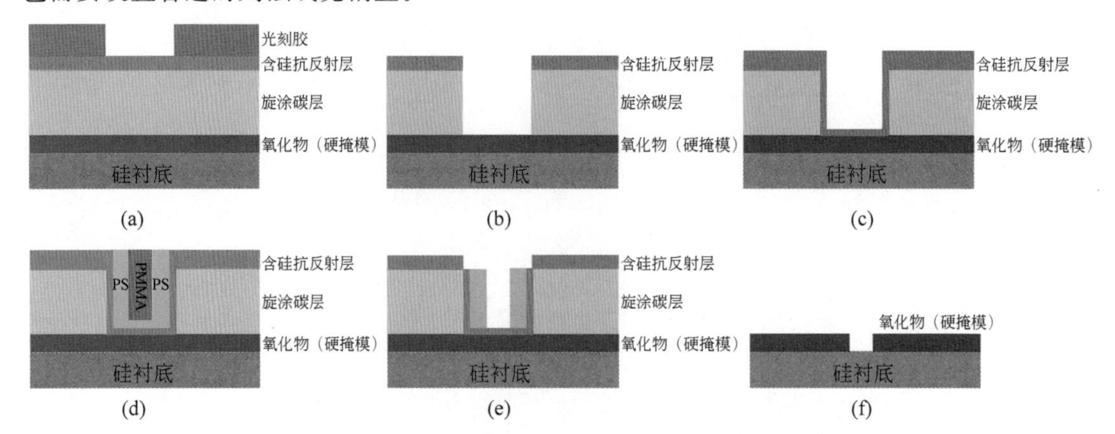

图 10.6 5nm 逻辑技术节点中，193nm 水浸没式光刻工艺+DSA 技术实现缩孔的流程示意图(截面图)：(a) 光刻形成通孔；(b) 刻蚀 SOC；(c) 刷涂材料；(d) 填充嵌段聚合物并退火；(e) 刻蚀去掉中间聚合物；(f) 硬掩模刻蚀。

缩孔的俯视图如图 10.7 所示，其中，图 10.7(a)对应图 10.6(b)，刻蚀到 SOC 之后，得到一个尺寸较大的孔；图 10.7(b)对应图 10.6(c)；图 10.7(c)对应图 10.6(d)，在大孔中填充嵌段共聚物后退火，PS 与 PMMA 发生相分离；图 10.7(d)对应图 10.6(f)，最终在硬掩模上形成较小的通孔，实现了缩孔。

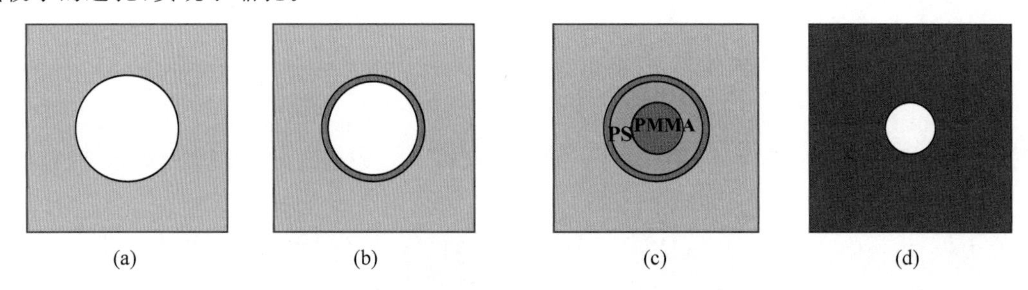

图 10.7 193nm 水浸没式光刻工艺+DSA 技术实现缩孔流程示意图(俯视图)：(a) 刻蚀 SOC；(b) 刷涂材料；(c) 填充嵌段聚合物并退火；(d) 硬掩模刻蚀。

10.2 光学散射测量技术

在过去几十年间，集成电路的快速发展大幅降低了线宽尺寸，到了最先进的 5nm 技术节点，其后段金属沟槽线宽缩小到十几纳米。而前段的金属栅极长度可以小于 20nm，在这么窄的结构范围内还包含多种具有不同高消光系数(High k)和不同功函数(Work Function)的金属化合物，如氧化铪(HfO_2)、氮化钛(TiN)、氮化钽(TaN)、氮化钛铝(TiAlN)、氧化钛铝(TiAlO)以及钛铝(TiAl)等。因此，随着集成电路芯片技术的快速发展，实现细小线宽、微小结构的高度以及侧壁宽度等的准确、高效测量，对提升芯片的成品率、降低工艺成本有非常重要的意义。

第 4 章中提到了一种测量线宽的设备：扫描电子显微镜。通过收集二次电子成像，扫描电子显微镜可以准确且全面地表征光刻胶或者硬掩模的表面形貌(线宽、截面和线宽粗糙度等)。但是，这种测量方式的效率较低，最先进机器的产能约为 600 点/小时，且每次只能测量几个周期取平均值，目前多用于光刻和刻蚀工艺后线宽的测量和监测。对于需要测量大量线宽的情况，例如，生成 Dose Mapper 子程序时，需要检测成千上万个数据点，这就需要光学散射探测（又称为光学关键尺寸（Optical Critical Dimension，OCD））方法[22-23]：通过探测散射光来确定制作成较大规模阵列的周期性纳米结构的线宽和形貌。同时，对于某些很小的结构，无法通过成像检测，也可以通过 OCD 来检测。OCD 探测线宽属于不成像的无损检测，且检测效率比扫描电子显微镜的效率要高得多。如前所述，除了检测线宽，OCD 还可以通过分析散射光谱检测很多微观结构，例如，某些结构的深度、侧壁生长的厚度以及被认为可以用作测量第 3 章中提到的未来 CFET 结构中[24-25]纳米板之间的栅氧以及金属栅厚度等微小尺寸。

OCD 测量微观结构的基本工作原理如图 10.8 所示[26]，这里以斜入射设备为例（某国产的 OCD 设备），也有正入射的 OCD 设备（如以色列计量检测设备公司 Nova 的 OCD 设备）。几十微米直径的光斑经过起偏器斜入射到硅片表面的结构之后会发生散射，经过检偏器后，散射光谱（包括偏振态、光强以及光谱等信息）被镜头和探测器收集。不同结构对应的光谱信息可以从预先基于仿真搭建的“library”的谱库中查到，从而倒推得到最符合光谱信息的几何结构参数。一般来说，OCD 测量过程中收集 0 级光就可以达到测量线宽的目的，但是高阶衍射级会包含更多结构信息，这就对收集光谱镜头的数值孔径提出了更高的要求。另外，使用 OCD 测量某一层次微观结构之前，需要在 library 数据库中建立各种光谱与不同线宽、薄膜厚度等结构的一一对应关系，这一过程也需要花费大量的时间和计算资源。

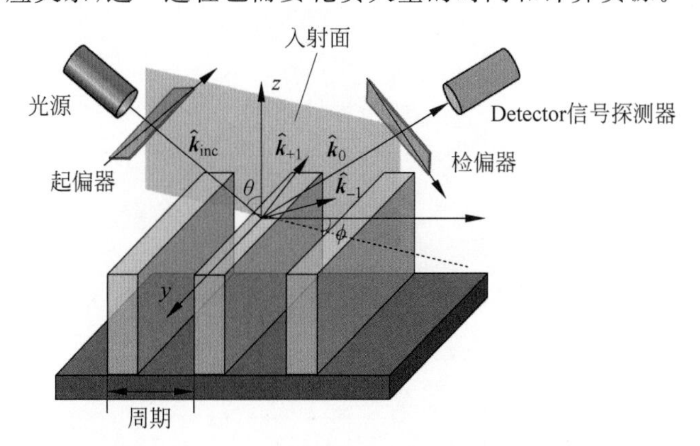

图 10.8 OCD 测量微观结构的基本工作原理

综上所述，不仅光刻工艺以及光学邻近效应修正有各自的仿真模型，OCD 也需要建立对应的仿真模型，用来计算不同波长、角度下各种微观结构产生散射光谱的信号差异，挑选出信号更强、可靠性更高的测量条件，为 OCD 设备研发提供支持。目前，OCD 仿真算法通常使用层析的严格耦合波分析（Rigorous Coupled-Wave Analysis，RCWA）方法建立散射模型[27-29]，并需要在不同的入射光波长和角度下使用该模型研究各种微观结构。我们也曾经做过该方面的算法研究，自研 OCD 仿真模型得出的散射光谱信号与国产斜入射和进口正入射 OCD 设备测量鳍型（Fin）结构得到的散射光谱信号吻合得非常好[26]。华中科技大学刘世元团队在 OCD 方向有着丰富的研发[30-31]和产品生产经验，已经有产品（ME-L 穆勒矩阵光谱椭偏仪）[32]问世。

本章小结

本章介绍了两项与光刻技术相关的重要技术的基本原理：DSA 和 OCD。对于 DSA 来说，最早可能应用于大规模集成电路的方式是通过物理外延法实现先进技术节点后段通孔层次中的通孔尺寸缩小。由本章可知，检测并不一定需要成像，通过探测散射光谱也可以得到大规模阵列周期性结构的精确尺寸。

参考文献

参考文献

索　引

D

E

F

G

H

J

K

L

M

N

O

P

Q

R

S

T

Y

Z

中英文对照表

英文全称	英文简写	中文解释
Auto Measurement Parameter Setting	AMP Setting	自动测量参数(CDSEM)设置
Advanced Process Control	APC	先进过程控制
Automatic Material Handling System	AMHS	自动物料搬送系统
After Develop Inspection	ADI	光刻显影后线宽(测量)
After Etch Inspection	AEI	刻蚀后线宽(测量)
Attenuated Phase Shifting Mask	Att-PSM/PSM	透射衰减的相移掩模版
Active Area	AA	前段有源区域
Argon Fluoride	ArF	氟化氩(193nm)
Advanced Defect Reduction rinse	ADR rinse	先进缺陷去除(含氮气喷头)的冲洗(东京电子)
Addressing Pattern	AP	寻址图形
Advanced Imaging Metrology	AIM	先进成像测量(套刻记号)
Anti-Reflection Coating	ARC	抗反射层
Atomic Layer Deposition	ALD	单原子层沉积
Auto Focus	AF	自动对焦
Buried Power Rail	BPR	埋入式电源线
Bottom Anti-Reflective Coatings	BARC	底部抗反射层
BARC Coating	BCT	抗反射层的涂覆
Chemical Vapor Deposition	CVD	化学气相沉积
Chemical Mechanical Planarization	CMP	化学机械平坦化
Critical Dimension	CD	关键尺寸(统称线宽)
Complementary Field Effect Transistor	CFET	互补场效应晶体管
Complementary Metal Oxide Semiconductor	CMOS	互补金属氧化物半导体
CD Uniformity	CDU	线宽均匀性
Chief Ray Angle at Object space	CRAO	物方主光线夹角(极紫外)
Critical Dimension Scanning Electron Microscope	CD-SEM	关键尺寸(测量)-扫描电子显微镜
Chemically Amplified photoResist	CAR	化学放大型光刻胶
Continuous angle Varying Illumination	CVI	连续变角度照明
Cross-Quasar	CQ	交叉四极照明
Correction Per Exposure	CPE	每个曝光场的套刻补偿
Depth of Focus	DoF	聚焦深度
Deep UltraViolet	DUV	深紫外
Design Rule Check	DRC	设计规则检查
Design Technology Co-Optimization	DTCO	设计工艺协同优化
Design for Manufacturing	DFM	制造设计
Dedicated Chuck Overlay	DCO	单硅片台固定工件台套刻
Develop	DEV	显影
Directed Self-Assembly	DSA	导向自组装

DiPole	DP	偶极(照明)
Diffractive Optical Elements	DOE	衍射光学元件
Diffraction Based Overlay	DBO	基于衍射的套刻
Diazo Naphtho Quinone	DNQ	重氮萘醌
Dose Mapper	DoMa	曝光能量分布测绘
Equipment Automation Program	EAP	机台自动化程序
Exposure Latitude	EL	曝光能量宽裕度
Extreme UltraViolet	EUV	极紫外
EPItaxial	EPI	外延
EUV Limited Liability Company	EUV LLC	极紫外有限责任公司
Edge Bead Remove	EBR	边缘胶滴去除
Evaluation Point	EP	测量点/评估点
Effective Photoacid Diffusion Length	EPDL	等效光酸扩散长度
Edge Placement Error	EPE	边缘放置误差
Equipment Engineer	EE	设备工程师
Front Opening Unified Pod	FOUP	前表面可开放的统一硅片盒
Front Opening Shipping Box	FOSB	前表面可开放的装运盒
Focus Energy Matrix	FEM	焦距-能量矩阵
Fin Field Effect Transistor	FinFET	鳍型场效应晶体管
Full Loop	FL	全流程(硅片)
Finite Difference Time Domain	FDTD	时域有限差分
High K Metal Gate	HKMG	高介电常数栅极介质层+金属栅极
Half Pitch	HP	半周期
HexaMethyl DiSilazane	HMDS	六甲基二硅胺脘
High Order Process Correction	HOPC	高阶套刻工艺补偿
High Order Wafer Alignment	HOWA	高阶硅片对准
Hard Mask Etch	HMET	硬掩模刻蚀
Horizontal-Vertical bias	H-V bias	XY 方向差异(极紫外)
International Technology Roadmap for Semiconductors	ITRS	国际半导体技术路线图
International Roadmap for Devices and Systems	IRDS	国际器件与系统路线图
Inter Layer Dielectric	ILD	层间介电层
Intermediate Focus	IF	中间聚焦点(极紫外)
Image Based Overlay	IBO	基于成像的套刻
intrafiled High Order Process Correction	i-HOPC	曝光场内的高阶套刻工艺补偿
Integrated Reticle Inspection System	IRIS	集成掩模探测系统
Job Deck View	JDV	版图检查工作(最后一次)
Krypton Fluoride	KrF	氟化氪(248nm)
Lower Specification Limit	LSL	规格下限
Lower Control Limit	LCL	控制下限
Line Width Roughness	LWR	线宽粗糙度
Light Doped Drain	LDD	轻掺杂漏
Litho-Etch Litho-Etch	LELE	光刻-刻蚀,光刻-刻蚀
Laser Produced Plasma	LPP	激光激发等离子体
Layout Versus Schematics	LVS	版图与逻辑电路图对比
Line Edge Roughness	LER	线边粗糙度

Lithography Rule Check	LRC	光刻规则检查
Manufacturing Execution System	MES	制造执行系统
Multi Product Wafer	MPW	多产品硅片
Mask Error Factor	MEF	掩模版误差因子
Mask Error Enhancement Factor	MEEF	掩模误差增强因子
Modulation Transfer Function	MTF	调制传递函数
Metal Oxide Semiconductor	MOS	金属氧化物半导体
Moving Standard Deviation	MSD	定位误差的移动标准差
Moving Average	MA	平均位置误差
Mask Data Preparation	MDP	数据处理(掩模版)
Mask Critical Dimension	MCD	掩模版上线宽
Mask 3 Dimension	M3D	掩模版三维(效应)
Mask Rule Check	MRC	掩模版规则检查
ManuFacturinG	MFG	制造部
Manufacturing Assistant	MA	生产技术助理
Miss Operation	MO	误操作
New Tape Out	NTO	新出版产品
Numerical Aperture	NA	数值孔径
Normalizcd Imagc Log Slopc	NILS	归一化的图像光强对数斜率
n-Butyl Acetate	nBA	乙酸正丁酯
Negative Tone Development	NTD	负显影
Optical Critical Dimension	OCD	光学关键尺寸(测量技术)
Out Of Specification	OOS	超出规格
Out Of Control	OOC	超出控制
Optical Proximity Correction	OPC	光学邻近效应修正
OVerLay	OVL	套刻
Opaque MoSi On Glass Mask	OMOG Mask	不透明的硅化钼-玻璃掩模版
Off-Axis Illumination	OAI	离轴照明
On-Product-Overlay	OPO	产品的套刻
Poly Methyl Meth Acrylate	PMMA	聚甲基丙烯酸甲酯
PolyStyrene	PS	聚苯乙烯
Physical Vapor Deposition	PVD	物理气相沉积
Photo Acid Generator	PAG	光致产酸剂
P/N Well	PW/NW	P型阱,N型阱
Phase-measuring interferometer	PMI	相位测量干涉仪
Propylene Glycol Monomethyl Ether	PGME	丙二醇单甲醚
Propylene Glycol Methyl Ether Acetate	PGMEA	丙二醇甲醚醋酸酯
Post Apply Bake	PAB	涂胶后烘焙
Post Exposure Bake	PEB	曝光后烘焙
Positive Tone Development	PTD	正显影
Proximity Effect Correction	PEC	(电子束的)邻近效应补偿
Post Exposure Bake	PEB	曝光后烘焙
Photo-Decomposable Base	PDB	光可分解碱
Polymer Bound Photo Acid Generator	PBPAG	聚合物键合的光致产酸剂
Power, Performance, Area and Cost	PPAC	芯片的性能指标
Process Design Kit	PDK	工艺设计包

Process Variation Band	PV Band	工艺变化带宽
Process Window Qualification	PWQ	工艺窗口验证
Process Integration Engineer	PIE	工艺集成工程师
Process Engineer	PE	工艺工程师
REticle Masking (Blade)	REMA	掩模版刀(用来控制掩模版曝光区域)
Rigorous Coupled Wave Analysis	RCWA	严格耦合波
Resolution Enhancement Technique	RET	分辨率增强技术
Reduced Resist Consumption	RRC	减少光刻胶消耗
Statistical Process Control Chart	SPC Chart	统计过程控制图表
Sub-Resolution Assist Feature	SRAF	亚分辨辅助图形
Static Random Access Memory	SRAM	静态随机存取存储器
Shallow Trench Isolation	STI	浅沟道隔离
Self Aligned Litho-Etch Litho-Etch	SALELE	自对准的光刻-刻蚀，光刻-刻蚀
Spin On Carbon	SOC	旋涂碳层
Soft Bake	SB	软烘
Source-Mask co-Optimization	SMO	光源-掩模协同优化
Self-Aligned Double/Quadruple Patterning	SADP/SAQP	自对准双重或者四重图形技术
Scattering bar	Sbar	散射条
Selective Sizing Adjustment	SSA	选择性线宽偏置
Si containing Anti-Reflective Coatings	Si-ARC	含硅抗反射层
Single Exposure	SE	单次曝光
Short Loop	SL	短流程(硅片)
Split Run Card	SRC	拆分跑货卡
Sum of Coherent Systems	SOCS	相干系统的线性叠加
Standard Operation Procedure	SOP	标准操作流程
Specification	Spec	规格
Technology Qualification Vehicle	TQV	技术验证载具
Through Pitch	TP	整个周期
Taiwan Semiconductor Manufacturing Company	TSMC	台湾积体电路制造股份有限公司(台积电)
Tetra-methyl ammonia hydroxide	TMAH	四甲基氢氧化铵
Tool Induced Shift	TIS	设备引入的误差
Transverse Magnetic	TM	横磁(波)
Transverse Electric	TE	横电(波)
Technical Development Department	TD	技术研发部门
Transverse Electric and Magnetic	TEM	横电磁(波)
Upper Specification Limit	USL	规格上限
Upper Control Limit	UCL	控制上限
Variable shaped beam	VSB	可变截面形状的电子束
Wafers Per Hour	WPH	硅片/小时(产量)
WEt Last Lens Element	WELLE	193nm 水浸没式光刻机最后一片镜头
Wafer Critical Dimension	WCD	硅片上线宽
Yield Enhancement	YE	成品率提升(部门)